Lambacher Schweizer
Mathematik für Gymnasien

Leistungsfach/Grundfach

Rheinland-Pfalz

Serviceband

Ernst Klett Verlag
Stuttgart · Leipzig

Inhaltsverzeichnis Leistungsfach

Inhaltsmatrix

Bezug Schülerbuch	Serviceblatt	Erarbeitung	Übung	Spiel	Test	Partner-arbeit	Gruppen-arbeit	Seite im Serviceband
I Folgen und Grenzwerte								
Auftakt	Check-in				T			S1 – S2
1 Folgen	Trainingsblatt: Folgenglieder bestimmen, explizite und rekursive Darstellung		Ü					S3 – S4
	Arbeitsblatt: Bildungsvorschrift von Folgen bestimmen, Graphen zeichnen		Ü					S5 – S6
2 Eigenschaften von Folgen	Arbeitsblatt: Monotonie und Beschränktheit von Folgen		Ü					S7 – S8
3 Grenzwert einer Folge	Arbeitsblatt: Grenzwert einer Folge		Ü					S9 – S10
4 Grenzwertsätze	Trainingsblatt: Grenzwerte bestimmen		Ü					S11 – S12
Rückblick	Check-out				T			S13 – S14
II Ableitung								
Auftakt	Check-in				T			S15 – S16
1 Funktionen	Trainingsblatt: Definitions- und Wertebereich von Funktionen		Ü					S17 – S18
2 Mittlere Änderungsrate – Differenzenquotient	Arbeitsblatt: Differenzenquotient und mittlere Änderungsrate A/B		Ü			P		S19 – S22
3 Momentane Änderungsrate – Ableitung	Arbeitsblatt: Grenzwert des Differenzenquotienten	E	Ü					S23 – S24
5 Die Ableitungsfunktion	Arbeitsblatt: Ableitungsfunktionen		Ü					S25 – S26
	Spiel/Arbeitsblatt: Dominoschlange: Funktionen und ihre Ableitungen		Ü	S		P	G	S27 – S28
6 Ableitungsregeln	Trainingsblatt: Summen- und Faktorregel		Ü					S29 – S30
	Partnerübung: Potenzfunktionen ableiten		Ü			P		S31
Rückblick	Check-out				T			S32 – S33
III Extrem- und Wendepunkte								
Auftakt	Check-in				T			S34 – S35
1 Nullstellen	Trainingsblatt: Nullstellen		Ü					S36 – S37
2 Monotonie	Trainingsblatt: Monotonie		Ü					S38 – S39
3 Hoch- und Tiefpunkte, erstes Kriterium	Arbeitsblatt: Der Tangentensurfer	E						S40 – S41
	Trainingsblatt: Extrempunkte mithilfe des Vorzeichenwechselkriteriums bestimmen		Ü					S42 – S43
4 Die Bedeutung der zweiten Ableitung	Trainingsblatt: Krümmung von Graphen		Ü					S44 – S45
	Spiel: Krümmungspuzzle			S			G	S46 – S50
5 Hoch- und Tiefpunkte, zweites Kriterium	Trainingsblatt: Extrempunkte		Ü					S51 – S52
6 Kriterien für Wendepunkte	Arbeitsblatt: Krümmung eines Graphen und Wendepunkte		Ü					S53 – S54
7 Extremwerte – lokal und global	Trainingsblatt: Lokale und globale Extrema		Ü					S55 – S56
Rückblick	Check-out				T			S57 – S58
IV Untersuchung ganzrationaler Funktionen								
Auftakt	Check-in				T			S59 – S60
1 Ganzrationale Funktionen – Linearfaktorzerlegung	Arbeitsblatt: Nullstelle und Linearfaktor bei ganzrationalen Funktionen		Ü					S61 – S62
	Trainingsblatt: Teilen durch Linearfaktoren – Polynomdivision		Ü					S63 – S64

Bezug Schülerbuch	Serviceblatt	Erarbeitung	Übung	Spiel	Test	Partner-arbeit	Gruppen-arbeit	Seite im Serviceband
2 Ganzrationale Funktionen und ihr Verhalten für $x \to +\infty$ bzw. $x \to -\infty$	Arbeitsblatt: Verhalten ganzrationaler Funktionen für $x \to \pm\infty$	E	Ü					S 65 – S 66
3 Symmetrie, Skizzieren von Graphen	Arbeitsblatt: Symmetrie bei ganzrationalen Funktionen	E	Ü					S 67 – S 68
	Spiel/Arbeitsblatt: Dominoschlange: Ganzrationale Funktionen		Ü	S		P	G	S 69
4 Beispiel einer vollständigen Funktionsuntersuchung	Trainingsblatt: Vollständige Funktionsuntersuchung		Ü					S 70 – S 71
5 Probleme lösen im Umfeld der Tangente	Trainingsblatt: Gleichungen von Tangenten und Normalen		Ü					S 72 – S 73
6 Mathematische Begriffe in Sachzusammenhängen	Arbeitsblatt: Was ist zu tun? Kontexte mathematisch entziffern		Ü					S 74 – S 75
7 Extremwertprobleme mit Nebenbedingungen	Trainingsblatt: Extremwertprobleme mit Nebenbedingungen		Ü					S 76 – S 77
8 Näherungsweise Berechnung von Nullstellen	Arbeitsblatt: Newton-Verfahren		Ü					S 78 – S 79
Rückblick	Check-out				T			S 80 – S 81
V Alte und neue Funktionen und ihre Ableitungen								
Auftakt	Check-in				T			S 82 – S 83
2 Die Ableitung der Sinus- und Kosinusfunktion	Arbeitsblatt: Graphisches Ableiten der Sinusfunktion	E						S 84 – S 85
	Trainingsblatt: Trigonometrische Funktionen und ihre Ableitungen		Ü					S 86 – S 87
3 Neue Funktionen aus alten Funktionen: Produkt, Quotient, Verkettung	Spiel: Verkettungen knacken			S			G	S 88 – S 91
4 Kettenregel	Trainingsblatt: Verkettete Funktionen und ihre Ableitungen		Ü					S 92 – S 93
6 Quotientenregel	Trainingsblatt: Produkt- und Quotientenregel		Ü					S 94 – S 95
	Funktionen und Ableitungen – eine kognitive Landkarte		Ü				G	S 96
7 Die natürliche Exponentialfunktion und ihre Ableitung	Trimono: Ableitung der Exponentialfunktion			S		P	G	S 97 – S 98
8 Exponentialgleichungen und natürlicher Logarithmus	Trainingsblatt: Lösen von Exponentialgleichungen		Ü					S 99 – S 100
9 Logarithmusfunktion und Umkehrfunktion	Trainingsblatt: Umkehrfunktion und Logarithmus		Ü					S 101 – S 102
	Trainingsblatt: Ableiten von Exponential- und Logarithmusfunktion; Exponentialgleichungen		Ü					S 103 – S 104
Rückblick	Trainingsblatt: Anwendung aller Ableitungsregeln bei verschiedenen Funktionstypen		Ü					S 105 – S 106
	Check-out				T			S 107 – S 110
VI Integral								
Auftakt	Check-in				T			S 111 – S 112
3 Der Hauptsatz der Differential- und Integralrechnung	Arbeitsblatt: Zusammenhang zwischen Stammfunktion und Ableitung		Ü					S 113 – S 114
	Trainingsblatt: Skizzieren von Stammfunktionen		Ü					S 115 – S 116
4 Bestimmung von Stammfunktionen	Trainingsblatt: Bestimmen von Stammfunktionen und Berechnung von Integralen		Ü					S 117 – S 118
6 Integral und Flächeninhalt	Trainingsblatt: Flächeninhalt berechnen		Ü					S 119 – S 120
7 Unbegrenzte Flächen – Uneigentliche Integrale	Arbeitsblatt: Unbegrenzte Flächen		Ü					S 121 – S 122
8 Mittelwerte von Funktionen	Trainingsblatt: Anwendungsaufgaben zur Integralrechnung		Ü					S 123 – S 124

Inhaltsverzeichnis Leistungsfach

Bezug Schülerbuch	Serviceblatt	Erarbeitung	Übung	Spiel	Test	Partner-arbeit	Gruppen-arbeit	Seite im Serviceband
9 Integration von Produkten – partielle Integration	Trainingsblatt: Partielle Integration (Produktintegration)		Ü					S125 – S126
10 Integration durch Substitution	Trainingsblatt: Integration durch Substitution		Ü					S127 – S128
12 Integral und Rauminhalt	Arbeitsblatt: Integral und Rauminhalt		Ü					S129 – S130
Rückblick	Check-out				T			S131 – S132
VII Gebrochenrationale Funktionen								
Auftakt	Check-in				T			S133 – S134
2 Nullstellen, Verhalten in der Umgebung von Definitionslücken	Trainingsblatt: Polstelle oder hebbare Definitionslücken		Ü					S135 – S136
3 Verhalten für $x \to \pm\infty$, Näherungsfunktionen	Lernzirkel: Verhalten im Unendlichen bei gebrochenrationalen Funktionen	E	Ü				G	S137
	Arbeitsblatt: Verhalten im Unendlichen bei gebrochenrationalen Funktionen ($z \leq n$)	E						S138 – S139
	Arbeitsblatt: Verhalten im Unendlichen bei gebrochenrationalen Funktionen ($z \geq n + 1$)	E						S140 – S141
	Trainingsblatt: Polynomdivision zur Ermittlung von Asymptoten		Ü					S142 – S143
	Trainingsblatt: Verhalten im Unendlichen bei gebrochenrationalen Funktionen		Ü					S144 – S145
5 Beispiele von vollständigen Funktionsuntersuchungen	Funktionsuntersuchungen im Tandem		Ü			P		S146 – S147
Rückblick	Check-out				T			S148 – S149
VIII Modellieren mit der Exponentialfunktion								
Auftakt	Check-in				T			S150 – S151
1 Exponentielles Wachstum modellieren	Arbeitsblatt: Exponentialfunktionen und Exponentialgleichungen im Kontext		Ü					S152 – S153
2 Begrenztes Wachstum	Trainingsblatt: Exponentielles und begrenztes Wachstum		Ü					S154 – S155
3 Differentialgleichungen bei Wachstum	Arbeitsblatt: Differentialgleichungen		Ü					S156 – S157
4 Logistisches Wachstum	Arbeitsblatt: Logistisches Wachstum		Ü					S158 – S159
Rückblick	Check-out				T			S160 – S161
IX Lineare Gleichungssysteme								
Auftakt	Check-in				T			S162 – S163
1 Das Gauß-Verfahren	Arbeitsblatt: Gauß-Verfahren und Matrixschreibweise	E						S164 – S165
	Trainingsblatt: Typische Fehler beim Gauß-Verfahren		Ü					S166 – S167
2 Lösungsmengen linearer Gleichungssysteme	Trainingsblatt: Gauß-Verfahren und Lösungsmengen		Ü					S168 – S169
3 Bestimmung ganzrationaler Funktionen	Trainingsblatt: Bestimmung ganzrationaler Funktionen		Ü					S170 – S171
Rückblick	Check-out				T			S172 – S173
X Vektoren								
Auftakt	Check-in				T			S174 – S175
1 Punkte im Raum	Trainingsblatt: Das dreidimensionale Koordinatensystem		Ü					S176 – S177
	Bastelbogen: 3D-Koordinatensystem	E						S178 – S179
	Spiel: Raumschiffe versenken			S		P		S180
3 Rechnen mit Vektoren	Spiel: Ping-Pong zu Vektoren			S		P		S181
4 Geraden	Arbeitsblatt: Parametergleichungen von Geraden	E						S182 – S183
	Trainingsblatt: Aufstellen von Geradengleichungen		Ü					S184 – S185

IV Inhaltsverzeichnis

Bezug Schülerbuch	Serviceblatt	Erarbeitung	Übung	Spiel	Test	Partner-arbeit	Gruppen-arbeit	Seite im Serviceband
5 Gegenseitige Lage von Geraden	Trainingsblatt: Gegenseitige Lage von Geraden		Ü					S 186 – S 187
6 Längen messen – Einheitsvektoren	Trainingsblatt: Abstand zweier Punkte – Betrag eines Vektors		Ü					S 188 – S 189
8 Lineare Unabhängigkeit	Trainingsblatt: Lineare Abhängigkeit und Unabhängigkeit von Vektoren		Ü					S 190 – S 191
Rückblick	Check-out				T			S 192 – S 193
XI Ebenen								
Auftakt	Check-in				T			S 194 – S 195
1 Ebenen im Raum – Parameterform	Arbeitsplan: Ebenengleichung in Parameterform	E						S 196 – S 198
3 Normalengleichung und Koordinatengleichung einer Ebene	Trainingsblatt: Koordinatengleichung einer Ebene aufstellen		Ü					S 199 – S 200
4 Lagen von Ebenen erkennen und Ebenen zeichnen	Arbeitsblatt: Ebenen im Koordinatensystem	E	Ü					S 201 – S 202
	Trainingsblatt: Ebenen in Koordinatenform mit besonderer Lage		Ü					S 203 – S 204
5 Gegenseitige Lage von Ebenen und Geraden	Spiel: Ebenenquartett		Ü	S		P	G	S 205 – S 209
Rückblick	Check-out				T			S 210 – S 211
XII Geometrische Probleme lösen								
Auftakt	Check-in				T			S 212 – S 213
1 Abstand eines Punktes von einer Ebene	Arbeitsplan: Abstand Punkt – Ebene	E						S 214 – S 216
3 Abstand eines Punktes von einer Geraden	Arbeitsblatt: Abstand Punkt – Gerade	E						S 217 – S 218
4 Abstand windschiefer Geraden	Arbeitsblatt: Abstand zweier Geraden	E						S 219 – S 220
5 Winkel zwischen Vektoren – Skalarprodukt	Trainingsblatt: Skalarprodukt, Größe von Winkeln		Ü					S 221 – S 222
7 Das Vektorprodukt	Trainingsblatt: Vektorprodukt		Ü					S 223 – S 224
8 Gleichungen von Kreis und Kugel	Trainingsblatt: Kreis- und Kugelgleichung		Ü					S 225 – S 226
9 Kugeln, Ebenen, Geraden	Spiel: Rumkugeln			S		P	G	S 227 – S 230
Rückblick	Check-out				T			S 231 – S 232
XIII Matrizen								
Auftakt	Check-in				T			S 233 – S 234
1 Beschreibung von einstufigen Prozessen durch Matrizen	Trainingsblatt: Prozessmatrizen einstufiger Prozesse		Ü					S 235 – S 236
3 Zweistufige Prozesse – Matrizenmultiplikation	Trainingsblatt: Matrizenmultiplikation und Prozesse		Ü					S 237 – S 238
5 Stochastische Prozesse	Arbeitsblatt: Prozessdiagramme	E	Ü					S 239 – S 240
	Arbeitsblatt: Übergangsmatrizen	E	Ü					S 241 – S 242
	Spiel/Arbeitsblatt: Dominoschlange: Prozessdiagramme und Übergangs-matrizen		Ü	S		P	G	S 243 – S 244
Rückblick	Check-out				T			S 245 – S 246
XIV Affine Abbildungen								
Auftakt	Check-in				T			S 247 – S 248
4 Spezielle Abbildungen – Parallelprojektion vom Raum in eine Ebene	Trainingsblatt: Drehung und Geradenspiegelung im $\mathbb{R}^2$; Parallelprojektion in eine Ebene		Ü					S 249 – S 250
6 Inverse Matrizen – Umkehrabbildungen	Trainingsblatt: Rechnen mit Matrizen		Ü					S 251 – S 252
7 Eigenwerte und Eigenvektoren	Trainingsblatt: Eigenwerte und Eigenvektoren		Ü					S 253 – S 254
	Spiel: Eigenwertebingo			S			G	S 255 – S 257
Rückblick	Check-out				T			S 258 – S 259

Inhaltsverzeichnis Leistungsfach

Bezug Schülerbuch	Serviceblatt	Erarbeitung	Übung	Spiel	Test	Partnerarbeit	Gruppenarbeit	Seite im Serviceband
XV Wahrscheinlichkeit								
Auftakt	Check-in				T			S 264 – S 265
1 Wahrscheinlichkeiten und Ereignisse	Trainingsblatt: Pfadregeln		Ü					S 266 – S 267
2 Berechnen von Wahrscheinlichkeiten mit Abzählverfahren	Spiel: Urnenmodellbau			S		P	G	S 268 – S 271
3 Simulation von Zufallsexperimenten	Arbeitsblatt: Simulation von Zufallsexperimenten mit einem Tabellenkalkulationsprogramm	E						S 272 – S 273
5 Gegenereignis – Vereinigung – Schnitt	Trainingsblatt: Verknüpfen von Ereignissen		Ü					S 274 – S 275
6 Additionssatz	Trainingsblatt: Additionssatz		Ü					S 276 – S 277
7 Bedingte Wahrscheinlichkeit – Unabhängigkeit	Trainingsblatt: Bedingte Wahrscheinlichkeit		Ü					S 278 – S 279
	Trainingsblatt: Unabhängigkeit von Ereignissen		Ü					S 280 – S 281
	Spiel: Unabhängigkeit gewinnt			S		P	G	S 282 – S 286
8 Regel von Bayes	Trainingsblatt: Totale Wahrscheinlichkeit und Regel von Bayes		Ü					S 287 – S 288
9 Daten darstellen und auswerten	Arbeitsblatt: Mittelwert und empirische Standardabweichung		Ü					S 289 – S 290
10 Erwartungswert und Standardabweichung bei Zufallswerten	Arbeitsblatt: Zufallsexperiment, Erwartungswert, Standardabweichung		Ü					S 291 – S 292
Rückblick	Check-out				T			S 293 – S 294
XVI Binomialverteilung und Normalverteilung								
Auftakt	Check-in				T			S 295 – S 296
3 Arbeiten mit den Tabellen der Binomialverteilung	Arbeitsblatt: Bestimmung von Wahrscheinlichkeiten mithilfe von Tabellen		Ü					S 297 – S 298
4 Problemlösen mit der Binomialverteilung	Trainingsblatt: Berechnungen und Modellierungen mit der Binomialverteilung		Ü					S 299 – S 300
5 Erwartungswert und Standardabweichung – Sigma-Regel	Trainingsblatt: Sigmaregeln		Ü					S 301 – S 302
	Spiel/Arbeitsblatt: Dominoschlange: Graph einer Binomialverteilung		Ü	S		P	G	S 303
6 Zweiseitiger Signifikanztest	Trainingsblatt: Zweiseitiger Signifikanztest		Ü					S 304 – S 305
7 Einseitiger Signifikanztest	Trainingsblatt: Einseitiger Signifikanztest		Ü					S 306 – S 307
	Arbeitsblatt: Hypothesen testen		Ü					S 308 – S 309
8 Fehler beim Testen von Binomialverteilungen	Trainingsblatt: Fehler 1. und 2. Art		Ü					S 310 – S 311
	Arbeitsblatt: Fehler beim Testen		Ü					S 312 – S 313
9 Wahrscheinlichkeiten schätzen – Vertrauensintervalle	Arbeitsblatt: Vertrauensintervalle	E	Ü					S 314 – S 315
	Trainingsblatt: Wahrscheinlichkeiten schätzen		Ü					S 316 – S 317
10 Stetige Zufallsgrößen	Arbeitsblatt: Stetige Zufallsgrößen		Ü					S 318 – S 319
11 Die Analysis der Gauß'schen Glockenfunktion	Arbeitsblatt: Analysis der Gauß'schen Glockenfunktion	E	Ü					S 320 – S 321
13 Arbeiten mit den Tabellen der Normalverteilung	Trainingsblatt: Normalverteilung		Ü					S 322 – S 323
Rückblick	Check-out				T			S 324 – S 325

Inhaltsverzeichnis Grundfach

Inhaltsmatrix

Bezug Schülerbuch	Serviceblatt	Erarbeitung	Übung	Spiel	Test	Partnerarbeit	Gruppenarbeit	Seite im Serviceband
I Folgen und Grenzwerte								
Auftakt	Check-in				T			S1 – S2
1 Folgen	Trainingsblatt: Folgenglieder bestimmen, explizite und rekursive Darstellung		Ü					S3 – S4
	Arbeitsblatt: Bildungsvorschrift von Folgen bestimmen, Graphen zeichnen		Ü					S5 – S6
2 Eigenschaften von Folgen	Arbeitsblatt: Monotonie und Beschränktheit von Folgen		Ü					S7 – S8
3 Grenzwert einer Folge	Arbeitsblatt: Grenzwert einer Folge		Ü					S9 – S10
4 Grenzwertsätze	Trainingsblatt: Grenzwerte bestimmen		Ü					S11 – S12
Rückblick	Check-out				T			S13 – S14
II Ableitung								
Auftakt	Check-in				T			S15 – S16
1 Funktionen	Trainingsblatt: Definitions- und Wertebereich von Funktionen		Ü					S17 – S18
2 Mittlere Änderungsrate – Differenzenquotient	Arbeitsblatt: Differenzenquotient und mittlere Änderungsrate A/B		Ü			P		S19 – S22
3 Momentane Änderungsrate – Ableitung	Arbeitsblatt: Grenzwert des Differenzenquotienten	E	Ü					S23 – S24
5 Die Ableitungsfunktion	Arbeitsblatt: Ableitungsfunktionen		Ü					S25 – S26
	Spiel/Arbeitsblatt: Dominoschlange: Funktionen und ihre Ableitungen		Ü	S		P	G	S27 – S28
6 Ableitungsregeln	Trainingsblatt: Summen- und Faktorregel		Ü					S29 – S30
	Partnerübung: Potenzfunktionen ableiten		Ü			P		S31
Rückblick	Check-out				T			S32 – S33
III Extrem- und Wendepunkte								
Auftakt	Check-in				T			S34 – S35
1 Nullstellen	Trainingsblatt: Nullstellen		Ü					S36 – S37
2 Monotonie	Trainingsblatt: Monotonie		Ü					S38 – S39
3 Hoch- und Tiefpunkte, erstes Kriterium	Arbeitsblatt: Der Tangentensurfer	E						S40 – S41
	Trainingsblatt: Extrempunkte mithilfe des Vorzeichenwechselkriteriums bestimmen		Ü					S42 – S43
4 Die Bedeutung der zweiten Ableitung	Trainingsblatt: Krümmung von Graphen		Ü					S44 – S45
	Spiel: Krümmungspuzzle			S			G	S46 – S50
5 Hoch- und Tiefpunkte, zweites Kriterium	Trainingsblatt: Extrempunkte		Ü					S51 – S52
6 Kriterien für Wendepunkte	Arbeitsblatt: Krümmung eines Graphen und Wendepunkte		Ü					S53 – S54
7 Extremwerte – lokal und global	Trainingsblatt: Lokale und globale Extrema		Ü					S55 – S56
Rückblick	Check-out				T			S57 – S58
IV Untersuchung ganzrationaler Funktionen								
Auftakt	Check-in				T			S59 – S60
1 Ganzrationale Funktionen – Linearfaktorzerlegung	Arbeitsblatt: Nullstelle und Linearfaktor bei ganzrationalen Funktionen		Ü					S61 – S62
	Trainingsblatt: Teilen durch Linearfaktoren – Polynomdivision		Ü					S63 – S64

Inhaltsverzeichnis Grundfach

Bezug Schülerbuch	Serviceblatt	Erarbeitung	Übung	Spiel	Test	Partner-arbeit	Gruppen-arbeit	Seite im Serviceband
2 Ganzrationale Funktionen und ihr Verhalten für $x \to +\infty$ bzw. $x \to -\infty$	Arbeitsblatt: Verhalten ganzrationaler Funktionen für $x \to \pm\infty$	E	Ü					S 65 – S 66
3 Symmetrie, Skizzieren von Graphen	Arbeitsblatt: Symmetrie bei ganzrationalen Funktionen	E	Ü					S 67 – S 68
	Spiel/Arbeitsblatt: Dominoschlange: Ganzrationale Funktionen		Ü	S		P	G	S 69
4 Beispiel einer vollständigen Funktionsuntersuchung	Trainingsblatt: Vollständige Funktionsuntersuchung		Ü					S 70 – S 71
5 Probleme lösen im Umfeld der Tangente	Trainingsblatt: Gleichungen von Tangenten und Normalen		Ü					S 72 – S 73
6 Mathematische Begriffe in Sachzusammenhängen	Arbeitsblatt: Was ist zu tun? Kontexte mathematisch entziffern		Ü					S 74 – S 75
Rückblick	Check-out				T			S 80 – S 81
V Exponentialfunktionen								
Auftakt	Check-in				T			S 82 – S 83
2 Die natürliche Exponentialfunktion und ihre Ableitung	Trimono: Ableitung der Exponentialfunktion			S		P	G	S 97 – S 98
3 Exponentialgleichungen und natürlicher Logarithmus	Trainingsblatt: Lösen von Exponentialgleichungen		Ü					S 99 – S 100
6 Exponentielles Wachstum modellieren	Arbeitsblatt: Exponentialfunktionen und Exponentialgleichungen im Kontext		Ü					S 152 – S 153
Rückblick	Check-out				T			S 109 – S 110
VI Integral								
Auftakt	Check-in				T			S 111 – S 112
3 Der Hauptsatz der Differential- und Integralrechnung	Arbeitsblatt: Zusammenhang zwischen Stammfunktion und Ableitung		Ü					S 113 – S 114
	Trainingsblatt: Skizzieren von Stammfunktionen		Ü					S 115 – S 116
4 Bestimmung von Stammfunktionen	Trainingsblatt: Bestimmen von Stammfunktionen und Berechnung von Integralen		Ü					S 117 – S 118
5 Integral und Flächeninhalt	Trainingsblatt: Flächeninhalt berechnen		Ü					S 119 – S 120
6 Unbegrenzte Flächen – Uneigentliche Integrale	Arbeitsblatt: Unbegrenzte Flächen		Ü					S 121 – S 122
7 Integral und Rauminhalt	Arbeitsblatt: Integral und Rauminhalt		Ü					S 129 – S 130
Rückblick	Check-out				T			S 131 – S 132
VII Lineare Gleichungssysteme								
Auftakt	Check-in				T			S 162 – S 163
1 Das Gauß-Verfahren	Arbeitsblatt: Gauß-Verfahren und Matrixschreibweise	E						S 164 – S 165
	Trainingsblatt: Typische Fehler beim Gauß-Verfahren		Ü					S 166 – S 167
2 Lösungsmengen linearer Gleichungssysteme	Trainingsblatt: Gauß-Verfahren und Lösungsmengen		Ü					S 168 – S 169
3 Bestimmung ganzrationaler Funktionen	Trainingsblatt: Bestimmung ganzrationaler Funktionen		Ü					S 170 – S 171
Rückblick	Check-out				T			S 172 – S 173
VIII Vektoren und Geraden								
Auftakt	Check-in				T			S 174 – S 175
1 Punkte im Raum	Trainingsblatt: Das dreidimensionale Koordinatensystem		Ü					S 176 – S 177
	Bastelbogen: 3D-Koordinatensystem	E						S 178 – S 179
	Spiel: Raumschiffe versenken			S		P		S 180
3 Rechnen mit Vektoren	Spiel: Ping-Pong zu Vektoren			S		P		S 181

Bezug Schülerbuch	Serviceblatt	Erarbeitung	Übung	Spiel	Test	Partner-arbeit	Gruppen-arbeit	Seite im Serviceband
4 Geraden	Arbeitsblatt: Parametergleichungen von Geraden	E						S 182 – S 183
	Trainingsblatt: Aufstellen von Geradengleichungen		Ü					S 184 – S 185
5 Gegenseitige Lage von Geraden	Trainingsblatt: Gegenseitige Lage von Geraden		Ü					S 186 – S 187
6 Längen messen – Einheitsvektoren	Trainingsblatt: Abstand zweier Punkte – Betrag eines Vektors		Ü					S 188 – S 189
Rückblick	Check-out				T			S 192 – S 193
IX Ebenen								
Auftakt	Check-in				T			S 194 – S 195
1 Ebenen im Raum – Parameterform	Arbeitsplan: Ebenengleichung in Parameterform	E						S 196 – S 198
3 Normalengleichung und Koordinatengleichung einer Ebene	Trainingsblatt: Koordinatengleichung einer Ebene aufstellen		Ü					S 199 – S 200
4 Lagen von Ebenen erkennen und Ebenen zeichnen	Arbeitsblatt: Ebenen im Koordinatensystem	E	Ü					S 201 – S 202
	Trainingsblatt: Ebenen in Koordinatenform mit besonderer Lage		Ü					S 203 – S 204
5 Gegenseitige Lage von Ebenen und Geraden	Spiel: Ebenenquartett		Ü	S		P	G	S 205 – S 209
7 Winkel zwischen Vektoren	Trainingsblatt: Skalarprodukt, Größe von Winkeln		Ü					S 221 – S 222
Rückblick	Check-out				T			S 210 – S 211
X Matrizen und Abbildungen								
Auftakt	Check-in				T			S 260 – S 261
1 Beschreibung von einstufigen Prozessen durch Matrizen	Trainingsblatt: Prozessmatrizen einstufiger Prozesse		Ü					S 235 – S 236
3 Zweistufige Prozesse – Matrizenmultiplikation	Trainingsblatt: Matrizenmultiplikation und Prozesse		Ü					S 237 – S 238
9 Inverse Matrizen – Umkehrabbildungen	Trainingsblatt: Rechnen mit Matrizen		Ü					S 251 – S 252
Rückblick	Check-out				T			S 262 – S 263
XI Wahrscheinlichkeit								
Auftakt	Check-in				T			S 264 – S 265
1 Wahrscheinlichkeiten und Ereignisse	Trainingsblatt: Pfadregeln		Ü					S 266 – S 267
2 Berechnen von Wahrscheinlichkeiten mit Abzählverfahren	Spiel: Urnenmodellbau			S		P	G	S 268 – S 271
3 Gegenereignis – Vereinigung – Schnitt	Trainingsblatt: Verknüpfen von Ereignissen		Ü					S 274 – S 275
5 Daten darstellen und auswerten	Arbeitsblatt: Mittelwert und empirische Standardabweichung		Ü					S 289 – S 290
6 Erwartungswert und Standardabweichung bei Zufallswerten	Arbeitsblatt: Zufallsexperiment, Erwartungswert, Standardabweichung		Ü					S 291 – S 292
9 Arbeiten mit den Tabellen der Binomialverteilung	Arbeitsblatt: Bestimmung von Wahrscheinlichkeiten mithilfe von Tabellen		Ü					S 297 – S 298
10 Problemlösen mit der Binomialverteilung	Trainingsblatt: Berechnungen und Modellierungen mit der Binomialverteilung		Ü					S 299 – S 300
11 Erwartungswert und Standardabweichung – Sigma-Regel	Trainingsblatt: Sigmaregeln		Ü					S 301 – S 302
	Spiel/Arbeitsblatt: Dominoschlange: Graph einer Binomialverteilung		Ü	S		P	G	S 303
Rückblick	Check-out				T			S 293 – S 294

Inhaltsverzeichnis Grundfach

Bezug Schülerbuch	Serviceblatt	Erarbeitung	Übung	Spiel	Test	Partner-arbeit	Gruppen-arbeit	Seite im Serviceband
XII Schätzen und Testen								
Auftakt	Check-in				T			S 326 – S 337
1 Wahrscheinlichkeiten schätzen – Vertrauensintervalle	Arbeitsblatt: Vertrauensintervalle	E	Ü					S 314 – S 315
	Trainingsblatt: Wahrscheinlichkeiten schätzen		Ü					S 316 – S 317
2 Stetige Zufallsgrößen	Arbeitsblatt: Stetige Zufallsgrößen		Ü					S 318 – S 319
3 Die Analysis der Gauß'schen Glockenfunktion	Arbeitsblatt: Analysis der Gauß'schen Glockenfunktion	E	Ü					S 320 – S 321
5 Zweiseitiger Signifikanztest	Trainingsblatt: Zweiseitiger Signifikanztest		Ü					S 304 – S 305
6 Einseitiger Signifikanztest	Trainingsblatt: Einseitiger Signifikanztest		Ü					S 306 – S 307
	Arbeitsblatt: Hypothesen testen		Ü					S 308 – S 309
7 Fehler beim Testen von Binomialverteilungen	Trainingsblatt: Fehler 1. und 2. Art		Ü					S 310 – S 311
	Arbeitsblatt: Fehler beim Testen		Ü					S 312 – S 313
Rückblick	Check-out				T			S 328 – S 329

Vorwort und Hinweise

Der Serviceband als Teil des Fachwerks

Aufgrund der vielfältigen Anforderungen an den modernen Mathematikunterricht erschien es notwendig und sinnvoll, die Lehrerinnen und Lehrer zukünftig durch passende Lehrmaterialien noch mehr zu unterstützen. Die für den neuen Lehrplan entwickelten Schülerbücher des Lambacher Schweizer wurden deshalb um weitere Materialien ergänzt. Für das Grundfach und das Leistungsfach gibt es neben dem **Schülerbuch** einen gemeinsamen **Serviceband**, einen **Digitalen Unterrichtsassistenten** und ein **Lösungsheft**. Alle Materialien sind aufeinander abgestimmt und bilden ein Gesamtgebäude an Materialien für das Schulfach Mathematik, das **Fachwerk des Lambacher Schweizer**.

Dem Schülerbuch kommt dabei nach wie vor die zentrale Rolle zu, es ist die tragende Säule, die auch ohne Begleitmaterial den Unterricht vollständig bedient. Das Lösungsheft enthält alle Lösungen zum Schülerbuch und kann von Lehrern und Schülern gleichermaßen verwendet werden. Der Serviceband ist für die Lehrerhand konzipiert.

Im **Serviceband** finden sich vielfältige Kopiervorlagen für verschiedene Einsatzzwecke: Arbeitsblätter zum Erarbeiten, Trainieren und Vertiefen, Tests und Spiele.

Auf dem **Digitalen Unterrichtsassistenten** befinden sich Serviceblätter des Servicebandes als Datei zum Ausdrucken. Darüber hinaus enthält der Digitale Unterrichtsassistent weiteres digitales Material, welches für den Einsatz im Unterricht geeignet ist, jeweils den Doppelseiten des Schülerbuchs passgenau zugeordnet. Alle Materialien sind auch über Beamer oder Whiteboard direkt im Unterricht nutzbar.

Der Serviceband im Detail

Kopiervorlagen: Materialien für den Unterricht

Alle Kopiervorlagen sind so gestaltet, dass sie keiner zusätzlichen Erläuterung bedürfen und direkt im Unterricht einsetzbar sind. Sie sind nach Kapiteln geordnet und über das Inhaltsverzeichnis auch einzelnen Lerneinheiten zugeordnet, sodass eine schnelle Orientierung für den Einsatz im Unterricht möglich ist. Bei einigen Materialien lohnt es sich, diese zu laminieren, um sie für einen wiederholten Einsatz nutzbar zu machen. Zu jeder Kopiervorlage findet sich direkt im Anschluss die Lösung derselben, sofern sie sich nicht aus der Bearbeitung der Kopiervolage heraus ergibt. (z. B. durch ein Lösungswort, bei einem Spiel etc.).
Auch hierbei handelt es sich um Kopiervorlagen, um sie, falls gewünscht, den Schülerinnen und Schülern zum eigenständigen Arbeiten überlassen zu können.

Hinweise für die Arbeit mit dem Serviceband

Dieser Serviceband unterstützt Sie sowohl in der Arbeit mit dem Lambacher Schweizer Grundfach-Band (Klett-Buch 735621) als auch beim Lambacher Schweizer Leistungsfach-Band (Klett-Buch 735631). Für beide Schülerbände gibt es hier je ein Inhaltsverzeichnis, welches die Kopiervorlagen den passenden Stellen im Schülerbuch zuordnet.
– Kopiervorlagen für den Grundfach-Band: S VII – X.
– Kopiervorlagen für den Leistungsfach-Band: S II – VI.

Arbeitsblatt – Check-in
Folgen und Grenzwerte

Checkliste	Das kann ich gut.	Ich bin noch unsicher.	Das kann ich nicht mehr.
1. Ich kann den Wert von Bruchtermen bestimmen, wenn für die Variable natürliche Zahlen eingesetzt werden.			
2. Ich kann Terme berechnen, die Potenzen mit ganzen Zahlen enthalten.			
3. Ich kann die Bestimmung von Prozentwerten als Multiplikation ausführen.			
4. Ich kann einfache anschauliche Wachstumsprozesse mithilfe eines Terms beschreiben.			

Überprüfen Sie Ihre Einschätzungen anhand der entsprechenden Aufgaben:

1. Ermitteln Sie den Wert des Terms jeweils für n = 1, 2, 5, 10, 50, 100 und tragen Sie die Werte in die Tabelle ein.

n	1	2	5	10	50	100
$\frac{2n}{10-n}$						
$\frac{n+5}{n-5}$						
$\frac{(-n)^2 - 25}{n}$						
$\frac{-n+2}{2^n}$						

2. Berechnen Sie.
   a) $5^2 \cdot 2 + 3 =$
   b) $2^4 \cdot 2^3 =$
   c) $3^{-2} \cdot 4^2 =$
   d) $(-1)^2 - 1^3 =$
   e) $\frac{1}{5^3} \cdot 5^2 =$
   f) $4 + 4^3 =$

3. a) Mit welcher Zahl muss man 100 multiplizieren, damit das Ergebnis 5 % von 100 beträgt?
   b) Mit welcher Zahl muss man 450 multiplizieren, damit das Ergebnis 12 % von 450 beträgt?
   c) Mit welcher Zahl muss man 2013 multiplizieren, damit das Ergebnis 68 % von 2013 beträgt?
   d) Mit welcher Zahl muss man 240 multiplizieren, damit das Ergebnis 8 % mehr als 240 beträgt?
   e) Mit welcher Zahl muss man 760 multiplizieren, damit das Ergebnis 6 % weniger als 760 beträgt?

4. In der Industrienorm DIN 476 ist festgelegt, dass das Format A0 eine Fläche von einem Quadratmeter hat. Faltet man ein A0-Blatt in der Mitte, so erhält man zwei Schichten des A1-Formats.
   Vervollständigen Sie folgende Tabelle und geben Sie einen Term zur Berechnung der Fläche bzw. der Schichten an. Dabei soll n die Nummer des Formates An sein.

Format	Fläche (a_n)	Schichten (b_n)
A0	1 m² = 1 000 000 mm²	1
A1		
A2		
A3		
A4		
A5		

Term für (a_n):

Term für (b_n):

Arbeitsblatt – Check-in
Folgen und Grenzwerte
Lösung

Checkliste	Stichwörter zum Nachschlagen
1. Ich kann den Wert von Bruchtermen bestimmen, wenn für die Variable natürliche Zahlen eingesetzt werden.	Bruch, Bruchterme, Erweitern, Kürzen
2. Ich kann Terme berechnen, die Potenzen mit ganzen Zahlen enthalten.	Potenzgesetze, Potenzieren
3. Ich kann die Bestimmung von Prozentwerten als Multiplikation ausführen.	Grundwert, Prozentwert, Prozentsatz
4. Ich kann einfache anschauliche Wachstumsprozesse mithilfe eines Terms beschreiben.	Lineares Wachstum, exponentielles Wachstum

Überprüfen Sie Ihre Einschätzungen anhand der entsprechenden Aufgaben:

1. Ermitteln Sie den Wert des Terms jeweils für n = 1, 2, 5, 10, 50, 100 und tragen Sie die Werte in die Tabelle ein.

n	1	2	5	10	50	100
$\frac{2n}{10-n}$	$\frac{2}{9} \approx 0{,}22$	0,5	2	nicht definiert	$-2{,}5$	$-\frac{20}{9} \approx -2{,}22$
$\frac{n+5}{n-5}$	$-1{,}5$	$-\frac{7}{3} \approx -2{,}33$	nicht definiert	3	$\frac{11}{9} \approx 1{,}22$	$\frac{21}{19} \approx 1{,}11$
$\frac{(-n)^2 - 25}{n}$	-24	$-10{,}5$	0	7,5	49,5	99,75
$\frac{-n+2}{2^n}$	0,5	0	$-\frac{3}{32} = -0{,}09375$	$-\frac{1}{128} \approx -0{,}0078125$	$\approx -43 \cdot 10^{-15}$	$-77 \cdot 10^{-30}$

2. Berechnen Sie.
a) $5^2 \cdot 2 + 3 = 25 \cdot 2 + 3 = 50 + 3 = 53$
b) $2^4 \cdot 2^3 = 16 \cdot 8 = 128$
c) $3^{-2} \cdot 4^2 = \frac{1}{9} \cdot 16 = \frac{16}{9} = 1\frac{7}{9}$
d) $(-1)^2 - 1^3 = 1 - 1 = 0$
e) $\frac{1}{5^3} \cdot 5^2 = \frac{1}{5} = 0{,}2$
f) $4 + 4^3 = 4 + 64 = 68$

3.
a) Mit welcher Zahl muss man 100 multiplizieren, damit das Ergebnis 5 % von 100 beträgt? **0,05**
b) Mit welcher Zahl muss man 450 multiplizieren, damit das Ergebnis 12 % von 450 beträgt? **0,12**
c) Mit welcher Zahl muss man 2013 multiplizieren, damit das Ergebnis 68 % von 2013 beträgt? **0,68**
d) Mit welcher Zahl muss man 240 multiplizieren, damit das Ergebnis 8 % mehr als 240 beträgt? **1,08**
e) Mit welcher Zahl muss man 760 multiplizieren, damit das Ergebnis 6 % weniger als 760 beträgt? **0,94**

4. In der Industrienorm DIN 476 ist festgelegt, dass das Format A0 eine Fläche von einem Quadratmeter hat. Faltet man ein A0-Blatt in der Mitte, so erhält man zwei Schichten des A1-Formats.
Vervollständigen Sie folgende Tabelle und geben Sie einen Term zur Berechnung der Fläche bzw. der Schichten an. Dabei soll n die Nummer des Formates An sein.

Format	Fläche (a_n)	Schichten (b_n)
A0	$1\,m^2 = 1\,000\,000\,mm^2$	1
A1	$500\,000\,mm^2$	2
A2	$250\,000\,mm^2$	4
A3	$125\,000\,mm^2$	8
A4	$62\,500\,mm^2$	16
A5	$31\,250\,mm^2$	32

Term für (a_n): $a_n = 1\,000\,000 \cdot \left(\frac{1}{2}\right)^n$

Term für (b_n): $b_n = 2^n$

Trainingsblatt
Folgenglieder bestimmen, explizite und rekursive Darstellung

1. Bestimmen Sie die ersten fünf Glieder der Zahlenfolge (a_n).

   a) $a_n = n$ $a_1 =$ ___ , $a_2 =$ ___ , $a_3 =$ ___ , $a_4 =$ ___ , $a_5 =$ ___

   b) $a_n = \frac{2n+3}{2}$ $a_1 =$ ___ , $a_2 =$ ___ , $a_3 =$ ___ , $a_4 =$ ___ , $a_5 =$ ___

   c) $a_n = 5 + 4n$ $a_1 =$ ___ , $a_2 =$ ___ , $a_3 =$ ___ , $a_4 =$ ___ , $a_5 =$ ___

   d) $a_n = 3n + 5$ $a_1 =$ ___ , $a_2 =$ ___ , $a_3 =$ ___ , $a_4 =$ ___ , $a_5 =$ ___

   e) $a_n = \frac{n+n}{2n}$ $a_1 =$ ___ , $a_2 =$ ___ , $a_3 =$ ___ , $a_4 =$ ___ , $a_5 =$ ___

   f) $a_n = \left(-\frac{1}{n}\right)^n$ $a_1 =$ ___ , $a_2 =$ ___ , $a_3 =$ ___ , $a_4 =$ ___ , $a_5 =$ ___

   g) $a_n = -\left(\frac{1}{n}\right)^n$ $a_1 =$ ___ , $a_2 =$ ___ , $a_3 =$ ___ , $a_4 =$ ___ , $a_5 =$ ___

   h) $a_n = 2 \cdot 3^n$ $a_1 =$ ___ , $a_2 =$ ___ , $a_3 =$ ___ , $a_4 =$ ___ , $a_5 =$ ___

2. Bestimmen Sie die ersten fünf Glieder der Zahlenfolge (a_n).

   a) $a_1 = 4;\ a_{n+1} = a_n - 1$ $a_1 =$ ___ , $a_2 =$ ___ , $a_3 =$ ___ , $a_4 =$ ___ , $a_5 =$ ___

   b) $a_1 = 2;\ a_{n+1} = (a_n)^2$ $a_1 =$ ___ , $a_2 =$ ___ , $a_3 =$ ___ , $a_4 =$ ___ , $a_5 =$ ___

   c) $a_1 = 2;\ a_{n+1} = \frac{1}{2}a_n + 1$ $a_1 =$ ___ , $a_2 =$ ___ , $a_3 =$ ___ , $a_4 =$ ___ , $a_5 =$ ___

   d) $a_1 = 9;\ a_{n+1} = a_n + 4$ $a_1 =$ ___ , $a_2 =$ ___ , $a_3 =$ ___ , $a_4 =$ ___ , $a_5 =$ ___

   e) $a_1 = -1;\ a_{n+1} = a_n - 4$ $a_1 =$ ___ , $a_2 =$ ___ , $a_3 =$ ___ , $a_4 =$ ___ , $a_5 =$ ___

   f) $a_1 = 1;\ a_{n+1} = 2a_n + 1$ $a_1 =$ ___ , $a_2 =$ ___ , $a_3 =$ ___ , $a_4 =$ ___ , $a_5 =$ ___

   g) $a_1 = 100;\ a_{n+1} = \frac{a_n - 4}{4}$ $a_1 =$ ___ , $a_2 =$ ___ , $a_3 =$ ___ , $a_4 =$ ___ , $a_5 =$ ___

3. Finden Sie explizite Darstellungen ausgewählter Folgen (a_n) aus Aufgabe 2.

Rekursive Definition	$a_n + 1 = a_n - 1$ $a_1 = 4$	$a_{n+1} = \frac{1}{2}a_n + 1$ $a_1 = 2$	$a_{n+1} = a_n + 4$ $a_1 = 9$	$a_{n+1} = a_n - 4$ $a_1 = -1$	$a_{n+1} = 2a_n + 1$ $a_1 = 1$
Explizite Definition					

4. Finden Sie rekursive Darstellungen ausgewählter Folgen aus Aufgabe 1. Geben Sie jeweils a_1 und eine Rekursion an.

Explizite Definition	$a_n = n$	$a_n = \frac{2n+3}{2}$	$a_n = 5 + 4n$	$a_n = 3n + 5$	$a_n = 2 \cdot 3^n$
Rekursive Definition					

Trainingsblatt
Folgenglieder bestimmen, explizite und rekursive Darstellung

Lösung

1. Bestimmen Sie die ersten fünf Glieder der Zahlenfolge (a_n).

a) $a_n = n$ $a_1 = 1$, $a_2 = 2$, $a_3 = 3$, $a_4 = 4$, $a_5 = 5$

b) $a_n = \frac{2n+3}{2}$ $a_1 = 2{,}5$, $a_2 = 3{,}5$, $a_3 = 4{,}5$, $a_4 = 5{,}5$, $a_5 = 6{,}5$

c) $a_n = 5 + 4n$ $a_1 = 9$, $a_2 = 13$, $a_3 = 17$, $a_4 = 21$, $a_5 = 25$

d) $a_n = 3n + 5$ $a_1 = 8$, $a_2 = 11$, $a_3 = 14$, $a_4 = 17$, $a_5 = 20$

e) $a_n = \frac{n+n}{2n}$ $a_1 = 1$, $a_2 = 1$, $a_3 = 1$, $a_4 = 1$, $a_5 = 1$

f) $a_n = \left(-\frac{1}{n}\right)^n$ $a_1 = -1$, $a_2 = \frac{1}{4}$, $a_3 = -\frac{1}{27}$, $a_4 = \frac{1}{256}$, $a_5 = -\frac{1}{3125}$

g) $a_n = -\left(\frac{1}{n}\right)^n$ $a_1 = -1$, $a_2 = -\frac{1}{4}$, $a_3 = -\frac{1}{27}$, $a_4 = -\frac{1}{256}$, $a_5 = -\frac{1}{3125}$

h) $a_n = 2 \cdot 3^n$ $a_1 = 6$, $a_2 = 18$, $a_3 = 54$, $a_4 = 162$, $a_5 = 486$

2. Bestimmen Sie die ersten fünf Glieder der Zahlenfolge (a_n).

a) $a_1 = 4$; $a_{n+1} = a_n - 1$ $a_1 = 4$, $a_2 = 3$, $a_3 = 2$, $a_4 = 1$, $a_5 = 0$

b) $a_1 = 2$; $a_{n+1} = (a_n)^2$ $a_1 = 2$, $a_2 = 4$, $a_3 = 16$, $a_4 = 256$, $a_5 = 65536$

c) $a_1 = 2$; $a_{n+1} = \frac{1}{2}a_n + 1$ $a_1 = 2$, $a_2 = 2$, $a_3 = 2$, $a_4 = 2$, $a_5 = 2$

d) $a_1 = 9$; $a_{n+1} = a_n + 4$ $a_1 = 9$, $a_2 = 13$, $a_3 = 17$, $a_4 = 21$, $a_5 = 25$

e) $a_1 = -1$; $a_{n+1} = a_n - 4$ $a_1 = -1$, $a_2 = -5$, $a_3 = -9$, $a_4 = -13$, $a_5 = -17$

f) $a_1 = 1$; $a_{n+1} = 2a_n + 1$ $a_1 = 1$, $a_2 = 3$, $a_3 = 7$, $a_4 = 15$, $a_5 = 31$

g) $a_1 = 100$; $a_{n+1} = \frac{a_n - 4}{4}$ $a_1 = 100$, $a_2 = 24$, $a_3 = 5$, $a_4 = 0{,}25$, $a_5 = -0{,}9375$

3. Finden Sie explizite Darstellungen ausgewählter Folgen (a_n) aus Aufgabe 2.

Rekursive Definition	$a_{n+1} = a_n - 1$ $a_1 = 4$	$a_{n+1} = \frac{1}{2}a_n + 1$ $a_1 = 2$	$a_{n+1} = a_n + 4$ $a_1 = 9$	$a_{n+1} = a_n - 4$ $a_1 = -1$	$a_{n+1} = 2a_n + 1$ $a_1 = 1$
Explizite Definition	$a_n = 5 - n$	$a_n = 2$	$a_n = 9 + 4(n-1)$ $= 5 + 4n$	$a_n = -1 - 4(n-1)$ $= 3 - 4n$	$a_n = 2^n - 1$

4. Finden Sie rekursive Darstellungen ausgewählter Folgen aus Aufgabe 1. Geben Sie jeweils a_1 und eine Rekursion an.

Explizite Definition	$a_n = n$	$a_n = \frac{2n+3}{2}$	$a_n = 5 + 4n$	$a_n = 3n + 5$	$a_n = 2 \cdot 3^n$
Rekursive Definition	$a_1 = 1$ $a_{n+1} = a_n + 1$	$a_1 = 2{,}5$ $a_{n+1} = a_n + 1$	$a_1 = 9$ $a_{n+1} = a_n + 4$	$a_1 = 8$ $a_{n+1} = a_n + 3$	$a_1 = 6$ $a_{n+1} = 3 \cdot a_n$

Arbeitsblatt
Bildungsvorschrift von Folgen bestimmen, Graphen zeichnen

1. Ermitteln Sie, welche rekursive Bildungsvorschrift bei der Zahlenfolge vorliegt und berechnen Sie anschließend drei weitere Folgenglieder.

   a) $a_1 = 1$; $a_2 = \frac{1}{2}$; $a_3 = \frac{1}{4}$; $a_4 = \frac{1}{8}$; $a_5 = \frac{1}{16}$ Bildungsvorschrift: $a_{n+1} =$ _____

   Weitere Glieder: $a_6 =$ _____ $a_7 =$ _____ $a_8 =$ _____

   b) $a_1 = 1$; $a_2 = 4$; $a_3 = 10$; $a_4 = 22$; $a_5 = 46$ Bildungsvorschrift: $a_{n+1} =$ _____

   Weitere Glieder: $a_6 =$ _____ $a_7 =$ _____ $a_8 =$ _____

   c) $a_1 = 100$; $a_2 = 49$; $a_3 = 23{,}5$; $a_4 = 10{,}75$; $a_5 = 4{,}375$ Bildungsvorschrift: $a_{n+1} =$ _____

   Weitere Glieder: $a_6 =$ _____ $a_7 =$ _____ $a_8 =$ _____

   d) $a_1 = 6$; $a_2 = -12$; $a_3 = 24$; $a_4 = -48$; $a_5 = 96$ Bildungsvorschrift: $a_{n+1} =$ _____

   Weitere Glieder: $a_6 =$ _____ $a_7 =$ _____ $a_8 =$ _____

   e) $a_1 = 1$; $a_2 = 1$; $a_3 = 2$; $a_4 = 3$; $a_5 = 5$; $a_6 = 8$; $a_7 = 13$ Bildungsvorschrift für $n \geq 2$: $a_{n+1} =$ _____

   Weitere Glieder: $a_8 =$ _____ $a_9 =$ _____ $a_{10} =$ _____

2. Zeichnen Sie die Graphen der Folgen aus Teilaufgaben 1 b), c) und d) in die dafür vorgesehenen Koordinatensysteme.

   1 b)   1 c)   1 d)

   [Koordinatensysteme für die Graphen]

   Dürfen Sie die eingezeichneten Graphenpunkte verbinden?   ☐ Ja   ☐ Nein

   Begründung: _____

3. Zeichnen Sie einen Kreis und überprüfen Sie den Zusammenhang „Anzahl an Punkten auf der Kreislinie" und „mögliche Verbindungsstrecken". Füllen Sie die Tabelle aus.

Punkte auf der Kreislinie	Anzahl möglicher Verbindungen
1	
2	
3	
4	
5	
6	

   Finden Sie eine rekursive Definition der Folge (v_n), die die Anzahl möglicher Verbindungsstrecken bei n Punkten auf der Kreislinie angibt.

   $v_1 =$ _____ $v_{n+1} =$ _____

   Finden Sie eine explizite Darstellung der Folge (v_n).

   $v_n =$ _____

Arbeitsblatt
Bildungsvorschrift von Folgen bestimmen, Graphen zeichnen — Lösung

1. Ermitteln Sie, welche rekursive Bildungsvorschrift bei der Zahlenfolge vorliegt und berechnen Sie anschließend drei weitere Folgenglieder.

   a) $a_1 = 1$; $a_2 = \frac{1}{2}$; $a_3 = \frac{1}{4}$; $a_4 = \frac{1}{8}$; $a_5 = \frac{1}{16}$ — Bildungsvorschrift: $a_{n+1} = \frac{1}{2} a_n$
   Weitere Glieder: $a_6 = \frac{1}{32}$, $a_7 = \frac{1}{64}$, $a_8 = \frac{1}{128}$

   b) $a_1 = 1$; $a_2 = 4$; $a_3 = 10$; $a_4 = 22$; $a_5 = 46$ — Bildungsvorschrift: $a_{n+1} = 2a_n + 2$
   Weitere Glieder: $a_6 = 94$, $a_7 = 190$, $a_8 = 382$

   c) $a_1 = 100$; $a_2 = 49$; $a_3 = 23{,}5$; $a_4 = 10{,}75$; $a_5 = 4{,}375$ — Bildungsvorschrift: $a_{n+1} = \frac{1}{2} a_n - 1$
   Weitere Glieder: $a_6 = 1{,}1875$, $a_7 = -0{,}40625$, $a_8 = -1{,}203125$

   d) $a_1 = 6$; $a_2 = -12$; $a_3 = 24$; $a_4 = -48$; $a_5 = 96$ — Bildungsvorschrift: $a_{n+1} = (-2) \cdot a_n$
   Weitere Glieder: $a_6 = -192$, $a_7 = 384$, $a_8 = -768$

   e) $a_1 = 1$; $a_2 = 1$; $a_3 = 2$; $a_4 = 3$; $a_5 = 5$; $a_6 = 8$; $a_7 = 13$ — Bildungsvorschrift für $n \geq 2$: $a_{n+1} = a_n + a_{n-1}$
   Weitere Glieder: $a_8 = 21$, $a_9 = 34$, $a_{10} = 55$

2. Zeichnen Sie die Graphen der Folgen aus Teilaufgaben 1 b), c) und d) in die dafür vorgesehenen Koordinatensysteme.

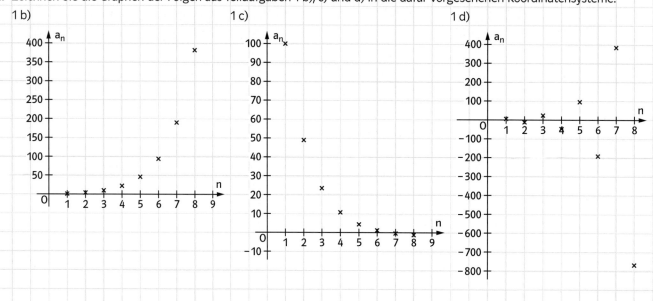

Dürfen Sie die eingezeichneten Graphenpunkte verbinden? Ja ☒ Nein
Begründung: Weil die Folge nur für natürliche Zahlen n erklärt ist.

3. Zeichnen Sie einen Kreis und überprüfen Sie den Zusammenhang „Anzahl an Punkten auf der Kreislinie" und „mögliche Verbindungsstrecken". Füllen Sie die Tabelle aus.

Punkte auf der Kreislinie	Anzahl möglicher Verbindungen
1	0
2	1
3	3
4	6
5	10
6	15

Finden Sie eine rekursive Definition der Folge (v_n), die die Anzahl möglicher Verbindungsstrecken bei n Punkten auf der Kreislinie angibt.
$v_1 = 0$ $v_{n+1} = v_n + n$

Finden Sie eine explizite Darstellung der Folge (v_n).
$v_n = \dfrac{(n-1) \cdot n}{2}$

Arbeitsblatt
Monotonie und Beschränktheit von Folgen

1. Die Folge (a_n) ist gegeben durch $a_n = (-1)^n \cdot \frac{1}{n}$.

a) Bestimmen Sie die ersten zehn Folgenglieder.

n	1	2	3	4	5	6	7	8	9	10
a_n										

b) Zeichnen Sie die Folgenglieder aus Teilaufgabe a) in das Koordinatensystem ein.

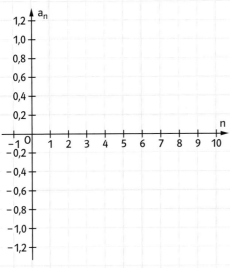

c) Kreuzen Sie an, welche der folgenden Werte eine *obere* Schranke für die Folge (a_n) darstellen.

2
0,1
0,9
0,4
−1,2
1

d) Kreuzen Sie an, welche der folgenden Werte eine *untere* Schranke für die Folge (a_n) darstellen.

−1,2
−3
2
−0,9
−0,6
−1,01

e) Weisen Sie mithilfe einer geeigneten Fallunterscheidung nach, dass $a_n = (-1)^n \cdot \frac{1}{n}$ keine Monotonie besitzt.

$a_n = (-1)^n \cdot \frac{1}{n}$ $\qquad a_{n+1} = $

1. Fall: n ist _____.

$a_{n+1} - a_n = $

$= $

2. Fall: n ist _____.

$a_{n+1} - a_n = $

$= $

Die Differenz $a_{n+1} - a_n$ ist für _____ positiv und für _____ negativ. Es liegt also keine Monotonie vor.

2. a) Weisen Sie mithilfe der Differenz $b_{n+1} - b_n$ nach, dass die Folge (b_n) mit $b_n = 2n - 1$ streng monoton ist.

$b_n = 2n - 1 \qquad b_{n+1} = \qquad\qquad = $

$b_{n+1} - b_n = $

Es gilt $b_{n+1} - b_n$ ____ 0, daher ist die Folge (b_n) streng monton _____.

b) Gegeben ist die Folge (c_n) mit $c_n = 3^n$. Untersuchen Sie die Folge mithilfe des Quotienten $\frac{c_{n+1}}{c_n}$ auf Monotonie.

c) Gegeben ist die Folge (d_n) mit $d_n = n^2 - 5n + 1$. Untersuchen Sie die Folge auf Monotonie. Versuchen Sie Besonderheiten durch eine geeignete Fallunterscheidung zu verdeutlichen.

Arbeitsblatt
Monotonie und Beschränktheit von Folgen

Lösung

1. Die Folge (a_n) ist gegeben durch $a_n = (-1)^n \cdot \frac{1}{n}$.

a) Bestimmen Sie die ersten zehn Folgenglieder.

n	1	2	3	4	5	6	7	8	9	10
a_n	-1	$0{,}5$	$-\frac{1}{3} \approx -0{,}33$	$0{,}25$	$-0{,}2$	$\frac{1}{6} \approx 0{,}17$	$-\frac{1}{7} \approx -0{,}14$	$0{,}125$	$-\frac{1}{9} \approx -0{,}11$	$0{,}1$

b) Zeichnen Sie die Folgenglieder aus Teilaufgabe a) in das Koordinatensystem ein.

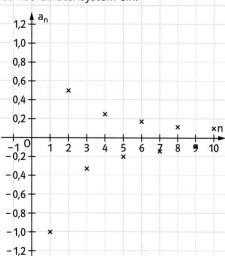

c) Kreuzen Sie an, welche der folgenden Werte eine *obere* Schranke für die Folge (a_n) darstellen.

- 2 ☒
- 0,1
- 0,9 ☒
- 0,4
- $-1{,}2$
- 1 ☒

d) Kreuzen Sie an, welche der folgenden Werte eine *untere* Schranke für die Folge (a_n) darstellen.

- $-1{,}2$ ☒
- -3 ☒
- 2
- $-0{,}9$
- $-0{,}6$
- $-1{,}01$ ☒

e) Weisen Sie mithilfe einer geeigneten Fallunterscheidung nach, dass $a_n = (-1)^n \cdot \frac{1}{n}$ keine Monotonie besitzt.

$a_n = (-1)^n \cdot \frac{1}{n}$ $a_{n+1} = (-1)^{n+1} \cdot \frac{1}{n+1}$

1. Fall: n ist **gerade**.

$a_{n+1} - a_n = (-1)^{n+1} \cdot \frac{1}{n+1} - (-1)^n \cdot \frac{1}{n} = -\frac{1}{n+1} - \frac{1}{n}$

$= -\frac{n}{n \cdot (n+1)} - \frac{n+1}{n \cdot (n+1)} = -\frac{2n+1}{n(n+1)} < 0$

2. Fall: n ist **ungerade**.

$a_{n+1} - a_n = (-1)^{n+1} \cdot \frac{1}{n+1} - (-1)^n \cdot \frac{1}{n} = \frac{1}{n+1} + \frac{1}{n}$

$= \frac{n}{n \cdot (n+1)} + \frac{n+1}{n \cdot (n+1)} = \frac{2n+1}{n(n+1)} > 0$

Die Differenz $a_{n+1} - a_n$ ist für **ungerade n** positiv und für **gerade n** negativ. Es liegt also keine Monotonie vor.

2. a) Weisen Sie mithilfe der Differenz $b_{n+1} - b_n$ nach, dass die Folge (b_n) mit $b_n = 2n - 1$ streng monoton ist.

$b_n = 2n - 1$ $b_{n+1} =$ **$2(n+1) - 1$** $=$ **$2n + 1$**

$b_{n+1} - b_n =$ **$2n + 1 - (2n - 1) = 2 > 0$**

Es gilt $b_{n+1} - b_n$ **>** 0, daher ist die Folge (b_n) streng monton **steigend**.

b) Gegeben ist die Folge (c_n) mit $c_n = 3^n$. Untersuchen Sie die Folge mithilfe des Quotienten $\frac{c_{n+1}}{c_n}$ auf Monotonie.

$c_{n+1} = 3^{n+1} \Rightarrow \frac{c_{n+1}}{c_n} = \frac{3^{n+1}}{3^n} = \frac{3}{1} = 3 > 1$. Da der Quotient $\frac{c_{n+1}}{c_n} > 1$ ist, ist (c_n) streng monoton steigend.

c) Gegeben ist die Folge (d_n) mit $d_n = n^2 - 5n + 1$. Untersuchen Sie die Folge auf Monotonie. Versuchen Sie Besonderheiten durch eine geeignete Fallunterscheidung zu verdeutlichen.

$d_{n+1} = (n+1)^2 - 5(n+1) + 1 = n^2 + 2n + 1 - 5n - 5 + 1 = n^2 - 3n - 3$

$d_{n+1} - d_n = n^2 - 3n - 3 - (n^2 - 5n + 1) = 2n - 4$

Fallunterscheidung: $n < 3$: $d_{n+1} - d_n \leq 0 \Rightarrow (d_n)$ monoton fallend.

$n \geq 3$: $d_{n+1} - d_n > 0 \Rightarrow (d_n)$ streng monoton steigend.

Arbeitsblatt
Grenzwert einer Folge

1. Gegeben ist die Folge (a_n) mit $a_n = 2 + 3 \cdot \left(-\frac{1}{2}\right)^n$.

  a) Berechnen Sie die ersten zehn Folgenglieder (gekürzt auf drei Stellen nach dem Komma) und zeichnen Sie sie in das Koordinatensystem.

n	1	2	3	4	5	6	7	8	9	10
a_n	0,5	2,75	1,625	2,188	1,906	2,047	1,977	2,012	1,994	2,003

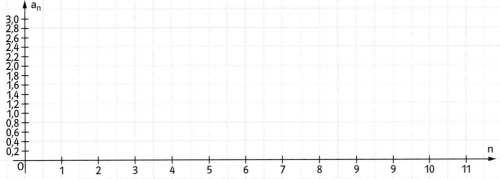

  b) Stellen Sie eine Vermutung für den Grenzwert von (a_n) auf. $g = \lim\limits_{n \to \infty}(a_n) = $ _____

  c) Bestimmen Sie für $\varepsilon = 0{,}01$, ab welchem Folgenglied der Abstand $|a_n - g| < 0{,}01$ ist.

  $|a_n - g| < 0{,}01 \Leftrightarrow \left| - \right| < 0{,}01.$

  Vereinfachen des Terms liefert: $ < 0{,}01$. Nun löst man diese Ungleichung nach n auf.

  Dazu dividiert man zunächst auf beiden Seiten durch ____ und erhält: _____.

  Eine Fallunterscheidung für gerade und ungerade n ist nicht notwendig, weil _____.

  Mithilfe des Logarithmus lässt sich nach n auflösen:

  $\ln\left(\right) < \ln\left(\right) \Leftrightarrow n \cdot \ln\left(\right) < \ln\left(\right) \Leftrightarrow n > \dfrac{\ln\left(\right)}{\ln\left(\right)} \approx $

  $|a_n - g| < 0{,}01$ gilt also für alle $n \geq$ ____.

  d) Bestimmen Sie für ein beliebiges $\varepsilon > 0$, ab welchem Folgenglied der Abstand $|a_n - g| < \varepsilon$ ist.
     Hinweis: Die Angabe erfolgt nun nicht als Zahlenwert, sondern in Abhängigkeit von ε.

  e) Jede monotone und beschränkte Folge ist konvergent. Prüfen Sie anhand von (a_n), ob auch gilt: „Jede konvergente Folge ist monoton und beschränkt."

Arbeitsblatt
Grenzwert einer Folge

Lösung

1. Gegeben ist die Folge (a_n) mit $a_n = 2 + 3 \cdot \left(-\frac{1}{2}\right)^n$.

a) Berechnen Sie die ersten zehn Folgenglieder (gekürzt auf drei Stellen nach dem Komma) und zeichnen Sie sie in das Koordinatensystem.

n	1	2	3	4	5	6	7	8	9	10
a_n	0,5	2,75	1,625	2,188	1,906	2,047	1,977	2,012	1,994	2,003

b) Stellen Sie eine Vermutung für den Grenzwert von (a_n) auf. $g = \lim_{n \to \infty}(a_n) =$ **2**

c) Bestimmen Sie für $\varepsilon = 0{,}01$, ab welchem Folgenglied der Abstand $|a_n - g| < 0{,}01$ ist.

$|a_n - g| < 0{,}01 \Leftrightarrow \left| 2 + 3 \cdot \left(-\frac{1}{2}\right)^n - 2 \right| < 0{,}01$.

Vereinfachen des Terms liefert: $\left| 3 \cdot \left(-\frac{1}{2}\right)^n \right| < 0{,}01$. Nun löst man diese Ungleichung nach n auf.

Dazu dividiert man zunächst auf beiden Seiten durch **3** und erhält: $\left|\left(-\frac{1}{2}\right)^n\right| < \frac{1}{3} \cdot 0{,}01 = \frac{1}{300}$.

Eine Fallunterscheidung für gerade und ungerade n ist nicht notwendig, weil **der Betrag nur positive Werte liefert**.
Mithilfe des Logarithmus lässt sich nach n auflösen:

$\ln\left(\left(\frac{1}{2}\right)^n\right) < \ln\left(\frac{1}{300}\right) \Leftrightarrow n \cdot \ln\left(\frac{1}{2}\right) < \ln\left(\frac{1}{300}\right) \Leftrightarrow n > \frac{\ln\left(\frac{1}{300}\right)}{\ln\left(\frac{1}{2}\right)} \approx 8{,}23$

$|a_n - g| < 0{,}01$ gilt also für alle $n \geq$ **9**.

d) Bestimmen Sie für ein beliebiges $\varepsilon > 0$, ab welchem Folgenglied der Abstand $|a_n - g| < \varepsilon$ ist.
Hinweis: Die Angabe erfolgt nun nicht als Zahlenwert, sondern in Abhängigkeit von ε.

$|a_n - g| < \varepsilon \Leftrightarrow \left|2 + 3 \cdot \left(-\frac{1}{2}\right)^n - 2\right| < \varepsilon \Leftrightarrow \left|3 \cdot \left(-\frac{1}{2}\right)^n\right| < \varepsilon \Leftrightarrow \left|\left(-\frac{1}{2}\right)^n\right| < \frac{\varepsilon}{3}$

Der Betrag liefert nur positive Werte, daher kann er wie folgt aufgelöst werden:

$\Leftrightarrow \left(\frac{1}{2}\right)^n < \frac{\varepsilon}{3} \Leftrightarrow n \cdot \ln\left(\frac{1}{2}\right) < \ln\left(\frac{\varepsilon}{3}\right) \Leftrightarrow n \cdot (\ln(1) - \ln(2)) < \ln(\varepsilon) - \ln(3) \Rightarrow n \cdot (-\ln(2)) < \ln(\varepsilon) - \ln(3)$.

Division durch die negative Zahl $-\ln(2)$ liefert: $n > \frac{\ln(\varepsilon) - \ln(3)}{-\ln(2)}$.

Für $n > \frac{\ln(\varepsilon) - \ln(3)}{-\ln(2)}$ ist $|a_n - 2| < \varepsilon$.

e) Jede monotone und beschränkte Folge ist konvergent. Prüfen Sie anhand von (a_n), ob auch gilt: „Jede konvergente Folge ist monoton und beschränkt."
Diese Umkehrung ist nicht zulässig, da (a_n) nicht monoton, aber dennoch konvergent ist. Dass (a_n) nicht monoton ist, erkennt man anschaulich an der Wertetabelle bzw. am Graphen.

Trainingsblatt
Grenzwerte bestimmen

1. Untersuchen Sie, ob die Folge (a_n) konvergiert. Weisen Sie den Grenzwert nach oder begründen Sie, warum die Folge divergiert.

   a) $a_n = \frac{1}{n}$ \qquad Vermutung: _____

   $|a_n - g| < \varepsilon \Rightarrow \left|\right| < \varepsilon$ \qquad Auflösen nach n: $\left|\frac{1}{}\right| < \varepsilon \Leftrightarrow \frac{1}{} < \varepsilon \Leftrightarrow < n \Leftrightarrow n > $

   Für $n > $ gilt: $|a_n - g| < \varepsilon$. Die Folge (a_n) konvergiert mit Grenzwert _____.

   b) $a_n = \left(\frac{3}{4}\right)^n - 2$ \qquad Vermutung: _____

   $|a_n - g| < \varepsilon \Leftrightarrow \left|\right| < \varepsilon$ \qquad Auflösen nach n:

   c) $a_n = \frac{n}{1+2n} + \frac{1+n}{1+2n}$ \qquad Vermutung: _____

   d) $a_n = 2 \cdot (5 + 3 \cdot (-1)^n)$ \qquad Vermutung: _____

2. Berechnen Sie durch Umformungen und Anwenden der Grenzwertsätze jeweils den Grenzwert der Folge.

   a) $a_n = \frac{4n^3 + 9n - 7}{n^3 + 17n}$. Erweitern mit $\frac{1}{}$ liefert: _____. Die Grenzwerte der einzelnen Summanden sind:

   $\lim\limits_{n \to \infty} = $, $\lim\limits_{n \to \infty} = $, $\lim\limits_{n \to \infty} = $, $\lim\limits_{n \to \infty} = $ und $\lim\limits_{n \to \infty} = $.

   $\lim\limits_{n \to \infty} a_n = \lim\limits_{n \to \infty} \frac{}{} = \frac{\lim\limits_{n \to \infty} + \lim\limits_{n \to \infty} - \lim\limits_{n \to \infty} }{\lim\limits_{n \to \infty} + \lim\limits_{n \to \infty} } = = $

   b) $a_n = \frac{(n+1)(n-1)}{n^5 + 7} = $. Erweitern mit $\frac{1}{}$ liefert: _____. Die Grenzwerte der einzelnen Summanden

   sind: $\lim\limits_{n \to \infty} = $, $\lim\limits_{n \to \infty} = $, $\lim\limits_{n \to \infty} = $ und $\lim\limits_{n \to \infty} = $.

   c) $a_n = \frac{(n^3 + 1)^2 + n^4}{n^6 + 7}$

   d) $a_n = \left[\left(\frac{3}{4}\right)^n - 2\right] \cdot \left(\frac{n}{1+2n} + \frac{1+n}{1+2n}\right)$

Trainingsblatt
Grenzwerte bestimmen — Lösung

1. Untersuchen Sie, ob die Folge (a_n) konvergiert. Weisen Sie den Grenzwert nach oder begründen Sie, warum die Folge divergiert.

a) $a_n = \frac{1}{n}$ Vermutung: (a_n) konvergiert mit $g = 0$

$|a_n - g| < \varepsilon \Rightarrow \left|\frac{1}{n} - 0\right| < \varepsilon$ Auflösen nach n: $\left|\frac{1}{n}\right| < \varepsilon \Leftrightarrow \frac{1}{n} < \varepsilon \Leftrightarrow \frac{1}{\varepsilon} < n \Leftrightarrow n > \frac{1}{\varepsilon}$

Für $n > \frac{1}{\varepsilon}$ gilt: $|a_n - g| < \varepsilon$. Die Folge (a_n) konvergiert mit Grenzwert 0.

b) $a_n = \left(\frac{3}{4}\right)^n - 2$ Vermutung: (a_n) konvergiert mit $g = -2$

$|a_n - g| < \varepsilon \Leftrightarrow \left|\left(\frac{3}{4}\right)^n - 2 - (-2)\right| < \varepsilon$ Auflösen nach n: $\left|\left(\frac{3}{4}\right)^n\right| < \varepsilon \Leftrightarrow n \cdot (\ln(3) - \ln(4)) < \ln(\varepsilon) \Leftrightarrow n > \frac{\ln(\varepsilon)}{\ln(3) - \ln(4)}$

Für $n > \frac{\ln(\varepsilon)}{\ln(3) - \ln(4)}$ gilt: $|a_n - g| < \varepsilon$. Die Folge (a_n) konvergiert mit Grenzwert -2.

c) $a_n = \frac{n}{1+2n} + \frac{1+n}{1+2n}$ Vermutung: (a_n) konvergiert mit $g = 1$

$a_n = \frac{n}{1+2n} + \frac{1+n}{1+2n} = \frac{2n+1}{2n+1} = 1$ für alle $n \in \mathbb{N}$.

d) $a_n = 2 \cdot (5 + 3 \cdot (-1)^n)$ Vermutung: (a_n) divergiert

Begründung: Für n gerade gilt: $a_n = 16$; für n ungerade gilt: $a_n = 4$. Es liegen also beliebig viele Folgenglieder bei 4 und beliebig viele bei 16.

2. Berechnen Sie durch Umformungen und Anwenden der Grenzwertsätze jeweils den Grenzwert der Folge.

a) $a_n = \frac{4n^3 + 9n - 7}{n^3 + 17n}$. Erweitern mit $\frac{1}{n^3}$ liefert: $\frac{4 + \frac{9}{n^2} - \frac{7}{n^3}}{1 + \frac{17}{n^2}}$. Die Grenzwerte der einzelnen Summanden sind:

$\lim_{n \to \infty} 4 = 4$, $\lim_{n \to \infty} \frac{9}{n^2} = 0$, $\lim_{n \to \infty} \frac{7}{n^3} = 0$, $\lim_{n \to \infty} 1 = 1$ und $\lim_{n \to \infty} \frac{17}{n^2} = 0$.

$\lim_{n \to \infty} a_n = \lim_{n \to \infty} \frac{4 + \frac{9}{n^2} - \frac{7}{n^3}}{1 + \frac{17}{n^2}} = \frac{\lim_{n \to \infty} 4 + \lim_{n \to \infty} \frac{9}{n^2} - \lim_{n \to \infty} \frac{7}{n^3}}{\lim_{n \to \infty} 1 + \lim_{n \to \infty} \frac{17}{n^2}} = \frac{4}{1} = 4$

b) $a_n = \frac{(n+1)(n-1)}{n^5 + 7} = \frac{n^2 - 1}{n^5 + 7}$. Erweitern mit $\frac{1}{n^5}$ liefert: $\frac{\frac{1}{n^3} - \frac{1}{n^5}}{1 + \frac{7}{n^5}}$. Die Grenzwerte der einzelnen Summanden

sind: $\lim_{n \to \infty} \frac{1}{n^3} = 0$, $\lim_{n \to \infty} \frac{1}{n^5} = 0$, $\lim_{n \to \infty} 1 = 1$ und $\lim_{n \to \infty} \frac{7}{n^5} = 0$.

$\lim_{n \to \infty} a_n = \lim_{n \to \infty} \frac{\frac{1}{n^3} - \frac{1}{n^5}}{1 + \frac{7}{n^5}} = \frac{\lim_{n \to \infty} \frac{1}{n^3} - \lim_{n \to \infty} \frac{1}{n^5}}{\lim_{n \to \infty} 1 + \lim_{n \to \infty} \frac{7}{n^5}} = \frac{0}{1} = 0$

c) $a_n = \frac{(n^3 + 1)^2 + n^4}{n^6 + 7} = \frac{n^6 + n^4 + 2n^3 + 1}{n^6 + 7} = \frac{1 + \frac{1}{n^2} + \frac{2}{n^3} + \frac{1}{n^6}}{1 + \frac{7}{n^6}}$

Die Grenzwerte der einzelnen Summanden sind: $\lim_{n \to \infty} 1 = 1$, $\lim_{n \to \infty} \frac{1}{n^2} = \lim_{n \to \infty} \frac{2}{n^3} = \lim_{n \to \infty} \frac{1}{n^6} = \lim_{n \to \infty} \frac{7}{n^6} = 0$.

$\lim_{n \to \infty} a_n = \lim_{n \to \infty} \frac{1 + \frac{1}{n^2} + \frac{2}{n^3} + \frac{1}{n^6}}{1 + \frac{7}{n^6}} = \frac{\lim_{n \to \infty} 1 + \lim_{n \to \infty} \frac{1}{n^2} + \lim_{n \to \infty} \frac{2}{n^3} + \lim_{n \to \infty} \frac{1}{n^6}}{\lim_{n \to \infty} 1 + \lim_{n \to \infty} \frac{7}{n^6}} = \frac{1}{1} = 1$

d) $a_n = \left(\left(\frac{3}{4}\right)^n - 2\right) \cdot \left(\frac{n}{1+2n} + \frac{1+n}{1+2n}\right)$ Aus Aufgabe 1 sind die Grenzwerte der Folgen $b_n = \left(\left(\frac{3}{4}\right)^n - 2\right)$ und $c_n = \frac{n}{1+2n} + \frac{1+n}{1+2n}$

bereits bekannt. Es ergibt sich nach den Grenzwertsätzen: $\lim_{n \to \infty} a_n = \lim_{n \to \infty} b_n \cdot \lim_{n \to \infty} c_n = (-2) \cdot 1 = -2$.

Arbeitsblatt – Check-out
Folgen und Grenzwerte

1. Bestimmen Sie die ersten zehn Folgenglieder für (a_n) mit $a_n = 3n - \frac{2}{n}$ und für (b_n) mit $b_1 = 2$, $b_{n+1} = 2 \cdot b_n - 1$ und tragen Sie diese in die Tabelle ein. Zeichnen Sie die ersten zehn Folgenglieder von (a_n) und die ersten sieben Folgenglieder von (b_n) in das Koordinatensystem.

n	a_n	b_n
1		
2		
3		
4		
5		
6		
7		
8		
9		
10		

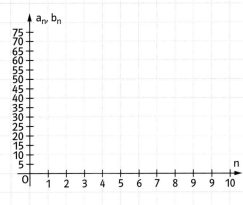

2. Untersuchen Sie die Folge auf Monotonie und Beschränktheit.

   a) $a_n = n - 5n^2$

   b) $b_n = \left(\frac{1}{4}\right)^n$

3. Finden Sie eine explizite Darstellung der Folge und weisen Sie Konvergenz nach.

n	1	2	3	4	5
a_n	$\frac{1}{3}$	$\frac{1}{9}$	$\frac{1}{27}$	$\frac{1}{81}$	$\frac{1}{243}$

$a_n = $

4. Zeigen Sie, dass (a_n) den Grenzwert g hat.

   a) $a_n = \left(\frac{1}{4}\right)^n$, $g = 0$

   b) $a_n = \frac{7n^2 - 4}{n(n-1)}$, $g = 7$

Arbeitsblatt – Check-out
Folgen und Grenzwerte

Lösung

1. Bestimmen Sie die ersten zehn Folgenglieder für (a_n) mit $a_n = 3n - \frac{2}{n}$ und für (b_n) mit $b_1 = 2$, $b_{n+1} = 2 \cdot b_n - 1$ und tragen Sie diese in die Tabelle ein. Zeichnen Sie die ersten zehn Folgenglieder von (a_n) und die ersten sieben Folgenglieder von (b_n) in das Koordinatensystem.

n	a_n	b_n
1	1	2
2	5	3
3	8,33	5
4	11,5	9
5	14,6	17
6	17,67	33
7	20,71	65
8	23,75	129
9	26,78	257
10	29,8	513

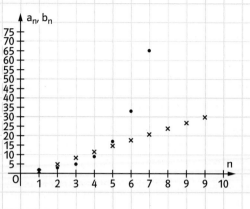

2. Untersuchen Sie die Folge auf Monotonie und Beschränktheit.

a) $a_n = n - 5n^2$

$a_{n+1} = n + 1 - 5(n+1)^2 = n + 1 - 5(n^2 + 2n + 1) = n + 1 - 5n^2 - 10n - 5 = -5n^2 - 9n - 4$

$a_{n+1} - a_n = -5n^2 - 9n - 4 - (n - 5n^2) = -5n^2 - 9n - 4 - n + 5n^2 = -10n - 4 < 0 \Rightarrow (a_n)$ streng monoton fallend.

Beschränktheit: Da n^2 beliebig groß wird, ist die Folge nur nach oben beschränkt.
Eine obere Schranke ist z. B. der Wert -4.

b) $b_n = \left(\frac{1}{4}\right)^n$

$b_{n+1} = \left(\frac{1}{4}\right)^{n+1}$ $\quad$ $\frac{b_{n+1}}{b_n} = \frac{\left(\frac{1}{4}\right)^{n+1}}{\left(\frac{1}{4}\right)^n} = \frac{\left(\frac{1}{4}\right)^n \cdot \frac{1}{4}}{\left(\frac{1}{4}\right)^n} = \frac{1}{4} < 1 \Rightarrow (b_n)$ ist streng monoton fallend.

Beschränktheit: Die Folgenglieder der Folge (b_n) sind alle positiv. Eine untere Schranke ist daher z. B. $s = 0$. (b_n) ist streng monoton fallend. Für $n = 1$ erreicht (b_n) daher den höchsten Wert, also ist $S = a_1 = \frac{1}{4}$ eine obere Schranke. Somit ist (b_n) nach oben und unten beschränkt, d. h. (b_n) ist beschränkt.

3. Finden Sie eine explizite Darstellung der Folge und weisen Sie Konvergenz nach.

n	1	2	3	4	5
a_n	$\frac{1}{3}$	$\frac{1}{9}$	$\frac{1}{27}$	$\frac{1}{81}$	$\frac{1}{243}$

$a_n = \frac{1}{3^n}$

$\frac{a_{n+1}}{a_n} = \frac{\left(\frac{1}{3^{n+1}}\right)}{\left(\frac{1}{3^n}\right)} = \frac{3^n}{3^{n+1}} = \frac{1}{3} < 1 \Rightarrow (a_n)$ ist streng monoton fallend.

Es gilt $a_n > 0$ für alle Folgenglieder und, da a_n streng monoton fallend ist, $a_n \leq a_1 = \frac{1}{3}$. Also ist (a_n) beschränkt. (a_n) ist monoton und beschränkt, also ist (a_n) konvergent.

4. Zeigen Sie, dass (a_n) den Grenzwert g hat.

a) $a_n = \left(\frac{1}{4}\right)^n$, $g = 0$

Es sei $\varepsilon > 0$ beliebig. $|a_n - g| < \varepsilon \Leftrightarrow \left|\left(\frac{1}{4}\right)^n - 0\right| < \varepsilon \Leftrightarrow \left(\frac{1}{4}\right)^n < \varepsilon \Leftrightarrow n \cdot (\ln(1) - \ln(4)) < \ln(\varepsilon) \Leftrightarrow n > \frac{\ln(\varepsilon)}{\ln(1) - \ln(4)}$

Somit existiert zu jedem $\varepsilon > 0$ eine natürliche Zahl, ab der für alle Folgenglieder gilt: $|a_n - 0| < \varepsilon$.

b) $a_n = \frac{7n^2 - 4}{n(n-1)}$, $g = 7$

$a_n = \frac{7n^2 - 4}{n(n-1)} = \frac{7 - \frac{4}{n^2}}{1 - \frac{1}{n}}$. Die Grenzwerte der einzelnen Summanden sind: $\lim_{n \to \infty} 7 = 7$, $\lim_{n \to \infty} \frac{4}{n^2} = 0$, $\lim_{n \to \infty} 1 = 1$

und $\lim_{n \to \infty} \frac{1}{n} = 0$. Somit gilt: $\lim_{n \to \infty} a_n = \lim_{n \to \infty} \frac{7 - \frac{4}{n^2}}{1 - \frac{1}{n}} = \frac{\lim_{n \to \infty} 7 - \lim_{n \to \infty} \frac{4}{n^2}}{\lim_{n \to \infty} 1 - \lim_{n \to \infty} \frac{1}{n}} = \frac{7}{1} = 7$

Arbeitsblatt – Check-in
Ableitung

Checkliste	Das kann ich gut.	Ich bin noch unsicher.	Das kann ich nicht mehr.
1. Ich kann mithilfe von zwei Punkten die Gleichung einer Geraden ermitteln.			
2. Ich kann die Steigung einer Geraden im Koordinatensystem ablesen.			
3. Ich kann mithilfe der Steigung und einem Geradenpunkt die Gleichung einer Geraden angeben.			
4. Ich kann Terme der Form $(a + b)^2$ ausmultiplizieren.			
5. Ich kann Bruchterme vereinfachen.			

Überprüfen Sie Ihre Einschätzungen anhand der entsprechenden Aufgaben:

1. Ermitteln Sie die Gleichung der linearen Funktion, deren Graph durch die Punkte P und Q geht.
   a) $P(3|1), Q(7|-1)$
   b) $P\left(\frac{7}{8}\middle|-5\right), Q\left(-0{,}5\middle|\frac{9}{10}\right)$

2. Bestimmen Sie die Steigung der Geraden f bis i.
   f: m =   g: m =
   h: m =   i: m =

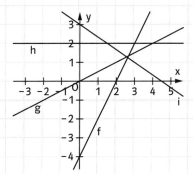

3. a) Bestimmen Sie die Funktionsgleichung der Geraden mit der Steigung $m = 7$, die durch den Punkt $P(7|7)$ geht.

   b) Der Punkt $B(-2|-4)$ liegt auf einer Geraden mit der Steigung $\frac{3}{4}$. Bestimmen Sie die Gleichung der Geraden.

4. Multiplizieren Sie aus.   a) $(b - 3)^2$ b) $(s + 3k)^2$

5. Vereinfachen Sie die Brüche so weit wie möglich.
   a) $\dfrac{5\sqrt{3} - 2\sqrt{3}}{2\sqrt{3}}$
   b) $\dfrac{a^2 + 2ab - a^2 + b^2}{b}$
   c) $\dfrac{x + y + x^2 + 2xy + y^2 - x - x^2}{y}$

Arbeitsblatt – Check-in
Ableitung
Lösung

Checkliste	Stichwörter zum Nachschlagen
1. Ich kann mithilfe von zwei Punkten die Gleichung einer Geraden ermitteln.	Punkt-Steigungs-Form, Steigung und y-Achsenabschnitt einer linearen Funktion
2. Ich kann die Steigung einer Geraden im Koordinatensystem ablesen.	Steigungsdreieck, Steigung einer linearen Funktion
3. Ich kann mithilfe der Steigung und einem Geradenpunkt die Gleichung einer Geraden angeben.	Punkt-Steigungs-Form, Steigung und y-Achsenabschnitt einer linearen Funktion
4. Ich kann Terme der Form $(a+b)^2$ ausmultiplizieren.	binomische Formeln, Ausmultiplizieren
5. Ich kann Bruchterme vereinfachen.	Wurzeln, Kürzen von Brüchen, Ausklammern

Überprüfen Sie Ihre Einschätzungen anhand der entsprechenden Aufgaben:

1. Ermitteln Sie die Gleichung der linearen Funktion, deren Graph durch die Punkte P und Q geht.
   a) $P(3|1)$, $Q(7|-1)$
   b) $P\left(\frac{7}{8}\big|-5\right)$, $Q\left(-0,5\big|\frac{9}{10}\right)$

a) Allgemein gilt für die Gleichung einer linearen Funktion $y = m \cdot y + n$ mit $m = \frac{y_2 - y_1}{x_2 - x_1} = \frac{-1-1}{7-3} = -\frac{1}{2}$.
   Das Einsetzen von $m = -0,5$ und $P(3|1)$ in die Normalform ergibt: $1 = -0,5 \cdot 3 + n \Leftrightarrow n = 2,5$.
   Die Geradengleichung lautet daher: $y = -0,5 \cdot x + 2,5$.

b) $m = \dfrac{\frac{9}{10} + 5}{-0,5 - \frac{7}{8}} = -\dfrac{\frac{59}{10}}{\frac{11}{8}} = -\dfrac{59 \cdot 8}{10 \cdot 11} = -4\frac{16}{55}$ Das Einsetzen von m und P in die Normalform ergibt:

$-5 = -4\frac{16}{55} \cdot \frac{7}{8} + n \Leftrightarrow n = -1\frac{27}{110}$ Die Geradengleichung lautet daher: $y = -4\frac{16}{55}x - 1\frac{27}{110}$.

2. Bestimmen Sie die Steigung der Geraden f bis i.
   f: $m = 2$ g: $m = 0,5$
   h: $m = 0$ i: $m = -\frac{2}{3}$

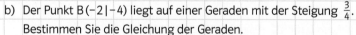

3. a) Bestimmen Sie die Funktionsgleichung der Geraden mit der Steigung $m = 7$, die durch den Punkt $P(7|7)$ geht.
   $m = 7 \Rightarrow$ Es gilt $y = m \cdot y + n = 7 \cdot x + n$,
   das Einsetzen von $P(7|7)$ in diese Gleichung ergibt:
   $7 = 7 \cdot 7 + n \Leftrightarrow n = -42$, die Funktionsgleichung lautet also: $y = 7 \cdot x - 42$.

   b) Der Punkt $B(-2|-4)$ liegt auf einer Geraden mit der Steigung $\frac{3}{4}$.
   Bestimmen Sie die Gleichung der Geraden.
   $m = \frac{3}{4} \Rightarrow y = \frac{3}{4} \cdot x + n$, das Einsetzen von $B(-2|-4)$ in diese Gleichung ergibt:
   $-4 = \frac{3}{4} \cdot (-2) + n \Leftrightarrow n = -2,5$, die Funktionsgleichung lautet also: $y = \frac{3}{4} \cdot x - 2,5$.

4. Multiplizieren Sie aus.
    a) $(b-3)^2$ b) $(s+3k)^2$
       $b^2 - 2 \cdot 3 \cdot b + (-3)^2$ $s^2 + 2 \cdot s \cdot 3k + (3k)^2$
       $= b^2 - 6b + 9$ $= s^2 + 6sk + 9k^2$

5. Vereinfachen Sie die Brüche so weit wie möglich.
   a) $\dfrac{5\sqrt{3} - 2\sqrt{3}}{2\sqrt{3}}$ b) $\dfrac{a^2 + 2ab - a^2 + b^2}{b}$ c) $\dfrac{x + y + x^2 + 2xy + y^2 - x - x^2}{y}$

    $\dfrac{3\sqrt{3}}{2\sqrt{3}} = \dfrac{3}{2}$ $\dfrac{2ab + b^2}{b} = \dfrac{b \cdot (2a + b)}{b} = 2a + b$ $\dfrac{y + 2xy + y^2}{y} = \dfrac{y \cdot (1 + 2x + y)}{y} = 1 + 2x + y$

Trainingsblatt
Definitions- und Wertebereich von Funktionen

1. Bestimmen Sie anhand der Funktionsgleichungen von f den Definitionsbereich D_f und den Wertebereich W_f.

	Definitionsbereich	**Wertebereich**
a) $f(x) = \sqrt{x-3}$	Der Term unter einer Wurzel muss ≥ 0 sein, also muss gelten: ___ ≥ 0 und damit ___ $\geq$ ___ Also: $D_f = \{x \in \mathbb{R} \mid$ ___ $\}$	Der Wert einer Wurzel ist immer ≥ 0, also gilt für alle y-Werte: $y \geq$ ___ Also: $W_f = \{y \in \mathbb{R} \mid$ ___ $\} = \mathbb{R}_0^+$
b) $f(x) = \dfrac{-1}{(x+4)^2}$	Der Nenner darf nicht null werden, also muss gelten: ___ $\neq 0$ und damit ___ $\neq$ ___ Also: $D_f = \{x \in \mathbb{R} \mid$ ___ $\} = \mathbb{R} \setminus \{$ ___ $\}$	Das Quadrat im Nenner ist immer ___, der Zähler ist immer ___. Also: $W_f = \{$ ___ $\in \mathbb{R} \mid$ ___ $\} = $ ___
c) $f(x) = 3 - \sqrt{x^2 - 1}$	Für den Term unter der Wurzel muss gelten: ___ $\geq$ ___ und damit $x^2 \geq$ ___, d.h. $x \leq$ ___ oder $x \geq$ ___ $D_f =$ ___	Der Wert einer Wurzel ist immer ___, also gilt: $-\sqrt{x^2-1}$ ___ Es folgt: $3 - \sqrt{x^2-1}$ ___ Also: $W_f =$ ___ $=$ ___
d) $f(x) = \dfrac{2}{(x-0{,}5)(x+7)}$	$D_f =$	$W_f =$
e) $f(x) = 5 + \sqrt{2-x}$	$D_f =$	$W_f =$

Am Graphen erkennt man:

Schneidet die Parallele zur y-Achse durch $P(x \mid 0)$ den Graphen von f, dann gehört dieser x-Wert zu D_f.
$D_f =$ ___

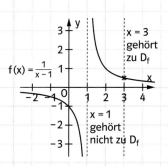

Schneidet die Parallele zur x-Achse durch $P(0 \mid y)$ den Graphen von f mindestens einmal, dann gehört dieser y-Wert zu W_f.
$W_f =$ ___

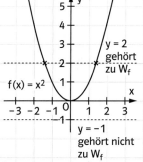

2. Bestimmen Sie anhand der Graphen von f den zugehörigen Definitions- und den Wertebereich.

a)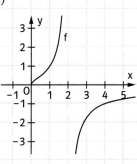

b)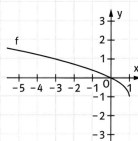

c)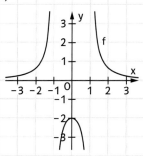

d)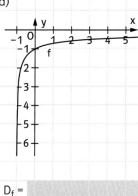

a) $D_f =$ $W_f =$

b) $D_f =$ $W_f =$

c) $D_f =$ $W_f =$

d) $D_f =$ $W_f =$

Trainingsblatt
Definitions- und Wertebereich von Funktionen — Lösung

1. Bestimmen Sie anhand der Funktionsgleichungen von f den Definitionsbereich D_f und den Wertebereich W_f.

Definitionsbereich | **Wertebereich**

a) $f(x) = \sqrt{x-3}$

Der Term unter einer Wurzel muss ≥ 0 sein, also muss gelten:
$x - 3 \geq 0$ und damit $x \geq 3$
Also: $D_f = \{x \in \mathbb{R} \mid x \geq 3\}$

Der Wert einer Wurzel ist immer ≥ 0, also gilt für alle y-Werte: $y \geq 0$
Also: $W_f = \{y \in \mathbb{R} \mid y \geq 0\} = \mathbb{R}_0^+$

b) $f(x) = \dfrac{-1}{(x+4)^2}$

Der Nenner darf nicht null werden, also muss gelten:
$(x+4)^2 \neq 0$ und damit $x \neq -4$
Also: $D_f = \{x \in \mathbb{R} \mid x \neq -4\} = \mathbb{R} \setminus \{-4\}$

Das Quadrat im Nenner ist immer ≥ 0, der Zähler ist immer < 0.
Also: $W_f = \{y \in \mathbb{R} \mid y < 0\} = \mathbb{R}^-$

c) $f(x) = 3 - \sqrt{x^2 - 1}$

Für den Term unter der Wurzel muss gelten:
$x^2 - 1 \geq 0$ und damit $x^2 \geq 1$,
d.h. $x \leq -1$ oder $x \geq 1$
$D_f = \{x \in \mathbb{R} \mid x \leq -1 \text{ oder } x \geq 1\}$

Der Wert einer Wurzel ist immer ≥ 0, also gilt: $-\sqrt{x^2-1} \leq 0$
Es folgt: $3 - \sqrt{x^2-1} \leq 3$
Also: $W_f = \{y \in \mathbb{R} \mid y \leq 3\} = \mathbb{R}^{\leq 3}$

d) $f(x) = \dfrac{2}{(x-0{,}5)(x+7)}$

$x - 0{,}5 \neq 0$ und $x + 7 \neq 0$
$x \neq 0{,}5$ und $x \neq -7$

$D_f = \mathbb{R} \setminus \{-7;\, 0{,}5\}$

Zähler > 0, Nenner beliebig groß und beliebig klein; Wert 0 wird nicht angenommen.

$W_f = \mathbb{R} \setminus \{0\}$

e) $f(x) = 5 + \sqrt{2-x}$

$2 - x \geq 0$, d.h. $x \leq 2$
$D_f = \{x \in \mathbb{R} \mid x \leq 2\}$

$\sqrt{2-x} \geq 0$, also $5 + \sqrt{2-x} \geq 5$
$W_f = \{y \in \mathbb{R} \mid y \geq 5\}$

Am Graphen erkennt man:

Schneidet die Parallele zur y-Achse durch P(x|0) den Graphen von f, dann gehört dieser x-Wert zu D_f.
$D_f = \mathbb{R} \setminus \{1\}$

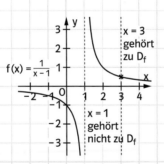

$f(x) = \dfrac{1}{x-1}$

$x = 3$ gehört zu D_f
$x = 1$ gehört nicht zu D_f

Schneidet die Parallele zur x-Achse durch P(0|y) den Graphen von f mindestens einmal, dann gehört dieser y-Wert zu W_f.
$W_f = \mathbb{R}_0^+$

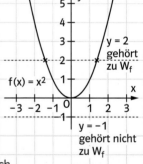

$f(x) = x^2$

$y = 2$ gehört zu W_f
$y = -1$ gehört nicht zu W_f

2. Bestimmen Sie anhand der Graphen von f den zugehörigen Definitions- und den Wertebereich.

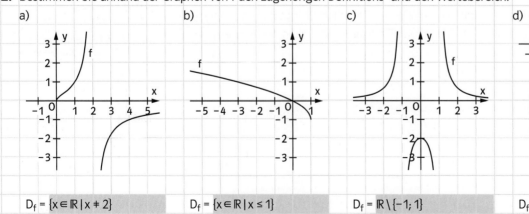

a) $D_f = \{x \in \mathbb{R} \mid x \neq 2\}$
$W_f = \mathbb{R}$

b) $D_f = \{x \in \mathbb{R} \mid x \leq 1\}$
$W_f = \{y \in \mathbb{R} \mid y \geq -1\}$

c) $D_f = \mathbb{R} \setminus \{-1;\, 1\}$
$W_f = \{y \in \mathbb{R} \mid y \leq -2 \text{ oder } y > 0\}$

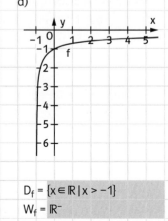

d) $D_f = \{x \in \mathbb{R} \mid x > -1\}$
$W_f = \mathbb{R}^-$

Arbeitsblatt – Partnerarbeit
Differenzenquotient und mittlere Änderungsrate A

Bearbeiten Sie die Aufgaben auf dem Arbeitsblatt A alleine. Suchen Sie sich anschließend einen Partner, der etwa zeitgleich mit der Erarbeitung von Arbeitsblatt B fertig geworden ist.

1. a) Der ICE 27, der von Köln nach Frankfurt fährt, hat folgenden Reiseplan:

Uhrzeit	9:53	10:14	10:48	11:40	11:59
Bahnhof	Köln Hbf	Bonn	Koblenz	Mainz	Frankfurt Flughafen
Entfernung von Köln in km	0	30	100	160	170

Wie groß ist die mittlere Änderungsrate der Funktion *Zeit t → Entfernung s* für die gesamte Strecke bzw. für die Strecke zwischen Bonn und Koblenz?

b) Die Sauerstoffproduktion (in µmol/m²) einer Kiefer im Tagesverlauf kann durch die Funktion f annähernd dargestellt werden: $f(t) = -12{,}2\,t^5 + 313\,t^4 - 2540\,t^3 + 6360\,t^2 + 8310\,t$, wobei t die seit 6 Uhr morgens vergangene Zeit (in h) angibt und $0 \le t \le 12$ gilt. Bestimmen Sie die mittlere Änderungsrate zwischen 6 und 10 Uhr bzw. zwischen 10 und 17 Uhr.

2. Gegeben ist die Funktion f mit $f(x) = 2x^3 - 9x^2 + 12x$. Bestimmen Sie den Differenzenquotienten
 a) im Intervall [1; 2].
 b) im Intervall [0; 1,5].

3. a) Bestimmen Sie geometrisch den Differenzenquotienten der Funktion f im Intervall [0; 2] bzw. im Intervall [3; 5], deren Graph in der nebenstehenden Abbildung dargestellt ist.

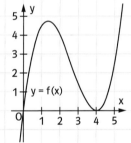

b) In der Abbildung ist die Flughöhe h (in m) eines Fallschirmspringers in Abhängigkeit von der Zeit t (in s) dargestellt. Bestimmen Sie geometrisch die mittlere Änderungsrate der Funktion *Zeit t → Flughöhe h* für die ersten 10 Sekunden.

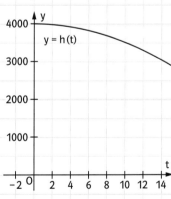

Kontrollieren Sie Ihre Ergebnisse mit einem Partner, der Arbeitsblatt B bearbeitet hat, indem Sie Ihr Ergebnis von Aufgabe 1 b) mit dem Ergebnis von Aufgabe 3 b) des Partners und Ihre Ergebnisse von Aufgabe 2 mit Aufgabe 3 a) des Partners vergleichen. Wie können ggf. unterschiedliche Ergebnisse erklärt werden?

Arbeitsblatt – Partnerarbeit
Differenzenquotient und mittlere Änderungsrate A

Lösung

Bearbeiten Sie die Aufgaben auf dem Arbeitsblatt A alleine. Suchen Sie sich anschließend einen Partner, der etwa zeitgleich mit der Erarbeitung von Arbeitsblatt B fertig geworden ist.

1. a) Der ICE 27, der von Köln nach Frankfurt fährt, hat folgenden Reiseplan:

Uhrzeit	9:53	10:14	10:48	11:40	11:59
Bahnhof	Köln Hbf	Bonn	Koblenz	Mainz	Frankfurt Flughafen
Entfernung von Köln in km	0	30	100	160	170

Wie groß ist die mittlere Änderungsrate der Funktion *Zeit t → Entfernung s* für die gesamte Strecke bzw. für die Strecke zwischen Bonn und Koblenz?

gesamte Strecke: $\frac{170-0}{126} \frac{km}{min} \approx 1{,}35 \frac{km}{min} \approx 80{,}95 \frac{km}{h}$ Bonn – Koblenz: $\frac{100-30}{34} \frac{km}{min} \approx 2{,}06 \frac{km}{min} \approx 123{,}53 \frac{km}{h}$

Auf der gesamten Strecke fährt der Zug durchschnittlich 80,95 $\frac{km}{h}$, zwischen Bonn und Koblenz 123,53 $\frac{km}{h}$.

b) Die Sauerstoffproduktion (in µmol/m²) einer Kiefer im Tagesverlauf kann durch die Funktion f annähernd dargestellt werden: $f(t) = -12{,}2 t^5 + 313 t^4 - 2540 t^3 + 6360 t^2 + 8310 t$, wobei t die seit 6 Uhr morgens vergangene Zeit (in h) angibt und $0 \leq t \leq 12$ gilt. Bestimmen Sie die mittlere Änderungsrate zwischen 6 und 10 Uhr bzw. zwischen 10 und 17 Uhr.

6 und 10 Uhr: $\frac{f(4)-f(0)}{4-0} \frac{\mu mol}{m^2 \cdot h} = \frac{40\,075{,}2 - 0}{4} \frac{\mu mol}{m^2 \cdot h} \approx 10\,018{,}8 \frac{\mu mol}{m^2 \cdot h} \approx 166{,}98 \frac{\mu mol}{m^2 \cdot min}$

10 und 17 Uhr: $\frac{f(11)-f(4)}{11-4} \frac{\mu mol}{m^2 \cdot h} = \frac{98\,040{,}8 - 40\,075{,}2}{7} \frac{\mu mol}{m^2 \cdot h} \approx 8280{,}8 \frac{\mu mol}{m^2 \cdot h} \approx 138{,}01 \frac{\mu mol}{m^2 \cdot min}$

Zwischen 6 und 10 Uhr produziert die Kiefer pro Minute durchschnittlich 166,98 $\frac{\mu mol}{m^2}$, zwischen 10 und 17 Uhr 138,01 $\frac{\mu mol}{m^2}$.

2. Gegeben ist die Funktion f mit $f(x) = 2x^3 - 9x^2 + 12x$. Bestimmen Sie den Differenzenquotienten
a) im Intervall [1; 2].   b) im Intervall [0; 1,5].

$\frac{f(2)-f(1)}{2-1} = \frac{4-5}{1} = -1$ $\frac{f(1{,}5)-f(0)}{1{,}5-0} = \frac{4{,}5}{1{,}5} = 3$

3. a) Bestimmen Sie geometrisch den Differenzenquotienten der Funktion f im Intervall [0; 2] bzw. im Intervall [3; 5], deren Graph in der nebenstehenden Abbildung dargestellt ist.

[0; 2]: $\frac{f(2)-f(0)}{2-0} = \frac{4-0}{2} = 2$

[3; 5]: $\frac{f(5)-f(3)}{5-3} = \frac{2{,}5-1{,}5}{2} = 0{,}5$

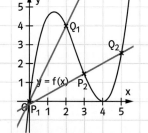

b) In der Abbildung ist die Flughöhe h (in m) eines Fallschirmspringers in Abhängigkeit von der Zeit t (in s) dargestellt. Bestimmen Sie geometrisch die mittlere Änderungsrate der Funktion *Zeit t → Flughöhe h* für die ersten 10 Sekunden.

$\frac{h(10)-h(0)}{10-0} \frac{m}{s} = \frac{3500-4000}{10} \frac{m}{s} = -50 \frac{m}{s} = -180 \frac{km}{h}$

Der Fallschirmspringer fällt in den ersten 10 Sekunden durchschnittlich mit einer Geschwindigkeit von 180 $\frac{km}{h}$.

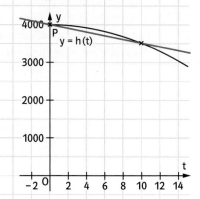

Kontrollieren Sie Ihre Ergebnisse mit einem Partner, der Arbeitsblatt B bearbeitet hat, indem Sie Ihr Ergebnis von Aufgabe 1 b) mit dem Ergebnis von Aufgabe 3 b) des Partners und Ihre Ergebnisse von Aufgabe 2 mit Aufgabe 3 a) des Partners vergleichen. Wie können ggf. unterschiedliche Ergebnisse erklärt werden?

Arbeitsblatt – Partnerarbeit
Differenzenquotient und mittlere Änderungsrate B

Bearbeiten Sie die Aufgaben auf dem Arbeitsblatt B alleine. Suchen Sie sich anschließend einen Partner, der etwa zeitgleich mit der Erarbeitung von Arbeitsblatt A fertig geworden ist.

1. a) In einer Wetterstation wird rund um die Uhr die Lufttemperatur durch elektronische Messautomaten erfasst:

Uhrzeit	6:00	10:00	12:00	18:00	21:00
Temperatur in °C	12,48	20,00	23,28	25,44	19,23

Wie groß ist die mittlere Änderungsrate der Funktion *Zeit t → Temperatur f* für den gesamten Messzeitraum bzw. für die Zeit zwischen 10 Uhr und 12 Uhr?

b) Bei einem Fallschirmsprung verlassen die Fallschirmspringer bei 4000 m Höhe das Flugzeug. Vernachlässigt man den Luftwiderstand, so fällt ein Körper nach dem Weg-Zeit-Gesetz: $s(t) = 0{,}5 \cdot g \cdot t^2$ mit $t \geq 0$. Dabei ist g die Erdbeschleunigung $g = 9{,}81 \frac{m}{s^2}$ und s(t) der in Abhängigkeit von der Zeit t (in s) zurückgelegte Weg (in m). Bestimmen Sie eine Funktionsgleichung, die die Flughöhe h in Abhängigkeit von der Zeit t angibt. Berechnen Sie die mittlere Änderungsrate in den ersten 10 Sekunden.

2. Gegeben ist die Funktion f mit $f(x) = 0{,}5x^3 - 4x^2 + 8x$. Bestimmen Sie den Differenzenquotienten
   a) im Intervall [0; 2].
   b) im Intervall [3; 5].

3. a) Bestimmen Sie geometrisch den Differenzenquotienten der Funktion f im Intervall [1; 2] bzw. im Intervall [0; 1,5], deren Graph in der nebenstehenden Abbildung dargestellt ist.

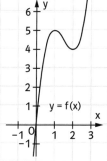

b) In der Abbildung ist die Sauerstoffproduktion (in µmol/m²) einer Kiefer im Tagesverlauf dargestellt, wobei t die seit 6 Uhr morgens vergangene Zeit (in h) angibt und $0 \leq t \leq 12$ gilt. Bestimmen Sie geometrisch die mittlere Änderungsrate zwischen 6 und 10 Uhr bzw. zwischen 10 und 17 Uhr.

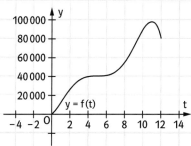

Kontrollieren Sie Ihre Ergebnisse mit einem Partner, der Arbeitsblatt A bearbeitet hat, indem Sie Ihr Ergebnis von Aufgabe 1 b) mit dem Ergebnis von Aufgabe 3 b) des Partners und Ihre Ergebnisse von Aufgabe 2 mit Aufgabe 3 a) des Partners vergleichen. Wie können ggf. unterschiedliche Ergebnisse erklärt werden?

Arbeitsblatt – Partnerarbeit

Differenzenquotient und mittlere Änderungsrate B   Lösung

Bearbeiten Sie die Aufgaben auf dem Arbeitsblatt B alleine. Suchen Sie sich anschließend einen Partner, der etwa zeitgleich mit der Erarbeitung von Arbeitsblatt A fertig geworden ist.

1. a) In einer Wetterstation wird rund um die Uhr die Lufttemperatur durch elektronische Messautomaten erfasst:

Uhrzeit	6:00	10:00	12:00	18:00	21:00
Temperatur in °C	12,48	20,00	23,28	25,44	19,23

Wie groß ist die mittlere Änderungsrate der Funktion *Zeit t → Temperatur f* für den gesamten Messzeitraum bzw. für die Zeit zwischen 10 Uhr und 12 Uhr?

gesamter Zeitraum: 10 bis 12 Uhr:

$$\frac{19{,}23 - 12{,}48}{15}\frac{°C}{h} = 0{,}45\frac{°C}{h} \qquad \frac{23{,}28 - 20{,}00}{2}\frac{°C}{h} = 1{,}64\frac{°C}{h}$$

Die Temperatur steigt im gesamten Zeitraum durchschnittlich um $0{,}45\frac{°C}{h}$, zwischen 10 und 12 Uhr um $1{,}64\frac{°C}{h}$.

b) Bei einem Fallschirmsprung verlassen die Fallschirmspringer bei 4000 m Höhe das Flugzeug. Vernachlässigt man den Luftwiderstand, so fällt ein Körper nach dem Weg-Zeit-Gesetz: $s(t) = 0{,}5 \cdot g \cdot t^2$ mit $t \geq 0$. Dabei ist g die Erdbeschleunigung $g = 9{,}81\frac{m}{s^2}$ und s(t) der in Abhängigkeit von der Zeit t (in s) zurückgelegte Weg (in m). Bestimmen Sie eine Funktionsgleichung, die die Flughöhe h in Abhängigkeit von der Zeit t angibt. Berechnen Sie die mittlere Änderungsrate in den ersten 10 Sekunden.

$h(t) = 4000 - 0{,}5 \cdot 9{,}81 \cdot t^2 = 4000 - 4{,}905\,t^2$

$$\frac{h(10) - h(0)}{10 - 0}\frac{m}{s} = \frac{3509{,}5 - 4000}{10}\frac{m}{s} = -49{,}05\frac{m}{s} = -176{,}58\frac{km}{h}$$

Der Fallschirmspringer fällt in den ersten 10 Sekunden durchschnittlich mit einer Geschwindigkeit von $177\frac{km}{h}$.

2. Gegeben ist die Funktion f mit $f(x) = 0{,}5x^3 - 4x^2 + 8x$. Bestimmen Sie den Differenzenquotienten
a) im Intervall [0; 2].   b) im Intervall [3; 5].

$$\frac{f(2)-f(0)}{2-0} = \frac{4-0}{2} = 2 \qquad\qquad \frac{f(5)-f(3)}{5-3} = \frac{2{,}5-1{,}5}{2} = 0{,}5$$

3. a) Bestimmen Sie geometrisch den Differenzenquotienten der Funktion f im Intervall [1; 2] bzw. im Intervall [0; 1,5], deren Graph in der nebenstehenden Abbildung dargestellt ist.

[1; 2]: $\frac{f(2)-f(1)}{2-1} = \frac{4-5}{1} = -1$ [0; 1,5]: $\frac{f(1{,}5)-f(0)}{1{,}5-0} = \frac{4{,}5}{1{,}5} = 3$

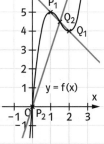

b) In der Abbildung ist die Sauerstoffproduktion (in µmol/m²) einer Kiefer im Tagesverlauf dargestellt, wobei t die seit 6 Uhr morgens vergangene Zeit (in h) angibt und $0 \leq t \leq 12$ gilt. Bestimmen Sie geometrisch die mittlere Änderungsrate zwischen 6 und 10 Uhr bzw. zwischen 10 und 17 Uhr.

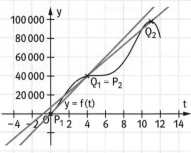

6 und 10 Uhr: $\frac{f(4)-f(0)}{4-0}\frac{\mu mol}{m^2 \cdot h} = \frac{40\,000 - 0}{4}\frac{\mu mol}{m^2 \cdot h} = 10\,000 \frac{\mu mol}{m^2 \cdot h} \approx 166{,}7 \frac{\mu mol}{m^2 \cdot min}$

10 und 17 Uhr: $\frac{f(11)-f(4)}{11-4}\frac{\mu mol}{m^2 \cdot h} = \frac{100\,000 - 40\,000}{7}\frac{\mu mol}{m^2 \cdot h} \approx 8571{,}4 \frac{\mu mol}{m^2 \cdot h} \approx 142{,}9 \frac{\mu mol}{m^2 \cdot min}$

Zwischen 6 und 10 Uhr produziert die Kiefer pro Minute durchschnittlich $166{,}7 \frac{\mu mol}{m^2}$, zwischen 10 und 17 Uhr $142{,}9 \frac{\mu mol}{m^2}$.

Kontrollieren Sie Ihre Ergebnisse mit einem Partner, der Arbeitsblatt A bearbeitet hat, indem Sie Ihr Ergebnis von Aufgabe 1b) mit dem Ergebnis von Aufgabe 3b) des Partners und Ihre Ergebnisse von Aufgabe 2 mit Aufgabe 3a) des Partners vergleichen. Wie können ggf. unterschiedliche Ergebnisse erklärt werden?

Arbeitsblatt
Grenzwert des Differenzenquotienten

1. Markieren Sie die Punkte A(0,4 | f(0,4)) und B(2,8 | f(2,8)) im unten stehenden Graphen der Funktion f: $x \to 0{,}1x^3$.
   Zeichnen Sie die Sekanten PA und PB in gelber Farbe ein.
   Berechnen Sie schließlich die Steigungen dieser beiden Sekanten mithilfe des Differenzenquotienten.

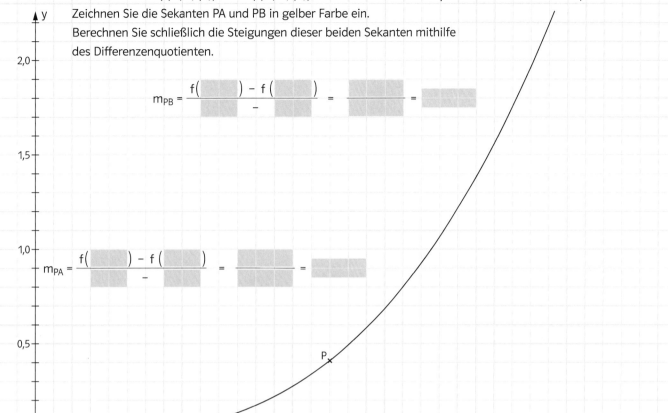

$$m_{PB} = \frac{f(\quad) - f(\quad)}{\quad - \quad} = \frac{\quad}{\quad} = \quad$$

$$m_{PA} = \frac{f(\quad) - f(\quad)}{\quad - \quad} = \frac{\quad}{\quad} = \quad$$

2. Im Folgenden soll nun der Punkt A auf dem Graphen näher an P heranrücken: Markieren Sie im obigen Bild die auf dem Graphen von f liegenden Punkte mit den x-Koordinaten x = 1,0 und x = 1,4. Zeichnen Sie die Sekante durch P und (1,0 | f(1,0)) orange und die Sekante durch P und (1,4 | f(1,4)) rot ein.
   Analog soll der Punkt B zum Punkt P wandern: Zeichnen Sie hierzu die Sekante durch P und den Graphenpunkt (2,2 | f(2,2)) orange und die Sekante durch P und den Graphenpunkt (1,8 | f(1,8)) rot ein. Welche Entwicklung beobachten Sie rein anschaulich bei den Sekantensteigungen?

3. Berechnen Sie nun die Sekantensteigungen der in Aufgabe 2 eingezeichneten Sekanten und tragen Sie diese Werte in die entsprechende Tabelle ein. Vervollständigen Sie anschließend beide Tabellen.

x-Koordinate des Graphenpunktes	Steigung der Sekante: $\frac{f(1{,}6) - f(x)}{1{,}6 - x}$	x-Koordinate des Graphenpunktes	Steigung der Sekante: $\frac{f(x) - f(1{,}6)}{x - 1{,}6}$
0,4		2,8	
1,0		2,2	
1,4		1,8	
1,5		1,7	
1,59		1,61	
1,599		1,601	

4. Die Tabellen aus Aufgabe 3 legen für die Steigung des Graphen im Punkt P(1,6 | f(1,6)) den (Grenz-)Wert _____ nahe. Wenn man diesen Wert ebenfalls als Steigung einer Geraden durch P auffasst, so handelt es sich nicht mehr um eine Sekante durch P, sondern um eine _____ an den Graphen von f im Punkt P. Zeichnen Sie diese oben mit ein.

Arbeitsblatt
Grenzwert des Differenzenquotienten   Lösung

1. Markieren Sie die Punkte A(0,4 | f(0,4)) und B(2,8 | f(2,8)) im unten stehenden Graphen der Funktion f: $x \to 0,1x^3$.
   Zeichnen Sie die Sekanten PA und PB in gelber Farbe ein.
   Berechnen Sie schließlich die Steigungen dieser beiden Sekanten mithilfe des Differenzenquotienten.

$$m_{PB} = \frac{f(2,8) - f(1,6)}{2,8 - 1,6} = \frac{1,7856}{1,2} = 1,488$$

$$m_{PA} = \frac{f(1,6) - f(0,4)}{1,6 - 0,4} = \frac{0,4032}{1,2} = 0,336$$

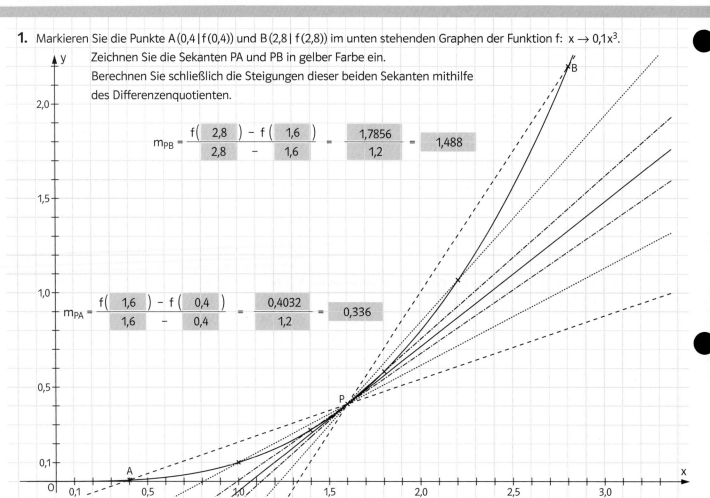

2. Im Folgenden soll nun der Punkt A auf dem Graphen näher an P heranrücken: Markieren Sie im obigen Bild die auf dem Graphen von f liegenden Punkte mit den x-Koordinaten x = 1,0 und x = 1,4. Zeichnen Sie die Sekante durch P und (1,0 | f(1,0)) orange und die Sekante durch P und (1,4 | f(1,4)) rot ein.
   Analog soll der Punkt B zum Punkt P wandern: Zeichnen Sie hierzu die Sekante durch P und den Graphenpunkt (2,2 | f(2,2)) orange und die Sekante durch P und den Graphenpunkt (1,8 | f(1,8)) rot ein. Welche Entwicklung beobachten Sie rein anschaulich bei den Sekantensteigungen?
   Die Steigungen gleichen sich an. Die Sekanten nähern sich derselben Gerade.

3. Berechnen Sie nun die Sekantensteigungen der in Aufgabe 2 eingezeichneten Sekanten und tragen Sie diese Werte in die entsprechende Tabelle ein. Vervollständigen Sie anschließend beide Tabellen.

x-Koordinate des Graphenpunktes	Steigung der Sekante: $\frac{f(1,6) - f(x)}{1,6 - x}$	x-Koordinate des Graphenpunktes	Steigung der Sekante: $\frac{f(x) - f(1,6)}{x - 1,6}$
0,4	0,336	2,8	1,488
1,0	0,516	2,2	1,092
1,4	0,676	1,8	0,868
1,5	0,721	1,7	0,817
1,59	0,76321	1,61	0,77281
1,599	0,7675201	1,601	0,7684801

4. Die Tabellen aus Aufgabe 3 legen für die Steigung des Graphen im Punkt P(1,6 | f(1,6)) den (Grenz-)Wert 0,768 nahe. Wenn man diesen Wert ebenfalls als Steigung einer Geraden durch P auffasst, so handelt es sich nicht mehr um eine Sekante durch P, sondern um eine Tangente an den Graphen von f im Punkt P. Zeichnen Sie diese oben mit ein.

Arbeitsblatt
Ableitungsfunktionen

1. a) Bestimmen Sie die Ableitung der Funktion $f(x) = 7x^3$ an einer beliebigen Stelle x_0 mithilfe des Differenzenquotienten, indem Sie die Lücken in der Rechnung ausfüllen.

I) Bildung des Differenzenquotienten an einer Stelle x_0: $\dfrac{\boxed{} - f(x_0)}{h} = \dfrac{7(x_0+h)^3 - \boxed{}}{\boxed{}}$

II) Umformung des Differenzenquotienten, sodass h im Nenner wegfällt:

$$\dfrac{7(x_0+h)^2 \cdot (x_0+h) - \boxed{}}{\boxed{}} = \dfrac{7\left(x_0^2 + \boxed{} + \boxed{}\right)\cdot(x_0+h) - \boxed{}}{\boxed{}}$$

$$= \dfrac{7\left(x_0^3 + x_0^2 h + \boxed{} + 2x_0 h^2 + \boxed{} + h^3\right) - \boxed{}}{\boxed{}} = \dfrac{7\left(x_0^3 + 3x_0^2 h + \boxed{} + \boxed{}\right) - \boxed{}}{\boxed{}}$$

$$= \dfrac{7x_0^3 + 21x_0^2 h + \boxed{} + \boxed{} - \boxed{}}{\boxed{}} = \dfrac{\boxed{} + 21x_0 h^2 + \boxed{}}{\boxed{}} = \dfrac{h\left(\boxed{} + 21x_0 h + \boxed{}\right)}{\boxed{}} = \boxed{}$$

III) Bestimmung des Grenzwerts des Differenzenquotienten für $h \to 0$:

$\boxed{} \to \boxed{}$ für $h \to 0$ 　　Also gilt $f'(x) = \boxed{21x^2}$.

Definition: Ist eine Funktion f für alle $x \in D_f$ differenzierbar, so heißt die Funktion, die jeder Stelle x der Definitionsmenge D_f die Ableitung $f'(x)$ an dieser Stelle zuordnet, die Ableitungsfunktion f' von f.

b) Bestimmen Sie die Ableitungsfunktionen zu den folgenden Funktionen mithilfe des Differenzenquotienten (siehe a)).

　I) $g(x) = x^2$

　II) $h(x) = x^3$

　III) $i(x) = \dfrac{1}{x}$

　IV) $j(x) = x + x^2$

c) Ergänzen Sie mithilfe der Ergebnisse aus Aufgabenteil a) bzw. b) die folgende Tabelle:

x	-2	-1	0	1	2
f'(x)	84			21	
g'(x)					
h'(x)					
i'(x)					
j'(x)					

Arbeitsblatt
Ableitungsfunktionen — Lösung

1. a) Bestimmen Sie die Ableitung der Funktion $f(x) = 7x^3$ an einer beliebigen Stelle x_0 mithilfe des Differenzenquotienten, indem Sie die Lücken in der Rechnung ausfüllen.

I) Bildung des Differenzenquotienten an einer Stelle x_0: $\dfrac{f(x_0+h) - f(x_0)}{h} = \dfrac{7(x_0+h)^3 - 7x_0^3}{h}$

II) Umformung des Differenzenquotienten, sodass h im Nenner wegfällt:

$$\dfrac{7(x_0+h)^2 \cdot (x_0+h) - 7x_0^3}{h} = \dfrac{7(x_0^2 + 2x_0 h + h^2)\cdot(x_0+h) - 7x_0^3}{h}$$

$$= \dfrac{7(x_0^3 + x_0^2 h + 2x_0^2 h + 2x_0 h^2 + h^2 x_0 + h^3) - 7x_0^3}{h} = \dfrac{7(x_0^3 + 3x_0^2 h + 3x_0 h^2 + h^3) - 7x_0^3}{h}$$

$$= \dfrac{7x_0^3 + 21 x_0^2 h + 21 x_0 h^2 + 7h^3 - 7x_0^3}{h} = \dfrac{21 x_0^2 h + 21 x_0 h^2 + 7h^3}{h} = \dfrac{h(21 x_0^2 + 21 x_0 h + 7h^2)}{h} = 21 x_0^2 + 21 x_0 h + 7h^2$$

III) Bestimmung des Grenzwerts des Differenzenquotienten für $h \to 0$:

$21 x_0^2 + 21 x_0 h + 7h^2 \to 21 x_0^2$ für $h \to 0$ Also gilt $f'(x) = 21 x^2$.

Definition: Ist eine Funktion f für alle $x \in D_f$ differenzierbar, so heißt die Funktion, die jeder Stelle x der Definitionsmenge D_f die Ableitung $f'(x)$ an dieser Stelle zuordnet, die Ableitungsfunktion f' von f.

b) Bestimmen Sie die Ableitungsfunktionen zu den folgenden Funktionen mithilfe des Differenzenquotienten (siehe a)).

I) $g(x) = x^2$

$$\dfrac{g(x_0+h) - g(x_0)}{h} = \dfrac{(x_0+h)^2 - x_0^2}{h} = \dfrac{x_0^2 + 2x_0 h + h^2 - x_0^2}{h} = \dfrac{2x_0 h + h^2}{h} = \dfrac{h(2x_0 + h)}{h} = 2x_0 + h$$

$2x_0 + h \to 2x_0$ für $h \to 0$ Also gilt: $g'(x) = 2x$.

II) $h(x) = x^3$

$$\dfrac{h(x_0+h) - h(x_0)}{h} = \dfrac{(x_0+h)^3 - x_0^3}{h} = \dfrac{x_0^3 + 3x_0^2 h + 3x_0 h^2 + h^3 - x_0^3}{h} = \dfrac{3x_0^2 h + 3x_0 h^2 + h^3}{h} = \dfrac{h(3x_0^2 + 3x_0 h + h^2)}{h} = 3x_0^2 + 3x_0 h + h^2$$

$3x_0^2 + 3x_0 h + h^2 \to 3x_0^2$ für $h \to 0$ Also gilt: $h'(x) = 3x^2$.

III) $i(x) = \dfrac{1}{x}$

$$\dfrac{i(x_0+h) - i(x_0)}{h} = \dfrac{\frac{1}{x_0+h} - \frac{1}{x_0}}{h} = \dfrac{\frac{x_0}{(x_0+h)\cdot x_0} - \frac{x_0+h}{x_0 \cdot (x_0+h)}}{h} = \dfrac{x_0 - x_0 - h}{h \cdot x_0 \cdot (x_0+h)} = \dfrac{-h}{h \cdot x_0 \cdot (x_0+h)} = \dfrac{-1}{x_0 \cdot (x_0+h)} = \dfrac{-1}{x_0^2 + x_0 h}$$

$-\dfrac{1}{x_0^2 + x_0 h} \to -\dfrac{1}{x_0^2}$ für $h \to 0$ Also gilt: $i'(x) = -\dfrac{1}{x^2}$.

IV) $j(x) = x + x^2$

$$\dfrac{j(x_0+h) - j(x_0)}{h} = \dfrac{(x_0+h) + (x_0+h)^2 - x_0 - x_0^2}{h} = \dfrac{x_0 + h + x_0^2 + 2x_0 h + h^2 - x_0 - x_0^2}{h} = \dfrac{h + 2x_0 h + h^2}{h} = \dfrac{h(1 + 2x_0 + h)}{h} = 1 + 2x_0 + h$$

$1 + 2x_0 + h \to 1 + 2x_0$ für $h \to 0$ Also gilt: $j'(x) = 1 + 2x$.

c) Ergänzen Sie mithilfe der Ergebnisse aus Aufgabenteil a) bzw. b) die folgende Tabelle:

x	-2	-1	0	1	2
f'(x)	84	21	0	21	84
g'(x)	-4	-2	0	2	4
h'(x)	12	3	0	3	12
i'(x)	-0,25	-1	-	-1	-0,25
j'(x)	-3	-1	1	3	5

Spiel / Arbeitsblatt
Dominoschlange: Funktionen und ihre Ableitungen

Schneiden Sie die Karten entlang der durchgezogenen Linien aus und legen Sie die Dominosteine so aneinander, dass Sie dem Graphen einer Funktion (helles Feld) jeweils den Graphen seiner Ableitungsfunktion (dunkles Feld) zuordnen.

Spiel / Arbeitsblatt
Dominoschlange: Funktionen und ihre Ableitungen
Lösung

Schneiden Sie die Karten entlang der durchgezogenen Linien aus und legen Sie die Dominosteine so aneinander, dass Sie dem Graphen einer Funktion (helles Feld) jeweils den Graphen seiner Ableitungsfunktion (dunkles Feld) zuordnen.

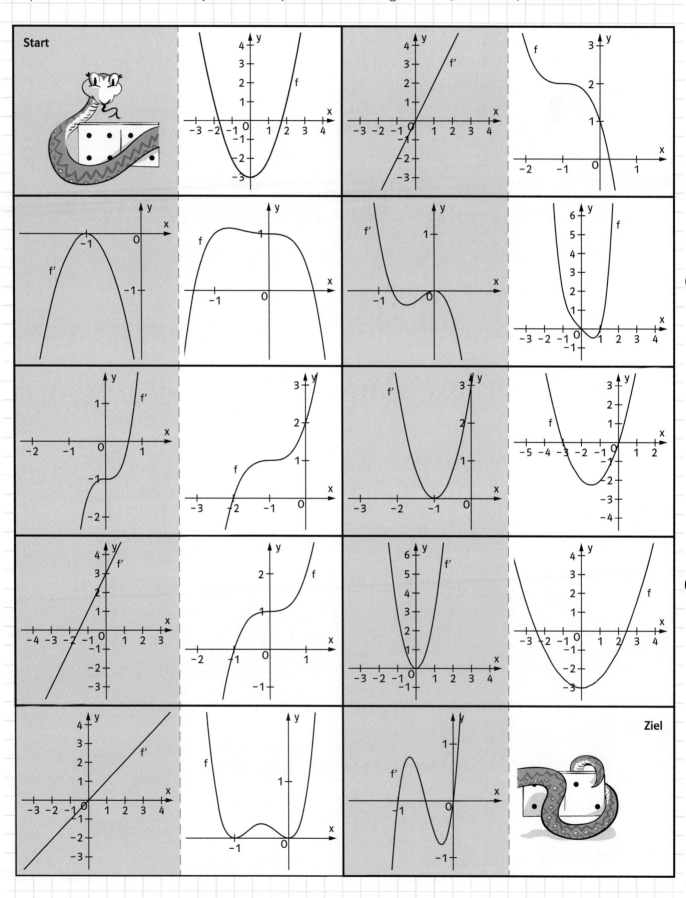

Trainingsblatt
Summen- und Faktorregel

1. Bestimmen Sie die Ableitung.

a) $f(x) = 6x^4 - \frac{3}{4}x^3 + 5x - 2$

   $f'(x) =$

b) $g(x) = \frac{3}{4}x^8 + 0{,}5x^4 - 3{,}5x^{-2}$

   $g'(x) =$

c) $f(t) = \frac{2}{t} - \frac{3}{t^2} + \frac{4}{5t^3}$

   $f'(t) =$

d) $g(t) = \frac{1}{5} \cdot \frac{3}{t^5} - t^{-4} + t - 2{,}8$

   $g'(t) =$

e) $f(x) = \frac{2}{3} \cdot \left(4x^3 - \frac{3}{4}x^2 + \frac{1}{2x}\right)$

   $f'(x) =$

f) $g(x) = \frac{x^2}{a} + \frac{5b}{2x^2}$

   $g'(x) =$

2. Berechnen Sie die Ableitung. Formen Sie dazu zunächst den Funktionsterm geeignet um.

a) $f(x) = \frac{9 - 4x}{x^3} =$; $f'(x) =$

b) $f(x) = \frac{3x^3 + 2x^2 - 5}{x^2} =$; $f'(x) =$

c) $f(x) = \frac{6x^3 - 12x^2}{x - 2} =$; $f'(x) =$

d) $f(x) = \frac{-4x + 10}{2} + \frac{x^2 - 4}{x + 2} =$; $f'(x) =$

3. Überprüfen Sie durch Ableiten, ob die Funktion g die Ableitungsfunktion der Funktion f ist.

a) $f: x \to \frac{5a}{x^4} + a$ und $g: x \to -20ax^{-5}$ $f'(x) =$

b) $f: x \to xb^3 - b^2$ und $g: x \to 3xb^2 - 2b$ $f'(x) =$

c) $f: x \to \frac{m}{x} - 6m$ und $g: x \to -mx^{-2} - 6$ $f'(x) =$

d) $f: t \to xt^2 + tx^{-2}$ und $g: t \to 2xt + \frac{1}{x^2}$ $f'(t) =$

e) $f: z \to \frac{z}{4} - z^{-1} \cdot x$ und $g: z \to \frac{1}{4} - \frac{1}{z}$ $f'(z) =$

4. Berechnen Sie f'(0). Steigt oder fällt die Tangente des Graphen von f in x = 0?

a) $f(x) = 7x^4 - 3x^3 + 2x$; $f'(x) =$; $f'(0) =$; bei x = 0 ___ die Tangente.

b) $f(x) = -\frac{1}{2}x + 7$; $f'(x) =$; $f'(0) =$; bei x = 0 ___ die Tangente.

5. Wahr oder falsch? Kreuzen Sie an. Begründen Sie oder geben Sie ein Gegenbeispiel an.

a) Wenn die Funktionsterme zweier Funktionen nicht gleich sind, können auch die Terme ihrer Ableitungen nicht gleich sein.

   ☐ wahr ☐ falsch   Begründung/Gegenbeispiel:

b) Wenn der Graph einer Funktion eine Gerade ist, so ist auch der Graph der Ableitung eine Gerade.

   ☐ wahr ☐ falsch   Begründung/Gegenbeispiel:

Trainingsblatt
Summen- und Faktorregel

Lösung

1. Bestimmen Sie die Ableitung.

a) $f(x) = 6x^4 - \frac{3}{4}x^3 + 5x - 2$

$f'(x) = 24x^3 - \frac{9}{4}x^2 + 5$

b) $g(x) = \frac{3}{4}x^8 + 0{,}5x^4 - 3{,}5x^{-2}$

$g'(x) = 6x^7 + 2x^3 + 7x^{-3}$

c) $f(t) = \frac{2}{t} - \frac{3}{t^2} + \frac{4}{5t^3}$

$f'(t) = -2t^{-2} + 6t^{-3} - \frac{12}{5}t^{-4}$

d) $g(t) = \frac{1}{5} \cdot \frac{3}{t^5} - t^{-4} + t - 2{,}8$

$g'(t) = -3t^{-6} + 4t^{-5} + 1$

e) $f(x) = \frac{2}{3} \cdot \left(4x^3 - \frac{3}{4}x^2 + \frac{1}{2x}\right)$

$f'(x) = \frac{2}{3} \cdot \left(12x^2 - \frac{3}{2}x - \frac{1}{2}x^{-2}\right)$

f) $g(x) = \frac{x^2}{a} + \frac{5b}{2x^2}$

$g'(x) = \left[\frac{1}{a}x^2 + \frac{5b}{2}x^{-2}\right]' = \frac{2}{a}x - 5bx^{-3}$

2. Berechnen Sie die Ableitung. Formen Sie dazu zunächst den Funktionsterm geeignet um.

a) $f(x) = \frac{9-4x}{x^3} = 9x^{-3} - 4x^{-2}$ $f'(x) = -27x^{-4} + 8x^{-3}$

b) $f(x) = \frac{3x^3 + 2x^2 - 5}{x^2} = 3x + 2 - 5x^{-2}$ $f'(x) = 3 + 10x^{-3}$

c) $f(x) = \frac{6x^3 - 12x^2}{x-2} = \frac{6x^2 \cdot (x-2)}{(x-2)} = 6x^2$ $f'(x) = 12x$

d) $f(x) = \frac{-4x+10}{2} + \frac{x^2-4}{x+2} = -2x + 5 + x - 2$ $f'(x) = -1$

3. Überprüfen Sie durch Ableiten, ob die Funktion g die Ableitungsfunktion der Funktion f ist.

a) $f: x \to \frac{5a}{x^4} + a$ und $g: x \to -20ax^{-5}$ $f'(x) = -20ax^{-5}$ $= g(x)$

b) $f: x \to xb^3 - b^2$ und $g: x \to 3xb^2 - 2b$ $f'(x) = b^3$ $\neq g(x)$

c) $f: x \to \frac{m}{x} - 6m$ und $g: x \to -mx^{-2} - 6$ $f'(x) = -mx^{-2}$ $\neq g(x)$

d) $f: t \to xt^2 + tx^{-2}$ und $g: t \to 2xt + \frac{1}{x^2}$ $f'(t) = 2xt + x^{-2}$ $= g(t)$

e) $f: z \to \frac{z}{4} - z^{-1} \cdot x$ und $g: z \to \frac{1}{4} - \frac{1}{z}$ $f'(z) = \frac{1}{4} + x \cdot z^{-2}$ $\neq g(z)$

4. Berechnen Sie $f'(0)$. Steigt oder fällt die Tangente des Graphen von f in $x = 0$?

a) $f(x) = 7x^4 - 3x^3 + 2x$; $f'(x) = 28x^3 - 9x^2 + 2$; $f'(0) = 2$; bei $x = 0$ **steigt** die Tangente.

b) $f(x) = -\frac{1}{2}x + 7$; $f'(x) = -\frac{1}{2}$; $f'(0) = -\frac{1}{2}$; bei $x = 0$ **fällt** die Tangente.

5. Wahr oder falsch? Kreuzen Sie an. Begründen Sie oder geben Sie ein Gegenbeispiel an.

a) Wenn die Funktionsterme zweier Funktionen nicht gleich sind, können auch die Terme ihrer Ableitungen nicht gleich sein.

wahr ☒ falsch   Begründung/Gegenbeispiel: $f(x) = 2x$; $g(x) = 2x - 3$; $f'(x) = g'(x) = 2$

b) Wenn der Graph einer Funktion eine Gerade ist, so ist auch der Graph der Ableitung eine Gerade.

☒ wahr   falsch   Begründung/Gegenbeispiel: $f(x) = mx + t \Rightarrow f'(x) = m$; Graph ist eine waagrechte Gerade.

Partnerübung

Potenzfunktionen ableiten

Material: Aufgabenkarten, Schere, Papierkleber

Schneiden Sie entlang der dicken Linien aus, knicken Sie dann an den gestrichelten Linien um und kleben Sie die Aufgabenkarten zusammen. Legen Sie sie mit der weißen Aufgabenseite nach oben auf einen Stapel. Einigen Sie sich mit Ihrer Partnerin bzw. Ihrem Partner, wer beginnt. Wer an der Reihe ist, hält nacheinander die Aufgabenkarten so, dass der Partner die gefärbte Rückseite mit der Lösung sehen kann, und bestimmt zu seinen zwölf vorgegebenen Funktionen jeweils die Ableitungsfunktion. Dann werden die Rollen getauscht.

Aufgabe	Lösung	Aufgabe	Lösung
$f(x) = \frac{1}{3}x^3 - x^2$	$f'(x) = x^2 - 2x$	$f(x) = \sqrt{2}\,x + 5$	$f'(x) = \sqrt{2}$
$f(x) = 3x^7 - \frac{2}{3}x^3$	$f'(x) = 21x^6 - 2x^2$	$f(x) = 3 - x^3$	$f'(x) = -3x^2$
$f(x) = \frac{1}{8}x^5 - \frac{7}{4}x^8$	$f'(x) = \frac{5}{8}x^4 - 14x^7$	$f(x) = 0{,}7x^{10} + 0{,}6x^5$	$f'(x) = 7x^9 + 3x^4$
$f(x) = tx^2 + t^2 x + t$	$f'(x) = 2tx + t^2$	$f(x) = x + a$	$f'(x) = 1$
$f(x) = x(3 + x^3)$	$f'(x) = 3 + 4x^3$	$f(x) = (2x + 5)^2$	$f'(x) = 8x + 20$
$f(a) = (a + 0{,}5)(a - 0{,}5)$	$f'(a) = 2a$	$f(t) = tx^3 + 3tx + t$	$f'(t) = x^3 + 3x + 1$

Arbeitsblatt – Check-out
Ableitung

1. Gegeben ist die Funktion f mit $f(x) = \frac{2}{x-2}$.
   a) Bestimmen Sie die Definitonsmenge und die Wertemenge der Funktion f.

   b) Bestimmen Sie den Differenzenquotienten im Intervall [3; 5].

   c) Berechnen Sie die Ableitungsfunktion mithilfe des Differenzenquotienten.

2. Das Wachstum einer Schlingpflanze wurde vom 1. Mai bis zum 31. Juli beobachtet. Die Messwerte können im angegebenen Zeitraum durch folgende Funktion modelliert werden: $h(t) = -0{,}0022\,t^3 + 0{,}0382\,t^2 + 0{,}279\,t + 0{,}5527$, wobei t die Zeit seit Beobachtungsbeginn in Wochen und h die Höhe der Pflanze in m angibt.
   a) Bestimmen Sie die Definitionsmenge für die Funktion h.

   b) Berechnen Sie die Höhe der Pflanze zu Beobachtungsbeginn und 6 Wochen nach Beobachtungsbeginn.

   c) Berechnen Sie die mittlere Änderungsrate der Funktion *Zeit t → Höhe h* für den gesamten Messzeitraum bzw. für die ersten 6 Wochen. Interpretieren Sie die Bedeutung der mittleren Änderungsrate im Sachzusammenhang.

   d) Berechnen Sie die Ableitungsfunktion zur Funktion h. Welche Bedeutung hat diese im Sachzusammenhang?

3. a) Skizzieren Sie mithilfe des Graphen der Funktion den Graphen der Ableitungsfunktion.

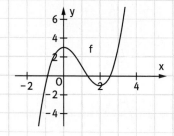
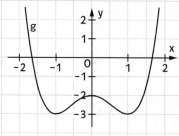
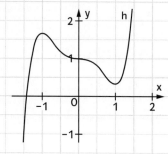

   b) Die Funktionsgleichungen zu den Graphen lauten: $f(x) = x^3 - 3x^2 + 3$, $g(x) = x^4 - 2x^2 - 2$ und $h(x) = x^5 - \frac{5}{3}x^3 + 1$.
   Leiten Sie diese Funktionen ab und überprüfen Sie mithilfe eines Funktionsplotters Ihr Ergebnis aus a).

Arbeitsblatt – Check-out
Ableitung
Lösung

1. Gegeben ist die Funktion f mit $f(x) = \frac{2}{x-2}$.
   a) Bestimmen Sie die Definitionsmenge und die Wertemenge der Funktion f.
   Da der Nenner für $x = 2$ null wird, gilt für die Definitionsmenge $D = \mathbb{R} \setminus \{2\}$. $W = \mathbb{R}$
   b) Bestimmen Sie den Differenzenquotienten im Intervall [3; 5].

   $$\frac{f(5) - f(3)}{5-3} = \frac{\frac{2}{3} - 2}{2} = -\frac{2}{3}$$

   c) Berechnen Sie die Ableitungsfunktion mithilfe des Differenzenquotienten.

   $$f'(x_0) = \lim_{h \to 0} \frac{f(x_0+h) - f(x_0)}{h} = \lim_{h \to 0} \frac{\frac{2}{x_0+h-2} - \frac{2}{x_0-2}}{h} = \lim_{h \to 0} \frac{\frac{2x_0 - 4 - 2x_0 - 2h + 4}{(x_0+h-2)\cdot(x_0-2)}}{h} = \lim_{h \to 0} \frac{-2h}{h \cdot (x_0+h-2)\cdot(x_0-2)}$$

   $$= \lim_{h \to 0} \frac{-2}{(x_0+h-2)\cdot(x_0-2)} = \frac{-2}{(x_0-2)^2} \quad \text{Also gilt: } f'(x) = \frac{-2}{(x-2)^2}.$$

2. Das Wachstum einer Schlingpflanze wurde vom 1. Mai bis zum 31. Juli beobachtet. Die Messwerte können im angegebenen Zeitraum durch folgende Funktion modelliert werden: $h(t) = -0{,}0022\,t^3 + 0{,}0382\,t^2 + 0{,}279\,t + 0{,}5527$, wobei t die Zeit seit Beobachtungsbeginn in Wochen und h die Höhe der Pflanze in m angibt.

   a) Bestimmen Sie die Definitionsmenge für die Funktion h.
   Für die Definitionsmenge gilt: $D = [0; 13]$, da zwischen dem 1. Mai und dem 31. Juli 13 Wochen liegen.

   b) Berechnen Sie die Höhe der Pflanze zu Beobachtungsbeginn und 6 Wochen nach Beobachtungsbeginn.
   $h(0) = 0{,}5527$ $\quad\quad$ $h(6) = 3{,}1267$
   Zu Beobachtungsbeginn ist die Pflanze 0,5527 m hoch und nach 6 Wochen ist sie 3,1267 m hoch.

   c) Berechnen Sie die mittlere Änderungsrate der Funktion *Zeit t → Höhe h* für den gesamten Messzeitraum bzw. für die ersten 6 Wochen. Interpretieren Sie die Bedeutung der mittleren Änderungsrate im Sachzusammenhang.

   $$\frac{h(13) - h(0)}{13-0} = \frac{5{,}8021 - 0{,}5527}{13} = 0{,}4038 \quad\quad \frac{h(6) - h(0)}{6-0} = \frac{3{,}1267 - 0{,}5527}{6} = 0{,}429$$

   Im gesamten Zeitraum wächst die Pflanze durchschnittlich 0,4038 m pro Woche, in den ersten sechs Wochen durchschnittlich 0,429 m pro Woche.

   d) Berechnen Sie die Ableitungsfunktion zur Funktion h. Welche Bedeutung hat diese im Sachzusammenhang?
   $h'(t) = -0{,}0066\,t^2 + 0{,}0764\,t + 0{,}279$
   Die Ableitungsfunktion gibt die Wachstumsgeschwindigkeit in m pro Woche zu einem Zeitpunkt t an.

3. a) Skizzieren Sie mithilfe des Graphen der Funktion den Graphen der Ableitungsfunktion.

   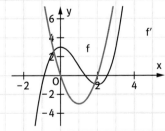 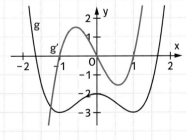 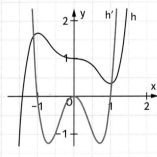

   b) Die Funktionsgleichungen zu den Graphen lauten: $f(x) = x^3 - 3x^2 + 3$, $g(x) = x^4 - 2x^2 - 2$ und $h(x) = x^5 - \frac{5}{3}x^3 + 1$.
   Leiten Sie diese Funktionen ab und überprüfen Sie mithilfe eines Funktionsplotters Ihr Ergebnis aus a).
   $f'(x) = 3x^2 - 6x$ $\quad\quad$ $g'(x) = 4x^3 - 4x$ $\quad\quad$ $h'(x) = 5x^4 - 5x^2$

Arbeitsblatt – Check-in
Extrem- und Wendepunkte

Checkliste	Das kann ich gut.	Ich bin noch unsicher.	Das kann ich nicht mehr.
1. Ich kann die Nullstellen einer Funktion durch Ablesen und durch Anwenden einer Lösungsformel für quadratische Gleichungen bestimmen.	☐	☐	☐
2. Ich kann Funktionen ableiten.	☐	☐	☐
3. Ich kann mit der Schreibweise für Intervalle umgehen.	☐	☐	☐
4. Ich kann die Graphen von Potenzfunktionen der Form $f(x) = a \cdot x^n$ ($n \in \mathbb{N}$) und der Form $f(x) = a \cdot x^{-n}$ ($n = 1; 2$) skizzieren.	☐	☐	☐
5. Ich kann zu einem Funktionsgraphen den Graphen der Ableitungsfunktion skizzieren.	☐	☐	☐
6. Ich kann zu einem Term Intervalle angeben, für die der Term positiv, null oder negativ ist.	☐	☐	☐

Überprüfen Sie Ihre Einschätzungen anhand der entsprechenden Aufgaben:

1. Bestimmen Sie die Nullstellen durch Ablesen oder Anwenden einer Lösungsformel.
   a) $(x - 2) \cdot (x + 1) \cdot (x - 0{,}5) = 0$

   b) $x^2 - 6x - 7 = 0$

2. Bestimmen Sie die Ableitungsfunktion f'.
   a) $f(x) = 3x^3 - 4x^2 + 1;\quad f'(x) =$
   b) $f(x) = -\frac{1}{2}x^4 + x^2 - \frac{5}{3}x;\quad f'(x) =$

3. Geben Sie die dargestellten Intervalle mit der Intervallschreibweise an.
   a)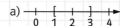
   b)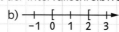
   c)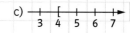

4. Markieren Sie die Karten, die zusammengehören.

5. Skizzieren Sie jeweils den Graphen der Ableitungsfunktion f'.
   a)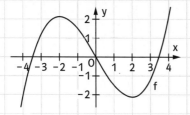
   b)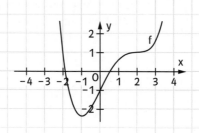

6. Bestimmen Sie, für welche x-Werte die Ungleichung erfüllt ist.
   a) $2 \cdot (x + 5) - 6 < 0$
   b) $(x - 5) \cdot (2x + 3) > 0$

Arbeitsblatt – Check-in
Extrem- und Wendepunkte
Lösung

Checkliste	Stichwörter zum Nachschlagen
1. Ich kann die Nullstellen einer Funktion durch Ablesen und durch Anwenden einer Lösungsformel für quadratische Gleichungen bestimmen.	Nullstellenbestimmung durch Ablesen, pq-Formel, abc-Formel
2. Ich kann Funktionen ableiten.	Ableitungsregeln
3. Ich kann mit der Schreibweise für Intervalle umgehen.	Intervall, abgeschlossenes (offenes) Intervall
4. Ich kann die Graphen von Potenzfunktionen der Form $f(x) = a \cdot x^n$ ($n \in \mathbb{N}$) und der Form $f(x) = a \cdot x^{-n}$ ($n = 1; 2$) skizzieren.	Potenzfunktion, Eigenschaften einer Potenzfunktion
5. Ich kann zu einem Funktionsgraphen den Graphen der Ableitungsfunktion skizzieren.	Ableitungsfunktion, Steigung des Graphen, Steigung der Tangente
6. Ich kann zu einem Term Intervalle angeben, für die der Term positiv, null oder negativ ist.	Ungleichungen

Überprüfen Sie Ihre Einschätzungen anhand der entsprechenden Aufgaben:

1. Bestimmen Sie die Nullstellen durch Ablesen oder Anwenden einer Lösungsformel.

a) $(x-2) \cdot (x+1) \cdot (x-0{,}5) = 0$ $x_1 = 2;\ x_2 = -1$ und $x_3 = 0{,}5$

b) $x^2 - 6x - 7 = 0$ $x_{1/2} = -\frac{(-6)}{2} \pm \sqrt{\left(\frac{(-6)}{2}\right)^2 - (-7)} = 3 \pm 4 \Rightarrow x_1 = 7$ und $x_2 = -1$

2. Bestimmen Sie die Ableitungsfunktion f'.

a) $f(x) = 3x^3 - 4x^2 + 1$; $f'(x) = $ $9x^2 - 8x$ b) $f(x) = -\frac{1}{2}x^4 + x^2 - \frac{5}{3}x$; $f'(x) = $ $-2x^3 + 2x - \frac{5}{3}$

3. Geben Sie die dargestellten Intervalle mit der Intervallschreibweise an.

a) 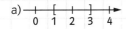 $[1; 3]$ b) 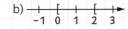 $[0; 2[$ c) 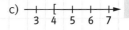 $[4; \infty[$

4. Markieren Sie die Karten, die zusammengehören.

 C x^5 E   D   F $\frac{1}{x}$ B   C   G   E x^3

B $-x^4$ H $-x^2$ A $\frac{1}{x^2}$ F   D x^2 H   G x^4 A

5. Skizzieren Sie jeweils den Graphen der Ableitungsfunktion f'.

a) 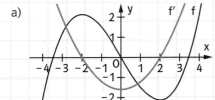   b)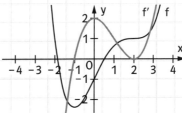

6. Bestimmen Sie, für welche x-Werte die Ungleichung erfüllt ist.

a) $2 \cdot (x+5) - 6 < 0$
$2 \cdot (x+5) < 6 \Rightarrow x + 5 < 3 \Rightarrow x < -2$
$x \in]-\infty; -2[$

b) $(x-5) \cdot (x+3) > 0$
$x - 5 > 0$ und $x + 3 > 0 \Rightarrow x > 5$
$x - 5 < 0$ und $x + 3 < 0 \Rightarrow x < -3$
$x \in]5; \infty[$ und $x \in]-\infty; -3[$

Trainingsblatt
Nullstellen

1. Bestimmen Sie die Nullstellen, indem Sie die Lücken ergänzen.

    a) Nullstellenbestimmung durch *Ausklammern*

    $x^3 - 4x^2 = 0$

    $\Leftrightarrow$ ▢ $\cdot (x - 4) = 0$

    $\Rightarrow x_1 =$ ▢ und $x_2 =$ ▢

    b) Nullstellenbestimmung mit *Lösungsformel*

    $2x^2 + 12x + 10 = 0$

    $\Leftrightarrow x^2 +$ ▢ $\cdot x +$ ▢ $= 0$

    $\Rightarrow x_{1/2} = -\dfrac{▢}{2} \pm \sqrt{\left(-\dfrac{▢}{2}\right)^2 - ▢}$

    $= ▢ \pm \sqrt{▢} = ▢ \pm ▢$

    $\Rightarrow x_1 =$ ▢ und $x_2 =$ ▢

    c) Nullstellenbestimmung durch *Substituieren*

    $x^4 - 10x^2 + 9 = 0$; $z =$ ▢

    $\Rightarrow$ ▢ $- 10 \cdot$ ▢ $+ 9 = 0$

    $\Rightarrow z_{1/2} =$ ▢

    $\Rightarrow z_1 =$ ▢ ; $z_2 =$ ▢

    $\Rightarrow x^2 =$ ▢ ; ▢ $=$ ▢

    $\Rightarrow x_1 =$ ▢ ; $x_2 =$ ▢ ; $x_3 =$ ▢ und $x_4 =$ ▢

2. Bestimmen Sie die Nullstellen der Funktionen.

    a) $f(x) = x^2 - 2x$

    b) $f(x) = 2x^3 - 8x^2$

    c) $f(x) = x^4 - 9x^2$

    d) $f(x) = x^2 - 2x - 3$

    e) $f(x) = 3x^2 + 12x + 5{,}25$

    f) $f(x) = x^3 + 3x^2$

    g) $f(x) = x^4 - 5x^2$

    h) $f(x) = x^3 - 10x^2 + 25x$

    i) $f(x) = x^6 + 6x^5 - 16x^4$

    j) $f(x) = x^4 - 11x^2 + 28$

    k) $f(x) = x^4 - 3x^2 - 4$

    l) $f(x) = x^6 - 7x^3 - 8$

Trainingsblatt
Nullstellen — Lösung

1. Bestimmen Sie die Nullstellen, indem Sie die Lücken ergänzen.

a) Nullstellenbestimmung durch *Ausklammern*
$x^3 - 4x^2 = 0$
$\Leftrightarrow x^2 \cdot (x - 4) = 0$
$\Rightarrow x_1 = 0$ und $x_2 = 4$

b) Nullstellenbestimmung mit *Lösungsformel*
$2x^2 + 12x + 10 = 0$
$\Leftrightarrow x^2 + 6 \cdot x + 5 = 0$
$\Rightarrow x_{1/2} = -\frac{6}{2} \pm \sqrt{\left(-\frac{6}{2}\right)^2 - 5}$
$= -3 \pm \sqrt{4} = -3 \pm 2$
$\Rightarrow x_1 = -5$ und $x_2 = -1$

c) Nullstellenbestimmung durch *Substituieren*
$x^4 - 10x^2 + 9 = 0;\ z = x^2$
$\Rightarrow z^2 - 10 \cdot z + 9 = 0$
$\Rightarrow z_{1/2} = -\frac{(-10)}{2} \pm \sqrt{\left(\frac{(-10)}{2}\right)^2 - 9} = 5 \pm \sqrt{16} = 5 \pm 4$
$\Rightarrow z_1 = 9;\ z_2 = 1$
$\Rightarrow x^2 = 9;\ x^2 = 1$
$\Rightarrow x_1 = 3;\ x_2 = -3;\ x_3 = 1$ und $x_4 = -1$

2. Bestimmen Sie die Nullstellen der Funktionen.

a) $f(x) = x^2 - 2x$
$\Leftrightarrow x \cdot (x - 2) = 0$
$\Rightarrow x_1 = 0$ und $x_2 = 2$

b) $f(x) = 2x^3 - 8x^2$
$\Leftrightarrow 2x^2 \cdot (x - 4) = 0$
$\Rightarrow x_1 = 0$ und $x_2 = 4$

c) $f(x) = x^4 - 9x^2$
$\Leftrightarrow x^2 \cdot (x^2 - 9) = 0$
$\Rightarrow x_1 = 0,\ x_2 = -3$ und $x_3 = 3$

d) $f(x) = x^2 - 2x - 3$
$x^2 - 2x - 3 = 0$
$\Rightarrow x_{1/2} = -\frac{(-2)}{2} \pm \sqrt{\left(-\frac{(-2)}{2}\right)^2 - (-3)}$
$= 1 \pm \sqrt{4} = 1 \pm 2$
$\Rightarrow x_1 = 3$ und $x_2 = -1$

e) $f(x) = 3x^2 + 12x + 5{,}25$
$3x^2 + 12x + 5{,}25 = 0$
$\Leftrightarrow x^2 + 4x + 1{,}75 = 0$
$\Rightarrow x_{1/2} = -\frac{4}{2} \pm \sqrt{\left(\frac{4}{2}\right)^2 - 1{,}75}$
$= -2 \pm \sqrt{2{,}25} = -2 \pm 1{,}5$
$\Rightarrow x_1 = -0{,}5$ und $x_2 = -3{,}5$

f) $f(x) = x^3 + 3x^2$
$x^3 + 3x^2 = 0$
$\Leftrightarrow x^2 \cdot (x + 3) = 0$
$\Rightarrow x_1 = 0$ und $x_2 = -3$

g) $f(x) = x^4 - 5x^2$
$x^4 - 5x^2 = 0$
$\Leftrightarrow x^2 \cdot (x^2 - 5) = 0$
$\Rightarrow x_1 = 0$ oder $x^2 - 5 = 0$
$\Rightarrow x_1 = 0;\ x_2 = \sqrt{5}$ und $x_3 = -\sqrt{5}$

h) $f(x) = x^3 - 10x^2 + 25x$
$x^3 - 10x^2 + 25x = 0$
$\Leftrightarrow x \cdot (x^2 - 10x + 25) = 0$
$\Rightarrow x_1 = 0$ oder $x^2 - 10x + 25 = 0$
$x_{2/3} = -\frac{(-10)}{2} \pm \sqrt{\left(\frac{(-10)}{2}\right)^2 - 25}$
$= 5 \pm \sqrt{0} = 5 \pm 0$
$\Rightarrow x_1 = 0$ und $x_2 = 5$

i) $f(x) = x^6 + 6x^5 - 16x^4$
$x^6 + 6x^5 - 16x^4 = 0$
$\Leftrightarrow x^4 \cdot (x^2 + 6x - 16) = 0$
$\Rightarrow x_1 = 0$ oder $x^2 + 6x - 16 = 0$
$x_{2/3} = -\frac{6}{2} \pm \sqrt{\left(\frac{6}{2}\right)^2 - (-16)}$
$= -3 \pm \sqrt{25} = -3 \pm 5$
$\Rightarrow x_1 = 0;\ x_2 = -8$ und $x_3 = 2$

j) $f(x) = x^4 - 11x^2 + 28$
$x^4 - 11x^2 + 28 = 0;\ z = x^2$
$\Rightarrow z^2 - 11z + 28 = 0$
$\Rightarrow z_{1/2} = -\frac{(-11)}{2} \pm \sqrt{\left(\frac{(-11)}{2}\right)^2 - 28}$
$= 5{,}5 \pm \sqrt{2{,}25} = 5{,}5 \pm 1{,}5$
$\Rightarrow z_1 = 7;\ z_2 = 4$
$\Rightarrow x^2 = 7;\ x^2 = 4$
$\Rightarrow x_1 = \sqrt{7};\ x_2 = -\sqrt{7};\ x_3 = 2$ und $x_4 = -2$

k) $f(x) = x^4 - 3x^2 - 4$
$x^4 - 3x^2 - 4 = 0;\ z = x^2$
$\Rightarrow z^2 - 3z - 4 = 0$
$\Rightarrow z_{1/2} = -\frac{(-3)}{2} \pm \sqrt{\left(\frac{(-3)}{2}\right)^2 - (-4)}$
$= 1{,}5 \pm \sqrt{6{,}25} = 1{,}5 \pm 2{,}5$
$\Rightarrow z_1 = 4;\ z_2 = -1$
$\Rightarrow x^2 = 4;\ x^2 = -1$
$\Rightarrow x_1 = 2$ und $x_2 = -2$

l) $f(x) = x^6 - 7x^3 - 8$
$\Rightarrow x^6 - 7x^3 - 8 = 0;\ z = x^3$
$\Rightarrow z^2 - 7z - 8 = 0$
$\Rightarrow z_{1/2} = -\frac{(-7)}{2} \pm \sqrt{\left(\frac{(-7)}{2}\right)^2 - (-8)}$
$= 3{,}5 \pm \sqrt{20{,}25} = 3{,}5 \pm 4{,}5$
$\Rightarrow z_1 = 8$ und $z_2 = -1$
$\Rightarrow x^3 = 8$ und $x^3 = -1$
$\Rightarrow x_1 = 2$ und $x_2 = -1$

Trainingsblatt
Monotonie

1. Ordnen Sie den Graphen der Funktionen g_1, g_2, g_3, g_4, g_5 und g_6 jeweils den Graphen der zugehörigen Ableitungsfunktion f_1, f_2, f_3, f_4, f_5 oder f_6 zu.

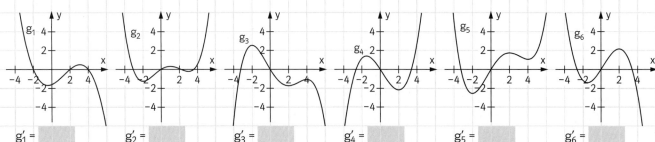

$g'_1 = $ $\quad$ $g'_2 = $ $\quad$ $g'_3 = $ $\quad$ $g'_4 = $ $\quad$ $g'_5 = $ $\quad$ $g'_6 = $

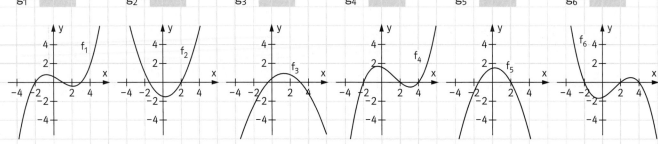

2. Bestimmen Sie die Monotoniebereiche der Funktion f.

a) $f: x \to \frac{1}{3}x^3 - \frac{1}{2}x^2 - 2x - 1$

$f'(x) = $

Nullstellen von f': $x_1 = $ und $x_2 = $

Für $x < $ gilt: $f'(x) 0$,

für $ < x < $ gilt: $f'(x) 0$,

für $x > $ gilt: $f'(x) 0$.

Monotonieverhalten von f:

Die Funktion f ist in den Intervallen und streng monoton und im Intervall streng monoton .

b) $f: x \to x^6 - 1{,}8x^5 - 2$

$f'(x) = $

Nullstellen von f':

Monotonieverhalten von f:

c) $f: x \to x^4 + 2x^2$

d) $f: x \to x^2 + \frac{2}{x}$ ($D_f = \mathbb{R} \setminus \{0\}$) (Definitionslücke beachten!)

Trainingsblatt
Monotonie
Lösung

1. Ordnen Sie den Graphen der Funktionen g_1, g_2, g_3, g_4, g_5 und g_6 jeweils den Graphen der zugehörigen Ableitungsfunktion f_1, f_2, f_3, f_4, f_5 oder f_6 zu.

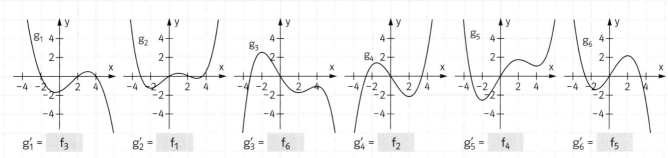

$g_1' =$ f_3 $g_2' =$ f_1 $g_3' =$ f_6 $g_4' =$ f_2 $g_5' =$ f_4 $g_6' =$ f_5

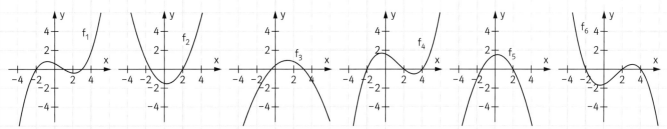

2. Bestimmen Sie die Monotoniebereiche der Funktion f.

a) $f: x \rightarrow \frac{1}{3}x^3 - \frac{1}{2}x^2 - 2x - 1$

$f'(x) =$ $x^2 - x - 2 = (x-2)(x+1)$

Nullstellen von f': $x_1 =$ -1 und $x_2 =$ 2
Für $x <$ -1 gilt: $\quad f'(x) > 0$,
für $-1 < x <$ 2 gilt: $\quad f'(x) < 0$,
für $x >$ 2 gilt: $\quad f'(x) > 0$.

Monotonieverhalten von f:
Die Funktion f ist in den Intervallen $]-\infty; -1]$ und $[2; \infty[$ streng monoton wachsend und im Intervall $[-1; 2]$ streng monoton fallend.

b) $f: x \rightarrow x^6 - 1{,}8x^5 - 2$

$f'(x) = 6x^5 - 9x^4 = 3x^4(2x - 3)$

Nullstellen von f': $x_1 = 0$ und $x_2 = 1{,}5$
Für $x < 0$ gilt: $\quad f'(x) < 0$,
für $0 < x < 1{,}5$ gilt: $\quad f'(x) < 0$,
für $x > 1{,}5$ gilt: $\quad f'(x) > 0$.

Monotonieverhalten von f:
Die Funktion f ist im Intervall $]-\infty; 1{,}5]$ streng monoton fallend und im Intervall $[1{,}5; \infty[$ streng monoton wachsend.

c) $f: x \rightarrow x^4 + 2x^2$

$f'(x) = 4x^3 + 4x = 4x(x^2 + 1)$

Nullstelle von f': $x = 0$
Für $x < 0$ gilt: $f'(x) < 0$,
für $x > 0$ gilt: $f'(x) > 0$.
Monotonieverhalten von f:
Die Funktion f ist im Intervall $]-\infty; 0]$ streng monoton fallend und im Intervall $[0; \infty[$ streng monoton wachsend.

d) $f: x \rightarrow x^2 + \frac{2}{x}$ ($D_f = \mathbb{R} \setminus \{0\}$) (Definitionslücke beachten!)

$f'(x) = 2x - 2x^{-2}$

Nullstelle von f': $2x = 2x^{-2} \Rightarrow x = x^{-2}$
$\Rightarrow x^3 = 1 \Rightarrow x = 1$
Für $x < 0$ gilt: $\quad f'(x) < 0$,
für $0 < x < 1$ gilt: $\quad f'(x) < 0$,
für $x > 1$ gilt: $\quad f'(x) > 0$.
Monotonieverhalten von f:
Die Funktion f ist im Intervall $]-\infty; 1]$ streng monoton fallend und im Intervall $[1; \infty[$ streng monoton wachsend.

Arbeitsblatt
Der Tangentensurfer

Schneiden Sie den unten abgebildeten Tangentensurfer aus und bearbeiten Sie damit die folgenden Aufgaben:

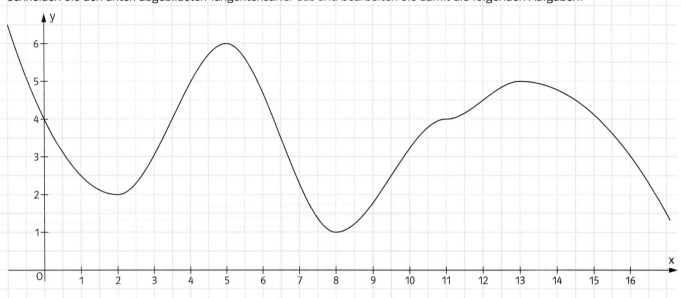

1. Durch den Graphen einer Funktion f ist das abgebildete Wellenprofil gegeben. Fahren Sie mit dem Tangentensurfer von links nach rechts tangential das Wellenprofil entlang. Zeichnen Sie an einigen Punkten des Graphen die tangentielle Lage des Surfbretts am Wellenprofil ein.

   Skizzieren Sie nun ins folgende Koordinatensystem den Graphen der Ableitung von f.

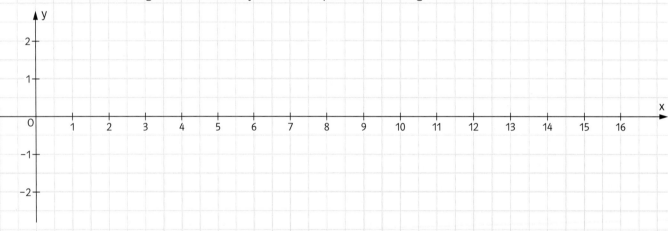

3. a) In welchen Bereichen des Wellenprofils fährt der Tangentensurfer nach oben bzw. nach unten?

   b) Wie hängt dies mit der Ableitung von f zusammen?

4. a) Wie verläuft das Surfbrett an den höchsten bzw. tiefsten Punkten des Wellenprofils?
   b) Welchen Wert hat die Ableitung f' an diesen Stellen?

5. Kann man aus der Tatsache $f'(x_0) = 0$ schließen, dass der Tangentensurfer an der Stelle x_0 einen höchsten oder tiefsten Punkt des Wellenprofils erreicht hat? Begründen Sie.

Tangentensurfer zum Ausschneiden:

Arbeitsblatt
Der Tangentensurfer
Lösung

Schneiden Sie den unten abgebildeten Tangentensurfer aus und bearbeiten Sie damit die folgenden Aufgaben:

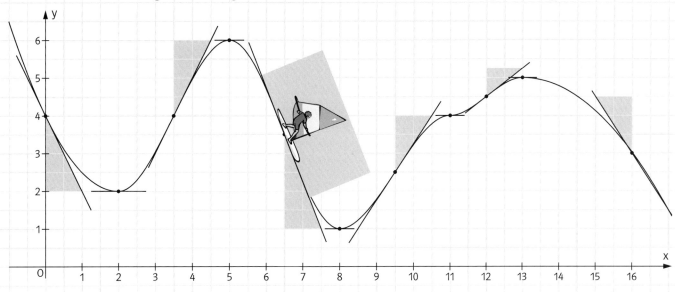

1. Durch den Graphen einer Funktion f ist das abgebildete Wellenprofil gegeben. Fahren Sie mit dem Tangentensurfer von links nach rechts tangential das Wellenprofil entlang. Zeichnen Sie an einigen Punkten des Graphen die tangentielle Lage des Surfbretts am Wellenprofil ein.
Skizzieren Sie nun ins folgende Koordinatensystem den Graphen der Ableitung von f.

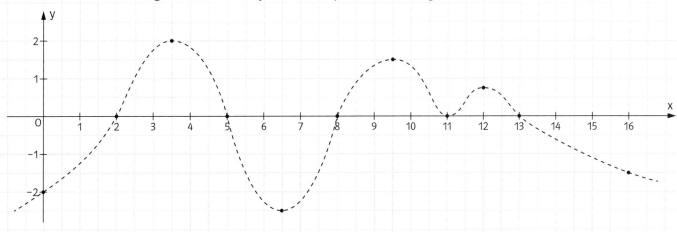

3. a) In welchen Bereichen des Wellenprofils fährt der Tangentensurfer nach oben bzw. nach unten?
nach oben für $x \in \,]2;5[\, \cup \,]8;11[\, \cup \,]11;13[$; nach unten für $x \in \,]-1;2[\, \cup \,]5;8[\, \cup \,]13;17[$
   b) Wie hängt dies mit der Ableitung von f zusammen?   In den Bereichen, in denen der Tangentensurfer nach oben fährt, ist die Ableitung positiv, wo er nach unten fährt, ist die Ableitung negativ.

4. a) Wie verläuft das Surfbrett an den höchsten bzw. tiefsten Punkten des Wellenprofils?   waagrecht
   b) Welchen Wert hat die Ableitung f′ an diesen Stellen?   Die Ableitung hat den Wert null.

5. Kann man aus der Tatsache $f'(x_0) = 0$ schließen, dass der Tangentensurfer an der Stelle x_0 einen höchsten oder tiefsten Punkt des Wellenprofils erreicht hat? Begründen Sie.
Nein, denn z. B. an der Stelle $x = 11$ ist die Ableitung null, es liegt aber kein höchster oder tiefster Punkt des Wellenprofils vor.

Tangentensurfer zum Ausschneiden:

Trainingsblatt
Extrempunkte mithilfe des Vorzeichenwechselkriteriums bestimmen

1. Bestimmen Sie die Hoch-, Tief- und Sattelpunkte mithilfe des Vorzeichenwechselkriteriums.

a) $f(x) = x^3 - 6x^2$ $f'(x) = $ _____

$f'(x) = 0 \Rightarrow$ _____ $= 0$

Faktorisieren: $3x \cdot ($ _____ $) = 0$

mögliche Extremstellen: $x_1 = $ ____ und $x_2 = $ ____

Untersuchung auf VZW an $x_1 = $ ____ :

(1) x nahe $x_1 = $ ____ und $x < x_1$: $3x \cdot (x-4)$ ____ 0

(2) x nahe $x_1 = $ ____ und $x > x_1$: $3x \cdot (x-4)$ ____ 0

$\Rightarrow$ Es liegt ein VZW von „ ____ " nach „ ____ " vor.

Untersuchung auf VZW an $x_2 = $ ____ :

(1) x nahe $x_2 = $ ____ und $x < x_2$:

(2) x nahe $x_2 = $ ____ und $x > x_2$:

Extrempunkte: $f($ ____ $) = $ _____ $\Rightarrow H($ ____ $|$ ____ $)$

$f($ ____ $) = $ _____ $\Rightarrow$ _____ $($ ____ $|$ ____ $)$

b) $f(x) = \frac{1}{3}x^3 + x^2 - 15x$ $f'(x) = $ _____

$f'(x) = 0 \Rightarrow$ _____ $= 0$

pq-Formel: $x_{1/2} = $ _____

mögliche Extremstellen: $x_1 = $ ____ und $x_2 = $ ____

Untersuchung auf VZW an $x_1 = $ ____ :

(1) x nahe ____ und ____ :

(2) x nahe ____ und ____ :

Untersuchung auf VZW an $x_2 = $ _____ :

(1) _____

(2) _____

Extrempunkte: $f($ ____ $) = $ _____ $\Rightarrow$ _____ $($ ____ $|$ ____ $)$

$f($ ____ $) = $ _____ $\Rightarrow$ _____ $($ ____ $|$ ____ $)$

c) $f(x) = \frac{1}{3}x^3 + 4x^2 + 7x$

d) $f(x) = \frac{1}{9}x^4 - \frac{4}{9}x^3$

2. Berechnen Sie die Achsenschnittpunkte der Funktion $f(x) = \frac{1}{9}x^4 - \frac{4}{9}x^3$ aus Aufgabe 1d) und skizzieren Sie den Graphen.

Trainingsblatt
Extrempunkte mithilfe des Vorzeichenwechselkriteriums bestimmen — Lösung

1. Bestimmen Sie die Hoch-, Tief- und Sattelpunkte mithilfe des Vorzeichenwechselkriteriums.

a) $f(x) = x^3 - 6x^2$ $f'(x) = 3x^2 - 12x$
$f'(x) = 0 \Rightarrow 3x^2 - 12x = 0$
Faktorisieren: $3x \cdot (x - 4) = 0$
mögliche Extremstellen: $x_1 = 0$ und $x_2 = 4$
Untersuchung auf VZW an $x_1 = 0$:
(1) x nahe $x_1 = 0$ und $x < x_1$: $3x \cdot (x-4) > 0$
(2) x nahe $x_1 = 0$ und $x > x_1$: $3x \cdot (x-4) < 0$
$\Rightarrow$ Es liegt ein VZW von „+" nach „−" vor.
Untersuchung auf VZW an $x_2 = 4$:
(1) x nahe $x_2 = 4$ und $x < x_2$: $3x \cdot (x-4) < 0$
(2) x nahe $x_2 = 4$ und $x > x_2$: $3x \cdot (x-4) > 0$
$\Rightarrow$ Es liegt ein VZW von „−" nach „+" vor.
Extrempunkte: $f(0) = 0 \Rightarrow H(0 \mid 0)$
$f(4) = -32 \Rightarrow T(4 \mid -32)$

b) $f(x) = \frac{1}{3}x^3 + x^2 - 15x$ $f'(x) = x^2 + 2x - 15$
$f'(x) = 0 \Rightarrow x^2 + 2x - 15 = 0$
pq-Formel: $x_{1/2} = -\frac{2}{2} \pm \sqrt{\left(-\frac{2}{2}\right)^2 - (-15)} = -1 \pm 4$
mögliche Extremstellen: $x_1 = 3$ und $x_2 = -5$
Untersuchung auf VZW an $x_1 = 3$:
(1) x nahe $x_1 = 3$ und $x < x_1$: $x^2 + 2x - 15 < 0$
(2) x nahe $x_1 = 3$ und $x > x_1$: $x^2 + 2x - 15 > 0$
Es liegt ein VZW von „−" nach „+" vor.
Untersuchung auf VZW an $x_2 = -5$:
(1) x nahe $x_2 = -5$ und $x < x_2$: $x^2 + 2x - 15 > 0$
(2) x nahe $x_2 = -5$ und $x > x_2$: $x^2 + 2x - 15 < 0$
Es liegt ein VZW von „+" nach „−" vor.
Extrempunkte: $f(3) = -27 \Rightarrow T(3 \mid -27)$
$f(-5) = \frac{175}{3} \Rightarrow H\left(-5 \mid \frac{175}{3}\right)$

c) $f(x) = \frac{1}{3}x^3 + 4x^2 + 7x$
$f'(x) = x^2 + 8x + 7$
$f'(x) = 0 \Rightarrow x^2 + 8x + 7 = 0$
pq-Formel: $x_{1/2} = -\frac{8}{2} \pm \sqrt{\left(-\frac{8}{2}\right)^2 - 7} = -4 \pm 3$
mögliche Extremstellen: $x_1 = -1$ und $x_2 = -7$
Untersuchung auf VZW an $x_1 = -1$:
(1) x nahe $x_1 = -1$ und $x < x_1$: $x^2 - 8x + 7 < 0$
(2) x nahe $x_1 = -1$ und $x > x_1$: $x^2 - 8x + 7 > 0$
$\Rightarrow$ Es liegt ein VZW von „−" nach „+" vor.
Untersuchung auf VZW an $x_2 = -7$:
(1) x nahe $x_2 = -7$ und $x < x_2$: $x^2 - 8x + 7 > 0$
(2) x nahe $x_2 = -7$ und $x > x_2$: $x^2 - 8x + 7 < 0$
$\Rightarrow$ Es liegt ein VZW von „+" nach „−" vor.
Extrempunkte: $f(-1) = -\frac{10}{3} \Rightarrow T\left(-1 \mid -\frac{10}{3}\right)$
$f(-7) = \frac{98}{3} \Rightarrow H\left(-7 \mid \frac{98}{3}\right)$

d) $f(x) = \frac{1}{9}x^4 - \frac{4}{9}x^3$
$f'(x) = \frac{4}{9}x^3 - \frac{4}{3}x^2$
$f'(x) = 0 \Rightarrow \frac{4}{9}x^3 - \frac{4}{3}x^2 = 0$
Faktorisieren: $\frac{4}{3}x^2 \cdot \left(\frac{1}{3}x - 1\right) = 0$
mögliche Extremstellen: $x_1 = 0$ und $x_2 = 3$
Untersuchung auf VZW an $x_1 = 0$:
(1) x nahe $x_1 = 0$ und $x < x_1$: $\frac{4}{3}x^2 \cdot \left(\frac{1}{3}x - 1\right) < 0$
(2) x nahe $x_1 = 0$ und $x > x_1$: $\frac{4}{3}x^2 \cdot \left(\frac{1}{3}x - 1\right) < 0$
$\Rightarrow$ Es liegt kein VZW vor.
Untersuchung auf VZW an $x_2 = 3$:
(1) x nahe $x_2 = 3$ und $x < x_2$: $\frac{4}{3}x^2 \cdot \left(\frac{1}{3}x - 1\right) < 0$
(2) x nahe $x_2 = 3$ und $x > x_2$: $\frac{4}{3}x^2 \cdot \left(\frac{1}{3}x - 1\right) > 0$
$\Rightarrow$ Es liegt ein VZW von „−" nach „+" vor.
Sattelpunkt: $f(0) = 0 \Rightarrow S(0 \mid 0)$
Tiefpunkt: $f(3) = -3 \Rightarrow T(3 \mid -3)$

2. Berechnen Sie die Achsenschnittpunkte der Funktion $f(x) = \frac{1}{9}x^4 - \frac{4}{9}x^3$ aus Aufgabe 1d) und skizzieren Sie den Graphen.

Schnittpunkt mit der y-Achse: $f(0) = 0 \Rightarrow S(0 \mid 0)$
Schnittpunkt mit der x-Achse: $f(x) = 0$
$\Rightarrow \frac{1}{9}x^4 - \frac{4}{9}x^3 = 0$
$\Leftrightarrow \frac{1}{9}x^3 \cdot (x - 4) = 0$
$\Rightarrow x_1 = 0$ und $x_2 = 4$
$\Rightarrow N_1(0 \mid 0)$ und $N_2(4 \mid 0)$

Trainingsblatt
Krümmung von Graphen

1. Geben Sie näherungsweise an, in welchen Intervallen der Graph links- bzw. rechtsgekrümmt ist.

Graph	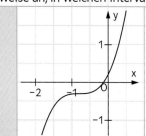	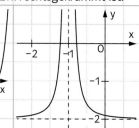		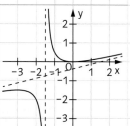
linksgekrümmt auf:				
rechtsgekrümmt auf:				

2. Untersuchen Sie mithilfe der 2. Ableitung die Krümmung des Graphen.

a) $f: x \mapsto 7x^2 + 3x - 1; \; D_f = \mathbb{R}$

$f'(x) = $ _____ ; $f''(x) = $ _____

$f''(x)$ ___ 0 für _____

$\Rightarrow G_f$ ist auf _____

b) $f: x \mapsto \ln x - x^2; \; D_f = \mathbb{R}^+$

c) $f: x \mapsto e^{-3x+2}; \; D_f = \mathbb{R}$

d) $f: x \mapsto 2x^3 - 6x^2; \; D_f = \mathbb{R}$

$f'(x) = $

$f''(x) = $

$f''(x) = 0 \Rightarrow$

$\Rightarrow x = $

$f''(x) > 0$ für $x \in$

$f''(x) < 0$ für $x \in$

$\Rightarrow G_f$ ist auf

e) $f: x \mapsto -\sin x; \; D_f =]-1; 4[$

f) $f: x \mapsto e^{-x^2}; \; D_f = \mathbb{R}$

3. Die Abbildung zeigt die Graphen der ersten Ableitungen f', g' und h' der Funktionen f, g und h. Füllen Sie die Lücken aus.

a)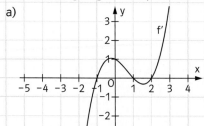

b)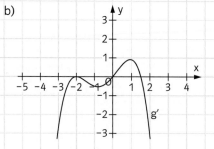

c)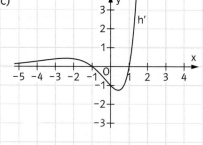

- f ist im Intervall $]0;1[$ streng monoton _____.
- Der Graph von F ist im Intervall $]1;2[$ _____ gekrümmt.
- Im Intervall $]0;1[$ gilt: $f''(x)$ ist _____ als Null.
- Der Graph von f' ist im Intervall $]1;2[$ _____ gekrümmt.
- Im Intervall $]-1;0[$ gilt: $f'''(x)$ ist _____ als Null.

- g ist auf $]-1;0[$ streng monoton _____.
- Der Graph von G ist im Intervall $]1;1,5[$ _____ gekrümmt.
- Im Intervall $]-0,5;0[$ gilt: $g''(x)$ ist _____ als Null.
- Der Graph von g' ist auf $]-1;0[$ _____ gekrümmt.
- Im Intervall $]0,8;+\infty[$ gilt: $g'''(x)$ ist _____ als Null.

- h ist im Intervall $]0;1[$ streng monoton _____.
- Der Graph von h' ist im Intervall $]-3;-1[$ _____ gekrümmt.
- Im Intervall $]0;1[$ gilt: $h'''(x)$ ist _____ als Null.
- Der Graph von H ist im Intervall $]-1;1[$ _____ gekrümmt.
- Im Intervall $]-1;0[$ gilt: $h''(x)$ ist _____ als Null.

Trainingsblatt
Krümmung von Graphen — Lösung

1. Geben Sie näherungsweise an, in welchen Intervallen der Graph links- bzw. rechtsgekrümmt ist.

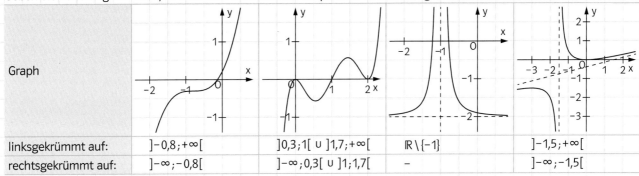

Graph				
linksgekrümmt auf:	]−0,8;+∞[	]0,3;1[∪]1,7;+∞[	ℝ\{−1}	]−1,5;+∞[
rechtsgekrümmt auf:	]−∞;−0,8[	]−∞;0,3[∪]1;1,7[	−	]−∞;−1,5[

2. Untersuchen Sie mithilfe der 2. Ableitung die Krümmung des Graphen.

a) $f: x \mapsto 7x^2 + 3x - 1$; $D_f = \mathbb{R}$
  $f'(x) = 14x + 3$; $f''(x) = 14$
  $f''(x) > 0$ für alle $x \in D_f$;
  $\Rightarrow G_f$ ist auf D_f linksgekrümmt.

b) $f: x \mapsto \ln x - x^2$; $D_f = \mathbb{R}^+$
  $f'(x) = \frac{1}{x} - 2x$; $f''(x) = -\frac{1}{x^2} - 2$
  $f''(x) < 0$ für alle $x \in D_f$;
  $\Rightarrow G_f$ ist auf D_f rechtsgekrümmt.

c) $f: x \mapsto e^{-3x+2}$; $D_f = \mathbb{R}$
  $f'(x) = -3e^{-3x+2}$;
  $f''(x) = 9e^{-3x+2}$
  $f''(x) > 0$ für alle $x \in D_f$;
  $\Rightarrow G_f$ ist auf D_f linksgekrümmt.

d) $f: x \mapsto 2x^3 - 6x^2$; $D_f = \mathbb{R}$
  $f'(x) = 6x^2 - 12x$
  $f''(x) = 12x - 12$
  $f''(x) = 0 \Rightarrow 12x - 12 = 0$
  $\Rightarrow x = 1$
  $f''(x) > 0$ für $x \in]1;+\infty[$
  $f''(x) < 0$ für $x \in]-\infty;1[$
  $\Rightarrow G_f$ ist auf $]1;+\infty[$ links-, auf $]-\infty;1[$ rechtsgekrümmt.

e) $f: x \mapsto -\sin x$; $D_f =]-1;4[$
  $f'(x) = -\cos x$
  $f''(x) = \sin x$
  $f''(x) = 0 \Rightarrow \sin x = 0$
  $\Rightarrow x_1 = 0$; $x_2 = \pi$
  $f''(x) > 0$ für $x \in]0;\pi[$
  $f''(x) < 0$ für $x \in]-1;0[\cup]\pi;4[$
  $\Rightarrow G_f$ ist auf $]0;\pi[$ linksgekrümmt, auf $]-1;0[\cup]\pi;4[$ rechtsgekrümmt.

f) $f: x \mapsto e^{-x^2}$; $D_f = \mathbb{R}$
  $f'(x) = -2xe^{-x^2}$
  $f''(x) = -2e^{-x^2} + 4x^2 e^{-x^2}$
  $f''(x) = 0 \Rightarrow (4x^2 - 2)e^{-x^2} = 0$
  $\Rightarrow x_1 = -\frac{1}{\sqrt{2}}$; $x_2 = \frac{1}{\sqrt{2}}$
  $f''(x) > 0$ für $x \in]-\infty;-\frac{1}{\sqrt{2}}[\cup]\frac{1}{\sqrt{2}};+\infty[$
  $f''(x) < 0$ für $x \in]-\frac{1}{\sqrt{2}};\frac{1}{\sqrt{2}}[$
  $\Rightarrow G_f$ ist auf $]-\infty;-\frac{1}{\sqrt{2}}[\cup]\frac{1}{\sqrt{2}};+\infty[$ linksgekrümmt, auf $]-\frac{1}{\sqrt{2}};\frac{1}{\sqrt{2}}[$ rechtsgekrümmt.

3. Die Abbildung zeigt die Graphen der ersten Ableitungen f', g' und h' der Funktionen f, g und h. Füllen Sie die Lücken aus.

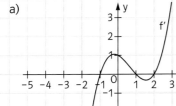

a)
- f ist im Intervall]0;1[streng monoton **wachsend**.
- Der Graph von F ist im Intervall]1;2[**rechts** gekrümmt.
- Im Intervall]0;1[gilt: f''(x) ist **kleiner** als Null.
- Der Graph von f' ist im Intervall]1;2[**links** gekrümmt.
- Im Intervall]−1;0[gilt: f'''(x) ist **kleiner** als Null.

b)
- g ist auf]−1;0[streng monoton **fallend**.
- Der Graph von G ist im Intervall]1;1,5[**links** gekrümmt.
- Im Intervall]−0,5;0[gilt: g''(x) ist **größer** als Null.
- Der Graph von g' ist auf]−1;0[**links** gekrümmt.
- Im Intervall]0,8;+∞[gilt: g'''(x) ist **kleiner** als Null.

c)
- h ist im Intervall]0;1[streng monoton **fallend**.
- Der Graph von h' ist im Intervall]−3;−1[**rechts** gekrümmt.
- Im Intervall]0;1[gilt: h'''(x) ist **größer** als Null.
- Der Graph von H ist im Intervall]−1;1[**rechts** gekrümmt.
- Im Intervall]−1;0[gilt: h''(x) ist **kleiner** als Null.

Spiel
Krümmungspuzzle – Spielanleitung und Spielkarten Teil 1

Spiel für die ganze Klasse/Gruppenarbeit

Spielmaterial: 42 Karten (für jede Gruppe)

Spielvorbereitung: Die Klasse spielt gemeinsam oder tritt in Gruppen gegeneinander an. Die Gruppengröße sollte nicht zu klein gewählt werden, da viele Rechnungen arbeitsteilig durchzuführen sind.

Spielziel: Für die auf den Karten gegebenen Funktionen soll das Krümmungsverhalten untersucht werden und alle Karten zu einer vielfach gekrümmten Linie aneinander gelegt werden.

Spielanleitung: Gehen Sie bei jeder Karte so vor:
Berechnen Sie zunächst die erste und zweite Ableitung. Untersuchen Sie dann, ob der Funktionsgraph G_f im angegebenen Intervall links, rechts oder nicht gekrümmt ist. Zeichnen Sie auf der Karte symbolisch das Krümmungsverhalten ein:

z. B. bedeutet ⌐: G_f ist rechtsgekrümmt auf $[a;b]$

Berechnen Sie die Funktionswerte an den Intervallgrenzen.

Legen Sie dann die Karten so aneinander, dass aneinanderstoßende Karten an den Intervallgrenzen gleiche Funktionswerte haben und die eingezeichneten Krümmungslinien eine fortlaufende Schlangenlinie ergeben:

Bei richtiger Lösung ergibt die Silhouette aller gelegten Karten eine einprägsame Figur.
Es gewinnt die Gruppe, die zuerst die vollständige Figur korrekt legen kann.

Hinweis: Alle Werte sind so gewählt, dass alle Rechnungen gut ohne Rechner ausgeführt werden können.

**① ** $f(x) = -\frac{1}{16}x^2 + \frac{1}{4}x$

$f'(x) =$

$f''(x) =$

G_f ist im Intervall $[a;b] = [2;12]$ links/rechts/nicht gekrümmt

$f(a) =$ $\qquad$ $f(b) =$

**② ** $f(x) = 0{,}5 \cdot \frac{x^2-4}{x-2}$

$f'(x) =$

$f''(x) =$

G_f ist im Intervall $[a;b] = [3;5]$ links/rechts/nicht gekrümmt

$f(a) =$ $\qquad$ $f(b) =$

**③ ** $f(x) = -\frac{1}{4}x^4 + 4$

$f'(x) =$

$f''(x) =$

G_f ist im Intervall $[a;b] = [0;2]$ links/rechts/nicht gekrümmt

$f(a) =$ $\qquad$ $f(b) =$

**④ ** $f(x) = -e^x + 1$

$f'(x) =$

$f''(x) =$

G_f ist im Intervall $[a;b] = [0;\ln 3]$ links/rechts/nicht gekrümmt

$f(a) =$ $\qquad$ $f(b) =$

**⑤ ** $f(x) = \frac{1}{2}x^2 - \frac{7}{2}x + \frac{7}{2}$

$f'(x) =$

$f''(x) =$

G_f ist im Intervall $[a;b] = [-1;1]$ links/rechts/nicht gekrümmt

$f(a) =$ $\qquad$ $f(b) =$

**⑥ ** $f(x) = 2\cos x - 3$

$f'(x) =$

$f''(x) =$

G_f ist im Intervall $[a;b] = \left[\frac{\pi}{2};\pi\right]$ links/rechts/nicht gekrümmt

$f(a) =$ $\qquad$ $f(b) =$

Spiel
Krümmungspuzzle – Spielkarten Teil 2

---

(7) $f(x) = x^3 + x^2$

$f'(x) =$

$f''(x) =$

G_f ist im Intervall $[a;b] = [1;2]$
links/rechts/nicht gekrümmt

$f(a) = \qquad f(b) =$

---

(8) $f(x) = x^3 - 3x^2 + \left(3 + \frac{6}{e}\right)x - \frac{12}{e} - 1$

$f'(x) =$

$f''(x) =$

G_f ist im Intervall $[a;b] = [1;2]$
links/rechts/nicht gekrümmt

$f(a) = \qquad f(b) =$

---

(9) $f(x) = \sqrt{x} = x^{\frac{1}{2}}$

$f'(x) =$

$f''(x) =$

G_f ist im Intervall $[a;b] = \left[49; \frac{225}{4}\right]$
links/rechts/nicht gekrümmt

$f(a) = \qquad f(b) =$

---

(10) $f(x) = 2e^{-\frac{x}{4}} - 4$

$f'(x) =$

$f''(x) =$

G_f ist im Intervall $[a;b] = [0; \ln(2^4)]$
links/rechts/nicht gekrümmt

$f(a) = \qquad f(b) =$

---

(11) $f(x) = -\cos\frac{x}{2} + 4$

$f'(x) =$

$f''(x) =$

G_f ist im Intervall $[a;b] = [0; \pi]$
links/rechts/nicht gekrümmt

$f(a) = \qquad f(b) =$

---

(12) $f(x) = -\ln x + 12$

$f'(x) =$

$f''(x) =$

G_f ist im Intervall $[a;b] = [1; e]$
links/rechts/nicht gekrümmt

$f(a) = \qquad f(b) =$

---

(13) $f(x) = \frac{1}{2}x^{-1}$

$f'(x) =$

$f''(x) =$

G_f ist im Intervall $[a;b] = \left[\frac{1}{7}; 2\right]$
links/rechts/nicht gekrümmt

$f(a) = \qquad f(b) =$

---

(14) $f(x) = \frac{1}{2}e^x$

$f'(x) =$

$f''(x) =$

G_f ist im Intervall $[a;b] = [0; \ln 5]$
links/rechts/nicht gekrümmt

$f(a) = \qquad f(b) =$

---

(15) $f(x) = -6e^{-\sin x}$

$f'(x) =$

$f''(x) =$

G_f ist im Intervall $[a;b] = \left[0; \frac{\pi}{2}\right]$
links/rechts/nicht gekrümmt

$f(a) = \qquad f(b) =$

---

(16) $f(x) = 2 + \sin x$

$f'(x) =$

$f''(x) =$

G_f ist im Intervall $[a;b] = [0; \pi]$
links/rechts/nicht gekrümmt

$f(a) = \qquad f(b) =$

---

(17) $f(x) = x^3 + 2x + 7$

$f'(x) =$

$f''(x) =$

G_f ist im Intervall $[a;b] = [-2; 0]$
links/rechts/nicht gekrümmt

$f(a) = \qquad f(b) =$

---

(18) $f(x) = -4x + 3$

$f'(x) =$

$f''(x) =$

G_f ist im Intervall $[a;b] = [-2; 0]$
links/rechts/nicht gekrümmt

$f(a) = \qquad f(b) =$

Spiel
Krümmungspuzzle – Spielkarten Teil 3

(19) $f(x) = 10\ln\left(\frac{x}{2}-1\right) - 4$

$f'(x) =$

$f''(x) =$

G_f ist im Intervall $[a;b] = [4; 2e+2]$
links/rechts/nicht gekrümmt

$f(a) = \qquad f(b) =$

(20) $f(x) = \frac{5}{x^2}$

$f'(x) =$

$f''(x) =$

G_f ist im Intervall $[a;b] = \left[-1; -\frac{1}{2}\right]$
links/rechts/nicht gekrümmt

$f(a) = \qquad f(b) =$

(21) $f(x) = -\frac{1}{12}x^4 + 6x^2 - 10$

$f'(x) =$

$f''(x) =$

G_f ist im Intervall $[a;b] = [0; 2\sqrt{3}]$
links/rechts/nicht gekrümmt

$f(a) = \qquad f(b) =$

(22) $f(x) = \dfrac{-x^2 - \frac{35}{2}x + \frac{3}{2}}{(x-1)}$

$f'(x) =$

$f''(x) =$

G_f ist im Intervall $[a;b] = [-1; 0]$
links/rechts/nicht gekrümmt

$f(a) = \qquad f(b) =$

(23) $f(x) = -\frac{x}{\pi}(\sin x)^2 - \frac{x}{\pi}(\cos x)^2$

$f'(x) =$

$f''(x) =$

G_f ist im Intervall $[a;b] = [-20\pi; 10\pi]$
links/rechts/nicht gekrümmt

$f(a) = \qquad f(b) =$

(24) $f(x) = \sqrt{e}(x+1) + \frac{x}{2}$

$f'(x) =$

$f''(x) =$

G_f ist im Intervall $[a;b] = [-1; 0]$
links/rechts/nicht gekrümmt

$f(a) = \qquad f(b) =$

(25) $f(x) = -6\pi^3\sqrt{x+3} - \frac{3}{2}$

$f'(x) =$

$f''(x) =$

G_f ist im Intervall $[a;b] = [-3; 6]$
links/rechts/nicht gekrümmt

$f(a) = \qquad f(b) =$

(26) $f(x) = \frac{16}{3}x^3 - \frac{19}{2}\sin x + 8$

$f'(x) =$

$f''(x) =$

G_f ist im Intervall $[a;b] = \left[-\frac{3}{2}\pi; 0\right]$
links/rechts/nicht gekrümmt

$f(a) = \qquad f(b) =$

(27) $f(x) = \frac{2x^2 + 48}{x}$

$f'(x) =$

$f''(x) =$

G_f ist im Intervall $[a;b] = [1; 8]$
links/rechts/nicht gekrümmt

$f(a) = \qquad f(b) =$

(28) $f(x) = e^{\ln x + \frac{1}{2}}$

$f'(x) =$

$f''(x) =$

G_f ist im Intervall $[a;b] = [1; \sqrt{e}]$
links/rechts/nicht gekrümmt

$f(a) = \qquad f(b) =$

(29) $f(x) = x \cdot e - \frac{33}{4}x + \frac{3}{4}$

$f'(x) =$

$f''(x) =$

G_f ist im Intervall $[a;b] = [-1; 0]$
links/rechts/nicht gekrümmt

$f(a) = \qquad f(b) =$

(30) $f(x) = -x^2 - \frac{e}{2}x + \frac{3}{2}e$

$f'(x) =$

$f''(x) =$

G_f ist im Intervall $[a;b] = [0; 3]$
links/rechts/nicht gekrümmt

$f(a) = \qquad f(b) =$

Spiel
Krümmungspuzzle – Spielkarten Teil 4

---

(31) $f(x) = -e^{x^2} + 9$

$f'(x) =$

$f''(x) =$

G_f ist im Intervall $[a;b] = [0;1]$
links/rechts/nicht gekrümmt

$f(a) = \qquad f(b) =$

---

(32) $f(x) = 2e - \dfrac{1}{\frac{x}{e}}$

$f'(x) =$

$f''(x) =$

G_f ist im Intervall $[a;b] = [1;2]$
links/rechts/nicht gekrümmt

$f(a) = \qquad f(b) =$

---

(33) $f(x) = 4\sin x \cdot \cos x + \dfrac{3}{2}$

$f'(x) =$

$f''(x) =$

G_f ist im Intervall $[a;b] = \left[\dfrac{\pi}{2}; \dfrac{3}{4}\pi\right]$
links/rechts/nicht gekrümmt

$f(a) = \qquad f(b) =$

---

(34) $f(x) = \dfrac{\cos x}{e^x}$

$f'(x) =$

$f''(x) =$

G_f ist im Intervall $[a;b] = [0;\pi]$
links/rechts/nicht gekrümmt

$f(a) = \qquad f(b) =$

---

(35) $f(x) = -e^x$

$f'(x) =$

$f''(x) =$

G_f ist im Intervall $[a;b] = [-\pi;0]$
links/rechts/nicht gekrümmt

$f(a) = \qquad f(b) =$

---

(36) $f(x) = x^2 - \dfrac{1}{4}\sin x$

$f'(x) =$

$f''(x) =$

G_f ist im Intervall $[a;b] = \left[\dfrac{\pi}{2}; \pi\right]$
links/rechts/nicht gekrümmt

$f(a) = \qquad f(b) =$

---

(37) $f(x) = \pi^2 e^x \cos x$

$f'(x) =$

$f''(x) =$

G_f ist im Intervall $[a;b] = [0;\pi]$
links/rechts/nicht gekrümmt

$f(a) = \qquad f(b) =$

---

(38) $f(x) = 6e^{-x}$

$f'(x) =$

$f''(x) =$

G_f ist im Intervall $[a;b] = [0; 2\ln 2]$
links/rechts/nicht gekrümmt

$f(a) = \qquad f(b) =$

---

(39) $f(x) = \sqrt{2x-2} - 1$

$f'(x) =$

$f''(x) =$

G_f ist im Intervall $[a;b] = [1;19]$
links/rechts/nicht gekrümmt

$f(a) = \qquad f(b) =$

---

(40) $f(x) = -x\ln x + x - \dfrac{1}{4}$

$f'(x) =$

$f''(x) =$

G_f ist im Intervall $[a;b] = [1;e]$
links/rechts/nicht gekrümmt

$f(a) = \qquad f(b) =$

---

(41) $f(x) = \dfrac{1}{2}x^3 - \dfrac{3}{2}x^2 - 13x + 10$

$f'(x) =$

$f''(x) =$

G_f ist im Intervall $[a;b] = [-3;1]$
links/rechts/nicht gekrümmt

$f(a) = \qquad f(b) =$

---

(42) $f(x) = \dfrac{1}{2}x^2 - \dfrac{\pi}{4}x - \dfrac{1}{4}$

$f'(x) =$

$f''(x) =$

G_f ist im Intervall $[a;b] = [0;\pi]$
links/rechts/nicht gekrümmt

$f(a) = \qquad f(b) =$

Spiel
Krümmungspuzzle – Lösungsbogen

Lösung

	$f'(x)$	$f''(x)$	Krümmung links	Krümmung nicht	Krümmung rechts	$f(a)$	$f(b)$
①	$-\frac{1}{8}x + \frac{1}{4}$	$-\frac{1}{8}$			r	$\frac{1}{4}$	-6
②	$0{,}5\ (x \neq 2)$	$0\ (x \neq 2)$		n		$2{,}5$	$3{,}5$
③	$-x^3$	$-3x^2$			r	4	0
④	$-e^x$	$-e^x$			r	0	-2
⑤	$x - \frac{7}{2}$	1	l			$7{,}5$	$0{,}5$
⑥	$-2\sin x$	$-2\cos x$	l			-3	-5
⑦	$3x^2 + 2x$	$6x + 2$	l			2	12
⑧	$3x^2 - 6x + 3 + \frac{6}{e}$	$6x - 6$	l			$-\frac{6}{e}$	1
⑨	$\frac{1}{2}x^{-\frac{1}{2}}$	$-\frac{1}{4}x^{-\frac{3}{2}}$			r	7	$7{,}5$
⑩	$-\frac{1}{2}e^{-\frac{x}{4}}$	$\frac{1}{8}e^{-\frac{x}{4}}$	l			-2	-3
⑪	$\frac{1}{2}\cdot\sin\left(\frac{x}{2}\right)$	$\frac{1}{4}\cdot\cos\left(\frac{x}{2}\right)$	l			3	4
⑫	$-x^{-1}$	x^{-2}	l			12	11
⑬	$-\frac{1}{2}x^{-2}$	x^{-3}	l			$3{,}5$	$\frac{1}{4}$
⑭	$\frac{1}{2}e^x$	$\frac{1}{2}e^x$	l			$0{,}5$	$2{,}5$
⑮	$6e^{-\sin x}\cdot\cos x$	$-6e^{-\sin x}(\cos^2 x + \sin x)$			r	-6	$-\frac{6}{e}$
⑯	$\cos x$	$-\sin x$			r	2	2
⑰	$3x^2 + 2$	$6x$			r	-5	7
⑱	-4	0		n		11	3
⑲	$\frac{10}{x-2}$	$\frac{-10}{(x-2)^2}$			r	-4	6
⑳	$-10x^{-3}$	$30x^{-4}$	l			5	20
㉑	$-\frac{1}{3}x^3 + 12x$	$-x^2 + 12$	l			-10	50
㉒	$\frac{-x^2 + 2x + 16}{(x-1)^2}$	$\frac{-34}{(x-1)^3}$	l			-9	$-\frac{3}{2}$
㉓	$-\frac{1}{\pi}$	0		n		20	-10
㉔	$\sqrt{e} + \frac{1}{2}$	0		n		$-\frac{1}{2}$	$\sqrt{e}$
㉕	$-3\pi^3(x+3)^{-\frac{1}{2}}$	$\frac{3}{2}\pi^3(x+3)^{-\frac{3}{2}}$	l			$-\frac{3}{2}$	$-18\pi^3 - \frac{3}{2}$
㉖	$16x^2 - \frac{19}{2}\cos x$	$32x + \frac{19}{2}\sin x$			r	$-18\pi^3 - \frac{3}{2}$	8
㉗	$2 - \frac{48}{x^2}$	$\frac{96}{x^3}$	l			50	22
㉘	$e^{\frac{1}{2}}$	0		n		$\sqrt{e}$	e
㉙	$e - \frac{33}{4}$	0		n		$9 - e$	$\frac{3}{4}$
㉚	$-2x - \frac{e}{2}$	-2			r	$\frac{3}{2}e$	-9
㉛	$-2x\cdot e^{x^2}$	$(-4x^2 - 2)\cdot e^{x^2}$			r	8	$9 - e$
㉜	$\frac{e}{x^2}$	$\frac{-2e}{x^3}$			r	e	$\frac{3}{2}e$
㉝	$4((\cos x)^2 - (\sin x)^2)$	$-16\sin x\cdot\cos x$	l			$\frac{3}{2}$	$-\frac{1}{2}$
㉞	$\frac{-\sin x - \cos x}{e^x}$	$\frac{2\sin x}{e^x}$	l			1	$-e^{-\pi}$
㉟	$-e^x$	$-e^x$			r	$-e^{-\pi}$	-1
㊱	$2x - \frac{1}{4}\cos x$	$2 + \frac{1}{4}\sin x$	l			$\frac{1}{4}\pi^2 - \frac{1}{4}$	π^2
㊲	$\pi^2 e^x(\cos x - \sin x)$	$-2\pi^2 e^x \sin x$			r	π^2	$-\pi^2 e^\pi$
㊳	$-6e^{-x}$	$6e^{-x}$				6	$\frac{3}{2}$
㊴	$(2x - 2)^{-\frac{1}{2}}$	$-(2x-2)^{-\frac{3}{2}}$			r	-1	5
㊵	$-\ln x$	$-\frac{1}{x}$			r	$\frac{3}{4}$	$-\frac{1}{4}$
㊶	$\frac{3}{2}x^2 - 3x - 13$	$3x - 3$			r	22	-4
㊷	$x - \frac{\pi}{4}$	1	l			$-\frac{1}{4}$	$\frac{1}{4}\pi^2 - \frac{1}{4}$

Wenn weniger Zeit zur Verfügung steht, können nur die Karten ①–⑱ oder nur die Karten ⑲–㊷ separat bearbeitet werden. Es ergibt sich jeweils eine zusammenhängende Teilfigur.

Trainingsblatt
Extrempunkte

1. Bestimmen Sie die Hoch- und Tiefpunkte mithilfe der zweiten Ableitung.

a) $f(x) = 0{,}5x^3 + 6x^2 - 7$

  $f'(x) = $ ⟹ $f''(x) = $
  $f'(x) = 0 \Rightarrow $ $ = 0$
  Faktorisieren: ·( ) = 0
  Mögliche Extremstellen: $x_1 = $ und $x_2 = $
  Einsetzen in $f''(x)$: $f''(\ ) = $
  $f''(\ ) = $
  Extrempunkte: $f(\ ) = $ ⟹ (|)
  $f(\ ) = $ ⟹ (|)

b) $f(x) = \frac{1}{3}x^3 + 2{,}5x^2 + 4x$

  $f'(x) = $ ⟹ $f''(x) = $
  $f'(x) = 0 \Rightarrow $ $ = 0$
  pq-Formel: $x_{1/2} = $
  Mögliche Extremstellen: $x_1 = $ und $x_2 = $
  Einsetzen in $f''(x)$: $f''(\ ) = $
  $f''(\ ) = $
  Extrempunkte: $f(\ ) = $ ⟹
  $f(\ ) = $ ⟹

c) $f(x) = x^3 - 3x^2$

d) $f(x) = \frac{1}{3}x^3 - 3x^2 + 5x + 1$

2. Bestimmen Sie die Extrempunkte.

a) $f(x) = 0{,}5x^4 - 2x^3 + 3$

  $f'(x) = $ ⟹ $f''(x) = $
  $f'(x) = 0 \Rightarrow $ $ = 0$
  Faktorisieren: ·( ) = 0
  Mögliche Extremstellen:
  Einsetzen in $f''(x)$:

b) $f(x) = \frac{1}{3}x^4 - 4$

3. Berechnen Sie die Achsenschnittpunkte der Funktion $f(x) = \frac{1}{3}x^3 + 2{,}5x^2 + 4x$ aus Aufgabe 1b) und skizzieren Sie den Graphen.

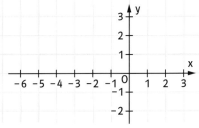

Trainingsblatt
Extrempunkte — Lösung

1. Bestimmen Sie die Hoch- und Tiefpunkte mithilfe der zweiten Ableitung.

a) $f(x) = 0{,}5x^3 + 6x^2 - 7$
$f'(x) = 1{,}5x^2 + 12x \Rightarrow f''(x) = 3x + 12$
$f'(x) = 0 \Rightarrow 1{,}5x^2 + 12x = 0$
Faktorisieren: $x \cdot (1{,}5x + 12) = 0$
Mögliche Extremstellen: $x_1 = 0$ und $x_2 = -8$
Einsetzen in $f''(x)$: $f''(0) = 12 > 0$
$f''(-8) = -12 < 0$
Extrempunkte: $f(0) = -7 \Rightarrow T(0 \mid -7)$
$f(-8) = 121 \Rightarrow H(-8 \mid 121)$

b) $f(x) = \frac{1}{3}x^3 + 2{,}5x^2 + 4x$
$f'(x) = x^2 + 5x + 4 \Rightarrow f''(x) = 2x + 5$
$f'(x) = 0 \Rightarrow x^2 + 5x + 4 = 0$
pq-Formel: $x_{1/2} = -\frac{5}{2} \pm \sqrt{\left(\frac{5}{2}\right)^2 - 4} = -2{,}5 \pm 1{,}5$
Mögliche Extremstellen: $x_1 = -4$ und $x_2 = -1$
Einsetzen in $f''(x)$: $f''(-4) = -3 < 0$
$f''(-1) = 3 > 0$
Extrempunkte: $f(-4) = \frac{8}{3} \Rightarrow H\left(-4 \mid \frac{8}{3}\right)$
$f(-1) = -\frac{11}{6} \Rightarrow T\left(-1 \mid -\frac{11}{6}\right)$

c) $f(x) = x^3 - 3x^2$
$f'(x) = 3x^2 - 6x \Rightarrow f''(x) = 6x - 6$
$f'(x) = 0 \Rightarrow 3x^2 - 6x = 0$
Faktorisieren: $3x \cdot (x - 2) = 0$
Mögliche Extremstellen: $x_1 = 0$ und $x_2 = 2$
Einsetzen in $f''(x)$: $f''(0) = -6 < 0$
$f''(2) = 6 > 0$
Extrempunkte: $f(0) = 0 \Rightarrow H(0 \mid 0)$
$f(2) = -4 \Rightarrow T(2 \mid -4)$

d) $f(x) = \frac{1}{3}x^3 - 3x^2 + 5x + 1$
$f'(x) = x^2 - 6x + 5 \Rightarrow f''(x) = 2x - 6$
$f'(x) = 0 \Rightarrow x^2 - 6x + 5 = 0$
pq-Formel: $x_{1/2} = -\frac{(-6)}{2} \pm \sqrt{\left(\frac{-6}{2}\right)^2 - 5} = 3 \pm 2$
Mögliche Extremstellen: $x_1 = 5$ und $x_2 = 1$
Einsetzen in $f''(x)$: $f''(5) = 4 > 0$
$f''(1) = -4 < 0$
Extrempunkte: $f(5) = -\frac{22}{3} \Rightarrow T\left(5 \mid -\frac{22}{3}\right)$
$f(1) = \frac{10}{3} \Rightarrow H\left(1 \mid \frac{10}{3}\right)$

2. Bestimmen Sie die Extrempunkte.

a) $f(x) = 0{,}5x^4 - 2x^3 + 3$
$f'(x) = 2x^3 - 6x^2 \Rightarrow f''(x) = 6x^2 - 12x$
$f'(x) = 0 \Rightarrow 2x^3 - 6x^2 = 0$
Faktorisieren: $2x^2 \cdot (x - 3) = 0$
Mögliche Extremstellen: $x_1 = 3$ und $x_2 = 0$
Einsetzen in $f''(x)$: $f''(3) = 18 > 0$
$f''(0) = 0$
Untersuchung auf VZW an $x_2 = 0$:
(1) x nahe $x_2 = 0$ und $x < x_2$: $2x^2 \cdot (x-3) < 0$
(2) x nahe $x_2 = 0$ und $x > x_2$: $2x^2 \cdot (x-3) < 0$
Es liegt kein VZW vor.
Extrempunkt: $f(3) = -10{,}5 \Rightarrow T(3 \mid -10{,}5)$
Sattelpunkt: $f(0) = 3 \Rightarrow S(0 \mid 3)$

b) $f(x) = \frac{1}{3}x^4 - 4$
$f'(x) = \frac{4}{3}x^3 \Rightarrow f''(x) = 4x^2$
$f'(x) = 0 \Rightarrow \frac{4}{3}x^3 = 0$
Mögliche Extremstelle: $x_1 = 0$
Einsetzen in $f''(x)$: $f''(0) = 0$
Untersuchung auf VZW an $x_1 = 0$:
(1) x nahe $x_1 = 0$ und $x < x_1$: $\frac{4}{3}x^3 < 0$
(2) x nahe $x_1 = 0$ und $x > x_1$: $\frac{4}{3}x^3 > 0$
Es liegt ein VZW von „−" nach „+" vor.
Extrempunkt: $f(0) = -4 \Rightarrow T(0 \mid -4)$

3. Berechnen Sie die Achsenschnittpunkte der Funktion $f(x) = \frac{1}{3}x^3 + 2{,}5x^2 + 4x$ aus Aufgabe 1b) und skizzieren Sie den Graphen.

Schnittpunkt mit der y-Achse: $f(0) = 0 \Rightarrow S(0 \mid 0)$
Schnittpunkt mit der x-Achse: $f(x) = 0 \Rightarrow \frac{1}{3}x^3 + 2{,}5x^2 + 4x = 0$
$\Leftrightarrow x\left(\frac{1}{3}x^2 + 2{,}5x + 4\right) = 0 \Rightarrow x_1 = 0$ oder $\frac{1}{3}x^2 + 2{,}5x + 4 = 0$
$x^2 + 7{,}5x + 12 = 0$
$x_{2/3} = -\frac{7{,}5}{2} \pm \sqrt{\left(\frac{7{,}5}{2}\right)^2 - 12} = -3{,}75 \pm \sqrt{2{,}0625} \approx -3{,}75 \pm 1{,}44$
$\Rightarrow N_1(0 \mid 0), N_2(-5{,}19 \mid 0)$ und $N_3(-2{,}31 \mid 0)$

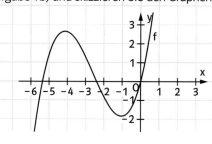

Arbeitsblatt
Krümmung eines Graphen und Wendepunkte

1. Gegeben sind der Graph einer Funktion f, der Graph einer Ableitung g' einer Funktion g und der Graph h" einer Funktion h.

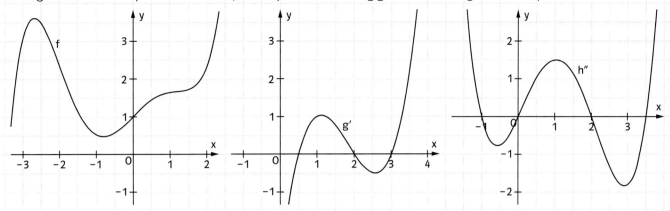

a) Geben Sie näherungsweise die Intervalle an, in denen der Graph von f links- bzw. rechtsgekrümmt ist.
linksgekrümmt: _____ rechtsgekrümmt: _____

b) Geben Sie näherungsweise die Intervalle an, in denen der Graph von g links- bzw. rechtsgekrümmt ist.
linksgekrümmt: _____ rechtsgekrümmt: _____

c) Geben Sie näherungsweise die Intervalle an, in denen der Graph von h links- bzw. rechtsgekrümmt ist.
linksgekrümmt: _____ rechtsgekrümmt: _____

2. Bestimmen Sie die Wendepunkte.

a) $f(x) = x^3 - 7{,}5x^2$; $f'(x) =$ _____
$f''(x) =$ _____ $f'''(x) =$ _____
$f''(x) = 0 \Rightarrow$ _____ $= 0$
Mögliche Wendestelle: $x_1 =$
Einsetzen in $f'''(x)$: $f'''($ _____ $) =$ _____ $\neq 0$
Wendepunkt: $f($ _____ $) =$ _____ $\Rightarrow W($ _____ $|$ _____ $)$

b) $f(x) = 2x^3 - 12x^2 + 23$; $f'(x) =$ _____
$f''(x) =$ _____ ; $f'''(x) =$ _____

c) $f(x) = \frac{1}{12}x^4 - \frac{1}{3}x^3 - 1{,}5x^2$

d) $f(x) = \frac{1}{4}x^5 - 3x + 7$

3. Entscheiden Sie, ob die Aussage wahr oder falsch ist.

	Aussage	wahr	falsch
a)	An der Stelle $x = 1$ beschreibt der Graph von $f(x) = x^3 - x^2 + x - 1$ eine Rechtskurve.		
b)	Der Graph der Funktion $f(x) = x^4$ ist im gesamten Verlauf linksgekrümmt.		
c)	An einem Sattelpunkt verändert sich das Krümmungsverhalten einer Funktion.		
d)	Falls $f''(2) = 0$ gilt, dann hat die Funktion an der Stelle $x = 2$ sicher einen Wendepunkt.		
e)	Die Wendepunkte der Ausgangsfunktion sind die Extrempunkte der Ableitungsfunktion.		
f)	Es gibt eine ganzrationale Funktion 6. Grades, die fünf Wendepunkte besitzt.		

Arbeitsblatt
Krümmung eines Graphen und Wendepunkte — Lösung

1. Gegeben sind der Graph einer Funktion f, der Graph einer Ableitung g' einer Funktion g und der Graph h" einer Funktion h.

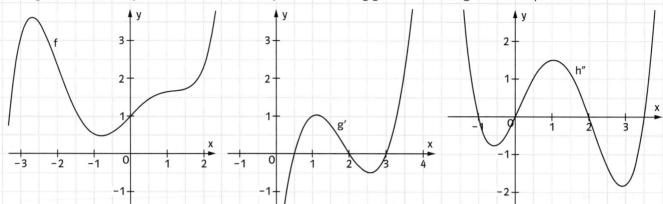

a) Geben Sie näherungsweise die Intervalle an, in denen der Graph von f links- bzw. rechtsgekrümmt ist.
linksgekrümmt: $[-2; 0], [1; \infty[$ rechtsgekrümmt: $]-\infty; -2], [0; 1]$

b) Geben Sie näherungsweise die Intervalle an, in denen der Graph von g links- bzw. rechtsgekrümmt ist.
linksgekrümmt: $]-\infty; 1], [2,5; \infty[$ rechtsgekrümmt: $[1; 2,5]$

c) Geben Sie näherungsweise die Intervalle an, in denen der Graph von h links- bzw. rechtsgekrümmt ist.
linksgekrümmt: $]-\infty; -1], [0; 2], [3,5; \infty[$ rechtsgekrümmt: $[-1; 0], [2; 3,5]$

2. Bestimmen Sie die Wendepunkte.

a) $f(x) = x^3 - 7,5x^2$; $f'(x) = 3x^2 - 15x$
$f''(x) = 6x - 15$; $f'''(x) = 6$
$f''(x) = 0 \Rightarrow 6x - 15 = 0$
Mögliche Wendestelle: $x_1 = 2,5$
Einsetzen in $f'''(x)$: $f'''(2,5) = 6 \neq 0$
Wendepunkt: $f(2,5) = -31,25 \Rightarrow W(2,5 \mid -31,25)$

b) $f(x) = 2x^3 - 12x^2 + 23$; $f'(x) = 6x^2 - 24x$
$f''(x) = 12x - 24$; $f'''(x) = 12$
$f''(x) = 0 \Rightarrow 12x - 24 = 0$
Mögliche Wendestelle: $x_1 = 2$
Einsetzen in $f'''(x)$: $f'''(2) = 12 \neq 0$
Wendepunkt: $f(2) = -9 \Rightarrow W(2 \mid -9)$

c) $f(x) = \frac{1}{12}x^4 - \frac{1}{3}x^3 - 1,5x^2$
$f'(x) = \frac{1}{3}x^3 - x^2 - 3x$
$f''(x) = x^2 - 2x - 3$ $f'''(x) = 2x - 2$
$f''(x) = 0 \Rightarrow x^2 - 2x - 3 = 0$
pq-Formel: $x_{1/2} = -\frac{(-2)}{2} \pm \sqrt{\left(\frac{-2}{2}\right)^2 - (-3)} = 1 \pm 2$
Mögliche Wendestellen: $x_1 = 3$ und $x_2 = -1$
Einsetzen in $f'''(x)$: $f'''(3) = 4 \neq 0$
$f'''(-1) = -4 \neq 0$
Wendepunkte: $f(3) = -\frac{63}{4} \Rightarrow W\left(3 \mid -\frac{63}{4}\right)$
$f(-1) = -\frac{13}{12} \Rightarrow W\left(-1 \mid -\frac{13}{12}\right)$

d) $f(x) = \frac{1}{4}x^5 - 3x + 7$
$f'(x) = \frac{5}{4}x^4 - 3$
$f''(x) = 5x^3$ $f'''(x) = 15x^2$
$f''(x) = 0 \Rightarrow 5x^3 = 0$
Mögliche Wendestelle: $x_1 = 0$
Einsetzen in $f'''(x)$: $f'''(0) = 0$
Untersuchung auf VZW an $x_1 = 0$:
(1) x nahe $x_1 = 0$ und $x < x_1$: $5x^3 < 0$
(2) x nahe $x_1 = 0$ und $x > x_1$: $5x^3 > 0$
Es liegt ein VZW von „–" nach „+" vor.
Wendepunkt: $f(0) = 7 \Rightarrow W(0 \mid 7)$

3. Entscheiden Sie, ob die Aussage wahr oder falsch ist.

	Aussage	wahr	falsch
a)	An der Stelle $x = 1$ beschreibt der Graph von $f(x) = x^3 - x^2 + x - 1$ eine Rechtskurve.		X
b)	Der Graph der Funktion $f(x) = x^4$ ist im gesamten Verlauf linksgekrümmt.	X	
c)	An einem Sattelpunkt verändert sich das Krümmungsverhalten einer Funktion.	X	
d)	Falls $f''(2) = 0$ gilt, dann hat die Funktion an der Stelle $x = 2$ sicher einen Wendepunkt.		X
e)	Die Wendepunkte der Ausgangsfunktion sind die Extrempunkte der Ableitungsfunktion.	X	
f)	Es gibt eine ganzrationale Funktion 6. Grades, die fünf Wendepunkte besitzt.		X

Trainingsblatt
Lokale und globale Extrema

1. Die Funktion f ist auf einem Intervall beschränkt. Geben Sie die Extrempunkte sowie das globale Maximum und Minimum an.

a)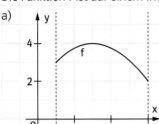
b)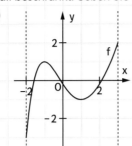
c)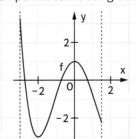
d)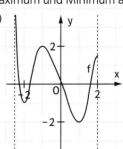

	a)	b)	c)	d)
innere Extrema	H(|)			
Randextrema	R_1(|) R_2(|)			
globales Maximum	(|)			
globales Minimum	(|)			

2. Bestimmen Sie die Extrempunkte, die Randextrema sowie das globale Maximum und das globale Minimum von f auf D.

a) $f(x) = x^2 - 4x + 3$; $D = [1; 4]$

$f'(x) = $ _____ $f''(x) = $ _____

$f'(x) = 0 \Rightarrow$ _____ $= 0$

Mögliche Extremstelle: $x_1 = $

Einsetzen in $f''(x)$:

Extrempunkt: $f(\quad) = \quad \Rightarrow (\quad|\quad)$

Randextrema: $f(\quad) = \quad \Rightarrow R_1(\quad|\quad)$

$f(\quad) = \quad \Rightarrow R_2(\quad|\quad)$

globales Maximum:

globales Minimum:

b) $f(x) = \frac{1}{3}x^3 - 4x$; $D = [-3; 1]$

$f'(x) = $ _____ $f''(x) = $ _____

Extrempunkt:

Randextrema:

globales Maximum:

globales Minimum:

c) $f(x) = -x^3 + 4{,}5x^2 + 1$; $D = [-0{,}5; 3{,}5]$

d) $f(x) = \frac{1}{3}x^3 + 2x^2 - 5x - 2$; $D = [-6; \infty[$

Trainingsblatt
Lokale und globale Extrema — Lösung

1. Die Funktion f ist auf einem Intervall beschränkt. Geben Sie die Extrempunkte sowie das globale Maximum und Minimum an.

a) 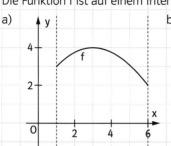 b) 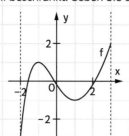 c) 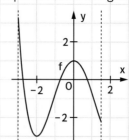 d)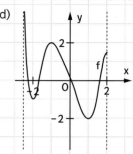

	a)	b)	c)	d)
innere Extrema	H(3|4)	H(−1|1), T(1|−1)	H(0|1), T(−2|−3)	H(−1|2), T_1(−2|−1), T_2(1|−2)
Randextrema	R_1(1|3) R_2(6|2)	R_1(−2|−3), R_2(3|2)	R_1(−3|3,3), R_2(1,5|−2,2)	R_1(2|1,5), R_2(−2,5|3,4)
globales Maximum	H(3|4)	R_2(3|2)	R_1(−3|3,3)	R_2(−2,5|3,4)
globales Minimum	R_2(6|2)	R_1(−2|−3)	T(−2|−3)	T_2(1|−2)

2. Bestimmen Sie die Extrempunkte, die Randextrema sowie das globale Maximum und das globale Minimum von f auf D.

a) $f(x) = x^2 - 4x + 3$; $D = [1; 4]$
$f'(x) = 2x - 4$ $f''(x) = 2$
$f'(x) = 0 \Rightarrow 2x - 4 = 0$
Mögliche Extremstelle: $x_1 = 2$
Einsetzen in $f''(x)$: $f''(2) = 2 > 0$
Extrempunkt: $f(2) = -1 \Rightarrow T(2\|-1)$
Randextrema: $f(1) = 0 \Rightarrow R_1(1\|0)$
$f(4) = 3 \Rightarrow R_2(4\|3)$
globales Maximum: $R_2(4\|3)$
globales Minimum: $T(2\|-1)$

b) $f(x) = \frac{1}{3}x^3 - 4x$; $D = [-3; 1]$
$f'(x) = x^2 - 4$ $f''(x) = 2x$
$f'(x) = 0 \Rightarrow x^2 - 4 = 0 \Leftrightarrow x^2 = 4$
Mögliche Extremstelle: $x_1 = -2$ und $x_2 = 2$
Einsetzen in $f''(x)$: $f''(-2) = -4 < 0$; $2 \notin D$
Extrempunkt: $f(-2) = \frac{16}{3} \Rightarrow H\left(-2 \mid \frac{16}{3}\right)$
Randextrema: $f(-3) = 3 \Rightarrow R_1(-3\|3)$
$f(1) = -\frac{11}{3} \Rightarrow R_2\left(1 \mid -\frac{11}{3}\right)$
globales Maximum: $H\left(-2 \mid \frac{16}{3}\right)$
globales Minimum: $R_2\left(1 \mid -\frac{11}{3}\right)$

c) $f(x) = -x^3 + 4,5x^2 + 1$; $D = [-0,5; 3,5]$
$f'(x) = -3x^2 + 9x$ $f''(x) = -6x + 9$
$f'(x) = 0 \Rightarrow -3x^2 + 9x = 0$
Faktorisieren: $-3x \cdot (x - 3) = 0$
Mögliche Extremstellen: $x_1 = 0$ und $x_2 = 3$
Einsetzen in $f''(x)$: $f''(0) = 9 > 0$
$f''(3) = -9 < 0$
Extrempunkte: $f(0) = 1 \Rightarrow T(0\|1)$
$f(3) = 14,5 \Rightarrow H(3\|14,5)$
Randextrema: $f(-0,5) = 2,25 \Rightarrow R_1(-0,5\|2,25)$
$f(3,5) = 13,25 \Rightarrow R_2(3,5\|13,25)$
globales Maximum: $H(3\|14,5)$
globales Minimum: $T(0\|1)$

d) $f(x) = \frac{1}{3}x^3 + 2x^2 - 5x - 2$; $D = [-6; \infty[$
$f'(x) = x^2 + 4x - 5$ $f''(x) = 2x + 4$
$f'(x) = 0 \Rightarrow x^2 + 4x - 5 = 0$
pq-Formel: $x_{1/2} = -\frac{4}{2} \pm \sqrt{\left(-\frac{4}{2}\right)^2 - (-5)} = -2 \pm 3$
Mögliche Extremstellen: $x_1 = 1$ und $x_2 = -5$
Einsetzen in $f''(x)$: $f''(1) = 6 > 0$
$f''(-5) = -6 < 0$
Extrempunkt: $f(1) = -\frac{14}{3} \Rightarrow T\left(1 \mid -\frac{14}{3}\right)$
$f(-5) = \frac{94}{3} \Rightarrow H\left(-5 \mid \frac{94}{3}\right)$
Randextrema: $f(-6) = 28 \Rightarrow R_1(-6\|28)$
für $x \to \infty$ gilt $f(x) \to \infty$
globales Maximum: −
globales Minimum: $T\left(1 \mid -\frac{14}{3}\right)$

Arbeitsblatt – Check-out
Extrem- und Wendepunkte

1. Bestimmen Sie die Nullstellen der Funktionen
$f(x) = x^3 + 6x^2 + 8x$ und $g(x) = x^4 - 5x^2 + 4$ mit einem geeigneten Verfahren.

2. a) Bestimmen Sie die Extrempunkte der Funktionen
$f(x) = \frac{1}{3}x^3 + \frac{1}{2}x^2 - 2x$ und $g(x) = -\frac{1}{4}x^4 + 5$ mit einem geeigneten Verfahren.

b) Geben Sie das globale Maximum und das globale Minimum der Funktion f im Intervall [–3; 3] an.

3. Bestimmen Sie die Wendepunkte der Funktion
$f(x) = \frac{1}{4}x^4 + 2x^3 - 6$.

4. Gegeben ist der Graph einer Funktion f. Skizzieren Sie die Graphen der ersten und zweiten Ableitung.

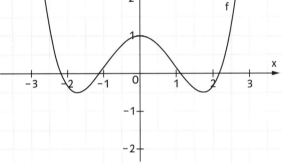

5. Gegeben ist der Graph einer Funktion f.

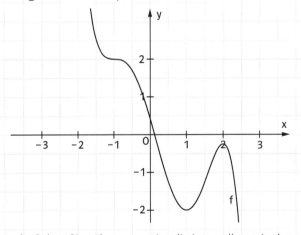

a) Geben Sie näherungsweise die Intervalle an, in denen der Graph von f monoton steigend bzw. fallend ist.

monoton steigend:

monoton fallend:

b) Geben Sie näherungsweise die Intervalle an, in denen der Graph von f links- bzw. rechtsgekrümmt ist.

linksgekrümmt:

rechtsgekrümmt:

Arbeitsblatt – Check-out
Extrem- und Wendepunkte
Lösung

1. Bestimmen Sie die Nullstellen der Funktionen $f(x) = x^3 + 6x^2 + 8x$ und $g(x) = x^4 - 5x^2 + 4$ mit einem geeigneten Verfahren.

$f(x) = 0 \Rightarrow x^3 + 6x^2 + 8x = 0$
Ausklammern: $x \cdot (x^2 + 6x + 8) = 0$
$\Rightarrow x_1 = 0$ oder $x^2 + 6x + 8 = 0$
pq-Formel: $x_{2/3} = -\frac{6}{2} \pm \sqrt{\left(-\frac{6}{2}\right)^2 - 8} = -3 \pm 1$
$\Rightarrow x_1 = 0; \; x_2 = -4$ und $x_3 = -2$

$g(x) = 0 \Rightarrow x^4 - 5x^2 + 4 = 0; \; z = x^2$
$z^2 - 5z + 4 = 0$
$z_{1/2} = -\frac{(-5)}{2} \pm \sqrt{\left(-\frac{(-5)}{2}\right)^2 - 4} = 2{,}5 \pm 1{,}5$
$z_1 = 4; \; z_2 = 1$
$x^2 = 4; \; x^2 = 1$
$x_1 = 2; \; x_2 = -2; \; x_3 = 1$ und $x_4 = -1$

2. a) Bestimmen Sie die Extrempunkte der Funktionen $f(x) = \frac{1}{3}x^3 + \frac{1}{2}x^2 - 2x$ und $g(x) = -\frac{1}{4}x^4 + 5$ mit einem geeigneten Verfahren.

$f'(x) = x^2 + x - 2; \quad f''(x) = 2x + 1$
$f'(x) = 0 \Rightarrow x^2 + x - 2 = 0$
pq-Formel: $x_{1/2} = -\frac{1}{2} \pm \sqrt{\left(-\frac{1}{2}\right)^2 - (-2)} = -0{,}5 \pm 1{,}5$
mögliche Extremstellen: $x_1 = 1$ und $x_2 = -2$
Einsetzen in $f''(x)$: $f''(1) = 3 > 0$
$\qquad\qquad\qquad\quad f''(-2) = -3 < 0$
Extrempunkte: $f(1) = -\frac{7}{6} \Rightarrow T\left(1 \mid -\frac{7}{6}\right)$
$\qquad\qquad\quad f(-2) = \frac{10}{3} \Rightarrow H\left(-2 \mid \frac{10}{3}\right)$

$g'(x) = -x^3; \quad g''(x) = -3x^2$
$g'(x) = 0 \Rightarrow -x^3 = 0$
mögliche Extremstelle: $x_1 = 0$
Einsetzen in $g''(x)$: $g''(0) = 0$
Untersuchung auf VZW an $x_1 = 0$:
(1) x nahe $x_1 = 0$ und $x < x_1$: $-x^3 > 0$
(2) x nahe $x_1 = 0$ und $x > x_1$: $-x^3 < 0$
$\Rightarrow$ Es liegt ein VZW von „+" nach „–" vor.
Extrempunkt: $g(0) = 5 \Rightarrow H(0 \mid 5)$

b) Geben Sie das globale Maximum und das globale Minimum der Funktion f im Intervall $[-3; 3]$ an.

$f(-3) = 1{,}5 \Rightarrow R_1(-3 \mid 1{,}5)$
$f(3) = 7{,}5 \Rightarrow R_2(3 \mid 7{,}5)$
globales Minimum: $T\left(1 \mid -\frac{7}{6}\right)$
globales Maximum: $R_2(3 \mid 7{,}5)$

3. Bestimmen Sie die Wendepunkte der Funktion $f(x) = \frac{1}{4}x^4 + 2x^3 - 6$.

$f'(x) = x^3 + 6x^2; \quad f''(x) = 3x^2 + 12x$
$f'''(x) = 6x + 12$
$f''(x) = 0 \Rightarrow 3x^2 + 12x = 0$
Ausklammern: $3x \cdot (x + 4) = 0$
mögliche Wendestellen: $x_1 = 0$ und $x_2 = -4$
Einsetzen in $f'''(x)$: $f'''(0) = 12 > 0$
$\qquad\qquad\qquad\qquad f'''(-4) = -12 < 0$
Wendepunkte: $f(0) = -6 \Rightarrow W_1(0 \mid -6)$
$\qquad\qquad\quad f(-4) = -70 \Rightarrow W_2(-4 \mid -70)$

4. Gegeben ist der Graph einer Funktion f. Skizzieren Sie die Graphen der ersten und zweiten Ableitung.

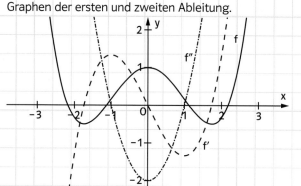

5. Gegeben ist der Graph einer Funktion f.

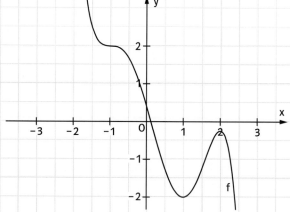

a) Geben Sie näherungsweise die Intervalle an, in denen der Graph von f monoton steigend bzw. fallend ist.

monoton steigend: $[1; 2]$

monoton fallend: $]-\infty; 1]$ und $[2; \infty[$

b) Geben Sie näherungsweise die Intervalle an, in denen der Graph von f links- bzw. rechtsgekrümmt ist.

linksgekrümmt: $]-\infty; -1]$ und $[0{,}2; 1{,}5]$

rechtsgekrümmt: $[-1; 0{,}2]$ und $[1{,}5; \infty[$

Arbeitsblatt – Check-in
Untersuchung ganzrationaler Funktionen

Checkliste	Das kann ich gut.	Ich bin noch unsicher.	Das kann ich nicht mehr.
1. Ich kann lineare und quadratische Gleichungen lösen.			
2. Ich kann ganzrationale Funktionen rechnerisch ableiten.			
3. Ich kann Hoch- und Tiefpunkte ganzrationaler Funktionen berechnen.			
4. Ich kann Wendepunkte ganzrationaler Funktionen berechnen.			
5. Ich kann Terme mit Variablen aufstellen, die einen Sachzusammenhang beschreiben.			

Überprüfen Sie Ihre Einschätzungen anhand der entsprechenden Aufgaben:

1. Lösen Sie folgende Gleichungen.
   a) $4x + 5 = 6x - 7$
   b) $3{,}5t - 3{,}7 = 11{,}3 - 1{,}5t$
   c) $x^2 - 5x + 10 = 4$
   d) $2z^2 + 9z + 7 = 0$

2. Bestimmen Sie rechnerisch die Funktionsterme der ersten beiden Ableitungen der Funktion f.
   a) $f(x) = x^4 + 2x^3 - 4x^2$
   b) $f(x) = 2ax^5 - \frac{1}{4}x^2 + 7$
   c) $f(t) = tx^3 - (t-2)x^2 + 3tx$
   d) $f(x) = tx^3 - (t-2)x^2 + 3tx$

3. Berechnen Sie die Extrempunkte der Funktion f mit $f(x) = x^3 - 6x^2 + 9x$.

4. Bestimmen Sie die Wendepunkte der Funktion f mit $f(x) = x^3 + 6x^2$.

5. a) Fig. 1 zeigt eine Wandnische, die mit Tapete ausgekleidet werden soll. Sie ist 60 cm tief, 1,5 m hoch und 1,5 m breit. Berechnen Sie, wie viel Quadratmeter Tapete benötigt werden und welches Volumen die Nische hat.

   b) Geben Sie einen Term an, der den Flächeninhalt von Fig. 2 beschreibt.

Arbeitsblatt – Check-in
Untersuchung ganzrationaler Funktionen

Lösung

Checkliste	Stichwörter zum Nachschlagen
1. Ich kann lineare und quadratische Gleichungen lösen.	lineare/quadratische Gleichungen
2. Ich kann ganzrationale Funktionen rechnerisch ableiten.	Ableitung, Ableitungsregeln
3. Ich kann Hoch- und Tiefpunkte ganzrationaler Funktionen berechnen.	Hoch-/Tiefpunkt, Extrema
4. Ich kann Wendepunkte ganzrationaler Funktionen berechnen.	Wendepunkt, Wendestelle
5. Ich kann Terme mit Variablen aufstellen, die einen Sachzusammenhang beschreiben.	Terme, Aufstellen von Termen

Überprüfen Sie Ihre Einschätzungen anhand der entsprechenden Aufgaben:

1. Lösen Sie folgende Gleichungen.

a) $4x + 5 = 6x - 7 \quad |-4x + 7$
$\quad 12 = 2x \quad |:2$
$\quad x = 6$

b) $3{,}5t - 3{,}7 = 11{,}3 - 1{,}5t \quad |+1{,}5t + 3{,}7$
$\quad 5t = 15 \quad |:5$
$\quad t = 3$

c) $x^2 - 5x + 10 = 4 \quad |-4$
$\quad x^2 - 5x + 6 = 0$
$\quad x = 2{,}5 \pm \sqrt{6{,}25 - 6}$
$\quad x = 3 \text{ oder } x = 2$

d) $2z^2 + 9z + 7 = 0 \quad |:2$
$\quad z^2 + 4{,}5z + 3{,}5 = 0$
$\quad z = -2{,}25 \pm \sqrt{5{,}0625 - 3{,}5}$
$\quad z = -1 \text{ oder } z = -3{,}5$

2. Bestimmen Sie rechnerisch die Funktionsterme der ersten beiden Ableitungen der Funktion f.

a) $f(x) = x^4 + 2x^3 - 4x^2$
$f'(x) = 4x^3 + 6x^2 - 8x$
$f''(x) = 12x^2 + 12x - 8$

b) $f(x) = 2ax^5 - \frac{1}{4}x^2 + 7$
$f'(x) = 10ax^4 - 0{,}5x$
$f''(x) = 40ax^3 - 0{,}5$

c) $f(t) = tx^3 - (t-2)x^2 + 3tx$
$f'(t) = x^3 - x^2 + 3x$
$f''(t) = 0$

d) $f(x) = tx^3 - (t-2)x^2 + 3tx$
$f'(x) = 3tx^2 - 2(t-2)x + 3t$
$f''(x) = 6tx - 2(t-2)$

3. Berechnen Sie die Extrempunkte der Funktion f mit $f(x) = x^3 - 6x^2 + 9x$.
$f'(x) = 3x^2 - 12x + 9; \ f''(x) = 6x - 12$
Notwendige Bedingung: $f'(x) = 0$, wenn $x^2 - 4x + 3 = (x-1)(x-3) = 0$, also für $x = 1$ oder $x = 3$.
Hinreichende Bedingung: $f''(1) = -6 < 0; \ f''(3) = 6 > 0$
$f(1) = 4$, f hat bei $(1|4)$ einen Hochpunkt; $f(3) = 0$, f hat bei $(3|0)$ einen Tiefpunkt.

4. Bestimmen Sie die Wendepunkte der Funktion f mit $f(x) = x^3 + 6x^2$.
$f'(x) = 3x^2 + 12x; \ f''(x) = 6x + 12; \ f'''(x) = 6$
Notwendige Bedingung: $f''(x) = 0$ für $x = -2$; hinreichende Bedingung: $f'''(-2) = 6 \neq 0$
$f(-2) = 16$, also hat f bei $(-2|16)$ einen Wendepunkt.

5. a) Fig. 1 zeigt eine Wandnische, die mit Tapete ausgekleidet werden soll. Sie ist 60 cm tief, 1,5 m hoch und 1,5 m breit. Berechnen Sie, wie viel Quadratmeter Tapete benötigt werden und welches Volumen die Nische hat.
Tapete: $2 \cdot (0{,}6\,m \cdot 1{,}5\,m) + 2 \cdot (0{,}6\,m \cdot 1{,}5\,m) + 1{,}5^2\,m^2 = 5{,}85\,m^2$;
Volumen: $0{,}6\,m \cdot 1{,}5\,m \cdot 1{,}5\,m = 1{,}35\,m^3$

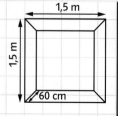

Fig. 1   Fig. 2

b) Geben Sie einen Term an, der den Flächeninhalt von Fig. 2 beschreibt.
$A = 3x^2 - 0{,}25x^2 = 2{,}75x^2$

Arbeitsblatt
Nullstelle und Linearfaktor bei ganzrationalen Funktionen

1. Ordnen Sie den Funktionstermen den zugehörigen Graphen zu.
   Achten Sie dabei auf die Nullstellen.

Funktion	Nullstellen	Graph
a) $f(x) = (x-1)(x+2)(x^2+1)$	$x = 1$; $x =$	
b) $f(x) = x(x^2+1)$		
c) $f(x) = x(x+2)(x+1)$		
d) $f(x) = (x-1)(x-2)(x+2)$		

   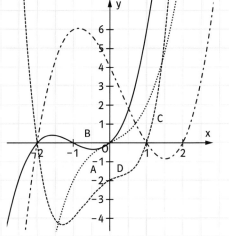

   In der Funktionsgleichung $f(x) = (x-1)(x+2)(x^2+1)$ lassen sich die Nullstellen $x = 1$ und $x =$ _____ unmittelbar an den beiden sogenannten **Linearfaktoren** $(x-1)$ und $(x$ _____ $)$ ablesen.

2. Notieren Sie die auftretenden Linearfaktoren und ermitteln Sie die Nullstellen der Funktion.

Funktion	Linearfaktoren	Nullstellen
a) $f(x) = 2x(x-1)(2+x^2)$	x; $(x-1)$	$x = 0$; $x = 1$
b) $f(x) = -4x(2x-4)(x^2+10)$		
c) $f(x) = 5x^2(5+x)$		
d) $f(x) = (x+0{,}5)(x^2-1)$		
e) $f(x) = (x^2+4)(x^2-4)$		
f) $f(x) = -(x^2+2x)(4x-10)$		

3. Notieren Sie die Gleichung zweier verschiedener Funktionen f und g, die die genannten Bedingungen erfüllen.

Grad der Funktion	Nullstellen bei	eine mögliche Funktion
a) 5	$x = 3$ und $x = -5$	$f(x) = (x-3)(x+5)^2(x^2+1)$ oder $g(x) = (x-3)^4(x+5)$
b) 3	$x = 0$ und $x = 10$	
c) 4	$x = 3$ und $x = -3$	
d) 4	keine Nullstellen	
e) 3	$x = 6$	
f) 5	$x = 3$ und $x = -5$	

4. Bestimmen Sie die Nullstellen und geben Sie dann die Funktionsgleichung mit Linearfaktoren an.
   Nutzen Sie für etwaige Zwischenrechnungen den Platz unter der Aufgabe.

Funktion	Nullstellen	Funktionsgleichung mit Linearfaktoren
a) $f(x) = 3x^2 + 3x - 18 = 3(x^2 + x - 6)$	$x = -3$ oder $x = 2$ (pq-Formel)	$f(x) = 3(x+3)(x-2)$
b) $f(x) = 2x - 4$		
c) $f(x) = 5x^2 - 125$		
d) $f(x) = (5x+15)(0{,}5x-2)$		
e) $f(x) = x^3 - 1{,}5x^2 - x$		
f) $f(x) = 0{,}25x^4 - 25x^2$		

Arbeitsblatt
Nullstelle und Linearfaktor bei ganzrationalen Funktionen — Lösung

1. Ordnen Sie den Funktionstermen den zugehörigen Graphen zu.
Achten Sie dabei auf die Nullstellen.

Funktion	Nullstellen	Graph
a) $f(x) = (x-1)(x+2)(x^2+1)$	$x=1;\ x=-2$	D
b) $f(x) = x(x^2+1)$	$x=0$	A
c) $f(x) = x(x+2)(x+1)$	$x=0;\ x=-2;\ x=-1$	B
d) $f(x) = (x-1)(x-2)(x+2)$	$x=1;\ x=2;\ x=-2$	C

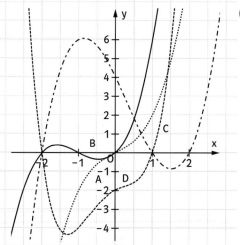

In der Funktionsgleichung $f(x) = (x-1)(x+2)(x^2+1)$ lassen sich die Nullstellen $x=1$ und $x=\boxed{-2}$ unmittelbar an den beiden sogenannten **Linearfaktoren** $(x-1)$ und $(x\ \boxed{+2})$ ablesen.

2. Notieren Sie die auftretenden Linearfaktoren und ermitteln Sie die Nullstellen der Funktion.

Funktion	Linearfaktoren	Nullstellen
a) $f(x) = 2x(x-1)(2+x^2)$	$x;\ (x-1)$	$x=0;\ x=1$
b) $f(x) = -4x(2x-4)(x^2+10)$	$x;\ (x-2)$	$x=0;\ x=2$
c) $f(x) = 5x^2(5+x)$	$x;\ (x+5)$	$x=0;\ x=-5$
d) $f(x) = (x+0,5)(x^2-1)$	$(x+0,5);\ (x+1);\ (x-1)$	$x=-0,5;\ x=-1;\ x=1$
e) $f(x) = (x^2+4)(x^2-4)$	$(x+2);\ (x-2)$	$x=-2;\ x=2$
f) $f(x) = -(x^2+2x)(4x-10)$	$x;\ (x+2);\ (x-2,5)$	$x=0;\ x=-2;\ x=2,5$

3. Notieren Sie die Gleichung zweier verschiedener Funktionen f und g, die die genannten Bedingungen erfüllen.

Grad der Funktion	Nullstellen bei	eine mögliche Funktion
a) 5	$x=3$ und $x=-5$	$f(x) = (x-3)(x+5)^2(x^2+1)$ oder $g(x) = (x-3)^4(x+5)$
b) 3	$x=0$ und $x=10$	$f(x) = x^2(x-10)$ oder $g(x) = 5x(x-10)^2$
c) 4	$x=3$ und $x=-3$	$f(x) = (x-3)^2(x+3)^2$ oder $g(x) = -(x-3)(x+3)^3$
d) 4	keine Nullstellen	$f(x) = x^4+4$ oder $g(x) = (x^2+3)^2$
e) 3	$x=6$	$f(x) = (x-6)(x^2+6)$ oder $g(x) = 3(x-6)^3$
f) 5	$x=3$ und $x=-5$	$f(x) = (x-3)^4(x+5)$ oder $g(x) = (x-3)^2(x+5)(x^2+9)$

4. Bestimmen Sie die Nullstellen und geben Sie dann die Funktionsgleichung mit Linearfaktoren an. Nutzen Sie für etwaige Zwischenrechnungen den Platz unter der Aufgabe.

Funktion	Nullstellen	Funktionsgleichung mit Linearfaktoren
a) $f(x) = 3x^2 + 3x - 18 = 3(x^2 + x - 6)$	$x=-3$ und $x=2$ (pq-Formel)	$f(x) = 3(x+3)(x-2)$
b) $f(x) = 2x - 4$	$x=2$	$f(x) = 2(x-2)$
c) $f(x) = 5x^2 - 125$	$x=5$ und $x=-5$	$f(x) = 5(x-5)(x+5)$
d) $f(x) = (5x+15)(0,5x-2)$	$x=-3$ und $x=4$	$f(x) = 2,5(x+3)(x-4)$
e) $f(x) = x^3 - 1,5x^2 - x$	$x=0$ und $x=-0,5$ und $x=2$	$f(x) = x(x+0,5)(x-2)$
f) $f(x) = 0,25x^4 - 25x^2$	$x=0$ und $x=10$ und $x=-10$	$f(x) = 0,25x^2(x-10)(x+10)$

Trainingsblatt
Teilen durch Linearfaktoren – Polynomdivision

Die Funktionsgleichung $f(x) = x^2 + x - 12$ lässt sich auch mit **Linearfaktoren** schreiben: $f(x) = x^2 + x - 12 = (x + 4)(x - 3)$. Demnach muss für x mit $x \neq -4$ gelten: $(x^2 + x - 12) : (x + 4) = x - 3$. Man kann also das Polynom $x^2 + x - 12$ durch den Linearfaktor $(x + 4)$ dividieren. Man nennt dies eine **Polynomdivision**.

So funktioniert eine Polynomdivision:

$(x^2 + x - 12) : (x + 4) = x - 3$ ① ④
$-(x^2 + 4x)$ ②
$\qquad -3x - 12$ ③
$\qquad -(-3x - 12)$ ⑤
$\qquad\qquad 0$ ⑥

Die Rechenschritte im Einzelnen:

① $x^2 : x = x$ (1. Summand des Polynoms dividiert durch x)
② $x \cdot (x + 4) = x^2 + 4x$
③ $(x^2 + x - 12) - (x^2 + 4x) = -3x - 12$ (Rest)
④ $-3x : x = -3$ (1. Summand des Restes dividiert durch x)
⑤ $-3 \cdot (x + 4) = -3x - 12$
⑥ $-3x - 12 - (-3x - 12) = 0$ (Rest)

1. Die Funktion f mit $f(x) = 2x^2 - 7x + 5$ hat eine Nullstelle bei $x = 1$; der Funktionsterm enthält also den Linearfaktor $(x - 1)$. Stellen Sie mithilfe einer Polynomdivision den Funktionsterm mit Linearfaktoren dar. Ergänzen Sie die Rechenschritte.

Die Polynomdivision:

$(2x^2 - 7x + 5) : (x - 1) =$
$-(\qquad)$ ② ① ④
$\qquad$ ③
$-(\qquad)$ ⑤
$\qquad 0$ ⑥

Man erhält $f(x) = 2x^2 - 7x + 5 = (x - 1) \cdot (\qquad)$.

Die Rechenschritte im Einzelnen:

① $2x^2 : x =$
② $2x \cdot \qquad =$
③ $(2x^2 - 7x + 5) - (\qquad) =$
④ $\qquad : x =$
⑤ $\qquad \cdot \qquad =$
⑥ $\qquad - \qquad = 0$

2. Führen Sie die angegebenen Polynomdivisionen durch. Geben Sie anschließend die Funktionsterme mit den Linearfaktoren an, die Sie durch die Polynomdivisionen „abgespalten" haben.

a) $(1{,}5x^2 + 12x + 18) : (x + 2) =$
$\quad -(\qquad)$
$\quad\qquad -(\qquad)$

Man erhält $f(x) = 1{,}5x^2 + 12x + 18 = (\qquad) \cdot (\qquad)$.

b) $(0{,}5x^2 - 0{,}125) : (x + 0{,}5) =$
$\quad -(\qquad)$
$\quad\qquad -(\qquad)$

Man erhält $f(x) = 0{,}5x^2 - 0{,}125 = (\qquad) \cdot (\qquad)$.

c) $(2x^3 - 8x^2 + 3x - 12) : (x - 4) =$
$\quad -(\qquad)$
$\quad\qquad -(\qquad)$

Man erhält $f(x) = 2x^3 - 8x^2 + 3x - 12 = (\qquad) \cdot (\qquad)$.

d) $(x^3 - 9x^2 + 28x - 30) : (x - 3) =$
$\quad -(\qquad)$
$\quad\qquad -(\qquad)$
$\quad\qquad\qquad -(\qquad)$

Man erhält $f(x) = x^3 - 9x^2 + 28x - 30 = (\qquad) \cdot (\qquad)$.

e) $\left(\frac{1}{2}x^3 + \frac{25}{6}x^2 - \frac{20}{3}x - \frac{8}{3}\right) : \left(x + \frac{1}{3}\right) =$

f) $(2x^5 - 5x^4 + 8x^3 - 19x^2 - 2{,}5x) : (x - 2{,}5) =$

Trainingsblatt
Teilen durch Linearfaktoren – Polynomdivision
Lösung

Die Funktionsgleichung $f(x) = x^2 + x - 12$ lässt sich auch mit **Linearfaktoren** schreiben: $f(x) = x^2 + x - 12 = (x + 4)(x - 3)$. Demnach muss für x mit $x \neq -4$ gelten: $(x^2 + x - 12) : (x + 4) = x - 3$. Man kann also das Polynom $x^2 + x - 12$ durch den Linearfaktor $(x + 4)$ dividieren. Man nennt dies eine **Polynomdivision**.

So funktioniert eine Polynomdivision:

$$(x^2 + x - 12) : (x + 4) = x - 3$$
$$\underline{-(x^2 + 4x)} \; ②$$
$$-3x - 12 \; ③$$
$$\underline{-(-3x - 12)} \; ⑤$$
$$0 \; ⑥$$

Die Rechenschritte im Einzelnen:
① $x^2 : x = x$ (1. Summand des Polynoms dividiert durch x)
② $x \cdot (x + 4) = x^2 + 4x$
③ $(x^2 + x - 12) - (x^2 + 4x) = -3x - 12$ (Rest)
④ $-3x : x = -3$ (1. Summand des Restes dividiert durch x)
⑤ $-3 \cdot (x + 4) = -3x - 12$
⑥ $-3x - 12 - (-3x - 12) = 0$ (Rest)

1. Die Funktion f mit $f(x) = 2x^2 - 7x + 5$ hat eine Nullstelle bei $x = 1$; der Funktionsterm enthält also den Linearfaktor $(x - 1)$. Stellen Sie mithilfe einer Polynomdivision den Funktionsterm mit Linearfaktoren dar. Ergänzen Sie die Rechenschritte.

Die Polynomdivision:

$$(2x^2 - 7x + 5) : (x - 1) = 2x - 5$$
$$\underline{-(2x^2 - 2x)} \; ②$$
$$-5x + 5 \; ③$$
$$\underline{-(-5x + 5)} \; ⑤$$
$$0 \; ⑥$$

Man erhält $f(x) = 2x^2 - 7x + 5 = (x - 1) \cdot (2x - 5)$.

Die Rechenschritte im Einzelnen:
① $2x^2 : x = 2x$
② $2x \cdot (x - 1) = 2x^2 - 2x$
③ $(2x^2 - 7x + 5) - (2x^2 - 2x) = -5x + 5$
④ $-5x : x = -5$
⑤ $-5 \cdot (x - 1) = -5x + 5$
⑥ $-5x + 5 - (-5x + 5) = 0$

2. Führen Sie die angegebenen Polynomdivisionen durch. Geben Sie anschließend die Funktionsterme mit den Linearfaktoren an, die Sie durch die Polynomdivisionen „abgespalten" haben.

a)
$$(1{,}5x^2 + 12x + 18) : (x + 2) = 1{,}5x + 9$$
$$\underline{-(1{,}5x^2 + 3x)}$$
$$9x + 18$$
$$\underline{-(9x + 18)}$$
$$0$$
Man erhält $f(x) = 1{,}5x^2 + 12x + 18 = (x + 2) \cdot (1{,}5x + 9)$.

b)
$$(0{,}5x^2 - 0{,}125) : (x + 0{,}5) = 0{,}5x - 0{,}25$$
$$\underline{-(0{,}5x^2 + 0{,}25x)}$$
$$-0{,}25x - 0{,}125$$
$$\underline{-(-0{,}25x - 0{,}125)}$$
$$0$$
Man erhält $f(x) = 0{,}5x^2 - 0{,}125 = (x + 0{,}5) \cdot (0{,}5x - 0{,}25)$.

c)
$$(2x^3 - 8x^2 + 3x - 12) : (x - 4) = 2x^2 + 3$$
$$\underline{-(2x^3 - 8x^2)}$$
$$3x - 12$$
$$\underline{-(3x - 12)}$$
$$0$$
Man erhält $f(x) = 2x^3 - 8x^2 + 3x - 12 = (x - 4) \cdot (2x^2 + 3)$.

d)
$$(x^3 - 9x^2 + 28x - 30) : (x - 3) = x^2 - 6x + 10$$
$$\underline{-(x^3 - 3x^2)}$$
$$-6x^2 + 28x - 30$$
$$\underline{-(-6x^2 + 18x)}$$
$$10x - 30$$
$$\underline{-(10x - 30)}$$
$$0$$
Man erhält $f(x) = x^3 - 9x^2 + 28x - 30 = (x - 3) \cdot (x^2 - 6x + 10)$.

e)
$$\left(\tfrac{1}{2}x^3 + \tfrac{25}{6}x^2 - \tfrac{20}{3}x - \tfrac{8}{3}\right) : \left(x + \tfrac{1}{3}\right) = \tfrac{1}{2}x^2 + 4x - 8$$
$$\underline{-\left(\tfrac{1}{2}x^3 + \tfrac{1}{6}x^2\right)}$$
$$4x^2 - \tfrac{20}{3}x - \tfrac{8}{3}$$
$$\underline{-\left(4x^2 + \tfrac{4}{3}x\right)}$$
$$-8x - \tfrac{8}{3}$$
$$\underline{-\left(-8x - \tfrac{8}{3}\right)}$$
$$0$$
Man erhält $f(x) = \left(x + \tfrac{1}{3}\right)\left(\tfrac{1}{2}x^2 + 4x - 8\right)$.

f)
$$(2x^5 - 5x^4 + 8x^3 - 19x^2 - 2{,}5x) : (x - 2{,}5) = 2x^4 + 8x^2 + x$$
$$\underline{-(2x^4 - 5x^4)}$$
$$8x^3 - 19x^2 - 2{,}5x$$
$$\underline{-(8x^3 - 20x^2)}$$
$$x^2 - 2{,}5x$$
$$\underline{-(x^2 - 2{,}5x)}$$
$$0$$
Man erhält $f(x) = (x - 2{,}5) \cdot (2x^4 + 8x^2 + x)$.

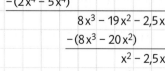

Arbeitsblatt

Verhalten ganzrationaler Funktionen für $x \to \pm\infty$

Problemstellung
Anhand des Funktionsterms ganzrationaler Funktionen soll auf das Verhalten des Graphen für $x \to \pm\infty$ geschlossen werden.

1 Gegeben ist die Funktion f mit $f(x) = 3x^3 - 5x^2 + 2$. Füllen Sie zunächst folgende Tabellen aus, um den Einfluss der im Funktionsterm auftretenden Summanden für $x \to \pm\infty$ zu untersuchen.

$x \to +\infty$:

x	0	1	10	100	1000
$3x^3$					
$-5x^2$					
2					
f(x)					

$x \to -\infty$:

x	0	-1	-10	-100	-1000
$3x^3$					
$-5x^2$					
2					
f(x)					

2 Welcher Summand des Funktionsterms ist für das Verhalten von f für $x \to \pm\infty$ entscheidend? Formulieren Sie eine Vermutung.

_____

3 Klammern Sie beim Funktionsterm x^3 aus. Gegen welchen Wert strebt der Ausdruck in der Klammer für $x \to \pm\infty$? Deckt sich dieses Ergebnis mit Ihrer Vermutung aus Aufgabe 2?

_____

_____

4 Wie kann man am Funktionsterm einer ganzrationalen Funktion f mit
$f(x) = a_n x^n + a_{n-1} x^{n-1} + ... + a_2 x^2 + a_1 x + a_0$ deren Verhalten für $x \to \pm\infty$ allgemein erkennen?
Formulieren Sie ein zusammenfassendes Ergebnis.

_____

5 Bestimmen Sie das Verhalten von f für $x \to \pm\infty$:
a) $f(x) = 3x^4 - 7x^3 - x - 1$ b) $f(x) = -x^3 + 2x^2 + 5x - 5$ c) $f(x) = -3x^8 - 700x^5 + 20x^2 - 55$

Arbeitsblatt

Verhalten ganzrationaler Funktionen für $x \to \pm\infty$

Lösung

Problemstellung

Anhand des Funktionsterms ganzrationaler Funktionen soll auf das Verhalten des Graphen für $x \to \pm\infty$ geschlossen werden.

1 Gegeben ist die Funktion f mit $f(x) = 3x^3 - 5x^2 + 2$. Füllen Sie zunächst folgende Tabellen aus, um den Einfluss der im Funktionsterm auftretenden Summanden für $x \to \pm\infty$ zu untersuchen.

$x \to +\infty$:

x	0	1	10	100	1000
$3x^3$	0	3	3000	3 000 000	3 000 000 000
$-5x^2$	0	-5	-500	-50 000	-5 000 000
2	2	2	2	2	2
f(x)	2	0	2502	2 950 002	2 995 000 002

$x \to -\infty$:

x	0	-1	-10	-100	-1000
$3x^3$	0	-3	-3000	-3 000 000	-3 000 000 000
$-5x^2$	0	-5	-500	-50 000	-5 000 000
2	2	2	2	2	2
f(x)	2	-6	-3498	-3 049 998	-3 004 999 998

2 Welcher Summand des Funktionsterms ist für das Verhalten von f für $x \to \pm\infty$ entscheidend? Formulieren Sie eine Vermutung.
Vermutung: Der Summand mit der höchsten x-Potenz spielt die entscheidende Rolle für das Verhalten von f für $x \to \pm\infty$.

3 Klammern Sie beim Funktionsterm x^3 aus. Gegen welchen Wert strebt der Ausdruck in der Klammer für $x \to \pm\infty$? Deckt sich dieses Ergebnis mit Ihrer Vermutung aus Aufgabe 2?

$$f(x) = 3x^3 - 5x^2 + 2 = x^3\left(3 - \frac{5}{x} + \frac{2}{x^3}\right)$$

Der Ausdruck in der Klammer strebt gegen 3 für $x \to \pm\infty$. Demnach gilt: $f(x) \approx 3x^3$ für $x \to \pm\infty$. Dies deckt sich mit der Vermutung aus Aufgabe 2.

4 Wie kann man am Funktionsterm einer ganzrationalen Funktion f mit $f(x) = a_n x^n + a_{n-1} x^{n-1} + \ldots + a_2 x^2 + a_1 x + a_0$ deren Verhalten für $x \to \pm\infty$ allgemein erkennen? Formulieren Sie ein zusammenfassendes Ergebnis.
Das Verhalten von f für $x \to \pm\infty$ wird durch den Summanden $a_n x^n$ mit der höchsten x-Potenz bestimmt.

5 Bestimmen Sie das Verhalten von f für $x \to \pm\infty$:
a) $f(x) = 3x^4 - 7x^3 - x - 1$
Für $x \to +\infty$ gilt: $f(x) \to +\infty$.
Für $x \to -\infty$ gilt: $f(x) \to +\infty$.

b) $f(x) = -x^3 + 2x^2 + 5x - 5$
Für $x \to +\infty$ gilt: $f(x) \to -\infty$.
Für $x \to -\infty$ gilt: $f(x) \to +\infty$.

c) $f(x) = -3x^8 - 700x^5 + 20x^2 - 55$
Für $x \to +\infty$ gilt: $f(x) \to -\infty$.
Für $x \to -\infty$ gilt: $f(x) \to -\infty$.

Arbeitsblatt

Symmetrie bei ganzrationalen Funktionen

1 In den Abbildungen sehen Sie die Graphen der Funktionen f_1 bis f_6 mit $f_1(x) = x$; $f_2(x) = x^2$; $f_3(x) = x^3$; $f_4(x) = x^4$; $f_5(x) = x^5$; $f_6(x) = x^6$. Schreiben Sie an die jeweiligen Graphen, zu welcher Funktion sie gehören.

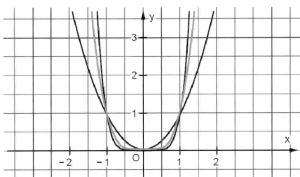
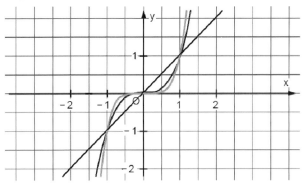

2 Welche Symmetrieeigenschaften haben die Graphen im linken bzw. rechten Koordinatensystem? Welcher Zusammenhang besteht zwischen den Symmetrieeigenschaften der Graphen und den Exponenten der zugehörigen Funktionsterme?

3 Finden Sie jeweils einen Zusammenhang zwischen $f(-x)$ und $f(x)$ für die Funktionen in den beiden Koordinatensystemen. Schreiben Sie diesen Zusammenhang jeweils als Gleichung auf.

4 Gilt der in Aufgabe 3 gefundene Zusammenhang zwischen $f(-x)$ und $f(x)$ für alle Funktionen mit der entsprechenden Symmetrieeigenschaft?
Testen Sie dies bei folgenden Funktionen, indem Sie zunächst die Graphen mit einem Funktionsplotter betrachten und dann rechnerisch einen Zusammenhang zwischen $f(-x)$ und $f(x)$ überprüfen:

a) f mit $f(x) = -\frac{1}{5}x^3 + 3x$

b) f mit $f(x) = \frac{1}{4}x^4 - 2x^3 + 4x^2 - 4$

c) f mit $f(x) = \frac{1}{10}x^5 - x^3 + 2$

d) f mit $f(x) = \frac{1}{4}x^4 - 2x^2$

e) f mit $f(x) = -\frac{2}{5}x^4 - x^3 + x^2 + x + 3$

Formulieren Sie ein zusammenfassendes Ergebnis.

Arbeitsblatt

Symmetrie bei ganzrationalen Funktionen Lösung

1 In den Abbildungen sehen Sie die Graphen der Funktionen f_1 bis f_6 mit $f_1(x) = x$; $f_2(x) = x^2$; $f_3(x) = x^3$; $f_4(x) = x^4$; $f_5(x) = x^5$; $f_6(x) = x^6$. Schreiben Sie an die jeweiligen Graphen, zu welcher Funktion sie gehören.

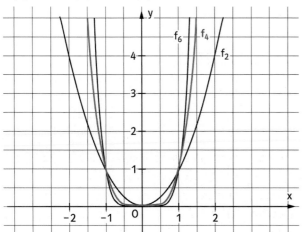
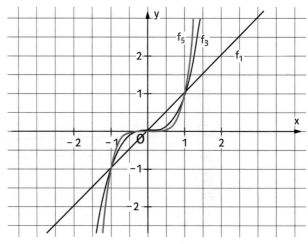

2 Welche Symmetrieeigenschaften haben die Graphen im linken bzw. rechten Koordinatensystem? Welcher Zusammenhang besteht zwischen den Symmetrieeigenschaften der Graphen und den Exponenten der zugehörigen Funktionsterme?

Die Graphen sind achsensymmetrisch zur y-Achse. Die Graphen sind punktsymmetrisch zum Ursprung.
Die Exponenten in den Funktionstermen sind gerade. Die Exponenten in den Funktionstermen sind ungerade.

3 Finden Sie jeweils einen Zusammenhang zwischen $f(-x)$ und $f(x)$ für die Funktionen in den beiden Koordinatensystemen. Schreiben Sie diesen Zusammenhang jeweils als Gleichung auf.
links: $f(-x) = f(x)$ für alle $x \in D_f$ rechts: $f(-x) = -f(x)$ für alle $x \in D_f$

4 Gilt der in Aufgabe 3 gefundene Zusammenhang zwischen $f(-x)$ und $f(x)$ für alle Funktionen mit der entsprechenden Symmetrieeigenschaft?
Testen Sie dies bei folgenden Funktionen, indem Sie zunächst die Graphen mit einem Funktionsplotter betrachten und dann rechnerisch einen Zusammenhang zwischen $f(-x)$ und $f(x)$ überprüfen:

a) f mit $f(x) = -\frac{1}{5}x^3 + 3x$ Der Graph ist punktsymmetrisch zum Ursprung.
   Es gilt $f(-x) = -f(x)$ für alle $x \in D_f$.

b) f mit $f(x) = \frac{1}{4}x^4 - 2x^3 + 4x^2 - 4$ Der Graph ist achsensymmetrisch zur Gerade mit der Gleichung
   $x = 2$. Es gilt weder $f(-x) = f(x)$ noch $f(-x) = -f(x)$ für alle $x \in D_f$.

c) f mit $f(x) = \frac{1}{10}x^5 - x^3 + 2$ Der Graph ist punktsymmetrisch zum Punkt $P(0|-2)$. Es gilt weder
   $f(-x) = f(x)$ noch $f(-x) = -f(x)$ für alle $x \in D_f$.

d) f mit $f(x) = \frac{1}{4}x^4 - 2x^2$ Der Graph ist achsensymmetrisch zur y-Achse. Es gilt $f(-x) = f(x)$
   für alle $x \in D_f$.

e) f mit $f(x) = -\frac{2}{5}x^4 - x^3 + x^2 + x + 3$ Der Graph ist nicht symmetrisch.

Formulieren Sie ein zusammenfassendes Ergebnis.
Der Graph von f ist genau dann achsensymmetrisch zur y-Achse, wenn im Funktionsterm von f nur x-Potenzen mit geradem Exponenten (und eine Konstante) vorkommen.
Der Graph von f ist genau dann punktsymmetrisch zum Ursprung, wenn im Funktionsterm von f nur x-Potenzen mit ungeraden Exponenten vorkommen. Kommen im Funktionsterm von f x-Potenzen mit geraden und ungeraden Exponenten vor, kann der Graph achsensymmetrisch zu einer anderen Gerade, punktsymmetrisch zu einem anderen Punkt oder gar nicht symmetrisch sein.

Dominoschlange: Ganzrationale Funktionen

Schneiden Sie entlang der fett gedruckten Linien aus und legen Sie passend aneinander.
Der Zeichenbereich ist jeweils so gewählt, dass alle Nullstellen und Extremstellen von f zu sehen sind.
Die Funktionsgleichung von f hat jeweils die Form $f(x) = a_n x^n + a_{n-1} x^{n-1} + \ldots + a_2 x^2 + a_1 x + a_0$.

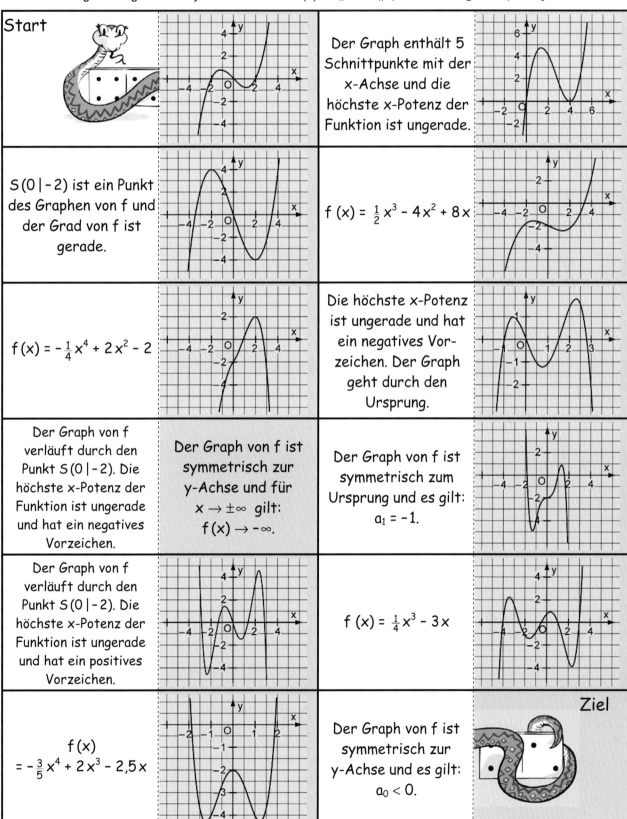

Trainingsblatt
Vollständige Funktionsuntersuchung

Führen Sie für die Funktionen $f(x) = x^3 - x^2 - 6x$ und $g(x) = -2x^3 + 3x^2 + 2x$ eine vollständige Funktionsuntersuchung durch.

1. Ableitungen

$f'(x) = $ _____ ; $f''(x) = $ _____ ; $f'''(x) = $ _____

2. Symmetrie

Da $f(x)$ sowohl _____ als auch _____ Hochzahlen hat, ist f

3. Nullstellen

$f(x) = $ _____ $= 0$

Ausklammern: $x($ _____ $) = 0$

Also: $x = $ _____ oder _____ $= 0$

pq-Formel: $x_1 = $ _____ ; $x_2 = $ _____ ; $x_3 = $ _____

4. Verhalten für $x \to \pm\infty$

Summand mit der größten Hochzahl ist x^3, also

$f(x) \to$ _____ für $x \to +\infty$

$f(x) \to$ _____ für $x \to -\infty$

5. Extremstellen

$f'(x) = $ _____ $= 0$,

also: $x^2 - $ _____ $x - $ _____ $= 0$

pq-Formel: $x_4 = $ _____ $\approx$ _____ ;

$x_5 = $ _____ $\approx$ _____ ;

$f''($ _____ $) = $ _____ 0; $f($ _____ $)$ ist lokales _____

$f''($ _____ $) = $ _____ 0; $f($ _____ $)$ ist lokales _____

Extrempunkte (näherungsweise):

$T($ _____ $|$ _____ $)$; $H($ _____ $|$ _____ $)$

6. Wendestellen

$f''(x) = $ _____ $= 0$

also: $x_6 = $ _____ $\approx$ _____

$f'''($ _____ $) = $ _____ 0; x_6 ist _____

Wendepunkt (näherungsweise): $W($ _____ $|$ _____ $)$

7. Graph

1. Ableitungen

$g'(x) = $ _____

2. Symmetrie

3. Nullstellen

4. Verhalten für $x \to \pm\infty$

5. Extremstellen

6. Wendestellen

7. Graph

Trainingsblatt
Vollständige Funktionsuntersuchung — Lösung

Führen Sie für die Funktionen $f(x) = x^3 - x^2 - 6x$ und $g(x) = -2x^3 + 3x^2 + 2x$ eine vollständige Funktionsuntersuchung durch.

1. Ableitungen
$f'(x) = 3x^2 - 2x - 6$; $f''(x) = 6x - 2$; $f'''(x) = 6$

2. Symmetrie
Da $f(x)$ sowohl gerade als auch ungerade Hochzahlen hat, ist f nicht symmetrisch.

3. Nullstellen
$f(x) = x^3 - x^2 - 6x = 0$
Ausklammern: $x(x^2 - x - 6) = 0$
Also: $x = 0$ oder $x^2 - x - 6 = 0$
pq-Formel: $x_1 = 0$; $x_2 = 3$; $x_3 = -2$

4. Verhalten für $x \to \pm \infty$
Summand mit der größten Hochzahl ist x^3, also
$f(x) \to +\infty$ für $x \to +\infty$
$f(x) \to -\infty$ für $x \to -\infty$

5. Extremstellen
$f'(x) = 3x^2 - 2x - 6 = 0$,
also: $x^2 - \frac{2}{3}x - 2 = 0$
pq-Formel: $x_4 = \frac{1}{3} + \sqrt{\frac{19}{9}} \approx 1{,}79$;
$x_5 = \frac{1}{3} - \sqrt{\frac{19}{9}} \approx -1{,}12$;
$f''(1{,}79) = 8{,}74 > 0$; $f(1{,}79)$ ist lokales Minimum
$f''(-1{,}12) = -8{,}72 < 0$; $f(-1{,}12)$ ist lokales Maximum
Extrempunkte (näherungsweise):
$T(1{,}79 \mid -8{,}21)$; $H(-1{,}12 \mid 4{,}06)$

6. Wendestellen
$f''(x) = 6x - 2 = 0$
also: $x_6 = \frac{1}{3} \approx 0{,}33$
$f'''(0{,}33) = 6 \neq 0$; x_6 ist Wendestelle
Wendepunkt (näherungsweise): $W(0{,}33 \mid -2{,}07)$

7. Graph

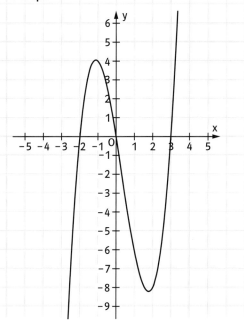

1. Ableitungen
$g'(x) = -6x^2 + 6x + 2$; $g''(x) = -12x + 6$; $g'''(x) = -12$

2. Symmetrie
Da $g(x)$ sowohl gerade als auch ungerade Hochzahlen hat, ist g nicht symmetrisch.

3. Nullstellen
$g(x) = -2x^3 + 3x^2 + 2x = 0$
Ausklammern: $-2x(x^2 - 1{,}5x - 1) = 0$
Also: $x = 0$ oder $x^2 - 1{,}5x - 1 = 0$
pq-Formel: $x_1 = 0$; $x_2 = 2$; $x_3 = -0{,}5$

4. Verhalten für $x \to \pm \infty$
Summand mit der größten Hochzahl ist $-2x^3$, also
$g(x) \to -\infty$ für $x \to +\infty$
$g(x) \to +\infty$ für $x \to -\infty$

5. Extremstellen
$g'(x) = -6x^2 + 6x + 2 = 0$
also: $x^2 - x - \frac{1}{3} = 0$
pq-Formel: $x_4 = \frac{1}{2} + \sqrt{\frac{7}{12}} \approx 1{,}26$;
$x_5 = \frac{1}{2} - \sqrt{\frac{7}{12}} \approx -0{,}26$;
$g''(1{,}26) = -9{,}12 < 0$; $g(1{,}26)$ ist lokales Maximum
$g''(-0{,}26) = 9{,}12 > 0$; $g(-0{,}26)$ ist lokales Minimum
Extrempunkte (näherungsweise):
$H(1{,}26 \mid 3{,}28)$; $T(-0{,}26 \mid -0{,}28)$

6. Wendestellen
$g''(x) = -12x + 6 = 0$
also: $x_6 = \frac{1}{2} = 0{,}5$
$g'''(0{,}5) = -12 \neq 0$; x_6 ist Wendestelle
Wendepunkt: $W(0{,}5 \mid 1{,}5)$

7. Graph

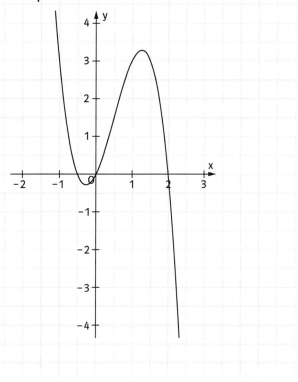

Trainingsblatt
Gleichungen von Tangenten und Normalen

1. Ermitteln Sie, falls möglich, die Gleichungen der Tangente und der Normale an den Graphen der Funktion f im Punkt P.

a) $f: x \to x^3 + 3x^2 - 2$ und $P(1|2)$

Ableitung von f: $f'(x) =$ ☐

Steigung der Tangente: $m = f'(\;\;) =$ ☐

P einsetzen: $2 =$ ☐ · ☐ $+ t$

$\Rightarrow t =$ ☐ $=$ ☐

Tangentengleichung: $y =$

Steigung der Normale: $m_n \cdot m_t = -1$

$\Rightarrow m_n =$ ☐

P einsetzen: $2 =$ ☐ · ☐ $+ t_n$

$\Rightarrow t_n =$ ☐ $=$ ☐

Normalengleichung: $y =$

b) $f: x \to \frac{1}{4}x^2 - \frac{2}{x^2}$ und $P(2|0{,}5)$

Ableitung von f: $f'(x) =$

Steigung der Tangente: $m =$ ☐ $=$ ☐

P einsetzen: ☐ $=$ ☐ · ☐ $+ t$

$\Rightarrow t =$ ☐ $=$ ☐

Tangentengleichung: $y =$

Steigung der Normale: $m_n = -1 :$ ☐ $=$ ☐

P einsetzen: ☐ $=$ ☐ · ☐ $+ t_n$

$\Rightarrow t_n =$ ☐ $=$ ☐

Normalengleichung: $y =$

c) $f: x \to \frac{2x}{x-2}$ und $P(1|-2)$

d) $f: x \to \frac{1}{3}x^3 + \frac{1}{2}x^2$ und $P\left(-1\left|\frac{1}{6}\right.\right)$

2. Berechnen Sie den Schnittpunkt bzw. die Schnittpunkte der Graphen G_f und G_g. Stellen Sie anschließend die Gleichung(en) der Tangente(n) an den Graphen G_f im Schnittpunkt bzw. in den Schnittpunkten auf. Wie kann man das Ergebnis in Teilaufgabe b) geometrisch deuten?

a) $f: x \to x^2 - 5x + 8$ und $g: x \to x + 8$

Berechnung der Schnittpunkte P und Q:

Tangente p im Punkt P:

Tangente q im Punkt Q:

b) $f: x \to 2x^2 - 4x + 1$ und $g: x \to 8x - 17$

Deutung des Ergebnisses:

Trainingsblatt
Gleichungen von Tangenten und Normalen — Lösung

1. Ermitteln Sie, falls möglich, die Gleichungen der Tangente und der Normale an den Graphen der Funktion f im Punkt P.

a) $f: x \to x^3 + 3x^2 - 2$ und $P(1|2)$
Ableitung von f: $f'(x) = 3x^2 + 6x$
Steigung der Tangente: $m = f'(1) = 9$
P einsetzen: $2 = 9 \cdot 1 + t$
$\Rightarrow t = 2 - 9 = -7$
Tangentengleichung: $y = 9x - 7$
Steigung der Normale: $m_n \cdot m_t = -1$
$\Rightarrow m_n = -\frac{1}{9}$
P einsetzen: $2 = -\frac{1}{9} \cdot 1 + t_n$
$\Rightarrow t_n = 2 + \frac{1}{9} = \frac{19}{9}$
Normalengleichung: $y = -\frac{1}{9}x + \frac{19}{9}$

b) $f: x \to \frac{1}{4}x^2 - \frac{2}{x^2}$ und $P(2|0{,}5)$
Ableitung von f: $f'(x) = \frac{1}{2}x + \frac{4}{x^3}$
Steigung der Tangente: $m = f'(2) = 1{,}5$
P einsetzen: $0{,}5 = 1{,}5 \cdot 2 + t$
$\Rightarrow t = 0{,}5 - 3 = -2{,}5$
Tangentengleichung: $y = 1{,}5x - 2{,}5$
Steigung der Normale: $m_n = -1 : 1{,}5 = -\frac{2}{3}$
P einsetzen: $0{,}5 = -\frac{2}{3} \cdot 2 + t_n$
$\Rightarrow t_n = 0{,}5 + \frac{4}{3} = \frac{11}{6}$
Normalengleichung: $y = -\frac{2}{3}x + \frac{11}{6}$

c) $f: x \to \frac{2x}{x-2}$ und $P(1|-2)$
Ableitung von f: $f'(x) = \frac{-4}{(x-2)^2}$
Steigung der Tangente: $m = f'(1) = -4$
P einsetzen: $-2 = -4 \cdot 1 + t \Rightarrow t = -2 + 4 = 2$
Tangentengleichung: $y = -4x + 2$
Steigung der Normale: $m_n = -1 : (-4) = \frac{1}{4}$
P einsetzen: $-2 = \frac{1}{4} \cdot 1 + t_n \Rightarrow t_n = -2 - \frac{1}{4} = -\frac{9}{4}$
Normalengleichung: $y = \frac{1}{4}x - \frac{9}{4}$

d) $f: x \to \frac{1}{3}x^3 + \frac{1}{2}x^2$ und $P\left(-1|\frac{1}{6}\right)$
Ableitung von f: $f'(x) = x^2 + x$
Steigung der Tangente: $m = f'(-1) = 0$
P einsetzen: $\frac{1}{6} = 0 + t \Rightarrow t = \frac{1}{6}$
Tangentengleichung: $y = \frac{1}{6}$
Da die Tangentensteigung 0 ist, ist die Tangente parallel zur x-Achse. Das bedeutet, dass die Normale orthogonal zur x-Achse steht. Da die Normale außerdem durch den Punkt $P\left(-1|\frac{1}{6}\right)$ geht, lautet die Normalengleichung in diesem Fall: $x = -1$.
(Beachten Sie, dass diese Normalengleichung keine Funktionsgleichung ist, da dem x-Wert −1 unendlich viele y-Werte zugeordnet sind.)

2. Berechnen Sie den Schnittpunkt bzw. die Schnittpunkte der Graphen G_f und G_g. Stellen Sie anschließend die Gleichung(en) der Tangente(n) an den Graphen G_f im Schnittpunkt bzw. in den Schnittpunkten auf. Wie kann man das Ergebnis in Teilaufgabe b) geometrisch deuten?

a) $f: x \to x^2 - 5x + 8$ und $g: x \to x + 8$
Berechnung der Schnittpunkte P und Q:
$x^2 - 5x + 8 = x + 8$
$x^2 - 6x = 0$
$x(x - 6) = 0$
$x_1 = 0; \; x_2 = 6$
$g(0) = 8 \Rightarrow$ Schnittpunkt $P(0|8)$
$g(6) = 14 \Rightarrow$ Schnittpunkt $Q(6|14)$

Tangente p im Punkt P:
Ableitung von f: $f'(x) = 2x - 5$
Steigung der Tangente: $m = f'(0) = -5$
P einsetzen: $8 = -5 \cdot 0 + t \Rightarrow t = 8$
Tangentengleichung: $y = -5x + 8$

Tangente q im Punkt Q:
Steigung der Tangente: $m = f'(6) = 7$
P einsetzen: $14 = 7 \cdot 6 + t \Rightarrow t = 14 - 42 = -28$
Tangentengleichung: $y = 7x - 28$

b) $f: x \to 2x^2 - 4x + 1$ und $g: x \to 8x - 17$
$2x^2 - 4x + 1 = 8x - 17$
$2x^2 - 12x + 18 = 0$
$x^2 - 6x + 9 = 0$
$(x - 3)^2 = 0$
$x = 3 \Rightarrow$ Schnittpunkt $P(3|7)$

Tangente im Punkt P:
Ableitung von f: $f'(x) = 4x - 4$
Steigung der Tangente: $m = f'(3) = 8$
P einsetzen: $7 = 8 \cdot 3 + t \Rightarrow t = 7 - 24 = -17$
Tangentengleichung: $y = 8x - 17$

Deutung des Ergebnisses:
Die Gleichung der Tangente im Schnittpunkt P stimmt mit der Gleichung der Geraden g überein. f und g berühren sich in ihrem einzigen (!) Schnittpunkt, das heißt, die Gerade g ist selbst bereits eine Tangente an den Graphen von f.

Arbeitsblatt
Was ist zu tun? Kontexte mathematisch entziffern

1. Die Funktion f mit $f(x) = 0{,}05x^3 - 0{,}8x^2 + 3x$ beschreibt für einen Zeitraum von 10 Tagen modellhaft den Wasserstand eines Stausees (x in Tagen, f(x) in cm über bzw. unter dem Normalpegel 0). Ordnen Sie jeder Frage in diesem Sachzusammenhang die entsprechende mathematische Fragestellung sowie das Rechenverfahren zu. Formulieren Sie mündlich einen Antwortsatz.

A: ▨ ; B: ▨ ; C: ▨ ; D: ▨ ; E: ▨ ;

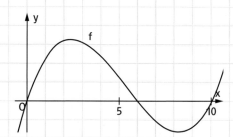

	Frage im Sachkontext		mathematische Frage		Rechenverfahren
A	Wann ist der Wasserstand auf dem Normalpegel?	1	Wo liegen mögliche Extremstellen der Funktion f?	I	$f''(x) = 0 \Leftrightarrow 0{,}3x - 1{,}6 = 0 \Leftrightarrow x \approx 5{,}3$ $f'''(5{,}3) \neq 0 \quad f'(5{,}3) \approx -1{,}27$ Randwerte: $f'(0) = 3$ und $f'(10) = 2$
B	Wann verändert sich der Wasserstand am stärksten?	2	Wie groß ist das Intervall für x, in dem f'(x) negativ ist?	II	$f(x) = 0$ $\Leftrightarrow 0{,}05x^3 - 0{,}8x^2 + 3x = 0$ $\Leftrightarrow x = 0$ oder $x = 6$ oder $x = 10$
C	Wann ist der Wasserstand am höchsten bzw. am niedrigsten?	3	Wo liegen die Nullstellen der Funktion f?	III	$f'(x) < 0 \Leftrightarrow 0{,}15x^2 - 1{,}6x + 3 < 0$ $\Leftrightarrow x < 8{,}24$ und $x > 2{,}43$ (nach oben geöffnete Parabel) $8{,}24 - 2{,}43 = 5{,}81 \approx 5{,}8$
D	Wie lang ist der Zeitraum, in dem der Wasserstand abnimmt?	4	Wo liegen mögliche Extremstellen von f', also Wendestellen der Funktion f?	IV	$f(x) = 0$ $\Leftrightarrow x = 0$ oder $x = 6$ oder $x = 10$ also: $f(x) > 0$ für $0 < x < 6$ $f(x) < 0$ für $6 < x < 10$
E	Wann ist der Wasserstand oberhalb, wann unterhalb des Normalpegels?	5	Für welche x ist f(x) positiv bzw. negativ?	V	$f'(x) = 0 \Leftrightarrow x \approx 2{,}43$ oder $x \approx 8{,}24$ $f''(2{,}43) < 0$ und $f''(8{,}24) > 0$ $f(2{,}43) \approx 3{,}28$ und $f(8{,}24) = -1{,}62$ Randwerte: $f(0) = 0$ und $f(10) = 0$

2. Die Funktion g mit $g(x) = 0{,}15x^2 - 1{,}6x + 3$ beschreibt für einen Zeitraum von 10 Tagen modellhaft den Zu- bzw. Ablauf von Wasser aus einem Stausee (x in Tagen, g(x) in 1 Mio. m³ pro Tag). Ordnen Sie jeder Frage in diesem Sachzusammenhang die entsprechende mathematische Fragestellung sowie das Rechenverfahren zu. Formulieren Sie mündlich einen Antwortsatz.

A: ▨ ; B: ▨ ; C: ▨ ; D: ▨ ;

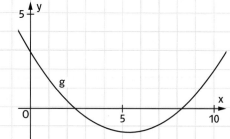

	Frage im Sachkontext		mathematische Frage		Rechenverfahren
A	Wann läuft Wasser in den See hinzu, wann läuft Wasser aus dem See ab?	1	Wo liegen mögliche Extremstellen der Funktion g?	I	$g(x) = 0 \Leftrightarrow x \approx 2{,}43$ oder $x \approx 8{,}24$ also: $g(x) > 0$ für $0 \leq x < 2{,}43$ und $8{,}24 < x \leq 10$ $g(x) < 0$ für $2{,}43 < x < 8{,}24$
B	Wann verändert sich der Wasserstand am stärksten?	2	Für welche x ist g'(x) positiv?	II	$g'(x) > 0 \Leftrightarrow 0{,}3x - 1{,}6 > 0$ $\Leftrightarrow x > 5{,}33$
C	Wann ist der Wasserstand am höchsten bzw. am niedrigsten?	3	Wo liegen die Nullstellen der Funktion g?	III	$g'(x) = 0 \Leftrightarrow 0{,}3x - 1{,}6 = 0 \Leftrightarrow x \approx 5{,}3$ $g''(5{,}3) > 0 \quad g(5{,}3) \approx -1{,}27$ Randwerte: $g(0) = 3$ und $g(10) = 2$
D	In welchem Zeitraum nehmen die Werte für den Wasserab- bzw. Wasserzulauf stetig zu?	4	Für welche x ist g(x) positiv bzw. negativ?	IV	$g(x) = 0$ $\Leftrightarrow 0{,}15x^2 - 1{,}6x + 3 = 0$ $\Leftrightarrow x \approx 2{,}43$ oder $x \approx 8{,}24$

Arbeitsblatt
Was ist zu tun? Kontexte mathematisch entziffern — Lösung

1. Die Funktion f mit $f(x) = 0{,}05x^3 - 0{,}8x^2 + 3x$ beschreibt für einen Zeitraum von 10 Tagen modellhaft den Wasserstand eines Stausees (x in Tagen, f(x) in cm über bzw. unter dem Normalpegel 0). Ordnen Sie jeder Frage in diesem Sachzusammenhang die entsprechende mathematische Fragestellung sowie das Rechenverfahren zu. Formulieren Sie mündlich einen Antwortsatz.

A: 3 ; II   B: 4 ; I   C: 1 ; V   D: 2 ; III   E: 5 ; IV

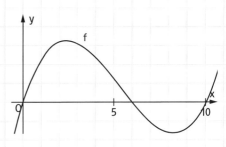

	Frage im Sachkontext		mathematische Frage		Rechenverfahren
A	Wann ist der Wasserstand auf dem Normalpegel?	1	Wo liegen mögliche Extremstellen der Funktion f?	I	$f''(x) = 0 \Leftrightarrow 0{,}3x - 1{,}6 = 0 \Leftrightarrow x \approx 5{,}3$ $f'''(5{,}3) \neq 0$ $f'(5{,}3) \approx -1{,}27$ Randwerte: $f'(0) = 3$ und $f'(10) = 2$
B	Wann verändert sich der Wasserstand am stärksten?	2	Wie groß ist das Intervall für x, in dem $f'(x)$ negativ ist?	II	$f(x) = 0$ $\Leftrightarrow 0{,}05x^3 - 0{,}8x^2 + 3x = 0$ $\Leftrightarrow x = 0$ oder $x = 6$ oder $x = 10$
C	Wann ist der Wasserstand am höchsten bzw. am niedrigsten?	3	Wo liegen die Nullstellen der Funktion f?	III	$f'(x) < 0 \Leftrightarrow 0{,}15x^2 - 1{,}6x + 3 < 0$ $\Leftrightarrow x < 8{,}24$ und $x > 2{,}43$ (nach oben geöffnete Parabel) $8{,}24 - 2{,}43 = 5{,}81 \approx 5{,}8$
D	Wie lang ist der Zeitraum, in dem der Wasserstand abnimmt?	4	Wo liegen mögliche Extremstellen von f', also Wendestellen der Funktion f?	IV	$f(x) = 0$ $\Leftrightarrow x = 0$ oder $x = 6$ oder $x = 10$ also: $f(x) > 0$ für $0 < x < 6$ $\quad\quad f(x) < 0$ für $6 < x < 10$
E	Wann ist der Wasserstand oberhalb, wann unterhalb des Normalpegels?	5	Für welche x ist $f(x)$ positiv bzw. negativ?	V	$f'(x) = 0 \Leftrightarrow x \approx 2{,}43$ oder $x \approx 8{,}24$ $f''(2{,}43) < 0$ und $f''(8{,}24) > 0$ $f(2{,}43) \approx 3{,}28$ und $f(8{,}24) \approx -1{,}62$ Randwerte: $f(0) = 0$ und $f(10) = 0$

2. Die Funktion g mit $g(x) = 0{,}15x^2 - 1{,}6x + 3$ beschreibt für einen Zeitraum von 10 Tagen modellhaft den Zu- bzw. Ablauf von Wasser aus einem Stausee (x in Tagen, g(x) in 1 Mio. m³ pro Tag). Ordnen Sie jeder Frage in diesem Sachzusammenhang die entsprechende mathematische Fragestellung sowie das Rechenverfahren zu. Formulieren Sie mündlich einen Antwortsatz.

A: 4 ; I   B: 1 ; III   C: 3 ; IV   D: 2 ; II

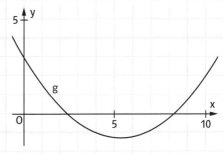

	Frage im Sachkontext		mathematische Frage		Rechenverfahren
A	Wann läuft Wasser in den See hinzu, wann läuft Wasser aus dem See ab?	1	Wo liegen mögliche Extremstellen der Funktion g?	I	$g(x) = 0 \Leftrightarrow x \approx 2{,}43$ oder $x \approx 8{,}24$ also: $g(x) > 0$ für $0 \leq x < 2{,}43$ und $8{,}24 < x \leq 10$ $g(x) < 0$ für $2{,}43 < x < 8{,}24$
B	Wann verändert sich der Wasserstand am stärksten?	2	Für welche x ist $g'(x)$ positiv?	II	$g'(x) > 0 \Leftrightarrow 0{,}3x - 1{,}6 > 0$ $\Leftrightarrow x > 5{,}33$
C	Wann ist der Wasserstand am höchsten bzw. am niedrigsten?	3	Wo liegen die Nullstellen der Funktion g?	III	$g'(x) = 0 \Leftrightarrow 0{,}3x - 1{,}6 = 0 \Leftrightarrow x \approx 5{,}3$ $g''(5{,}3) > 0$ $g(5{,}3) \approx -1{,}27$ Randwerte: $g(0) = 3$ und $g(10) = 2$
D	In welchem Zeitraum nehmen die Werte für den Wasserab- bzw. Wasserzulauf stetig zu?	4	Für welche x ist $g(x)$ positiv bzw. negativ?	IV	$g(x) = 0$ $\Leftrightarrow 0{,}15x^2 - 1{,}6x + 3 = 0$ $\Leftrightarrow x \approx 2{,}43$ oder $x \approx 8{,}24$

Trainingsblatt
Extremwertprobleme mit Nebenbedingungen

1. Zwei Eckpunkte eines symmetrisch zur y-Achse liegenden Rechtecks sind auf der x-Achse, zwei Eckpunkte auf der Parabel mit der Gleichung $y = -1{,}25x^2 + 5$.
Der Flächeninhalt soll maximal sein.
Wie lang müssen die Seiten des Rechtecks sein?

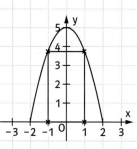

Flächeninhalt: A =
Nebenbedingung: v =
Einsetzen: A(u) =
Definitionsbereich: D =
Bestimmen der lokalen Extremstellen:

Untersuchen an den Rändern des Definitionsbereichs:

Ergebnis:

2. Die Summe zweier Zahlen beträgt 14. Wie müssen die Zahlen gewählt werden, damit ihr Produkt möglichst groß ist?
Produkt: P =
Nebenbedingung:
Einsetzen: P(u) =
Definitionsbereich: D
Bestimmen der lokalen Extremstellen:

Untersuchen an den Rändern des Definitionsbereichs:

Ergebnis:

3. Die nebenstehende Figur ist aus einem Rechteck und zwei gleichseitigen Dreiecken zusammengesetzt. Wie lang und wie breit muss das Rechteck sein, wenn der Flächeninhalt maximal sein soll und der Umfang 100 cm beträgt?

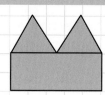

4. Eine Baumarktkette verkauft monatlich 1100 Stück einer Lampe zum Stückpreis von 30 Euro. Die Marketingabteilung hat durch eine Untersuchung festgestellt, dass sich der monatliche Absatz bei jeder Senkung des Preises um 1 € um 50 Stück erhöhen würde. Berechnen Sie den Stückpreis, bei dem die monatlichen Einnahmen am größten sind. Wie hoch sind die Einnahmen in diesem Fall?

Trainingsblatt
Extremwertprobleme mit Nebenbedingungen — Lösung

1. Zwei Eckpunkte eines symmetrisch zur y-Achse liegenden Rechtecks sind auf der x-Achse, zwei Eckpunkte auf der Parabel mit der Gleichung $y = -1{,}25x^2 + 5$. Der Flächeninhalt soll maximal sein. Wie lang müssen die Seiten des Rechtecks sein?

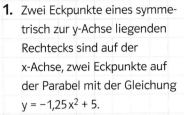

Flächeninhalt: $A = 2u \cdot v$
Nebenbedingung: $v = -1{,}25u^2 + 5$
Einsetzen: $A(u) = 2u \cdot (-1{,}25u^2 + 5) = -2{,}5u^3 + 10u$
Definitionsbereich: $D = \,]0; 2[$
Bestimmen der lokalen Extremstellen:

$A'(u) = -7{,}5u^2 + 10;\ A''(u) = -15u$
Aus $A'(u) = -7{,}5u^2 + 10 = 0$ folgt $u_1 = \sqrt{\frac{10}{7{,}5}} \approx 1{,}15$
($-1{,}15$ liegt nicht im Definitionsbereich).

$A''(1{,}15) = -17{,}25 < 0$, also liegt bei $u_1 = 1{,}15$ ein lokales Maximum vor. $A(1{,}15) \approx 7{,}70$

Untersuchen an den Rändern des Definitionsbereichs:
$A(u) \to 0$ für $u \to 0$ und $u \to 2$

Ergebnis: $2u_1 = 2 \cdot 1{,}15 = 2{,}30;\ v_1 = -1{,}25 u_1^2 + 5 \approx 3{,}33$
Der Flächeninhalt wird maximal für ein Rechteck mit den Seitenlängen 1,15 und 3,33.

2. Die Summe zweier Zahlen beträgt 14. Wie müssen die Zahlen gewählt werden, damit ihr Produkt möglichst groß ist?

Produkt: $P = u \cdot v$
Nebenbedingung: $u + v = 14 \Rightarrow v = 14 - u$
Einsetzen: $P(u) = u \cdot (14 - u) = -u^2 + 14u$
Definitionsbereich: $D = \,]-\infty; \infty[$
Bestimmen der lokalen Extremstellen:
$P'(u) = -2u + 14;\ P''(u) = -2$
Aus $P'(u) = -2u + 14 = 0$ folgt $u = 7$.
$P''(7) = -2 < 0$, also liegt bei $u = 7$ ein lokales Maximum vor.

Untersuchen an den Rändern des Definitionsbereichs: Da der Graph von P eine nach unten geöffnete Parabel ist, ist das gleichzeitig das globale Maximum.

Ergebnis: Das Produkt wird maximal für $u = v = 7$.

3. Die nebenstehende Figur ist aus einem Rechteck und zwei gleichseitigen Dreiecken zusammengesetzt. Wie lang und wie breit muss das Rechteck sein, wenn der Flächeninhalt maximal sein soll und der Umfang 100 cm beträgt?

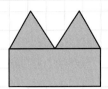

Flächeninhalt: $A = 2 \cdot a \cdot b + 2 \cdot \frac{\sqrt{3}}{4} a^2 = 2 \cdot a \cdot b + \frac{\sqrt{3}}{2} a^2$

Nebenbedingung: $U = 6a + 2b = 100 \Rightarrow b = 50 - 3a$

Einsetzen: $A(a) = 2 \cdot a \cdot (50 - 3a) + \frac{\sqrt{3}}{2} a^2 = \left(\frac{\sqrt{3}}{2} - 6\right)a^2 + 100a$

A muss größer null sein. $A(a) = 0 \Rightarrow a = 0$ oder $a = \frac{200}{12 - \sqrt{3}} \approx 19{,}48$; damit gilt $D = \,]0; 23{,}43[$

Bestimmen der lokalen Extremstellen:
$A'(a) = (\sqrt{3} - 12)a + 100;\ A''(a) = (\sqrt{3} - 12)$
Aus $A'(a) = (\sqrt{3} - 12)a + 100 = 0$ folgt $a = \frac{100}{12 - \sqrt{3}} \approx 9{,}74$.
$A''(9{,}74) = (\sqrt{3} - 12) < 0$, also liegt bei $a = 9{,}74$ ein lokales Maximum vor. Da der Graph von A eine nach unten geöffnete Parabel ist, ist das gleichzeitig das globale Maximum.
$b = 50 - 3a = 50 - 3 \cdot \frac{100}{12 - \sqrt{3}} \approx 20{,}78$.
Der Flächeninhalt wird maximal für ein Rechteck mit den Seitenlängen $2 \cdot 9{,}74$ cm $= 19{,}48$ cm und $20{,}78$ cm.

4. Eine Baumarktkette verkauft monatlich 1100 Stück einer Lampe zum Stückpreis von 30 Euro. Die Marketingabteilung hat durch eine Untersuchung festgestellt, dass sich der monatliche Absatz bei jeder Senkung des Preises um 1 € um 50 Stück erhöhen würde. Berechnen Sie den Stückpreis, bei dem die monatlichen Einnahmen am größten sind. Wie hoch sind die Einnahmen in diesem Fall?

Wird der Preis um $x \in$ € gesenkt, betragen die Einnahmen je Lampe $(30 - x)$ €. Verkauft werden in diesem Fall $1100 + 50x$ Lampen. Die Einnahmen betragen also insgesamt

$E(x) = (1100 + 50x)(30 - x)$ (in €) $\quad D = \,]0; 30[$
$E(x) = -50x^2 + 400x + 33000$
$E'(x) = -100x + 400;\ E''(x) = -100$
Aus $E'(x) = -100x + 400 = 0$ folgt $x = 4$.
$E''(4) = -100 < 0$, also liegt bei $x = 4$ ein lokales Maximum vor. Da der Graph von E eine nach unten geöffnete Parabel ist, ist das gleichzeitig das globale Maximum.
Die Einnahmen sind am größten bei einem Stückpreis von 26 €, sie betragen dann 33 800 €.

Arbeitsblatt
Newton-Verfahren

Auf diesem Arbeitsblatt können Sie mehrere Schritte des Newton-Verfahrens grafisch durchführen. Dabei erfahren Sie, wie sich mit diesem Verfahren schrittweise bessere Näherungswerte für die Nullstelle der betrachteten Funktion bestimmen lassen. Für die Funktion

$f: x \rightarrow 0{,}09042\,x^5 + 0{,}01808\,x^4 - 4{,}1739\,x^3 + 16{,}133\,x^2 - 20{,}675\,x + 6{,}89$

ist nebenstehend der Graph abgebildet. Ein direktes Berechnen der abgebildeten Nullstelle ist nicht möglich. Bestimmen Sie zunächst die Ableitung von f.

$f'(x) =$ _____

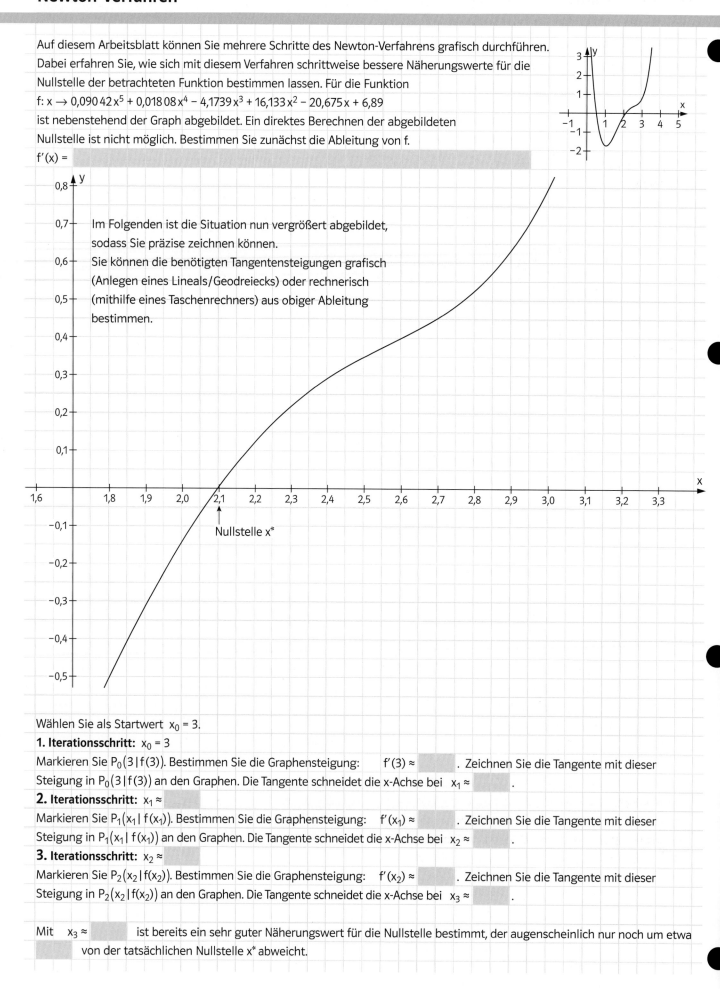

Im Folgenden ist die Situation nun vergrößert abgebildet, sodass Sie präzise zeichnen können.

Sie können die benötigten Tangentensteigungen grafisch (Anlegen eines Lineals/Geodreiecks) oder rechnerisch (mithilfe eines Taschenrechners) aus obiger Ableitung bestimmen.

Wählen Sie als Startwert $x_0 = 3$.

1. Iterationsschritt: $x_0 = 3$

Markieren Sie $P_0(3 \mid f(3))$. Bestimmen Sie die Graphensteigung: $f'(3) \approx$ _____ . Zeichnen Sie die Tangente mit dieser Steigung in $P_0(3 \mid f(3))$ an den Graphen. Die Tangente schneidet die x-Achse bei $x_1 \approx$ _____ .

2. Iterationsschritt: $x_1 \approx$ _____

Markieren Sie $P_1(x_1 \mid f(x_1))$. Bestimmen Sie die Graphensteigung: $f'(x_1) \approx$ _____ . Zeichnen Sie die Tangente mit dieser Steigung in $P_1(x_1 \mid f(x_1))$ an den Graphen. Die Tangente schneidet die x-Achse bei $x_2 \approx$ _____ .

3. Iterationsschritt: $x_2 \approx$ _____

Markieren Sie $P_2(x_2 \mid f(x_2))$. Bestimmen Sie die Graphensteigung: $f'(x_2) \approx$ _____ . Zeichnen Sie die Tangente mit dieser Steigung in $P_2(x_2 \mid f(x_2))$ an den Graphen. Die Tangente schneidet die x-Achse bei $x_3 \approx$ _____ .

Mit $x_3 \approx$ _____ ist bereits ein sehr guter Näherungswert für die Nullstelle bestimmt, der augenscheinlich nur noch um etwa _____ von der tatsächlichen Nullstelle x* abweicht.

Arbeitsblatt
Newton-Verfahren
Lösung

Auf diesem Arbeitsblatt können Sie mehrere Schritte des Newton-Verfahrens grafisch durchführen. Dabei erfahren Sie, wie sich mit diesem Verfahren schrittweise bessere Näherungswerte für die Nullstelle der betrachteten Funktion bestimmen lassen. Für die Funktion

$f: x \to 0{,}09042 x^5 + 0{,}01808 x^4 - 4{,}1739 x^3 + 16{,}133 x^2 - 20{,}675 x + 6{,}89$

ist nebenstehend der Graph abgebildet. Ein direktes Berechnen der abgebildeten Nullstelle ist nicht möglich. Bestimmen Sie zunächst die Ableitung von f.

$f'(x) = $ $0{,}4521 x^4 + 0{,}07232 x^3 - 12{,}5217 x^2 + 32{,}266 x - 20{,}675$

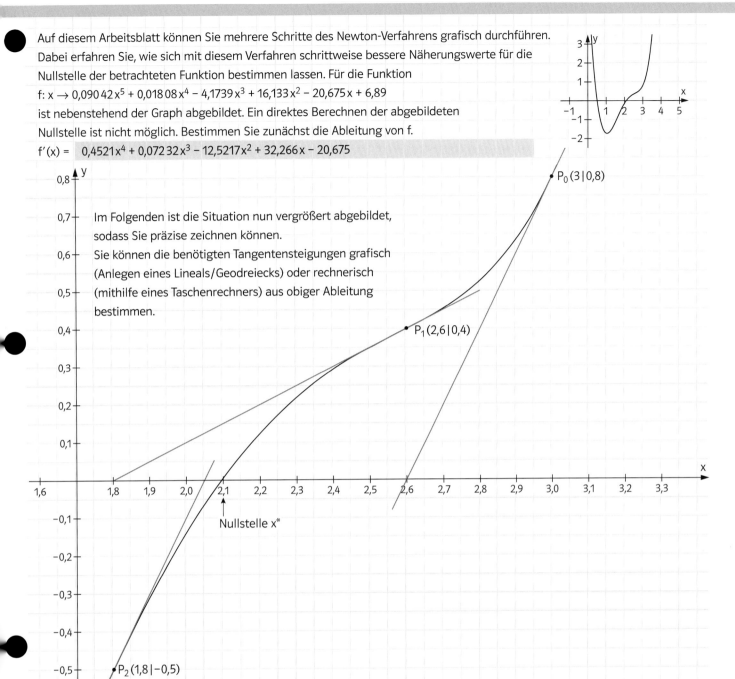

Im Folgenden ist die Situation nun vergrößert abgebildet, sodass Sie präzise zeichnen können.
Sie können die benötigten Tangentensteigungen grafisch (Anlegen eines Lineals/Geodreiecks) oder rechnerisch (mithilfe eines Taschenrechners) aus obiger Ableitung bestimmen.

Wählen Sie als Startwert $x_0 = 3$.

1. Iterationsschritt: $x_0 = 3$
Markieren Sie $P_0(3 \mid f(3))$. Bestimmen Sie die Graphensteigung: $f'(3) \approx$ **2**. Zeichnen Sie die Tangente mit dieser Steigung in $P_0(3 \mid f(3))$ an den Graphen. Die Tangente schneidet die x-Achse bei $x_1 \approx$ **2,6**.

2. Iterationsschritt: $x_1 \approx$ **2,6**
Markieren Sie $P_1(x_1 \mid f(x_1))$. Bestimmen Sie die Graphensteigung: $f'(x_1) \approx$ **0,5**. Zeichnen Sie die Tangente mit dieser Steigung in $P_1(x_1 \mid f(x_1))$ an den Graphen. Die Tangente schneidet die x-Achse bei $x_2 \approx$ **1,8**.

3. Iterationsschritt: $x_2 \approx$ **1,8**
Markieren Sie $P_2(x_2 \mid f(x_2))$. Bestimmen Sie die Graphensteigung: $f'(x_2) \approx$ **2**. Zeichnen Sie die Tangente mit dieser Steigung in $P_2(x_2 \mid f(x_2))$ an den Graphen. Die Tangente schneidet die x-Achse bei $x_3 \approx$ **2,05**.

Mit $x_3 \approx$ **2,05** ist bereits ein sehr guter Näherungswert für die Nullstelle bestimmt, der augenscheinlich nur noch um etwa **0,05** von der tatsächlichen Nullstelle x* abweicht.

Arbeitsblatt – Check-out
Untersuchung ganzrationaler Funktionen

1. Führen Sie für die Funktion $f(x) = 0{,}5x^4 + x^3 - x^2$ eine vollständige Funktionsuntersuchung durch.

1. Ableitungen

2. Symmetrie

3. Nullstellen

4. Verhalten für $x \to \pm\infty$

5. Extremstellen

6. Wendestellen

7. Graph

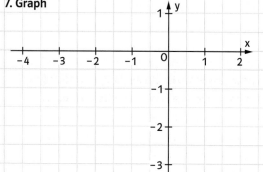

2. Die Funktion $f(x) = x^3 - 2x^2 + 5$ gibt im Intervall $]0; 2[$ den Verlauf einer Straße wieder. Die Straße soll im Punkt $P(2|5)$ ohne Knick geradlinig weitergeführt werden. Geben Sie die Gleichung für den weiteren Straßenverlauf an.

3. Die Funktion f beschreibt den Verlauf der Lufttemperatur (in °C) an einem Tag in Abhängigkeit von der Zeit t (in Stunden seit Mitternacht). Geben Sie an, welche mathematischen Aussagen zur Funktion f und ihren Ableitungen durch folgende Beschreibungen gemacht werden können.

a) Um 10 Uhr beträgt die Temperatur 23 °C.

b) Die höchste Temperatur des Tages wird um 16 Uhr erreicht, sie beträgt 30 °C.

c) Die Temperatur steigt um 7 Uhr am stärksten.

4. Gegeben sind die Funktionen $f(x) = 5x^2 - 2x + 8$ und $g(x) = 2(x+1)^2 - 3$. Für welches $x \in \mathbb{R}$ wird die Differenz der Funktionswerte minimal?

5. Richtig oder falsch?

a) Eine ganzrationale Funktion dritten Grades hat mindestens eine Nullstelle.

b) Eine ganzrationale Funktion dritten Grades hat entweder eine oder drei Nullstellen.

c) Eine ganzrationale Funktion vierten Grades hat mindestens eine Extremstelle.

d) Eine Tangente an den Graphen einer Funktion f hat mit diesem Graphen immer nur einen Punkt gemeinsam.

Arbeitsblatt – Check-out
Untersuchung ganzrationaler Funktionen — Lösung

1. Führen Sie für die Funktion $f(x) = 0{,}5x^4 + x^3 - x^2$ eine vollständige Funktionsuntersuchung durch.

   1. Ableitungen
   $f'(x) = 2x^3 + 3x^2 - 2x$; $f''(x) = 6x^2 + 6x - 2$;
   $f'''(x) = 12x + 6$

   2. Symmetrie
   Da $f(x)$ sowohl gerade als auch ungerade Hochzahlen hat, ist f nicht symmetrisch.

   3. Nullstellen
   $f(x) = 0{,}5x^4 + x^3 - x^2 = 0$
   Ausklammern: $0{,}5x^2(x^2 + 2x - 2) = 0$
   Also: $x = 0$ oder $x^2 + 2x - 2 = 0$
   pq-Formel: $x_1 = 0$; $x_2 = -1 - \sqrt{3} \approx -2{,}73$;
   $x_3 = -1 + \sqrt{3} \approx 0{,}73$

   4. Verhalten für $x \to \pm\infty$
   Summand mit der größten Hochzahl ist x^4, also
   $f(x) \to +\infty$ für $x \to \pm\infty$

   5. Extremstellen
   $f'(x) = 2x^3 + 3x^2 - 2x = 0$
   daraus folgt: $2x(x^2 + 1{,}5x - 1) = 0$
   also: $x_4 = 0$ oder $x^2 + 1{,}5x - 1 = 0$
   pq-Formel: $x_5 = -0{,}75 - \sqrt{1{,}5625} = -2$;
   $x_6 = -0{,}75 + \sqrt{1{,}5625} = 0{,}5$
   $f''(0) = -2 < 0$ $f(0)$ ist lokales Maximum
   $f''(-2) = 10 > 0$ $f(-2)$ ist lokales Minimum
   $f''(0{,}5) = 2{,}5 > 0$ $f(0{,}5)$ ist lokales Minimum
   Extrempunkte: $H(0|0)$; $T_1(-2|-4)$; $T_2(0{,}5|-0{,}09375)$

   6. Wendestellen
   $f''(x) = 6x^2 + 6x - 2 = 0$
   daraus folgt: $x^2 + x - \frac{1}{3} = 0$

   pq-Formel: $x_7 = -\frac{1}{2} - \sqrt{\frac{7}{12}} \approx -1{,}26$; $x_8 = -\frac{1}{2} + \sqrt{\frac{7}{12}} \approx 0{,}26$

   $f'''(-1{,}26) = -9{,}12 \neq 0$ x_7 ist Wendestelle
   $f'''(0{,}26) = 9{,}12 \neq 0$ x_8 ist Wendestelle
   Wendepunkte (näherungsweise):
   $W_1(-1{,}26|-2{,}33)$; $W_2(0{,}26|-0{,}05)$

   7. Graph

   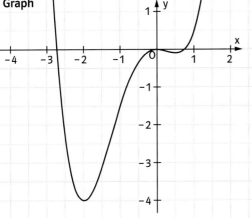

2. Die Funktion $f(x) = x^3 - 2x^2 + 5$ gibt im Intervall $]0; 2[$ den Verlauf einer Straße wieder. Die Straße soll im Punkt $P(2|5)$ ohne Knick geradlinig weitergeführt werden. Geben Sie die Gleichung für den weiteren Straßenverlauf an.
   Gesucht ist die Gleichung der Tangente im Punkt $P(2|5)$.
   $f'(x) = 3x^2 - 4x$; $f'(2) = 4$
   $t(x) = 4(x - 2) + 5 = 4x - 3$

3. Die Funktion f beschreibt den Verlauf der Lufttemperatur (in °C) an einem Tag in Abhängigkeit von der Zeit t (in Stunden seit Mitternacht). Geben Sie an, welche mathematischen Aussagen zur Funktion f und ihren Ableitungen durch folgende Beschreibungen gemacht werden können.

   a) Um 10 Uhr beträgt die Temperatur 23 °C.
      $f(10) = 23$
   b) Die höchste Temperatur des Tages wird um 16 Uhr erreicht, sie beträgt 30 °C.
      $f(16) = 30$; f hat ein lokales Maximum bei $t = 16$;
      $f'(16) = 0$, f' hat bei $x = 16$ VZW von + nach –
   c) Die Temperatur steigt um 7 Uhr am stärksten.
      f hat einen Wendepunkt bei $t = 7$;
      f' hat ein lokales Maximum bei $t = 7$
      $f''(7) = 0$, f'' hat bei $x = 7$ VZW von + nach –

4. Gegeben sind die Funktionen $f(x) = 5x^2 - 2x + 8$ und $g(x) = 2(x+1)^2 - 3$. Für welches $x \in \mathbb{R}$ wird die Differenz der Funktionswerte minimal?
   $d(x) = f(x) - g(x) = 5x^2 - 2x + 8 - (2(x+1)^2 - 3)$
   $= 5x^2 - 2x + 8 - (2x^2 + 4x - 1) = 3x^2 - 6x + 9$;
   $D =]-\infty; \infty[$
   Bestimmen der lokalen Extremstellen:
   $d'(x) = 6x - 6$; $d''(x) = 6$
   Aus $d'(x) = 6x - 6 = 0$ folgt $x = 1$.
   $d''(1) = 6 > 0$, also liegt bei $x = 1$ ein lokales Minimum vor.
   Da der Graph von d eine nach oben geöffnete Parabel ist, ist das gleichzeitig das globale Minimum.
   Die Differenz wird minimal für $x = 1$.

5. Richtig oder falsch?
   a) Eine ganzrationale Funktion dritten Grades hat mindestens eine Nullstelle.   **richtig**
   b) Eine ganzrationale Funktion dritten Grades hat entweder eine oder drei Nullstellen.   **falsch**
   c) Eine ganzrationale Funktion vierten Grades hat mindestens eine Extremstelle.   **richtig**
   d) Eine Tangente an den Graphen einer Funktion f hat mit diesem Graphen immer nur einen Punkt gemeinsam.   **falsch**

Arbeitsblatt – Check-in
Alte und neue Funktionen und ihre Ableitung

Checkliste	Das kann ich gut.	Ich bin noch unsicher.	Das kann ich nicht mehr.
1. Ich kann Terme mithilfe der Potenzgesetze vereinfachen.	☐	☐	☐
2. Ich kann eine Ableitung mit der Summen-, Faktor- und Potenzregel bestimmen.	☐	☐	☐
3. Ich kann die Steigung einer Tangente an den Graphen einer ganzrationalen Funktion in einem gegebenen Punkt berechnen.	☐	☐	☐
4. Ich kann die Bedeutung der Ableitung im Kontext deuten.	☐	☐	☐
5. Ich kann den Verlauf einer Exponentialfunktion vom Typ $f(x) = a^x$ mit $a > 0$ skizzieren.	☐	☐	☐
6. Ich kann Exponentialgleichungen mithilfe des Logarithmus lösen.	☐	☐	☐

Überprüfen Sie Ihre Einschätzungen anhand der entsprechenden Aufgaben:

1. Vereinfachen Sie mithilfe der Potenzgesetze.
  a) $x^2 \cdot x^7 =$
  b) $\frac{x^9}{x^4} =$
  c) $(x^3)^{10} =$
  d) $\frac{x \cdot \sqrt[3]{x} \cdot x^5}{x} =$

2. Bestimmen Sie die Ableitungsfunktion $f'(x)$ und berechnen Sie $f'(1)$.
  a) $f(x) = x^3 - 2x^2 + 2x + 1$
     $f'(x) =$
  b) $f(x) = 7x^6 - 2x + 1$
     $f'(x) =$
  c) $f(x) = \frac{1}{x^4} =$
     $f'(x) =$
  d) $f(x) = \sqrt[3]{x} =$
     $f'(x) =$

3. Berechnen Sie die Steigung der Tangente an den Graphen von f im Punkt $P(1|f(1))$.
  a) $f(x) = x^2 - x$; $P(1|0)$
  b) $f(x) = -2x^3 + 3x$; $P(2|f(2))$

4. Die Funktion f mit $f(x) = 3x^2$ gibt die Strecke in Metern an, die ein Fahrzeug x Sekunden nach dem Start zurückgelegt hat. Berechnen Sie $f'(2)$ und erläutern Sie die Bedeutung des Wertes im Kontext.

5. Skizzieren Sie den Verlauf des Graphen von f.
  a) $f(x) = 2^x$
  b) $f(x) = \left(\frac{1}{2}\right)^x$

6. Lösen Sie folgende Gleichungen mithilfe des Logarithmus.
  a) $10^x = 12$
  b) $2 \cdot 2^x = 5$

Arbeitsblatt – Check-in
Alte und neue Funktionen und ihre Ableitung

Lösung

Checkliste	Stichwörter zum Nachschlagen
1. Ich kann Terme mithilfe der Potenzgesetze vereinfachen.	Potenzen, Potenzgesetze, Wurzeln
2. Ich kann eine Ableitung mit der Summen-, Faktor - und Potenzregel bestimmen.	Ableitung, Ableitungsregeln, Summenregel, Faktorregel, Potenzregel
3. Ich kann die Steigung einer Tangente an den Graphen einer ganzrationalen Funktion in einem gegebenen Punkt berechnen.	Tangente, Tangentensteigung, Ableitung, momentane Änderungsrate
4. Ich kann die Bedeutung der Ableitung im Kontext deuten.	Ableitung, momentane Änderungsrate
5. Ich kann den Verlauf einer Exponentialfunktion vom Typ $f(x) = a^x$ mit $a > 0$ skizzieren.	Exponentialfunktion, exponentielles Wachstum, Zinseszinsen
6. Ich kann Exponentialgleichungen mithilfe des Logarithmus lösen.	Logarithmus, Exponentialgleichungen

Überprüfen Sie Ihre Einschätzungen anhand der entsprechenden Aufgaben:

1. Vereinfachen Sie mithilfe der Potenzgesetze.
 a) $x^2 \cdot x^7 = x^{2+7} = x^9$
 b) $\frac{x^9}{x^4} = x^{9-4} = x^5$
 c) $(x^3)^{10} = x^{3 \cdot 10} = x^{30}$
 d) $\frac{x \cdot \sqrt[3]{x} \cdot x^5}{x} = \frac{x \cdot x^{\frac{1}{3}} \cdot x^5}{x^1} = x^{1+\frac{1}{3}+5-1} = x^{\frac{16}{3}} = \sqrt[3]{x^{16}}$

2. Bestimmen Sie die Ableitungsfunktion f'(x) und berechnen Sie f'(1).
 a) $f(x) = x^3 - 2x^2 + 2x + 1$
  $f'(x) = 3x^2 - 4x + 2$ $f'(1) = 3 - 4 + 2 = 1$
 b) $f(x) = 7x^6 - 2x + 1$
  $f'(x) = 42x^5 - 2$ $f'(1) = 42 - 2 = 40$
 c) $f(x) = \frac{1}{x^4} = x^{-4}$
  $f'(x) = -4x^{-5} = -\frac{4}{x^5}$ $f'(1) = -\frac{4}{1} = -4$
 d) $f(x) = \sqrt[3]{x} = x^{\frac{1}{3}}$
  $f'(x) = \frac{1}{3}x^{-\frac{2}{3}} = \frac{1}{3\sqrt[3]{x^2}}$ $f'(1) = \frac{1}{3}$

3. Berechnen Sie die Steigung der Tangente an den Graphen von f im Punkt P(1|f(1)).
 a) $f(x) = x^2 - x$; $P(1|0)$
  $f'(x) = 2x - 1$
  $f'(1) = 2 - 1 = 1$
  Die Steigung der Tangente im Punkt P beträgt $m = 1$.
 b) $f(x) = -2x^3 + 3x$; $P(2|f(2))$
  $f'(x) = -6x^2 + 3$; $P(2|-10)$
  $f'(2) = -6 \cdot 2^2 + 3 = -24 + 3 = -21$
  Die Steigung der Tangente im Punkt P beträgt $m = -21$.

4. Die Funktion f mit $f(x) = 3x^2$ gibt die Strecke in Metern an, die ein Fahrzeug x Sekunden nach dem Start zurückgelegt hat. Berechnen Sie f'(2) und erläutern Sie die Bedeutung des Wertes im Kontext.
 $f'(x) = 6x$; $f'(2) = 12$
 Die Ableitung gibt im Sachzusammenhang die momentane Geschwindigkeit des Fahrzeugs an. Das Fahrzeug fährt also nach 2 Sekunden mit einer Geschwindigkeit von 12 Metern pro Sekunde.

5. Skizzieren Sie den Verlauf des Graphen von f.
 a) $f(x) = 2^x$ b) $f(x) = \left(\frac{1}{2}\right)^x$

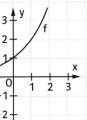
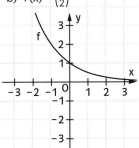

6. Lösen Sie folgende Gleichungen mithilfe des Logarithmus.
 a) $10^x = 12$
  $x = \log_{10}(12) \approx 1{,}0792$
 a) $2 \cdot 2^x = 5$
  $2^x = 2{,}5$
  $x = \log_2(2{,}5) = \frac{\log_{10}(2{,}5)}{\log_{10}(2)}$
  $\approx 1{,}3219$

Arbeitsblatt
Graphisches Ableiten der Sinusfunktion

1. Zeichnen Sie nach Augenmaß mit dem Lineal/Geodreieck Tangenten an den abgebildeten Graphen der Sinusfunktion an den Stellen $x = -1;\ -0{,}5;\ 0;\ 0{,}5;\ 1;\ \ldots;\ 6;\ 6{,}5$. Für $x = 0{,}5$ ist dies schon exemplarisch eingezeichnet.

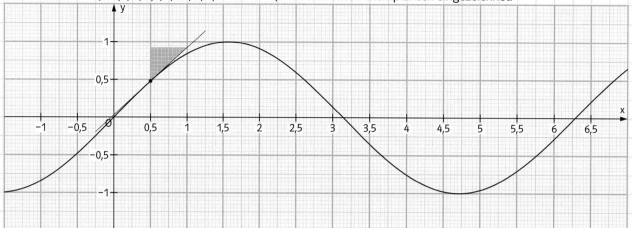

Zeichnen Sie für diese Tangenten Steigungsdreiecke ein (zweckmäßigerweise 10 mm breit und dort, wo ausreichend Platz ist). Lesen Sie an der Höhe dieser Dreiecke (durch Abzählen der Millimeter-Kästchen) die Steigung der Tangenten ab und vervollständigen Sie folgende Tabelle:

Stelle x	−1	−0,5	0	0,5	1	1,5	2	2,5	3	3,5	4	4,5	5	5,5	6	6,5
Steigung				≈ 0,9												

2. Die Ableitungswerte einer Funktion gleichen den Steigungswerten der Tangente an den Graphen an diesen Stellen. Benutzen Sie also obige Tabelle mit den Steigungswerten als Wertetabelle für die Ableitungsfunktion sin′ und skizzieren Sie deren Graphen ins folgende Koordinatensystem. Beachten Sie die Skalierung der Achsen.

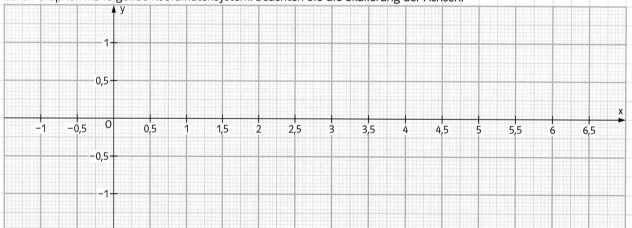

Damit ist der ungefähre Verlauf des Graphen der Ableitung von $\sin x$ bekannt.
Wie lautet vermutlich der Funktionsterm dieser Ableitung? _____

3. Der Graph der Kosinusfunktion gleicht in der Gestalt dem Graphen der Sinusfunktion, ist aber ihm gegenüber um _____ nach links verschoben. Daraus lässt sich zweierlei folgern:
Trifft die Vermutung aus Aufgabe 2 zu, erhält man also den Graphen der Ableitung der Sinusfunktion, indem man den Graphen der Sinusfunktion um _____ verschiebt.
Die Graphensteigung der Kosinusfunktion an der Stelle x_0 gleicht also der Graphensteigung der Sinusfunktion an der Stelle _____.
Somit erhält man den Graphen der Ableitung der Kosinusfunktion, indem man den Graphen der Kosinusfunktion um _____ bzw. den Graphen der Sinusfunktion um _____ verschiebt.
Wie lautet vermutlich der Funktionsterm dieser Ableitung? _____

Arbeitsblatt
Graphisches Ableiten der Sinusfunktion
Lösung

1. Zeichnen Sie nach Augenmaß mit dem Lineal/Geodreieck Tangenten an den abgebildeten Graphen der Sinusfunktion an den Stellen $x = -1; -0{,}5; 0; 0{,}5; 1; \ldots; 6; 6{,}5$. Für $x = 0{,}5$ ist dies schon exemplarisch eingezeichnet.

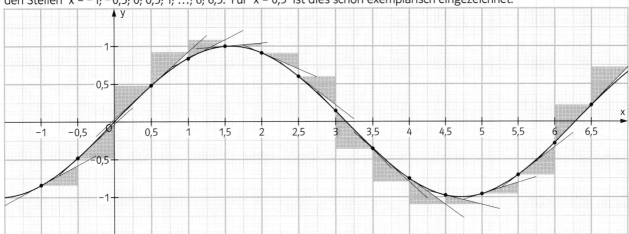

Zeichnen Sie für diese Tangenten Steigungsdreiecke ein (zweckmäßigerweise 10 mm breit und dort, wo ausreichend Platz ist). Lesen Sie an der Höhe dieser Dreiecke (durch Abzählen der Millimeter-Kästchen) die Steigung der Tangenten ab und vervollständigen Sie folgende Tabelle:

Stelle x	−1	−0,5	0	0,5	1	1,5	2	2,5	3	3,5	4	4,5	5	5,5	6	6,5
Steigung	≈ 0,5	≈ 0,9	≈ 1	≈ 0,9	≈ 0,5	≈ 0,1	≈ −0,4	≈ −0,8	≈ −1	≈ −0,9	≈ −0,7	≈ −0,2	≈ 0,3	≈ 0,7	≈ 1	≈ 1

2. Die Ableitungswerte einer Funktion gleichen den Steigungswerten der Tangente an den Graphen an diesen Stellen. Benutzen Sie also obige Tabelle mit den Steigungswerten als Wertetabelle für die Ableitungsfunktion sin′ und skizzieren Sie deren Graphen ins folgende Koordinatensystem. Beachten Sie die Skalierung der Achsen.

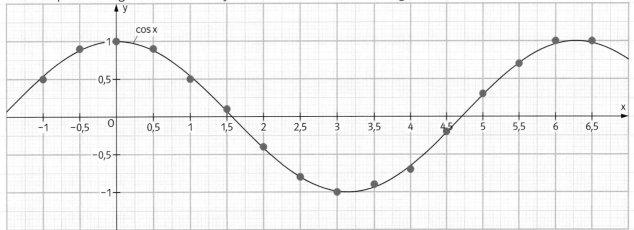

Damit ist der ungefähre Verlauf des Graphen der Ableitung von sin x bekannt.
Wie lautet vermutlich der Funktionsterm dieser Ableitung?   cos x

3. Der Graph der Kosinusfunktion gleicht in der Gestalt dem Graphen der Sinusfunktion, ist aber ihm gegenüber um $\frac{\pi}{2}$ nach links verschoben. Daraus lässt sich zweierlei folgern:

Trifft die Vermutung aus Aufgabe 2 zu, erhält man also den Graphen der Ableitung der Sinusfunktion, indem man den Graphen der Sinusfunktion um $\frac{\pi}{2}$ nach links verschiebt.

Die Graphensteigung der Kosinusfunktion an der Stelle x_0 gleicht also der Graphensteigung der Sinusfunktion an der Stelle $x_0 + \frac{\pi}{2}$.

Somit erhält man den Graphen der Ableitung der Kosinusfunktion, indem man den Graphen der Kosinusfunktion um $\frac{\pi}{2}$ nach links bzw. den Graphen der Sinusfunktion um π nach links verschiebt.
Wie lautet vermutlich der Funktionsterm dieser Ableitung?   −sin x

Trainingsblatt
Trigonometrische Funktionen und ihre Ableitungen

1. Ergänzen Sie die Tabelle ohne Taschenrechner.

α	x	sin(x)	cos(x)	tan(x)
0°				
	$\frac{\pi}{6}$			
	$\frac{\pi}{4}$			
60°				
90°				

2. Bestimmen Sie die Ableitung der Funktion f.
 a) $f(x) = 4\cos(x)$

 b) $f(x) = x^2 + 2\sin(x)$

 c) $f(x) = 3\cos(x) - 4\sin(x)$

 d) $f(x) = x^3 - 2x^2 + 5\cos(x)$

3. Bestimmen Sie die Gleichung der Tangente an den Graphen von f im Punkt P.
 a) $f(x) = \sin(x); \; P\left(\frac{5}{4}\pi \mid ?\right)$

 b) $f(x) = \sqrt{3}\cos(x); \; P\left(\frac{\pi}{3} \mid ?\right)$

 c) $f(x) = x^2 + 2\sin(x); \; P\left(\frac{5}{6}\pi \mid ?\right)$

4. Bestimmen Sie die Hoch- und Tiefpunkte des Graphen von
 a) $f(x) = \cos(x); \; x \in [0; 2\pi]$

 b) $f(x) = -3\cos(x) - \sqrt{3}\sin(x); \; x \in [0; 2\pi]$

 c) $f(x) = 2\sin(x) + x; \; x \in [0; 2\pi]$

5. In welchen Punkten $P(x_0 \mid f(x_0))$, $Q(x_0 \mid g(x_0))$ mit $0 \leq x_0 \leq 2\pi$ haben die Graphen von f und g parallele Tangenten? Runden Sie auf vier Stellen hinter dem Komma.
 a) $f(x) = 5\cos(x); \; g(x) = 4x$

 b) $f(x) = 2\cos(x); \; g(x) = 3\sin(x)$

Trainingsblatt
Trigonometrische Funktionen und ihre Ableitungen — Lösung

1. Ergänzen Sie die Tabelle ohne Taschenrechner.

α	x	sin(x)	cos(x)	tan(x)
0°	0	0	1	0
30°	$\frac{\pi}{6}$	$\frac{1}{2}$	$\frac{1}{2}\sqrt{3}$	$\frac{1}{3}\sqrt{3}$
45°	$\frac{\pi}{4}$	$\frac{1}{2}\sqrt{2}$	$\frac{1}{2}\sqrt{2}$	1
60°	$\frac{\pi}{3}$	$\frac{1}{2}\sqrt{3}$	$\frac{1}{2}$	$\sqrt{3}$
90°	$\frac{\pi}{2}$	1	0	nicht definiert

2. Bestimmen Sie die Ableitung der Funktion f.

a) $f(x) = 4\cos(x)$
$f'(x) = -4\sin(x)$

b) $f(x) = x^2 + 2\sin(x)$
$f'(x) = 2x + 2\cos(x)$

c) $f(x) = 3\cos(x) - 4\sin(x)$
$f'(x) = -3\sin(x) - 4\cos(x)$

d) $f(x) = x^3 - 2x^2 + 5\cos(x)$
$f'(x) = 3x^2 - 4x - 5\sin(x)$

3. Bestimmen Sie die Gleichung der Tangente an den Graphen von f im Punkt P.

a) $f(x) = \sin(x); \; P\left(\frac{5}{4}\pi \mid ?\right)$

$f\left(\frac{5}{4}\pi\right) = \sin\left(\frac{5}{4}\pi\right) = -\frac{1}{2}\sqrt{2}$, also $P\left(\frac{5}{4}\pi \mid -\frac{1}{2}\sqrt{2}\right)$

$f'(x) = \cos(x); \; f'\left(\frac{5}{4}\pi\right) = -\frac{1}{2}\sqrt{2}$

$t(x) = -\frac{1}{2}\sqrt{2}\cdot\left(x - \frac{5}{4}\pi\right) - \frac{1}{2}\sqrt{2}$

b) $f(x) = \sqrt{3}\cos(x); \; P\left(\frac{\pi}{3} \mid ?\right)$

$f\left(\frac{\pi}{3}\right) = \sqrt{3}\cos\left(\frac{\pi}{3}\right) = \frac{1}{2}\sqrt{3}$, also $P\left(\frac{\pi}{3} \mid \frac{1}{2}\sqrt{3}\right)$

$f'(x) = -\sqrt{3}\sin(x); \; f'\left(\frac{\pi}{3}\right) = -\sqrt{3}\cdot\frac{1}{2}\sqrt{3} = -\frac{3}{2}$

$t(x) = -\left(\frac{3}{2}\cdot x - \frac{\pi}{3}\right) + \frac{1}{2}\sqrt{3}$

c) $f(x) = x^2 + 2\sin(x); \; P\left(\frac{5}{6}\pi \mid ?\right)$

$f\left(\frac{5}{6}\pi\right) = \left(\frac{5}{6}\pi\right)^2 + 2\sin\left(\frac{5}{6}\pi\right) = \frac{25}{36}\pi^2 + 1$,

also $P\left(\frac{5}{6}\pi \mid \frac{25}{36}\pi^2 + 1\right)$

$f'(x) = 2x + 2\cos(x); \; f'\left(\frac{5}{6}\pi\right) = \frac{5}{3}\pi - \sqrt{3}$

$t(x) = \left(\frac{5}{3}\pi - \sqrt{3}\right)\cdot\left(x - \frac{5}{6}\pi\right) + \frac{25}{36}\pi^2 + 1$

4. Bestimmen Sie die Hoch- und Tiefpunkte des Graphen von f.

a) $f(x) = \cos(x); \; x \in [0; 2\pi]$
$f'(x) = -\sin(x); \; f''(x) = -\cos(x)$
$f'(x) = 0 \Rightarrow x_1 = 0; \; x_2 = \pi; \; x_3 = 2\pi$
$f''(0) = -1 < 0 \Rightarrow H(0 \mid 1)$
$f''(\pi) = 1 > 0 \Rightarrow T(\pi \mid -1)$
$f''(2\pi) = -1 < 0 \Rightarrow H(2\pi \mid 1)$

b) $f(x) = -3\cos(x) - \sqrt{3}\sin(x); \; x \in [0; 2\pi]$
$f'(x) = 3\sin(x) - \sqrt{3}\cos(x); \; f''(x) = 3\cos(x) + \sqrt{3}\sin(x)$
$f'(x) = 3\sin(x) - \sqrt{3}\cos(x) = 0 \Rightarrow \tan(x) = \frac{\sin(x)}{\cos(x)} = \frac{\sqrt{3}}{3}$
$\Rightarrow x_1 = \frac{\pi}{6}; \; x_2 = \frac{7}{6}\pi$

$f''\left(\frac{\pi}{6}\right) = \frac{3}{2}\sqrt{3} + \sqrt{3}\cdot\frac{1}{2} = 2\sqrt{3} > 0;$

$f\left(\frac{\pi}{6}\right) = -\frac{3}{2}\sqrt{3} - \sqrt{3}\cdot\frac{1}{2} = -2\sqrt{3}$

$\Rightarrow T\left(\frac{\pi}{6} \mid -2\sqrt{3}\right)$

$f''\left(\frac{7}{6}\pi\right) = -\frac{3}{2}\sqrt{3} - \sqrt{3}\cdot\frac{1}{2} = -2\sqrt{3} < 0;$

$f\left(\frac{7}{6}\pi\right) = \frac{3}{2}\sqrt{3} + \sqrt{3}\cdot\frac{1}{2} = 2\sqrt{3}$

$\Rightarrow H\left(\frac{7}{6}\pi \mid 2\sqrt{3}\right)$

c) $f(x) = 2\sin(x) + x; \; x \in [0; 2\pi]$
$f'(x) = 2\cos(x) + 1; \; f''(x) = -2\sin(x)$
$f'(x) = 2\cos(x) + 1 = 0 \Rightarrow \cos(x) = -0{,}5$
$\Rightarrow x_1 = \frac{4}{6}\pi; \; x_2 = \frac{4}{3}\pi$

$f''\left(\frac{4}{6}\pi\right) = -\sqrt{3} < 0; \; f\left(\frac{4}{6}\pi\right) = \sqrt{3} + \frac{4}{6}\pi \Rightarrow H\left(\frac{4}{6}\pi \mid \sqrt{3} + \frac{4}{6}\pi\right)$

$f''\left(\frac{4}{3}\pi\right) = \sqrt{3} > 0; \; f\left(\frac{4}{3}\pi\right) = -\sqrt{3} + \frac{4}{3}\pi \Rightarrow T\left(\frac{4}{3}\pi \mid -\sqrt{3} + \frac{4}{3}\pi\right)$

5. In welchen Punkten $P(x_0 \mid f(x_0)), Q(x_0 \mid g(x_0))$ mit $0 \leq x_0 \leq 2\pi$ haben die Graphen von f und g parallele Tangenten? Runden Sie auf vier Stellen hinter dem Komma.

a) $f(x) = 5\cos(x); \; g(x) = 4x$
$f'(x) = -5\sin(x); \; g'(x) = 4$
$f'(x) = g'(x) \Rightarrow -5\sin(x) = 4 \Rightarrow \sin(x) = -0{,}8$
$\Rightarrow x_1 \approx 4{,}0689$ und $x_2 \approx 5{,}3559$
$P_1(4{,}0689 \mid -3); \; Q_1(4{,}0689 \mid 16{,}2756)$
$P_2(5{,}3559 \mid 3); \; Q_2(5{,}3559 \mid 21{,}4236)$

b) $f(x) = 2\cos(x); \; g(x) = 3\sin(x)$
$f'(x) = -2\sin(x); \; g'(x) = 3\cos(x)$
$f'(x) = g'(x) \Rightarrow -2\sin(x) = 3\cos(x)$
$\Rightarrow \tan(x) = \frac{\sin(x)}{\cos(x)} = -1{,}5$
$\Rightarrow x_1 \approx 2{,}1588$ und $x_2 \approx 5{,}3004$
$P_1(2{,}1588 \mid -1{,}1094); \; Q_1(2{,}1588 \mid 2{,}4962)$
$P_2(5{,}3004 \mid 1{,}1094); \; Q_2(5{,}3004 \mid -2{,}4962)$

Spiel
Verkettungen knacken – Spielanleitung

Ein schnelles Spiel für 2 Teams (Kleingruppen oder gesamte Klasse) und Spielleiter

Spielmaterial: 42 Äußere-Funktion-Karten (ohne e^x und $\ln x$: 30 Äußere-Funktion-Karten),
42 Innere-Funktion-Karten (ohne e^x und $\ln x$: 36 Innere-Funktion-Karten),
Papier, Stift für jedes Team
für den Spielleiter: Kopie des Spielleiter-Bogens,
Stift, Papier (oder Kreide, Tafel)

Spielziel: Vorgegebene verkettete Funktionen sollen in äußere und innere Funktion zerlegt werden. Für richtig gewählte Funktionen gibt es Punkte.
Variante: Zusätzlich können noch die Ableitungen berechnet und gewertet werden. Dann sind auch die hellgrau hinterlegten Passagen der Spielanleitung zu beachten.

Spielregel: Zunächst wird ein Spielleiter bestimmt. Er erhält den Spielleiter-Bogen.
Die Mitspieler werden in 2 Gruppen (Team A und Team B) aufgeteilt. Der Spielleiter notiert die Namen der Teammitglieder auf seinem Bogen. Die Karten werden gemischt. Jedes der beiden Teams erhält die Hälfte der Äußere-Funktion-Karten und die Hälfte der Innere-Funktion-Karten, die sie möglichst übersichtlich vor sich auflegen.
Der Spielleiter wählt eine beliebige der verketteten Funktionen aus seiner Liste und notiert den Funktionsterm für beide Teams gut sichtbar.
Das Team, welches zuerst eine geeignete äußere Funktion bei seinen Karten findet, legt diese heraus. Nun hat das andere Team 10 Sekunden Zeit, die der Spielleiter laut herunterzählt, um die dazu passende Innere-Funktion-Karte daraufzulegen. Gelingt das nicht, so darf dies das erste Team versuchen.
Konnte auf diese Weise für die verkettete Funktion eine äußere und eine innere Funktion gefunden werden, benennt jedes Team einen Mitspieler, welcher die Ableitung berechnet. Dabei darf ein Teammitglied erst dann ein weiteres Mal rechnen, wenn alle anderen Teammitglieder bereits genauso oft gerechnet haben. Der Spielleiter hält auf seinem Bogen für jedes Team fest, welches Teammitglied rechnet. Nun verbucht der Spielleiter für jede richtig gelegte Karte
ebenso für eine korrekt bestimmte Ableitung (hier haben also beide Mannschaften eine Chance)
einen Punkt für das entsprechende Team.
Konnte die verkettete Funktion nicht aus äußerer und innerer Funktion zusammengesetzt werden, erhält kein Team einen Punkt. Für jede falsch gelegte Karte
und ebenso jede fehlerhafte Ableitung
erhält das entsprechende Team einen Minuspunkt.
Die herausgelegten Karten sind nun aus dem Spiel.
Dann beginnt der Spielleiter mit einer neuen verketteten Funktion die nächste Runde.

Spielende: Das Spiel endet, wenn ein Team zu Beginn einer Runde keine Äußere-Funktion-Karte mehr besitzt (oder zu vorgegebener Zeit). Das Team mit den meisten Punkten gewinnt.

Spiel
Verkettungen knacken – Spielleiterbogen

Lösung

Ablauf einer Spielrunde für Spielleiter:

1. Term aus Verkettete-Funktionen-Liste wählen und für beide Teams gut sichtbar notieren.
2. Nachdem ein Team eine geeignete Äußere-Funktion-Karte herausgelegt hat, 10 Sekunden herunterzählen, in welchen das andere Team eine passende Innere-Funktion-Karte dazulegen darf. Gelingt das nicht, erhält nochmal das erste Team diese Chance.
3. Notieren, welche Spieler der beiden Teams nun die Ableitung berechnen.
4. Punkte verteilen: Jede richtig gelegte Karte und jede richtig berechnete Ableitung erbringt einen Punkt.
   Jede falsch gelegte Karte und jede fehlerhafte Ableitung wird mit einem Minuspunkt bewertet.

Verkettete Funktionen-Liste

Funktionsterm	Ableitung	Team A +	Team A −	Team B +	Team B −
$x^4 - 2x^2 + 1$	$4x^3 - 4x$				
$4x^6 - 12x^3 + 9$	$24x^5 - 36x^2$				
$\frac{1}{4x^2 - 12x + 9}$	$\frac{-4}{(2x-3)^3}$				
$\frac{1}{2x^2 - 8}$	$\frac{-x}{(x^2-4)^2}$				
$((x+3)\cdot(x-3))^{-2}$	$\frac{-4x}{(x^2-9)^3}$				
$\left(\frac{1}{x^3} - 1\right)^2$	$-6\left(\frac{1}{x^7} - \frac{1}{x^4}\right)$				
$\sqrt[3]{x^4 + 8x^2 + 16}$	$\frac{4}{3}x \cdot \frac{1}{\sqrt[3]{x^2+4}}$				
$\frac{1}{\sqrt{x^2-9}}$	$-x \cdot (x^2-9)^{-\frac{3}{2}}$				
$\sin((x+3)\cdot(x-3))$	$2x \cdot \cos(x^2-9)$				
$\sin((2x-3)^2)$	$(8x-12) \cdot \cos((2x-3)^2)$				
$\frac{1}{\sin\frac{1}{x}}$	$\frac{\cos\frac{1}{x}}{x^2 \cdot \left(\sin\frac{1}{x}\right)^2}$				
$2 \cdot \sin(x^2) + 1$	$4x \cdot \cos(x^2)$				
$(\sin x + 4)^{\frac{2}{3}}$	$\frac{2}{3}\cos x (\sin x + 4)^{-\frac{1}{3}}$				
$\frac{1}{\cos(2x-3)}$	$\frac{2 \cdot \sin(2x-3)}{(\cos(2x-3))^2}$				
$\cos\sqrt{x^2+4}$	$-\sin\sqrt{x^2+4} \cdot \frac{x}{\sqrt{x^2+4}}$				
$\cos\sqrt{2x+1}$	$-\sin\sqrt{2x+1} \cdot \frac{1}{\sqrt{2x+1}}$				
$\cos((x^2-2)^2)$	$\sin((x^2-2)^2) \cdot (-4x^3 + 8x)$				
$\sqrt{\cos(2x+1)}$	$\frac{-1}{\sqrt{\cos(2x+1)}} \cdot \sin(2x+1)$				
$\sqrt{\sin(2x+1)}$	$\frac{1}{\sqrt{\sin(2x+1)}} \cdot \cos(2x+1)$				
$\sin^2(2x+1)$	$4 \cdot \sin(2x+1) \cdot \cos(2x+1)$				
$\cos^2(x^2-2)$	$-4x \cdot \sin(x^2-2) \cdot \cos(x^2-2)$				
$1 - \sin^2 x$	$-2\cos x \cdot \sin x$				
$\left(\frac{1}{\cos x}\right)^2 + \frac{2}{\cos x} + 1$	$2\left(\frac{1}{\cos x} + 1\right) \cdot \frac{\sin x}{\cos^2 x}$				
$\frac{1}{\cos^2(x^2-2)}$	$4x \cdot \frac{\sin(x^2-2)}{(\cos(x^2-2))^3}$				
$e^{2(x^2-2)}$	$4x \cdot e^{2x^2-4}$				
$e^{4x^2-12x+9}$	$(8x-12) \cdot e^{((2x-3)^2)}$				
$e^{(-x^2)}$	$-2x \cdot e^{(-x^2)}$				
$\ln\sqrt{x^2+4}$	$\frac{x}{x^2+4}$				
$e^{\cos(2x-3)}$	$-2\sin(2x-3) \cdot e^{\cos(2x-3)}$				
$(e^x - 1)^2$	$2e^x \cdot (e^x - 1)$				
$\frac{1}{\ln(x^2)}$	$\frac{-2}{x \cdot (\ln(x^2))^2}$				
$\sqrt{e^{\sin x}}$	$\frac{1}{2} \cdot \sqrt{e^{\sin x}} \cdot \cos x$				
$\sqrt{\ln(\cos x)}$	$-\frac{1}{2} \cdot \frac{1}{\sqrt{\ln(\cos x)}} \cdot \tan x$				
$e^{6x} - 2e^{3x} + 1$	$6 \cdot (e^{6x} - e^{3x})$				

Team A

Name	hat gerechnet:							

Team B

Name	hat gerechnet:							

Spiel
Verkettungen knacken – Äußere-Funktion-Karten

$(\boxed{x}-1)^2$	$(2\cdot\boxed{x}-3)^2$	$\dfrac{1}{\boxed{x}}$
$\dfrac{1}{\boxed{x}^2}$	$\dfrac{1}{2\cdot\boxed{x}}$	$\boxed{x}^{-2}$
$\boxed{x}^2$	$\left(\dfrac{1}{\boxed{x}}-1\right)^2$	$(\boxed{x}^3-1)^2$
$\boxed{x}^{\frac{1}{3}}$	$\boxed{x}^{\frac{2}{3}}$	$\sqrt[3]{(\boxed{x}+4)^2}$
$\sqrt{\boxed{x}}$	$\sqrt{\dfrac{1}{\boxed{x}}}$	$\sin\boxed{x}$
$\sin(\boxed{x}^2)$	$\dfrac{1}{\sin\boxed{x}}$	$2\cdot\boxed{x}+1$
$2\sin\boxed{x}+1$	$\cos\boxed{x}$	$\cos\sqrt{\boxed{x}}$
$\cos(\boxed{x}^2)$	$\sqrt{\cos\boxed{x}}$	$\sqrt{\sin\boxed{x}}$
$\sin^2\boxed{x}$	$\cos^2\boxed{x}$	$1-\boxed{x}$

Spiel
Verkettungen knacken – Äußere- und Innere-Funktion-Karten

$1 - \boxed{x}^2$	$\left(\boxed{x} + 1\right)^2$	$\left(\dfrac{1}{\boxed{x}} + 1\right)^2$
$e^{\boxed{x}}$	$2 \cdot e^{\boxed{x}}$	$\left(e^{\boxed{x}}\right)^2$
$e^{\left(\boxed{x}^2\right)}$	$e^{-\boxed{x}}$	$\ln \boxed{x}$
$\ln \sqrt{\boxed{x}}$	$\dfrac{1}{2}\ln \boxed{x}$	$e^{\cos \boxed{x}}$
$\dfrac{1}{\ln \boxed{x}}$	$\sqrt{e^{\boxed{x}}}$	$\sqrt{\ln \boxed{x}}$

x^2	x^3	$4x^2 - 12x + 9$	$2x - 3$	$(2x-3)^2$	$x^2 - 4$
$x^2 - 9$	$(x^2 - 9)^{-1}$	$\dfrac{1}{x^2 - 9}$	$\dfrac{1}{x}$	$\dfrac{1}{x^3}$	$x^2 + 4$
$x^4 + 8x^2 + 16$	$(x^2 + 4)^2$	$\sqrt{x^2 - 9}$	$\sin \dfrac{1}{x}$	$\sin(x^2)$	$\sin x$
$\sin x + 4$	$\sqrt[3]{\sin x + 4}$	$(\sin x + 4)^2$	$\cos(2x - 3)$	$\sqrt{x^2 + 4}$	$2x + 1$
$\sqrt{2x + 1}$	$x^2 - 2$	$(x^2 - 2)^2$	$\cos(2x + 1)$	$\sin(2x + 1)$	$\cos(x^2 - 2)$
$\cos x$	$\sin^2 x$	$\dfrac{1}{\cos x}$	$\dfrac{1}{\cos x} + 1$	$2(x^2 - 2)$	$-x^2$
e^x	$\ln x$	$2 \ln x$	$e^{\sin x}$	$\ln(\cos x)$	e^{3x}

Trainingsblatt
Verkettete Funktionen und ihre Ableitungen

1. Vervollständigen Sie die folgende Tabelle:

	u(x)	v(x)	u∘v(x)	v∘u(x)
a)	$\frac{1}{x}$		$\frac{1}{4x-5}$	
b)	$\sin(4-x)$			$4(\sin(4-x))^3$
c)		$3x$	$6x-1$	
d)	$\frac{1}{x^2+1}$	$\sqrt{x-2}$		
e)		$2x^2-1$		$2(\cos(2x))^2-1$
f)	$\sin(x)$		$\sin(x^2-2x)$	
g)		$\frac{5}{x}$		$5\sqrt{25-x^2}$

2. Geben Sie f∘g und g∘f an. $f(x) = 6x$; $g(x) = -5x$; (f∘g)(x) = _____ ; (g∘f)(x) = _____
Lässt sich aus diesem Beispiel ein allgemeines Gesetz über die Verkettung zweier Funktionen ableiten?
_____

3. Geben Sie die Funktionen f∘g und g∘f an und vereinfachen Sie die Terme so weit wie möglich.

$f(x) = \frac{3}{2-x}$; $g(x) = 2 - \frac{3}{x}$; (f∘g)(x) = _____ = _____ ; (g∘f)(x) = _____ = _____

4. Vervollständigen Sie die Tabelle. Es gelte stets f = u∘v.

	a)	b)	c)	d)	e)	f)	g)	h)
f(x)	$\cos(4x)$		$\frac{2}{3}(\sin(x))^3$	$\cos(\pi - 2x)$		$\frac{2a}{b+x^4}$		$t^2 \cdot \sin(ax^2)$
u(x)		$\frac{4}{x}$		x^{-4}		$bx^4 - 5$	$\frac{2a}{x}$	
u'(x)								
v(x)		$3 - 2x$	$\sin(x)$	$5 - x$		x^3		ax^2
v'(x)								
u'(v(x))								
f'(x)								

5. Bestimmen Sie für $f(x) = \frac{1}{\frac{1}{3}x^3 - 16x}$ die beiden x-Werte, für die gilt: $f'(x) = 0$.

$f'(x) =$ _____ ; $f'(x) = 0 \Rightarrow$ _____ $= 0 \Rightarrow x_1 =$ _____ ; $x_2 =$ _____

Trainingsblatt
Verkettete Funktionen und ihre Ableitungen — Lösung

1. Vervollständigen Sie die folgende Tabelle:

	$u(x)$	$v(x)$	$u \circ v(x)$	$v \circ u(x)$
a)	$\frac{1}{x}$	$4x-5$	$\frac{1}{4x-5}$	$\frac{4}{x}-5$
b)	$\sin(4-x)$	$4x^3$	$\sin(4-4x^3)$	$4(\sin(4-x))^3$
c)	$2x-1$	$3x$	$6x-1$	$6x-3$
d)	$\frac{1}{x^2+1}$	$\sqrt{x-2}$	$\frac{1}{x-1}$	$\sqrt{\frac{1}{x^2+1}-2}$
e)	$\cos(2x)$	$2x^2-1$	$\cos(4x^2-2)$	$2(\cos(2x))^2-1$
f)	$\sin(x)$	x^2-2x	$\sin(x^2-2x)$	$(\sin(x))^2-2\sin(x)$
g)	$\frac{1}{\sqrt{25-x^2}}$	$\frac{5}{x}$	$\frac{1}{\sqrt{25-\frac{25}{x^2}}}$	$5\sqrt{25-x^2}$

2. Geben Sie $f \circ g$ und $g \circ f$ an. $f(x)=6x$; $g(x)=-5x$; $(f \circ g)(x) = 6(-5x) = -30x$; $(g \circ f)(x) = -5(6x) = -30x$

Lässt sich aus diesem Beispiel ein allgemeines Gesetz über die Verkettung zweier Funktionen ableiten?
Nein, die Verkettung zweier Funktionen ist im Allgemeinen nicht kommutativ.

3. Geben Sie die Funktionen $f \circ g$ und $g \circ f$ an und vereinfachen Sie die Terme so weit wie möglich.

$f(x) = \frac{3}{2-x}$; $g(x) = 2 - \frac{3}{x}$; $(f \circ g)(x) = \frac{3}{2-(2-\frac{3}{x})} = x$; $(g \circ f)(x) = 2 - \frac{3}{\frac{3}{2-x}} = x$

4. Vervollständigen Sie die Tabelle. Es gelte stets $f = u \circ v$.

	a)	b)	c)	d)	e)	f)	g)	h)
$f(x)$	$\cos(4x)$	$\frac{4}{3-2x}$	$\frac{2}{3}(\sin(x))^3$	$(5-x)^{-4}$	$\cos(\pi-2x)$	$bx^{12}-5$	$\frac{2a}{b+x^4}$	$t^2 \cdot \sin(ax^2)$
$u(x)$	$\cos(x)$	$\frac{4}{x}$	$\frac{2}{3}x^3$	x^{-4}	$\cos(x)$	bx^4-5	$\frac{2a}{x}$	$t^2 \sin(x)$
$u'(x)$	$-\sin(x)$	$-\frac{4}{x^2}$	$2x^2$	$-4x^{-5}$	$-\sin(x)$	$4bx^3$	$-\frac{2a}{x^2}$	$t^2 \cos(x)$
$v(x)$	$4x$	$3-2x$	$\sin(x)$	$5-x$	$\pi-2x$	x^3	$b+x^4$	ax^2
$v'(x)$	4	-2	$\cos(x)$	-1	-2	$3x^2$	$4x^3$	$2ax$
$u'(v(x))$	$-\sin(4x)$	$-\frac{4}{(3-2x)^2}$	$2(\sin(x))^2$	$-4(5-x)^{-5}$	$-\sin(\pi-2x)$	$4bx^9$	$-\frac{2a}{(b+x^4)^2}$	$t^2\cos(ax^2)$
$f'(x)$	$-4\sin(4x)$	$\frac{8}{(3-2x)^2}$	$2(\sin(x))^2\cos(x)$	$4(5-x)^{-5}$	$2\sin(\pi-2x)$	$12bx^{11}$	$-\frac{8ax^3}{(b+x^4)^2}$	$2at^2x\cos(ax^2)$

5. Bestimmen Sie für $f(x) = \frac{1}{\frac{1}{3}x^3-16x}$ die beiden x-Werte, für die gilt: $f'(x) = 0$.

$f'(x) = \frac{-(x^2-16)}{\left(\frac{1}{3}x^3-16x\right)^2}$; $f'(x)=0 \Rightarrow x^2-16 = 0 \Rightarrow x_1 = 4$; $x_2 = -4$

Trainingsblatt
Produkt- und Quotientenregel

1. Berechnen Sie die Ableitung mit der Produkt- oder der Quotientenregel. Vereinfachen Sie danach so weit wie möglich.

a) $f(x) = (-0{,}5x^3 + 2x) \cdot (4 - x)$

   $f'(x) =$

b) $f(x) = \dfrac{x^2 - 2x + 2}{4x - 3}$

   $f'(x) =$

c) $f(x) = 3x^{-3} \cdot (-2x^2 + x - 1)$

   $f'(x) =$

d) $f(x) = \dfrac{3}{2 + x^2}$

   $f'(x) =$

2. Berechnen Sie die Ableitung sowohl mithilfe der Produkt- als auch der Quotientenregel. Formen Sie dazu bei jeweils einer der beiden Regeln zunächst den Funktionsterm geeignet um. Zeigen Sie, dass beide Rechenwege zu äquivalenten Ableitungen führen.

a) $f(x) = 5x^{-4} \cdot (-3x^2 + 4)$

   Mithilfe der Produktregel:

   $f'(x) =$

b) $g(x) = \dfrac{x - \frac{2}{x}}{3x}$

   Mithilfe der Quotientenregel:

   $g'(x) =$

Mithilfe der Quotientenregel:

$f(x) =$

$f'(x) =$

Mithilfe der Produktregel:

$g(x) =$

$g'(x) =$

3. Überprüfen Sie durch Ableiten, ob die Funktion g die Ableitungsfunktion der Funktion f ist.

a) $f(x) = (a + 1) \cdot x^3$ und $g(x) = 3ax^2 + 3x^2$ $f'(x) =$

b) $f(x) = \dfrac{tx - 2}{t - x}$ und $g(x) = \dfrac{2 - x^2}{(t - x)^2}$ $f'(x) =$

c) $f(x) = xb^3\left(\dfrac{1}{2}b^2 - 1\right)$ und $g(x) = 1{,}5xb^4 - 3xb^2$ $f'(x) =$

d) $f(a) = x^2(4a^2 - a)$ und $g(a) = -x^2 + 8ax^2$ $f'(a) =$

Trainingsblatt
Produkt- und Quotientenregel

Lösung

1. Berechnen Sie die Ableitung mit der Produkt- oder der Quotientenregel. Vereinfachen Sie danach so weit wie möglich.

   a) $f(x) = (-0{,}5x^3 + 2x) \cdot (4 - x)$

   $f'(x) = (-1{,}5x^2 + 2)(4 - x) + (-0{,}5x^3 + 2x)(-1)$

   $\quad\; = -6x^2 + 1{,}5x^3 + 8 - 2x + 0{,}5x^3 - 2x$

   $\quad\; = 2x^3 - 6x^2 - 4x + 8$

   b) $f(x) = \dfrac{x^2 - 2x + 2}{4x - 3}$

   $f'(x) = \dfrac{(2x - 2)(4x - 3) - (x^2 - 2x + 2) \cdot 4}{(4x - 3)^2}$

   $\quad\; = \dfrac{8x^2 - 6x - 8x + 6 - 4x^2 + 8x - 8}{(4x - 3)^2}$

   $\quad\; = \dfrac{4x^2 - 6x - 2}{(4x - 3)^2}$

   c) $f(x) = 3x^{-3} \cdot (-2x^2 + x - 1)$

   $f'(x) = -9x^{-4}(-2x^2 + x - 1) + 3x^{-3}(-4x + 1)$

   $\quad\; = 18x^{-2} - 9x^{-3} + 9x^{-4} - 12x^{-2} + 3x^{-3}$

   $\quad\; = 6x^{-2} - 6x^{-3} + 9x^{-4}$

   d) $f(x) = \dfrac{3}{2 + x^2}$

   $f'(x) = \dfrac{0 \cdot (2 + x^2) - 3 \cdot (2x)}{(2 + x^2)^2}$

   $\quad\; = \dfrac{-6x}{(2 + x^2)^2}$

2. Berechnen Sie die Ableitung sowohl mithilfe der Produkt- als auch der Quotientenregel. Formen Sie dazu bei jeweils einer der beiden Regeln zunächst den Funktionsterm geeignet um. Zeigen Sie, dass beide Rechenwege zu äquivalenten Ableitungen führen.

   a) $f(x) = 5x^{-4} \cdot (-3x^2 + 4)$
   Mithilfe der Produktregel:

   $f'(x) = -20x^{-5}(-3x^2 + 4) + 5x^{-4}(-6x)$

   $\quad\; = 60x^{-3} - 80x^{-5} - 30x^{-3}$

   $\quad\; = 30x^{-3} - 80x^{-5}$

   Mithilfe der Quotientenregel:

   $f(x) = \dfrac{-15x^2 + 20}{x^4}$

   $f'(x) = \dfrac{-30x \cdot x^4 - (-15x^2 + 20) \cdot 4x^3}{x^8}$

   $\quad\; = \dfrac{-30x^5 + 60x^5 - 80x^3}{x^8}$

   $\quad\; = 30x^{-3} - 80x^{-5}$

   b) $g(x) = \dfrac{x - \frac{2}{x}}{3x}$
   Mithilfe der Quotientenregel:

   $g'(x) = \dfrac{(1 + 2x^{-2}) \cdot 3x - (x - 2x^{-1}) \cdot 3}{9x^2}$

   $\quad\; = \dfrac{3x + 6x^{-1} - 3x + 6x^{-1}}{9x^2}$

   $\quad\; = \dfrac{4}{3} \cdot x^{-3}$

   Mithilfe der Produktregel:

   $g(x) = \dfrac{1}{3}x^{-1} \cdot (x - 2x^{-1})$

   $g'(x) = -\dfrac{1}{3}x^{-2} \cdot (x - 2x^{-1}) + \dfrac{1}{3}x^{-1} \cdot (1 + 2x^{-2})$

   $\quad\; = -\dfrac{1}{3}x^{-1} + \dfrac{2}{3}x^{-3} + \dfrac{1}{3}x^{-1} + \dfrac{2}{3}x^{-3}$

   $\quad\; = \dfrac{4}{3}x^{-3}$

3. Überprüfen Sie durch Ableiten, ob die Funktion g die Ableitungsfunktion der Funktion f ist.

   a) $f(x) = (a + 1) \cdot x^3$ und $g(x) = 3ax^2 + 3x^2$ $\quad f'(x) = 3 \cdot (a + 1) \cdot x^2 = 3ax^2 + 3x^2 \quad = g(x)$

   b) $f(x) = \dfrac{tx - 2}{t - x}$ und $g(x) = \dfrac{2 - x^2}{(t - x)^2}$ $\quad f'(x) = \dfrac{t \cdot (t - x) - (tx - 2) \cdot (-1)}{(t - x)^2} = \dfrac{t^2 - x}{(t - x)^2} \quad \neq g(x)$

   c) $f(x) = xb^3\left(\dfrac{1}{2}b^2 - 1\right)$ und $g(x) = 1{,}5xb^4 - 3xb^2$ $\quad f'(x) = b^3 \cdot \left(\dfrac{1}{2}b^2 - 1\right) = \dfrac{1}{2}b^5 - b^3 \quad \neq g(x)$

   d) $f(a) = x^2(4a^2 - a)$ und $g(a) = -x^2 + 8ax^2$ $\quad f'(a) = x^2 \cdot (8a - 1) = -x^2 + 8ax^2 \quad = g(a)$

Funktionen und Ableitungen – eine kognitive Landkarte

Schneiden Sie alle Karten aus, mischen Sie sie und teilen Sie sie in Ihrer Gruppe aus. Jeder überlegt zunächst, ob er seine mathematischen Ausdrücke erläutern kann, ggf. können Karten getauscht werden. Sind noch nicht alle Begriffe behandelt worden, können diese weggelegt werden (z. B. einige Ableitungsregeln). Es beginnt derjenige mit dem Begriff „Funktion": Er erläutert diesen Begriff den anderen und legt die Karte für alle sichtbar ab. Wer nun eine Karte hat, die sich sinnvoll anschließt, erläutert seine Karte und legt sie so ab, dass die Beziehungen zwischen den mathematischen Begriffen deutlich werden. Ggf. wird der Begriff in der Gruppe präzisiert oder die Positionierung der Karte diskutiert. Am Ende liegen alle Begriffe in einer sogenannten kognitiven Landkarte zusammen. Die einzelnen Gruppen können die kognitiven Landkarten der anderen Gruppen ansehen und mit ihrer Anordnung vergleichen. Alternativ kann die kognitive Landkarte auch im Plenum entworfen werden.

Funktion	f ist differenzierbar	Differenzenquotient
$f'(x) = \dfrac{u'(x) \cdot v(x) - u(x) \cdot v'(x)}{v^2(x)}$	Kettenregel	$f'(x) = \dfrac{df}{dx}$
Tangentensteigung	$f'(x) = u'(v(x)) \cdot v'(x)$	$\lim\limits_{h \to 0} \dfrac{f(x_0 + h) - f(x_0)}{h}$
Potenzregel	Quotientenregel	Ableitung an einer Stelle x_0
Produktregel	$f'(x) = u'(x) \cdot v(x) + u(x) \cdot v'(x)$	Summenregel
$\dfrac{f(x_0 + h) - f(x_0)}{h}$	mittlere Änderungsrate	$f'(x) = g'(x) + k'(x)$
Ableitungsfunktion/Ableitung	Faktorregel	momentane Änderungsrate
$f'(x) = n \cdot x^{n-1}$	Sekantensteigung	$f'(x) = r \cdot g'(x)$
Betrachten Sie $h \to 0$ für $h > 0$ und $h < 0$.	$\dfrac{f(x_0 + h) - f(x_0)}{h} \xrightarrow[h \to 0]{} f'(x_0)$	$\dfrac{f(x_2) - f(x_1)}{x_2 - x_1}$

Spiel
Trimono: Ableitung der Exponentialfunktion

Spielvariante für 1 Person:
Schneiden Sie die 16 dreieckigen Steine an den Kanten auseinander und legen Sie sie so aneinander, dass an den Kanten jeweils eine Funktion an ihre Ableitungsfunktion grenzt.

Spielvariante für 2–4 Personen:
Vorbereitung: Schneiden Sie die 16 dreieckigen Steine an den Kanten auseinander. Jeder Spieler zieht verdeckt Spielsteine: Bei 2 Spielern zieht jeder Spieler 3 Spielsteine, bei mehr als 2 Spielern zieht jeder Spieler 2 Spielsteine. Die übrigen Spielsteine werden verdeckt auf einen Stapel gelegt. Der Spieler, der den Stein mit der höchsten Nummer besitzt, legt diesen offen in die Mitte und erhält hierfür 5 Punkte.
Spielablauf: Reihum legt jeder Mitspieler einen neuen Stein an bereits abgelegte. Dabei muss an einer Kante eine Funktion mit ihrer zugehörigen Ableitungsfunktion aneinandergrenzen. Jeder Stein muss mit einer Kante an mindestens einem schon abgelegten Stein zu liegen kommen. Je nach Zahl der angrenzenden Kanten werden Punkte verteilt: Pro Kante, die der neu gelegte Stein an einen bereits gelegten Stein grenzt, erhält der Spieler 5 Punkte.
Kann oder will ein Spieler keinen Stein ablegen, so muss er einen neuen Stein ziehen. Jeder gezogene Stein bedeutet 3 Strafpunkte für den Spieler. Der Spieler muss weiter neue Steine ziehen, bis er entweder einen Stein legen kann/will oder bis er 3 Steine gezogen hat. Das Spiel endet, wenn keine Steine mehr angelegt werden können. Gewonnen hat derjenige, der die meisten Punkte hat!

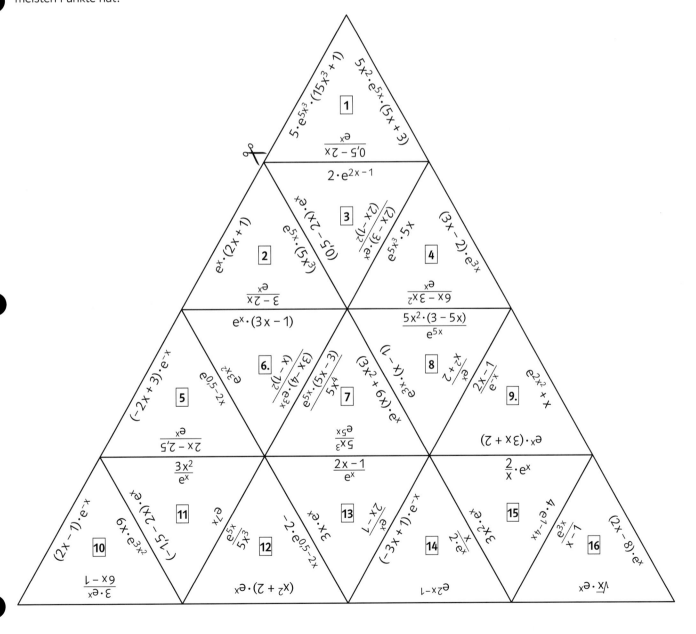

Spiel
Trimono: Ableitung der Exponentialfunktion

Lösung

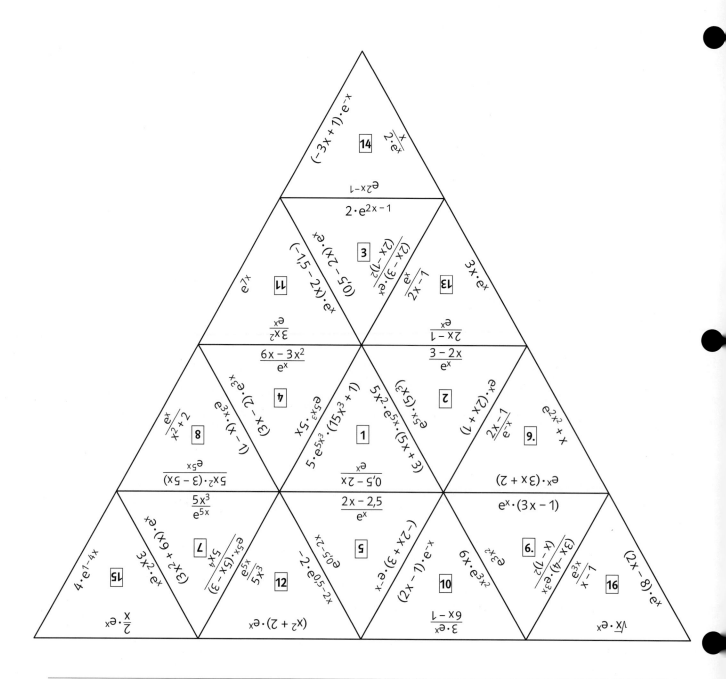

S 98

Trainingsblatt
Lösen von Exponentialgleichungen

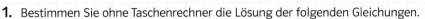

1. Bestimmen Sie ohne Taschenrechner die Lösung der folgenden Gleichungen.

a) $2^x = 8 \Leftrightarrow x =$
b) $3^x = 1 \Leftrightarrow x =$
c) $81^x = 9 \Leftrightarrow x =$

d) $32^x = 2 \Leftrightarrow x =$
e) $7^x = \frac{1}{7} \Leftrightarrow x =$
f) $2^x = 0{,}125 \Leftrightarrow x =$

g) $3^{x+4} = 9 \Leftrightarrow x =$
h) $4^{2x-4} = 64 \Leftrightarrow x =$
i) $5^{0{,}5x+7} = 1 \Leftrightarrow x =$

j) $10^{2x+3} = 0{,}1 \Leftrightarrow x =$
k) $0{,}5^{2x+3} = 0{,}25 \Leftrightarrow x =$
l) $\left(\frac{1}{8}\right)^{4x} = \frac{1}{64} \Leftrightarrow x =$

2. Notieren Sie die Lösung der Gleichung mithilfe des Logarithmus und berechnen Sie anschließend mit dem Taschenrechner einen Näherungswert. Runden Sie auf drei Stellen nach dem Komma.

a) $10^x = 25 \Leftrightarrow x = \log_{10}(25) \approx$

b) $e^x = 7 \Leftrightarrow x = \ln(7) \approx$

c) $3^x = 10 \Leftrightarrow x = \log_3(10) = \frac{\log(10)}{\log(3)} \approx$

d) $2^x = 23 \Leftrightarrow x =$

e) $\left(\frac{1}{7}\right)^x = 2{,}5 \Leftrightarrow x =$

f) $e^x = 0{,}2 \Leftrightarrow x =$

g) $e^x = 11 \Leftrightarrow x =$

h) $e^x = \frac{1}{100} \Leftrightarrow x =$

i) $0{,}5^x = \frac{1}{17} \Leftrightarrow x =$

j) $33^x = 4{,}4 \Leftrightarrow x =$

3. Lösen Sie die folgenden Gleichungen durch geeignete Äquivalenzumformungen und mithilfe des Logarithmus.

a) $e^{x+5} = 11$
b) $e^{x+3} = 25$
c) $e^{x-4} = 10$

$\Leftrightarrow x + 5 = \ln(11)$

$\Leftrightarrow x =$

d) $\left(\frac{1}{3}\right)^{2x+4} = 3$
e) $\left(\frac{1}{10}\right)^{-4x-10} = 0{,}5$
f) $100^{-0{,}1x+0{,}5} = 30$

g) $2 \cdot e^{-x+3} = 4 \quad |:2$
h) $10 \cdot e^{-2x+3} = 100$
i) $\frac{1}{2} \cdot e^{-\frac{1}{3}x+\frac{1}{3}} = \frac{1}{5}$

$\Leftrightarrow e^{-x+3} = 2$

j) $e^{-x} - 3 = 4$
k) $2 \cdot e^{-x} + 2 = 3$
l) $4 \cdot e^{x+4} - \frac{4}{5} = \frac{3}{4}$

Trainingsblatt
Lösen von Exponentialgleichungen
Lösung

1. Bestimmen Sie ohne Taschenrechner die Lösung der folgenden Gleichungen.

a) $2^x = 8 \Leftrightarrow x = 3$
b) $3^x = 1 \Leftrightarrow x = 0$
c) $81^x = 9 \Leftrightarrow x = \frac{1}{2}$
d) $32^x = 2 \Leftrightarrow x = \frac{1}{5}$
e) $7^x = \frac{1}{7} \Leftrightarrow x = -1$
f) $2^x = 0{,}125 \Leftrightarrow x = -3$
g) $3^{x+4} = 9 \Leftrightarrow x = -2$
h) $4^{2x-4} = 64 \Leftrightarrow x = 3{,}5$
i) $5^{0{,}5x+7} = 1 \Leftrightarrow x = -14$
j) $10^{2x+3} = 0{,}1 \Leftrightarrow x = -2$
k) $0{,}5^{2x+3} = 0{,}25 \Leftrightarrow x = -0{,}5$
l) $\left(\frac{1}{8}\right)^{4x} = \frac{1}{64} \Leftrightarrow x = 0{,}5$

2. Notieren Sie die Lösung der Gleichung mithilfe des Logarithmus und berechnen Sie anschließend mit dem Taschenrechner einen Näherungswert. Runden Sie auf drei Stellen nach dem Komma.

a) $10^x = 25 \Leftrightarrow x = \log_{10}(25) \approx 1{,}398$
b) $e^x = 7 \Leftrightarrow x = \ln(7) \approx 1{,}946$

c) $3^x = 10 \Leftrightarrow x = \log_3(10) = \frac{\log(10)}{\log(3)} \approx 2{,}096$
d) $2^x = 23 \Leftrightarrow x = \log_2(23) \approx 4{,}524$

e) $\left(\frac{1}{7}\right)^x = 2{,}5 \Leftrightarrow x = \log_{\frac{1}{7}}(2{,}5) \approx -0{,}471$
f) $e^x = 0{,}2 \Leftrightarrow x = \ln(0{,}2) \approx -1{,}609$

g) $e^x = 11 \Leftrightarrow x = \ln(11) \approx 2{,}398$
h) $e^x = \frac{1}{100} \Leftrightarrow x = \ln\left(\frac{1}{100}\right) \approx -4{,}605$

i) $0{,}5^x = \frac{1}{17} \Leftrightarrow x = \log_{0{,}5}\left(\frac{1}{17}\right) \approx 4{,}087$
j) $33^x = 4{,}4 \Leftrightarrow x = \log_{33}(4{,}4) \approx 0{,}424$

3. Lösen Sie die folgenden Gleichungen durch geeignete Äquivalenzumformungen und mithilfe des Logarithmus.

a) $e^{x+5} = 11$
$\Leftrightarrow x + 5 = \ln(11)$
$\Leftrightarrow x = \ln(11) - 5 \approx -2{,}602$

b) $e^{x+3} = 25$
$\Leftrightarrow x + 3 = \ln(25)$
$\Leftrightarrow x = \ln(25) - 3 \approx 0{,}219$

c) $e^{x-4} = 10$
$\Leftrightarrow x - 4 = \ln(10)$
$\Leftrightarrow x = \ln(10) + 4 \approx 6{,}303$

d) $\left(\frac{1}{3}\right)^{2x+4} = 3$
$\Leftrightarrow 2x + 4 = \log_{\frac{1}{3}}(3) = -1$
$\Leftrightarrow 2x = -1 - 4 = -5$
$\Leftrightarrow x = -2{,}5$

e) $\left(\frac{1}{10}\right)^{-4x-10} = 0{,}5$
$\Leftrightarrow -4x - 10 = \log_{\frac{1}{10}}(0{,}5)$
$\Leftrightarrow -4x = \log_{\frac{1}{10}}(0{,}5) + 10$
$\Leftrightarrow x = -\frac{1}{4} \cdot \left(\log_{\frac{1}{10}}(0{,}5) + 10\right) \approx -2{,}575$

f) $100^{-0{,}1x+0{,}5} = 30$
$\Leftrightarrow -0{,}1x + 0{,}5 = \log_{100}(30)$
$\Leftrightarrow -0{,}1x = \log_{100}(30) - 0{,}5$
$\Leftrightarrow x = -10 \cdot (\log_{100}(30) - 0{,}5)$
$\approx -2{,}386$

g) $2 \cdot e^{-x+3} = 4 \quad | : 2$
$\Leftrightarrow e^{-x+3} = 2$
$\Leftrightarrow -x + 3 = \ln(2)$
$\Leftrightarrow -x = \ln(2) - 3$
$\Leftrightarrow x = -\ln(2) + 3 \approx 2{,}307$

h) $10 \cdot e^{-2x+3} = 100$
$\Leftrightarrow e^{-2x+3} = 10$
$\Leftrightarrow -2x + 3 = \ln(10)$
$\Leftrightarrow -2x = \ln(10) - 3$
$\Leftrightarrow x = -0{,}5 \cdot (\ln(10) - 3) \approx 0{,}349$

i) $\frac{1}{2} \cdot e^{-\frac{1}{3}x + \frac{1}{3}} = \frac{1}{5}$
$\Leftrightarrow e^{-\frac{1}{3}x + \frac{1}{3}} = \frac{2}{5}$
$\Leftrightarrow -\frac{1}{3}x + \frac{1}{3} = \ln\left(\frac{2}{5}\right)$
$\Leftrightarrow -\frac{1}{3}x = \ln\left(\frac{2}{5}\right) - \frac{1}{3}$
$\Leftrightarrow x = -3 \cdot \left(\ln\left(\frac{2}{5}\right) - \frac{1}{3}\right) \approx 3{,}749$

j) $e^{-x} - 3 = 4$
$\Leftrightarrow e^{-x} = 7$
$\Leftrightarrow -x = \ln(7)$
$\Leftrightarrow x = -\ln(7) \approx -1{,}946$

k) $2 \cdot e^{-x} + 2 = 3$
$\Leftrightarrow 2e^{-x} = 1$
$\Leftrightarrow e^{-x} = 0{,}5$
$\Leftrightarrow -x = \ln(0{,}5)$
$\Leftrightarrow x = -\ln(0{,}5) \approx 0{,}693$

l) $4 \cdot e^{x+4} - \frac{4}{5} = \frac{3}{4}$
$\Leftrightarrow 4e^{x+4} = \frac{31}{20}$
$\Leftrightarrow e^{x+4} = \frac{31}{80}$
$\Leftrightarrow x + 4 = \ln\left(\frac{31}{80}\right)$
$\Leftrightarrow x = \ln\left(\frac{31}{80}\right) - 4 \approx -4{,}948$

Trainingsblatt
Umkehrfunktion und Logarithmus

1. Skizzieren Sie jeweils den Graphen der Umkehrfunktion in das gleiche Koordinatensystem, indem Sie den Graphen an der Winkelhalbierenden spiegeln.

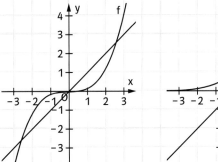 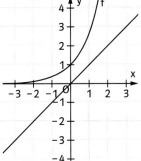 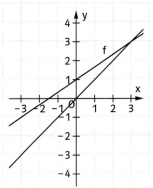 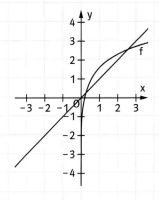

2. Geben Sie an, welche der folgenden Funktionen in dem dargestellten Bereich umkehrbar sind.

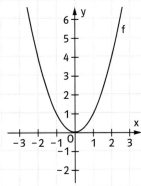 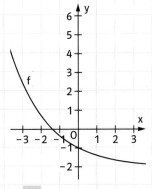 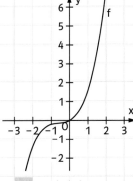 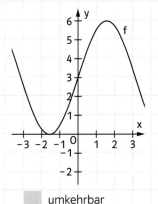

 umkehrbar umkehrbar umkehrbar umkehrbar
 nicht umkehrbar nicht umkehrbar nicht umkehrbar nicht umkehrbar

3. Zeigen Sie, dass die Funktion f umkehrbar ist. Verwenden Sie hierzu die Ableitungsfunktion und zeigen Sie, dass f streng monoton fallend bzw. streng monoton wachsend ist.
   a) $f(x) = e^{-4x+2}$ b) $f(x) = 3x^3 + x$ c) $f(x) = 22 \cdot e^{3x+4} + 11$ d) $f(x) = 4 \cdot \ln(4x); \; D_f = \mathbb{R}^{>0}$

4. Bestimmen Sie jeweils die Umkehrfunktion. Lösen Sie hierzu die Gleichung $y = f(x)$ zunächst nach x auf und vertauschen dann x und y, um die Umkehrfunktion $\bar{f}(x)$ anzugeben. Geben Sie jeweils die maximale Definitionsmenge von f und $\bar{f}$ an.
   a) $f(x) = 2x + 2$ b) $f(x) = e^{x+2}$ c) $f(x) = e^{2x+1}$ d) $f(x) = 2 \cdot e^{x+1} + 2$

   $D_f = \mathbb{R}$

   $\quad y = 2x + 2 \quad |-2$
   $\quad y - 2 = 2x \quad |:2$
   $\quad = $

   $\Rightarrow \bar{f}(x) = $
   $D_{\bar{f}} = $

Trainingsblatt
Umkehrfunktion und Logarithmus
Lösung

1. Skizzieren Sie jeweils den Graphen der Umkehrfunktion in das gleiche Koordinatensystem, indem Sie den Graphen an der Winkelhalbierenden spiegeln.

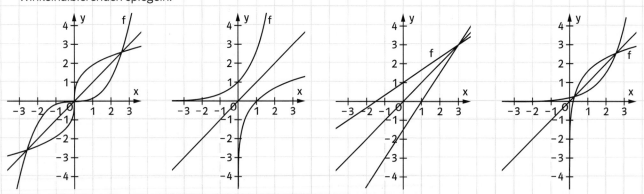

2. Geben Sie an, welche der folgenden Funktionen in dem dargestellten Bereich umkehrbar sind.

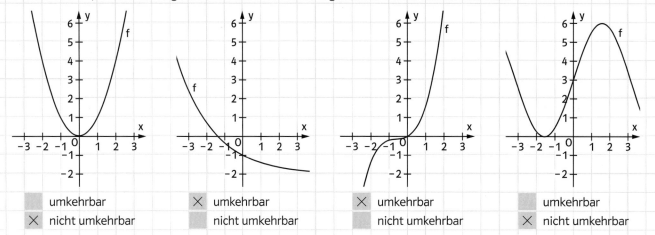

| ☐ umkehrbar | ☒ umkehrbar | ☒ umkehrbar | ☐ umkehrbar |
| ☒ nicht umkehrbar | ☐ nicht umkehrbar | ☐ nicht umkehrbar | ☒ nicht umkehrbar |

3. Zeigen Sie, dass die Funktion f umkehrbar ist. Verwenden Sie hierzu die Ableitungsfunktion und zeigen Sie, dass f streng monoton fallend bzw. streng monoton wachsend ist.

a) $f(x) = e^{-4x+2}$
$f'(x) = -4e^{-4x+2}$
$f'(x) < 0$ für alle $x \in \mathbb{R}$
Also ist f umkehrbar.

b) $f(x) = 3x^3 + x$
$f'(x) = 9x^2 + 1$
$f'(x) > 0$ für alle $x \in \mathbb{R}$
Also ist f umkehrbar.

c) $f(x) = 22 \cdot e^{3x+4} + 11$
$f'(x) = 66 e^{3x+4}$
$f'(x) > 0$ für alle $x \in \mathbb{R}$
Also ist f umkehrbar.

d) $f(x) = 4 \cdot \ln(4x);\ D_f = \mathbb{R}^{>0}$
$f'(x) = 4 \cdot \frac{1}{4x} = \frac{1}{x}$
$f'(x) > 0$ für alle $x \in \mathbb{R}^{>0}$
Also ist f umkehrbar.

4. Bestimmen Sie jeweils die Umkehrfunktion. Lösen Sie hierzu die Gleichung $y = f(x)$ zunächst nach x auf und vertauschen dann x und y, um die Umkehrfunktion $\bar{f}(x)$ anzugeben. Geben Sie jeweils die maximale Definitionsmenge von f und $\bar{f}$ an.

a) $f(x) = 2x + 2$
$D_f = \mathbb{R}$
$y = 2x + 2 \quad |-2$
$y - 2 = 2x \quad |:2$
$0{,}5y - 1 = x$
$\Rightarrow \bar{f}(x) = 0{,}5x - 1$
$D_{\bar{f}} = \mathbb{R}$

b) $f(x) = e^{x+2}$
$D_f = \mathbb{R}$
$y = e^{x+2} \quad |\ln$
$\ln(y) = x + 2 \quad |-2$
$\ln(y) - 2 = x$
$\Rightarrow \bar{f}(x) = \ln(x) - 2$
$D_{\bar{f}} = \mathbb{R}^{>0}$

c) $f(x) = e^{2x+1}$
$D_f = \mathbb{R}$
$y = e^{2x+1} \quad |\ln$
$\ln(y) = 2x + 1 \quad |-1$
$\ln(y) - 1 = 2x \quad |:2$
$\frac{1}{2}\ln(y) - \frac{1}{2} = x$
$\Rightarrow \bar{f}(x) = \frac{1}{2}\ln(x) - \frac{1}{2}$
$D_{\bar{f}} = \mathbb{R}^{>0}$

d) $f(x) = 2 \cdot e^{x+1} + 2$
$D_f = \mathbb{R}$
$y = 2e^{x+1} + 2 \quad |-2$
$y - 2 = 2e^{x+1} \quad |:2$
$\frac{1}{2}y - 1 = e^{x+1} \quad |\ln$
$\ln\left(\frac{1}{2}y - 1\right) = x + 1 \quad |-1$
$\ln\left(\frac{1}{2}y - 1\right) - 1 = x$
$\Rightarrow \bar{f}(x) = \ln\left(\frac{1}{2}x - 1\right) - 1$
$D_{\bar{f}} = \mathbb{R}^{>2}$

Trainingsblatt
Ableiten von Exponential- und Logarithmusfunktion; Exponentialgleichungen

1. Die Terme in den Kästchen werden abgeleitet und die Ableitungen nebeneinander liegender Kästchen nach unten hin addiert. Die Summe ist der neue abzuleitende Funktionsterm.

$e^x + 2$	$\ln(2x-1)$	$2x^2 - 4x + 3$	$x^2 - e^x$

$x + e^x$		$\ln(\sqrt{x})$	$x \cdot \ln(x)$

$e^x + 5e^{-x}$

2. Bestimmen Sie jeweils die Definitionsmenge D sowie die Ableitung. Vereinfachen Sie diese so weit wie möglich.

	Funktionsterm	D	f'(x)
a)	$f(x) = x \cdot e^x$		
b)	$f(x) = \ln(x^2)$		
c)	$f(x) = \dfrac{x+2}{e^x}$		
d)	$f(x) = \ln(x^2 - 4)$		

3. Lösen Sie die Gleichungen:

a) $e^{x-2} = 25 \quad |\ln$
$\Rightarrow x - 2 = $
$\Rightarrow x = $

b) $2 + e^{(x^2)} = 5$
$\Rightarrow \quad =$
$\Rightarrow$
$\Rightarrow x =$

c) $e^x(x^2 - 9) = 0$
$\Rightarrow$
$\Rightarrow$
$\Rightarrow$

d) $\ln(x^2 - 3) = 0$

e) $\ln\sqrt{x} + \ln(x^4) = 1$

f) $(e^x - 2)(\ln(x) - 4) = 0$

4. Sind beim Umformen der Funktionsterme Fehler unterlaufen? Überprüfen und verbessern Sie.

a) $f(x) = e^2 \cdot e^{x-2} = e^{2x-4}$

b) $f(x) = 4^x = e^{\ln(4^x)} = e^{x\ln(4)}$

c) $f(x) = 2\ln(x^2) + 3\ln(x) = 5\ln(x^3)$

d) $f(x) = \ln(e^{2x}) = 2x = e^{\ln(2x)}$

Trainingsblatt
Ableiten von Exponential- und Logarithmusfunktion; Exponentialgleichungen — Lösung

1. Die Terme in den Kästchen werden abgeleitet und die Ableitungen nebeneinander liegender Kästchen nach unten hin addiert. Die Summe ist der neue abzuleitende Funktionsterm.

$e^x + 2$	$\ln(2x-1)$	$2x^2 - 4x + 3$	$x^2 - e^x$		$x + e^x$	$-5e^x - x + c$	$\ln(\sqrt{x})$	$x \cdot \ln(x)$
e^x	$\frac{2}{2x-1}$	$4x - 4$	$2x - e^x$		$1 + e^x$	$5e^{-x} - 1$	$\frac{1}{2x}$	$\ln(x) + 1$

Zwischenebenen:

- $e^x + \frac{2}{2x-1}$; $\frac{2}{2x-1} + 4x - 4$; $6x - e^x - 4$
- $e^x - \frac{4}{(2x-1)^2}$; $-\frac{4}{(2x-1)^2} + 4$; $6 - e^x$
- $e^x - \frac{8}{(2x-1)^2} + 4$; $-\frac{4}{(2x-1)^2} + 10 - e^x$
- $e^x + \frac{32}{(2x-1)^3}$; $\frac{16}{(2x-1)^3} - e^x$
- $\frac{48}{(2x-1)^3}$
- $-\frac{288}{(2x-1)^4}$

Rechte Seite:

- $e^x + 5e^{-x}$; $5e^{-x} + \frac{1}{2x} - 1$; $\frac{1}{2x} + \ln(x) + 1$
- $e^x - 5e^{-x}$; $-5e^{-x} - \frac{1}{2x^2}$; $-\frac{1}{2x^2} + \frac{1}{x}$
- $e^x - 10e^{-x} - \frac{1}{2x^2}$; $-5e^{-x} - \frac{1}{x^2} + \frac{1}{x}$
- $e^x + 10e^{-x} + \frac{1}{x^3}$; $5e^{-x} + \frac{2}{x^3} - \frac{1}{x^2}$
- $e^x + 15e^{-x} + \frac{3}{x^3} - \frac{1}{x^2}$
- $e^x - 15e^{-x} + \frac{9}{x^4} - \frac{2}{x^3}$

2. Bestimmen Sie jeweils die Definitionsmenge D sowie die Ableitung. Vereinfachen Sie diese so weit wie möglich.

	Funktionsterm	D	f'(x)
a)	$f(x) = x \cdot e^x$	$\mathbb{R}$	$1 \cdot e^x + x \cdot e^x = e^x + x \cdot e^x \quad (= (1+x) \cdot e^x)$
b)	$f(x) = \ln(x^2)$	$\mathbb{R} \setminus \{0\}$	$\frac{1}{x^2} \cdot 2x = \frac{2}{x}$
c)	$f(x) = \frac{x+2}{e^x}$	$\mathbb{R}$	$\frac{1 \cdot e^x - (x+2) \cdot e^x}{(e^x)^2} = \frac{e^x \cdot [1 - (x+2)]}{(e^x)^2} = \frac{-1-x}{e^x}$
d)	$f(x) = \ln(x^2 - 4)$	$\mathbb{R} \setminus]-2;2[$	$\frac{1}{x^2-4} \cdot 2x = \frac{2x}{x^2-4}$

3. Lösen Sie die Gleichungen:

a) $e^{x-2} = 25 \quad |\ln$
$\Rightarrow x - 2 = \ln(25) \quad |+2$
$\Rightarrow x = \ln(25) + 2$

b) $2 + e^{(x^2)} = 5 \quad |-2$
$\Rightarrow e^{(x^2)} = 3 \quad |\ln$
$\Rightarrow x^2 = \ln(3) \quad |\sqrt{}$
$\Rightarrow x = \pm\sqrt{\ln(3)}$

c) $e^x(x^2 - 9) = 0 \quad |:e^x,\ \text{da}\ e^x > 0$
$\Rightarrow x^2 - 9 = 0 \quad |+9$
$\Rightarrow x^2 = 9 \quad |\sqrt{}$
$\Rightarrow x = \pm 3$

d) $\ln(x^2 - 3) = 0 \quad |e^x$
$\Rightarrow x^2 - 3 = e^0 = 1 \quad |+3$
$\Rightarrow x^2 = 4 \quad |\sqrt{}$
$\Rightarrow x = \pm 2$

e) $\ln(\sqrt{x}) + \ln(x^4) = 1$
$\Rightarrow \frac{1}{2}\ln(x) + 4\ln(x) = 1$
$\Rightarrow \frac{9}{2}\ln(x) = 1 \quad |\cdot\frac{2}{9}$
$\Rightarrow \ln(x) = \frac{2}{9} \quad |e^x$
$\Rightarrow x = e^{\frac{2}{9}}$

f) $(e^x - 2)(\ln(x) - 4) = 0$
$\Rightarrow e^x - 2 = 0 \quad \text{oder}\ \ln(x) - 4 = 0$
$\Rightarrow e^x = 2 \quad \text{oder}\ \ln(x) = 4$
$\Rightarrow x = \ln(2) \quad \text{oder}\quad x = e^4$

4. Sind beim Umformen der Funktionsterme Fehler unterlaufen? Überprüfen und verbessern Sie.

a) $f(x) = e^2 \cdot e^{x-2} = e^{2x-4}$ ✗
$= e^{(2+x-2)} = e^x$

b) $f(x) = 4^x = e^{\ln(4^x)} = e^{x\ln(4)}$ ✓

c) $f(x) = 2\ln(x^2) + 3\ln(x) = 5\ln(x^3)$ ✗
$= 2 \cdot 2\ln(x) + 3\ln(x) = 7\ln(x)$

d) $f(x) = \ln(e^{2x}) = 2x = e^{\ln(2x)}$ ✓

Trainingsblatt
Anwendung aller Ableitungsregeln bei verschiedenen Funktionstypen

1. Bestimmen Sie f'(x) und vereinfachen Sie gegebenenfalls. Mitunter ist es hilfreich, den Term f(x) vorher umzuformen.

a) $f(x) = \dfrac{2}{x^3} - \sin(x)$ b) $f(x) = \sqrt[4]{x^3} + 7x^4 - \dfrac{3}{4}x^2$ c) $f(x) = 5^x = e^{x\ln(5)}$ d) $f(x) = e^x \cdot \cos(x)$

e) $f(x) = \dfrac{x^2}{\ln(x)}$ f) $f(x) = 4e^{3x^2}$ g) $f(x) = \cos(\sqrt{x}) = \cos\left(x^{\frac{1}{2}}\right)$ h) $f(x) = \ln\left(\dfrac{x^3}{4+2t^2}\right)$

2. Beim Ableiten haben sich Fehler eingeschlichen. Korrigieren Sie geeignet.

a) $f(x) = \sin\left(\dfrac{x^3}{4}\right)$
$f'(x) = 12x^2 \cdot \cos\left(\dfrac{x^3}{4}\right)$

b) $f(x) = x \cdot \sin(x)$
$f'(x) = \cos(x) + x \cdot \cos(x)$

c) $f(x) = \dfrac{x^2}{e^x}$
$f'(x) = \dfrac{2xe^x}{e^{2x}}$

d) $f(x) = \ln(2x^3 - 4)$
$f'(x) = \dfrac{6x^2}{\ln(2x^3 - 4)}$

e) $f(x) = (a^4 - x)^{-3}$
$f'(x) = -3(a^4 - x)^{-4} \cdot (4a^3 - 1)$

f) $f(x) = \cos(-x)$
$f'(x) = -\sin(-x)$

3. Überprüfen Sie, ob g eine Ableitungsfunktion von f ist.

a) $g: t \to 2\sqrt[3]{1-t};\qquad f: t \to \dfrac{3}{2}(1-t)^{\frac{4}{3}} - 1$

b) $g: t \to -0{,}5 e^{4-\frac{t}{2}} - \dfrac{1}{t^2};\qquad f: t \to e^{4-\frac{t}{2}} + \dfrac{1}{t}$

c) $g: a \to \dfrac{3}{4}a^5 + 2\sin(a) + \cos(a);\qquad f: a \to \dfrac{a^6}{8} + (\sin(a))^2$

d) $g: a \to \dfrac{1 - \ln(x-a)}{(\ln(x-a))^2};\qquad f: a \to \dfrac{x-a}{\ln(x-a)}$

4. a) Leiten Sie die Funktion $f: x \to \dfrac{e^x + e^{-x}}{2}$ ab. Leiten Sie danach auch die Ableitungsfunktion f' ab. Was stellen Sie fest?

$f'(x) = $ \hspace{4cm} ; $(f')'(x) = $

Feststellung:

b) An welches ähnliche Verhalten trigonometrischer Funktionen erinnert Sie diese Beobachtung?

Trainingsblatt
Anwendung aller Ableitungsregeln bei verschiedenen Funktionstypen — Lösung

1. Bestimmen Sie f'(x) und vereinfachen Sie gegebenenfalls. Mitunter ist es hilfreich, den Term f(x) vorher umzuformen.

a) $f(x) = \dfrac{2}{x^3} - \sin(x)$
   $= 2x^{-3} - \sin(x)$
   $f'(x) = -6x^{-4} - \cos(x)$

b) $f(x) = \sqrt[4]{x^3} + 7x^4 - \dfrac{3}{4}x^2$
   $= x^{\frac{3}{4}} + 7x^4 - \dfrac{3}{4}x^2$
   $f'(x) = \dfrac{3}{4}x^{-\frac{1}{4}} + 28x^3 - \dfrac{3}{2}x$

c) $f(x) = 5^x = e^{x\ln(5)}$
   $f'(x) = e^{x\ln(5)} \cdot \ln(5)$
   $= 5^x \cdot \ln(5)$

d) $f(x) = e^x \cdot \cos(x)$
   $f'(x) = e^x \cdot \cos(x) + e^x \cdot (-\sin(x))$
   $= e^x \cdot (\cos(x) - \sin(x))$

e) $f(x) = \dfrac{x^2}{\ln(x)}$
   $f'(x) = \dfrac{2x \cdot \ln(x) - x^2 \cdot \frac{1}{x}}{(\ln(x))^2}$
   $= \dfrac{2x \cdot \ln(x) - x}{(\ln(x))^2}$

f) $f(x) = 4e^{3x^2}$
   $f'(x) = 4e^{3x^2} \cdot 6x$
   $= 24xe^{3x^2}$

g) $f(x) = \cos(\sqrt{x}) = \cos(x^{\frac{1}{2}})$
   $f'(x) = -\sin(x^{\frac{1}{2}}) \cdot \dfrac{1}{2}x^{-\frac{1}{2}}$
   $= -\dfrac{1}{2}x^{-\frac{1}{2}} \cdot \sin(x^{\frac{1}{2}})$

h) $f(x) = \ln\left(\dfrac{x^3}{4+2t^2}\right)$
   $= 3\ln(x) - \ln(4 + 2t^2)$
   $f'(x) = \dfrac{3}{x}$

2. Beim Ableiten haben sich Fehler eingeschlichen. Korrigieren Sie geeignet.

a) $f(x) = \sin\left(\dfrac{x^3}{4}\right)$
   $f'(x) = \cancel{12}x^2 \cdot \cos\left(\dfrac{x^3}{4}\right) \quad \to \dfrac{3}{4}$

b) $f(x) = x \cdot \sin(x)$
   $f'(x) = \cancel{\cos(x)} + x \cdot \cos(x) \quad \to \sin(x)$

c) $f(x) = \dfrac{x^2}{e^x}$
   $f'(x) = \dfrac{2xe^x - x^2 e^x}{e^{2x}}$

d) $f(x) = \ln(2x^3 - 4)$
   $f'(x) = \dfrac{6x^2}{\cancel{\ln(2x^3-4)}}$

e) $f(x) = (a^4 - x)^{-3}$
   $f'(x) = -3(a^4 - x)^{-4} \cdot \cancel{(4a^3 - 1)}$
   $(= 3(a^4 - x)^{-4}) \quad \to (-1)$

f) $f(x) = \cos(-x)$
   $f'(x) = -\sin(-x) \cdot (-1)$
   $= \sin(-x) \; (= -\sin(x))$

3. Überprüfen Sie, ob g eine Ableitungsfunktion von f ist.

a) $g: t \to 2\sqrt[3]{1-t}$; $\quad f: t \to \dfrac{3}{2}(1-t)^{\frac{4}{3}} - 1 \quad f'(t) = \dfrac{3}{2} \cdot \dfrac{4}{3}(1-t)^{\frac{1}{3}} \cdot (-1) = -2(1-t)^{\frac{1}{3}} \quad \Rightarrow f'(t) \neq g(t)$

b) $g: t \to -0{,}5 e^{4-\frac{t}{2}} - \dfrac{1}{t^2}$; $\quad f: t \to e^{4-\frac{t}{2}} + \dfrac{1}{t} \quad f'(t) = e^{4-\frac{t}{2}} \cdot \left(-\dfrac{1}{2}\right) + \left(-\dfrac{1}{t^2}\right) = -\dfrac{1}{2}e^{4-\frac{t}{2}} - \dfrac{1}{t^2} \quad \Rightarrow f'(t) = g(t)$

c) $g: a \to \dfrac{3}{4}a^5 + 2\sin(a) + \cos(a)$; $\quad f: a \to \dfrac{a^6}{8} + (\sin(a))^2 \quad f'(a) = \dfrac{6}{8}a^5 + 2 \cdot \sin(a) \cdot \cos(a) \quad \Rightarrow f'(a) \neq g(a)$

d) $g: a \to \dfrac{1 - \ln(x-a)}{(\ln(x-a))^2}$; $\quad f: a \to \dfrac{x-a}{\ln(x-a)} \quad f'(a) = \dfrac{(-1) \cdot \ln(x-a) - (x-a) \cdot \frac{1}{x-a} \cdot (-1)}{(\ln(x-a))^2} = \dfrac{1 - \ln(x-a)}{(\ln(x-a))^2} \Rightarrow f'(a) = g(a)$

4. a) Leiten Sie die Funktion $f: x \to \dfrac{e^x + e^{-x}}{2}$ ab. Leiten Sie danach auch die Ableitungsfunktion f' ab. Was stellen Sie fest?

$f'(x) = \dfrac{e^x + e^{-x} \cdot (-1)}{2} = \dfrac{e^x - e^{-x}}{2}$; $(f')'(x) = \dfrac{e^x - e^{-x} \cdot (-1)}{2} = \dfrac{e^x + e^{-x}}{2}$

Feststellung: Leitet man die Ableitung ab, so erhält man wieder den Term von f(x).

b) An welches ähnliche Verhalten trigonometrischer Funktionen erinnert Sie diese Beobachtung?

Leitet man die Sinusfunktion viermal hintereinander ab, so erhält man wieder die Sinusfunktion: $((((\sin(x))')')')' = \sin(x)$

Arbeitsblatt – Check-out
Alte und neue Funktionen und ihre Ableitung

1. Berechnen Sie jeweils die Ableitungsfunktion mithilfe der Ableitungsregeln.
   a) $f(x) = x \cdot e^{x+2}$

   b) $f(x) = 5x^2 \cdot e^{3x+7}$

   c) $f(x) = x^2 \cdot e^{-x^2+2x}$

   d) $f(x) = 4 \cdot \cos(x^2) + \sin(2x)$

   e) $f(x) = \frac{e^x}{x^2}$

   f) $f(x) = \frac{\ln(x)}{x^3}$

2. Bestimmen Sie die Gleichung der Tangente an den Graphen von f mit $f(x) = x \cdot e^x$ im Punkt P(1|e).

3. Berechnen Sie die erste Ableitung von f und zeigen Sie, dass f umkehrbar ist.
   a) $f(x) = 4 \cdot e^{3x+2}$

   b) $f(x) = 0,5x^3 + 2x$

4. Lösen Sie die folgenden Gleichungen mithilfe des Logarithmus.
   a) $e^x = 7$ b) $e^x = 0,56$

   c) $e^x - 5 = 4$ d) $3e^x = 21$

   e) $e^{2x} = 13$ f) $e^{-x} = 0,2$

   g) $e^{2x+2} = 0,5$ h) $2 \cdot e^{-0,5x-1} = 5$

5. Die Funktion f mit $f(x) = 25\,000 \cdot e^{0,05x}$ gibt näherungsweise die Anzahl der Einwohner einer Kleinstadt für den Zeitraum vom Jahr 2000 bis zum Jahr 2012 an (x in Jahren; x = 0 entspricht dem Jahr 2000).
   a) Berechnen Sie die Einwohnerzahl im Jahr 2000 und 2012.

   b) Bestimmen Sie f′(x), berechnen Sie f′(0) sowie f′(12) und erklären Sie die Bedeutung im Sachzusammenhang.

   c) Berechnen Sie, wann der Ort 100 000 Einwohner hätte, wenn man davon ausgeht, dass die Einwohnerzahl sich auch über das Jahr 2012 hinaus mit der Funktion f berechnen lässt.

Arbeitsblatt – Check-out
Alte und neue Funktionen und ihre Ableitung
Lösung

1. Berechnen Sie jeweils die Ableitungsfunktion mithilfe der Ableitungsregeln.

a) $f(x) = x \cdot e^{x+2}$
$f'(x) = 1 \cdot e^{x+2} + x \cdot e^{x+2} = (x+1) \cdot e^{x+2}$

b) $f(x) = 5x^2 \cdot e^{3x+7}$
$f'(x) = 10x \cdot e^{3x+7} + 5x^2 \cdot e^{3x+7} \cdot 3$
$= (15x^2 + 10x) e^{3x+7}$

c) $f(x) = x^2 \cdot e^{-x^2+2x}$
$f'(x) = 2x \cdot e^{-x^2+2x} + x^2 \cdot e^{-x^2+2x} \cdot (-2x+2)$
$= -2(x^3 - x^2 - x) \cdot e^{-x^2+2x}$

d) $f(x) = 4 \cdot \cos(x^2) + \sin(2x)$
$f'(x) = -4\sin(x^2) \cdot 2x + \cos(2x) \cdot 2$
$= -8x \cdot \sin(x^2) + 2 \cdot \cos(2x)$

e) $f(x) = \dfrac{e^x}{x^2}$
$f'(x) = \dfrac{e^x \cdot x^2 - e^x \cdot 2x}{x^4} = \dfrac{e^x \cdot x(x-2)}{x^4} = \dfrac{e^x(x-2)}{x^3}$

f) $f(x) = \dfrac{\ln(x)}{x^3}$
$f'(x) = \dfrac{\frac{1}{x} \cdot x^3 - \ln(x) \cdot 3x^2}{x^6} = \dfrac{x^2 - 3x^2 \cdot \ln(x)}{x^6}$
$= \dfrac{x^2 \cdot (1 - 3\ln(x))}{x^6} = \dfrac{1 - 3\ln(x)}{x^4}$

2. Bestimmen Sie die Gleichung der Tangente an den Graphen von f mit $f(x) = x \cdot e^x$ im Punkt $P(1|e)$.
$f'(x) = 1 \cdot e^x + x \cdot e^x = (1+x) \cdot e^x$
$f'(1) = 2 \cdot e^1 = m_t$
$\Rightarrow t(x) = 2ex + n$
Mit $P(1|e)$ erhält man:
$e = 2e \cdot 1 + n$
$\Leftrightarrow n = -e$
$\Rightarrow t(x) = 2ex - e \approx 5{,}4x - 2{,}7$

3. Berechnen Sie die erste Ableitung von f und zeigen Sie, dass f umkehrbar ist.

a) $f(x) = 4 \cdot e^{3x+2}$
$f'(x) = 12 e^{3x+2} > 0$ für $x \in \mathbb{R}$
Also ist f umkehrbar.

b) $f(x) = 0{,}5x^3 + 2x$
$f'(x) = 1{,}5x^2 + 2 > 0$ für $x \in \mathbb{R}$
Also ist f umkehrbar.

4. Lösen Sie die folgenden Gleichungen mithilfe des Logarithmus.

a) $e^x = 7$
$x = \ln(7) \approx 1{,}95$

b) $e^x = 0{,}56$
$x = \ln(0{,}56) \approx -0{,}58$

c) $e^x - 5 = 4$
$e^x = 9$
$x = \ln(9) \approx 2{,}20$

d) $3e^x = 24$
$e^x = 8$
$x = \ln(8) \approx 2{,}08$

e) $e^{2x} = 13$
$2x = \ln(13)$
$x = \frac{1}{2}\ln(13) \approx 1{,}28$

f) $e^{-x} = 0{,}2$
$-x = \ln(0{,}2)$
$x = -\ln(0{,}2) \approx 1{,}61$

g) $e^{2x+2} = 0{,}5$
$2x + 2 = \ln(0{,}5)$
$2x = \ln(0{,}5) - 2$
$x = \dfrac{\ln(0{,}5)}{2} - 1$
$x \approx -1{,}35$

h) $2 \cdot e^{-0{,}5x-1} = 5$
$e^{-0{,}5x-1} = 2{,}5$
$-0{,}5x - 1 = \ln(2{,}5)$
$-0{,}5x = \ln(2{,}5) + 1$
$x = -2\ln(2{,}5) - 2 \approx -3{,}83$

5. Die Funktion f mit $f(x) = 25\,000 \cdot e^{0{,}05x}$ gibt näherungsweise die Anzahl der Einwohner einer Kleinstadt für den Zeitraum vom Jahr 2000 bis zum Jahr 2012 an (x in Jahren; $x = 0$ entspricht dem Jahr 2000).

a) Berechnen Sie die Einwohnerzahl im Jahr 2000 und 2012.
$f(0) = 25\,000$
Im Jahr 2000: 25 000 Einwohner
$f(12) \approx 45\,553$
Im Jahr 2012: 45 553 Einwohner

b) Bestimmen Sie $f'(x)$, berechnen Sie $f'(0)$ sowie $f'(12)$ und erklären Sie die Bedeutung im Sachzusammenhang.
$f'(x) = 25\,000 \cdot 0{,}05 \, e^{0{,}05x} = 1250 \, e^{0{,}05x}$
$f'(0) = 1250;\ f'(12) \approx 2277{,}65$
Die Einwohnerzahl nimmt im Jahr 2000 um ca. 1250 Personen pro Jahr zu, im Jahr 2012 um ca. 2278 Personen pro Jahr.

c) Berechnen Sie, wann der Ort 100 000 Einwohner hätte, wenn man davon ausgeht, dass die Einwohnerzahl sich auch über das Jahr 2012 hinaus mit der Funktion f berechnen lässt.
$25\,000 \cdot e^{0{,}05x} = 100\,000$
$e^{0{,}05x} = 4$
$0{,}05x = \ln(4)$
$x = 20 \cdot \ln(4) \approx 27{,}73$
Im Jahr 2028 hätte der Ort mehr als 100 000 Einwohner.

Arbeitsblatt – Check-out
Exponentialfunktionen

1. a) Bei welchen Funktionen handelt es sich um exponentielle Zunahme bzw. Abnahme?

$f_1(x) = 0{,}2 \cdot 3^{-x}$

$f_2(x) = 3 \cdot 0{,}5^x$

$f_3(x) = 5 \cdot \left(\frac{1}{2}\right)^{-2x}$

$f_4(x) = 0{,}8 \cdot 0{,}3^x$

b) Geben Sie eine Bedingung für exponentielle Abnahme der Funktionswerte von $f(x) = c \cdot a^x$ an:

2. Leiten Sie ab:

a) $f(x) = 3e^{2x}$

b) $f(x) = -2e^{-x}$

3. Lösen Sie die folgenden Gleichungen mithilfe des Logarithmus.

a) $e^x = 7$

b) $e^x = 0{,}56$

c) $e^x - 5 = 4$

d) $3e^x = 24$

e) $e^{2x} = 13$

f) $e^{-x} = 0{,}2$

g) $e^{2x+2} = 0{,}5$

h) $2 \cdot e^{-0{,}5x-1} = 5$

4. Die Funktion f mit $f(x) = 25\,000 \cdot e^{0{,}05x}$ gibt näherungsweise die Anzahl der Einwohner einer Kleinstadt für den Zeitraum vom Jahr 2000 bis zum Jahr 2012 an (x in Jahren; x = 0 entspricht dem Jahr 2000).

a) Berechnen Sie die Einwohnerzahl im Jahr 2000 und 2012.

b) Bestimmen Sie $f'(x)$, berechnen Sie $f'(0)$ sowie $f'(12)$ und erklären Sie die Bedeutung im Sachzusammenhang.

c) Berechnen Sie, wann der Ort 100 000 Einwohner hätte, wenn man davon ausgeht, dass die Einwohnerzahl sich auch über das Jahr 2012 hinaus mit der Funktion f berechnen lässt.

5. Stellen Sie jeweils eine Exponentialgleichung auf und lösen Sie die folgenden Aufgaben.

a) Ein Betrag von 1000 € soll zu einem Jahreszinssatz von 1,25 % bei einer Bank angelegt werden. Wie viele Jahre müsste man warten, damit das Guthaben auf das Doppelte angewachsen ist, wenn sich der Zinssatz nicht ändert und die jährlichen Zinsen auf dem Konto verbleiben?

b) Ein Auto eines bestimmten Herstellers verliert jährlich 16 % seines Wertes. Nach wie vielen Jahren ist es nur noch die Hälfte wert?

Arbeitsblatt – Check-out
Exponentialfunktionen
Lösung

1. a) Bei welchen Funktionen handelt es sich um exponentielle Zunahme bzw. Abnahme?

$f_1(x) = 0{,}2 \cdot 3^{-x}$ — Abnahme
$f_2(x) = 3 \cdot 0{,}5^x$ — Abnahme
$f_3(x) = 5 \cdot \left(\frac{1}{2}\right)^{-2x}$ — Zunahme
$f_4(x) = 0{,}8 \cdot 0{,}3^x$ — Abnahme

b) Geben Sie eine Bedingung für exponentielle Abnahme der Funktionswerte von $f(x) = c \cdot a^x$ an:
Abnahme liegt bei $0 < a < 1$ vor.

2. Leiten Sie ab:

a) $f(x) = 3e^{2x}$ $f'(x) = 6e^{2x}$

b) $f(x) = -2e^{-x}$ $f'(x) = 2e^{-x}$

3. Lösen Sie die folgenden Gleichungen mithilfe des Logarithmus.

a) $e^x = 7$
$x = \ln(7) \approx 1{,}95$

b) $e^x = 0{,}56$
$x = \ln(0{,}56) \approx -0{,}58$

c) $e^x - 5 = 4$
$e^x = 9$
$x = \ln(9) \approx 2{,}20$

d) $3e^x = 24$
$e^x = 8$
$x = \ln(8) \approx 2{,}08$

e) $e^{2x} = 13$
$2x = \ln(13)$
$x = \frac{1}{2}\ln(13) \approx 1{,}28$

f) $e^{-x} = 0{,}2$
$-x = \ln(0{,}2)$
$x = -\ln(0{,}2) \approx 1{,}61$

g) $e^{2x+2} = 0{,}5$
$2x + 2 = \ln(0{,}5)$
$2x = \ln(0{,}5) - 2$
$x = \frac{\ln(0{,}5)}{2} - 1$
$x \approx -1{,}35$

h) $2 \cdot e^{-0{,}5x-1} = 5$
$e^{-0{,}5x-1} = 2{,}5$
$-0{,}5x - 1 = \ln(2{,}5)$
$-0{,}5x = \ln(2{,}5) + 1$
$x = -2\ln(2{,}5) - 2 \approx -3{,}83$

4. Die Funktion f mit $f(x) = 25\,000 \cdot e^{0{,}05x}$ gibt näherungsweise die Anzahl der Einwohner einer Kleinstadt für den Zeitraum vom Jahr 2000 bis zum Jahr 2012 an (x in Jahren; x = 0 entspricht dem Jahr 2000).

a) Berechnen Sie die Einwohnerzahl im Jahr 2000 und 2012.
$f(0) = 25\,000$
Im Jahr 2000: 25 000 Einwohner
$f(12) \approx 45\,553$
Im Jahr 2012: 45 553 Einwohner

b) Bestimmen Sie f'(x), berechnen Sie f'(0) sowie f'(12) und erklären Sie die Bedeutung im Sachzusammenhang.
$f'(x) = 25\,000 \cdot 0{,}05\, e^{0{,}05x} = 1250\, e^{0{,}05x}$
$f'(0) = 1250$; $f'(12) \approx 2277{,}65$
Die Einwohnerzahl nimmt im Jahr 2000 um ca. 1250 Personen pro Jahr zu, im Jahr 2012 um ca. 2278 Personen pro Jahr.

c) Berechnen Sie, wann der Ort 100 000 Einwohner hätte, wenn man davon ausgeht, dass die Einwohnerzahl sich auch über das Jahr 2012 hinaus mit der Funktion f berechnen lässt.
$25\,000 \cdot e^{0{,}05x} = 100\,000$
$e^{0{,}05x} = 4$
$0{,}05x = \ln(4)$
$x = 20 \cdot \ln(4) \approx 27{,}73$
Im Jahr 2028 hätte der Ort mehr als 100 000 Einwohner.

5. Stellen Sie jeweils eine Exponentialgleichung auf und lösen Sie die folgenden Aufgaben.

a) Ein Betrag von 1000 € soll zu einem Jahreszinssatz von 1,25 % bei einer Bank angelegt werden. Wie viele Jahre müsste man warten, damit das Guthaben auf das Doppelte angewachsen ist, wenn sich der Zinssatz nicht ändert und die jährlichen Zinsen auf dem Konto verbleiben?
$f(x) = 1000 \cdot 1{,}0125^x$
Ansatz für Verdopplung: $2 = 1{,}0125^x$
$\Rightarrow x = \frac{\ln(2)}{\ln(1{,}0125)} \approx 55{,}8$
Man muss 56 Jahre warten.

b) Ein Auto eines bestimmten Herstellers verliert jährlich 16 % seines Wertes. Nach wie vielen Jahren ist es nur noch die Hälfte wert?
$f(x) = f(0) \cdot 0{,}84^x$
Ansatz für Halbierung: $\frac{1}{2} = 0{,}84^x$
$\Rightarrow x = \frac{\ln\left(\frac{1}{2}\right)}{\ln(0{,}84)} \approx 3{,}98$
Das Auto ist nach 4 Jahren nur noch die Hälfte wert.

Arbeitsblatt – Check-in
Integral

Checkliste	Das kann ich gut.	Ich bin noch unsicher.	Das kann ich nicht mehr.
1. Ich kann Sekanten- und Tangentensteigungen an einem Graphen berechnen und beschreiben, welche Bedeutung diese Steigungen im Sachzusammenhang haben.			
2. Ich kann den Graphen von f' skizzieren, wenn der von f bekannt ist.			
3. Ich kann aufgrund des Graphen der Ableitungsfunktion f' einen möglichen Graphen der zugehörigen Funktion f skizzieren.			
4. Ich kann Ableitungen nach den Ableitungsregeln (Summenregel, Produktregel, Kettenregel) berechnen.			

Überprüfen Sie Ihre Einschätzungen anhand der entsprechenden Aufgaben:

1. Die Funktion f mit $f(t) = 0{,}25\,t^2$ gibt näherungsweise an, wie viele Meter ein Zug in den ersten Sekunden nach dem Anfahren zurückgelegt hat. Zeichnen Sie die Sekante durch die Punkte $A(0\,|\,0)$ und $B(4\,|\,4)$ sowie die Tangente in $B(4\,|\,4)$ ein. Berechnen Sie die Steigung der beiden Geraden und erläutern Sie die Bedeutung dieser Steigung im Sachzusammenhang.

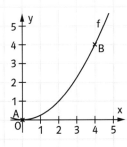

2. Skizzieren Sie in dem rechten Koordinatensystem den Graphen der Ableitungsfunktion f' zum Graphen von f.

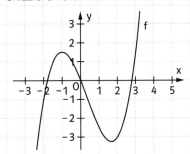 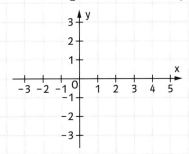

3. Skizzieren Sie in dem rechten Koordinatensystem den Graphen einer möglichen Funktion g zum Ableitungsgraphen g'.

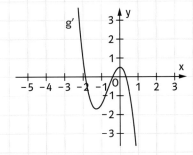 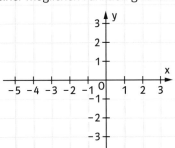

4. Bestimmen Sie jeweils die Ableitung f' der Funktion f.
   a) $f(x) = 0{,}5x^4 + 3x^3 + 2x + 10$; $f'(x) =$
   b) $f(x) = x \cdot e^x$; $f'(x) =$
   c) $f(x) = e^{-3x+11}$; $f'(x) =$
   d) $f(x) = (3x^2 - 3x) \cdot \sin(-4x + 1)$
      $f'(x) =$

Arbeitsblatt – Check-in
Integral
Lösung

Checkliste	Stichworte zum Nachschlagen
1. Ich kann Sekanten- und Tangentensteigungen an einem Graphen berechnen und beschreiben, welche Bedeutung diese Steigungen im Sachzusammenhang haben.	Tangente, Sekante, Gerade, lineare Funktion, Differenzenquotient, Ableitung, mittlere und momentane Änderungsrate
2. Ich kann den Graphen von f' skizzieren, wenn der von f bekannt ist.	Ableitung, momentane Änderungsrate, Tangentensteigung
3. Ich kann aufgrund des Graphen der Ableitungsfunktion f' einen möglichen Graphen der zugehörigen Funktion f skizzieren.	Ableitung, momentane Änderungsrate, Tangentensteigung
4. Ich kann Ableitungen nach den Ableitungsregeln (Summenregel, Produktregel, Kettenregel) berechnen.	Ableitungsregeln, Summenregel, Produktregel, Kettenregel, Quotientenregel

Überprüfen Sie Ihre Einschätzungen anhand der entsprechenden Aufgaben:

1. Die Funktion f mit $f(t) = 0{,}25\,t^2$ gibt näherungsweise an, wie viele Meter ein Zug in den ersten Sekunden nach dem Anfahren zurückgelegt hat. Zeichnen Sie die Sekante durch die Punkte $A(0|0)$ und $B(4|4)$ sowie die Tangente in $B(4|4)$ ein. Berechnen Sie die Steigung der beiden Geraden und erläutern Sie die Bedeutung dieser Steigung im Sachzusammenhang.
   Steigung der Sekante: $m_S = \frac{y_2 - y_1}{x_2 - x_1} = \frac{4-0}{4-0} = 1$
   Die Durchschnittsgeschwindigkeit des Zuges beträgt in den ersten 4 Sekunden 1 m/s.
   $f'(t) = 0{,}5\,t;\ f'(4) = 2$
   Die Geschwindigkeit zum Zeitpunkt $t = 4$ (also nach 4 Sekunden) beträgt 2 m/s.

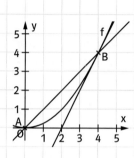

2. Skizzieren Sie in dem rechten Koordinatensystem den Graphen der Ableitungsfunktion f' zum Graphen von f.

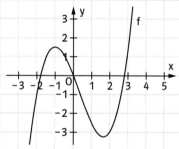 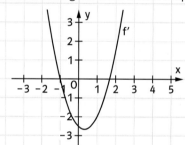

3. Skizzieren Sie in dem rechten Koordinatensystem den Graphen einer möglichen Funktion g zum Ableitungsgraphen g'.

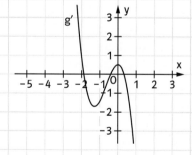 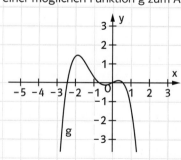

4. Bestimmen Sie jeweils die Ableitung f' der Funktion f.
   a) $f(x) = 0{,}5\,x^4 + 3x^3 + 2x + 10;\quad f'(x) = 2x^3 + 9x^2 + 2$
   b) $f(x) = x \cdot e^x;\quad f'(x) = 1 \cdot e^x + x \cdot e^x = (1+x) \cdot e^x$
   c) $f(x) = e^{-3x+11}\ ;\quad f'(x) = -3 \cdot e^{-3x+11}$
   d) $f(x) = (3x^2 - 3x) \cdot \sin(-4x+1)$
   $f'(x) = (6x - 3) \cdot \sin(-4x+1) + (3x^2 - 3x) \cdot \cos(-4x+1) \cdot (-4)$
   $= (6x - 3) \cdot \sin(-4x+1) - (12x^2 - 12x) \cdot \cos(-4x+1)$

Arbeitsblatt
Zusammenhang zwischen Stammfunktion und Ableitung

1. a) Definieren Sie, was man unter einer Stammfunktion versteht, und geben Sie drei Beispiele an.

   b) Begründen Sie, warum es zu einer gegebenen Funktion f keine eindeutig bestimmte Stammfunktion F gibt.

2. Welche Graphen stellen jeweils die Ableitung bzw. eine Stammfunktion von f, g, h bzw. i dar?
   Beachten Sie, dass nicht zu jedem Graphen die Ableitung bzw. eine Stammfunktion dargestellt ist.

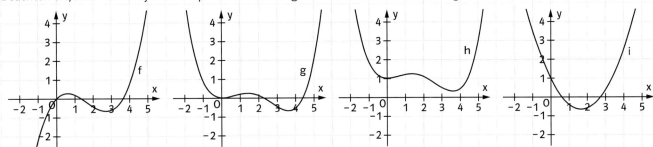

   Ableitung von f: _____ Stammfunktion(en) von f: _____
   Ableitung von g: _____ Stammfunktion(en) von g: _____
   Ableitung von h: _____ Stammfunktion(en) von h: _____
   Ableitung von i: _____ Stammfunktion(en) von i: _____

3. Welche Stammfunktion F gehört zur Funktion f? Ordnen Sie die Stammfunktionen zu, indem Sie F jeweils ableiten und mit den gegebenen Funktionen f vergleichen. Bei richtiger Zuordnung ergibt sich ein Lösungswort.

   (1) $f(x) = x \cdot e^x$ (2) $f(x) = 2x \cdot e^x$ (3) $f(x) = (x-1) \cdot e^x$ (4) $f(x) = 0{,}5x \cdot e^{2x}$ (5) $f(x) = x \cdot e^{2x}$

   (6) $f(x) = (2x+2) \cdot e^{2x}$ (7) $f(x) = (0{,}5x + 0{,}5) \cdot e^{2x}$ (8) $f(x) = x \cdot e^{-2x}$ (9) $f(x) = 2x \cdot e^{-2x}$

   (N) $F(x) = (-x - 0{,}5) \cdot e^{-2x}$ (S) $F(x) = (x-1) \cdot e^x$ (E) $F(x) = (0{,}25x - 0{,}125) \cdot e^{2x}$

   (A) $F(x) = (0{,}25x + 0{,}125) \cdot e^{2x}$ (M) $F(x) = (x + 0{,}5) \cdot e^{2x}$ (U) $F(x) = (2x - 2) \cdot e^x$

   (N) $F(x) = (-0{,}5x - 0{,}25) \cdot e^{-2x}$ (P) $F(x) = (x - 2) \cdot e^x$ (R) $F(x) = (0{,}5x - 0{,}25) \cdot e^{2x}$

   Lösungswort: _____

Arbeitsblatt
Zusammenhang zwischen Stammfunktion und Ableitung
Lösung

1. a) Definieren Sie, was man unter einer Stammfunktion versteht, und geben Sie drei Beispiele an.

F ist eine Stammfunktion von f, wenn gilt $F'(x) = f(x)$.

$F(x) = x^3$ ist eine Stammfunktion von $f(x) = 3x^2$, denn $F'(x) = 3x^2$.
$F(x) = x^3 + 48$ ist auch eine Stammfunktion von $f(x) = 3x^2$, denn $F'(x) = 3x^2$.
$F(x) = e^x$ ist eine Stammfunktion von $f(x) = e^x$, denn $F'(x) = e^x$.

b) Begründen Sie, warum es zu einer gegebenen Funktion f keine eindeutig bestimmte Stammfunktion F gibt.

Da beim Ableiten konstante Summanden wegfallen, ist $G(x) = F(x) + c$ ($c \in \mathbb{R}$) stets eine Stammfunktion von f, wenn F eine Stammfunktion von f ist. Beispiel: Zu f mit $f(x) = x^2$ sind alle Funktionen $F_c(x) = \frac{1}{3}x^3 + c$ mit $c \in \mathbb{R}$ Stammfunktionen.

2. Welche Graphen stellen jeweils die Ableitung bzw. eine Stammfunktion von f, g, h bzw. i dar?
Beachten Sie, dass nicht zu jedem Graphen die Ableitung bzw. eine Stammfunktion dargestellt ist.

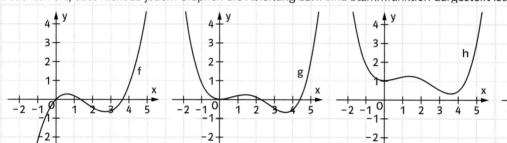

Ableitung von f:	Funktion i	Stammfunktion(en) von f:	Funktionen g und h
Ableitung von g:	Funktion f	Stammfunktion(en) von g:	ist nicht dargestellt
Ableitung von h:	Funktion f	Stammfunktion(en) von h:	ist nicht dargestellt
Ableitung von i:	ist nicht dargestellt	Stammfunktion(en) von i:	Funktion f

3. Welche Stammfunktion F gehört zur Funktion f? Ordnen Sie die Stammfunktionen zu, indem Sie F jeweils ableiten und mit den gegebenen Funktionen f vergleichen. Bei richtiger Zuordnung ergibt sich ein Lösungswort.

(1) $f(x) = x \cdot e^x$ (2) $f(x) = 2x \cdot e^x$ (3) $f(x) = (x-1) \cdot e^x$ (4) $f(x) = 0{,}5x \cdot e^{2x}$ (5) $f(x) = x \cdot e^{2x}$

(6) $f(x) = (2x+2) \cdot e^{2x}$ (7) $f(x) = (0{,}5x + 0{,}5) \cdot e^{2x}$ (8) $f(x) = x \cdot e^{-2x}$ (9) $f(x) = 2x \cdot e^{-2x}$

(N) $F(x) = (-x - 0{,}5) \cdot e^{-2x}$ (S) $F(x) = (x-1) \cdot e^x$ (E) $F(x) = (0{,}25x - 0{,}125) \cdot e^{2x}$

(A) $F(x) = (0{,}25x + 0{,}125) \cdot e^{2x}$ (M) $F(x) = (x + 0{,}5) \cdot e^{2x}$ (U) $F(x) = (2x-2) \cdot e^x$

(N) $F(x) = (-0{,}5x - 0{,}25) \cdot e^{-2x}$ (P) $F(x) = (x-2) \cdot e^x$ (R) $F(x) = (0{,}5x - 0{,}25) \cdot e^{2x}$

Lösungswort: S U P E R M A N N

Trainingsblatt
Skizzieren von Stammfunktionen

1. Vervollständigen Sie die folgenden Sätze.

Wenn die Funktion f an der Stelle x_0 eine Extremstelle hat, dann hat f' dort _____ .

Wenn die Funktion F an der Stelle x_0 eine Extremstelle hat, dann hat f dort _____ .

Wenn die Funktion f' an der Stelle x_0 die x-Achse schneidet, dann hat f dort _____ .

Wenn die Funktion f an der Stelle x_0 die x-Achse schneidet, dann hat F dort _____ .

Wenn der Graph von f' oberhalb der x-Achse verläuft, dann ist f in diesem Bereich _____ .

Wenn der Graph von f oberhalb der x-Achse verläuft, dann ist F in diesem Bereich _____ .

2. In der mittleren Spalte der Tabelle ist der Graph einer Funktion f gegeben. Skizzieren Sie links jeweils den Graphen der Ableitungsfunktion und rechts den Graphen einer möglichen Stammfunktion. Eine „qualitative" Skizze reicht aus, d.h. es reicht, in der Skizze zu berücksichtigen, wo f' bzw. F über/unter der x-Achse verlaufen und wo f' bzw. F ansteigen/fallen.

Trainingsblatt
Skizzieren von Stammfunktionen

Lösung

1. Vervollständigen Sie die folgenden Sätze.

Wenn die Funktion f an der Stelle x_0 eine Extremstelle hat, dann hat f' dort eine Nullstelle .

Wenn die Funktion F an der Stelle x_0 eine Extremstelle hat, dann hat f dort eine Nullstelle .

Wenn die Funktion f' an der Stelle x_0 die x-Achse schneidet, dann hat f dort eine Extremstelle .

Wenn die Funktion f an der Stelle x_0 die x-Achse schneidet, dann hat F dort eine Extremstelle .

Wenn der Graph von f' oberhalb der x-Achse verläuft, dann ist f in diesem Bereich streng monoton steigend .

Wenn der Graph von f oberhalb der x-Achse verläuft, dann ist F in diesem Bereich streng monoton steigend .

2. In der mittleren Spalte der Tabelle ist der Graph einer Funktion f gegeben. Skizzieren Sie links jeweils den Graphen der Ableitungsfunktion und rechts den Graphen einer möglichen Stammfunktion. Eine „qualitative" Skizze reicht aus, d.h. es reicht, in der Skizze zu berücksichtigen, wo f' bzw. F über/unter der x-Achse verlaufen und wo f' bzw. F ansteigen/fallen.

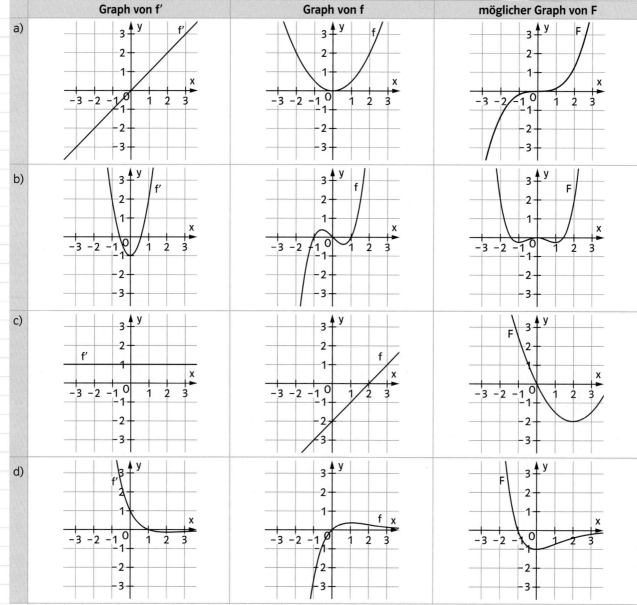

Trainingsblatt
Bestimmen von Stammfunktionen und Berechnung von Integralen

1. Geben Sie jeweils eine Stammfunktion an.

a) $f(x) = 3x^2 \Rightarrow F(x) =$ b) $f(x) = 5x^4 \Rightarrow F(x) =$

c) $f(x) = 3x^3 + x^2 \Rightarrow F(x) =$ d) $f(x) = \frac{7}{3}x^3 + \frac{4}{11}x^2 \Rightarrow F(x) =$

e) $f(x) = x^2 + x + 1 \Rightarrow F(x) =$ f) $f(x) = \frac{2}{7}x^3 + \frac{1}{3} \Rightarrow F(x) =$

2. Geben Sie jeweils eine Stammfunktion an.

a) $f(x) = \frac{1}{x^3} = x^{-3} \Rightarrow F(x) =$ b) $f(x) = \sqrt[3]{x} = x^{\frac{1}{3}} \Rightarrow F(x) =$

c) $f(x) = \sqrt[5]{x^7} = x^{\frac{7}{5}} \Rightarrow F(x) =$ d) $f(x) = \frac{1}{\sqrt{x}} = x^{-\frac{1}{2}} \Rightarrow F(x) =$

e) $f(x) = \frac{1}{x^5} = \Rightarrow F(x) =$ f) $f(x) = \sqrt[7]{x^4} = \Rightarrow F(x) =$

g) $f(x) = \sqrt{x} = \Rightarrow F(x) =$ h) $f(x) = \sqrt[4]{\frac{1}{x^5}} = \Rightarrow F(x) =$

i) $f(x) = e^x + 4 \Rightarrow F(x) =$ j) $f(x) = \frac{1}{3}e^x - 12x \Rightarrow F(x) =$

k) $f(x) = \cos(x) \Rightarrow F(x) =$ l) $f(x) = \sin(x) \Rightarrow F(x) =$

m) $f(x) = 3\cos(x) - x \Rightarrow F(x) =$ n) $f(x) = 5\sin(x) + \frac{\cos(x)}{3} \Rightarrow F(x) =$

3. Geben Sie jeweils eine Stammfunktion an.

a) $f(x) = (2x+2)^4 \Rightarrow F(x) = \frac{1}{2} \cdot \frac{1}{5} \cdot (\quad)^5 =$

b) $f(x) = (5x+2)^3 \Rightarrow F(x) =$

c) $f(x) = \left(\frac{5}{7}x + 3\right)^4 \Rightarrow F(x) =$

d) $f(x) = e^{4x} \Rightarrow F(x) =$

e) $f(x) = 3e^{2x-2} + x^3 \Rightarrow F(x) =$

f) $f(x) = \frac{1}{x^2} + (-5x-10)^7 \Rightarrow F(x) =$

4. Berechnen Sie die folgenden Integrale.

a) $\int_{1}^{2} (x^3 + 2x^2 + 1)\,dx = \left[\frac{1}{4}x^4 + \frac{2}{3}x^3 + x\right]_{1}^{2} = \left(\frac{1}{4} \cdot \quad + \frac{2}{3} \cdot \quad + \quad\right) - \left(\frac{1}{4} \cdot \quad + \frac{2}{3} \cdot \quad + \quad\right) =$

b) $\int_{0}^{1} (2x^4 - 3x + 4)\,dx =$

c) $\int_{2}^{3} \left(\frac{1}{5}x^3 + \frac{1}{7}x^2 + 11\right)dx =$

d) $\int_{3}^{4} \left(\frac{1}{x^2} + \frac{1}{x^3}\right)dx =$

e) $\int_{0}^{2} (2x+3)^2\,dx =$

f) $\int_{1}^{3} (x + \cos(x))\,dx =$

Trainingsblatt
Bestimmen von Stammfunktionen und Berechnung von Integralen — Lösung

1. Geben Sie jeweils eine Stammfunktion an.

a) $f(x) = 3x^2 \Rightarrow F(x) = x^3$

b) $f(x) = 5x^4 \Rightarrow F(x) = x^5$

c) $f(x) = 3x^3 + x^2 \Rightarrow F(x) = \frac{3}{4}x^4 + \frac{1}{3}x^3$

d) $f(x) = \frac{7}{3}x^3 + \frac{4}{11}x^2 \Rightarrow F(x) = \frac{7}{12}x^4 + \frac{4}{33}x^3$

e) $f(x) = x^2 + x + 1 \Rightarrow F(x) = \frac{1}{3}x^3 + \frac{1}{2}x^2 + x$

f) $f(x) = \frac{2}{7}x^3 + \frac{1}{3} \Rightarrow F(x) = \frac{1}{14}x^4 + \frac{1}{3}x$

2. Geben Sie jeweils eine Stammfunktion an.

a) $f(x) = \frac{1}{x^3} = x^{-3} \Rightarrow F(x) = -\frac{1}{2}x^{-2} = -\frac{1}{2x^2}$

b) $f(x) = \sqrt[3]{x} = x^{\frac{1}{3}} \Rightarrow F(x) = \frac{3}{4}x^{\frac{4}{3}} = \frac{3}{4}\sqrt[3]{x^4}$

c) $f(x) = \sqrt[5]{x^7} = x^{\frac{7}{5}} \Rightarrow F(x) = \frac{5}{12}x^{\frac{12}{5}} = \frac{5}{12}\sqrt[5]{x^{12}}$

d) $f(x) = \frac{1}{\sqrt{x}} = x^{-\frac{1}{2}} \Rightarrow F(x) = 2x^{\frac{1}{2}} = 2\cdot\sqrt{x}$

e) $f(x) = \frac{1}{x^5} = x^{-5} \Rightarrow F(x) = -\frac{1}{4}x^{-4} = -\frac{1}{4x^4}$

f) $f(x) = \sqrt[7]{x^4} = x^{\frac{4}{7}} \Rightarrow F(x) = \frac{7}{11}x^{\frac{11}{7}} = \frac{7}{11}\sqrt[7]{x^{11}}$

g) $f(x) = \sqrt{x} = x^{\frac{1}{2}} \Rightarrow F(x) = \frac{2}{3}x^{\frac{3}{2}} = \frac{2}{3}\sqrt{x^3}$

h) $f(x) = \sqrt[4]{\frac{1}{x^5}} = x^{-\frac{5}{4}} \Rightarrow F(x) = -4x^{-\frac{1}{4}} = -4\cdot\frac{1}{\sqrt[4]{x}}$

i) $f(x) = e^x + 4 \Rightarrow F(x) = e^x + 4x$

j) $f(x) = \frac{1}{3}e^x - 12x \Rightarrow F(x) = \frac{1}{3}e^x - 6x^2$

k) $f(x) = \cos(x) \Rightarrow F(x) = \sin(x)$

l) $f(x) = \sin(x) \Rightarrow F(x) = -\cos(x)$

m) $f(x) = 3\cos(x) - x \Rightarrow F(x) = 3\sin(x) - \frac{1}{2}x^2$

n) $f(x) = 5\sin(x) + \frac{\cos(x)}{3} \Rightarrow F(x) = -5\cos(x) + \frac{\sin(x)}{3}$

3. Geben Sie jeweils eine Stammfunktion an.

a) $f(x) = (2x+2)^4 \Rightarrow F(x) = \frac{1}{2}\cdot\frac{1}{5}\cdot(2x+2)^5 = \frac{1}{10}(2x+2)^5$

b) $f(x) = (5x+2)^3 \Rightarrow F(x) = \frac{1}{5}\cdot\frac{1}{4}(5x+2)^4 = \frac{1}{20}(5x+2)^4$

c) $f(x) = \left(\frac{5}{7}x+3\right)^4 \Rightarrow F(x) = \frac{7}{5}\cdot\frac{1}{5}\left(\frac{5}{7}x+3\right)^5 = \frac{7}{25}\left(\frac{5}{7}x+3\right)^5$

d) $f(x) = e^{4x} \Rightarrow F(x) = \frac{1}{4}e^{4x}$

e) $f(x) = 3e^{2x-2} + x^3 \Rightarrow F(x) = \frac{3}{2}e^{2x-2} + \frac{1}{4}x^4$

f) $f(x) = \frac{1}{x^2} + (-5x-10)^7 \Rightarrow F(x) = -x^{-1} + \frac{1}{-5}\cdot\frac{1}{8}\cdot(-5x-10)^8 = -\frac{1}{x} - \frac{1}{40}\cdot(-5x-10)^8$

4. Berechnen Sie die folgenden Integrale.

a) $\int_1^2 (x^3 + 2x^2 + 1)\,dx = \left[\frac{1}{4}x^4 + \frac{2}{3}x^3 + x\right]_1^2 = \left(\frac{1}{4}\cdot 2^4 + \frac{2}{3}\cdot 2^3 + 2\right) - \left(\frac{1}{4}\cdot 1^4 + \frac{2}{3}\cdot 1^3 + 1\right) = \frac{113}{12}$

b) $\int_0^1 (2x^4 - 3x + 4)\,dx = \left[\frac{2}{5}x^5 - \frac{3}{2}x^2 + 4x\right]_0^1 = \left(\frac{2}{5}\cdot 1^5 - \frac{3}{2}\cdot 1^2 + 4\cdot 1\right) - 0 = \frac{29}{10} = 2{,}9$

c) $\int_2^3 \left(\frac{1}{5}x^3 + \frac{1}{7}x^2 + 11\right)dx = \left[\frac{1}{20}x^4 + \frac{1}{21}x^3 + 11x\right]_2^3 = \left(\frac{1}{20}\cdot 3^4 + \frac{1}{21}\cdot 3^3 + 11\cdot 3\right) - \left(\frac{1}{20}\cdot 2^4 + \frac{1}{21}\cdot 2^3 + 11\cdot 2\right) = \frac{1273}{84}$

d) $\int_3^4 \left(\frac{1}{x^2} + \frac{1}{x^3}\right)dx = \int_3^4 (x^{-2} + x^{-3})\,dx = \left[-x^{-1} + \frac{1}{-2}x^{-2}\right]_3^4 = \left[-\frac{1}{x} - \frac{1}{2x^2}\right]_3^4 = \left(-\frac{1}{4} - \frac{1}{2\cdot 4^2}\right) - \left(-\frac{1}{3} - \frac{1}{2\cdot 3^2}\right) = \frac{31}{288}$

e) $\int_0^2 (2x+3)^2\,dx = \left[\frac{1}{2}\cdot\frac{1}{3}\cdot(2x+3)^3\right]_0^2 = \left[\frac{1}{6}\cdot(2x+3)^3\right]_0^2 = \frac{1}{6}\cdot(2\cdot 2+3)^3 - \frac{1}{6}\cdot(2\cdot 0+3)^3 = \frac{158}{3}$

f) $\int_1^3 (x + \cos(x))\,dx = \left[\frac{1}{2}x^2 + \sin(x)\right]_1^3 = \left(\frac{1}{2}\cdot 3^2 + \sin(3)\right) - \left(\frac{1}{2}\cdot 1^2 + \sin(1)\right) \approx 3{,}2996$

Trainingsblatt
Flächeninhalt berechnen

1. Berechnen Sie den Inhalt der gefärbten Fläche. Die ganzzahligen Grenzen des Integrals können der Zeichnung entnommen werden.

a)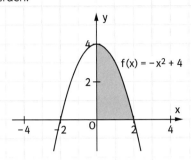

$$A = \int_0^2 (-x^2 + 4)\,dx = \left[-\frac{1}{3}x^3 + 4x\right]_0^2$$

$=$

b)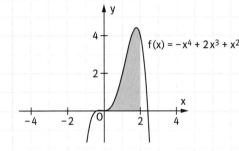

$A =$

c)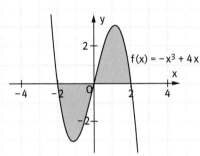

$$A_1 = \left|\int_{-2}^0 (-x^3 + 4x)\,dx\right| = \left|\left[\right]_0^{-2}\right|$$

$=$

$A_2 =$

$A_{gesamt} = A_1 + A_2 =$

d)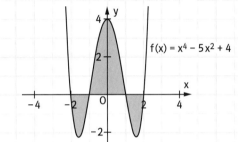

2. Berechnen Sie jeweils den Inhalt der von den beiden Graphen eingeschlossenen Fläche. Die Schnittpunkte können dem Graphen entnommen werden und brauchen nicht berechnet zu werden.

a)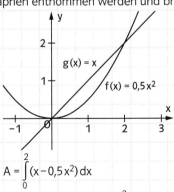

$$A = \int_0^2 (x - 0{,}5x^2)\,dx$$

$$= \left[\right]_0^2$$

$=$

b)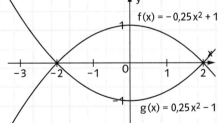

c)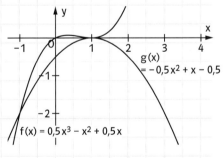

Trainingsblatt
Flächeninhalt berechnen — Lösung

1. Berechnen Sie den Inhalt der gefärbten Fläche. Die ganzzahligen Grenzen des Integrals können der Zeichnung entnommen werden.

a)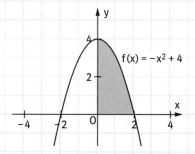

$$A = \int_0^2 (-x^2 + 4)\,dx = \left[-\tfrac{1}{3}x^3 + 4x\right]_0^2$$

$$= \left(-\tfrac{1}{3}\cdot 2^3 + 4\cdot 2\right) - \left(-\tfrac{1}{3}\cdot 0^3 + 4\cdot 0\right) = \tfrac{16}{3}$$

b)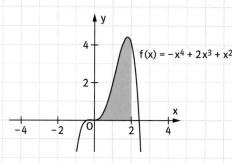

$$A = \int_0^2 (-x^4 + 2x^3 + x^2)\,dx = \left[-\tfrac{1}{5}x^5 + \tfrac{1}{2}x^4 + \tfrac{1}{3}x^3\right]_0^2$$

$$= \left(-\tfrac{1}{5}\cdot 2^5 + \tfrac{1}{2}\cdot 2^4 + \tfrac{1}{3}\cdot 2^3\right) - 0 = \tfrac{64}{15}$$

c)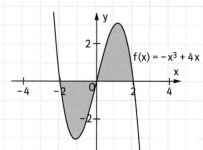

$$A_1 = \left|\int_{-2}^{0} (-x^3 + 4x)\,dx\right| = \left|\left[-\tfrac{1}{4}x^4 + 2x^2\right]_{-2}^{0}\right|$$

$$= \left|0 - \left(-\tfrac{1}{4}\cdot(-2)^4 + 2\cdot(-2)^2\right)\right| = 4$$

$A_2 = A_1$ (aus Symmetriegründen)

$A_{gesamt} = A_1 + A_2 = 4 + 4 = 8$

d)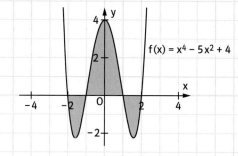

$$A_1 = \left|\int_{-2}^{-1} f(x)\,dx\right| = \left|\left[\tfrac{1}{5}x^5 - \tfrac{5}{3}x^3 + 4x\right]_{-2}^{-1}\right|$$

$$= \left|\left(-\tfrac{1}{5} + \tfrac{5}{3} - 4\right) - \left(-\tfrac{32}{5} + \tfrac{40}{3} - 8\right)\right| = \tfrac{22}{15}$$

$$A_2 = \int_{-1}^{0} f(x)\,dx = \left[\tfrac{1}{5}x^5 - \tfrac{5}{3}x^3 + 4x\right]_{-1}^{0} = 0 - \left(-\tfrac{1}{5} + \tfrac{5}{3} - 4\right) = \tfrac{38}{15}$$

$A_{gesamt} = 2\cdot A_1 + 2\cdot A_2 = 8$

2. Berechnen Sie jeweils den Inhalt der von den beiden Graphen eingeschlossenen Fläche. Die Schnittpunkte können dem Graphen entnommen werden und brauchen nicht berechnet zu werden.

a)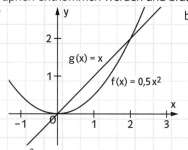

$$A = \int_0^2 (x - 0{,}5x^2)\,dx$$

$$= \left[\tfrac{1}{2}x^2 - \tfrac{1}{6}x^3\right]_0^2$$

$$= \tfrac{1}{2}\cdot 2^2 - \tfrac{1}{6}\cdot 2^3 - 0 = \tfrac{2}{3}$$

b)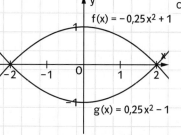

$$A = \left|\int_{-2}^{2} (0{,}25x^2 - 1 - (-0{,}25x^2 + 1))\,dx\right|$$

$$= \left|\int_{-2}^{2} (0{,}5x^2 - 2)\,dx\right|$$

$$= \left|\left[\tfrac{1}{6}x^3 - 2x\right]_{-2}^{2}\right| = \left|\left(\tfrac{8}{6} - 4\right) - \left(-\tfrac{8}{6} + 4\right)\right|$$

$$= \left|-\tfrac{8}{3} - \tfrac{8}{3}\right| = \tfrac{16}{3}$$

c)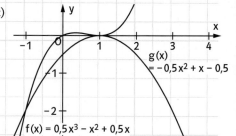

$$A = \int_{-1}^{1}\left(\tfrac{1}{2}x^3 - x^2 + \tfrac{1}{2}x - \left(-\tfrac{1}{2}x^2 + x - 0{,}5\right)\right)dx$$

$$= \int_{-1}^{1}\left(\tfrac{1}{2}x^3 - \tfrac{1}{2}x^2 - \tfrac{1}{2}x + \tfrac{1}{2}\right)dx$$

$$= \left[\tfrac{1}{8}x^4 - \tfrac{1}{6}x^3 - \tfrac{1}{4}x^2 + \tfrac{1}{2}x\right]_{-1}^{1}$$

$$= \left(\tfrac{1}{8} - \tfrac{1}{6} - \tfrac{1}{4} + \tfrac{1}{2}\right) - \left(\tfrac{1}{8} + \tfrac{1}{6} - \tfrac{1}{4} - \tfrac{1}{2}\right) = \tfrac{2}{3}$$

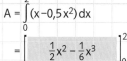

Arbeitsblatt
Unbegrenzte Flächen

1. Berechnen Sie die folgenden Integrale auf mindestens 8 Stellen hinter dem Komma genau.

$\int_{-2}^{0} e^x \, dx =$

$\int_{-5}^{0} e^x \, dx =$

$\int_{-10}^{0} e^x \, dx =$

$\int_{-15}^{0} e^x \, dx =$

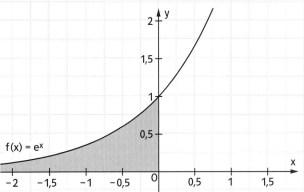

Der Flächeninhalt wird immer _____, wenn die untere Grenze des Integrals nach links verschoben wird.
Die berechneten Flächeninhalte sind jeweils kleiner als _____.

2. Zur Untersuchung des nach links nicht begrenzten Flächeninhalts unterhalb des Graphen von f mit $f(x) = e^x$ setzt man zunächst in der Rechnung für die untere Grenze eine Variable z ein. Anschließend berechnet man das Integral, überlegt, ob es einen Grenzwert für $z \to -\infty$ gibt, und bestimmt ihn gegebenenfalls. Dieser entspricht dem Flächeninhalt der unbegrenzten Fläche.

$A(z) = \int_{z}^{0} e^x \, dx =$

Für $z \to -\infty$ erhält man:

3. Die Graphen der angegebenen Funktion begrenzen mit der x-Achse auf dem Intervall [1; z] jeweils eine Fläche. Untersuchen Sie jeweils, ob der zugehörige Flächeninhalt A für $z \to \infty$ endlich ist. Geben Sie ggf. A an.

   a) $f(x) = \frac{3}{x^2}$; $A(z) = \int_{1}^{z} \frac{3}{x^2} dx = \int_{1}^{z} 3x^{-2} dx = [-3x^{-1}]_{1}^{z} = \left[-\frac{3}{x}\right]_{1}^{z} =$

   Für $z \to \infty$ erhält man:

   b) $f(x) = \frac{1}{\sqrt[3]{x}}$; $A(z) = \int_{1}^{z} \frac{1}{\sqrt[3]{x}} dx = \int_{1}^{z} x^{-\frac{1}{3}} dx =$

   Für $z \to \infty$ erhält man:

   c) $f(x) = \frac{1}{x^5}$; $A(z) = \int_{1}^{z} \frac{1}{x^5} dx =$

   Für $z \to \infty$ erhält man:

   d) $f(x) = \frac{5}{x^6}$; $A(z) =$

   Für $z \to \infty$ erhält man:

   e) $f(x) = e^{-2x}$; $A(z) =$

   Für $z \to \infty$ erhält man:

Arbeitsblatt
Unbegrenzte Flächen

Lösung

1. Berechnen Sie die folgenden Integrale auf mindestens 8 Stellen hinter dem Komma genau.

$$\int_{-2}^{0} e^x \, dx = [e^x]_{-2}^{0} = e^0 - e^{-2} = 1 - e^{-2} \approx 0{,}864\,664\,716\,8$$

$$\int_{-5}^{0} e^x \, dx = [e^x]_{-5}^{0} = e^0 - e^{-5} = 1 - e^{-5} \approx 0{,}993\,262\,053$$

$$\int_{-10}^{0} e^x \, dx = [e^x]_{-10}^{0} = e^0 - e^{-10} = 1 - e^{-10} \approx 0{,}999\,954\,600\,1$$

$$\int_{-15}^{0} e^x \, dx = [e^x]_{-15}^{0} = e^0 - e^{-15} = 1 - e^{-15} \approx 0{,}999\,999\,694\,1$$

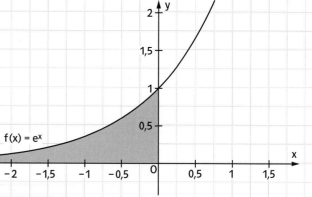

Der Flächeninhalt wird immer **größer**, wenn die untere Grenze des Integrals nach links verschoben wird.
Die berechneten Flächeninhalte sind jeweils kleiner als **1**.

2. Zur Untersuchung des nach links nicht begrenzten Flächeninhalts unterhalb des Graphen von f mit $f(x) = e^x$ setzt man zunächst in der Rechnung für die untere Grenze eine Variable z ein. Anschließend berechnet man das Integral, überlegt, ob es einen Grenzwert für $z \to -\infty$ gibt, und bestimmt ihn gegebenenfalls. Dieser entspricht dem Flächeninhalt der unbegrenzten Fläche.

$$A(z) = \int_{z}^{0} e^x \, dx = [e^x]_{z}^{0} = e^0 - e^z = 1 - e^z$$

Für $z \to -\infty$ erhält man: A = 1, denn für $z \to -\infty$ gilt $e^z \to 0$.

3. Die Graphen der angegebenen Funktion begrenzen mit der x-Achse auf dem Intervall [1; z] jeweils eine Fläche. Untersuchen Sie jeweils, ob der zugehörige Flächeninhalt A für $z \to \infty$ endlich ist. Geben Sie ggf. A an.

a) $f(x) = \frac{3}{x^2}$; $A(z) = \int_{1}^{z} \frac{3}{x^2} dx = \int_{1}^{z} 3x^{-2} dx = [-3x^{-1}]_{1}^{z} = \left[-\frac{3}{x}\right]_{1}^{z} = -\frac{3}{z} - \left(-\frac{3}{1}\right) = -\frac{3}{z} + 3$

Für $z \to \infty$ erhält man: A = 3, denn für $z \to \infty$ gilt $-\frac{3}{z} \to 0$.

b) $f(x) = \frac{1}{\sqrt[3]{x}}$; $A(z) = \int_{1}^{z} \frac{1}{\sqrt[3]{x}} dx = \int_{1}^{z} x^{-\frac{1}{3}} dx = \left[\frac{3}{2} x^{\frac{2}{3}}\right]_{1}^{z} = \frac{3}{2} z^{\frac{2}{3}} - \frac{3}{2} \cdot 1^{\frac{2}{3}} = \frac{3}{2} \sqrt[3]{z^2} - \frac{3}{2}$

Für $z \to \infty$ erhält man: $A(z) \to \infty$, denn für $z \to \infty$ gilt $\frac{3}{2} \sqrt[3]{z^2} \to \infty$.

c) $f(x) = \frac{1}{x^5}$; $A(z) = \int_{1}^{z} \frac{1}{x^5} dx = \int_{1}^{z} x^{-5} dx = \left[-\frac{1}{4} x^{-4}\right]_{1}^{z} = \left[-\frac{1}{4} z^{-4} + \frac{1}{4} \cdot 1^{-4}\right] = \frac{1}{4} - \frac{1}{4} \cdot \frac{1}{z^4}$

Für $z \to \infty$ erhält man: $A = \frac{1}{4}$, denn für $z \to \infty$ gilt $-\frac{1}{4} \cdot \frac{1}{z^4} \to 0$.

d) $f(x) = \frac{5}{x^6}$; $A(z) = \int_{1}^{z} 5x^{-6} dx = [-x^{-5}]_{1}^{z} = -z^{-5} + 1^{-5} = 1 - \frac{1}{z^5}$

Für $z \to \infty$ erhält man: A = 1, denn für $z \to \infty$ gilt $\frac{1}{z^5} \to 0$.

e) $f(x) = e^{-2x}$; $A(z) = \int_{1}^{z} e^{-2x} dx = \left[-\frac{1}{2} e^{-2x}\right]_{1}^{z} = -\frac{1}{2} e^{-2z} + \frac{1}{2} e^{-2}$

Für $z \to \infty$ erhält man: $A = \frac{1}{2} e^{-2}$, denn für $z \to \infty$ gilt $-\frac{1}{2} e^{-2z} \to 0$.

Trainingsblatt
Anwendungsaufgaben zur Integralrechnung

Wenn eine Funktion f die Änderungsrate angibt, so kann man mithilfe des Integrals die sogenannte Wirkung berechnen, d.h. das, was die Änderungsrate bewirkt.
Tipp: Wenn man die Einheiten der Achsen multipliziert, erhält man die passende Einheit des Integrals und kann damit die Bedeutung des Integrals im Anwendungskontext leicht erkennen.

1. Berechnen Sie jeweils die Integrale und erklären Sie die Bedeutung im Kontext.

    a) Die Funktion f mit
    $f(x) = -0{,}4x^3 + 0{,}5x^2 + 2x + 15$ gibt
    für $0 \leq x \leq 3$ näherungsweise die
    Geschwindigkeit eines Radfahrers
    in km/h nach x Stunden an.

    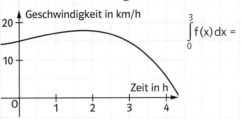

    $\int_0^3 f(x)\,dx =$

    Bedeutung des berechneten Integrals im Kontext:

    b) Die Funktion f mit $f(x) = -\frac{x^2}{4} + 5x$
    gibt für $0 \leq x \leq 20$ näherungswei-
    se die Wachstumsgeschwindigkeit
    in mm/Tag einer Pflanze nach x
    Tagen an.

    $\int_0^{20} f(x)\,dx =$

    Bedeutung des berechneten Integrals im Kontext:

    c) Für $0 \leq x \leq 12$ beschreibt die Funk-
    tion f mit
    $f(x) = 0{,}01x^3 - 0{,}7x^2 + 11x + 50$
    näherungsweise die Anzahl der
    Neuinfektionen einer Tierkrank-
    heit pro Monat, wobei $x = 0$ dem
    Januar 2011 entspricht.

    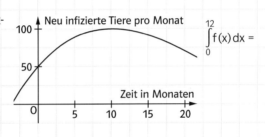

    $\int_0^{12} f(x)\,dx =$

    Bedeutung des berechneten Integrals im Kontext:

    d) Die Funktion f mit
    $f(x) = -x^3 + 10x^2 - 20x$ gibt für
    $0 \leq x \leq 8$ näherungsweise an, wie
    sich die Wasserhöhe eines Stau-
    sees verändert (x in Stunden, f(x)
    in mm pro Stunde). Zum Zeitpunkt
    $x = 0$ beträgt die Wasserhöhe 5 m.

    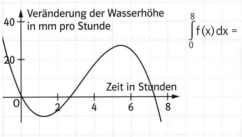

    $\int_0^8 f(x)\,dx =$

    Bedeutung des berechneten Integrals im Kontext:

2. Berechnen Sie für die Funktionen aus Aufgabe 1 jeweils den gesuchten Mittelwert.

    a) Durchschnittliche Geschwindigkeit des Radfahrers in
    den ersten 3 Stunden:

    $\frac{1}{3-0} \int_0^3 f(x)\,dx = \qquad =$

    b) Mittlere Wachstumsgeschwindigkeit der Pflanze
    während der ersten 20 Tage:

    c) Mittlere Anzahl an Neuinfektionen pro Monat in dem
    betrachteten Zeitraum von einem Jahr:

    d) Mittlere Höhenzunahme des Wasserpegels während
    der betrachteten 8 Stunden:

Trainingsblatt
Anwendungsaufgaben zur Integralrechnung — Lösung

Wenn eine Funktion f die Änderungsrate angibt, so kann man mithilfe des Integrals die sogenannte Wirkung berechnen, d.h. das, was die Änderungsrate bewirkt.

Tipp: Wenn man die Einheiten der Achsen multipliziert, erhält man die passende Einheit des Integrals und kann damit die Bedeutung des Integrals im Anwendungskontext leicht erkennen.

1. Berechnen Sie jeweils die Integrale und erklären Sie die Bedeutung im Kontext.

a) Die Funktion f mit
$f(x) = -0{,}4x^3 + 0{,}5x^2 + 2x + 15$ gibt
für $0 \le x \le 3$ näherungsweise die
Geschwindigkeit eines Radfahrers
in km/h nach x Stunden an.

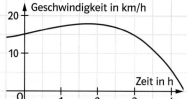

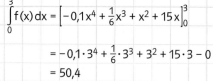

$$\int_0^3 f(x)\,dx = \left[-0{,}1x^4 + \tfrac{1}{6}x^3 + x^2 + 15x\right]_0^3$$
$$= -0{,}1 \cdot 3^4 + \tfrac{1}{6} \cdot 3^3 + 3^2 + 15 \cdot 3 - 0$$
$$= 50{,}4$$

Bedeutung des berechneten Integrals im Kontext: Gefahrene Strecke in km innerhalb von 3 h.

b) Die Funktion f mit $f(x) = -\tfrac{x^2}{4} + 5x$
gibt für $0 \le x \le 20$ näherungsweise die Wachstumsgeschwindigkeit in mm/Tag einer Pflanze nach x Tagen an.

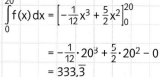

$$\int_0^{20} f(x)\,dx = \left[-\tfrac{1}{12}x^3 + \tfrac{5}{2}x^2\right]_0^{20}$$
$$= -\tfrac{1}{12} \cdot 20^3 + \tfrac{5}{2} \cdot 20^2 - 0$$
$$= 333{,}\overline{3}$$

Bedeutung des berechneten Integrals im Kontext: Die Pflanze ist innerhalb von 20 Tagen um ca. 333 mm, d.h. 33,3 cm gewachsen.

c) Für $0 \le x \le 12$ beschreibt die Funktion f mit
$f(x) = 0{,}01x^3 - 0{,}7x^2 + 11x + 50$
näherungsweise die Anzahl der
Neuinfektionen einer Tierkrankheit pro Monat, wobei $x = 0$ dem Januar 2011 entspricht.

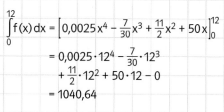

$$\int_0^{12} f(x)\,dx = \left[0{,}0025x^4 - \tfrac{7}{30}x^3 + \tfrac{11}{2}x^2 + 50x\right]_0^{12}$$
$$= 0{,}0025 \cdot 12^4 - \tfrac{7}{30} \cdot 12^3 + \tfrac{11}{2} \cdot 12^2 + 50 \cdot 12 - 0$$
$$= 1040{,}64$$

Bedeutung des berechneten Integrals im Kontext: Es wurden insgesamt innerhalb von 12 Monaten etwa 1040 Tiere infiziert.

d) Die Funktion f mit
$f(x) = -x^3 + 10x^2 - 20x$ gibt für
$0 \le x \le 8$ näherungsweise an, wie
sich die Wasserhöhe eines Stausees verändert (x in Stunden, f(x)
in mm pro Stunde). Zum Zeitpunkt
$x = 0$ beträgt die Wasserhöhe 5 m.

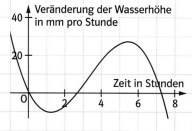

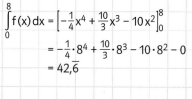

$$\int_0^8 f(x)\,dx = \left[-\tfrac{1}{4}x^4 + \tfrac{10}{3}x^3 - 10x^2\right]_0^8$$
$$= -\tfrac{1}{4} \cdot 8^4 + \tfrac{10}{3} \cdot 8^3 - 10 \cdot 8^2 - 0$$
$$= 42{,}\overline{6}$$

Bedeutung des berechneten Integrals im Kontext: Der Wasserstand ist innerhalb von 8 Stunden um etwa 42,7 mm (also ca. 4,27 cm) gestiegen.

2. Berechnen Sie für die Funktionen aus Aufgabe 1 jeweils den gesuchten Mittelwert.

a) Durchschnittliche Geschwindigkeit des Radfahrers in den ersten 3 Stunden:
$$\tfrac{1}{3-0}\int_0^3 f(x)\,dx = \tfrac{1}{3} \cdot 50{,}4 = 16{,}8$$

b) Mittlere Wachstumsgeschwindigkeit der Pflanze während der ersten 20 Tage:
$$\tfrac{1}{20}\int_0^{20} f(x)\,dx = \tfrac{1}{20} \cdot 333{,}\overline{3} \approx 16{,}67$$

c) Mittlere Anzahl an Neuinfektionen pro Monat in dem betrachteten Zeitraum von einem Jahr:
$$\tfrac{1}{12}\int_0^{12} f(x)\,dx = \tfrac{1}{12} \cdot 1040{,}64 = 86{,}72$$

d) Mittlere Höhenzunahme des Wasserpegels während der betrachteten 8 Stunden:
$$\tfrac{1}{8}\int_0^8 f(x)\,dx = \tfrac{1}{8} \cdot 42{,}\overline{6} \approx 5{,}33$$

Trainingsblatt
Partielle Integration (Produktintegration)

1. Die Ableitungen linearer Funktionen sind konstant. Die Stammfunktionen von Exponential-, Sinus- und Kosinusfunktion sind bekannt. Daher wählt man die Funktionen für die Produktintegration am besten so, dass im verbleibenden Integral nur die konstante Ableitung und die trigonometrische Funktion bzw. die Exponentialfunktion stehen.

a) $\int_0^1 (3x-1) \cdot e^{2x} dx$

Ansatz: $g'(x) = e^{2x}$ und $h(x) = 3x - 1$ Hieraus folgt: $g(x) = \frac{1}{2}e^{2x}$ und $h'(x) = 3$

Einsetzen in die Formel der Produktintegration ergibt:

$\int_0^1 \underbrace{(3x-1)}_{h} \cdot \underbrace{e^{2x}}_{g'} dx = \left[\underbrace{}_{h} \cdot \underbrace{}_{g} \right]_0^1 - \int_0^1 \underbrace{}_{h'} \cdot \underbrace{}_{g} dx$

=

b) $\int_0^1 4x \cdot e^x dx$ Ansatz: $g'(x) =$ und $h(x) =$; also $g(x) =$ und $h'(x) =$

$\int_0^1 4x \cdot e^x dx =$

c) $\int_0^2 (-2x + 3) \cdot e^{3x} dx$

d) $\int_0^\pi 2x \cdot \sin(x) dx$ Ansatz: $g'(x) = \sin(x)$ und $h(x) = 2x$;   also $g(x) =$ und $h'(x) =$

$\int_0^\pi 2x \cdot \sin(x) dx =$

e) $\int_0^{2\pi} (-3x + 7) \cdot \cos(2x) dx$

2. Beim Produkt aus einer ganzrationalen Funktion und einer Logarithmusfunktion ist es günstig, wenn im verbleibenden Integral die Ableitung der Logarithmusfunktion steht, da dann gekürzt werden kann.

a) $\int_1^e x \cdot \ln(x) dx$ Ansatz: $g'(x) = x$ und $h(x) = \ln(x)$;   also $g(x) =$ und $h'(x) =$

$\int_1^e x \cdot \ln(x) dx =$

b) $\int_2^3 2x^2 \cdot \ln(x) dx$

Trainingsblatt
Partielle Integration (Produktintegration)
Lösung

1. Die Ableitungen linearer Funktionen sind konstant. Die Stammfunktionen von Exponential-, Sinus- und Kosinusfunktion sind bekannt. Daher wählt man die Funktionen für die Produktintegration am besten so, dass im verbleibenden Integral nur die konstante Ableitung und die trigonometrische Funktion bzw. die Exponentialfunktion stehen.

a) $\int_0^1 (3x-1) \cdot e^{2x} dx = \int_0^1 e^{2x} \cdot (3x-1) dx$

   Ansatz: $g'(x) = e^{2x}$ und $h(x) = 3x-1$ Hieraus folgt: $g(x) = \frac{1}{2}e^{2x}$ und $h'(x) = 3$

   Einsetzen in die Formel der Produktintegration ergibt:

   $\int_0^1 (3x-1) \cdot e^{2x} dx = \left[\underbrace{(3x-1)}_{h} \cdot \underbrace{\frac{1}{2}e^{2x}}_{g}\right]_0^1 - \int_0^1 \underbrace{3}_{h'} \cdot \underbrace{\frac{1}{2}e^{2x}}_{g} dx$

   $= \left[(3x-1) \cdot \frac{1}{2}e^{2x} - \frac{3}{4}e^{2x}\right]_0^1 = \left[\left(\frac{3}{2}x - \frac{5}{4}\right)e^{2x}\right]_0^1 = \frac{1}{4}e^2 - \left(-\frac{5}{4}\right) = \frac{1}{4}e^2 + \frac{5}{4} \approx 3{,}097$

b) $\int_0^1 4x \cdot e^x dx$ Ansatz: $g'(x) = e^x$ und $h(x) = 4x$; also $g(x) = e^x$ und $h'(x) = 4$

   $\int_0^1 4x \cdot e^x dx = [4x \cdot e^x]_0^1 - \int_0^1 4 \cdot e^x dx = [4x \cdot e^x - 4e^x]_0^1 = [(4x-4)e^x]_0^1 = 0 - (-4e^0) = 4$

c) $\int_0^2 (-2x+3) \cdot e^{3x} dx$ Ansatz: $g'(x) = e^{3x}$ und $h(x) = -2x+3$; also: $g(x) = \frac{1}{3}e^{3x}$ und $h'(x) = -2$

   $\int_0^2 (-2x+3) \cdot e^{3x} dx = \left[(-2x+3) \cdot \frac{1}{3}e^{3x}\right]_0^2 - \int_0^2 (-2) \cdot \frac{1}{3}e^{3x} dx = \left[\left(-\frac{2}{3}x+1\right) \cdot e^{3x}\right]_0^2 + \int_0^2 \frac{2}{3}e^{3x} dx$

   $= \left[\left(-\frac{2}{3}x+1\right) \cdot e^{3x} + \frac{2}{9}e^{3x}\right]_0^2 = \left[\left(-\frac{2}{3}x + \frac{11}{9}\right) \cdot e^{3x}\right]_0^2 = -\frac{1}{9}e^6 - \frac{11}{9}e^0 = -\frac{1}{9}e^6 - \frac{11}{9} \approx -46{,}05$

d) $\int_0^\pi 2x \cdot \sin(x) dx$ Ansatz: $g'(x) = \sin(x)$ und $h(x) = 2x$;   also: $g(x) = -\cos(x)$ und $h'(x) = 2$

   $\int_0^\pi 2x \cdot \sin(x) dx = [2x \cdot (-\cos(x))]_0^\pi - \int_0^\pi 2 \cdot (-\cos(x)) dx = [-2x \cdot \cos(x)]_0^\pi + 2 \cdot \int_0^\pi \cos(x) dx$

   $= [-2x \cdot \cos(x)]_0^\pi + [2\sin(x)]_0^\pi = [-2x \cdot \cos(x) + 2\sin(x)]_0^\pi = -2\pi \cdot (-1) - 0 = 2\pi \approx 6{,}28$

e) $\int_0^{2\pi} (-3x+7) \cdot \cos(2x) dx$ Ansatz: $g'(x) = \cos(2x)$ und $h(x) = -3x+7$,   also: $g(x) = \frac{1}{2}\sin(2x)$ und $h'(x) = -3$

   $\int_0^{2\pi} (-3x+7) \cdot \cos(2x) dx = \left[(-3x+7) \cdot \frac{1}{2}\sin(2x)\right]_0^{2\pi} - \int_0^{2\pi} (-3) \cdot \frac{1}{2}\sin(2x) dx$

   $= \left[(-3x+7) \cdot \frac{1}{2}\sin(2x)\right]_0^{2\pi} + \frac{3}{2}\int_0^{2\pi} \sin(2x) dx = \left[\left(-\frac{3}{2}x + \frac{7}{2}\right)\sin(2x) - \frac{3}{4}\cos(2x)\right]_0^{2\pi} = -\frac{3}{4} + \frac{3}{4} = 0$

2. Beim Produkt aus einer ganzrationalen Funktion und einer Logarithmusfunktion ist es günstig, wenn im verbleibenden Integral die Ableitung der Logarithmusfunktion steht, da dann gekürzt werden kann.

a) $\int_1^e x \cdot \ln(x) dx$ Ansatz: $g'(x) = x$ und $h(x) = \ln(x)$;   also: $g(x) = \frac{1}{2}x^2$ und $h'(x) = \frac{1}{x}$

   $\int_1^e x \cdot \ln(x) dx = \left[\frac{1}{2}x^2 \cdot \ln(x)\right]_1^e - \int_1^e \frac{1}{2}x^2 \cdot \frac{1}{x} dx = \left[\frac{1}{2}x^2 \cdot \ln(x)\right]_1^e - \frac{1}{2}\int_1^e x dx$

   $= \left[\frac{1}{2}x^2 \cdot \ln(x)\right]_1^e - \left[\frac{1}{4}x^2\right]_1^e = \left[\frac{1}{2}x^2 \cdot \ln(x) - \frac{1}{4}x^2\right]_1^e = \frac{1}{4}e^2 + \frac{1}{4} \approx 2{,}097$

b) $\int_2^3 2x^2 \cdot \ln(x) dx$ Ansatz: $g'(x) = 2x^2$ und $h(x) = \ln(x)$;   also: $g(x) = \frac{2}{3}x^3$ und $h'(x) = \frac{1}{x}$

   $\int_2^3 2x^2 \cdot \ln(x) dx = \left[\frac{2}{3}x^3 \cdot \ln(x)\right]_2^3 - \int_2^3 \frac{2}{3}x^3 \cdot \frac{1}{x} dx = \left[\frac{2}{3}x^3 \cdot \ln(x)\right]_2^3 - \int_2^3 \frac{2}{3}x^2 dx$

   $= \left[\frac{2}{3}x^3 \cdot \ln(x) - \frac{2}{9}x^3\right]_2^3 = 18 \cdot \ln(3) - 6 - \left(\frac{16}{3} \cdot \ln(2) - \frac{16}{9}\right) = 18 \cdot \ln(3) - \frac{16}{3} \cdot \ln(2) - \frac{38}{9} \approx 11{,}856$

Trainingsblatt
Integration durch Substitution

Anwenden der Substitutionsregel, wenn die innere Ableitung als Faktor dabei steht

1. a) $\int_{2}^{3} 2x \cdot e^{x^2} dx$ Ansatz: $g(x) = x^2$;   denn die innere Ableitung $g'(x) = 2x$ steht als Faktor dabei.

Für die neue untere Grenze des Integrals gilt: $g(2) = $ _____
Für die neue obere Grenze des Integrals gilt: $g(3) = $ _____

Man erhält also: $\int_{2}^{3} 2x \cdot e^{x^2} dx = \int $ _____ $dz = [\quad]$ = _____

b) $\int_{1}^{3} 3x^2 \cdot e^{x^3} dx$ Ansatz: $g(x) = x^3$ $g'(x) = $ _____

Neue untere Grenze: $g(1) = $ _____   Neue obere Grenze: $g(3) = $ _____

c) $\int_{-1}^{2} (4x^3 + 3x^2) \cdot (x^4 + x^3)^5 dx$

d) $\int_{-1}^{2} (2x + 4) \cdot \cos(x^2 + 4x) dx$

Anwenden der Substitutionsregel, wenn die innere Ableitung nicht explizit als Faktor dabei steht

2. a) $\int_{2}^{3} 6x \cdot e^{x^2} dx$ Ansatz: $g(x) = x^2$; $g'(x) = 2x$

Die innere Ableitung $g'(x) = 2x$ steht nicht als Faktor in dem zu integrierenden Integral, allerdings steht das Dreifache von $g'(x)$ als Faktor dort. Daher kann man das zu berechnende Integral wie folgt umformen.

$\int_{2}^{3} 6x \cdot e^{x^2} dx = \int_{2}^{3} 3 \cdot 2x \cdot e^{x^2} dx = $ _____ $\cdot \int_{2}^{3} 2x \cdot e^{x^2} dx$

Jetzt kann man wie in Aufgabe 1 die Substitution durchführen: $g(2) = $ _____ $g(3) = $ _____

Also: _____

b) $\int_{1}^{4} 8x \cdot e^{2x^2} dx$ Ansatz: $g(x) = 2x^2$; $g'(x) = $ _____ $g(1) = $ _____ $g(\ ) = $ _____

c) $\int_{1}^{4} (6x^2 - 16x) \cdot (x^3 - 4x^2) dx$

Trainingsblatt
Integration durch Substitution — Lösung

Anwenden der Substitutionsregel, wenn die innere Ableitung als Faktor dabei steht

1. a) $\int_2^3 2x \cdot e^{x^2} dx$ Ansatz: $g(x) = x^2$;   denn die innere Ableitung $g'(x) = 2x$ steht als Faktor dabei.

Für die neue untere Grenze des Integrals gilt: $g(2) = 2^2 = 4$
Für die neue obere Grenze des Integrals gilt: $g(3) = 3^2 = 9$

Man erhält also: $\int_2^3 2x \cdot e^{x^2} dx = \int_4^9 e^z dz = [e^z]_4^9 = e^9 - e^4 \approx 8048{,}486$

b) $\int_1^3 3x^2 \cdot e^{x^3} dx$ Ansatz: $g(x) = x^3$; $g'(x) = 3x^2$

Neue untere Grenze: $g(1) = 1^3 = 1$ Neue obere Grenze: $g(3) = 3^3 = 27$

$\int_1^3 3x^2 e^{x^3} dx = \int_1^{27} e^z dz = [e^z]_1^{27} = e^{27} - e^1 \approx 5{,}32 \cdot 10^{11}$

c) $\int_{-1}^2 (4x^3 + 3x^2) \cdot (x^4 + x^3)^5 dx$ Ansatz: $g(x) = x^4 + x^3$; $g'(x) = 4x^3 + 3x^2$; $g(-1) = 0$; $g(2) = 24$

$\int_{-1}^2 (4x^3 + 3x^2)(x^4 + x^3)^5 dx = \int_0^{24} z^5 dz = \left[\frac{1}{6}z^6\right]_0^{24} = \frac{1}{6} 24^6 - 0 = 31\,850\,496$

d) $\int_{-1}^2 (2x + 4) \cdot \cos(x^2 + 4x) dx$ Ansatz: $g(x) = x^2 + 4x$; $g'(x) = 2x + 4$; $g(-1) = -3$; $g(2) = 12$

$\int_{-1}^2 (2x + 4) \cdot \cos(x^2 + 4x) dx = \int_{-3}^{12} \cos(z) dz = [\sin(z)]_{-3}^{12} = \sin(12) - \sin(-3) \approx -0{,}395$

Anwenden der Substitutionsregel, wenn die innere Ableitung nicht explizit als Faktor dabei steht

2. a) $\int_2^3 6x \cdot e^{x^2} dx$ Ansatz: $g(x) = x^2$; $g'(x) = 2x$

Die innere Ableitung $g'(x) = 2x$ steht nicht als Faktor in dem zu integrierenden Integral, allerdings steht das Dreifache von $g'(x)$ als Faktor dort. Daher kann man das zu berechnende Integral wie folgt umformen.

$\int_2^3 6x \cdot e^{x^2} dx = \int_2^3 3 \cdot 2x \cdot e^{x^2} dz = 3 \cdot \int_2^3 2x \cdot e^{x^2} dx$

Jetzt kann man wie in Aufgabe 1 die Substitution durchführen: $g(2) = 4$ $g(3) = 9$

Also: $\int_2^3 6x e^{x^2} dx = 3 \cdot \int_4^9 e^z dz = 3 \cdot [e^z]_4^9 = 3 \cdot (e^9 - e^4) \approx 24\,145{,}457$

b) $\int_1^4 8x \cdot e^{2x^2} dx$ Ansatz: $g(x) = 2x^2$; $g'(x) = 4x$; $g(1) = 2$; $g(4) = 32$

$\int_1^4 8x \cdot e^{2x^2} dx = 2 \cdot \int_1^4 4x e^{2x^2} dx = 2 \cdot \int_2^{32} e^z dz = 2 \cdot [e^z]_2^{32} = 2 \cdot (e^{32} - e^2) \approx 1{,}579 \cdot 10^{14}$

c) $\int_1^4 (6x^2 - 16x) \cdot (x^3 - 4x^2) dx$

Ansatz: $g(x) = x^3 - 4x^2$; $g'(x) = 3x^2 - 8x$; $g(1) = -3$; $g(4) = 0$

$\int_1^4 (6x^2 - 16x) \cdot (x^3 - 4x^2) dx = 2 \cdot \int_1^4 (3x^2 - 8x)(x^3 - 4x^2) dx = 2 \cdot \int_{-3}^0 z \, dz = 2 \cdot \left[\frac{1}{2}z^2\right]_{-3}^0 = 2 \cdot \left(0 - \frac{1}{2} \cdot (-3)^2\right) = -9$

Arbeitsblatt
Integral und Rauminhalt

1. a) In der Abbildung rechts rotiert der Graph der Funktion f mit $f(x) = \sqrt{x}$ um die x-Achse. Die untere Grenze des rotierenden Volumens ist bei $x = 0$, die obere bei $x = 4$. Das Rotationskörpervolumen lässt sich also wie folgt berechnen:

$$V = \pi \cdot \int_0^4 (f(x))^2 \, dx = \pi \cdot \int_0^4 (\sqrt{x})^2 \, dx = \pi \cdot \int_0^4 x \, dx$$

=

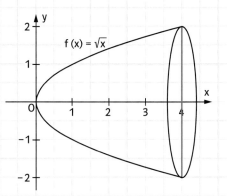

b) Die gefärbte Fläche rotiert jeweils um die x-Achse. Berechnen Sie das Volumen des durch die Rotation entstehenden Drehkörpers. Die Grenzen des Integrals können der Grafik entnommen werden.

(1) 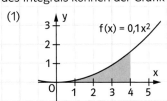   V =

f(x) = 0,1x²

(2) 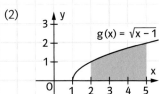   V =

g(x) = √(x − 1)

c) Die Fläche zwischen den Graphen von f und g mit $f(x) = 0{,}5x + 1$ und $g(x) = -0{,}5x^2 + 2x + 1$ rotiert um die x-Achse. Entnehmen Sie die Schnittpunkte der Graphen von f und g der Grafik und berechnen Sie das Volumen des Rotationskörpers.

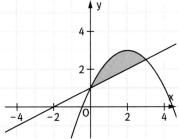

2. Durch Rotation der Graphen von p mit $p(x) = \sqrt{0{,}15x^3 - 1{,}5x + 11{,}25}$ und q mit $q(x) = \sqrt{0{,}15x^3 - 1{,}5x + 6{,}91875}$ über dem Intervall $[-5;\,6]$ um die x-Achse entsteht der Glaskörper einer Vase (1 LE entspricht 1 cm). Der Graph von q trifft bei $x = -4{,}5$ auf die x-Achse.

a) Berechnen Sie, wie viel Wasser maximal in die Vase eingefüllt werden kann.

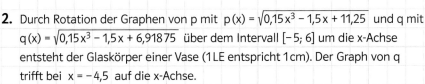

b) Berechnen Sie das Volumen des zur Herstellung benötigten Glases.

Arbeitsblatt
Integral und Rauminhalt
Lösung

1. a) In der Abbildung rechts rotiert der Graph der Funktion f mit $f(x) = \sqrt{x}$ um die x-Achse. Die untere Grenze des rotierenden Volumens ist bei $x = 0$, die obere bei $x = 4$. Das Rotationskörpervolumen lässt sich also wie folgt berechnen:

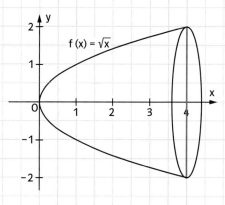

$$V = \pi \cdot \int_0^4 (f(x))^2 \, dx = \pi \cdot \int_0^4 (\sqrt{x})^2 \, dx = \pi \cdot \int_0^4 x \, dx$$

$$= \pi \cdot \left[\tfrac{1}{2}x^2\right]_0^4 = \pi \cdot \left(\tfrac{1}{2} \cdot 4^2 - 0\right) = 8\pi \approx 25{,}133$$

b) Die gefärbte Fläche rotiert jeweils um die x-Achse. Berechnen Sie das Volumen des durch die Rotation entstehenden Drehkörpers. Die Grenzen des Integrals können der Grafik entnommen werden.

(1)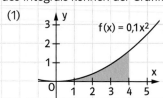

$$V = \pi \cdot \int_0^4 (0{,}1x^2)^2 \, dx = \pi \cdot \int_0^4 0{,}01x^4 \, dx$$

$$= \pi \cdot [0{,}002 x^5]_0^4 = \pi \cdot (0{,}002 \cdot 4^5 - 0) = 2{,}048\pi \approx 6{,}434$$

(2)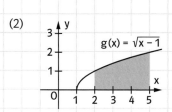

$$V = \pi \cdot \int_2^5 (\sqrt{x-1})^2 \, dx = \pi \cdot \int_2^5 (x-1) \, dx$$

$$= \pi \cdot \left[\tfrac{1}{2}x^2 - x\right]_2^5 = \pi \cdot \left[\left(\tfrac{1}{2} \cdot 5^2 - 5\right) - \left(\tfrac{1}{2} \cdot 2^2 - 2\right)\right] = 7{,}5\pi \approx 23{,}562$$

c) Die Fläche zwischen den Graphen von f und g mit $f(x) = 0{,}5x + 1$ und $g(x) = -0{,}5x^2 + 2x + 1$ rotiert um die x-Achse. Entnehmen Sie die Schnittpunkte der Graphen von f und g der Grafik und berechnen Sie das Volumen des Rotationskörpers.

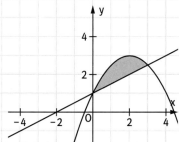

$f(x) = g(x) \Leftrightarrow x = 0$ oder $x = 3$

$$V = \pi \cdot \int_0^3 (-0{,}5x^2 + 1{,}5x)^2 \, dx = \pi \cdot \int_0^3 (0{,}25x^4 - 1{,}5x^3 + 2{,}25x^2) \, dx$$

$$= \pi \cdot [0{,}05x^5 - 0{,}375x^4 + 0{,}75x^3]_0^3 = \pi \cdot (0{,}05 \cdot 3^5 - 0{,}375 \cdot 3^4 + 0{,}75 \cdot 3^3 - 0)$$

$$= 2{,}025\pi \approx 6{,}362$$

2. Durch Rotation der Graphen von p mit $p(x) = \sqrt{0{,}15x^3 - 1{,}5x + 11{,}25}$ und q mit $q(x) = \sqrt{0{,}15x^3 - 1{,}5x + 6{,}91875}$ über dem Intervall $[-5; 6]$ um die x-Achse entsteht der Glaskörper einer Vase (1 LE entspricht 1 cm). Der Graph von q trifft bei $x = -4{,}5$ auf die x-Achse.

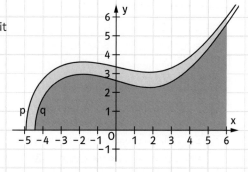

a) Berechnen Sie, wie viel Wasser maximal in die Vase eingefüllt werden kann.

$$V = \pi \cdot \int_{-4{,}5}^6 (q(x))^2 \, dx = \pi \cdot [0{,}0375x^4 - 0{,}75x^2 + 6{,}91875x]_{-4{,}5}^6$$

$$= \pi \cdot \left(0{,}0375 \cdot 6^4 - 0{,}75 \cdot 6^2 + 6{,}91875 \cdot 6 - \left(0{,}0375 \cdot (-4{,}5)^4 - 0{,}75 \cdot (-4{,}5)^2 + 6{,}91875 \cdot (-4{,}5)\right)\right) \approx 94{,}057\pi \approx 295{,}49$$

Es können maximal $295{,}5 \, cm^3 = 295{,}5 \, ml$ eingefüllt werden.

b) Berechnen Sie das Volumen des zur Herstellung benötigten Glases.

$$V = \pi \cdot \int_{-5}^6 (p(x))^2 \, dx - \pi \cdot \int_{-4{,}5}^6 (q(x))^2 \, dx = \pi \cdot [0{,}0375x^4 - 0{,}75x^2 + 11{,}25x]_{-5}^6 - 295{,}5$$

$$= \pi \cdot \left(0{,}0375 \cdot 6^4 - 0{,}75 \cdot 6^2 + 11{,}25 \cdot 6 - \left(0{,}0375 \cdot (-5)^4 - 0{,}75 \cdot (-5)^2 + 11{,}25 \cdot (-5)\right)\right) - 295{,}5 = 140{,}6625\pi - 295{,}5 \approx 146{,}4$$

Das Volumen des benötigten Glases beträgt ca. $146{,}4 \, cm^3$.

Arbeitsblatt – Check-out
Integral

1. Geben Sie jeweils eine Stammfunktion F von f an.

a) $f(x) = x^4 - 0{,}3x + 7$;   F(x) =

b) $f(x) = e^x + 7$;   F(x) =

c) b) $f(x) = \sqrt[3]{x^7}$;   F(x) =

d) $f(x) = \frac{1}{x^3}$;   F(x) =

e) $f(x) = \sin(x) - \frac{\cos(x)}{4}$;   F(x) =

f) $f(x) = 4 \cdot e^{0{,}5x}$;   F(x) =

2. Berechnen Sie die folgenden Integrale.

a) $\int_0^4 (x^2 + 2x)\,dx =$

b) $\int_1^5 \left(\frac{1}{x^3} + \cos(x)\right) dx =$

c) $\int_0^1 (e^x + 23x - 1)\,dx =$

d) $\int_0^1 3e^{2x}\,dx =$

3. Gegeben ist die Funktion f mit $f(x) = -x^4 + 4x^2$.
 a) Berechnen Sie die gemeinsamen Punkte des Graphen von f mit der x-Achse.

 b) Berechnen Sie den Inhalt der Fläche, die der Graph von f mit der x-Achse einschließt.

4. Gegeben sind die Funktionen von f und g mit $f(x) = x^2 - 2$ und $g(x) = 2x + 1$. Berechnen Sie den Inhalt der Fläche, der von den Graphen von f und g eingeschlossen wird.

5. Die Geschwindigkeit eines Zuges in den ersten 25 Sekunden nach seinem Start kann durch die Funktion f mit $f(t) = 0{,}4t$ beschrieben werden (t in Sekunden, f(t) in Meter pro Sekunde). Berechnen Sie die durchschnittliche Geschwindigkeit des Zuges in den ersten 25 Sekunden.

6. Berechnen Sie das Integral mithilfe eines geeigneten Integrationsverfahrens.

a) $\int_0^1 x \cdot e^{-x}\,dx =$

b) $\int_1^3 4x \cdot e^{x^2 - 1}\,dx =$

Arbeitsblatt – Check-out
Integral
Lösung

1. Geben Sie jeweils eine Stammfunktion F von f an.

a) $f(x) = x^4 - 0{,}3x + 7;\quad F(x) = \frac{1}{5}x^5 - 0{,}15x^2 + 7x$

b) $f(x) = e^x + 7;\quad F(x) = e^x + 7x$

c) $f(x) = \sqrt[3]{x^7};\quad F(x) = \frac{3}{10}x^{\frac{10}{3}} = \frac{3}{10}\sqrt[3]{x^{10}}$

d) $f(x) = \frac{1}{x^3};\quad F(x) = -\frac{1}{2}x^{-2} = -\frac{1}{2x^2}$

e) $f(x) = \sin(x) - \frac{\cos(x)}{4};\quad F(x) = -\cos(x) - \frac{\sin(x)}{4}$

f) $f(x) = 4 \cdot e^{0{,}5x};\quad F(x) = 8 \cdot e^{0{,}5x}$

2. Berechnen Sie die folgenden Integrale.

a) $\int_0^4 (x^2 + 2x)\,dx = \left[\frac{1}{3}x^3 + x^2\right]_0^4$
$= \frac{1}{3}\cdot 4^3 + 4^2 - 0 = \frac{64}{3} + 16 = \frac{112}{3}$

b) $\int_1^5 \left(\frac{1}{x^3} + \cos(x)\right)dx = \left[-\frac{1}{2}x^{-2} + \sin(x)\right]_1^5$
$= -\frac{1}{2\cdot 5^2} + \sin(5) - \left(-\frac{1}{2\cdot 1^2} + \sin(1)\right) \approx -1{,}32$

c) $\int_0^1 (e^x + 23x - 1)\,dx = \left[e^x + \frac{23}{2}x^2 - x\right]_0^1$
$= e^1 + \frac{23}{2}\cdot 1^2 - 1 - (e^0 + 0) = e + 9{,}5 \approx 12{,}22$

d) $\int_0^1 3e^{2x}\,dx = \left[\frac{3}{2}e^{2x}\right]_0^1$
$= \frac{3}{2}e^2 - \frac{3}{2}e^0 = \frac{3}{2}e^2 - \frac{3}{2} \approx 9{,}58$

3. Gegeben ist die Funktion f mit $f(x) = -x^4 + 4x^2$.

a) Berechnen Sie die gemeinsamen Punkte des Graphen von f mit der x-Achse.
$-x^4 + 4x^2 = 0$
$\Leftrightarrow -x^2(x^2 - 4) = 0$
$\Leftrightarrow x = 0$ oder $x = 2$ oder $x = -2$

b) Berechnen Sie den Inhalt der Fläche, die der Graph von f mit der x-Achse einschließt.

$A_1 = \int_0^2 f(x)\,dx = \left[-\frac{1}{5}x^5 + \frac{4}{3}x^3\right]_0^2 = -\frac{1}{5}\cdot 2^5 + \frac{4}{3}\cdot 2^3 - 0 = \frac{64}{15}$

$A_2 = \int_{-2}^0 f(x)\,dx = A_1$

$\Rightarrow A_{gesamt} = A_1 + A_2 = 2\cdot\frac{64}{15} = \frac{128}{15}$

4. Gegeben sind die Funktionen von f und g mit $f(x) = x^2 - 2$ und $g(x) = 2x + 1$. Berechnen Sie den Inhalt der Fläche, der von den Graphen von f und g eingeschlossen wird.

$x^2 - 2 = 2x + 1$
$\Leftrightarrow x^2 - 2x - 3 = 0$
$\Leftrightarrow x_{1/2} = 1 \pm \sqrt{1^2 + 3}$
$\Leftrightarrow x_1 = 1 + 2 = 3$ oder $x_2 = 1 - 2 = -1$

$A = \left|\int_{-1}^3 (x^2 - 2x - 3)\,dx\right| = \left|\left[\frac{1}{3}x^3 - x^2 - 3x\right]_{-1}^3\right|$
$= \left|\frac{1}{3}\cdot 3^3 - 3^2 - 3\cdot 3 - \left(\frac{1}{3}(-1)^3 - (-1)^2 - 3\cdot(-1)\right)\right| = \frac{32}{3}$

5. Die Geschwindigkeit eines Zuges in den ersten 25 Sekunden nach seinem Start kann durch die Funktion f mit $f(t) = 0{,}4t$ beschrieben werden (t in Sekunden, f(t) in Meter pro Sekunde). Berechnen Sie die durchschnittliche Geschwindigkeit des Zuges in den ersten 25 Sekunden.

$\int_0^{25} f(t)\,dt = [0{,}2t^2]_0^{25} = 0{,}2\cdot 25^2 - 0 = 125$

Der Zug ist insgesamt 125 m in 25 Sekunden gefahren. Die Durchschnittsgeschwindigkeit in diesen 25 Sekunden beträgt dann

$\frac{125\,m}{25\,s} = 5\,\frac{m}{s} = \frac{1}{25}\int_0^{25} f(t)\,dt$

6. Berechnen Sie das Integral mithilfe eines geeigneten Integrationsverfahrens.

a) $\int_0^1 x\cdot e^{-x}\,dx$
$= [x\cdot(-e^{-x})]_0^1 - \int_0^1 1\cdot(-e^{-x})\,dx$
$= [-xe^{-x}]_0^1 + \int_0^1 e^{-x}\,dx$
$= [-xe^{-x} - e^{-x}]_0^1 = [(-x-1)e^{-x}]_0^1$
$= -2e^{-1} + 1e^0 = -2e^{-1} + 1 \approx 0{,}264$

b) $\int_1^3 4x\cdot e^{x^2 - 1}\,dx$
$= 2\cdot\int_1^3 2x\cdot e^{x^2 - 1}\,dx$
$= 2\cdot\int_0^8 e^z\,dz = 2\cdot[e^z]_0^8$
$= 2\cdot(e^8 - e^0)$
$= 2\cdot e^8 - 2 \approx 5959{,}92$

Arbeitsblatt – Check-in
Gebrochenrationale Funktionen – weitere Funktionsklassen

Checkliste	Das kann ich gut.	Ich bin noch unsicher.	Das kann ich nicht mehr.
1. Ich kann Nullstellen ganzrationaler Funktionen auch mithilfe der Polynomdivision bestimmen.	☐	☐	☐
2. Ich kann die Ableitung einer zusammengesetzten Funktion mithilfe der Ableitungsregeln (Produkt-, Quotienten- und Kettenregel) berechnen.	☐	☐	☐
3. Ich kann Schnittpunkte zweier Funktionen berechnen.	☐	☐	☐

Überprüfen Sie Ihre Einschätzungen anhand der entsprechenden Aufgaben:

1. Berechnen Sie die Nullstellen der Funktion f.
a) $f(x) = x^3 - x^2 - 2x$

b) $f(x) = x^3 - 6x^2 + 11x - 6$

2. Berechnen Sie die erste Ableitung der Funktion f.
a) $f(x) = 2x \cdot e^x$
b) $f(x) = 3e^{x^2-1}$

c) $f(x) = \dfrac{x^2 + 2x - 5}{e^x}$

3. Berechnen Sie die Schnittpunkte der Graphen der Funktionen f und g.
a) $f(x) = x^3 - 4x^2 + x - 1$, $g(x) = x^2 - 3x - 1$

b) $f(x) = (x - 1)e^{-x}$, $g(x) = (x^2 + 2x - 7)e^{-x}$

Arbeitsblatt – Check-in
Gebrochenrationale Funktionen – weitere Funktionsklassen
Lösung

Checkliste	Stichwörter zum Nachschlagen
1. Ich kann Nullstellen ganzrationaler Funktionen auch mithilfe der Polynomdivision bestimmen.	Nullstellen, Lösen von Gleichungen, Polynomdivision
2. Ich kann die Ableitung einer zusammengesetzten Funktion mithilfe der Ableitungsregeln (Produkt-, Quotienten- und Kettenregel) berechnen.	Produkt-, Quotienten-, Kettenregel
3. Ich kann Schnittpunkte zweier Funktionen berechnen.	Schnittpunkte, Gleichungen

Überprüfen Sie Ihre Einschätzungen anhand der entsprechenden Aufgaben:

1. Berechnen Sie die Nullstellen der Funktion f.

a) $f(x) = x^3 - x^2 - 2x$
$f(x) = 0$ für $x = 0$ oder $x^2 - x - 2 = (x-1)(x+2) = 0$, d.h. $x = 0$, $x = 1$ oder $x = -2$

b) $f(x) = x^3 - 6x^2 + 11x - 6$
$f(x) = 0$ für $x = 2$; Polynomdivision:
$$(x^3 - 6x^2 + 11x - 6) : (x-2) = x^2 - 4x + 3$$
$$\underline{-(x^3 - 2x^2)} \qquad\qquad = (x-1)(x-3)$$
$$\qquad -4x^2 + 11x$$
$$\qquad \underline{-(-4x^2 + 8x)}$$
$$\qquad\qquad\qquad 3x - 6$$
$$\qquad\qquad\qquad \underline{-(3x - 6)}$$
$$\qquad\qquad\qquad\qquad 0$$
also: $x = 1$, $x = 2$ oder $x = 3$.

2. Berechnen Sie die erste Ableitung der Funktion f.

a) $f(x) = 2x \cdot e^x$
$f'(x) = 2e^x + 2xe^x = 2e^x(1+x)$

b) $f(x) = 3e^{x^2-1}$
$f'(x) = 2x \cdot 3e^{x^2-1} = 6xe^{x^2-1}$

c) $f(x) = \frac{x^2 + 2x - 5}{e^x}$

$f'(x) = \frac{(2x+2)e^x - (x^2 + 2x - 5)e^x}{e^{x^2}} = \frac{2x + 2 - x^2 - 2x + 5}{e^x} = \frac{7 - x^2}{e^x}$

3. Berechnen Sie die Schnittpunkte der Graphen der Funktionen f und g.

a) $f(x) = x^3 - 4x^2 + x - 1$, $g(x) = x^2 - 3x - 1$
$x^3 - 4x^2 + x - 1 = x^2 - 3x - 1 \qquad |-g(x)$
$x^3 - 5x^2 + 4x = 0$,
also $x = 0$ oder $x^2 - 5x + 4 = (x-1)(x-4) = 0$, $\Rightarrow$ Schnittpunkte sind $P(0|-1)$, $Q(1|-3)$, $R(4|3)$.

b) $f(x) = (x-1)e^{-x}$, $g(x) = (x^2 + 2x - 7)e^{-x}$
$(x-1)e^{-x} = (x^2 + 2x - 7)e^{-x} \qquad | \cdot e^x$
$x - 1 = x^2 + 2x - 7 \qquad |-x+1$
$x^2 + x - 6 = (x+3)(x-2) = 0$, $\Rightarrow$ Schnittpunkte sind $P(-3|-4e^3)$ und $Q(2|e^{-2})$.

Trainingsblatt
Polstellen oder hebbare Definitionslücken

1. Untersuchen Sie f auf Definitionslücken und das Verhalten von f bei Annäherung an die Polstellen.

a) $f(x) = \dfrac{3x+15}{x^2+x-20}$

$= \dfrac{3 \cdot (\square + \square)}{(x+5) \cdot (\square - \square)}$

Hebbare Definitionslücke(n): ___
Polstelle(n): ___
Es gilt $f(x) \to$ ___ für $x <$ ___ .
Es gilt $f(x) \to$ ___ für $x >$ ___ .

b) $f(x) = \dfrac{3x^2-6x}{4x^3-16x} = \dfrac{\square \cdot (\square - \square)}{\square \cdot (\square - \square)}$

$= \dfrac{\square \cdot (\square - \square)}{\square \cdot (\square + \square) \cdot (\square - \square)}$

Hebbare Definitionslücke(n): ___
Polstelle(n): ___
Es gilt $f(x) \to$ ___ für $x <$ ___ .
Es gilt $f(x) \to$ ___ für $x >$ ___ .

c) $f(x) = \dfrac{x^2+5x-36}{(x+9)^2(x-4)}$

$= \dfrac{(\square - \square) \cdot (\square + \square)}{(x+9)^2(x-4)}$

Hebbare Definitionslücke(n): ___
Polstelle(n): ___

d) $f(x) = \dfrac{x^4-1}{5x^4-5x^2} = \dfrac{(x^2+\square) \cdot (\square - \square)}{\square \cdot (x^2-\square)}$

$= \dfrac{(\square + \square) \cdot (\square + \square) \cdot (\square - \square)}{\square \cdot (\square + \square) \cdot (\square - \square)}$

Hebbare Definitionslücke(n): ___
Polstelle(n): ___

e) $f(x) = \dfrac{x-7}{x^4+14x^3+49x^2}$

$= \dfrac{x-7}{\square \cdot (\square + \square + \square)}$

$= \dfrac{x-7}{\square \cdot (\square + \square) \cdot (\square + \square)}$

Hebbare Definitionslücke(n): ___
Polstelle(n): ___

f) $f(x) = \dfrac{x^2-2x-3}{(x+4)(x-3)^3}$

$= \dfrac{(\square - \square) \cdot (\square + \square)}{(x+4)(x-3)^3}$

Hebbare Definitionslücke(n): ___
Polstelle(n): ___

2. Welche positive ganze Zahl ($\neq 0$) kann in das Kästchen eingetragen werden, sodass die Funktion eine hebbare Definitionslücke hat? Formen Sie zunächst geeignet um.

a) $f(x) = \dfrac{3x+12}{(x-7) \cdot (x+\boxed{})}$

$= \dfrac{3(x+4)}{(x-7) \cdot (x+\boxed{})}$

b) $g(x) = \dfrac{4x-\boxed{}}{x^2-4x-5} =$

c) $h(x) = \dfrac{x^2-6x+9}{\boxed{}\,x-15} =$

d) $k(x) = \dfrac{\boxed{}\,x-63}{x^2-8x-9} =$

e) $u(x) = \dfrac{x^2-5x-14}{x^2-\boxed{}\,x} =$

f) $v(x) = \dfrac{8x+\boxed{}}{6x^2+24x-30} =$

Trainingsblatt
Polstellen oder hebbare Definitionslücken — Lösung

1. Untersuchen Sie f auf Definitionslücken und das Verhalten von f bei Annäherung an die Polstellen.

a) $f(x) = \dfrac{3x+15}{x^2+x-20} = \dfrac{3\cdot(x+5)}{(x+5)\cdot(x-4)}$

Hebbare Definitionslücke(n): $x = -5$
Polstelle(n): $x = 4$
Es gilt $f(x) \to -\infty$ für $x < 4$.
Es gilt $f(x) \to +\infty$ für $x > 4$.

b) $f(x) = \dfrac{3x^2-6x}{4x^3-16x} = \dfrac{3x\cdot(x-2)}{4x\cdot(x^2-4)} = \dfrac{3x\cdot(x-2)}{4x\cdot(x+2)\cdot(x-2)}$

Hebbare Definitionslücke(n): $x = 0; 2$
Polstelle(n): $x = -2$
Es gilt $f(x) \to -\infty$ für $x < -2$.
Es gilt $f(x) \to +\infty$ für $x > -2$.

c) $f(x) = \dfrac{x^2+5x-36}{(x+9)^2(x-4)} = \dfrac{(x-4)\cdot(x+9)}{(x+9)^2(x-4)}$

Hebbare Definitionslücke(n): $x = 4$
Polstelle(n): $x = -9$
Es gilt $f(x) \to -\infty$ für $x < -9$.
Es gilt $f(x) \to +\infty$ für $x > -9$.

d) $f(x) = \dfrac{x^4-1}{5x^4-5x^2} = \dfrac{(x^2+1)\cdot(x^2-1)}{5x^2\cdot(x^2-1)} = \dfrac{(x^2+1)\cdot(x+1)\cdot(x-1)}{5x^2\cdot(x+1)\cdot(x-1)}$

Hebbare Definitionslücke(n): $x = -1; 1$
Polstelle(n): $x = 0$
Es gilt $f(x) \to +\infty$ für $x < 0$.
Es gilt $f(x) \to +\infty$ für $x > 0$.

e) $f(x) = \dfrac{x-7}{x^4+14x^3+49x^2} = \dfrac{x-7}{x^2\cdot(x^2+14x+49)} = \dfrac{x-7}{x^2\cdot(x+7)\cdot(x+7)}$

Hebbare Definitionslücke(n): —
Polstelle(n): $x = -7; 0$
Es gilt $f(x) \to -\infty$ für $x < -7$.
Es gilt $f(x) \to -\infty$ für $x > -7$.
Es gilt $f(x) \to -\infty$ für $x < 0$.
Es gilt $f(x) \to -\infty$ für $x > 0$.

f) $f(x) = \dfrac{x^2-2x-3}{(x+4)(x-3)^3} = \dfrac{(x-3)\cdot(x+1)}{(x+4)(x-3)^3}$

Hebbare Definitionslücke(n): —
Polstelle(n): $x = -4; 3$
Es gilt $f(x) \to +\infty$ für $x < -4$.
Es gilt $f(x) \to -\infty$ für $x > -4$.
Es gilt $f(x) \to +\infty$ für $x < 3$.
Es gilt $f(x) \to +\infty$ für $x > 3$.

2. Welche positive ganze Zahl ($\neq 0$) kann in das Kästchen eingetragen werden, sodass die Funktion eine hebbare Definitionslücke hat? Formen Sie zunächst geeignet um.

a) $f(x) = \dfrac{3x+12}{(x-7)\cdot(x+\boxed{4})} = \dfrac{3(x+4)}{(x-7)\cdot(x+\boxed{4})}$

b) $g(x) = \dfrac{4x-\boxed{20}}{x^2-4x-5} = \dfrac{4x-\boxed{20}}{(x-5)\cdot(x+1)} = \dfrac{4(x-5)}{(x-5)\cdot(x+1)}$

c) $h(x) = \dfrac{x^2-6x+9}{\boxed{5}x-15} = \dfrac{(x-3)^2}{\boxed{5}x-15} = \dfrac{(x-3)^2}{5\cdot(x-3)}$

d) $k(x) = \dfrac{\boxed{7}x-63}{x^2-8x-9} = \dfrac{\boxed{7}x-63}{(x+1)\cdot(x-9)} = \dfrac{7(x-9)}{(x+1)\cdot(x-9)}$

e) $u(x) = \dfrac{x^2-5x-14}{x^2-\boxed{7}x} = \dfrac{(x+2)(x-7)}{x\cdot(x-\boxed{7})}$

f) $v(x) = \dfrac{8x+\boxed{40}}{6x^2+24x-30} = \dfrac{8x+\boxed{40}}{6(x^2+4x-5)} = \dfrac{8x+\boxed{40}}{6(x+5)(x-1)} = \dfrac{8(x+5)}{6(x+5)(x-1)}$

Lernzirkel
Verhalten im Unendlichen bei gebrochenrationalen Funktionen

Mit diesem Lernzirkel können Sie untersuchen, wie sich gebrochenrationale Funktionen im Unendlichen verhalten.
An den ersten beiden Stationen erarbeiten Sie jeweils ein anderes Teilthema. An der dritten Station können Sie die zuvor erarbeiteten Kenntnisse und Fertigkeiten trainieren. Diese Seite dient als Laufzettel und hilft Ihnen bei der Organisation Ihrer Arbeit.

In der unten stehenden Tabelle sind alle Stationen aufgeführt.
Für jede Station ist in der Spalte Voraussetzung gegebenenfalls vermerkt, welche der anderen Stationen vorher bearbeitet werden sollte(n). Angegeben sind auch Richtwerte für die Bearbeitungsdauer der einzelnen Blätter.

In der Tabelle können Sie festhalten, welche Stationen Sie bearbeitet haben, und anschließend (gegebenenfalls nach einer Korrektur) auch eine Selbsteinschätzung vornehmen.

Viel Erfolg!

Station	Voraus-setzung	Anmerkungen	ca. Dauer	bearbeitet	Selbsteinschätzung ☺ ☺ ☹
1. Verhalten im Unendlichen bei gebrochenrationalen Funktionen ($z \leq n$)		→ Kopiervorlage S. 138 f	20 min	☐	☐☐☐☐
2. Verhalten im Unendlichen bei gebrochenrationalen Funktionen ($z \geq n + 1$)	1.	→ Kopiervorlage S. 140 f	20 min	☐	☐☐☐☐
3. Polynomdivision zur Ermittlung von Asymptoten	1. 2.	→ Kopiervorlage S. 142 f	15 min	☐	☐☐☐☐
4. Verhalten im Unendlichen bei gebrochenrationalen Funktionen	1. 2.	→ Kopiervorlage S. 144 f	20 min	☐	☐☐☐☐

Arbeitsblatt
Verhalten im Unendlichen bei gebrochenrationalen Funktionen (z ≤ n)

1. Gegeben ist die Funktion f: $x \to \dfrac{-10x}{x^2 + 7x - 14}$. Füllen Sie mithilfe eines Taschenrechners die Wertetabellen aus.

x	10	100	1000	10000
f(x)				

x	−10	−100	−1000	−10000
f(x)				

Die berechneten Funktionswerte lassen vermuten, dass für die Funktion f gilt: $\lim\limits_{x \to \pm\infty} f(x) = $ ____.

Diese Vermutung können Sie durch algebraische Umformungen bestätigen, indem Sie beim Funktionsterm von f sowohl im Zählerpolynom als auch im Nennerpolynom die höchste im gesamten Bruch vorkommende Potenz von x ausklammern und anschließend kürzen:

$$f(x) = \dfrac{-10x}{x^2 + 7x - 14} = \dfrac{x^2 \cdot (\quad)}{x^2 \cdot (\quad)} = \underline{\qquad}$$

Es folgt: Für $x \to \pm\infty$ strebt der Zähler gegen ____ und der Nenner gegen ____, also gilt: $\lim\limits_{x \to \pm\infty} f(x) = $ ____.

2. Gegeben ist die Funktion g: $x \to \dfrac{5x^2}{-2x^2 + 10x + 25}$. Füllen Sie mithilfe eines Taschenrechners die Wertetabellen aus.

x	10	100	1000	10000
g(x)				

x	−10	−100	−1000	−10000
g(x)				

Die berechneten Funktionswerte lassen vermuten, dass für die Funktion g gilt: $\lim\limits_{x \to \pm\infty} g(x) = $ ____.

Auch diese Vermutung können Sie durch algebraische Umformungen bestätigen, indem Sie beim Funktionsterm von g sowohl im Zählerpolynom als auch im Nennerpolynom die höchste im gesamten Bruch vorkommende Potenz von x ausklammern und anschließend kürzen:

$$g(x) = \dfrac{5x^2}{-2x^2 + 10x + 25} = \dfrac{x^{\square} \cdot (\quad)}{x^{\square} \cdot (\quad)} = \underline{\qquad}$$

Es folgt: Für $x \to \pm\infty$ strebt der Zähler gegen ____ und der Nenner gegen ____, also gilt: $\lim\limits_{x \to \pm\infty} g(x) = \dfrac{\quad}{\quad} = $ ____.

3. Das in den Aufgaben 1 und 2 entdeckte Verhalten der Funktionen f und g im Unendlichen bedeutet offensichtlich, dass sich die Graphen von f und g für $x \to \pm\infty$ jeweils einer Geraden annähern. Diese Gerade ist eine _____ Asymptote. Zeichnen Sie mit farbigen Strichlinien jeweils die Asymptote für $x \to \pm\infty$ in die abgebildeten Graphen von f und g ein.

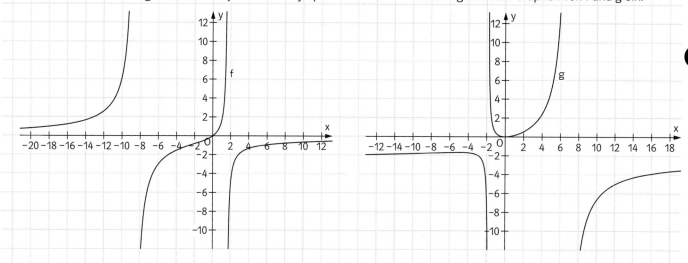

4. Bei der Bestimmung von $\lim\limits_{x \to \pm\infty} f(x)$ und $\lim\limits_{x \to \pm\infty} g(x)$ in den Aufgaben 1 und 2 kam es allein auf das Kürzen der höchsten im gesamten Bruch vorkommenden Potenz von x an. Dies bedeutet, dass letztlich nur der Zählergrad z und der Nennergrad n einer gebrochenrationalen Funktion über deren Verhalten im Unendlichen entscheiden:

Für den Graphen einer gebrochenrationalen Funktion h: $x \to \dfrac{p(x)}{q(x)}$ mit z als Grad von p und n als Grad von q gilt:

(i) Der Graph von h hat die x-Achse als Asymptote, wenn gilt: z ____ n.

(ii) Der Graph von h hat eine waagrechte Asymptote, die nicht die x-Achse ist, wenn gilt: z ____ n.

Arbeitsblatt
Verhalten im Unendlichen bei gebrochenrationalen Funktionen (z ≤ n) — Lösung

1. Gegeben ist die Funktion f: $x \to \dfrac{-10x}{x^2 + 7x - 14}$. Füllen Sie mithilfe eines Taschenrechners die Wertetabellen aus.

x	10	100	1000	10 000
f(x)	−0,641	−0,094	−0,010	−0,001

x	−10	−100	−1000	−10 000
f(x)	6,250	0,108	0,010	0,001

Die berechneten Funktionswerte lassen vermuten, dass für die Funktion f gilt: $\lim\limits_{x \to \pm\infty} f(x) = 0$.

Diese Vermutung können Sie durch algebraische Umformungen bestätigen, indem Sie beim Funktionsterm von f sowohl im Zählerpolynom als auch im Nennerpolynom die höchste im gesamten Bruch vorkommende Potenz von x ausklammern und anschließend kürzen:

$$f(x) = \frac{-10x}{x^2+7x-14} = \frac{x^2 \cdot \left(\frac{-10}{x}\right)}{x^2 \cdot \left(1 + \frac{7}{x} - \frac{14}{x^2}\right)} = \frac{\frac{-10}{x}}{1 + \frac{7}{x} - \frac{14}{x^2}}$$

Es folgt: Für $x \to \pm\infty$ strebt der Zähler gegen **0** und der Nenner gegen **1**, also gilt: $\lim\limits_{x \to \pm\infty} f(x) = 0$.

2. Gegeben ist die Funktion g: $x \to \dfrac{5x^2}{-2x^2 + 10x + 25}$. Füllen Sie mithilfe eines Taschenrechners die Wertetabellen aus.

x	10	100	1000	10 000
g(x)	−6,667	−2,635	−2,513	−2,501

x	−10	−100	−1000	−10 000
g(x)	−1,818	−2,384	−2,488	−2,499

Die berechneten Funktionswerte lassen vermuten, dass für die Funktion g gilt: $\lim\limits_{x \to \pm\infty} g(x) = -2{,}5$

Auch diese Vermutung können Sie durch algebraische Umformungen bestätigen, indem Sie beim Funktionsterm von g sowohl im Zählerpolynom als auch im Nennerpolynom die höchste im gesamten Bruch vorkommende Potenz von x ausklammern und anschließend kürzen:

$$g(x) = \frac{5x^2}{-2x^2 + 10x + 25} = \frac{x^2 \cdot (5)}{x^2 \cdot \left(-2 + \frac{10}{x} + \frac{25}{x^2}\right)} = \frac{5}{-2 + \frac{10}{x} + \frac{25}{x^2}}$$

Es folgt: Für $x \to \pm\infty$ strebt der Zähler gegen **5** und der Nenner gegen **−2**, also gilt: $\lim\limits_{x \to \pm\infty} g(x) = \dfrac{5}{-2} = -2{,}5$.

3. Das in den Aufgaben 1 und 2 entdeckte Verhalten der Funktionen f und g im Unendlichen bedeutet offensichtlich, dass sich die Graphen von f und g für $x \to \pm\infty$ jeweils einer Geraden annähern. Diese Gerade ist eine **waagrechte** Asymptote. Zeichnen Sie mit farbigen Strichlinien jeweils die Asymptote für $x \to \pm\infty$ in die abgebildeten Graphen von f und g ein.

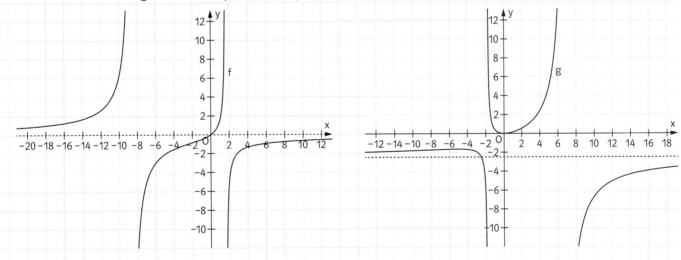

4. Bei der Bestimmung von $\lim\limits_{x \to \pm\infty} f(x)$ und $\lim\limits_{x \to \pm\infty} g(x)$ in den Aufgaben 1 und 2 kam es allein auf das Kürzen der höchsten im gesamten Bruch vorkommenden Potenz von x an. Dies bedeutet, dass letztlich nur der Zählergrad z und der Nennergrad n einer gebrochenrationalen Funktion über deren Verhalten im Unendlichen entscheiden:

Für den Graphen einer gebrochenrationalen Funktion h: $x \to \dfrac{p(x)}{q(x)}$ mit z als Grad von p und n als Grad von q gilt:

(i) Der Graph von h hat die x-Achse als Asymptote, wenn gilt: z **<** n.

(ii) Der Graph von h hat eine waagrechte Asymptote, die nicht die x-Achse ist, wenn gilt: z **=** n.

Arbeitsblatt
Verhalten im Unendlichen bei gebrochenrationalen Funktionen (z ≥ n+1)

1. Gegeben ist die Funktion u: $x \to \dfrac{x^2 - 4{,}5x + 6}{2x - 5}$. Füllen Sie mithilfe eines Taschenrechners die Wertetabellen aus.

x	10	100	1000	10 000
u(x)				

x	−10	−100	−1000	−10 000
u(x)				

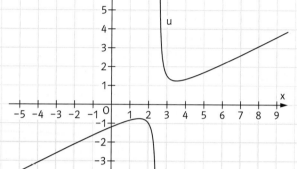

Die berechneten Funktionswerte lassen erkennen, dass sie für $x \to +\infty$ oder für $x \to -\infty$ nicht gegen einen Grenzwert streben. Eine waagrechte Asymptote scheidet somit für den Graphen von u offensichtlich aus. Lässt man den Graphen von u aber von einem Funktionsplotter zeichnen (siehe nebenstehende Abbildung), so scheint sich der Graph von u für $x \to \pm\infty$ an eine Gerade anzunähern. Führt man mit dem Funktionsterm u(x) die folgende Polynomdivision durch, so erlaubt das Ergebnis, den Funktionsterm der Geraden zu finden, der sich der Graph von u für $x \to \pm\infty$ nähert:

$$(x^2 - 4{,}5x + 6) : (2x - 5) = 0{,}5x - 1 + \dfrac{1}{2x-5}$$
$$\underline{-(x^2 - 2{,}5x)}$$
$$-2\,x + 6$$
$$\underline{-(-2\,x + 5)}$$
$$1$$

Der Bruchterm $\dfrac{1}{2x-5}$ im Ergebnis der Polynomdivision strebt für $x \to \pm\infty$ gegen ▭. Deshalb unterscheiden sich für $x \to \pm\infty$ die Funktionswerte von u beliebig wenig von den entsprechenden Werten des Terms ▭ der im Ergebnis der Polynomdivision **vor** dem Bruchterm steht. Fasst man diesen Term als Funktionsterm auf, dann erkennt man, dass es sich hier um eine lineare Funktion handelt, deren Graph eine Gerade mit der Steigung ▭ und dem y-Achsenabschnitt ▭ ist. Der Graph von u nähert sich für $x \to \pm\infty$ dieser Geraden an. Die Gerade wird **schräge Asymptote** genannt. Zeichnen Sie diese schräge Asymptote gestrichelt in die obige Abbildung des Graphen von u ein.

2. Gegeben ist die Funktion v: $x \to \dfrac{x^3 - 0{,}5x^2 - 2x + 3}{2x - 1}$.

Wenn man sehr große positive x-Werte sowie sehr große negative x-Werte in v(x) einsetzt, erkennt man, dass v(x) weder für $x \to +\infty$ noch für $x \to -\infty$ gegen einen Grenzwert strebt. Der Graph von v (siehe rechts) nähert sich für $x \to \pm\infty$ offensichtlich auch nicht an eine Gerade an. Dies wird durch eine Polynomdivision bestätigt:

$$(x^3 - 0{,}5x^2 - 2x + 3) : (2x - 1) = 0{,}5x^2 - 1 + \dfrac{2}{2x-1}$$
$$\underline{-(x^3 - 0{,}5x^2)}$$
$$-2x + 3$$
$$\underline{-(-2x + 1)}$$
$$2$$

Der vor dem gegen null strebenden Bruchterm $\dfrac{2}{2x-1}$ stehende Term $(0{,}5x^2 - 1)$ ist kein Funktionsterm einer ▭ Funktion.

3. Bei der Bestimmung möglicher Asymptoten war vor allem das Ergebnis der Polynomdivision aufschlussreich. Bei der Polynomdivision wird im ersten Schritt die höchste im Zählerpolynom vorkommende Potenz von x durch die höchste im Nennerpolynom vorkommende Potenz von x dividiert. Letztlich entscheiden also nur der Zählergrad z und der Nennergrad n einer gebrochenrationalen Funktion über die Existenz waagrechter oder schräger Asymptoten:
Für den Graphen einer gebrochenrationalen Funktion w: $x \to \dfrac{p(x)}{q(x)}$ mit z als Grad von p und n als Grad von q gilt:

(i) Der Graph von w hat eine schräge Asymptote, wenn gilt: z = ▭.

(ii) Der Graph von w hat keine schräge (und auch keine waagrechte) Asymptote, wenn gilt: z ▭.

Arbeitsblatt
Verhalten im Unendlichen bei gebrochenrationalen Funktionen (z ≥ n+1) — Lösung

1. Gegeben ist die Funktion u: $x \to \dfrac{x^2 - 4{,}5x + 6}{2x - 5}$. Füllen Sie mithilfe eines Taschenrechners die Wertetabellen aus.

x	10	100	1000	10 000
u(x)	4,067	49,005	499,001	4999,000

x	−10	−100	−1000	−10 000
u(x)	−6,040	−51,005	−501,000	−5001,000

Die berechneten Funktionswerte lassen erkennen, dass sie für $x \to +\infty$ oder für $x \to -\infty$ nicht gegen einen Grenzwert streben. Eine waagrechte Asymptote scheidet somit für den Graphen von u offensichtlich aus. Lässt man den Graphen von u aber von einem Funktionsplotter zeichnen (siehe nebenstehende Abbildung), so scheint sich der Graph von u für $x \to \pm\infty$ an eine Gerade anzunähern. Führt man mit dem Funktionsterm u(x) die folgende Polynomdivision durch, so erlaubt das Ergebnis, den Funktionsterm der Geraden zu finden, der sich der Graph von u für $x \to \pm\infty$ nähert:

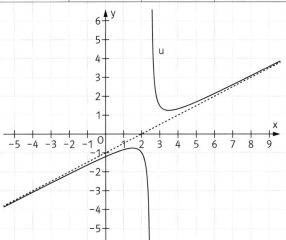

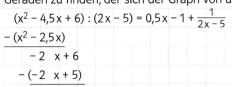

Der Bruchterm $\dfrac{1}{2x-5}$ im Ergebnis der Polynomdivision strebt für $x \to \pm\infty$ gegen **null**. Deshalb unterscheiden sich für $x \to \pm\infty$ die Funktionswerte von u beliebig wenig von den entsprechenden Werten des Terms **$0{,}5x - 1$** der im Ergebnis der Polynomdivision **vor** dem Bruchterm steht. Fasst man diesen Term als Funktionsterm auf, dann erkennt man, dass es sich hier um eine lineare Funktion handelt, deren Graph eine Gerade mit der Steigung **0,5** und dem y-Achsenabschnitt **−1** ist. Der Graph von u nähert sich für $x \to \pm\infty$ dieser Geraden an. Die Gerade wird **schräge Asymptote** genannt. Zeichnen Sie diese schräge Asymptote gestrichelt in die obige Abbildung des Graphen von u ein.

2. Gegeben ist die Funktion v: $x \to \dfrac{x^3 - 0{,}5x^2 - 2x + 3}{2x - 1}$.

Wenn man sehr große positive x-Werte sowie sehr große negative x-Werte in v(x) einsetzt, erkennt man, dass v(x) weder für $x \to +\infty$ noch für $x \to -\infty$ gegen einen Grenzwert strebt. Der Graph von v (siehe rechts) nähert sich für $x \to \pm\infty$ offensichtlich auch nicht an eine Gerade an. Dies wird durch eine Polynomdivision bestätigt:

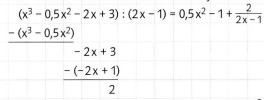

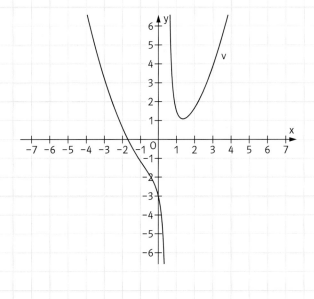

Der vor dem gegen null strebenden Bruchterm $\dfrac{2}{2x-1}$ stehende Term $(0{,}5x^2 - 1)$ ist kein Funktionsterm einer **linearen** Funktion.

3. Bei der Bestimmung möglicher Asymptoten war vor allem das Ergebnis der Polynomdivision aufschlussreich. Bei der Polynomdivision wird im ersten Schritt die höchste im Zählerpolynom vorkommende Potenz von x durch die höchste im Nennerpolynom vorkommende Potenz von x dividiert. Letztlich entscheiden also nur der Zählergrad z und der Nennergrad n einer gebrochenrationalen Funktion über die Existenz waagrechter oder schräger Asymptoten:

Für den Graphen einer gebrochenrationalen Funktion w: $x \to \dfrac{p(x)}{q(x)}$ mit z als Grad von p und n als Grad von q gilt:

(i) Der Graph von w hat eine schräge Asymptote, wenn gilt: z = **n+1**.

(ii) Der Graph von w hat keine schräge (und auch keine waagrechte) Asymptote, wenn gilt: z **>** **n+1**.

Trainingsblatt
Polynomdivision zur Ermittlung von Asymptoten

1. Die gebrochenrationale Funktion f mit $f(x) = \frac{0{,}5x^2 + 8x - 4}{x - 2}$ läuft für sehr große Werte gegen ∞ und für sehr kleine Werte gegen −∞. Am Graphen erkennt man, dass sich die Funktion für sehr große und sehr kleine Werte eng an eine Gerade anschmiegt, die man **schiefe Asymptote** nennt. Die Gleichung der Asymptote erhält man mithilfe einer Polynomdivision. Ergänzen Sie die Rechnung.

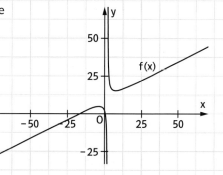

Polynomdivision (Zählerpolynom : Nennerpolynom)

$(0{,}5x^2 + 8x - 4) : (x - 2) = \underline{\qquad} + \underline{\qquad} + \frac{14}{x-2}$

$-(\underline{\qquad})$

$-(\underline{\qquad})$

14

Es bleibt ein Rest, der durch das Nennerpolynom dividiert wird.

Für sehr große oder sehr kleine Werte von x geht der Restterm $\frac{14}{x-2}$ gegen null und der Graph von f schmiegt sich immer näher an die **schiefe Asymptote** g an mit
$g(x) = \underline{\qquad}$.

2. Die Funktion f mit $f(x) = \frac{1{,}5x^3 - 5x^2 - 4}{x^2 + 2{,}5}$ schmiegt sich im Unendlichen an eine Asymptote an. Ermitteln Sie ihre Gleichung.

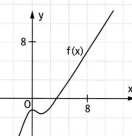

Hier teilen Sie durch x^2!

$(1{,}5x^3 - 5x^2 - 4) : (x^2 \underline{\qquad}) = \underline{\qquad} + \frac{\underline{\qquad}}{x^2 + 2{,}5}$

$\underline{\qquad\qquad\qquad}$

$\underline{\qquad\qquad\qquad}$

$-3{,}75x + 8{,}5$

Hier ist $-3{,}75x + 8{,}5$ der Rest, da durch x^2 geteilt wird.

Für sehr große oder sehr kleine Werte von x geht der Restterm $\underline{\qquad}$ gegen null und der Graph von f schmiegt sich immer näher an die **schiefe Asymptote** g an mit $g(x) = \underline{\qquad}$.

3. Ermitteln Sie die Funktionsgleichungen der Asymptoten der beiden Funktionen.

a) $f(x) = \frac{0{,}25x^4 + 5x^2 + 4}{0{,}5x^3 - x^2 + 2}$

$(0{,}25x^4 + 5x^2 + 4) : (0{,}5x^3 - x^2 + 2) = \underline{\qquad}$

$6x^2 - x + 2$

Für sehr große oder sehr kleine Werte von x schmiegt sich der Graph von f an die **schiefe Asymptote** g an mit $g(x) = \underline{\qquad}$.

b) $f(x) = \frac{-3x^5 - x^4 + 5x^2}{2x^4 - 10x + 1}$

$(\underline{\qquad}) : (\underline{\qquad}) = \underline{\qquad}$

Für sehr große oder sehr kleine Werte von x schmiegt sich der Graph von f an die **schiefe Asymptote** g an mit $g(x) = \underline{\qquad}$.

c) Dass es sich bei den Funktionen in a) und b) jeweils um schiefe Asymptoten, also um Geraden, handelt, erkennt man daran, dass der Zählergrad jeweils \underline{\qquad}.

Trainingsblatt
Polynomdivision zur Ermittlung von Asymptoten

Lösung

1. Die gebrochenrationale Funktion f mit $f(x) = \frac{0{,}5x^2 + 8x - 4}{x - 2}$ läuft für sehr große Werte gegen ∞ und für sehr kleine Werte gegen $-\infty$. Am Graphen erkennt man, dass sich die Funktion für sehr große und sehr kleine Werte eng an eine Gerade anschmiegt, die man **schiefe Asymptote** nennt. Die Gleichung der Asymptote erhält man mithilfe einer Polynomdivision. Ergänzen Sie die Rechnung.

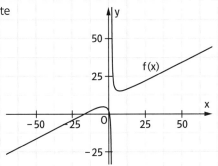

Polynomdivision (Zählerpolynom : Nennerpolynom)

$(0{,}5x^2 + 8x - 4) : (x - 2) = 0{,}5x + \;\;9\;\; + \frac{14}{x-2}$
$\underline{-(0{,}5x^2 - \;\;x\;\;)}$
$\qquad\qquad 9x - 4$
$\qquad\underline{-(\;\;9x - 18\;)}$
$\qquad\qquad\qquad 14$

Es bleibt ein Rest, der durch das Nennerpolynom dividiert wird.

Für sehr große oder sehr kleine Werte von x geht der Restterm $\frac{14}{x-2}$ gegen null und der Graph von f schmiegt sich immer näher an die **schiefe Asymptote** g an mit $g(x) = \;\;0{,}5x + 9\;\;$.

2. Die Funktion f mit $f(x) = \frac{1{,}5x^3 - 5x^2 - 4}{x^2 + 2{,}5}$ schmiegt sich im Unendlichen an eine Asymptote an. Ermitteln Sie ihre Gleichung.

Hier teilen Sie durch x^2!

$(1{,}5x^3 - 5x^2 - 4) : (x^2 \;\;+ 2{,}5\;) = 1{,}5x - 5 + \frac{-3{,}75x + 8{,}5}{x^2 + 2{,}5}$
$\underline{-(1{,}5x^3 + \quad\;\; 3{,}75x)}$
$\qquad -5x^2 - 3{,}75x - 4$
$\qquad\underline{-(-5x^2 \quad\;\; - 12{,}5)}$
$\qquad\qquad -3{,}75x + 8{,}5$

Hier ist $-3{,}75x + 8{,}5$ der Rest, da durch x^2 geteilt wird.

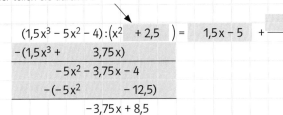

Für sehr große oder sehr kleine Werte von x geht der Restterm $\frac{-3{,}75x + 8{,}5}{x^2 + 2{,}5}$ gegen null und der Graph von f schmiegt sich immer näher an die **schiefe Asymptote** g an mit $g(x) = \;\;1{,}5x - 5\;\;$.

3. Ermitteln Sie die Funktionsgleichungen der Asymptoten der beiden Funktionen.

a) $f(x) = \frac{0{,}25x^4 + 5x^2 + 4}{0{,}5x^3 - x^2 + 2}$

$(0{,}25x^4 + 5x^2 + 4) : (0{,}5x^3 - x^2 + 2) = \;\;0{,}5x + 1\;\; + \frac{6x^2 - x + 2}{0{,}5x^3 - x^2 + 2}$
$\underline{-(0{,}25x^4 - 0{,}5x^3 + x)}$
$\qquad 0{,}5x^3 + 5x^2 - x + 4$
$\qquad\underline{-(0{,}5x^3 - \;\;x^2 \;\;+ 2)}$
$\qquad\qquad 6x^2 - x + 2$

Für sehr große oder sehr kleine Werte von x schmiegt sich der Graph von f an die **schiefe Asymptote** g an mit $g(x) = \;\;0{,}5x + 1\;\;$.

b) $f(x) = \frac{-3x^5 - x^4 + 5x^2}{2x^4 - 10x + 1}$

$(-3x^5 - x^4 + 5x^2 \qquad\quad) : (2x^4 - 10x + 1\;\;) = \;\;-1{,}5x - 0{,}5\;\; + \frac{-10x^2 - 3{,}5x + 0{,}5}{2x^4 - 10x + 1}$
$\underline{-(-3x^5 \qquad + 15x^2 - 1{,}5x)}$
$\qquad -x^4 \qquad\; -10x^2 + 1{,}5x$
$\qquad\underline{-(\;\;-x^4 \qquad + 5x - 0{,}5)}$
$\qquad\qquad\; -10x^2 - 3{,}5x + 0{,}5$

Für sehr große oder sehr kleine Werte von x schmiegt sich der Graph von f an die **schiefe Asymptote** g an mit $g(x) = \;\;-1{,}5x - 0{,}5\;\;$.

c) Dass es sich bei den Funktionen in a) und b) jeweils um schiefe Asymptoten, also um Geraden, handelt, erkennt man daran, dass der Zählergrad jeweils um eins größer ist als der Nennergrad.

Trainingsblatt
Verhalten im Unendlichen bei gebrochenrationalen Funktionen

1. Entscheiden Sie anhand des Funktionsterms, ob der Graph der Funktion für $x \to \pm\infty$
   (A) die x-Achse als waagrechte Asymptote hat,   (B) eine waagrechte Asymptote hat, die nicht die x-Achse ist,
   (C) eine schräge Asymptote hat,   (D) keine waagrechte oder schräge Asymptote hat.
   Ergänzen Sie den entsprechenden Buchstaben A, B, C oder D hinter der jeweiligen Funktion.

$f: x \to \dfrac{3x}{x^2+1} - 2x + 3$ ☐ $g: x \to \dfrac{7}{2-0{,}5x}$ ☐ $h: x \to 3 - \dfrac{6}{(x-5)^2}$ ☐ $i: x \to \dfrac{-x^3 - x^2 + 9}{4 - 0{,}5x^3}$ ☐

$k: x \to \dfrac{-100}{x^2}$ ☐ $l: x \to \dfrac{5}{0{,}2x-9} + 3x^2 - 5x$ ☐ $m: x \to \dfrac{3x^2 - 5x + 4}{12x - 5}$ ☐ $n: x \to \dfrac{-x^3 + 2}{8x + 7}$ ☐

2. Vervollständigen Sie die Tabelle.

Funktion (z: Zählergrad; n: Nennergrad)	Polynomdivision bzw. geeignetes Ausklammern und Kürzen	Funktionsgleichung der Asymptote
$f: x \to \dfrac{x^2-1}{x+2}$ z = ☐ ; n = ☐	$(x^2 \quad -1) : (x+2) = \underline{\quad\quad} + \dfrac{\quad\quad}{\quad\quad}$	
$g: x \to \dfrac{-3x^2+7x}{x^2-3}$ z = ☐ ; n = ☐	$\dfrac{-3x^2+7x}{x^2-3} = \dfrac{\quad\cdot(\quad\quad)}{\quad\cdot(\quad\quad)} = \underline{\quad\quad}$	
$h: x \to \dfrac{0{,}5x^3 - 0{,}5x^2 + x - 2{,}5}{3 - x^2}$ z = ☐ ; n = ☐	$\underline{\quad\quad} : \underline{\quad\quad} = \underline{\quad\quad} + \dfrac{\quad\quad}{\quad\quad}$	
$i: x \to \dfrac{7x-2}{x^2-x}$ z = ☐ ; n = ☐	$\dfrac{7x-2}{x^2-x} = \dfrac{\quad\cdot(\quad\quad)}{\quad\cdot(\quad\quad)} = \underline{\quad\quad}$	

3. Ordnen Sie den abgebildeten Funktionsgraphen die folgenden Aussagen zu. Dabei steht z für den Grad des Zählerpolynoms und n für den Grad des Nennerpolynoms.

A: Es gibt keine schräge oder waagrechte Asymptote.
B: z = n
C: Die Gleichung der Asymptote lautet y = 2x − 1.
D: z > n + 1
E: Die Gleichung der Asymptote lautet y = −2.
F: Die x-Achse ist Asymptote.
G: z < n
H: z = n + 1

Zu Graph G_f gehören die Aussagen ☐ ;
zu Graph G_g gehören die Aussagen ☐ ;
zu Graph G_h gehören die Aussagen ☐ ;
zu Graph G_k gehören die Aussagen ☐ .

Trainingsblatt
Verhalten im Unendlichen bei gebrochenrationalen Funktionen — Lösung

1. Entscheiden Sie anhand des Funktionsterms, ob der Graph der Funktion für $x \to \pm\infty$
(A) die x-Achse als waagrechte Asymptote hat,
(B) eine waagrechte Asymptote hat, die nicht die x-Achse ist,
(C) eine schräge Asymptote hat,
(D) keine waagrechte oder schräge Asymptote hat.
Ergänzen Sie den entsprechenden Buchstaben A, B, C oder D hinter der jeweiligen Funktion.

$f: x \to \frac{3x}{x^2+1} - 2x + 3$ **C**

$g: x \to \frac{7}{2 - 0{,}5x}$ **A**

$h: x \to 3 - \frac{6}{(x-5)^2}$ **B**

$i: x \to \frac{-x^3 - x^2 + 9}{4 - 0{,}5x^3}$ **B**

$k: x \to \frac{-100}{x^2}$ **A**

$l: x \to \frac{5}{0{,}2x - 9} + 3x^2 - 5x$ **D**

$m: x \to \frac{3x^2 - 5x + 4}{12x - 5}$ **C**

$n: x \to \frac{-x^3 + 2}{8x + 7}$ **D**

2. Vervollständigen Sie die Tabelle.

Funktion (z: Zählergrad; n: Nennergrad)	Polynomdivision bzw. geeignetes Ausklammern und Kürzen	Funktionsgleichung der Asymptote
$f: x \to \frac{x^2 - 1}{x + 2}$ z = **2** ; n = **1**	$(x^2 \quad - 1) : (x + 2) = x - 2 + \frac{3}{x+2}$ $-(x^2 + 2x)$ $\quad\quad -2x - 1$ $\quad\quad -(-2x - 4)$ $\quad\quad\quad\quad 3$	$y = x - 2$
$g: x \to \frac{-3x^2 + 7x}{x^2 - 3}$ z = **2** ; n = **2**	$\frac{-3x^2 + 7x}{x^2 - 3} = \frac{x^2 \cdot \left(-3 + \frac{7}{x}\right)}{x^2 \cdot \left(1 - \frac{3}{x^2}\right)} = \frac{-3 + \frac{7}{x}}{1 - \frac{3}{x^2}}$	$y = -3$
$h: x \to \frac{0{,}5x^3 - 0{,}5x^2 + x - 2{,}5}{3 - x^2}$ z = **3** ; n = **2**	$(0{,}5x^3 - 0{,}5x^2 + x - 2{,}5) : (-x^2 + 3) = -0{,}5x + 0{,}5 + \frac{2{,}5x - 4}{3 - x^2}$ $-(0{,}5x^3 \quad\quad -1{,}5x)$ $\quad\quad -0{,}5x^2 + 2{,}5x$ $\quad\quad -(-0{,}5x^2 \quad + 1{,}5)$ $\quad\quad\quad\quad 2{,}5x - 4$	$y = -0{,}5x + 0{,}5$
$i: x \to \frac{7x - 2}{x^2 - x}$ z = **1** ; n = **2**	$\frac{7x - 2}{x^2 - x} = \frac{x^2 \cdot \left(\frac{7}{x} - \frac{2}{x^2}\right)}{x^2 \cdot \left(1 - \frac{1}{x}\right)} = \frac{\frac{7}{x} - \frac{2}{x^2}}{1 - \frac{1}{x}}$	$y = 0$

3. Ordnen Sie den abgebildeten Funktionsgraphen die folgenden Aussagen zu. Dabei steht z für den Grad des Zählerpolynoms und n für den Grad des Nennerpolynoms.

A: Es gibt keine schräge oder waagrechte Asymptote.
B: z = n
C: Die Gleichung der Asymptote lautet $y = 2x - 1$.
D: z > n+1
E: Die Gleichung der Asymptote lautet $y = -2$.
F: Die x-Achse ist Asymptote.
G: z < n
H: z = n+1

Zu Graph G_f gehören die Aussagen **C und H** ;
zu Graph G_g gehören die Aussagen **B und E** ;
zu Graph G_h gehören die Aussagen **F und G** ;
zu Graph G_k gehören die Aussagen **A und D** .

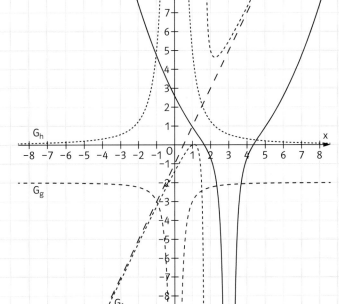

Arbeitsblatt – Partnerarbeit
Funktionsuntersuchungen im Tandem

Vorbereitung: In die Vorlage zwei gewünschte Funktionen eintragen (z.B. $f: x \to x^4 - 4x^2 + 4$ und $g: x \to \frac{1}{9}x^3 - 3x$). Weitere Funktionsterme zur Auswahl (in Kursstärke) befinden sich auf der folgenden Seite.

Ablauf: Der Kurs wird in Zweiergruppen eingeteilt. Jede Spielerin bzw. jeder Spieler erhält eine der beiden Aufgabenkarten und bearbeitet die erste Aufgabe. Rechnungen werden dabei ins Heft notiert, Ergebnisse auf der Karte eingetragen. Dann werden die Karten getauscht, und jeder Spieler bearbeitet die zweite Aufgabe auf der anderen Karte. Die Karten werden erneut getauscht usw.

Aufgabenkarte A

Untersuchung der Funktion f:

1. Untersuchen Sie die Funktion auf Symmetrie.

2. Untersuchen Sie die Funktion auf Definitionslücken und ggf. das Verhalten an Polstellen.

3. Bestimmen Sie die Nullstellen der Funktion sowie den Schnittpunkt des Graphen mit der y-Achse.

4. Untersuchen Sie das Verhalten der Funktion für $x \to \pm\infty$.

5. Untersuchen Sie die Funktion auf ihr Monotonieverhalten und bestimmen Sie die Extrem- und Sattelpunkte des Funktionsgraphen.

Skizzieren Sie anhand der gefundenen Ergebnisse den Funktionsgraphen:

Kontrollieren Sie ggf. mit einem Funktionsplotter.

Aufgabenkarte B

Untersuchung der Funktion g:

1. Untersuchen Sie die Funktion auf Symmetrie.

2. Untersuchen Sie die Funktion auf Definitionslücken und ggf. das Verhalten an Polstellen.

3. Bestimmen Sie die Nullstellen der Funktion sowie den Schnittpunkt des Graphen mit der y-Achse.

4. Untersuchen Sie das Verhalten der Funktion für $x \to \pm\infty$.

5. Untersuchen Sie die Funktion auf ihr Monotonieverhalten und bestimmen Sie die Extrem- und Sattelpunkte des Funktionsgraphen.

Skizzieren Sie anhand der gefundenen Ergebnisse den Funktionsgraphen:

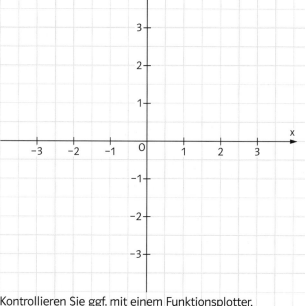

Kontrollieren Sie ggf. mit einem Funktionsplotter.

Arbeitsblatt – Partnerarbeit
Funktionsuntersuchungen im Tandem – rationale Terme und Graphen (Lösungskontrolle)

Funktionsterme Schwierigkeitsgrad 1:

1A $3x^2 - x^3$ **1B** $\frac{1}{6}x^3 + 2x$ **1C** $\frac{x}{x^2 - 1}$ **1D** $x - \frac{4}{x}$ **1E** $\frac{x^2 + 1}{2x}$

1F $\frac{1}{16}x^3 - \frac{3}{8}x^2 + 2$ **1G** $x^3 - 3x^2 - 4$ **1H** $-x^4 + 2x^3$ **1I** $x^4 - 4x^2$ **1K** $\frac{1}{8}(x+3)^2(x-3)$

Funktionsterme Schwierigkeitsgrad 2:

2A $\frac{1}{2} - \frac{1}{x-1}$ **2B** $0{,}25x^4 + 0{,}75x^3$ **2C** $\frac{1}{24}x^4 + \frac{1}{6}x$ **2D** $-\frac{1}{4}x^3 + \frac{3}{4}x^2 - 1$ **2E** $x^3 - 6x^2 + 12x - 8$

2F $\frac{1 - x^2}{1 + x^2}$ **2G** $\frac{x}{(x - 2{,}5)(x + 2{,}5)}$ **2H** $0{,}5x + 0{,}5x^{-1}$ **2I** $0{,}5(x^2 - 1)^2$ **2K** $2{,}5 + \frac{5}{x^2 - 1}$

Funktionsterme Schwierigkeitsgrad 3:

3A $x - 0{,}5x^{-2}$ **3B** $\frac{0{,}5x^2 - 2}{x^2 - 1}$ **3C** $\frac{x^2 + 2x + 1}{x^2 + 1}$ **3D** $1 - \frac{3}{x} + \frac{2}{x^2}$ **3E** $\frac{8x}{(2x - 1)^2}$

3F $\frac{3x - 3}{x^2 - 2x + 2}$ **3G** $\frac{x^2 - 2x + 1}{x(x - 2)}$ **3H** $6x^4 - 16x^3 + 12x^2$ **3I** $\frac{1}{4}(1 + x^2)(4 - x^2)$ **3K** $0{,}5(x^3 + 1)^2$

Graphen zur Lösungskontrolle

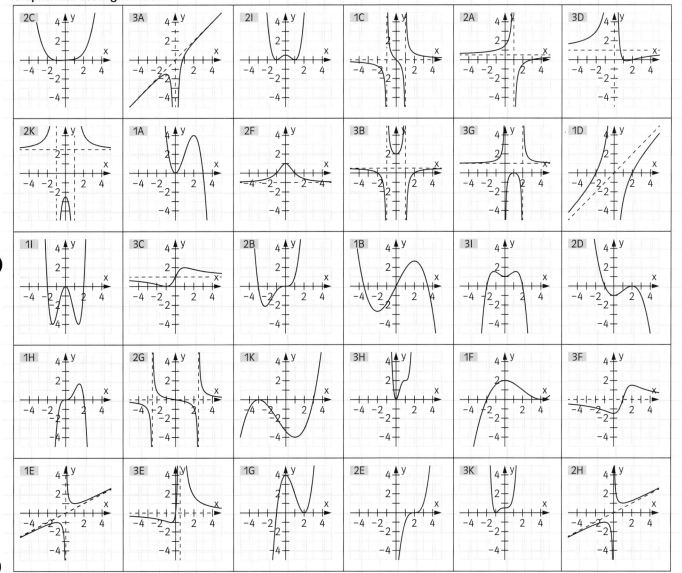

Arbeitsblatt – Check-out
Gebrochenrationale Funktionen

1. Gegeben ist die Funktion f mit $f(x) = \frac{5x^2 + x - 4}{x - 1}$
   a) Bestimmen Sie die Gleichungen aller Asymptoten.

   b) Bestimmen Sie die Extremstellen von f.

2. Bestimmen Sie alle Nullstellen der Funktion f.
   a) $f(x) = (x^2 - 9)e^x$

   b) $f(x) = \frac{x^2 - 3x - 10}{x^2 - 7}$

   c) $f(x) = e^{2x} - 8e^x + 16$

3. Gegeben ist die Funktionenschar f_t mit $f_t(x) = 2x^3 - 3tx^2 + 2t^2 x$. Bestimmen Sie die Wendepunkte W_t in Abhängigkeit von t und ermitteln Sie deren Ortskurve.

Arbeitsblatt – Check-out
Gebrochenrationale Funktionen

Lösung

1. Gegeben ist die Funktion f mit $f(x) = \frac{5x^2 + x - 4}{x - 1}$.

   a) Bestimmen Sie die Gleichungen aller Asymptoten.

   $f(x) = \frac{p(x)}{q(x)}$; $p(1) = 2 \neq 0$; $q(1) = 0$

   Senkrechte Asymptote ist $x = 1$.

   $(5x^2 + x - 4) : (x - 1) = 5x + 6 + \frac{2}{x-1}$
   $\underline{-(5x^2 - 5x)}$
   $\quad\quad\quad 6x - 4$
   $\quad\quad\underline{-(6x - 6)}$
   $\quad\quad\quad\quad\quad 2$

   Schiefe Asymptote ist g mit $g(x) = 5x + 6$.

   b) Bestimmen Sie die Extremstellen von f.

   $f'(x) = \frac{(10x+1)(x-1) - (5x^2+x-4)}{(x-1)^2} = \frac{10x^2 - 10x + x - 1 - 5x^2 - x + 4}{(x-1)^2} = \frac{5x^2 - 10x + 3}{(x-1)^2}$

   $f''(x) = \frac{(10x-10)(x-1)^2 - (5x^2-10x+3) \cdot 2(x-1)}{(x-1)^4} = \frac{10x^2 - 10x - 10x + 10 - 10x^2 + 20x - 6}{(x-1)^3} = \frac{4}{(x-1)^3}$

   $f'(x) = 0 \Rightarrow 5x^2 - 10x + 3 = 0 \Rightarrow x^2 - 2x + 0{,}6 = 0$

   pq-Formel: $x = 1 \pm \sqrt{0{,}4}$, also $x_1 \approx 0{,}37$ und $x_2 \approx 1{,}63$

   $f''(0{,}37) \approx -16 < 0$, es liegt ein lokales Maximum vor.

   $f''(1{,}63) \approx 16 > 0$, es liegt ein lokales Minimum vor.

2. Bestimmen Sie alle Nullstellen der Funktion f.

   a) $f(x) = (x^2 - 9)e^x$

   $f(x) = 0 \Rightarrow x^2 - 9 = 0 \Rightarrow x_1 = -3$ und $x_2 = 3$

   b) $f(x) = \frac{x^2 - 3x - 10}{x^2 - 7}$

   $f(x) = 0 \Rightarrow x^2 - 3x - 10 = 0$

   pq-Formel: $x = 1{,}5 \pm \sqrt{12{,}25}$, also $x_1 = -2$ und $x_2 = 5$

   c) $f(x) = e^{2x} - 8e^x + 16$

   $e^x = z$; $z^2 - 8z + 16 = (z-4)^2 = 0 \Rightarrow z_1 = 4$

   $x_1 = \ln(z_1) = \ln(4) \approx 1{,}39$

3. Gegeben ist die Funktionenschar f_t mit $f_t(x) = 2x^3 - 3tx^2 + 2t^2 x$. Bestimmen Sie die Wendepunkte W_t in Abhängigkeit von t und ermitteln Sie deren Ortskurve.

   $f'_t(x) = 6x^2 - 6tx + 2t^2$; $f''_t(x) = 12x - 6t$; $f'''_t(x) = 12$

   $f''_t(x) = 0 \Rightarrow 12x = 6t \Rightarrow x = 0{,}5t$

   $f'''_t(0{,}5t) = 12 \neq 0$; es liegt eine Wendestelle vor.

   $f(0{,}5t) = 0{,}25t^3 - 0{,}75t^3 + t^3 = 0{,}5t^3$; $W_t(0{,}5t \mid 0{,}5t^3)$

   $x = 0{,}5t \Rightarrow t = 2x$; $y = 0{,}5t^3 = 0{,}5(2x)^3 = 4x^3$

   Die Wendepunkte liegen auf der Ortskurve $y = 4x^3$.

Arbeitsblatt – Check-in
Modellieren mit der Exponentialfunktion

Checkliste	Das kann ich gut.	Ich bin noch unsicher.	Das kann ich nicht mehr.
1. Ich kann Graphen von einfachen Exponentialfunktionen ohne Hilfsmittel skizzieren.	☐	☐	☐
2. Ich kann Graphen und Funktionsterme der Form $f(x) = a^x \cdot e^{kx}$ einander zuordnen.	☐	☐	☐
3. Ich kann Exponentialfunktionen ableiten.	☐	☐	☐
4. Ich kann Exponentialgleichungen lösen.	☐	☐	☐
5. Ich kann mittlere und momentane Änderungsraten bestimmen und interpretieren.	☐	☐	☐

Überprüfen Sie Ihre Einschätzungen anhand der entsprechenden Aufgaben:

1. Skizzieren Sie ohne Hilfsmittel die Graphen von folgenden Exponentialfunktionen.
  a) $f(x) = e^x$
  b) $f(x) = e^{-x}$
  c) $f(x) = 0{,}5\,e^{0{,}5x}$
  d) $f(x) = -0{,}5\,e^{0{,}5x} + 5$

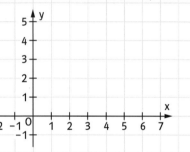

2. Ordnen Sie jedem Graphen einen der Funktionsterme zu.
$f(x) = 2e^x$; $g(x) = -2e^{-x}$; $h(x) = 2e^{-x}$; $i(x) = e^{2x}$; $j(x) = e^{0{,}5x}$

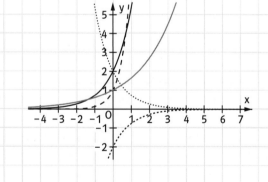

3. Leiten Sie zweimal ab.
  a) $f(x) = 10\,e^{3x}$
  b) $f(x) = -0{,}5\,e^{4x}$
  c) $f(x) = 20\,e^{-0{,}1x}$

4. Lösen Sie die Gleichung.
  a) $4e^x = 2$
  b) $3e^{2x} = 6$
  c) $4e^{0{,}1x} = 3 + 2e^{0{,}1x}$

5. Das Wachstum einer Bakterienkultur kann annähernd durch die Funktion f mit $f(x) = 1000\,e^{0{,}4x} + 500$ (x in Stunden, f(x) Anzahl Bakterien) beschrieben werden.
  a) Bestimmen Sie die mittlere Änderungsrate im Intervall [0; 5]. Deuten Sie das Ergebnis im Sachzusammenhang.
  b) Bestimmen Sie die momentane Änderungsrate an der Stelle x = 5. Deuten Sie das Ergebnis im Sachzusammenhang.

Arbeitsblatt – Check-in
Modellieren mit der Exponentialfunktion

Lösung

Checkliste	Stichwörter zum Nachschlagen
1. Ich kann Graphen von einfachen Exponentialfunktionen ohne Hilfsmittel skizzieren.	(natürliche) Exponentialfunktion
2. Ich kann Graphen und Funktionsterme der Form $f(x) = a^x \cdot e^{kx}$ einander zuordnen.	(natürliche) Exponentialfunktion
3. Ich kann Exponentialfunktionen ableiten.	Ableitung, Exponentialfunktion
4. Ich kann Exponentialgleichungen lösen.	Exponentialgleichung, Logarithmus
5. Ich kann mittlere und momentane Änderungsraten bestimmen und interpretieren.	Mittlere Änderungsrate, momentane Änderungsrate, Differenzenquotient, Ableitung

Überprüfen Sie Ihre Einschätzungen anhand der entsprechenden Aufgaben:

1. Skizzieren Sie ohne Hilfsmittel die Graphen von folgenden Exponentialfunktionen.
   a) $f(x) = e^x$
   b) $f(x) = e^{-x}$
   c) $f(x) = 0{,}5 e^{0{,}5x}$
   d) $f(x) = -0{,}5 e^{0{,}5x} + 5$

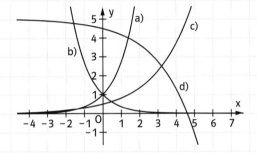

2. Ordnen Sie jedem Graphen einen der Funktionsterme zu.
$f(x) = 2e^x$; $g(x) = -2e^{-x}$; $h(x) = 2e^{-x}$; $i(x) = e^{2x}$; $j(x) = e^{0{,}5x}$

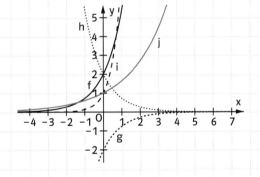

3. Leiten Sie zweimal ab.
   a) $f(x) = 10 e^{3x}$
   $f'(x) = 3 \cdot 10 e^{3x} = 30 e^{3x}$; $f''(x) = 3 \cdot 30 e^{3x} = 90 e^{3x}$
   b) $f(x) = -0{,}5 e^{4x}$
   $f'(x) = 4 \cdot (-0{,}5 e^{4x}) = -2 e^{4x}$; $f''(x) = 4 \cdot (-2 e^{4x}) = -8 e^{4x}$
   c) $f(x) = 20 e^{-0{,}1x}$
   $f'(x) = -0{,}1 \cdot 20 e^{-0{,}1x} = -2 e^{-0{,}1x}$;
   $f''(x) = -0{,}1 \cdot (-2 e^{-0{,}1x}) = 0{,}2 e^{-0{,}1x}$

4. Lösen Sie die Gleichung.
   a) $4 e^x = 2$
   $4 e^x = 2 \Rightarrow e^x = \frac{2}{4} = 0{,}5 \Rightarrow x = \ln(0{,}5) \approx -0{,}69$
   b) $3 e^{2x} = 6$
   $3 e^{2x} = 6 \Rightarrow e^{2x} = \frac{6}{3} = 2 \Rightarrow 2x = \ln(2)$
   $\Rightarrow x = \frac{\ln(2)}{2} \approx 0{,}35$
   c) $4 e^{0{,}1x} = 3 + 2 e^{0{,}1x}$
   $4 e^{0{,}1x} = 3 + 2 e^{0{,}1x} \Rightarrow 2 e^{0{,}1x} = 3 \Rightarrow e^{0{,}1x} = \frac{3}{2} = 1{,}5$
   $\Rightarrow 0{,}1x = \ln(1{,}5) \Rightarrow x = \frac{\ln(1{,}5)}{0{,}1} \approx 4{,}05$

5. Das Wachstum einer Bakterienkultur kann annähernd durch die Funktion f mit $f(x) = 1000 e^{0{,}4x} + 500$ (x in Stunden, f(x) Anzahl Bakterien) beschrieben werden.
   a) Bestimmen Sie die mittlere Änderungsrate im Intervall [0; 5]. Deuten Sie das Ergebnis im Sachzusammenhang.

   $\frac{f(5) - f(0)}{5 - 0} = \frac{1000 e^{0{,}4 \cdot 5} + 500 - (1000 e^{0{,}4 \cdot 0} + 500)}{5} = \frac{1000 e^2 - 1000}{5}$
   $\approx 1277{,}81$
   Die mittlere Änderungsrate im Intervall [0; 5] beträgt ca. 1278 Bakterien/h. Das heißt, in den ersten fünf Stunden vermehren sich die Bakterien um ca. 1278 pro Stunde.

   b) Bestimmen Sie die momentane Änderungsrate an der Stelle x = 5. Deuten Sie das Ergebnis im Sachzusammenhang.
   $f'(x) = 0{,}4 \cdot 1000 e^{0{,}4x} = 400 e^{0{,}4x}$
   $f'(5) = 400 e^{0{,}4 \cdot 5} = 400 e^2 \approx 2955{,}62$
   Die momentane Änderungsrate an der Stelle x = 5 beträgt ca. 2956 Bakterien/h. Das heißt, wenn diese Änderungsrate nicht nur an der Stelle x = 5, sondern über einen Zeitraum von einer Stunde gelten würde, würde sich der Bakterienbestand in dieser Stunde um 2956 Bakterien erhöhen.

Arbeitsblatt
Exponentialfunktionen und Exponentialgleichungen im Kontext

1. Herr Müller hat 10 000 Euro auf seinem Konto angelegt. Er erhält einen Zinssatz von 2% pro Jahr.

a) Bestimmen Sie eine Funktionsvorschrift, mit der sich berechnen lässt, wie viel Geld Herr Müller nach t Jahren auf dem Konto hat, wenn man davon ausgeht, dass er kein Geld abhebt und nichts auf das Konto einzahlt.
Wachstumsfaktor: 100% + 2% = 102% = 1,02
$\Rightarrow$ K(t) =

b) Berechnen Sie, wie viel Geld Herr Müller nach 5 bzw. nach 10 Jahren auf dem Konto hat.
Nach 5 Jahren:

Nach 10 Jahren:

c) Berechnen Sie, wie lange es dauern würde, bis sich das Guthaben von Herrn Müller verzehnfacht.

2. Die Umsätze eines Unternehmens sind vom Jahr 2000 bis zum Jahr 2012 exponentiell gestiegen. Der Umsatz t Jahre seit Beobachtungsbeginn (t = 0 entspricht dem Jahr 2000, f(t) in Euro) lässt sich näherungsweise mit $f(t) = 50\,000 \cdot e^{0,2t}$ berechnen.

a) Berechnen Sie den Umsatz im Jahr 2000 und 2012.
Umsatz 2000:

Umsatz 2012:

b) Berechnen Sie, wann das Unternehmen 1 Million Euro Umsatz macht, wenn man davon ausgeht, dass die Funktion f den Umsatz auch über das Jahr 2012 hinaus näherungsweise beschreibt.

c) Berechnen Sie f'(2) und erläutern Sie das Ergebnis im Sachzusammenhang.

3. Die Anzahl der Bakterien in einer Bakterienkultur wird näherungsweise durch die Funktion f mit $f(t) = 100\,000 \cdot e^{\frac{1}{7}t}$ beschrieben, wobei t die Zeit in Tagen seit Beobachtungsbeginn angibt.

a) Berechnen Sie die Anzahl der Bakterien nach einem Tag, nach einer Woche, nach einem Monat und nach 6 Stunden.
Nach einem Tag:
Nach einer Woche:
Nach einem Monat:
Nach 6 Stunden:

b) Berechnen Sie, wann die Anzahl der Bakterien auf eine Million angestiegen ist.

c) Berechnen Sie die Verdopplungszeit.

d) Berechnen Sie die momentane Änderungsrate an Bakterien zu Beginn der Beobachtung sowie die momentane Änderungsrate nach 5 Tagen.

Zu Beginn:

Nach 5 Tagen:

4. Von einem radioaktiven Element sind zu Beginn 15 mg vorhanden. Jeden Tag zerfällt 25% der radioaktiven Substanz.

a) Bestimmen Sie eine Funktionsgleichung, mit der man die verbleibende Menge t Tage nach Beobachtungsbeginn bestimmen kann.

b) Berechnen Sie die Halbwertszeit.

Arbeitsblatt
Exponentialfunktionen und Exponentialgleichungen im Kontext — Lösung

1. Herr Müller hat 10 000 Euro auf seinem Konto angelegt. Er erhält einen Zinssatz von 2 % pro Jahr.

   a) Bestimmen Sie eine Funktionsvorschrift, mit der sich berechnen lässt, wie viel Geld Herr Müller nach t Jahren auf dem Konto hat, wenn man davon ausgeht, dass er kein Geld abhebt und nichts auf das Konto einzahlt.
   Wachstumsfaktor: 100 % + 2 % = 102 % = 1,02
   $\Rightarrow K(t) = 10\,000 \cdot 1{,}02^t$

   b) Berechnen Sie, wie viel Geld Herr Müller nach 5 bzw. nach 10 Jahren auf dem Konto hat.
   Nach 5 Jahren: 11 040,81 €
   Nach 10 Jahren: 12 189,94 €

   c) Berechnen Sie, wie lange es dauern würde, bis sich das Guthaben von Herrn Müller verzehnfacht.
   $1{,}02^t = 10$
   $\Leftrightarrow t = \log_{1{,}02}(10) \approx 116{,}3$
   Es würde 117 Jahre dauern.

2. Die Umsätze eines Unternehmens sind vom Jahr 2000 bis zum Jahr 2012 exponentiell gestiegen. Der Umsatz t Jahre seit Beobachtungsbeginn (t = 0 entspricht dem Jahr 2000, f(t) in Euro) lässt sich näherungsweise mit $f(t) = 50\,000 \cdot e^{0{,}2t}$ berechnen.

   a) Berechnen Sie den Umsatz im Jahr 2000 und 2012.
   Umsatz 2000: 50 000 €
   Umsatz 2012: 551 158,82 €

   b) Berechnen Sie, wann das Unternehmen 1 Million Euro Umsatz macht, wenn man davon ausgeht, dass die Funktion f den Umsatz auch über das Jahr 2012 hinaus näherungsweise beschreibt.
   $50\,000\, e^{0{,}2t} = 1\,000\,000$
   $\Leftrightarrow e^{0{,}2t} = 20$
   $\Leftrightarrow 0{,}2t = \ln(20)$
   $\Leftrightarrow t = 5 \cdot \ln(20) \approx 14{,}98$
   Der Umsatz wäre im Jahr 2015 etwas größer als 1 Million Euro.

   c) Berechnen Sie f′(2) und erläutern Sie das Ergebnis im Sachzusammenhang.
   $f'(x) = 0{,}2 \cdot 50\,000\, e^{0{,}2t} = 10\,000\, e^{0{,}2t}$
   $f'(2) = 10\,000\, e^{0{,}4} \approx 14\,918{,}25$
   Nach 2 Jahren nimmt der Umsatz um ca. 15 000 € pro Jahr zu.

3. Die Anzahl der Bakterien in einer Bakterienkultur wird näherungsweise durch die Funktion f mit $f(t) = 100\,000 \cdot e^{\frac{1}{7}t}$ beschrieben, wobei t die Zeit in Tagen seit Beobachtungsbeginn angibt.

   a) Berechnen Sie die Anzahl der Bakterien nach einem Tag, nach einer Woche, nach einem Monat und nach 6 Stunden.
   Nach einem Tag: $f(1) \approx 115\,356$
   Nach einer Woche: $f(7) \approx 271\,828$
   Nach einem Monat: $f(30) \approx 7\,265\,442$
   Nach 6 Stunden: $f\left(\frac{1}{4}\right) \approx 103\,636$

   b) Berechnen Sie, wann die Anzahl der Bakterien auf eine Million angestiegen ist.
   $100\,000\, e^{\frac{1}{7}t} = 1\,000\,000$
   $\Leftrightarrow e^{\frac{1}{7}t} = 10$
   $\Leftrightarrow \frac{1}{7}t = \ln(10)$
   $\Leftrightarrow t = 7 \cdot \ln(10) \approx 16{,}1$
   Nach ca. 16 Tagen ist die Anzahl auf eine Million angestiegen.

   c) Berechnen Sie die Verdopplungszeit.
   $e^{\frac{1}{7}t} = 2$
   $\Leftrightarrow \frac{1}{7}t = \ln(2)$
   $\Leftrightarrow t = 7 \cdot \ln(2) \approx 4{,}85$
   Die Verdopplungszeit beträgt 4,85 Tage.

   d) Berechnen Sie die momentane Änderungsrate an Bakterien zu Beginn der Beobachtung sowie die momentane Änderungsrate nach 5 Tagen.
   $f'(x) = \frac{1}{7} \cdot 100\,000\, e^{\frac{1}{7}t} = \frac{100\,000}{7} e^{\frac{1}{7}t}$
   Zu Beginn: $f'(0) = \frac{100\,000}{7} \approx 14\,285{,}7$
   Nach 5 Tagen: $f'(5) = \frac{100\,000}{7} \cdot e^{\frac{5}{7}} \approx 29\,181{,}8$

4. Von einem radioaktiven Element sind zu Beginn 15 mg vorhanden. Jeden Tag zerfällt 25 % der radioaktiven Substanz.

   a) Bestimmen Sie eine Funktionsgleichung, mit der man die verbleibende Menge t Tage nach Beobachtungsbeginn bestimmen kann.
   $B(t) = 15\,\text{mg} \cdot 0{,}75^t$

   b) Berechnen Sie die Halbwertszeit.
   $0{,}75^t = \frac{1}{2}$
   $\Leftrightarrow t = \log_{0{,}75}\left(\frac{1}{2}\right) \approx 2{,}41$
   Die Halbwertszeit beträgt ca. 2,4 Tage.

Trainingsblatt
Exponentielles und begrenztes Wachstum

1. In der Tabelle sind die Daten eines exponentiellen Wachstumsvorgangs gegeben.

n	0	1	2	3	4	5	6
B(n)	50	110	250	550	1230	2730	6080

   Beschreiben Sie das Wachstum mit einer Funktion:

   a) mithilfe des Mittelwertes der Quotienten aufeinanderfolgender Werte.

n	0	1	2	3	4	5	6
$\frac{B(n)}{B(n-1)}$							

   Mittelwert: _____ ; also f(t) = _____

   b) mithilfe des Anfangswertes und eines geeigneten Datenpunktes.

   $f(t) = 50 \cdot e^{k \cdot t}$; f(4) =

2. Berechnen Sie die Verdopplungszeit T_V bzw. die Halbwertszeit T_H.

   a) $f(t) = 2000 \cdot e^{0,2133t}$

   b) $f(t) = 1500 \cdot e^{-0,4102t}$

   c) $f(t) = 5000 \cdot 0,8^t$
   $f(t) = 5000 \cdot e$ _____

   d) $f(t) = 100 \cdot c^{0,1154t}$

   $T_V =$ \qquad $T_H =$ \qquad \qquad $T_V =$

3. Die Halbwertszeit des radioaktiven Isotops Tantal 180 beträgt 138 Tage.

   a) Bestimmen Sie die Zerfallsfunktion.

   k =

   b) Wann ist noch ein Viertel der ursprünglichen Menge vorhanden?

   c) Wie viel Prozent ist nach 200 Tagen zerfallen?

   d) Nach 220 Tagen sind noch 10 mg vorhanden. Berechnen Sie den Anfangsbestand.

   e) Wie groß ist in diesem Fall die Zerfallsgeschwindigkeit nach 10 Tagen?

4. Die Entwicklung einer Population von Kaninchen kann durch beschränktes Wachstum modelliert werden. Zu Beginn sind 300 Kaninchen vorhanden, nach 6 Monaten sind es 500. In dem Gebiet können maximal 800 Kaninchen leben.

   a) Beschreiben Sie den Bestand mit begrenztem Wachstum durch eine Funktion.

   S = _____ ; f(x) = _____ $- c \cdot e^{-kx}$; f(0) = _____

   f(6) = _____

   b) Wie viele Kaninchen sind es nach einem Jahr, wie viele nach zwei Jahren?

   c) Nach wie vielen Monaten sind 700 Kaninchen vorhanden?

   d) Wie hoch ist die Wachstumsgeschwindigkeit zu Beginn, wie hoch ist sie nach einem Jahr?

Trainingsblatt
Exponentielles und begrenztes Wachstum
Lösung

1. In der Tabelle sind die Daten eines exponentiellen Wachstumsvorgangs gegeben.

n	0	1	2	3	4	5	6
B(n)	50	110	250	550	1230	2730	6080

Beschreiben Sie das Wachstum mit einer Funktion:

a) mithilfe des Mittelwertes der Quotienten aufeinanderfolgender Werte.

n	0	1	2	3	4	5	6
$\frac{B(n)}{B(n-1)}$		2,20	2,27	2,20	2,24	2,22	2,23

Mittelwert: 2,23 ; also $f(t) = 50 \cdot 2{,}23^t = 50 \cdot e^{t \cdot \ln(2{,}23)} = 50 \cdot e^{0{,}8t}$

b) mithilfe des Anfangswertes und eines geeigneten weiteren Datenpunktes.

$f(t) = 50 \cdot e^{k \cdot t}$; $f(4) = 50 \cdot e^{k \cdot 4} = 1230 \Rightarrow 4k = \ln\left(\frac{1230}{50}\right) \Rightarrow k = \frac{1}{4} \cdot \ln\left(\frac{1230}{50}\right) \approx 0{,}80$; also $f(t) = 50 \cdot e^{0{,}8t}$

2. Berechnen Sie die Verdopplungszeit T_V bzw. die Halbwertszeit T_H.

a) $f(t) = 2000 \cdot e^{0{,}2133t}$
b) $f(t) = 1500 \cdot e^{-0{,}4102t}$
c) $f(t) = 5000 \cdot 0{,}8^t$
  $f(t) = 5000 \cdot e^{\ln(0{,}8)t}$
d) $f(t) = 100 \cdot e^{0{,}1154t}$

$T_V = \frac{\ln(2)}{0{,}2133} \approx 3{,}25$

$T_H = -\frac{\ln(2)}{-0{,}4102} \approx 1{,}69$

$= 5000 \cdot e^{-0{,}2231t}$
$T_H = -\frac{\ln(2)}{-0{,}2231} \approx 3{,}11$

$T_V = \frac{\ln(2)}{0{,}1154} \approx 6{,}01$

3. Die Halbwertszeit des radioaktiven Isotops Tantal 180 beträgt 138 Tage.

a) Bestimmen Sie die Zerfallsfunktion.

$k = -\frac{\ln(2)}{T_H} = -\frac{\ln(2)}{138} \approx -0{,}0050$; also $f(t) = f(0) \cdot e^{-0{,}005t}$

b) Wann ist noch ein Viertel der ursprünglichen Menge vorhanden?

$f(t) = f(0) \cdot e^{-0{,}005t} = 0{,}25 \cdot f(0) \Rightarrow e^{-0{,}005t} = 0{,}25 \Rightarrow -0{,}005t = \ln(0{,}25) \Rightarrow t = \frac{\ln(0{,}25)}{-0{,}005} \approx 277{,}26$

Nach ca. 278 Tagen ist nur noch ein Viertel der ursprünglichen Menge vorhanden.

c) Wie viel Prozent ist nach 200 Tagen zerfallen?

$f(200) = f(0) \cdot e^{-0{,}005 \cdot 200} = f(0) \cdot e^{-1} \approx 0{,}37 f(0)$; $1 - 0{,}37 = 0{,}63$.

Nach 200 Tagen ist ca. 63 % der ursprünglichen Menge zerfallen.

d) Nach 220 Tagen sind noch 10 mg vorhanden. Berechnen Sie den Anfangsbestand.

$f(220) = f(0) \cdot e^{-0{,}005 \cdot 220} = 10 \Rightarrow f(0) \cdot e^{-1{,}1} = 10 \Rightarrow f(0) = 10 \cdot e^{1{,}1} \approx 30{,}04$

Zu Beginn waren ca. 30 mg vorhanden.

e) Wie groß ist in diesem Fall die Zerfallsgeschwindigkeit nach 10 Tagen?

$f'(t) = -0{,}005 \cdot 30 \cdot e^{-0{,}005 \cdot t} = -0{,}15 e^{-0{,}005t}$; $f'(10) = -0{,}15 \cdot e^{-0{,}005 \cdot 10} = -0{,}15 \cdot e^{-0{,}05} \approx -0{,}14$

Die Zerfallsgeschwindigkeit beträgt etwa $-0{,}14$ mg/Tag.

4. Die Entwicklung einer Population von Kaninchen kann durch beschränktes Wachstum modelliert werden. Zu Beginn sind 300 Kaninchen vorhanden, nach 6 Monaten sind es 500. In dem Gebiet können maximal 800 Kaninchen leben.

a) Beschreiben Sie den Bestand mit begrenztem Wachstum durch eine Funktion.

$S = 800$; $f(x) = 800 - c \cdot e^{-kx}$; $f(0) = 800 - c = 300 \Rightarrow c = 500$

$f(6) = 800 - 500 \cdot e^{-6k} = 500 \Rightarrow 500 \cdot e^{-6k} = 300 \Rightarrow e^{-6k} = 0{,}6 \Rightarrow -6k = \ln(0{,}6) \Rightarrow k = \frac{\ln(0{,}6)}{-6} \approx 0{,}0851$

Also $f(x) = 800 - 500 \cdot e^{-0{,}0851x}$ (x in Monaten).

b) Wie viele Kaninchen sind es nach einem Jahr, wie viele nach zwei Jahren?

$f(12) = 800 - 500 \cdot e^{-0{,}0851 \cdot 12} \approx 620$; $f(24) = 800 - 500 \cdot e^{-0{,}0851 \cdot 24} \approx 735$

Nach einem Jahr sind ca. 620 Kaninchen, nach zwei Jahren 735 Kaninchen vorhanden.

c) Nach wie vielen Monaten sind 700 Kaninchen vorhanden?

$f(x) = 800 - 500 \cdot e^{-0{,}0851x} = 700 \Rightarrow e^{-0{,}0851x} = \frac{800-700}{500} = 0{,}2 \Rightarrow x = \frac{\ln(0{,}2)}{-0{,}0851} \approx 18{,}91$

Nach ca. 19 Monaten sind 700 Kaninchen vorhanden.

d) Wie hoch ist die Wachstumsgeschwindigkeit zu Beginn, wie hoch ist sie nach einem Jahr?

$f'(x) = 500 \cdot 0{,}0851 \cdot e^{-0{,}0851x} = 42{,}55 \cdot e^{-0{,}0851x}$; $f'(0) = 42{,}55 \cdot e^{-0{,}0851 \cdot 0} = 42{,}55$; $f'(12) = 42{,}55 \cdot e^{-0{,}0851 \cdot 12} \approx 15{,}32$

Die Wachstumsgeschwindigkeit beträgt zu Beginn ca. 42,55 Kaninchen/Monat, nach einem Jahr ca. 15,32 Kaninchen/Monat.

Arbeitsblatt
Differentialgleichungen

1. Ordnen Sie jeder Differentialgleichung eine richtige Lösung zu.

   (I) $f'(x) = 10 - 0{,}2f(x)$ (II) $f'(x) = 0{,}2f(x)$ (III) $f'(x) = 0{,}2(10 - f(x))$ (IV) $f'(x) = -0{,}2f(x)$

   (a) $f(x) = 10e^{-0{,}2x}$ (b) $f(x) = 10 - 4e^{-0{,}2x}$ (c) $f(x) = 4e^{0{,}2x}$ (d) $f(x) = 50 - 4e^{-0{,}2x}$

   (I): _____ , (II): _____ , (III): _____ , (IV): _____

2. Ordnen Sie jedem Wachstumsvorgang die richtige Differentialgleichung zu.

   (I) Die Zerfallsgeschwindigkeit eines radioaktiven Elements beträgt 40 % der noch vorhandenen Menge.

   (II) Die Wachstumsgeschwindigkeit von Algen auf einem See beträgt 40 % der bereits von Algen bedeckten Fläche.

   (III) Die Wachstumsgeschwindigkeit von Algen auf einem See beträgt 40 % der noch nicht von Algen bedeckten Fläche.

   (a) $f'(x) = 0{,}4f(x)$

   (b) $f'(x) = 0{,}4(100 - f(x))$

   (c) $f'(x) = -0{,}4f(x)$

3. Die momentane Zerfallsgeschwindigkeit des radioaktiven Isotops Yttrium 90 beträgt 1,08 % (in mg pro Stunde) der noch vorhandenen Menge.
   a) Geben Sie eine Differentialgleichung an, durch die sich der Zerfall beschreiben lässt.
   b) Um was für ein Wachstum handelt es sich dabei?
   c) Zu Beginn sind 20 mg vorhanden. Bestimmen Sie die Lösung der Differentialgleichung.
   d) Wie in Teilaufgabe c) sind zu Beginn 20 mg vorhanden. Wie hoch ist die Zerfallsgeschwindigkeit zu Beginn, wie hoch ist sie, wenn noch 10 mg Yttrium vorhanden sind?

4. In einen großen Tank laufen stündlich 4 Liter Wasser, gleichzeitig verdunstet Wasser. Die momentane Verdunstungsrate (in Liter pro Stunde) beträgt 1 % der aktuell vorhandenen Wassermenge. Zu Beginn befinden sich 30 Liter Wasser im Tank.
   a) Geben Sie eine Differentialgleichung an, durch die sich der Zerfall beschreiben lässt.
   b) Um was für ein Wachstum handelt es sich dabei?
   c) Lösen Sie die Differentialgleichung.
   d) Wie hoch ist die Wachstumsgeschwindigkeit zu Beginn, wie hoch ist sie, wenn bereits 200 Liter Wasser im Tank sind?

Arbeitsblatt
Differentialgleichungen   Lösung

1. Ordnen Sie jeder Differentialgleichung eine richtige Lösung zu.

(I) $f'(x) = 10 - 0{,}2f(x)$ (II) $f'(x) = 0{,}2f(x)$ (III) $f'(x) = 0{,}2(10 - f(x))$ (IV) $f'(x) = -0{,}2f(x)$

(a) $f(x) = 10e^{-0{,}2x}$ (b) $f(x) = 10 - 4e^{-0{,}2x}$ (c) $f(x) = 4e^{0{,}2x}$ (d) $f(x) = 50 - 4e^{-0{,}2x}$

(I): (d) , (II): (c) , (III): (b) , (IV): (a)

2. Ordnen Sie jedem Wachstumsvorgang die richtige Differentialgleichung zu.

(I) Die Zerfallsgeschwindigkeit eines radioaktiven Elements beträgt 40 % der noch vorhandenen Menge.

(II) Die Wachstumsgeschwindigkeit von Algen auf einem See beträgt 40 % der bereits von Algen bedeckten Fläche.

(III) Die Wachstumsgeschwindigkeit von Algen auf einem See beträgt 40 % der noch nicht von Algen bedeckten Fläche.

(a) $f'(x) = 0{,}4f(x)$

(b) $f'(x) = 0{,}4(100 - f(x))$

(c) $f'(x) = -0{,}4f(x)$

3. Die momentane Zerfallsgeschwindigkeit des radioaktiven Isotops Yttrium 90 beträgt 1,08 % (in mg pro Stunde) der noch vorhandenen Menge.
  a) Geben Sie eine Differentialgleichung an, durch die sich der Zerfall beschreiben lässt.
     $f'(x) = -0{,}0108 \cdot f(x)$
  b) Um was für ein Wachstum handelt es sich dabei?
     Es ist exponentielles Wachstum gegeben.
  c) Zu Beginn sind 20 mg vorhanden. Bestimmen Sie die Lösung der Differentialgleichung.
     $k = -0{,}0108$, damit ist $f(x) = c \cdot e^{-0{,}0108x}$; $f(0) = c = 20$, also $f(x) = 20 \cdot e^{-0{,}0108x}$
  d) Wie in Teilaufgabe c) sind zu Beginn 20 mg vorhanden. Wie hoch ist die Zerfallsgeschwindigkeit zu Beginn, wie hoch ist sie, wenn noch 10 mg Yttrium vorhanden sind?
     Zu Beginn: $f'(x) = -0{,}0108 \cdot f(x)$; $f'(0) = -0{,}0108 \cdot f(0) = -0{,}0108 \cdot 20 = -0{,}216$
     Bestand 10 mg: $f(x_{10}) = 10$, also $f'(x_{10}) = -0{,}0108 \cdot 10 = -0{,}108$
     Zu Beginn beträgt die Zerfallsgeschwindigkeit $-0{,}216$ mg/h; wenn noch 10 mg Yttrium vorhanden sind, beträgt die Zerfallsgeschwindigkeit $-0{,}108$ mg/h.

4. In einen großen Tank laufen stündlich 4 Liter Wasser, gleichzeitig verdunstet Wasser. Die momentane Verdunstungsrate (in Liter pro Stunde) beträgt 1% der aktuell vorhandenen Wassermenge. Zu Beginn befinden sich 30 Liter Wasser im Tank.
  a) Geben Sie eine Differentialgleichung an, durch die sich der Zerfall beschreiben lässt.
     Anfangswert: $f(0) = 30$
     Momentane Änderungsrate: Es laufen 4 Liter pro Stunde in den Tank, also $f'_1(x) = 4$ (in l/h).
     1% der aktuell vorhandenen Wassermenge verdunsten, also $f'_2(x) = -0{,}01 \cdot f(x)$ (in l/h).
     Insgesamt erhält man: $f'(x) = 4 - 0{,}01 \cdot f(x) = 0{,}01\left(\frac{4}{0{,}01} - f(x)\right) = 0{,}01(400 - f(x))$, also $f'(x) = 0{,}01(400 - f(x))$.
  b) Um was für ein Wachstum handelt es sich dabei?
     Es ist begrenztes Wachstum gegeben.
  c) Lösen Sie die Differentialgleichung.
     Ansatz: $f(x) = S - c \cdot e^{-kx}$. Mit $S = 400$ und $k = 0{,}01$ erhält man $f(x) = 400 - c \cdot e^{-0{,}01x}$. Wegen $f(0) = 30$ gilt:
     $f(0) = 400 - c \cdot e^{-0{,}01 \cdot 0} = 400 - c = 30$, also $c = 370$. Damit ist $f(x) = 400 - 370 \cdot e^{-0{,}01x}$.
  d) Wie hoch ist die Wachstumsgeschwindigkeit zu Beginn, wie hoch ist sie, wenn bereits 200 Liter Wasser im Tank sind?
     $f'(0) = 0{,}01(400 - f(0)) = 0{,}01(400 - 30) = 3{,}7$
     Füllmenge 200 Liter: $f(x_{200}) = 200$, also $f'(x_{200}) = 0{,}01(400 - f(x_{200})) = 0{,}01(400 - 200) = 2$.
     Die Wachstumsgeschwindigkeit beträgt zu Beginn 3,7 l/h, wenn 200 Liter im Tank sind, beträgt sie 2 l/h.

Arbeitsblatt
Logistisches Wachstum

1. Das Wachstum zweier Bestände wird durch folgende Funktionen beschrieben.

   (I) $f(x) = \dfrac{600}{1+30e^{-0,3x}}$ (x in Wochen) (II) $g(x) = \dfrac{500}{1+10e^{-0,4x}}$ (x in Wochen)

   a) Geben Sie jeweils die Schranke, den Anfangsbestand und den Bestand nach acht Wochen an.

   (I) S = 600; f(0) = _____ ; f(8) = _____

   (II)

   b) Wann ist der Bestand jeweils auf 100 angewachsen?

   (I) $f(x) = \dfrac{600}{1+30e^{-0,3x}} = 100 \Rightarrow$

   (II)

   c) Wie hoch ist jeweils die Wachstumsgeschwindigkeit nach 10 Wochen?

   (I) f'(x) = _____ = _____ ; f'(10) = _____

2. Ein Bestand wächst logistisch mit der Schranke S. Bestimmen Sie die zugehörige Funktion f.

   a) S = 50; f(0) = 4 und f(3) = 8

   Ansatz: $f(x) = \dfrac{S}{1+a\cdot e^{-k\cdot x}} = \dfrac{\rule{1cm}{0.15mm}}{1+a\cdot e^{-k\cdot x}}$; $f(0) = \dfrac{\rule{1cm}{0.15mm}}{1+a\cdot e^{-k\cdot 0}} = \dfrac{\rule{1cm}{0.15mm}}{1+a} = \rule{1cm}{0.15mm} \Rightarrow$

   Aus f(3) = 8 folgt $8 = \dfrac{\rule{1cm}{0.15mm}}{1+\rule{1cm}{0.15mm}\cdot e^{-k\cdot 3}} \Rightarrow$

   b) S = 80; f(0) = 5 und f(4) = 10

3. Eine Pflanze ist zu Beginn der Beobachtung 5 cm hoch. Nach 60 Tagen hat sie eine Höhe von 20 cm erreicht, und am Ende des Sommers ist sie 70 cm hoch und wächst nicht mehr weiter.
   Geben Sie eine Funktion an, die das Wachstum der Pflanze modelliert.

Arbeitsblatt
Logistisches Wachstum

Lösung

1. Das Wachstum zweier Bestände wird durch folgende Funktionen beschrieben.
   (I) $f(x) = \dfrac{600}{1 + 30 e^{-0,3x}}$ (x in Wochen)   (II) $g(x) = \dfrac{500}{1 + 10 e^{-0,4x}}$ (x in Wochen)

   a) Geben Sie jeweils die Schranke, den Anfangsbestand und den Bestand nach acht Wochen an.

   (I) $S = 600$; $f(0) = \dfrac{600}{1 + 30 e^{-0,3 \cdot 0}} = \dfrac{600}{31} \approx 19{,}35$; $f(8) = \dfrac{600}{1 + 30 e^{-0,3 \cdot 8}} = \dfrac{600}{1 + 30 e^{-2,4}} \approx 161{,}22$

   (II) $S = 500$; $f(0) = \dfrac{500}{1 + 10 e^{-0,4 \cdot 0}} = \dfrac{500}{11} \approx 45{,}45$; $f(8) = \dfrac{500}{1 + 10 e^{-0,4 \cdot 8}} = \dfrac{500}{1 + 10 e^{-3,2}} \approx 355{,}21$

   b) Wann ist der Bestand jeweils auf 100 angewachsen?

   (I) $f(x) = \dfrac{600}{1 + 30 e^{-0,3x}} = 100 \Rightarrow \dfrac{600}{100} = 1 + 30 e^{-0,3x} \Rightarrow e^{-0,3x} = \dfrac{6-1}{30} = \dfrac{5}{30} \Rightarrow -0{,}3x = \ln\left(\dfrac{5}{30}\right) \Rightarrow x = \dfrac{\ln\left(\frac{5}{30}\right)}{-0{,}3} \approx 5{,}97$

   Nach ca. 6 Wochen ist der Bestand auf 100 angewachsen.

   (II) $f(x) = \dfrac{500}{1 + 10 e^{-0,4x}} = 100 \Rightarrow \dfrac{500}{100} = 1 + 10 e^{-0,4x} \Rightarrow e^{-0,4x} = \dfrac{5-1}{10} = 0{,}4 \Rightarrow -0{,}4x = \ln(0{,}4) \Rightarrow x = \dfrac{\ln(0{,}4)}{-0{,}4} \approx 2{,}29$

   Nach etwas mehr als 2 Wochen ist der Bestand auf 100 angewachsen.

   c) Wie hoch ist jeweils die Wachstumsgeschwindigkeit nach 10 Wochen?

   (I) $f'(x) = \dfrac{-600(-0{,}3 \cdot 30 e^{-0,3x})}{(1 + 30 e^{-0,3x})^2} = \dfrac{5400 e^{-0,3x}}{(1 + 30 e^{-0,3x})^2}$; $f'(10) = \dfrac{5400 e^{-0,3 \cdot 10}}{(1 + 30 e^{-0,3 \cdot 10})^2} = \dfrac{5400 e^{-3}}{(1 + 30 e^{-3})^2} \approx 43{,}24$

   Nach 10 Wochen wächst der Bestand um ungefähr 43 pro Woche.

   (II) $f'(x) = \dfrac{-500(-0{,}4 \cdot 10 e^{-0,4x})}{(1 + 10 e^{-0,4x})^2} = \dfrac{2000 e^{-0,4x}}{(1 + 10 e^{-0,4x})^2}$; $f'(10) = \dfrac{2000 e^{-0,4 \cdot 10}}{(1 + 10 e^{-0,4 \cdot 10})^2} = \dfrac{2000 e^{-4}}{(1 + 10 e^{-4})^2} \approx 26{,}17$

   Nach 10 Wochen wächst der Bestand um ungefähr 26 pro Woche.

2. Ein Bestand wächst logistisch mit der Schranke S. Bestimmen Sie die zugehörige Funktion f.

   a) $S = 50$; $f(0) = 4$ und $f(3) = 8$

   Ansatz: $f(x) = \dfrac{S}{1 + a \cdot e^{-k \cdot x}} = \dfrac{50}{1 + a \cdot e^{-k \cdot x}}$; $f(0) = \dfrac{50}{1 + a \cdot e^{-k \cdot 0}} = \dfrac{50}{1 + a} = 4 \Rightarrow 1 + a = \dfrac{50}{4} = 12{,}5 \Rightarrow a = 12{,}5 - 1 = 11{,}5$

   Aus $f(3) = 8$ folgt $8 = \dfrac{50}{1 + 11{,}5 \cdot e^{-k \cdot 3}} \Rightarrow 1 + 11{,}5 \cdot e^{-k \cdot 3} = \dfrac{50}{8} = 6{,}25 \Rightarrow e^{-k \cdot 3} = \dfrac{6{,}25 - 1}{11{,}5} \Rightarrow k = \dfrac{\ln\left(\frac{5{,}25}{11{,}5}\right)}{-3} \approx 0{,}2614$;

   also $f(x) = \dfrac{50}{1 + 11{,}5 \cdot e^{-0,2614 \cdot x}}$

   b) $S = 80$; $f(0) = 5$ und $f(4) = 10$

   Ansatz: $f(x) = \dfrac{S}{1 + a \cdot e^{-k \cdot x}} = \dfrac{80}{1 + a \cdot e^{-k \cdot x}}$; $f(0) = \dfrac{80}{1 + a \cdot e^{-k \cdot 0}} = \dfrac{80}{1 + a} = 5 \Rightarrow 1 + a = \dfrac{80}{5} = 16 \Rightarrow a = 16 - 1 = 15$

   Aus $f(4) = 10$ folgt $10 = \dfrac{80}{1 + 15 \cdot e^{-k \cdot 4}} \Rightarrow 1 + 15 \cdot e^{-k \cdot 4} = \dfrac{80}{10} = 8 \Rightarrow e^{-k \cdot 4} = \dfrac{8 - 1}{15} \Rightarrow k = \dfrac{\ln\left(\frac{7}{15}\right)}{-4} \approx 0{,}1905$;

   also $f(x) = \dfrac{80}{1 + 15 \cdot e^{-0,1905 \cdot x}}$

3. Eine Pflanze ist zu Beginn der Beobachtung 5 cm hoch. Nach 60 Tagen hat sie eine Höhe von 20 cm erreicht, und am Ende des Sommers ist sie 70 cm hoch und wächst nicht mehr weiter.

   Geben Sie eine Funktion an, die das Wachstum der Pflanze modelliert.

   Es ist $f(0) = 5$; $f(60) = 20$ und $S = 70$;

   Ansatz: $f(x) = \dfrac{S}{1 + a \cdot e^{-k \cdot x}} = \dfrac{70}{1 + a \cdot e^{-k \cdot x}}$; $f(0) = \dfrac{70}{1 + a \cdot e^{-k \cdot 0}} = \dfrac{70}{1 + a} = 5 \Rightarrow 1 + a = \dfrac{70}{5} = 14 \Rightarrow a = 14 - 1 = 13$

   Aus $f(60) = 20$ folgt $20 = \dfrac{70}{1 + 13 \cdot e^{-k \cdot 60}} \Rightarrow 1 + 13 \cdot e^{-k \cdot 60} = \dfrac{70}{20} = 3{,}5 \Rightarrow e^{-k \cdot 60} = \dfrac{3{,}5 - 1}{13} \Rightarrow k = \dfrac{\ln\left(\frac{2{,}5}{13}\right)}{-60} \approx 0{,}0275$

   Damit ist $f(x) = \dfrac{70}{1 + 13 \cdot e^{-0,0275 \cdot x}}$ (x in Tagen)

Arbeitsblatt – Check-out
Modellieren mit der Exponentialfunktion

1. Ordnen Sie die folgenden Beschreibungen, Funktionsterme, Differentialgleichungen und Graphen den verschiedenen Wachstumsarten zu.

   (I) $f(x) = 10 e^{-0,5x}$ (II) $f'(x) = 0,7(S - f(x))$ (III) $f(x) = 100 - 20 e^{-0,2x}$ (IV) $f(x) = \dfrac{300}{1 + 25 e^{-0,4x}}$

   (V) $f'(x) = 0,3 f(x)(S - f(x))$ (VI) $f'(x) = 0,5 f(x)$ (VII) Die momentane Änderungsrate ist proportional zum Bestand.

   (VIII) Die momentane Änderungsrate ist proportional zum Restbestand.

   (IX) Die momentane Änderungsrate ist proportional zum Produkt aus Bestand und Restbestand.

   (X) 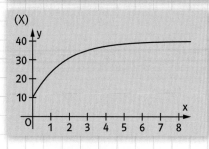 (XI) 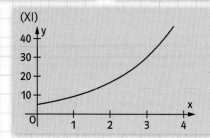 (XII)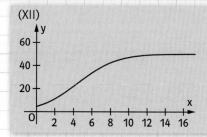

   Exponentielles Wachstum:
   Begrenztes Wachstum:
   Logistisches Wachstum:

2. Die Bestandsentwicklung einer Kaninchenpopulation kann durch die Funktion f mit $f(x) = 200 e^{0,0221x}$ (x in Monaten, f(x) Anzahl der Tiere x Monate nach Beobachtungsbeginn) beschrieben werden.
   a) Welche Art Wachstum ist gegeben?
   b) Wie viele Tiere gibt es zu Beobachtungsbeginn, wie viele nach einem Jahr?

   c) Um wie viel Prozent nimmt die Anzahl der Tiere pro Monat zu?

   d) Wie groß ist die Wachstumsgeschwindigkeit nach drei Jahren?

3. Eine Pilzkultur vermehrt sich in einer Petrischale. Zu Beginn bedeckt sie eine Fläche von 10 cm², nach 10 Stunden sind es bereits 15 cm².
   a) Modellieren Sie die Entwicklung durch exponentielles Wachstum.

   b) Die Schalenfläche beträgt 60 cm². Modellieren Sie die Entwicklung durch begrenztes und durch logistisches Wachstum.

4. Ein Wachstum wird durch die Differentialgleichung $f'(x) = 0,5 f(x)$ beschrieben. Anfangswert ist $f(0) = 2$.
   Bestimmen Sie die Lösung der Differentialgleichung.

Arbeitsblatt – Check-out
Modellieren mit der Exponentialfunktion — Lösung

1. Ordnen Sie die folgenden Beschreibungen, Funktionsterme, Differentialgleichungen und Graphen den verschiedenen Wachstumsarten zu.

   (I) $f(x) = 10\,e^{-0,5x}$ (II) $f'(x) = 0,7(S - f(x))$ (III) $f(x) = 100 - 20\,e^{-0,2x}$ (IV) $f(x) = \dfrac{300}{1 + 25\,e^{-0,4x}}$

   (V) $f'(x) = 0,3\,f(x)(S - f(x))$ (VI) $f'(x) = 0,5\,f(x)$ (VII) Die momentane Änderungsrate ist proportional zum Bestand.

   (VIII) Die momentane Änderungsrate ist proportional zum Restbestand.

   (IX) Die momentane Änderungsrate ist proportional zum Produkt aus Bestand und Restbestand.

   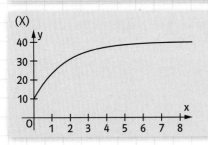 (X)
   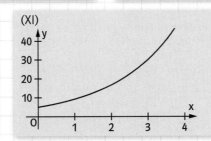 (XI)
   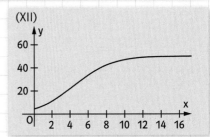 (XII)

   Exponentielles Wachstum: (I), (VI), (VII), (XI)
   Begrenztes Wachstum: (II), (III), (VIII), (X)
   Logistisches Wachstum: (IV), (V), (IX), (XII)

2. Die Bestandsentwicklung einer Kaninchenpopulation kann durch die Funktion f mit $f(x) = 200\,e^{0,0221x}$ (x in Monaten, f(x) Anzahl der Tiere x Monate nach Beobachtungsbeginn) beschrieben werden.
   a) Welche Art Wachstum ist gegeben?   Exponentielles Wachstum
   b) Wie viele Tiere gibt es zu Beobachtungsbeginn, wie viele nach einem Jahr?
   $f(0) = 200\,e^{0,0221 \cdot 0} = 200$; $f(12) = 200\,e^{0,0221 \cdot 12} \approx 260,74$
   Zu Beginn sind 200 Tiere vorhanden, nach einem Jahr sind es ca. 261 Tiere.
   c) Um wie viel Prozent nimmt die Anzahl der Tiere pro Monat zu?
   $\dfrac{200\,e^{0,0221(n+1)}}{200\,e^{0,0221n}} = e^{0,0221} \approx 1,022$
   Die Anzahl der Tiere nimmt pro Monat etwa um 2,2 % zu.
   d) Wie groß ist die Wachstumsgeschwindigkeit nach drei Jahren?
   $f'(x) = 0,0221 \cdot 200\,e^{0,0221x} = 4,42\,e^{0,0221x}$; $f'(36) = 4,42\,e^{0,0221 \cdot 36} = 4,42\,e^{0,7956} \approx 9,79$
   Nach drei Jahren wächst der Bestand um ca. 10 Kaninchen pro Monat.

3. Eine Pilzkultur vermehrt sich in einer Petrischale. Zu Beginn bedeckt sie eine Fläche von 10 cm², nach 10 Stunden sind es bereits 15 cm².
   a) Modellieren Sie die Entwicklung durch exponentielles Wachstum.
   Ansatz: $f(x) = f(0) \cdot e^{kx}$; $f(0) = 10$; $f(10) = 15$, also $f(10) = 10 \cdot e^{k \cdot 10} = 15$, damit gilt $k = \dfrac{\ln(1,5)}{10} \approx 0,0405$.
   Es ist $f(x) = 10 \cdot e^{0,0405x}$.
   b) Die Schalenfläche beträgt 60 cm². Modellieren Sie die Entwicklung durch begrenztes und durch logistisches Wachstum.
   Ansatz für begrenztes Wachstum: $f(x) = S - c \cdot e^{-kx}$; $S = 60$, $f(0) = 10$, also $f(0) = 60 - c = 10$, damit gilt $c = 50$;
   $f(10) = 15$, also $f(10) = 60 - 50 \cdot e^{-k \cdot 10} = 15$, damit gilt $e^{-k \cdot 10} = \dfrac{45}{50} = 0,9$, also $k = \dfrac{\ln(0,9)}{-10} \approx 0,0105$.
   Es ist $f(x) = 60 - 50 \cdot e^{-0,0105x}$.
   Ansatz für logistisches Wachstum: $f(x) = \dfrac{S}{1 + a \cdot e^{-kx}}$; $S = 60$, $f(0) = 10$, also $f(0) = \dfrac{60}{1 + a} = 10$, damit gilt $a = 5$.
   $f(10) = 15$, also $f(10) = \dfrac{60}{1 + 5 \cdot e^{-k \cdot 10}} = 15 \Rightarrow 1 + 5\,e^{-k \cdot 10} = 4 \Rightarrow e^{-k \cdot 10} = 0,6 \Rightarrow k = \dfrac{\ln(0,6)}{-10} \approx 0,0511$. Es ist $f(x) = \dfrac{60}{1 + 5 \cdot e^{-0,0511x}}$.

4. Ein Wachstum wird durch die Differentialgleichung $f'(x) = 0,5\,f(x)$ beschrieben. Anfangswert ist $f(0) = 2$.
   Bestimmen Sie die Lösung der Differentialgleichung.
   $f(x) = f(0) \cdot e^{0,5x} = 2 \cdot e^{0,5x}$

Arbeitsblatt – Check-in
Lineare Gleichungssysteme

Checkliste	Das kann ich gut.	Ich bin noch unsicher.	Das kann ich nicht mehr.
1. Ich kann lineare Gleichungen lösen.	☐	☐	☐
2. Ich weiß, was man unter einem linearen Gleichungssystem (LGS) versteht.	☐	☐	☐
3. Ich weiß, was eine Lösung eines LGS ist und wie man sie notiert.	☐	☐	☐
4. Ich kann einfache LGS mit zwei Variablen lösen.	☐	☐	☐
5. Ich weiß, was eine ganzrationale Funktion n-ten Grades ist.	☐	☐	☐

Überprüfen Sie Ihre Einschätzungen anhand der entsprechenden Aufgaben:

1. Vereinfachen und lösen Sie die linearen Gleichungen nach der angegebenen Variablen auf.
   a) $-2x + 7 = 4x - 5 \;|\; +2x$
   b) $3 \cdot (x - 4) = 5 \cdot (x + 1) + 3$
   c) $t \cdot (x - 4) + 1 = 2 \cdot (3 - 2t)$

   $\Rightarrow x =$ \qquad $\Rightarrow x =$ \qquad $\Rightarrow t =$

2. a) Beschreiben Sie in eigenen Worten, was man unter einem linearen Gleichungssystem versteht.

   b) Geben Sie ein Beispiel für ein lineares Gleichungssystem an, das mehr Gleichungen als Variablen hat.
      (I)
      (II)
      (III)

   c) Geben Sie ein Gleichungssystem an, das nicht linear ist.
      (I)
      (II)

3. Kreuzen Sie an, welche Lösung für das angegebene LGS korrekt und richtig notiert ist.
   a) ☐ hat die Lösung 1
      (I) $x + y = 2$ ☐ $L = \{(1; 1)\}$
      (II) $3x - 2y = 1$ ☐ $x = 1;\; y = 1$
                          ☐ $x = -1;\; y = 3$

   b) ☐ $L = \{(0; -3)\}$
      (I) $x_2 = 0$ ☐ $L = \{(-3; 0)\}$
      (II) $3x_2 - 2x_1 = 6$ ☐ $-3; 0$
                          ☐ keine Lösung

4. Füllen Sie die Lücken der gelösten Gleichungssysteme wieder aus.
   a) (I) $\qquad y = 2x - 3$
      (II) $\quad x + 4y = 6$
      (I) in (II): $x + 4(\underline{\quad}) = 6$ | vereinfachen
      $\Rightarrow \underline{\quad} = \underline{\quad}$ | nach x auflösen
      $\Rightarrow x = \underline{\quad}$
      in (I): $y = 2 \cdot \underline{\quad} - 3 = \underline{\quad}$; $L = \{(\underline{\quad};\underline{\quad})\}$

   b) (I) $3x + 2y = 5$
      (II) $4x - 2y = \underline{\quad}$
      (I) + (II): $\underline{\quad} = 14$ |
      $\Rightarrow x = \underline{\quad}$
      in (I): $3 \cdot \underline{\quad} + 2y = 5$ |
      $\Rightarrow y = \underline{\quad}$; $L = \{(\underline{\quad};\underline{\quad})\}$

5. Ganzrationale Funktionen haben die Form $f(x) = a_n x^n + a_{n-1} x^{n-1} + \ldots + a_1 x^1 + a_0$.
   Geben Sie einen möglichen Funktionsterm an, für eine Funktion
   a) mit Grad 4, wobei alle Koeffizienten natürliche Zahlen sind; $f(x) =$
   b) mit Grad 7, die nur aus zwei Summanden besteht; $f(x) =$
   c) mit Grad 0; $f(x) =$
   d) mit Grad 3, deren Koeffizienten keine ganze Zahlen sind; $f(x) =$
   e) deren Graph punktsymmetrisch bezüglich des Ursprungs ist. $f(x) =$

Arbeitsblatt – Check-in
Lineare Gleichungssysteme — Lösung

Checkliste	Stichwörter zum Nachschlagen
1. Ich kann lineare Gleichungen lösen.	Äquivalenzumformungen
2. Ich weiß, was man unter einem linearen Gleichungssystem (LGS) versteht.	lineares Gleichungssystem
3. Ich weiß, was eine Lösung eines LGS ist und wie man sie notiert.	Lösungsmenge linearer Gleichungssysteme
4. Ich kann einfache LGS mit zwei Variablen lösen.	Einsetzungsverfahren, Additionsverfahren
5. Ich weiß, was eine ganzrationale Funktion n-ten Grades ist.	ganzrationale Funktionen

Überprüfen Sie Ihre Einschätzungen anhand der entsprechenden Aufgaben:

1. Vereinfachen und lösen Sie die linearen Gleichungen nach der angegebenen Variablen auf.

a)
$-2x + 7 = 4x - 5 \mid +2x$
$7 = 6x - 5 \mid +5$
$12 = 6x \mid :6$
$\Rightarrow x = 2$

b)
$3 \cdot (x-4) = 5 \cdot (x+1) + 3$
$3x - 12 = 5x + 5 + 3 \mid -3x$
$-12 = 2x + 8 \mid -8$
$-20 = 2x \mid :2$
$\Rightarrow x = -10$

c)
$t \cdot (x-4) + 1 = 2 \cdot (3-2t)$
$tx - 4t + 1 = 6 - 4t \mid +4t$
$tx + 1 = 6 \mid -1$
$tx = 5 \mid :x$
$\Rightarrow t = \frac{5}{x}$

2. a) Beschreiben Sie in eigenen Worten, was man unter einem linearen Gleichungssystem versteht.
Mehrere lineare Gleichungen mit mehreren (wenigstens zum Teil) gemeinsamen Variablen nennt man lineares Gleichungssystem.

b) Geben Sie ein Beispiel für ein lineares Gleichungssystem an, das mehr Gleichungen als Variablen hat.
(I) $x + y = 4$
(II) $x - 2y = 3$
(III) $2x - y = 9$

c) Geben Sie ein Gleichungssystem an, das nicht linear ist.
(I) $3x^2 + y = 1$
(II) $\sqrt{x} = 7y$

3. Kreuzen Sie an, welche Lösung für das angegebene LGS korrekt und richtig notiert ist.

a) hat die Lösung 1
(I) $x + y = 2$
(II) $3x - 2y = 1$
☐ L = {(1; 1)} ✗
☒ x = 1; y = 1
☐ x = -1; y = 3

b)
(I) $x_2 = 0$
(II) $3x_2 - 2x_1 = 6$
☐ L = {(0; -3)}
☒ L = {(-3; 0)}
☐ -3; 0
☐ keine Lösung

4. Füllen Sie die Lücken der gelösten Gleichungssysteme wieder aus.

a)
(I) $y = 2x - 3$
(II) $x + 4y = 6$
(I) in (II): $x + 4(2x - 3) = 6$ | vereinfachen
$\Rightarrow 9x - 12 = 6$ | nach x auflösen
$\Rightarrow x = 2$
in (I): $y = 2 \cdot 2 - 3 = 1$; $L = \{(2; 1)\}$

b)
(I) $3x + 2y = 5$
(II) $4x - 2y = 9$
(I) + (II): $7x = 14$ | nach x auflösen
$\Rightarrow x = 2$
in (I): $3 \cdot 2 + 2y = 5$ | nach y auflösen
$\Rightarrow y = -\frac{1}{2}$; $L = \{(2; -\frac{1}{2})\}$

5. Ganzrationale Funktionen haben die Form $f(x) = a_n x^n + a_{n-1} x^{n-1} + \ldots + a_1 x^1 + a_0$.
Geben Sie einen möglichen Funktionsterm an, für eine Funktion

a) mit Grad 4, wobei alle Koeffizienten natürliche Zahlen sind; $f(x) = x^4 + 3x^3 + 5x^2 + x + 7$
b) mit Grad 7, die nur aus zwei Summanden besteht; $f(x) = 4x^7 - 3x^2$
c) mit Grad 0; $f(x) = 5$
d) mit Grad 3, deren Koeffizienten keine ganze Zahlen sind; $f(x) = 2{,}1x^3 + \sqrt{2}x^2 - \frac{3}{7}x + \pi$
e) deren Graph punktsymmetrisch bezüglich des Ursprungs ist. $f(x) = x^3 - x$

Arbeitsblatt
Gauß-Verfahren und Matrixschreibweise

Ein lineares Gleichungssystem (LGS) mit drei Unbekannten x_1, x_2 und x_3 und drei Gleichungen (I), (II) und (III) kann man auf zwei Arten notieren:

vollständig ausgeschrieben	Kurzschreibweise („Matrix")
(I) $2x_1 - x_2 - 4x_3 = 3$ (II) $-x_1 + 2x_2 + 10x_3 = 1$ (III) $4x_1 + 4x_2 - 4x_3 = 2$	$\begin{pmatrix} 2 & -1 & -4 & \vert & 3 \\ -1 & 2 & 10 & \vert & 1 \\ 4 & 4 & -4 & \vert & 2 \end{pmatrix}$ (I) (II) (III)

Mithilfe von Äquivalenzumformungen kann man ein LGS so umformen, dass sich die Lösung des LGS leicht bestimmen lässt. Man darf z.B.

A … eine Gleichung („Zeile") mit einer Zahl c (c ≠ 0) multiplizieren,
B … eine Gleichung („Zeile") ersetzen durch die Summe von sich selbst und einer anderen Gleichung.

1. Das obige LGS wird nun mithilfe von Äquivalenzumformungen umgeformt.
Notieren Sie, welche der Umformungen A oder B angewendet wird. Füllen Sie die Lücken aus.

Umformung	vollständig ausgeschrieben	Kurzschreibweise („Matrix")	Umformung
A	(I) $2x_1 - x_2 - 4x_3 = 3$ $2 \cdot$(II) = (IIa) $-2x_1 + 4x_2 + 20x_3 = 2$ = (IIIa) $2x_1 + 2x_2 - 2x_3 = \_\_$	$\begin{pmatrix} 2 & -1 & -4 & \vert & 3 \\ \_ & \_ & \_ & \vert & \_ \\ \_ & \_ & \_ & \vert & \_ \end{pmatrix}$ (I) (IIa) = 2·(II) (IIIa) = __	A
B	(I) $2x_1 - x_2 - 4x_3 = 3$ (I) + __ = (IIb) $0 + 3x_2 + 16x_3 = \_\_$ (I) − __ = (IIIb) $0 - 3x_2 - 2x_3 = \_\_$	$\begin{pmatrix} 2 & -1 & -4 & \vert & 3 \\ 0 & \_ & \_ & \vert & \_ \\ 0 & \_ & \_ & \vert & \_ \end{pmatrix}$ (I) (IIb) = __ (IIIb) = __	
	(I) $2x_1 - x_2 - 4x_3 = 3$ (IIb) $3x_2 + 16x_3 = \_\_$ (IIb) + __ = (IIIc) $14x_3 = \_\_$	$\begin{pmatrix} 2 & -1 & -4 & \vert & 3 \\ 0 & \_ & \_ & \vert & \_ \\ 0 & 0 & \_ & \vert & \_ \end{pmatrix}$ (I) (IIb) (IIIc) = (IIb) + __	

Das LGS hat nun die sogenannte **Stufenform**.

2. Bei der Stufenform lassen sich schrittweise die Gleichungen „von unten nach oben" nach den Unbekannten x_3, x_2 und x_1 auflösen. Füllen Sie aus.

(IIIc) liefert: $14x_3 = $ ____, also $x_3 = $ ____.

(IIb) und $x_3 = $ ____ liefert: $3x_2 + 16 \cdot$ ____ = ____, also $x_2 = $ ____.

(I) und $x_3 = $ ____ und $x_2 = $ ____ liefert: $2x_1 - $ ____ $- 4 \cdot$ ____ = 3, also $x_1 = $ ____.

Arbeitsblatt
Gauß-Verfahren und Matrixschreibweise
Lösung

Ein lineares Gleichungssystem (LGS) mit drei Unbekannten x_1, x_2 und x_3 und drei Gleichungen (I), (II) und (III) kann man auf zwei Arten notieren:

vollständig ausgeschrieben	Kurzschreibweise („Matrix")
(I) $\quad 2x_1 - x_2 - 4x_3 = 3$ (II) $\quad -x_1 + 2x_2 + 10x_3 = 1$ (III) $\quad 4x_1 + 4x_2 - 4x_3 = 2$	$\begin{pmatrix} 2 & -1 & -4 & \vert & 3 \\ -1 & 2 & 10 & \vert & 1 \\ 4 & 4 & -4 & \vert & 2 \end{pmatrix}$ (I) (II) (III)

Mithilfe von Äquivalenzumformungen kann man ein LGS so umformen, dass sich die Lösung des LGS leicht bestimmen lässt. Man darf z. B.

- **A** … eine Gleichung („Zeile") mit einer Zahl c (c ≠ 0) multiplizieren,
- **B** … eine Gleichung („Zeile") ersetzen durch die Summe von sich selbst und einer anderen Gleichung.

1. Das obige LGS wird nun mithilfe von Äquivalenzumformungen umgeformt.
Notieren Sie, welche der Umformungen **A** oder **B** angewendet wird. Füllen Sie die Lücken aus.

Um-formung	vollständig ausgeschrieben	Kurzschreibweise („Matrix")	Um-formung
	(I) $\quad\quad\quad\quad\quad 2x_1 - x_2 - 4x_3 = 3$	$\begin{pmatrix} 2 & -1 & -4 & \vert & 3 \\ -2 & 4 & 20 & \vert & 2 \\ 2 & 2 & -2 & \vert & 1 \end{pmatrix}$ (I) (IIa) = 2·(II) (IIIa) = ½·(III)	
A	$2 \cdot$(II) = (IIa) $\quad -2x_1 + 4x_2 + 20x_3 = 2$		A
A	$\frac{1}{2} \cdot$(III) = (IIIa) $\quad 2x_1 + 2x_2 - 2x_3 = 1$		A
	(I) $\quad\quad\quad\quad\quad 2x_1 - x_2 - 4x_3 = 3$	$\begin{pmatrix} 2 & -1 & -4 & \vert & 3 \\ 0 & 3 & 16 & \vert & 5 \\ 0 & -3 & -2 & \vert & 2 \end{pmatrix}$ (I) (IIb) = (I)+(IIa) (IIIb) = (I)−(IIIa)	
B	(I) + (IIa) = (IIb) $\quad 0 + 3x_2 + 16x_3 = 5$		B
B	(I) − (IIIa) = (IIIb) $\quad 0 - 3x_2 - 2x_3 = 2$		B
	(I) $\quad\quad\quad\quad\quad 2x_1 - x_2 - 4x_3 = 3$	$\begin{pmatrix} 2 & -1 & -4 & \vert & 3 \\ 0 & 3 & 16 & \vert & 5 \\ 0 & 0 & 14 & \vert & 7 \end{pmatrix}$ (I) (IIb) (IIIc) = (IIb)+(IIIb)	
	(IIb) $\quad\quad\quad\quad\quad\quad\quad 3x_2 + 16x_3 = 5$		
B	(IIb) + (IIIb) = (IIIc) $\quad\quad\quad\quad\quad\quad 14x_3 = 7$		B

Das LGS hat nun die sogenannte **Stufenform**.

2. Bei der Stufenform lassen sich schrittweise die Gleichungen „von unten nach oben" nach den Unbekannten x_3, x_2 und x_1 auflösen. Füllen Sie aus.

(IIIc) liefert: $14x_3 =$ **7** , also $x_3 =$ **0,5** .
(IIb) und $x_3 =$ **0,5** liefert: $3x_2 + 16 \cdot$ **0,5** $= 5$, also $x_2 =$ **−1** .
(I) und $x_3 =$ **0,5** und $x_2 =$ **−1** liefert: $2x_1 -$ **(−1)** $- 4 \cdot$ **0,5** $= 3$, also $x_1 =$ **2** .

Trainingsblatt
Typische Fehler beim Gauß-Verfahren

Beim Lösen der linearen Gleichungssysteme mit dem Gauß-Verfahren haben sich Fehler eingeschlichen. Markieren Sie die Fehler und beschreiben Sie, was falsch gemacht wurde. Lösen Sie das lineare Gleichungssystem in Aufgabe 5 fehlerfrei.

1.

(I)		$2 x_1$	$-$	$4 x_2$	$+$	$2 x_3$	$=$	-10
(II)		x_1	$+$	$2 x_2$	$-$	$2 x_3$	$=$	14
(III)	$-$	$2 x_1$			$-$	x_3	$=$	1
(I)		$2 x_1$	$-$	$4 x_2$	$+$	$2 x_3$	$=$	-10
(II)		x_1	$+$	$2 x_2$	$-$	$2 x_3$	$=$	14
(IIIa) = (III) + (I):						x_3	$=$	-9
(I)		$2 x_1$	$-$	$4 x_2$	$+$	$2 x_3$	$=$	-10
(IIa) = 2·(II) − (I):				$8 x_2$	$-$	$2 x_3$	$=$	38
(IIIa)						x_3	$=$	-9

Lösung: $x_3 = -9$; $x_2 = \frac{5}{2}$; $x_1 = 9$

Fehlerbeschreibung:

2.

(I)		$4 x_1$	$-$	$3 x_2$	$-$	$2 x_3$	$=$	11
(II)	$-$	$4 x_1$	$+$	$3 x_2$	$+$	x_3	$=$	-2
(III)		$2 x_1$	$+$	x_2			$=$	9
(I)		$4 x_1$	$-$	$3 x_2$	$-$	$2 x_3$	$=$	11
(II)	$-$	$4 x_1$	$+$	$3 x_2$	$+$	x_3	$=$	-2
(IIIa) = (I) + (II):					$-$	x_3	$=$	9
(IIIa) in (I):		$4 x_1$	$-$	$3 x_2$			$=$	-7
(IIb) = (I) + (II):					$-$	x_3	$=$	9
(IIIa)					$-$	x_3	$=$	9

Lösung: $x_3 = -9$; $x_2 = 1$; $x_1 = -1$

Fehlerbeschreibung:

3.

(I)		$2 x_1$	$+$	$2 x_2$	$+$	x_3	$=$	6
(II)	$-$	$3 x_1$	$-$	$3 x_2$	$-$	$2 x_3$	$=$	-9
(III)		$3 x_1$	$+$	$3 x_2$	$+$	$3 x_3$	$=$	12
(I)		$2 x_1$	$+$	$2 x_2$	$+$	x_3	$=$	6
(IIa) = (II) + 2·(I):		x_1	$+$	x_2			$=$	3
(IIIa) = (III) + (II):						x_3	$=$	3

Lösung: $x_3 = 3$; $x_2 = 2$; $x_1 = 1$

Fehlerbeschreibung:

4.

(I)		$3 x_1$	$-$	$1 x_2$	$+$	$3 x_3$	$=$	0
(II)		$2 x_1$	$+$	$2 x_2$	$+$	$2 x_3$	$=$	8
(III)	$-$	$3 x_1$	$+$	$4 x_2$	$-$	$3 x_3$	$=$	9
(I)		$3 x_1$	$-$	$1 x_2$	$+$	$3 x_3$	$=$	0
(IIa) = (II) + 2·(I):		$8 x_1$			$+$	$8 x_3$	$=$	8
(IIIa) = $\frac{1}{3}$·((III) + (I)):				x_2			$=$	3
(Ia) = (IIIa) in (I):		$3 x_1$			$+$	$3 x_3$	$=$	3
(IIb) = $\frac{1}{8}$·(IIa):		x_1			$+$	x_3	$=$	1
(IIIa)				x_2			$=$	3

Lösung: $x_2 = 3$; $x_1 = 0$; $x_3 = 1$

Fehlerbeschreibung:

5.

(I)	$-$	x_1	$-$	x_2	$+$	$3 x_3$	$=$	0
(II)		$2 x_1$	$-$	$4 x_2$	$-$	$3 x_3$	$=$	0
(III)		x_1	$+$	$4 x_2$	$-$	$4 x_3$	$=$	1
(I)	$-$	x_1	$-$	x_2	$+$	$3 x_3$	$=$	0
(IIa) = (I) + (II):		x_1	$-$	$5 x_2$			$=$	0
(IIIa) = (II) + (III):		$3 x_1$	$-$	$7 x_3$			$=$	1
(I)	$-$	x_1	$-$	x_2	$+$	$3 x_3$	$=$	0
(IIa)		x_1	$-$	$5 x_2$			$=$	0
(IIIb) = (IIIa) − 3·(IIa):				$8 x_2$			$=$	1

Lösung: $x_2 = \frac{1}{8}$; $x_1 = \frac{5}{8}$; $x_3 = \frac{2}{8}$

Fehlerbeschreibung:

(I)	$-$	x_1	$-$	x_2	$+$	$3 x_3$	$=$	0
(II)		$2 x_1$	$-$	$4 x_2$	$-$	$3 x_3$	$=$	0
(III)		x_1	$+$	$4 x_2$	$-$	$4 x_3$	$=$	1

Trainingsblatt
Typische Fehler beim Gauß-Verfahren
Lösung

Beim Lösen der linearen Gleichungssysteme mit dem Gauß-Verfahren haben sich Fehler eingeschlichen. Markieren Sie die Fehler und beschreiben Sie, was falsch gemacht wurde. Lösen Sie das lineare Gleichungssystem in Aufgabe 5 fehlerfrei.

1.
(I) $\quad 2x_1 - 4x_2 + 2x_3 = -10$
(II) $\quad x_1 + 2x_2 - 2x_3 = 14$
(III) $\quad -2x_1 - x_3 = 1$
(I) $\quad 2x_1 - 4x_2 + 2x_3 = -10$
(II) $\quad x_1 + 2x_2 - 2x_3 = 14$
(IIIa) = (III) + (I): $\quad x_3 = -9$ ⚡
(I) $\quad 2x_1 - 4x_2 + 2x_3 = -10$
(IIa) = 2·(II) − (I): $\quad 8x_2 - 2x_3 = 38$ ⚡
(IIIa) $\quad x_3 = -9$

Lösung: $x_3 = -9;\quad x_2 = \frac{5}{2};\quad x_1 = 9$

Fehlerbeschreibung:
Summand fehlt,
Rechenfehler $-4x_3 - 2x_3 = -6x_3$

2.
(I) $\quad 4x_1 - 3x_2 - 2x_3 = 11$
(II) $\quad -4x_1 + 3x_2 + x_3 = -2$
(III) $\quad 2x_1 + x_2 = 9$
(I) $\quad 4x_1 - 3x_2 - 2x_3 = 11$
(II) $\quad -4x_1 + 3x_2 + x_3 = -2$
(IIIa) = (I) + (II): $\quad -x_3 = 9$ ⚡
(IIIa) in (I): $\quad 4x_1 - 3x_2 = -7$
(IIb) = (I) + (II): $\quad -x_3 = 9$
(IIIa) $\quad -x_3 = 9$

Lösung: $x_3 = -9;\quad x_2 = 1;\quad x_1 = -1$

Fehlerbeschreibung:
Denkfehler; man darf nicht eine Gleichung (hier: III) vollständig weglassen.

3.
(I) $\quad 2x_1 + 2x_2 + x_3 = 6$
(II) $\quad -3x_1 - 3x_2 - 2x_3 = -9$
(III) $\quad 3x_1 + 3x_2 + 3x_3 = 12$
(I) $\quad 2x_1 + 2x_2 + x_3 = 6$
(IIa) = (II) + 2·(I): $\quad x_1 + x_2 = 3$
(IIIa) = (III) + (II): $\quad x_3 = 3$

Lösung: $x_3 = 3;\quad x_2 = 2;\quad x_1 = 1$ ⚡

Fehlerbeschreibung:
Die angegebenen Werte lösen nur die beiden Gleichungen (IIa) und (IIIa), nicht jedoch das gesamte LGS.

4.
(I) $\quad 3x_1 - x_2 + 3x_3 = 0$
(II) $\quad 2x_1 + 2x_2 + 2x_3 = 8$
(III) $\quad -3x_1 + 4x_2 - 3x_3 = 9$
(I) $\quad 3x_1 - x_2 + 3x_3 = 0$
(IIa) = (II) + 2·(I): $\quad 8x_1 + 8x_3 = 8$
(IIIa) = $\frac{1}{3}$·((III) + (I)): $\quad x_2 = 3$
(Ia) = (IIIa) in (I): $\quad 3x_1 + 3x_3 = 3$
(IIb) = $\frac{1}{8}$·(IIa): $\quad x_1 + x_3 = 1$
(IIIa) $\quad x_2 = 3$

Lösung: $x_2 = 3;\quad x_1 = 0;\quad x_3 = 1$ ⚡

Fehlerbeschreibung:
Es ist **eine** richtige Lösung angegeben. Jedoch kann es sein, dass durch das willkürliche Setzen von z. B. $x_1 = 0$ weitere Lösungen übersehen werden.
Da (Ia) ein Vielfaches von (IIa) ist, ist bereits zu erwarten, dass es unendlich viele Lösungen gibt.

5.
(I) $\quad -x_1 - x_2 + 3x_3 = 0$
(II) $\quad 2x_1 - 4x_2 - 3x_3 = 0$
(III) $\quad x_1 + 4x_2 - 4x_3 = 1$
(I) $\quad -x_1 - x_2 + 3x_3 = 0$
(IIa) = (I) + (II): $\quad x_1 - 5x_2 = 0$
(IIIa) = (II) + (III): $\quad 3x_1 - 7x_3 = 1$ Anordnung schlecht
(I) $\quad -x_1 - x_2 + 3x_3 = 0$
(IIa) $\quad x_1 - 5x_2 = 0$
(IIIb) = (IIIa) − 3·(IIa): $\quad 8x_2 = 1$ ⚡

Lösung: $x_2 = \frac{1}{8};\quad x_1 = \frac{5}{8};\quad x_3 = \frac{2}{8}$

Fehlerbeschreibung:
Gleiche Variablen wurden nicht untereinander notiert, woraus sich ein Folgefehler ergab.

(I) $\quad -x_1 - x_2 + 3x_3 = 0$
(II) $\quad 2x_1 - 4x_2 - 3x_3 = 0$
(III) $\quad x_1 + 4x_2 - 4x_3 = 1$
(I) $\quad -x_1 - x_2 + 3x_3 = 0$
(IIa) = (II) + 2·(I): $\quad -6x_2 + 3x_3 = 0$
(IIIa) = (III) + (I): $\quad 3x_2 - x_3 = 1$
(I) $\quad -x_1 - x_2 + 3x_3 = 0$
(IIb) = $\frac{1}{3}$·(IIa): $\quad -2x_2 + x_3 = 0$
(IIIb) = 2·(IIIa) + (IIa): $\quad x_3 = 2$

Lösung: $x_3 = 2;\quad x_2 = 1;\quad x_1 = 5$

Trainingsblatt
Gauß-Verfahren und Lösungsmengen

1. Lösen Sie das LGS mit dem Gauß-Verfahren.

a)
(I) $x_1 - 5x_3 = -7$
(II) $-3x_1 - 2x_2 + x_3 = 1$
(III) $2x_1 + 4x_2 - 6x_3 = 2$

(I) $x_1 - 5x_3 = -7$
(IIa) = (II) + 3(I): $\quad x_2 \quad x_3 =$
(IIIa) = (III) - ___ : $\quad x_2 \quad x_3 =$

(I) $x_1 - 5x_3 = -7$
(IIa) $x_2 \quad x_3 =$
(IIIb) = $\quad$: $\quad x_3 =$

L =

b)
(I) $x_1 + 2x_2 - 0{,}5x_3 = 1{,}5$
(II) $x_1 - 3x_2 + 2x_3 = 0$
(III) $x_1 + 7x_2 - 3x_3 = 2$

(I) $x_1 + 2x_2 - 0{,}5x_3 = 1{,}5$
(IIa) = $\quad$: $\quad x_2 \quad x_3 =$
(IIIa) = $\quad$: $\quad x_2 \quad x_3 =$

(I) $x_1 + 2x_2 - 0{,}5x_3 = 1{,}5$
(IIIb) = $\quad$:

L =

c)
(I) $-4x_1 + 4x_2 + 3x_3 = -6$
(II) $7x_1 - 3x_2 + 2x_3 = 13$
(III) $2x_1 + x_2 + 2x_3 = 1$

(I) $-4x_1 + 4x_2 + 3x_3 = -6$
(IIa) = 4·___ : $\quad x_2 \quad x_3 =$
(IIIa) = 2·___ : $\quad x_2 \quad x_3 =$

(I) $-4x_1 + 4x_2 + 3x_3 = -6$
(IIIb) = $\quad$:

L =

d)
(I) $x_1 + 4x_2 + 9x_3 = 5$
(II) $-3x_1 + 2x_2 + x_3 = -1$
(III) $ x_2 + 2x_3 = 1$

(I) $x_1 + 4x_2 + 9x_3 = 5$
(IIa) = (II) + ___ :
(IIIa) = $\quad$:

$\quad$ $x_1 + 4x_2 + 9x_3 = 5$
$\quad$:

L =

2. Bestimmen Sie $r \in \mathbb{R}$ so, dass das LGS unendlich viele Lösungen hat.

(I) $x_1 + x_2 + x_3 = 1$
(II) $2x_1 + x_2 + rx_3 = 0$
(III) $ x_2 + 5x_3 = 2$

1. Schritt:

(I) $x_1 + x_2 + x_3 = 1$
(IIa) $\quad x_2 \quad x_3 =$
(III) $\quad x_2 + 5x_3 = 2$

2. Schritt:

(I) $x_1 + x_2 + x_3 = 1$
(IIa) $\quad x_2 \quad x_3 =$
(IIIa) $\quad x_3 =$

3. Schritt: Damit das LGS unendlich viele Lösungen hat, muss für die letzte Zeile der Stufenform gelten: ___ · $x_3 = 0$

Daraus folgt: ___ = 0 und damit ___.

3. a) Durch Probieren wurden zwei verschiedene Lösungen eines LGS gefunden. Gibt es noch weitere Lösungen?

b) Ein LGS der Form $\begin{cases} a_1x_1 + a_2x_2 = y_1 \\ b_1x_1 + b_2x_2 = y_2 \end{cases}$ hat die Lösungsmenge L = {(0; 0)}. Was bedeutet dies für die Werte der beiden Parameter y_1 und y_2?

Trainingsblatt
Gauß-Verfahren und Lösungsmengen — Lösung

1. Lösen Sie das LGS mit dem Gauß-Verfahren.

a)
- (I) $x_1 - 5x_3 = -7$
- (II) $-3x_1 - 2x_2 + x_3 = 1$
- (III) $2x_1 + 4x_2 - 6x_3 = 2$

- (I) $x_1 - 5x_3 = -7$
- (II a) = (II) + 3(I): $-2x_2 - 14x_3 = -20$
- (III a) = (III) − 2(I): $4x_2 + 4x_3 = 16$

- (I) $x_1 - 5x_3 = -7$
- (II a) $-2x_2 - 14x_3 = -20$
- (III b) = (III a) + 2(II a): $-24x_3 = -24$

$L = \{(-2;\ 3;\ 1)\}$

b)
- (I) $x_1 + 2x_2 - 0{,}5x_3 = 1{,}5$
- (II) $x_1 - 3x_2 + 2x_3 = 0$
- (III) $x_1 + 7x_2 - 3x_3 = 2$

- (I) $x_1 + 2x_2 - 0{,}5x_3 = 1{,}5$
- (II a) = (II) − (I): $-5x_2 + 2{,}5x_3 = -1{,}5$
- (III a) = (III) − (I): $5x_2 - 2{,}5x_3 = 0{,}5$

- (I) $x_1 + 2x_2 - 0{,}5x_3 = 1{,}5$
- (II a) $-5x_2 + 2{,}5x_3 = -1{,}5$
- (III b) = (III a) + (II a): $0 \cdot x_3 = -1$

$L = \emptyset$

c)
- (I) $-4x_1 + 4x_2 + 3x_3 = -6$
- (II) $7x_1 - 3x_2 + 2x_3 = 13$
- (III) $2x_1 + x_2 + 2x_3 = 1$

- (I) $-4x_1 + 4x_2 + 3x_3 = -6$
- (II a) = 4·(II) + 7(I): $16x_2 + 29x_3 = 10$
- (III a) = 2·(III) + (I): $6x_2 + 7x_3 = -4$

- (I) $-4x_1 + 4x_2 + 3x_3 = -6$
- (II a) $16x_2 + 29x_3 = 10$
- (III b) = 8(III a) − 3(II a): $-31x_3 = -62$

$L = \{(0;\ -3;\ 2)\}$

d)
- (I) $x_1 + 4x_2 + 9x_3 = 5$
- (II) $-3x_1 + 2x_2 + x_3 = -1$
- (III) $x_2 + 2x_3 = 1$

- (I) $x_1 + 4x_2 + 9x_3 = 5$
- (II a) = (II) + 3(I): $14x_2 + 28x_3 = 14$
- (III a) = (III): $x_2 + 2x_3 = 1$

- (I) $x_1 + 4x_2 + 9x_3 = 5$
- (II a) $14x_2 + 28x_3 = 14$
- (III b) = 14(III a) − (II a): $0 \cdot x_3 = 0$

$L = \{(1-t;\ 1-2t;\ t);\ t \in \mathbb{R}\}$

2. Bestimmen Sie $r \in \mathbb{R}$ so, dass das LGS unendlich viele Lösungen hat.

- (I) $x_1 + x_2 + x_3 = 1$
- (II) $2x_1 + x_2 + r\,x_3 = 0$
- (III) $x_2 + 5x_3 = 2$

1. Schritt:
- (I) $x_1 + x_2 + x_3 = 1$
- (II a) $-1\,x_2 + (r-2)x_3 = -2$
- (III) $x_2 + 5x_3 = 2$

2. Schritt:
- (I) $x_1 + x_2 + x_3 = 1$
- (II a) $-1\,x_2 + (r-2)x_3 = -2$
- (III a) $(r+3)x_3 = 0$

3. Schritt: Damit das LGS unendlich viele Lösungen hat, muss für die letzte Zeile der Stufenform gelten: $0 \cdot x_3 = 0$

Daraus folgt: $r+3 = 0$ und damit $r = -3$.

3.
a) Durch Probieren wurden zwei verschiedene Lösungen eines LGS gefunden. Gibt es noch weitere Lösungen?

Ein lineares Gleichungssystem hat immer entweder genau eine Lösung oder keine Lösung oder unendlich viele Lösungen. Da durch Probieren bereits zwei verschiedene Lösungen gefunden wurden, muss es noch weitere (sogar unendlich viele weitere) Lösungen geben.

b) Ein LGS der Form $\begin{cases} a_1x_1 + a_2x_2 = y_1 \\ b_1x_1 + b_2x_2 = y_2 \end{cases}$ hat die Lösungsmenge $L = \{(0;\ 0)\}$. Was bedeutet dies für die Werte der beiden Parameter y_1 und y_2?

Wenn man die Lösung $(0;\ 0)$ in das LGS einsetzt, müssen die folgenden beiden Gleichungen gelten:
$a_1 \cdot 0 + a_2 \cdot 0 = y_1$
$b_1 \cdot 0 + b_2 \cdot 0 = y_2$

Aus diesen beiden Gleichungen folgt sofort, dass $y_1 = 0$ und $y_2 = 0$ sein muss.

Trainingsblatt
Bestimmung ganzrationaler Funktionen

1. Bestimmen Sie eine ganzrationale Funktion dritten Grades, deren Graph durch den Punkt (0|0) geht, in W(2|4) einen Wendepunkt und im Punkt W die Steigung −3 hat.

Ansatz für
Funktionsterm: $f(x) = a_3 x^3 +$
Ableitungen: $f'(x) =$
$f''(x) =$

(1) $(0|0) \in G_f \Rightarrow f(0) = $ _____ $= 0$
(2) $(2|4) \in G_f \Rightarrow f(\ ) = $ _____ $=$ _____
(3) $(2|4)$ ist Wendepunkt.
$\Rightarrow$ _____ $=$ _____ $=$ _____
(4) G_f hat in W die Steigung −3.
$\Rightarrow$ _____ $=$ _____ $=$ _____

Das zu lösende lineare Gleichungssystem (LGS) lautet damit (wobei $a_0 =$ _____ ausgenutzt wird):
(I)
(II)
(III)

Lösen dieses LGS z.B. mithilfe eines CAS liefert:
$a_3 =$ _____ ; $a_2 =$ _____ ; $a_1 =$ _____

Der gesuchte Funktionsterm lautet also:
$f(x) =$

---

2. Der Graph einer ganzrationalen Funktion dritten Grades geht durch die Punkte A(2|0,5) und B(0|−0,5). Außerdem hat er an der Stelle $x_1 = 1$ einen Hochpunkt sowie an der Stelle $x_2 = 3$ einen Tiefpunkt. Bestimmen Sie den Funktionsterm.

Ansatz für
Funktionsterm: $f(x) =$
Ableitungen:

(1) $(\ |\ ) \in G_f \Rightarrow$
(2) $(\ |\ ) \in G_f \Rightarrow$
(3) G_f hat bei $x_1 = 1$ einen Hochpunkt
$\Rightarrow$
(4) G_f hat bei $x_2 = 3$ einen Tiefpunkt
$\Rightarrow$

Das zu lösende LGS lautet damit ($a_0 =$ _____ ausgenutzt):
(I)
(II)
(III)

Lösen dieses LGS z.B. mithilfe eines CAS liefert:
$a_3 =$ _____ ; $a_2 =$ _____ ; $a_1 =$ _____

Der gesuchte Funktionsterm lautet also:
$f(x) =$

---

3. Der Graph einer ganzrationalen Funktion vierten Grades ist achsensymmetrisch bezüglich der y-Achse. Er geht durch den Punkt A(2|−4,8) und hat einen Wendepunkt W(−1|−1,5). Bestimmen Sie den Funktionsterm.

Ansatz für
Funktionsterm: $f(x) =$
Ableitungen:

(1)
(2)
(3)

Das zu lösende LGS lautet damit:
(I)
(II)
(III)

Lösen dieses LGS z.B. mithilfe eines CAS liefert:

Der gesuchte Funktionsterm lautet also:
$f(x) =$

---

4. Für welche ganzrationale Funktionen zweiten Grades gilt: $f(−5) = f(0) = 0$ und $f'(−2,5) = 0$?

Ansatz für
Funktionsterm: $f(x) =$
Ableitungen:

(1) $(\ |\ ) \in G_f \Rightarrow$
(2) $(\ |\ ) \in G_f \Rightarrow$
(3) $f'(\ ) =$ _____ $\Rightarrow$

Das zu lösende LGS lautet damit ($a_0 =$ _____ ausgenutzt):
(I)
(II)

Lösen dieses LGS z.B. mithilfe eines CAS liefert unendlich viele Lösungen, die wie folgt dargestellt werden können:
$a_2 = t$; $a_1 =$ _____ für alle $t \in \mathbb{R}$.

Da in der Aufgabenstellung nach ganzrationalen Funktionen zweiten Grades gefragt wird, muss man für den Parameter t den Wert _____ ausschließen, denn sonst ergäbe sich als Funktionsterm: $f(x) =$ _____

Damit lautet der gesuchte Funktionsterm:
$f(x) =$ _____ ; $t \in \mathbb{R} \setminus \{\ \}$

Trainingsblatt
Bestimmung ganzrationaler Funktionen — Lösung

1. Bestimmen Sie eine ganzrationale Funktion dritten Grades, deren Graph durch den Punkt (0|0) geht, in W(2|4) einen Wendepunkt und im Punkt W die Steigung −3 hat.

Ansatz für
Funktionsterm: $f(x) = a_3x^3 + a_2x^2 + a_1x + a_0$
Ableitungen: $f'(x) = 3a_3x^2 + 2a_2x + a_1$
$f''(x) = 6a_3x + 2a_2$

(1) $(0|0) \in G_f \Rightarrow f(0) = a_0 = 0$
(2) $(2|4) \in G_f \Rightarrow f(2) = 8a_3 + 4a_2 + 2a_1 + a_0 = 4$
(3) (2|4) ist Wendepunkt.
$\Rightarrow f''(2) = 12a_3 + 2a_2 = 0$
(4) G_f hat in W die Steigung −3.
$\Rightarrow f'(2) = 12a_3 + 4a_2 + a_1 = -3$

Das zu lösende lineare Gleichungssystem (LGS) lautet damit (wobei $a_0 = 0$ ausgenutzt wird):
(I) $8a_3 + 4a_2 + 2a_1 = 4$
(II) $12a_3 + 2a_2 = 0$
(III) $12a_3 + 4a_2 + a_1 = -3$

Lösen dieses LGS z. B. mithilfe eines CAS liefert:
$a_3 = 1{,}25$; $a_2 = -7{,}5$; $a_1 = 12$

Der gesuchte Funktionsterm lautet also:
$f(x) = 1{,}25x^3 - 7{,}5x^2 + 12x$

---

2. Der Graph einer ganzrationalen Funktion dritten Grades geht durch die Punkte A(2|0,5) und B(0|−0,5). Außerdem hat er an der Stelle $x_1 = 1$ einen Hochpunkt sowie an der Stelle $x_2 = 3$ einen Tiefpunkt. Bestimmen Sie den Funktionsterm.

Ansatz für
Funktionsterm: $f(x) = a_3x^3 + a_2x^2 + a_1x + a_0$
Ableitungen: $f'(x) = 3a_3x^2 + 2a_2x + a_1$
$f''(x) = 6a_3x + 2a_2$

(1) $(2|0{,}5) \in G_f \Rightarrow f(2) = 8a_3 + 4a_2 + 2a_1 + a_0 = 0{,}5$
(2) $(0|-0{,}5) \in G_f \Rightarrow f(0) = a_0 = -0{,}5$
(3) G_f hat bei $x_1 = 1$ einen Hochpunkt
$\Rightarrow f'(1) = 3a_3 + 2a_2 + a_1 = 0$
(4) G_f hat bei $x_2 = 3$ einen Tiefpunkt
$\Rightarrow f'(3) = 27a_3 + 6a_2 + a_1 = 0$

Das zu lösende LGS lautet damit ($a_0 = -0{,}5$ ausgenutzt):
(I) $8a_3 + 4a_2 + 2a_1 = 1$
(II) $3a_3 + 2a_2 + a_1 = 0$
(III) $27a_3 + 6a_2 + a_1 = 0$

Lösen dieses LGS z. B. mithilfe eines CAS liefert:
$a_3 = 0{,}5$; $a_2 = -3$; $a_1 = 4{,}5$

Der gesuchte Funktionsterm lautet also:
$f(x) = 0{,}5x^3 - 3x^2 + 4{,}5x - 0{,}5$

---

3. Der Graph einer ganzrationalen Funktion vierten Grades ist achsensymmetrisch bezüglich der y-Achse. Er geht durch den Punkt A(2|−4,8) und hat einen Wendepunkt W(−1|−1,5). Bestimmen Sie den Funktionsterm.

Ansatz für
Funktionsterm: $f(x) = a_4x^4 + a_2x^2 + a_0$
Ableitungen: $f'(x) = 4a_4x^3 + 2a_2x$
$f''(x) = 12a_4x^2 + 2a_2$

(1) $(2|-4{,}8) \in G_f \Rightarrow f(2) = 16a_4 + 4a_2 + a_0 = -4{,}8$
(2) $(-1|-1{,}5) \in G_f \Rightarrow f(-1) = a_4 + a_2 + a_0 = -1{,}5$
(3) (−1|−1,5) ist Wendepunkt
$\Rightarrow f''(-1) = 12a_4 + 2a_2 = 0$

Das zu lösende LGS lautet damit:
(I) $16a_4 + 4a_2 + a_0 = -4{,}8$
(II) $a_4 + a_2 + a_0 = -1{,}5$
(III) $12a_4 + 2a_2 = 0$

Lösen dieses LGS z. B. mithilfe eines CAS liefert:
$a_4 = 1{,}1$; $a_2 = -6{,}6$; $a_0 = 4$

Der gesuchte Funktionsterm lautet also:
$f(x) = 1{,}1x^4 - 6{,}6x^2 + 4$

---

4. Für welche ganzrationale Funktionen zweiten Grades gilt: $f(-5) = f(0) = 0$ und $f'(-2{,}5) = 0$?

Ansatz für
Funktionsterm: $f(x) = a_2x^2 + a_1x + a_0$
Ableitungen: $f'(x) = 2a_2x + a_1$
$f''(x) = 2a_2$

(1) $(-5|0) \in G_f \Rightarrow f(-5) = 25a_2 - 5a_1 + a_0 = 0$
(2) $(0|0) \in G_f \Rightarrow f(0) = a_0 = 0$
(3) $f'(-2{,}5) = 0 \Rightarrow -5a_2 + a_1 = 0$

Das zu lösende LGS lautet damit ($a_0 = 0$ ausgenutzt):
(I) $25a_2 - 5a_1 = 0$
(II) $-5a_2 + a_1 = 0$

Lösen dieses LGS z. B. mithilfe eines CAS liefert unendlich viele Lösungen, die wie folgt dargestellt werden können:
$a_2 = t$; $a_1 = 5t$ für alle $t \in \mathbb{R}$.

Da in der Aufgabenstellung nach ganzrationalen Funktionen zweiten Grades gefragt wird, muss man für den Parameter t den Wert 0 ausschließen, denn sonst ergäbe sich als Funktionsterm: $f(x) = 0$

Damit lautet der gesuchte Funktionsterm:
$f(x) = tx^2 + 5tx$; $t \in \mathbb{R} \setminus \{0\}$

Arbeitsblatt – Check-out
Lineare Gleichungssysteme

1. Führen Sie die angegebenen Äquivalenzumformungen aus. Bestimmen Sie am Ende, für welchen Wert des Parameters a es eine, keine oder unendlich viele Lösungen gibt.

   a) (I) $3x_1 - 2x_2 - a\,x_3 = 4$
      (II) $x_1 + 3x_2 - x_3 = 1$
      (III) $2x_1 - 5x_2 + 3x_3 = 3$
      (IIa) = 3·(II) – (I):
      (IIIa) = 2·(II) – (III):
      (IIIb) = (IIa) – (IIIa):

      Für a = ___ gibt es ___
      Für a ≠ ___ gibt es ___

   b) (I) $2x_1 - 2x_2 + 4x_3 = -4$
      (II) $3x_1 + 2x_2 + 5x_3 = -6$
      (III) $x_1 + 4x_2 + a\,x_3 = a$
      (IIa) = (I) + (II):
      (IIIa) = 2·(I) + (III):
      (IIIb) = (IIa) – (IIIa):
      $\Rightarrow x_3 =$

      Für a = ___ gibt es ___
      Für a ≠ ___ gibt es ___

2. Der GTR/das CAS hat aus drei Gleichungssystemen die folgenden vereinfachten Matrizen berechnet. Geben Sie zu den Ergebnissen jeweils die entsprechende Lösungsmenge an.

   a) $\begin{bmatrix} 1 & 0 & 0 & 0 & 0 \\ 0 & 1 & 0 & 0 & \frac{1}{3} \\ 0 & 0 & 1 & 0 & \frac{2}{5} \\ 0 & 0 & 0 & 1 & 0 \end{bmatrix}$

   L =

   b) $\begin{bmatrix} 1 & 0 & 3 & .5 \\ 0 & 1 & .15 & 2 \\ 0 & 0 & 0 & 0 \end{bmatrix}$

   L =

   c) $\begin{bmatrix} 1 & 0 & 0 & \frac{4}{7} & 0 \\ 0 & 1 & 0 & -3 & 0 \\ 0 & 0 & 1 & 5 & 0 \\ 0 & 0 & 0 & 0 & 1 \end{bmatrix}$

   L =

3. Stellen Sie zu den gegebenen Grapheneigenschaften die Bedingungen auf, die für den Funktionsterm von f gelten, oder formulieren Sie die zugehörige Eigenschaft des Graphen.

Grapheneigenschaft: Der Graph der Funktion f …	Bedingung(en)
… geht durch den Punkt P(3 | 7);	
… besitzt im Punkt R(4 | 1) einen Tiefpunkt;	
… hat den Terrassenpunkt Q(–2 | 6);	
… hat im Punkt S(–5 | 10) eine Wendetangente mit Steigung –2;	
… hat im Punkt T(–3 | 8) eine Tangente, die parallel zur Geraden y = 2x ist;	
	f(4) = 5; f'(4) = 2
	f(–2) = 0; f'(–2) = 0; f''(–2) < 0

4. Bestimmen Sie eine ganzrationale Funktion dritten Grades, deren Graph punktsymmetrisch bezüglich des Ursprungs ist und einen Hochpunkt bei H(2 \| 4) besitzt.

Arbeitsblatt – Check-out
Lineare Gleichungssysteme

Lösung

1. Führen Sie die angegebenen Äquivalenzumformungen aus. Bestimmen Sie am Ende, für welchen Wert des Parameters a es eine, keine oder unendlich viele Lösungen gibt.

a)
(I)	$3x_1$	$- 2x_2$	$- ax_3$	$= 4$		
(II)	x_1	$+ 3x_2$	$- x_3$	$= 1$		
(III)	$2x_1$	$- 5x_2$	$+ 3x_3$	$= 3$		
(IIa) = 3·(II) – (I):		$11x_2$	$+ (-3+a)x_3$	$= -1$		
(IIIa) = 2·(II) – (III):		$11x_2$	$- 5x_3$	$= -1$		
(IIIb) = (IIa) – (IIIa):			$(2+a)x_3$	$= 0$		

Für a = –2 gibt es unendlich viele Lösungen.
Für a ≠ –2 gibt es eine Lösung.

b)
(I)	$2x_1$	$- 2x_2$	$+ 4x_3$	$= -4$	
(II)	$3x_1$	$+ 2x_2$	$+ 5x_3$	$= -6$	
(III)	x_1	$+ 4x_2$	$+ ax_3$	$= a$	
(IIa) = (I) + (II):	$5x_1$		$+ 9x_3$	$= -10$	
(IIIa) = 2·(I) + (III):	$5x_1$		$+ (8+a)x_3$	$= -8+a$	
(IIIb) = (IIa) – (IIIa):			$(1-a)x_3$	$= -2-a$	
			$\Rightarrow x_3$	$= \frac{-2-a}{1-a}$	

Für a = 1 gibt es keine Lösung.
Für a ≠ 1 gibt es eine Lösung.

2. Der GTR/das CAS hat aus drei Gleichungssystemen die folgenden vereinfachten Matrizen berechnet. Geben Sie zu den Ergebnissen jeweils die entsprechende Lösungsmenge an.

a) $\begin{bmatrix} 1 & 0 & 0 & 0 & 0 \\ 0 & 1 & 0 & 0 & \frac{1}{3} \\ 0 & 0 & 1 & 0 & \frac{2}{5} \\ 0 & 0 & 0 & 1 & 0 \end{bmatrix}$

b) $\begin{bmatrix} 1 & 0 & 3 & .5 \\ 0 & 1 & .15 & 2 \\ 0 & 0 & 0 & 0 \end{bmatrix}$

c) $\begin{bmatrix} 1 & 0 & 0 & \frac{4}{7} & 0 \\ 0 & 1 & 0 & -3 & 0 \\ 0 & 0 & 1 & 5 & 0 \\ 0 & 0 & 0 & 0 & 1 \end{bmatrix}$

L = $\{(0; \frac{1}{3}; \frac{2}{5}; 0)\}$

L = $\{(0{,}5 - 3t; 2 - 0{,}15t; t) \mid t \in \mathbb{R}\}$

L = $\{\ \}$

3. Stellen Sie zu den gegebenen Grapheneigenschaften die Bedingungen auf, die für den Funktionsterm von f gelten, oder formulieren Sie die zugehörige Eigenschaft des Graphen.

Grapheneigenschaft: Der Graph der Funktion f …	Bedingung(en)			
… geht durch den Punkt P(3 | 7);	$f(3) = 7$			
… besitzt im Punkt R(4 | 1) einen Tiefpunkt;	$f(4) = 1$;	$f'(4) = 0$;	$f''(4) > 0$	
… hat den Terrassenpunkt Q(–2 | 6);	$f(-2) = 6$;	$f'(-2) = 0$;	$f''(-2) = 0$	$f'''(-2) \neq 0$
… hat im Punkt S(–5 | 10) eine Wendetangente mit Steigung –2;	$f(-5) = 10$;	$f'(-5) = -2$;	$f''(-5) = 0$	$f'''(-5) \neq 0$
… hat im Punkt T(–3 | 8) eine Tangente, die parallel zur Geraden y = 2x ist;	$f(-3) = 8$;	$f'(-3) = 2$		
… hat im Punkt P(4 | 5) die Steigung 2;	$f(4) = 5$;	$f'(4) = 2$		
… hat im Punkt R(–2 | 0) einen Hochpunkt.	$f(-2) = 0$;	$f'(-2) = 0$;	$f''(-2) < 0$	

4. Bestimmen Sie eine ganzrationale Funktion dritten Grades, deren Graph punktsymmetrisch bezüglich des Ursprungs ist und einen Hochpunkt bei H(2 | 4) besitzt.

Ansatz: $f(x) = ax^3 + bx^2 + cx + d$ $\Rightarrow$ $f'(x) = 3ax^2 + 2bx + c$

aus Punktsymmetrie folgt: b = 0; d = 0

$f(2) = 4$ $\Rightarrow$ (I) $\quad 8a + 2c = 4$

$f'(2) = 0$ $\Rightarrow$ (II) $\quad 12a + c = 0$

2·(II) – (I): $\quad 16a = -4$

$\Rightarrow a = -\frac{1}{4}$

$\Rightarrow c = 3$

also $\quad f(x) = -\frac{1}{4}x^3 + 3x$

Arbeitsblatt – Check-in
Vektoren – Geraden im Raum

Checkliste	Das kann ich gut.	Ich bin noch unsicher.	Das kann ich nicht mehr.
1. Ich kann einfache lineare Gleichungssysteme lösen und geometrisch interpretieren.	☐	☐	☐
2. Ich kann Streckenlängen in der Ebene und im Raum mit dem Satz des Pythagoras berechnen.	☐	☐	☐

Überprüfen Sie Ihre Einschätzungen anhand der entsprechenden Aufgaben:

1. Jede lineare Gleichung mit 2 Variablen kann geometrisch als Gerade interpretiert werden. Fügen Sie die fehlende Geradengleichung hinter (II) in das Gleichungssystem ein. Lösen Sie dann das Gleichungssystem und interpretieren Sie die Lösung geometrisch. Überprüfen Sie Ihr Ergebnis durch Einzeichnen der zu (I) gehörenden Gerade in die gegebene Zeichnung.

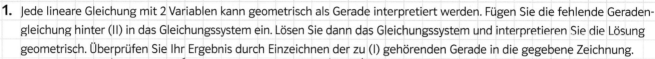

a) (I) $x + y = 5$
   (II)

b) (I) $6 + 2y = 4x$
   (II)

c) (I) $x = -4y + 4$
   (II)

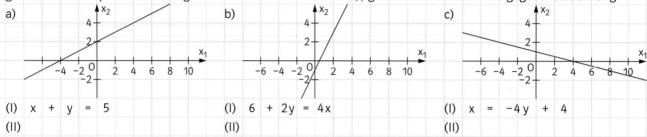

Interpretation: Interpretation: Interpretation:

2. Die Pyramide von Kukulkan steht in Mexiko auf einem großen Ausgrabungsareal der Maya. Sie besteht aus einem quadratischen Pyramidenstumpf mit aufgesetztem Quader. Die Maße der Pyramide sind der Abbildung zu entnehmen. Fertigen Sie jeweils eine Skizze an und berechnen Sie die gesuchten Längen.

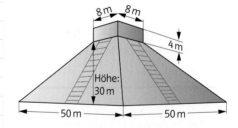

a) Berechnen Sie die Länge einer der Treppen.

b) Berechnen Sie die Länge der Seitenkante des Pyramidenstumpfs.

c) Berechnen Sie die Länge der Raumdiagonale des aufgesetzten Quaders.

Arbeitsblatt – Check-in
Vektoren – Geraden im Raum

Lösung

Checkliste	Stichwörter zum Nachschlagen
1. Ich kann einfache lineare Gleichungssysteme lösen und geometrisch interpretieren.	Einsetzungsverfahren, Schnittpunkt von Geraden
2. Ich kann Streckenlängen in der Ebene und im Raum mit dem Satz des Pythagoras berechnen.	Satz des Pythagoras in Figuren und Körpern

Überprüfen Sie Ihre Einschätzungen anhand der entsprechenden Aufgaben:

1. Jede lineare Gleichung mit 2 Variablen kann geometrisch als Gerade interpretiert werden. Fügen Sie die fehlende Geradengleichung hinter (II) in das Gleichungssystem ein. Lösen Sie dann das Gleichungssystem und interpretieren Sie die Lösung geometrisch. Überprüfen Sie Ihr Ergebnis durch Einzeichnen der zu (I) gehörenden Gerade in die gegebene Zeichnung.

a) 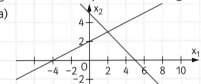 b) 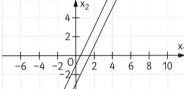 c)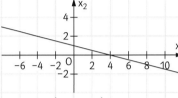

a)
(I) $x + y = 5$
(II) $y = \frac{1}{2}x + 2$

(II) in (I): $x + (\frac{1}{2}x + 2) = 5 \;|-2$
$\Rightarrow \quad 1{,}5x = 3 \;|:1{,}5$
$\Rightarrow \quad x = 2$
in (II): $y = \frac{1}{2} \cdot 2 + 2 = 3$
$L = \{(2;\,3)\}$

Interpretation:
Beide Geraden schneiden sich im Punkt P(2|3).

b)
(I) $6 + 2y = 4x$
(II) $y = 2x - 1$

(II) in (I): $6 + 2(2x-1) = 4x$
$\Rightarrow \quad 6 + 4x - 2 = 4x \;|-4x$
$\Rightarrow \quad 4 = 0 \;\text{↯}$
Widerspruch!

Interpretation:
Die Geraden schneiden sich nicht.
$\Rightarrow$ Sie sind parallel.

c)
(I) $x = -4y + 4$
(II) $y = -0{,}25x + 1$

(II) in (I): $x = -4(-0{,}25x + 1) + 4$
$\Rightarrow \quad x = x - 4 + 4 \;|-x$
$\Rightarrow \quad 0 = 0$
(wahr für alle x)

Interpretation:
Beide Gleichungen stellen dieselbe Gerade dar.

2. Die Pyramide von Kukulkan steht in Mexiko auf einem großen Ausgrabungsareal der Maya. Sie besteht aus einem quadratischen Pyramidenstumpf mit aufgesetztem Quader. Die Maße der Pyramide sind der Abbildung zu entnehmen. Fertigen Sie jeweils eine Skizze an und berechnen Sie die gesuchten Längen.

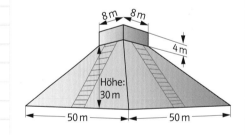

a) Berechnen Sie die Länge einer der Treppen.

Querschnitt: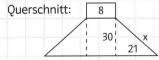

$x^2 = 30^2 + 21^2$
$x = \sqrt{30^2 + 21^2} \approx 36{,}62\,\text{m}$

b) Berechnen Sie die Länge der Seitenkante des Pyramidenstumpfs.

Seitentrapez: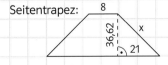

$x^2 \approx 36{,}62^2 + 21^2$
$x \approx \sqrt{36{,}62^2 + 21^2} \approx 42{,}21\,\text{m}$

c) Berechnen Sie die Länge der Raumdiagonale des aufgesetzten Quaders.

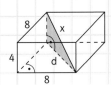

$d^2 = 8^2 + 8^2\,;\quad x^2 = 4^2 + d$
$x = \sqrt{4^2 + 8^2 + 8^2} = 12\,\text{m}$

Trainingsblatt
Das dreidimensionale Koordinatensystem

1. Tragen Sie die Punkte A(4|5|3), B(2|5|−1), C(0|−1|3), D(−2|4|1) und E(1|2|0) in das Koordinatensystem ein.

2. In der Abbildung befinden sich
- die Punkte P und Q in der x_1x_2-Ebene,
- die Punkte R und S in der x_1x_3-Ebene,
- die Punkte T und U in der x_2x_3-Ebene.

Bestimmen Sie die Koordinaten der Punkte.

P (2 | | 0) und Q (| |)

R (| |) und S (| |)

T (| |) und U (| |)

3. Bei einem Quader ABCDEFGH liegen die Kanten parallel zu den Koordinatenachsen. Die Eckpunkte A(5|1|0), C(1|6|0), und H(1|1|3) sind bekannt.
   a) Zeichnen Sie den Quader in das Koordinatensystem ein.
   b) Bestimmen Sie die Koordinaten der fehlenden Eckpunkte:
      B (| |), D (| |), E (| |)
      F (| |), und G (| |)
   c) Geben Sie die Koordinaten der Diagonalschnittpunkte folgender Seitenflächen des Quaders an:
      S_{ABFE} (| |), S_{EFGH} (| |) und
      S_{BCGF} (| |)
   d) Geben Sie die Koordinaten des Mittelpunkts des Quaders an:
      M (| |)
   e) Bestimmen Sie das Volumen des Quaders:
      V =

4. Die Punkte A(0|3|0), B(2|0|−3) und C(4|−2|0) werden an einer Koordinatenebene gespiegelt. Bestimmen Sie die Koordinaten der Bildpunkte.
   a) Spiegelung an der x_1x_2-Ebene   A'(| |), B'(| |), C'(| |)
   b) Spiegelung an der x_2x_3-Ebene   A'(| |), B'(| |), C'(| |)
   c) Spiegelung an der x_1x_3-Ebene   A'(| |), B'(| |), C'(| |)

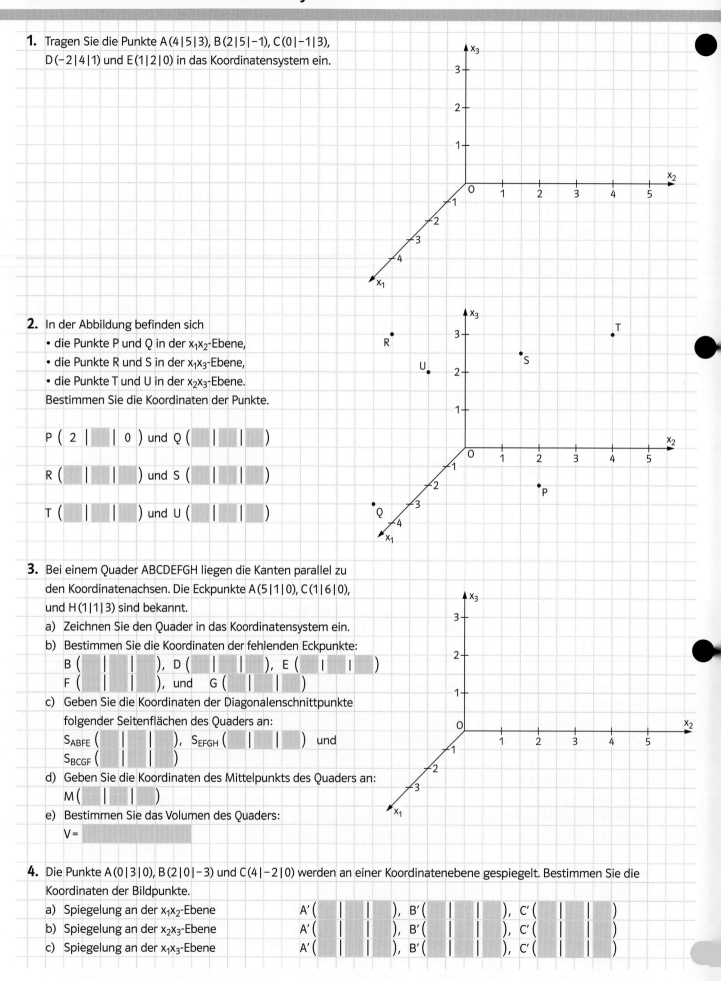

Trainingsblatt
Das dreidimensionale Koordinatensystem — Lösung

1. Tragen Sie die Punkte A(4|5|3), B(2|5|−1), C(0|−1|3), D(−2|4|1) und E(1|2|0) in das Koordinatensystem ein.

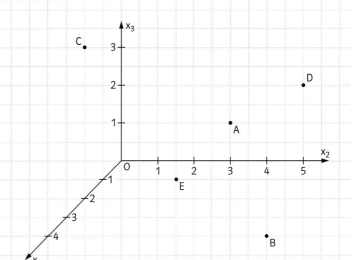

2. In der Abbildung befinden sich
- die Punkte P und Q in der x_1x_2-Ebene,
- die Punkte R und S in der x_1x_3-Ebene,
- die Punkte T und U in der x_2x_3-Ebene.

Bestimmen Sie die Koordinaten der Punkte.

P(2 | 3 | 0) und Q(3 | −1 | 0)

R(4 | 0 | 5) und S(−3 | 0 | 1)

T(0 | 4 | 3) und U(0 | −1 | 2)

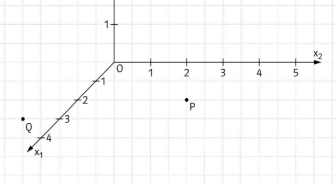

3. Bei einem Quader ABCDEFGH liegen die Kanten parallel zu den Koordinatenachsen. Die Eckpunkte A(5|1|0), C(1|6|0), und H(1|1|3) sind bekannt.

a) Zeichnen Sie den Quader in das Koordinatensystem ein.

b) Bestimmen Sie die Koordinaten der fehlenden Eckpunkte:
B(5 | 6 | 0), D(1 | 1 | 0), E(5 | 1 | 3)
F(5 | 6 | 3), und G(1 | 6 | 3)

c) Geben Sie die Koordinaten der Diagonalenschnittpunkte folgender Seitenflächen des Quaders an:
S_{ABFE}(5 | 3,5 | 1,5), S_{EFGH}(3 | 3,5 | 3) und
S_{BCGF}(3 | 6 | 1,5)

d) Geben Sie die Koordinaten des Mittelpunkts des Quaders an:
M(3 | 3,5 | 1,5)

e) Bestimmen Sie das Volumen des Quaders:
V = 4·5·3 = 60

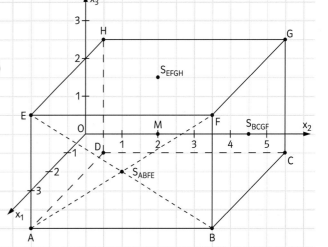

4. Die Punkte A(0|3|0), B(2|0|−3) und C(4|−2|0) werden an einer Koordinatenebene gespiegelt. Bestimmen Sie die Koordinaten der Bildpunkte.

a) Spiegelung an der x_1x_2-Ebene   A'(0 | 3 | 0), B'(2 | 0 | 3), C'(4 | −2 | 0)

b) Spiegelung an der x_2x_3-Ebene   A'(0 | 3 | 0), B'(−2 | 0 | −3), C'(−4 | −2 | 0)

c) Spiegelung an der x_1x_3-Ebene   A'(0 | −3 | 0), B'(2 | 0 | −3), C'(4 | 2 | 0)

3D-Koordinatensystem – Teil 1

Bauanleitung:

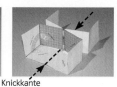
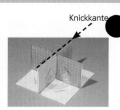

falten und markierte Linie einschneiden

falten und 3 markierte Linie einschneiden

in der Mitte flachlegen, Seiten nach oben klappen

zusammenschieben; darauf achten, dass Klebelaschen sich wie bezeichnet darunter schieben

über Knickkante nach unten zusammenfalten

nach Wunsch verkleben

Beide Teile (I.–IV. Oktant und V.–VIII. Oktant) so miteinander verkleben, dass der V. unter dem I. Quadranten zu liegen kommt. Kleben mit fixogum oder wenigen Klebefilmstreifen ermöglicht es, das Koordinatensystem nach Belieben zu demontieren. Das gefaltete Koordinatensystem ist jedoch auch ohne Verkleben schon recht stabil.

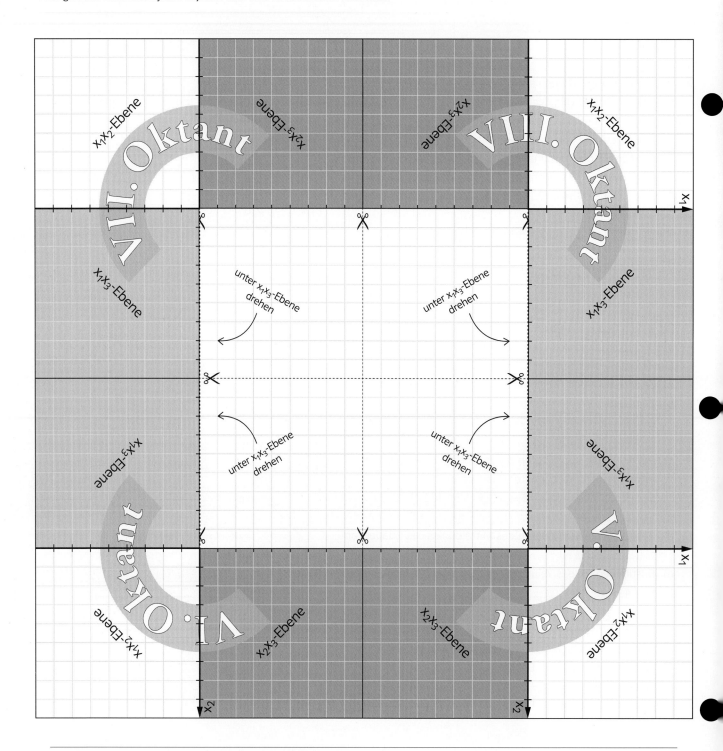

S 178

3D-Koordinatensystem – Teil 2

Tipp: mit Zahnstochern können Geraden,
mit Karteikarten können Ebenen gut veranschaulicht werden.

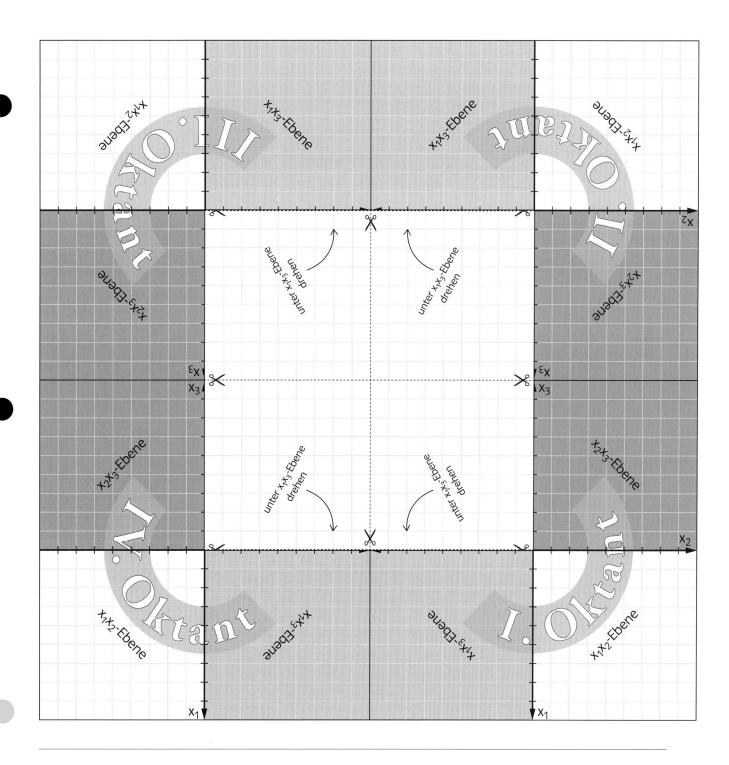

Spiel
Raumschiffe versenken

Spiel für 2 Personen; jeder benötigt eine Kopie dieser Vorlage.

Spielvorbereitung:

Jeder Spieler setzt in seinem eigenen Raum neun Raumschiffe. Es dürfen nur 0, 1, 2, 3 und 4 als Koordinatenwerte verwendet werden. Der Spieler notiert die Koordinaten und zeichnet die Raumschiffe ins Koordinatensystem ein. Weil im Koordinatensystem z. B. die Raumschiffe [(4|1|1), (4|2|1), (4|3|1)] und [(2|0|0), (2|1|0), (2|2|0)] nicht unterschieden werden können, müssen alle markierten Koordinatenpunkte noch in die nebenstehende Schichtenansicht übertragen werden.

Dann wird das Blatt wie bezeichnet geknickt und die beiden Spieler setzen sich gegenüber.

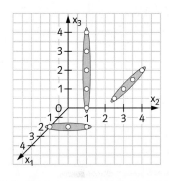

Knickkante – nach außen knicken

Eigene Raumschiffe:

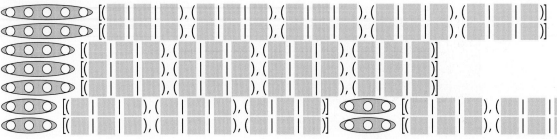

Eigener Raum: **Schichtenansicht:**   **Spielregel:**

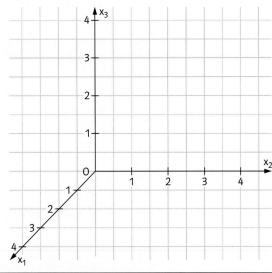 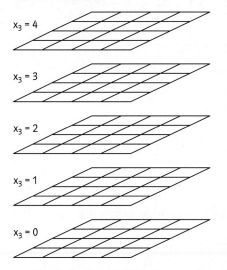

Ein Spieler beginnt. Er nennt dem Gegner die Koordinaten eines Punktes und markiert ihn im gegnerischen Raum und der Schichtenansicht mit einem Kreis.

Findet sich dort ein gegnerisches Raumschiff, so ruft der Gegner „Treffer", andernfalls „Leerer Raum". Ein Treffer wird durch ein Kreuz markiert.

Knickkante – nach innen knicken

Gegnerischer Raum: **Schichtenansicht:**

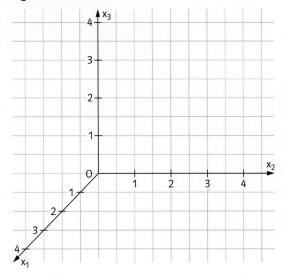 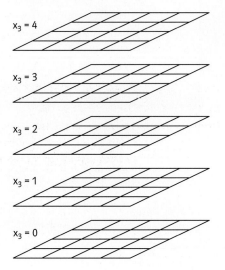

Hat der Spieler einen Treffer erzielt, darf er nochmals raten, andernfalls ist der Gegner an der Reihe. Sind alle Punkte eines Raumschiffes getroffen worden, so ist dieses „versenkt": Es wird umrahmt.

Spielende:

Es gewinnt derjenige Spieler, welcher zuerst alle gegnerischen Raumschiffe versenkt hat.

Spiel
Ping-Pong zu Vektoren

Das Blatt zur Tischtennisplatte falten.

Spielregel: Der Spieler mit dem Aufschlag beginnt. Lösen Sie die Gleichungen und spielen Sie sich die Lösungen durch Zurufen, z. B. „Pferd ist zwei, minus vier, null", zu. Durch Blick ins Netz kann der Gegner entscheiden, ob der zugerufene Vektor richtig sein kann. Er übernimmt das Spiel mit der Gleichung, in die er die zugerufene Lösung einsetzen kann.

AUFSCHLAG

$\frac{1}{2}\begin{pmatrix}-4\\0\\2\end{pmatrix} - ♞ + \begin{pmatrix}5\\2\\2\end{pmatrix} = \begin{pmatrix}-2\\3\\1\end{pmatrix}$

$3 \cdot ♠ - \begin{pmatrix}-8\\0\\6\end{pmatrix} = \begin{pmatrix}5{,}5\\1{,}5\\5{,}5\end{pmatrix} + 2 \cdot ❄$

$2 \cdot \left[☺ - \begin{pmatrix}0\\-3\\-4\end{pmatrix}\right] + ❋ = \begin{pmatrix}6{,}5\\-1\\3\end{pmatrix}$

$\frac{1}{2}\begin{pmatrix}5\\-3\\4\end{pmatrix} - ⚀ = 2 \cdot ⚃ - 1{,}5 \cdot ⚀$

$\begin{pmatrix}6\\-6{,}5\\0{,}5\end{pmatrix} - ☂ = 0{,}5 \cdot ☂ - \frac{1}{2} \cdot ☂$

$\begin{pmatrix}-3\\-2\\0{,}5\end{pmatrix} + \frac{1}{4} \cdot ♜ - \frac{1}{2} \cdot ☎ = \begin{pmatrix}1\\0{,}5\\1\end{pmatrix}$

Netz (Lösungen):

$\begin{pmatrix}2\\1\\3\end{pmatrix} \quad \begin{pmatrix}-1\\-1\\3\end{pmatrix} \quad \begin{pmatrix}-7\\4{,}5\\0{,}5\end{pmatrix} \quad \begin{pmatrix}2{,}5\\5{,}5\\4{,}5\end{pmatrix} \quad \begin{pmatrix}-4\\4\\6\end{pmatrix} \quad \begin{pmatrix}1\\-0{,}5\\3{,}5\end{pmatrix} \quad \begin{pmatrix}-2\\-2\\3\end{pmatrix} \quad \begin{pmatrix}-1{,}5\\2\\4\end{pmatrix} \quad \begin{pmatrix}2{,}5\\2\\4\end{pmatrix} \quad \begin{pmatrix}-4{,}5\\-5{,}5\\7\end{pmatrix} \quad \begin{pmatrix}2\\2\\3\end{pmatrix}$

$\begin{pmatrix}1\\0\\-2\end{pmatrix} \quad \begin{pmatrix}0\\-2{,}5\\0\end{pmatrix} \quad \begin{pmatrix}0\\-2\\0\end{pmatrix} \quad \begin{pmatrix}3\\-1\\-2\end{pmatrix} \quad \begin{pmatrix}2\\0\\-4\end{pmatrix} \quad \begin{pmatrix}8\\8\\12\end{pmatrix} \quad \begin{pmatrix}-2\\-2\\-4\end{pmatrix} \quad \begin{pmatrix}11\\-8{,}5\\6{,}5\end{pmatrix} \quad \begin{pmatrix}3{,}5\\-2\\-1{,}5\end{pmatrix} \quad \begin{pmatrix}-11\\-8{,}5\\-6{,}5\end{pmatrix}$

$2 \cdot (4 \cdot ❋ - 🐘) - \begin{pmatrix}2\\1\\-25\end{pmatrix} = \begin{pmatrix}0\\0\\0\end{pmatrix}$

$-3 \cdot ❄ = \begin{pmatrix}-1\\-1\\-1\end{pmatrix} - 2 \cdot ♛$

$4 \cdot ⚃ - 2 \cdot ☎ = \begin{pmatrix}0\\1\\5\end{pmatrix}$

$3 \cdot ♞ + 2 \cdot ♥ = \begin{pmatrix}1\\-2\\-1\end{pmatrix}$

$☝ - \frac{1}{2} \cdot ♜ = ♜ - 2 \cdot ☝$

$3 \cdot ☮ - \begin{pmatrix}9\\2\\-6\end{pmatrix} = 2 \cdot ☺$

Spielauswertung: Für jede richtige Lösung erhält man einen Punkt. Bei falscher Lösung bekommt der Gegner einen Punkt und der Spieler muss erneut versuchen, die Gleichung zu lösen. Gewonnen hat der Spieler, der nach dem Lösen aller Gleichungen den höchsten Punktestand erzielt hat.

Arbeitsblatt
Parametergleichungen von Geraden

Ein Auto fährt vom Startpunkt O aus auf geradem Weg zu einer Auffahrt einer geradlinig verlaufenden Autobahn und fährt auf der Autobahn weiter in Richtung Nordosten.
Mithilfe von Vektoren sollen alle Positionen auf der Autobahn beschrieben werden.

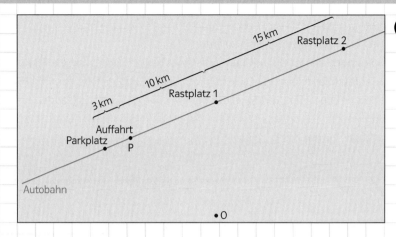

1. Die Auffahrt befindet sich im Ort P mit dem Ortsvektor $\vec{p}$.
   Zeichnen Sie $\vec{p}$ in die Skizze ein.

2. Der Weg von der Auffahrt zum 1. Rastplatz kann durch den Vektor $\vec{u}$ beschrieben werden.
   Zeichnen Sie $\vec{u}$ in die Skizze ein.

3. a) $\vec{x_1}$ sei der Ortsvektor von Rastplatz 1 (einzeichnen). Beschreiben Sie, wie das Auto von O aus zum Rastplatz 1 gelangt, indem Sie für $\vec{x_1}$ eine Gleichung mit den Vektoren $\vec{p}$ und $\vec{u}$ aufstellen: $\vec{x_1}$ =
   b) $\vec{x_2}$ sei der Ortsvektor von Rastplatz 2. Stellen Sie wie in a) eine Gleichung für $\vec{x_2}$ mit den Vektoren $\vec{p}$ und $\vec{u}$ auf: $\vec{x_2}$ =
   c) $\vec{x_3}$ sei der Ortsvektor des Parkplatzes. Für $\vec{x_3}$ gilt also: $\vec{x_3}$ =
   d) Drücken Sie nun mit $\vec{p}$ und $\vec{u}$ und einer reellen Zahl r aus, wie man von O aus mit dem Auto jeden beliebigen Ort X mit Ortsvektor $\vec{x}$ auf der Autobahn erreichen kann: $\vec{x}$ = ; ($r \in \mathbb{R}$)

4. a) Bestimmen Sie aus nebenstehender Abbildung die Vektoren $\vec{p}, \vec{q}$ und $\vec{u}$.

   $\vec{p} = \begin{pmatrix} \end{pmatrix}$; $\vec{q} = \begin{pmatrix} \end{pmatrix}$; $\vec{u} = \begin{pmatrix} \end{pmatrix}$

   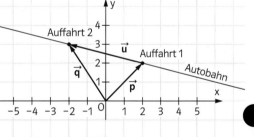

   b) Beschreiben Sie alle Orte X der Autobahn mithilfe von $\vec{p}$ und $\vec{u}$.

   $\vec{x} = \vec{p} + \underline{\qquad} = \begin{pmatrix} \end{pmatrix} + \underline{\quad} \cdot \begin{pmatrix} \end{pmatrix}$ mit $r \in \mathbb{R}$.

   INFO: Diese Gleichung heißt **Parametergleichung** der Geraden, $\vec{p}$ heißt **Stützvektor** und $\vec{u}$ **Richtungsvektor**.

   Für r =   erhält man den Ortsvektor von Auffahrt 1, für r =   den von Auffahrt 2.

   c) Stellen Sie für dieselbe Autobahn eine Parametergleichung mit einem Stützvektor auf, der zu Auffahrt 2 führt.

   $\vec{x} = \vec{q} + \underline{\qquad} = \begin{pmatrix} \end{pmatrix} + \underline{\quad} \cdot \begin{pmatrix} \end{pmatrix}$ mit $s \in \mathbb{R}$.

   Für s =   erhält man den Ortsvektor von Auffahrt 1, für s =   den von Auffahrt 2.

   d) Die Autobahn kann durch viele verschiedene Parametergleichungen dargestellt werden. Geben Sie zwei weitere Darstellungen an.

   $\vec{x}$ =   ; $\vec{x}$ =

Trainingsblatt
Parametergleichungen von Geraden — Lösung

Ein Auto fährt vom Startpunkt O aus auf geradem Weg zu einer Auffahrt einer geradlinig verlaufenden Autobahn und fährt auf der Autobahn weiter in Richtung Nordosten.
Mithilfe von Vektoren sollen alle Positionen auf der Autobahn beschrieben werden.

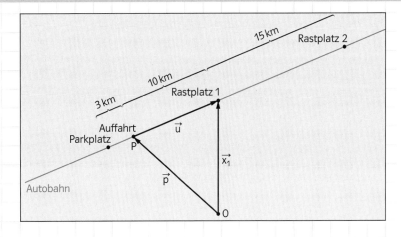

1. Die Auffahrt befindet sich im Ort P mit dem Ortsvektor $\vec{p}$.
   Zeichnen Sie $\vec{p}$ in die Skizze ein.

2. Der Weg von der Auffahrt zum 1. Rastplatz kann durch den Vektor $\vec{u}$ beschrieben werden.
   Zeichnen Sie $\vec{u}$ in die Skizze ein.

3. a) $\vec{x_1}$ sei der Ortsvektor von Rastplatz 1 (einzeichnen). Beschreiben Sie, wie das Auto von O aus zum Rastplatz 1 gelangt, indem Sie für $\vec{x_1}$ eine Gleichung mit den Vektoren $\vec{p}$ und $\vec{u}$ aufstellen: $\vec{x_1} = \vec{p} + \vec{u}$
   b) $\vec{x_2}$ sei der Ortsvektor von Rastplatz 2. Stellen Sie wie in a) eine Gleichung für $\vec{x_2}$ mit den Vektoren $\vec{p}$ und $\vec{u}$ auf:
   $\vec{x_2} = \vec{p} + 2{,}5\,\vec{u}$
   c) $\vec{x_3}$ sei der Ortsvektor des Parkplatzes. Für $\vec{x_3}$ gilt also:
   $\vec{x_3} = \vec{p} - 0{,}3 \cdot \vec{u}$
   d) Drücken Sie nun mit $\vec{p}$ und $\vec{u}$ und einer reellen Zahl r aus, wie man von O aus mit dem Auto jeden beliebigen Ort X mit Ortsvektor $\vec{x}$ auf der Autobahn erreichen kann:
   $\vec{x} = \vec{p} + r \cdot \vec{u}$; $(r \in \mathbb{R})$

4. a) Bestimmen Sie aus nebenstehender Abbildung die Vektoren $\vec{p}$, $\vec{q}$ und $\vec{u}$.
   $\vec{p} = \begin{pmatrix} 2 \\ 2 \end{pmatrix}$; $\vec{q} = \begin{pmatrix} -2 \\ 3 \end{pmatrix}$; $\vec{u} = \begin{pmatrix} -4 \\ 1 \end{pmatrix}$

   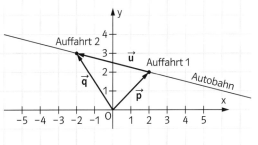

   b) Beschreiben Sie alle Orte X der Autobahn mithilfe von $\vec{p}$ und $\vec{u}$.
   $\vec{x} = \vec{p} + r \cdot \vec{u} = \begin{pmatrix} 2 \\ 2 \end{pmatrix} + r \cdot \begin{pmatrix} -4 \\ 1 \end{pmatrix}$ mit $r \in \mathbb{R}$.

   INFO: Diese Gleichung heißt **Parametergleichung** der Geraden, $\vec{p}$ heißt **Stützvektor** und $\vec{u}$ **Richtungsvektor**.

   Für $r = 0$ erhält man den Ortsvektor von Auffahrt 1, für $r = 1$ den von Auffahrt 2.

   c) Stellen Sie für dieselbe Autobahn eine Parametergleichung mit einem Stützvektor auf, der zu Auffahrt 2 führt.
   $\vec{x} = \vec{q} + s \cdot \vec{u} = \begin{pmatrix} -2 \\ 3 \end{pmatrix} + s \cdot \begin{pmatrix} -4 \\ 1 \end{pmatrix}$ mit $s \in \mathbb{R}$.

   Für $s = -1$ erhält man den Ortsvektor von Auffahrt 1, für $s = 0$ den von Auffahrt 2.

   d) Die Autobahn kann durch viele verschiedene Parametergleichungen dargestellt werden. Geben Sie zwei weitere Darstellungen an.

   $\vec{x} = \begin{pmatrix} 2 \\ 2 \end{pmatrix} + t \cdot \begin{pmatrix} 2 \\ -0{,}5 \end{pmatrix}$ mit $t \in \mathbb{R}$ (mögliche Lösung) ; $\vec{x} = \begin{pmatrix} -2 \\ 3 \end{pmatrix} + v \cdot \begin{pmatrix} -8 \\ 2 \end{pmatrix}$ mit $v \in \mathbb{R}$ (mögliche Lösung)

Trainingsblatt
Aufstellen von Geradengleichungen

1. Geben Sie jeweils eine Gleichung für die Gerade g an.
Die Gerade g verläuft

a) durch die Punkte A(3|−5|2) und B(3|0|−1),

g: $\vec{x} = \begin{pmatrix} \end{pmatrix} + t \cdot \begin{pmatrix} \end{pmatrix}$

b) durch die Punkte A(6|−2|1) und B(4|3|3),

g: $\vec{x} =$

c) parallel zur x_2-Achse und durch den Punkt A(2|4|3).

g: $\vec{x} =$

2. Prüfen Sie, ob der Punkt P auf der Geraden g liegt.

a) g: $\vec{x} = \begin{pmatrix} -1 \\ 3 \\ -4 \end{pmatrix} + t \cdot \begin{pmatrix} 2 \\ -2 \\ 1 \end{pmatrix}$; P(5|9|−1)

$5 = -1 + 2t \Rightarrow$

Antwort:

b) g: $\vec{x} = \begin{pmatrix} 3 \\ 6 \\ 4 \end{pmatrix} + t \cdot \begin{pmatrix} -1 \\ 2 \\ 1 \end{pmatrix}$; P(5|2|2)

Antwort:

3. Der Würfel ABCDEFGH hat die Kantenlänge 2. Der Punkt D liegt im Koordinatenursprung.
Geben Sie die Gleichungen der Geraden durch die angegebenen Eckpunkte des Würfels an.

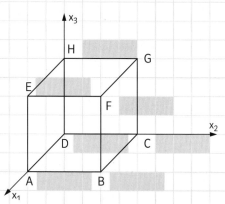

a) Gerade g durch B und F: g: $\vec{x} = \begin{pmatrix} \end{pmatrix} + t \cdot \begin{pmatrix} \end{pmatrix}$

b) Gerade h durch A und H: h: $\vec{x} =$

c) Gerade i durch C und E: i: $\vec{x} =$

4. Die eingezeichneten Punkte sind jeweils Mittelpunkt einer Kante bzw. Mittelpunkt der Grundfläche der Pyramide ABCDS.
Bestimmen Sie die Koordinaten für diese Punkte und für jede eingezeichnete Gerade eine Gleichung.

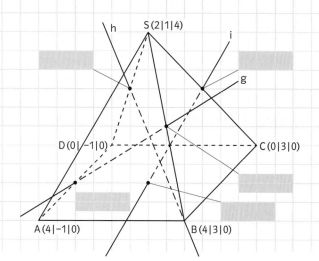

Trainingsblatt
Aufstellen von Geradengleichungen — Lösung

1. Geben Sie jeweils eine Gleichung für die Gerade g an. Die Gerade g verläuft

a) durch die Punkte A(3|−5|2) und B(3|0|−1),

$$g: \vec{x} = \begin{pmatrix} 3 \\ -5 \\ 2 \end{pmatrix} + t \cdot \begin{pmatrix} 0 \\ 5 \\ -3 \end{pmatrix}$$

b) durch die Punkte A(6|−2|1) und B(4|3|3),

$$g: \vec{x} = \begin{pmatrix} 6 \\ -2 \\ 1 \end{pmatrix} + t \cdot \begin{pmatrix} -2 \\ 5 \\ 2 \end{pmatrix}$$

c) parallel zur x_2-Achse und durch den Punkt A(2|4|3).

$$g: \vec{x} = \begin{pmatrix} 2 \\ 4 \\ 3 \end{pmatrix} + t \cdot \begin{pmatrix} 0 \\ 1 \\ 0 \end{pmatrix}$$

2. Prüfen Sie, ob der Punkt P auf der Geraden g liegt.

a) $g: \vec{x} = \begin{pmatrix} -1 \\ 3 \\ -4 \end{pmatrix} + t \cdot \begin{pmatrix} 2 \\ -2 \\ 1 \end{pmatrix}$; P(5|9|−1)

$5 = -1 + 2t \Rightarrow t = 3$
$9 = 3 - 2t \Rightarrow t = -3$

Antwort: P liegt nicht auf g.

b) $g: \vec{x} = \begin{pmatrix} 3 \\ 6 \\ 4 \end{pmatrix} + t \cdot \begin{pmatrix} -1 \\ 2 \\ 1 \end{pmatrix}$; P(5|2|2)

$5 = 3 - t \Rightarrow t = -2$
$2 = 6 + 2t \Rightarrow t = -2$
$2 = 4 + t \Rightarrow t = -2$

Antwort: P liegt auf g.

3. Der Würfel ABCDEFGH hat die Kantenlänge 2. Der Punkt D liegt im Koordinatenursprung. Geben Sie die Gleichungen der Geraden durch die angegebenen Eckpunkte des Würfels an.

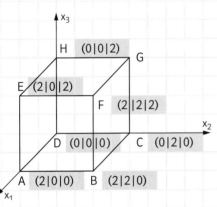

H (0|0|2), G, E (2|0|2), F (2|2|2), D (0|0|0), C (0|2|0), A (2|0|0), B (2|2|0)

a) Gerade g durch B und F: $g: \vec{x} = \begin{pmatrix} 2 \\ 2 \\ 0 \end{pmatrix} + t \cdot \begin{pmatrix} 0 \\ 0 \\ 2 \end{pmatrix}$

b) Gerade h durch A und H: $h: \vec{x} = \begin{pmatrix} 2 \\ 0 \\ 0 \end{pmatrix} + t \cdot \begin{pmatrix} -2 \\ 0 \\ 2 \end{pmatrix}$

c) Gerade i durch C und E: $i: \vec{x} = \begin{pmatrix} 0 \\ 2 \\ 0 \end{pmatrix} + t \cdot \begin{pmatrix} 2 \\ -2 \\ 2 \end{pmatrix}$

4. Die eingezeichneten Punkte sind jeweils Mittelpunkt einer Kante bzw. Mittelpunkt der Grundfläche der Pyramide ABCDS. Bestimmen Sie die Koordinaten für diese Punkte und für jede eingezeichnete Gerade eine Gleichung.

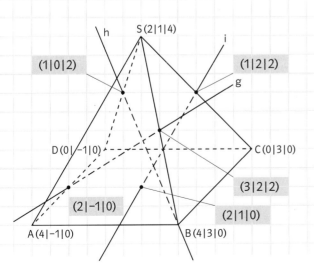

S(2|1|4), h, i, (1|0|2), (1|2|2), g, D(0|−1|0), C(0|3|0), (2|−1|0), (3|2|2), (2|1|0), A(4|−1|0), B(4|3|0)

$$g: \vec{x} = \begin{pmatrix} 2 \\ -1 \\ 0 \end{pmatrix} + t \cdot \begin{pmatrix} 3-2 \\ 2-(-1) \\ 2-0 \end{pmatrix} = \begin{pmatrix} 2 \\ -1 \\ 0 \end{pmatrix} + t \cdot \begin{pmatrix} 1 \\ 3 \\ 2 \end{pmatrix}$$

$$h: \vec{x} = \begin{pmatrix} 4 \\ 3 \\ 0 \end{pmatrix} + t \cdot \begin{pmatrix} 1-4 \\ 0-3 \\ 2-0 \end{pmatrix} = \begin{pmatrix} 4 \\ 3 \\ 0 \end{pmatrix} + t \cdot \begin{pmatrix} -3 \\ -3 \\ 2 \end{pmatrix}$$

$$i: \vec{x} = \begin{pmatrix} 2 \\ 1 \\ 0 \end{pmatrix} + t \cdot \begin{pmatrix} 1-2 \\ 2-1 \\ 2-0 \end{pmatrix} = \begin{pmatrix} 2 \\ 1 \\ 0 \end{pmatrix} + t \cdot \begin{pmatrix} -1 \\ 1 \\ 2 \end{pmatrix}$$

Trainingsblatt
Gegenseitige Lage von Geraden

1. Untersuchen Sie die gegenseitige Lage der Geraden g und h. Berechnen Sie gegebenenfalls die Koordinaten des Schnittpunktes S. Gehen Sie zunehmend selbstständiger vor.

a) $g: \vec{x} = \begin{pmatrix} 4 \\ 1 \\ 2 \end{pmatrix} + t \cdot \begin{pmatrix} -1 \\ 2 \\ 1 \end{pmatrix}$; $h: \vec{x} = \begin{pmatrix} 0 \\ -1 \\ 2 \end{pmatrix} + s \cdot \begin{pmatrix} 3 \\ 2 \\ 0 \end{pmatrix}$

Die Richtungsvektoren der Geraden g und h sind
- Vielfache voneinander, also parallel;
- keine Vielfachen voneinander, also nicht parallel.

Untersuchung auf gemeinsame Punkte der Geraden mithilfe eines linearen Gleichungssystems (LGS):

(I)   4 − 1t =

(II)   =

(III)   =   ⇒ t =   ; in (I): s =

Einsetzen von s =   und t =   in Gleichung (II) zur Kontrolle:

Das Gleichungssystem hat   Lösung.

Antwort: Die Geraden g und h sind also   .

b) $g: \vec{x} = \begin{pmatrix} 2 \\ -2 \\ -2 \end{pmatrix} + t \cdot \begin{pmatrix} 0 \\ 1 \\ -1 \end{pmatrix}$; $h: \vec{x} = \begin{pmatrix} 12 \\ 1 \\ -10 \end{pmatrix} + s \cdot \begin{pmatrix} 4 \\ 0 \\ -2 \end{pmatrix}$

Die Richtungsvektoren der Geraden g und h sind
- Vielfache voneinander, also parallel;
- keine Vielfachen voneinander, also nicht parallel.

Untersuchung auf gemeinsame Punkte der Geraden:

gegebenenfalls Berechnung der Koordinaten des Schnittpunktes S:

Antwort:

c) $g: \vec{x} = \begin{pmatrix} -3 \\ 0 \\ 1 \end{pmatrix} + t \cdot \begin{pmatrix} 2 \\ -8 \\ 0 \end{pmatrix}$; $h: \vec{x} = \begin{pmatrix} 2 \\ 4 \\ 1 \end{pmatrix} + s \cdot \begin{pmatrix} -0,5 \\ 2 \\ 0 \end{pmatrix}$

Die Richtungsvektoren der Geraden g und h sind
- Vielfache voneinander, also parallel;
- keine Vielfachen voneinander, also nicht parallel.

Untersuchung auf gemeinsame Punkte der Geraden:

Antwort:

2.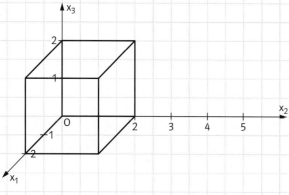

Gegeben sind die Gleichungen der Geraden g_a und h.

$g_a: \vec{x} = \begin{pmatrix} 0 \\ 0 \\ 2 \end{pmatrix} + s \cdot \begin{pmatrix} a \\ 2 \\ -2 \end{pmatrix}$; $h: \vec{x} = \begin{pmatrix} 0 \\ 2 \\ 1 \end{pmatrix} + t \cdot \begin{pmatrix} 2 \\ -1 \\ -1 \end{pmatrix}$

a) Zeichnen Sie in die nebenstehende Zeichnung die Geraden g_0, g_2 und h ein.

b) Bestimmen Sie den Parameter a so, dass sich die Geraden g und h schneiden.

(I)   0 + a · s =

(II)   0 + 2 · s =

(III) 2 − 2 · s =

(II) + (III):   ⇒ t =

in (II):   ⇒ s =

in (I):   · a =   ⇒ a =

c) Zeichnen Sie diese Gerade g_a in die Abbildung ein.

d) Geben Sie die Koordinaten des Schnittpunktes an:
S (| |).

Trainingsblatt
Gegenseitige Lage von Geraden — Lösung

1. Untersuchen Sie die gegenseitige Lage der Geraden g und h. Berechnen Sie gegebenenfalls die Koordinaten des Schnittpunktes S. Gehen Sie zunehmend selbstständiger vor.

a) $g: \vec{x} = \begin{pmatrix} 4 \\ 1 \\ 2 \end{pmatrix} + t \cdot \begin{pmatrix} -1 \\ 2 \\ 1 \end{pmatrix}$; $h: \vec{x} = \begin{pmatrix} 0 \\ -1 \\ 2 \end{pmatrix} + s \cdot \begin{pmatrix} 3 \\ 2 \\ 0 \end{pmatrix}$

Die Richtungsvektoren der Geraden g und h sind
- ☐ Vielfache voneinander, also parallel;
- ☒ keine Vielfache voneinander, also nicht parallel.

Untersuchung auf gemeinsame Punkte der Geraden mithilfe eines linearen Gleichungssystems (LGS):

(I) $4 - 1t = 0 + 3s$
(II) $1 + 2t = -1 + 2s$
(III) $2 + 1t = 2$ $\Rightarrow t = 0$; in (I): $s = \frac{4}{3}$

Einsetzen von $s = \frac{4}{3}$ und $t = 0$ in Gleichung (II) zur Kontrolle: $1 + 0 = -1 + \frac{8}{3}$ Widerspruch

Das Gleichungssystem hat **keine** Lösung.

Antwort: Die Geraden g und h sind also **windschief zueinander**.

b) $g: \vec{x} = \begin{pmatrix} 2 \\ -2 \\ -2 \end{pmatrix} + t \cdot \begin{pmatrix} 0 \\ 1 \\ -1 \end{pmatrix}$; $h: \vec{x} = \begin{pmatrix} 12 \\ 1 \\ -10 \end{pmatrix} + s \cdot \begin{pmatrix} 4 \\ 0 \\ -2 \end{pmatrix}$

Die Richtungsvektoren der Geraden g und h sind
- ☐ Vielfache voneinander, also parallel;
- ☒ keine Vielfache voneinander, also nicht parallel.

Untersuchung auf gemeinsame Punkte der Geraden:

(I) $2 + 0t = 12 + 4s \Rightarrow s = -2{,}5$
(II) $-2 + 1t = 1 + 0s \Rightarrow t = 3$
(III) $-2 - 1t = -10 - 2s$ Kontrolle mit (III): $-2 - 1 \cdot (3) = -10 - 2 \cdot (-2{,}5)$ ✓

gegebenenfalls Berechnung der Koordinaten des Schnittpunktes S:

$t = 3$ in Geradengleichung von g einsetzen: $\vec{OS} = \begin{pmatrix} 2 \\ -2 \\ -2 \end{pmatrix} + 3 \cdot \begin{pmatrix} 0 \\ 1 \\ -1 \end{pmatrix} = \begin{pmatrix} 2 \\ 1 \\ -5 \end{pmatrix}$

Antwort: Die Geraden g und h schneiden sich im Punkt S(2 | 1 | −5).

c) $g: \vec{x} = \begin{pmatrix} -3 \\ 0 \\ 1 \end{pmatrix} + t \cdot \begin{pmatrix} 2 \\ -8 \\ 0 \end{pmatrix}$; $h: \vec{x} = \begin{pmatrix} 2 \\ 4 \\ 1 \end{pmatrix} + s \cdot \begin{pmatrix} -0{,}5 \\ 2 \\ 0 \end{pmatrix}$

Die Richtungsvektoren der Geraden g und h sind
- ☒ Vielfache voneinander, also parallel;
- ☐ keine Vielfache voneinander, also nicht parallel.

Untersuchung auf gemeinsame Punkte der Geraden:

Liegt z. B. der Punkt (−3 | 0 | 1) der Geraden g auch auf der Geraden h?

(I) $-3 = 2 - 0{,}5s \Rightarrow s = 10$ ⎫
(II) $0 = 4 + 2s \Rightarrow s = -2$ ⎬ Widerspruch
(III) $1 = 1$ ⎭

Antwort: Die Geraden g und h sind also parallel.

2.

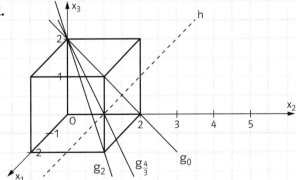

Gegeben sind die Gleichungen der Geraden g_a und h.

$g_a: \vec{x} = \begin{pmatrix} 0 \\ 0 \\ 2 \end{pmatrix} + s \cdot \begin{pmatrix} a \\ 2 \\ -2 \end{pmatrix}$; $h: \vec{x} = \begin{pmatrix} 0 \\ 2 \\ 1 \end{pmatrix} + t \cdot \begin{pmatrix} 2 \\ -1 \\ -1 \end{pmatrix}$

a) Zeichnen Sie in die nebenstehende Zeichnung die Geraden g_0, g_2 und h ein.

b) Bestimmen Sie den Parameter a so, dass sich die Geraden g und h schneiden.

(I) $0 + a \cdot s = 0 + 2t$
(II) $0 + 2 \cdot s = 2 - 1t$
(III) $2 - 2 \cdot s = 1 - 1t$

(II) + (III): $2 = 3 - 2t \Rightarrow t = \frac{1}{2}$
in (II): $2s = \frac{3}{2} \Rightarrow s = \frac{3}{4}$
in (I): $\frac{3}{4} \cdot a = 1 \Rightarrow a = \frac{4}{3}$

c) Zeichnen Sie diese Gerade g_a in die Abbildung ein.

d) Geben Sie die Koordinaten des Schnittpunktes an:
S(1 | 1,5 | 0,5).

Trainingsblatt
Abstand zweier Punkte – Betrag eines Vektors

1. Berechnen Sie den Abstand d der Punkte A und B.

a) $A(3|1|2)$, $B(1|2|4)$ $\quad \vec{AB} = \begin{pmatrix} 1-3 \\ \\ \end{pmatrix} = \begin{pmatrix} -2 \\ \\ \end{pmatrix} \quad d = |\vec{AB}| = \sqrt{(-2)^2 + ()^2 + ()^2} = \sqrt{} = $

b) $A(-2|0|5)$, $B(2|-3|5)$ $\quad \vec{AB} = = \quad d =$

c) $A(7|1|-1)$, $B(3|3|3)$ $\quad \vec{AB} = = \quad d =$

2. Die drei Punkte $A(1|2|3)$, $B(3|2|1)$ und $C(9|3|7)$ liegen in einer Ebene.

a) Bestimmen Sie den Punkt D so, dass das Viereck ABCD ein Parallelogramm ist.

$\vec{BC} = = \quad \vec{OD} = \vec{OA} + \vec{BC} = $, also $D(||)$

b) Berechnen Sie in dem Viereck ABCD die Längen der Diagonalen $\overline{AC}$ und $\overline{BD}$.

$\vec{AC} = $; $|\vec{AC}| = $;

$\vec{BD} = $; $|\vec{BD}| = $

3. Die Punkte P und Q haben den Abstand d. Berechnen Sie die fehlenden Koordinaten der Punkte P und Q.

a) $P(2|1|-1)$, $Q(x|0|1)$, $d = \sqrt{5}$

$|\vec{PQ}|^2 = d^2 = 5 \quad \Rightarrow \quad (x-2)^2 + (0 -)^2 + (-)^2 = 5$

Lösung: $x =$

b) $P(x|2|5)$, $Q(x|x|2)$, $d = 5$

Lösungen: $x_1 =$ und $x_2 =$

4. Berechnen Sie den zum Vektor $\vec{u}$ gehörenden Einheitsvektor $\vec{u_0}$.

$\vec{u} = \begin{pmatrix} 2 \\ -2 \\ 1 \end{pmatrix}$; $|\vec{u}| = \quad \Rightarrow \quad \vec{u_0} = \frac{1}{|\vec{u}|} \cdot \vec{u} =$

Trainingsblatt
Abstand zweier Punkte – Betrag eines Vektors
Lösung

1. Berechnen Sie den Abstand d der Punkte A und B.

a) $A(3|1|2)$, $B(1|2|4)$ $\vec{AB} = \begin{pmatrix} 1-3 \\ 2-1 \\ 4-2 \end{pmatrix} = \begin{pmatrix} -2 \\ 1 \\ 2 \end{pmatrix}$ $d = |\vec{AB}| = \sqrt{(-2)^2 + (1)^2 + (2)^2} = \sqrt{9} = 3$

b) $A(-2|0|5)$, $B(2|-3|5)$ $\vec{AB} = \begin{pmatrix} 2-(-2) \\ -3-0 \\ 5-5 \end{pmatrix} = \begin{pmatrix} 4 \\ -3 \\ 0 \end{pmatrix}$ $d = |\vec{AB}| = \sqrt{4^2 + (-3)^2 + 0^2} = \sqrt{25} = 5$

c) $A(7|1|-1)$, $B(3|3|3)$ $\vec{AB} = \begin{pmatrix} 3-7 \\ 3-1 \\ 3-(-1) \end{pmatrix} = \begin{pmatrix} -4 \\ 2 \\ 4 \end{pmatrix}$ $d = |\vec{AB}| = \sqrt{(-4)^2 + 2^2 + 4^2} = \sqrt{36} = 6$

2. Die drei Punkte $A(1|2|3)$, $B(3|2|1)$ und $C(9|3|7)$ liegen in einer Ebene.

a) Bestimmen Sie den Punkt D so, dass das Viereck ABCD ein Parallelogramm ist.

$\vec{BC} = \begin{pmatrix} 9-3 \\ 3-2 \\ 7-1 \end{pmatrix} = \begin{pmatrix} 6 \\ 1 \\ 6 \end{pmatrix}$ $\vec{OD} = \vec{OA} + \vec{BC} = \begin{pmatrix} 1 \\ 2 \\ 3 \end{pmatrix} + \begin{pmatrix} 6 \\ 1 \\ 6 \end{pmatrix} = \begin{pmatrix} 7 \\ 3 \\ 9 \end{pmatrix}$, also $D(7|3|9)$

b) Berechnen Sie in dem Viereck ABCD die Längen der Diagonalen $\overline{AC}$ und $\overline{BD}$.

$\vec{AC} = \begin{pmatrix} 9-1 \\ 3-2 \\ 7-3 \end{pmatrix} = \begin{pmatrix} 8 \\ 1 \\ 4 \end{pmatrix}$; $|\vec{AC}| = \sqrt{8^2 + 1^2 + 4^2} = 9$

$\vec{BD} = \begin{pmatrix} 7-3 \\ 3-2 \\ 9-1 \end{pmatrix} = \begin{pmatrix} 4 \\ 1 \\ 8 \end{pmatrix}$; $|\vec{BD}| = \sqrt{4^2 + 1^2 + 8^2} = 9$

3. Die Punkte P und Q haben den Abstand d. Berechnen Sie die fehlenden Koordinaten der Punkte P und Q.

a) $P(2|1|-1)$, $Q(x|0|1)$, $d = \sqrt{5}$

$|\vec{PQ}|^2 = d^2 = 5 \Rightarrow (x-2)^2 + (0-1)^2 + (1-(-1))^2 = 5$
$\Rightarrow (x-2)^2 + 1 + 4 = 5$
$\Rightarrow (x-2)^2 = 0$

Lösung: $x = 2$

b) $P(x|2|5)$, $Q(x|x|2)$, $d = 5$

$|\vec{PQ}|^2 = d^2 = 25 \Rightarrow (x-x)^2 + (x-2)^2 + (2-5)^2 = 25$
$\Rightarrow 0 + x^2 - 4x + 4 + 9 = 25$
$\Rightarrow x^2 - 4x - 12 = 0$

$\Rightarrow x_{1/2} = \frac{4 \pm \sqrt{16+48}}{2} = \frac{4 \pm 8}{2}$

Lösungen: $x_1 = 6$ und $x_2 = -2$

4. Berechnen Sie den zum Vektor $\vec{u}$ gehörenden Einheitsvektor $\vec{u_0}$.

$\vec{u} = \begin{pmatrix} 2 \\ -2 \\ 1 \end{pmatrix}$; $|\vec{u}| = \sqrt{2^2 + (-2)^2 + 1^2} = \sqrt{9} = 3$ $\Rightarrow \vec{u_0} = \frac{1}{|\vec{u}|} \cdot \vec{u} = \frac{1}{3} \cdot \begin{pmatrix} 2 \\ -2 \\ 1 \end{pmatrix} = \begin{pmatrix} \frac{2}{3} \\ -\frac{2}{3} \\ \frac{1}{3} \end{pmatrix}$

Trainingsblatt
Lineare Abhängigkeit und Unabhängigkeit von Vektoren

1. Untersuchen Sie die Vektoren auf lineare Abhängigkeit bzw. Unabhängigkeit. Ergänzen Sie dazu die Lücken.

a) $\begin{pmatrix} -2 \\ 7 \\ -3 \end{pmatrix}; \begin{pmatrix} 0,5 \\ -1,75 \\ 0,75 \end{pmatrix}$ Die Vektoren sind linear _____, denn $\begin{pmatrix} -2 \\ 7 \\ -3 \end{pmatrix} = $ _____ $\cdot \begin{pmatrix} 0,5 \\ -1,75 \\ 0,75 \end{pmatrix}$

b) $\begin{pmatrix} 3 \\ -2 \\ 0 \end{pmatrix}; \begin{pmatrix} -9 \\ 6 \\ 1 \end{pmatrix}$ Die Vektoren sind linear _____, denn $\begin{pmatrix} \end{pmatrix} \neq k \cdot \begin{pmatrix} \end{pmatrix}$ für alle $k \in \mathbb{R}$.

c) $\begin{pmatrix} -1 \\ -2 \\ 3 \end{pmatrix}; \begin{pmatrix} 4 \\ -8 \\ -12 \end{pmatrix}$ Die Vektoren sind linear _____, denn

d) $\begin{pmatrix} 2/3 \\ -5/4 \\ 3/2 \end{pmatrix}; \begin{pmatrix} -8 \\ 15 \\ -18 \end{pmatrix}$ Die Vektoren sind linear _____, denn

2. Füllen Sie die Lücken aus.

a) Das LGS   (I) $\quad 2r_1 - 5r_2 + r_3 = 0$
           (II) $\quad -r_1 + r_2 - r_3 = 0$
           (III) $-4r_1 + r_2 - 7r_3 = 0$
hat als eine Lösung $r_1 = 2; r_2 = 1; r_3 = -1$.
Daraus folgt: Die drei Vektoren

sind linear _____.

b) Das LGS   (I) $\quad -3r_1 - 2r_2 + r_3 = 0$
           (II) $\quad r_1 \qquad - 5r_3 = 0$
           (III) $\quad 2r_1 + 4r_2 - 6r_3 = 0$
hat als einzige Lösung $r_1 = 0; r_2 = 0; r_3 = 0$.
Daraus folgt: Die drei Vektoren
_____ sind linear _____.

c) Das LGS   (I) $\quad 2r_1 - 4r_2 - r_3 = 0$
           (II) $\quad r_1 - 3r_2 - 2r_3 = 0$
           (III) $\quad r_1 + 7r_2 - 3r_3 = 0$
hat als eine Lösung $r_1 = -1; r_2 = 1; r_3 = 2$.
Daraus folgt: Die drei Vektoren
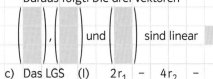
sind linear _____.

3. Zeigen Sie rechnerisch, dass die Vektoren
$\begin{pmatrix} -3 \\ 3 \\ -4 \end{pmatrix}, \begin{pmatrix} 1 \\ 1 \\ 0 \end{pmatrix}$ und $\begin{pmatrix} 0 \\ 3 \\ -2 \end{pmatrix}$ linear abhängig sind. Stellen Sie, falls möglich, den ersten Vektor als Linearkombination der anderen beiden Vektoren dar.

(I) $\qquad -3r_1 + \quad r_2 + 0\, r_3 = 0$
(II) $\qquad\qquad\qquad\qquad\qquad\qquad = 0$
(III) $\qquad\qquad\qquad\qquad\qquad\qquad = 0$

(I) $\qquad -3r_1 + \quad r_2 = 0$
(IIa) = _____ : _____ = 0
(IIIa) = _____ : _____ = 0

(I) $\qquad -3r_1 + \quad r_2 = 0$
(IIa) _____ = 0
(IIIb) = _____ : _____ = 0

Die drei Vektoren sind linear abhängig, weil _____.

Für jedes $t \in \mathbb{R}$ ist $r_1 = $ _____ ; $r_2 = $ _____ ; $r_3 = t$ eine Lösung des LGS. Aus der Gleichung

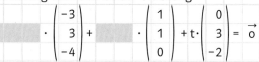

ergibt sich z. B. mit $t = -2$:

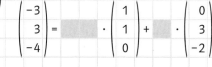

Nach $\begin{pmatrix} -3 \\ 3 \\ -4 \end{pmatrix}$ aufgelöst gilt dann:

$\begin{pmatrix} -3 \\ 3 \\ -4 \end{pmatrix} = $ _____ $\cdot \begin{pmatrix} 1 \\ 1 \\ 0 \end{pmatrix} + $ _____ $\cdot \begin{pmatrix} 0 \\ 3 \\ -2 \end{pmatrix}$

4. Im Quader ABCDEFGH gilt: $\vec{a} = \frac{1}{3} \overrightarrow{AE}$
Sind die angegebenen Vektoren linear abhängig oder linear unabhängig? Begründen Sie Ihre Aussage.

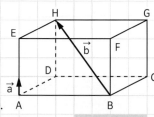

a) $\vec{a}, \vec{b}, \overrightarrow{FH}$: Die drei Vektoren sind linear _____
Begründung:

b) $\vec{a}, \vec{b}, \overrightarrow{AH}$: Die drei Vektoren sind linear _____
Begründung:

Trainingsblatt
Lineare Abhängigkeit und Unabhängigkeit von Vektoren — Lösung

1. Untersuchen Sie die Vektoren auf lineare Abhängigkeit bzw. Unabhängigkeit. Ergänzen Sie dazu die Lücken.

a) $\begin{pmatrix}-2\\7\\-3\end{pmatrix}; \begin{pmatrix}0{,}5\\-1{,}75\\0{,}75\end{pmatrix}$ Die Vektoren sind linear **abhängig**, denn $\begin{pmatrix}-2\\7\\-3\end{pmatrix} = \mathbf{-4} \cdot \begin{pmatrix}0{,}5\\-1{,}75\\0{,}75\end{pmatrix}$

b) $\begin{pmatrix}3\\-2\\0\end{pmatrix}; \begin{pmatrix}-9\\6\\1\end{pmatrix}$ Die Vektoren sind linear **unabhängig**, denn $\begin{pmatrix}3\\-2\\0\end{pmatrix} \neq k \cdot \begin{pmatrix}-9\\6\\1\end{pmatrix}$ für alle $k \in \mathbb{R}$.

c) $\begin{pmatrix}-1\\-2\\3\end{pmatrix}; \begin{pmatrix}4\\-8\\-12\end{pmatrix}$ Die Vektoren sind linear **unabhängig**, denn $\begin{pmatrix}-1\\-2\\3\end{pmatrix} \neq k \cdot \begin{pmatrix}4\\-8\\-12\end{pmatrix}$ für alle $k \in \mathbb{R}$.

d) $\begin{pmatrix}\frac{2}{3}\\-\frac{5}{4}\\\frac{3}{2}\end{pmatrix}; \begin{pmatrix}-8\\15\\-18\end{pmatrix}$ Die Vektoren sind linear **abhängig**, denn $\begin{pmatrix}\frac{2}{3}\\-\frac{5}{4}\\\frac{3}{2}\end{pmatrix} = -\frac{1}{12} \cdot \begin{pmatrix}-8\\15\\-18\end{pmatrix}$.

2. Füllen Sie die Lücken aus.

a) Das LGS (I) $2r_1 - 5r_2 + r_3 = 0$
(II) $-r_1 + r_2 - r_3 = 0$
(III) $-4r_1 + r_2 - 7r_3 = 0$
hat als eine Lösung $r_1 = 2; r_2 = 1; r_3 = -1$.
Daraus folgt: Die drei Vektoren $\begin{pmatrix}2\\-1\\-4\end{pmatrix}, \begin{pmatrix}-5\\1\\1\end{pmatrix}$ und $\begin{pmatrix}-1\\-1\\-7\end{pmatrix}$ sind linear **abhängig**.

b) Das LGS (I) $-3r_1 - 2r_2 + r_3 = 0$
(II) $r_1 - 5r_3 = 0$
(III) $2r_1 + 4r_2 - 6r_3 = 0$
hat als einzige Lösung $r_1 = 0; r_2 = 0; r_3 = 0$.
Daraus folgt: Die drei Vektoren $\begin{pmatrix}-3\\1\\2\end{pmatrix}, \begin{pmatrix}-2\\0\\4\end{pmatrix}$ und $\begin{pmatrix}1\\-5\\-6\end{pmatrix}$ sind linear **unabhängig**.

c) Das LGS (I) $2r_1 - 4r_2 - r_3 = 0$
(II) $r_1 - 3r_2 - 2r_3 = 0$
(III) $r_1 + 7r_2 - 3r_3 = 0$
hat als eine Lösung $r_1 = -1; r_2 = 1; r_3 = 2$.
Daraus folgt: Die drei Vektoren $\begin{pmatrix}2\\1\\1\end{pmatrix}, \begin{pmatrix}4\\-3\\7\end{pmatrix}$ und $\begin{pmatrix}-1\\2\\-3\end{pmatrix}$ sind linear **abhängig**.

3. Zeigen Sie rechnerisch, dass die Vektoren $\begin{pmatrix}-3\\3\\-4\end{pmatrix}, \begin{pmatrix}1\\1\\0\end{pmatrix}$ und $\begin{pmatrix}0\\3\\-2\end{pmatrix}$ linear abhängig sind. Stellen Sie, falls möglich, den ersten Vektor als Linearkombination der anderen beiden Vektoren dar.

(I) $\quad -3r_1 + r_2 + 0\,r_3 = 0$
(II) $\quad3r_1 + r_2 + 3r_3 = 0$
(III) $\quad -4r_1 - 2r_3 = 0$
(I) $\quad -3r_1 + r_2 = 0$
(IIa) = (I) + (II): $\quad 2r_2 + 3r_3 = 0$
(IIIa) = 4(I) − 3(II): $\quad 4r_2 + 6r_3 = 0$

(I) $\quad -3r_1 + r_2 = 0$
(IIa) $\quad 2r_2 + 3r_3 = 0$
(IIIb) = (IIIa) − 2(IIa): $\quad 0\,r_3 = 0$

Die drei Vektoren sind linear abhängig, weil **das LGS unendlich viele Lösungen hat**.

Für jedes $t \in \mathbb{R}$ ist $r_1 = -0{,}5t$; $r_2 = -1{,}5t$; $r_3 = t$ eine Lösung des LGS. Aus der Gleichung

$\mathbf{-0{,}5t} \cdot \begin{pmatrix}-3\\3\\-4\end{pmatrix} + (-1{,}5t) \cdot \begin{pmatrix}1\\1\\0\end{pmatrix} + t \cdot \begin{pmatrix}0\\3\\-2\end{pmatrix} = \vec{o}$

ergibt sich z.B. mit $t = -2$:

$\begin{pmatrix}-3\\3\\-4\end{pmatrix} + \mathbf{3} \cdot \begin{pmatrix}1\\1\\0\end{pmatrix} + (-2) \cdot \begin{pmatrix}0\\3\\-2\end{pmatrix} = \vec{o}$

Nach $\begin{pmatrix}-3\\3\\-4\end{pmatrix}$ aufgelöst gilt dann:

$\begin{pmatrix}-3\\3\\-4\end{pmatrix} = -3 \cdot \begin{pmatrix}1\\1\\0\end{pmatrix} + 2 \cdot \begin{pmatrix}0\\3\\-2\end{pmatrix}$

4. Im Quader ABCDEFGH gilt: $\vec{a} = \frac{1}{3}\overrightarrow{AE}$
Sind die angegebenen Vektoren linear abhängig oder linear unabhängig? Begründen Sie Ihre Aussage.

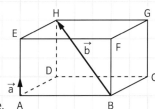

a) $\vec{a}, \vec{b}, \overrightarrow{FH}$: Die drei Vektoren sind linear **abhängig**.
Begründung: **Mit einem gemeinsamen Startpunkt (z.B.: F) liegen die Repräsentanten der drei Vektoren in einer Ebene und es gilt: $\overrightarrow{FH} = \vec{b} - 3\vec{a}$.**

b) $\vec{a}, \vec{b}, \overrightarrow{AH}$: Die drei Vektoren sind linear **unabhängig**.
Begründung: **Für keinen gemeinsamen Startpunkt liegen die Repräsentanten der drei Vektoren in einer Ebene (wie man z.B. am Startpunkt B erkennen kann). Kein Vektor kann aus den beiden anderen durch Linearkombination erzeugt werden.**

Arbeitsblatt – Check-out
Vektoren – Geraden im Raum

Benutzen Sie für die Aufgaben 1–4 das nebenstehende Koordinatensystem.

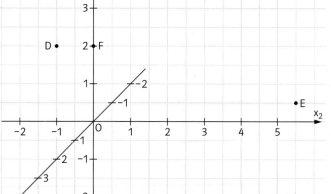

1. Zeichnen Sie die Punkte A(0|−2|−1), B(0|5|−1) und C(3|3|5) in das Koordinatensystem ein.

2. Bestimmen Sie die fehlenden Koordinaten der Punkte D(−2|x_2|x_3), E(x_1|x_2|0) und F(x_1|0,5|x_3) mithilfe der Abbildung:

D (−2 | |); E (| | 0);
F (| 0,5 |)

3. a) Untersuchen Sie, ob das Dreieck ABC gleichschenklig ist.

$\vec{AB}$ = ( ) ; $|\vec{AB}|$ =

$\vec{AC}$ = ( ) ; $|\vec{AC}|$ = $\vec{BC}$ = ( ) ; $|\vec{BC}|$ =

Also ist das Dreieck   .

b) Inwiefern könnte das Ergebnis überraschen?

4. a) Geben Sie die Gleichungen der Geraden g durch A und (−2|−2|1), h durch B und (−1|5|0) sowie i durch C und (1|0,5|2,5) an. Zeichnen Sie die Geraden in das Koordinatensystem ein.

g: $\vec{x}$ = ( ) + r · ( )   h: $\vec{x}$ = ( ) + s · ( )   i: $\vec{x}$ = ( ) + t · ( )

b) Untersuchen Sie die gegenseitige Lage der Geraden g und i. Bestimmen Sie gegebenenfalls den Schnittpunkt S.

Also gilt für die beiden Geraden:

5. Die x_1x_2-Ebene beschreibt eine flache Landschaft. Die Flugbahn eines Segelflugzeugs kann mithilfe einer Geraden im Koordinatensystem angegeben werden (Koordinaten in Kilometern; Parameter t in Minuten nach Beobachtungsbeginn). Zu Beginn befindet sich das Segelflugzeug in (−4,8|5,3|0,9) und eine Minute später in (−3,6|3,6|0,8).

a) Geben Sie die Flugbahn f des Flugzeugs an.

c) Bestimmen Sie den voraussichtlichen Landepunkt L des Segelflugzeugs sowie die Fluggeschwindigkeit.

b) Zeigen Sie, dass sich das Flugzeug im Sinkflug befindet.

Arbeitsblatt – Check-out
Vektoren – Geraden im Raum
Lösung

Benutzen Sie für die Aufgaben 1–4 das nebenstehende Koordinatensystem.

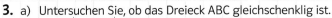

1. Zeichnen Sie die Punkte A(0|−2|−1), B(0|5|−1) und C(3|3|5) in das Koordinatensystem ein.

2. Bestimmen Sie die fehlenden Koordinaten der Punkte D(−2|x_2|x_3), E(x_1|x_2|0) und F(x_1|0,5|x_3) mithilfe der Abbildung:
   D(−2 | −2 | 1);   E(−1 | 5 | 0);
   F(1 | 0,5 | 2,5)

3. a) Untersuchen Sie, ob das Dreieck ABC gleichschenklig ist.

   $\vec{AB} = \begin{pmatrix} 0 \\ 7 \\ 0 \end{pmatrix}$; $|\vec{AB}| = \sqrt{0^2 + 7^2 + 0^2} = \sqrt{49} = 7$

   $\vec{AC} = \begin{pmatrix} 3 \\ 5 \\ 6 \end{pmatrix}$; $|\vec{AC}| = \sqrt{3^2 + 5^2 + 6^2} = \sqrt{70}$ $\vec{BC} = \begin{pmatrix} 3 \\ -2 \\ 6 \end{pmatrix}$; $|\vec{BC}| = \sqrt{3^2 + (-2)^2 + 6^2} = \sqrt{49} = 7$

   Also ist das Dreieck 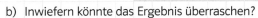 gleichschenklig .

   b) Inwiefern könnte das Ergebnis überraschen?
   Im Bild erscheinen die Schenkel [AC] und [BC] gleich lang; die Rechnung ergibt jedoch $\overline{AB} = \overline{BC}$.

4. a) Geben Sie die Gleichungen der Geraden g durch A und (−2|−2|1), h durch B und (−1|5|0) sowie i durch C und (1|0,5|2,5) an. Zeichnen Sie die Geraden in das Koordinatensystem ein.

   g: $\vec{x} = \begin{pmatrix} 0 \\ -2 \\ -1 \end{pmatrix} + r \cdot \begin{pmatrix} -2 \\ 0 \\ 2 \end{pmatrix}$ h: $\vec{x} = \begin{pmatrix} 0 \\ 5 \\ -1 \end{pmatrix} + s \cdot \begin{pmatrix} -1 \\ 0 \\ 1 \end{pmatrix}$ i: $\vec{x} = \begin{pmatrix} 3 \\ 3 \\ 5 \end{pmatrix} + t \cdot \begin{pmatrix} -2 \\ -2,5 \\ -2,5 \end{pmatrix}$

   b) Untersuchen Sie die gegenseitige Lage der Geraden g und i. Bestimmen Sie gegebenenfalls den Schnittpunkt S.

   $\begin{pmatrix} -2 \\ 0 \\ 2 \end{pmatrix} = k \cdot \begin{pmatrix} -2 \\ -2,5 \\ -2,5 \end{pmatrix}$ ist unlösbar, also sind die Geraden nicht parallel.

   Ansatz: (I) $0 - 2r = 3 - 2t$ aus (II): $-5 = -2,5t$ ⇒ $t = 2$
   (II) $-2 = 3 - 2,5t$ in (I): $-2r = -1$ ⇒ $r = -\frac{1}{2}$
   (III) $-1 + 2r = 5 - 2,5t$ Probe mit (III): $-1 + 2 \cdot \frac{1}{2} = 5 - 2,5 \cdot 2$ ✔

   Also gilt für die beiden Geraden: g und i schneiden sich in S(−1|−2|0).

5. Die x_1x_2-Ebene beschreibt eine flache Landschaft. Die Flugbahn eines Segelflugzeugs kann mithilfe einer Geraden im Koordinatensystem angegeben werden (Koordinaten in Kilometern; Parameter t in Minuten nach Beobachtungsbeginn). Zu Beginn befindet sich das Segelflugzeug in (−4,8|5,3|0,9) und eine Minute später in (−3,6|3,6|0,8).

   a) Geben Sie die Flugbahn f des Flugzeugs an.

   f: $\vec{x} = \begin{pmatrix} -4,8 \\ 5,3 \\ 0,9 \end{pmatrix} + t \cdot \begin{pmatrix} 1,2 \\ -1,7 \\ -0,1 \end{pmatrix}$

   b) Zeigen Sie, dass sich das Flugzeug im Sinkflug befindet.
   Die x_3-Koordinate des Richtungsvektors ist negativ. Die Flughöhe nimmt mit zunehmender Flugdauer ab.

   c) Bestimmen Sie den voraussichtlichen Landepunkt L des Segelflugzeugs sowie die Fluggeschwindigkeit.
   $x_3 = 0$ für $t = 9$;   L(6|−10|0)

   $\left\| \begin{pmatrix} 1,2 \\ -1,7 \\ -0,1 \end{pmatrix} \right\| = \sqrt{(1,2)^2 + (-1,7)^2 + (-0,1)^2} = \sqrt{4,34}$

   $\sqrt{4,34} \frac{km}{min} \approx 2{,}083 \frac{km}{min} \approx 125 \frac{km}{h}$

Arbeitsblatt – Check-in
Ebenen

Checkliste	Das kann ich gut.	Ich bin noch unsicher.	Das kann ich nicht mehr.
1. Ich kann lineare Gleichungssysteme mit dem Gauß-Algorithmus lösen.	☐	☐	☐
2. Ich kann an den Koordinaten erkennen, ob zwei Vektoren zueinander parallel sind.	☐	☐	☐
3. Ich kann eine Parameterform einer Geraden bestimmen.	☐	☐	☐
4. Ich kann die gegenseitige Lage von Geraden bestimmen.	☐	☐	☐

Überprüfen Sie Ihre Einschätzungen anhand der entsprechenden Aufgaben:

1. Lösen Sie das Gleichungssystem mit dem Gauß-Algorithmus.

a)
(I) $x_1 + 2x_2 - 4x_3 = 18$
(II) $-3x_2 + x_3 = -4$
(III) $-2x_1 - x_3 = 0$

(I) $x_1 + 2x_2 - 4x_3 = 18$
(II) $-3x_2 + x_3 = -4$
(IIIa) = (III) + ___ : ___ $x_2 - x_3 = $ ___

(I) $x_1 + 2x_2 - 4x_3 = 18$
(II) $-3x_2 + x_3 = -4$
(IIIb) = ___ : ___ $x_3 = $ ___

Aus (IIIb) folgt: $x_3 = $ ___
Aus (II) folgt: $-3x_2$ ___ $= -4 \Rightarrow x_2 = $ ___
Aus (I) folgt: x_1 ___ $= 18 \Rightarrow x_1 = $ ___
L = ___

b)
(I) $x_1 + 2x_2 - x_3 = 4$
(II) $3x_1 + 2x_2 + x_3 = 8$
(III) $-x_1 + 2x_2 - 3x_3 = 0$

(I) $x_1 + 2x_2 - x_3 = 4$
(IIa) = ___ : ___ $x_2 + x_3 = $ ___
(IIIa) = ___ : ___ $x_2 - x_3 = $ ___

(I) $x_1 + 2x_2 - x_3 = 4$
(IIb) = ___ : ___ $x_2 - x_3 = $ ___
(IIIb) = ___ : ___ $x_3 = $ ___

Für die Variable x_3 setzt man den Parameter $t \in \mathbb{R}$ ein.
Dann ergibt sich für die übrigen Variablen:
$x_2 = $ ___ ; $x_1 = $ ___
L = ___

2. Welche der Vektoren sind zueinander parallel? $\vec{a} = \begin{pmatrix} -2 \\ 1 \\ 1 \end{pmatrix}$; $\vec{b} = \begin{pmatrix} -1 \\ 0{,}5 \\ -0{,}5 \end{pmatrix}$; $\vec{c} = \begin{pmatrix} 6 \\ -3 \\ -3 \end{pmatrix}$; $\vec{d} = \begin{pmatrix} -2 \\ 1 \\ -1 \end{pmatrix}$ und $\vec{e} = \begin{pmatrix} 3 \\ -1{,}5 \\ 1{,}5 \end{pmatrix}$

$\vec{c} = \begin{pmatrix} 6 \\ -3 \\ -3 \end{pmatrix} = -3 \cdot \begin{pmatrix} \end{pmatrix} = \begin{pmatrix} \end{pmatrix}$; $\vec{d} = \begin{pmatrix} -2 \\ 1 \\ -1 \end{pmatrix} = \begin{pmatrix} \end{pmatrix} \cdot \begin{pmatrix} \end{pmatrix} = \begin{pmatrix} \end{pmatrix}$; $\vec{e} = \begin{pmatrix} 3 \\ -1{,}5 \\ 1{,}5 \end{pmatrix} = \begin{pmatrix} \end{pmatrix} \cdot \begin{pmatrix} \end{pmatrix} = \begin{pmatrix} \end{pmatrix}$

Die beiden Vektoren ___ und ___ sind zueinander parallel; die drei Vektoren ___ , ___ und ___ sind zueinander parallel.

3. Geben Sie zwei verschiedene Parametergleichungen der Geraden g an, die durch die Punkte A(−2|3|0) und B(1|6|−3) geht.

$\vec{x} = \begin{pmatrix} \end{pmatrix} + r \cdot \left[\begin{pmatrix} \end{pmatrix} - \begin{pmatrix} \end{pmatrix} \right] = \begin{pmatrix} \end{pmatrix} + r \cdot \begin{pmatrix} \end{pmatrix}$; $\vec{x} = \begin{pmatrix} \end{pmatrix} + r \cdot \left[\begin{pmatrix} \end{pmatrix} - \begin{pmatrix} \end{pmatrix} \right] = \begin{pmatrix} \end{pmatrix} + r \cdot \begin{pmatrix} \end{pmatrix}$

4. Untersuchen Sie die gegenseitige Lage der Geraden g und h.

a) g: $\vec{x} = \begin{pmatrix} 4 \\ 2 \\ -1 \end{pmatrix} + r \cdot \begin{pmatrix} -2 \\ 3 \\ 2 \end{pmatrix}$ und h: $\vec{x} = \begin{pmatrix} 6 \\ -1 \\ 0 \end{pmatrix} + r \cdot \begin{pmatrix} 0{,}5 \\ -0{,}75 \\ -0{,}5 \end{pmatrix}$

1. Schritt:
$\begin{pmatrix} -2 \\ 3 \\ 2 \end{pmatrix} = t \cdot \begin{pmatrix} \end{pmatrix}$ ist ___ lösbar, damit sind die beiden Richtungsvektoren ___ zueinander.

2. Schritt: Eine Nebenrechnung zeigt, dass die Vektorgleichung $\begin{pmatrix} 4 \\ 2 \\ -1 \end{pmatrix} = \begin{pmatrix} 6 \\ -1 \\ 0 \end{pmatrix} + r \cdot \begin{pmatrix} 0{,}5 \\ -0{,}75 \\ -0{,}5 \end{pmatrix}$ nicht lösbar ist, damit sind die beiden Geraden g und h ___ .

b) g: $\vec{x} = \begin{pmatrix} 0 \\ -2 \\ 3 \end{pmatrix} + r \cdot \begin{pmatrix} -2 \\ 1 \\ -1 \end{pmatrix}$ und h: $\vec{x} = \begin{pmatrix} -2 \\ 5 \\ 1 \end{pmatrix} + r \cdot \begin{pmatrix} 2 \\ 2 \\ 0 \end{pmatrix}$

1. Schritt:
$\begin{pmatrix} 2 \\ 2 \\ 0 \end{pmatrix} = t \cdot \begin{pmatrix} \end{pmatrix}$ ist ___ , damit sind die beiden Richtungsvektoren ___ zueinander.

2. Schritt: Eine Nebenrechnung zeigt, dass die Vektorgleichung $\begin{pmatrix} 0 \\ -2 \\ 3 \end{pmatrix} + r \cdot \begin{pmatrix} -2 \\ 1 \\ -1 \end{pmatrix} = \begin{pmatrix} -2 \\ 5 \\ 1 \end{pmatrix} + s \cdot \begin{pmatrix} 2 \\ 2 \\ 0 \end{pmatrix}$ nicht lösbar ist, damit sind die beiden Geraden g und h ___

Arbeitsblatt – Check-in
Ebenen
Lösung

Checkliste	Stichwörter zum Nachschlagen
1. Ich kann lineare Gleichungssysteme mit dem Gauß-Algorithmus lösen.	Lineares Gleichungssystem, Gauß-Verfahren, Gauß-Algorithmus
2. Ich kann an den Koordinaten erkennen, ob zwei Vektoren zueinander parallel sind.	parallele Vektoren, lineare (Un-)Abhängigkeit von zwei Vektoren, kollinear, Vielfache von Vektoren
3. Ich kann eine Parameterform einer Geraden bestimmen.	Parameterform der Geradengleichung, Parameterform einer Geraden, Stützvektor, Richtungsvektor
4. Ich kann die gegenseitige Lage von Geraden bestimmen.	gegenseitige Lage von Geraden, windschief, Schnittpunkt

Überprüfen Sie Ihre Einschätzungen anhand der entsprechenden Aufgaben:

1. Lösen Sie das Gleichungssystem mit dem Gauß-Algorithmus.

a)
(I) $x_1 + 2x_2 - 4x_3 = 18$
(II) $-3x_2 + x_3 = -4$
(III) $-2x_1 - x_3 = 0$

(I) $x_1 + 2x_2 - 4x_3 = 18$
(II) $-3x_2 + x_3 = -4$
(IIIa) = (III) + 2(I): $4x_2 - 9x_3 = 36$

(I) $x_1 + 2x_2 - 4x_3 = 18$
(II) $-3x_2 + x_3 = -4$
(IIIb) = 3(IIIa) + 4(II): $-23x_3 = 92$

Aus (IIIb) folgt: $x_3 = -4$
Aus (II) folgt: $-3x_2 - 4 = -4 \Rightarrow x_2 = 0$
Aus (I) folgt: $x_1 + 0 + 16 = 18 \Rightarrow x_1 = 2$
$L = \{(2;\,0;\,4)\}$

b)
(I) $x_1 + 2x_2 - x_3 = 4$
(II) $3x_1 + 2x_2 + x_3 = 8$
(III) $-x_1 + 2x_2 - 3x_3 = 0$

(I) $x_1 + 2x_2 - x_3 = 4$
(IIa) = (II) − 3(I): $-4x_2 + 4x_3 = -4$
(IIIa) = (III) + (I): $4x_2 - 4x_3 = 4$

(I) $x_1 + 2x_2 - x_3 = 4$
(IIb) = (IIa):(−4): $1x_2 - 1x_3 = 1$
(IIIb) = (IIIa) + (IIa): $0x_3 = 0$

Für die Variable x_3 setzt man den Parameter $t \in \mathbb{R}$ ein. Dann ergibt sich für die übrigen Variablen:
$x_2 = 1 + t$; $x_1 = 2 - t$
$L = \{(2-t;\,1+t;\,t) \mid t \in \mathbb{R}\}$

2. Welche der Vektoren sind zueinander parallel?
$\vec{a} = \begin{pmatrix}-2\\1\\1\end{pmatrix}$; $\vec{b} = \begin{pmatrix}-1\\0{,}5\\-0{,}5\end{pmatrix}$; $\vec{c} = \begin{pmatrix}6\\-3\\-3\end{pmatrix}$; $\vec{d} = \begin{pmatrix}-2\\1\\-1\end{pmatrix}$ und $\vec{e} = \begin{pmatrix}3\\-1{,}5\\1{,}5\end{pmatrix}$

$\vec{c} = \begin{pmatrix}6\\-3\\-3\end{pmatrix} = -3 \cdot \begin{pmatrix}-2\\1\\1\end{pmatrix} = -3 \cdot \vec{a}$; $\vec{d} = \begin{pmatrix}-2\\1\\-1\end{pmatrix} = 2 \cdot \begin{pmatrix}-1\\0{,}5\\-0{,}5\end{pmatrix} = 2 \cdot \vec{b}$; $\vec{e} = \begin{pmatrix}3\\-1{,}5\\1{,}5\end{pmatrix} = -3 \cdot \begin{pmatrix}-1\\0{,}5\\-0{,}5\end{pmatrix} = -3 \cdot \vec{b}$

Die beiden Vektoren $\vec{a}$ und $\vec{c}$ sind zueinander parallel; die drei Vektoren $\vec{b}$, $\vec{d}$ und $\vec{e}$ sind zueinander parallel.

3. Geben Sie zwei verschiedene Parametergleichungen der Geraden g an, die durch die Punkte A(−2|3|0) und B(1|6|−3) geht.

$\vec{x} = \begin{pmatrix}-2\\3\\0\end{pmatrix} + r \cdot \left[\begin{pmatrix}1\\6\\-3\end{pmatrix} - \begin{pmatrix}-2\\3\\0\end{pmatrix}\right] = \begin{pmatrix}-2\\3\\0\end{pmatrix} + r \cdot \begin{pmatrix}3\\3\\-3\end{pmatrix}$; $\vec{x} = \begin{pmatrix}1\\6\\-3\end{pmatrix} + r \cdot \left[\begin{pmatrix}-2\\3\\0\end{pmatrix} - \begin{pmatrix}1\\6\\-3\end{pmatrix}\right] = \begin{pmatrix}1\\6\\-3\end{pmatrix} + r \cdot \begin{pmatrix}-3\\-3\\3\end{pmatrix}$

4. Untersuchen Sie die gegenseitige Lage der Geraden g und h.

a) $g: \vec{x} = \begin{pmatrix}4\\2\\-1\end{pmatrix} + r \cdot \begin{pmatrix}-2\\3\\2\end{pmatrix}$ und $h: \vec{x} = \begin{pmatrix}6\\-1\\0\end{pmatrix} + r \cdot \begin{pmatrix}0{,}5\\-0{,}75\\-0{,}5\end{pmatrix}$

1. Schritt: $\begin{pmatrix}-2\\3\\2\end{pmatrix} = t \cdot \begin{pmatrix}0{,}5\\-0{,}75\\-0{,}5\end{pmatrix}$ ist eindeutig lösbar, damit sind die beiden Richtungsvektoren parallel zueinander.

2. Schritt: Eine Nebenrechnung zeigt, dass die Vektorgleichung $\begin{pmatrix}4\\2\\-1\end{pmatrix} = \begin{pmatrix}6\\-1\\0\end{pmatrix} + r \cdot \begin{pmatrix}0{,}5\\-0{,}75\\-0{,}5\end{pmatrix}$ nicht lösbar ist, damit sind die beiden Geraden g und h parallel.

b) $g: \vec{x} = \begin{pmatrix}0\\-2\\3\end{pmatrix} + r \cdot \begin{pmatrix}-2\\1\\-1\end{pmatrix}$ und $h: \vec{x} = \begin{pmatrix}-2\\5\\1\end{pmatrix} + r \cdot \begin{pmatrix}2\\2\\0\end{pmatrix}$

1. Schritt: $\begin{pmatrix}-2\\1\\-1\end{pmatrix} = t \cdot \begin{pmatrix}2\\2\\0\end{pmatrix}$ ist nicht lösbar, damit sind die beiden Richtungsvektoren nicht parallel zueinander.

2. Schritt: Eine Nebenrechnung zeigt, dass die Vektorgleichung $\begin{pmatrix}0\\-2\\3\end{pmatrix} + r \cdot \begin{pmatrix}-2\\1\\-1\end{pmatrix} = \begin{pmatrix}-2\\5\\1\end{pmatrix} + s \cdot \begin{pmatrix}2\\2\\0\end{pmatrix}$ nicht lösbar ist, damit sind die beiden Geraden g und h windschief.

Arbeitsplan
Ebenengleichung in Parameterform – Teil 1

Ziel	Mithilfe eines Punktes bzw. dessen Ortsvektors („Stützvektor") und eines Richtungsvektors kann man jeden Punkt einer Geraden darstellen (Parametergleichung der Geraden). Mit einer ähnlichen Idee kann man jeden Punkt einer Ebene im Raum beschreiben: Mit diesem Arbeitsplan können Sie die sogenannte **Parametergleichung** einer Ebene erarbeiten.
Vorkenntnisse	Ortsvektor, Vervielfachen und Addieren von Vektoren (Linearkombinationen), Parametergleichung einer Geraden
Material	evtl. CAS, Buch
Arbeitszeit	1 Unterrichtsstunde + häusliche Arbeit

Vorüberlegungen

1. Warum kann ein Tisch mit 4 Beinen wackeln, ein Tisch mit 3 Beinen nicht?

2. a) Wie kann man mithilfe einer Linearkombination der Vektoren $\vec{u}$ und $\vec{v}$ vom Punkt P zum Punkt A bzw. B, C, D kommen?

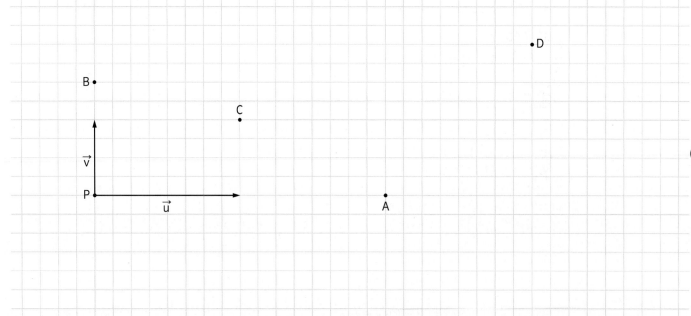

b) Beschreiben Sie den Ortsvektor $\vec{d}$ des Punktes D mithilfe des Ortsvektors $\vec{p}$ des Punktes P und einer Linearkombination der Vektoren $\vec{u}$ und $\vec{v}$.

Arbeitsplan
Ebenengleichung in Parameterform – Teil 2

Erarbeitung und Heftaufschrieb
Bearbeiten Sie im Buch die Lerneinheit, in der die Beschreibung einer Ebene mithilfe einer Parametergleichung hergeleitet wird.

Erstellen Sie einen übersichtlichen Heftaufschrieb. Er sollte eine Skizze und die Beschreibung der Parametergleichung einer Ebene (mit den zugehörigen Begriffen) enthalten. Notieren Sie je ein Beispiel (ein anderes als im Buch) zum Aufstellen der Gleichung und zum Durchführen einer Punktprobe.

Übungen

1. Eine der beiden Gleichungen beschreibt **keine** Ebene. Um welche handelt es sich? Begründen Sie Ihre Entscheidung.

$$A: \vec{x} = \begin{pmatrix} 1 \\ 0 \\ 3 \end{pmatrix} + s \cdot \begin{pmatrix} 2 \\ -4 \\ 6 \end{pmatrix} + t \cdot \begin{pmatrix} -3 \\ 6 \\ -9 \end{pmatrix}; \quad B: \vec{x} = \begin{pmatrix} 3 \\ 0 \\ 1 \end{pmatrix} + s \cdot \begin{pmatrix} 2 \\ -4 \\ 6 \end{pmatrix} + t \cdot \begin{pmatrix} 4 \\ -8 \\ 10 \end{pmatrix}$$

2. Bestimmen Sie eine Parametergleichung der Ebene E, die die Punkte A(3|−2|1), B(4|0|−1) und C(−2|1|4) enthält.

3. Überprüfen Sie, ob die Punkte P(4|6|−3) und Q(1|0|2) auf der Ebene E: $\vec{x} = \begin{pmatrix} 1 \\ 1 \\ 0 \end{pmatrix} + s \cdot \begin{pmatrix} 1 \\ 2 \\ -2 \end{pmatrix} + t \cdot \begin{pmatrix} 1 \\ 1 \\ 1 \end{pmatrix}$ liegen.

Arbeitsplan
Ebenengleichung in Parameterform — Lösung

Vorüberlegungen

1. Drei Enden der Beine eines Tisches liegen immer in einer Ebene. Ein dreibeiniger Tisch kann daher bei unterschiedlichen Längen der Beine zwar schräg stehen, aber niemals wackeln. Hat ein Tisch vier Beine, so stehen drei davon immer auf dem Fußboden, das vierte kann aber zu kurz sein, sodass der Tisch wackelt.

2. a)

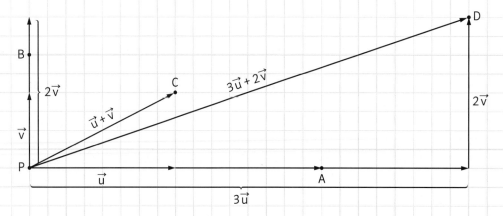

zu A führt der Vektor $2 \cdot \vec{u}$; zu B führt $1{,}5 \cdot \vec{v}$; zu C führt $\vec{u} + \vec{v}$; zu D führt $3 \cdot \vec{u} + 2 \cdot \vec{v}$ (siehe Zeichnung)

b) $\vec{d} = \vec{p} + 3\vec{u} + 2\vec{v}$

Übungen

1. A beschreibt keine Ebene, da die Vektoren $\begin{pmatrix} 2 \\ -4 \\ 6 \end{pmatrix}$ und $\begin{pmatrix} -3 \\ 6 \\ -9 \end{pmatrix}$ parallel (linear abhängig) sind: $\begin{pmatrix} -3 \\ 6 \\ -9 \end{pmatrix} = -1{,}5 \begin{pmatrix} 2 \\ -4 \\ 6 \end{pmatrix}$.

2. Einer der Ortsvektoren wird als Stützvektor gewählt (z.B. Ortsvektor zu A): Stützvektor $\begin{pmatrix} 3 \\ -2 \\ 1 \end{pmatrix}$

Spannvektoren: z.B. $\vec{AB} = \vec{b} - \vec{a} = \begin{pmatrix} 1 \\ 2 \\ -2 \end{pmatrix}$; $\vec{AC} = \vec{c} - \vec{a} = \begin{pmatrix} -5 \\ 3 \\ 3 \end{pmatrix}$

Koordinatengleichung von E: $\vec{x} = \begin{pmatrix} 3 \\ -2 \\ 1 \end{pmatrix} + s \cdot \begin{pmatrix} 1 \\ 2 \\ -2 \end{pmatrix} + t \cdot \begin{pmatrix} -5 \\ 3 \\ 3 \end{pmatrix}$

3. Punktprobe für P: $\begin{pmatrix} 1 \\ 1 \\ 0 \end{pmatrix} + s \cdot \begin{pmatrix} 1 \\ 2 \\ -2 \end{pmatrix} + t \cdot \begin{pmatrix} 1 \\ 1 \\ 1 \end{pmatrix} = \begin{pmatrix} 4 \\ 6 \\ -3 \end{pmatrix}$

$\Leftrightarrow s \cdot \begin{pmatrix} 1 \\ 2 \\ -2 \end{pmatrix} + t \cdot \begin{pmatrix} 1 \\ 1 \\ 1 \end{pmatrix} = \begin{pmatrix} 3 \\ 5 \\ -3 \end{pmatrix}$

Als LGS:
(I) $s + t = 3$
(II) $2s + t = 5$
(III) $-2s + t = -3$
(I) $s + t = 3$
(I)-(II) $-s = -2$
(I)-(III) $3s = 6$

Die beiden letzten Gleichungen ergeben $s = 2$ und damit $t = 1$.
Das LGS hat also genau eine Lösung;
d.h. der Punkt P liegt auf der Ebene E.

Punktprobe für Q: $\begin{pmatrix} 1 \\ 1 \\ 0 \end{pmatrix} + s \cdot \begin{pmatrix} 1 \\ 2 \\ -2 \end{pmatrix} + t \cdot \begin{pmatrix} 1 \\ 1 \\ 1 \end{pmatrix} = \begin{pmatrix} 1 \\ 0 \\ 2 \end{pmatrix}$

$\Leftrightarrow s \cdot \begin{pmatrix} 1 \\ 2 \\ -2 \end{pmatrix} + t \cdot \begin{pmatrix} 1 \\ 1 \\ 1 \end{pmatrix} = \begin{pmatrix} 0 \\ -1 \\ 2 \end{pmatrix}$

Als LGS:
(I) $s + t = 0$
(II) $2s + t = -1$
(III) $-2s + t = -2$
(I) $s + t = 0$
(I)-(II) $-s = 1$ $| \cdot (-1)$
(I)-(III) $3s = 2$ $| :3$
$s + t = 0$
$s = -1$
$s = \frac{2}{3}$

Widerspruch in den letzten beiden Zeilen;
d.h. Q liegt nicht auf der Ebene E.

Trainingsblatt
Koordinatengleichung einer Ebene aufstellen

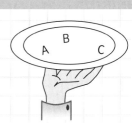

Ermitteln Sie eine Ebenengleichung in Koordinatenform, sodass die angegebenen Punkte in der Ebene liegen.

1. a) $A(1|2|5,5)$, $B(0|4|11)$, $C(2|1|2)$
   Ansatz: E: $ax_1 + bx_2 + cx_3 = d$
   Bestimmen Sie a, b, c und d so, dass die Punkte A, B und C die Gleichung erfüllen.
   Stellen Sie dazu mit den Koordinaten der Punkte ein LGS auf und lösen Sie es (gegebenenfalls mit einem CAS).
   (Hinweis: Ein Parameter kann frei gewählt werden, z.B. ein Wert ($\neq 0$) für d.)

   (I) $1 \cdot a +$ ▢ $\cdot b +$ ▢ $\cdot c = d$
   (II)
   (III)

   Ergebnis: Die Koordinatengleichung lautet: E: ▢ $x_1 +$ ▢ $x_2 +$ ▢ $x_3 =$ ▢

   b) $A(1|2|0)$, $B(0|4|1,5)$, $C(2|1|-1)$

   (I)
   (II)
   (III)

2. Bestimmen Sie eine Koordinatengleichung der Ebene E, die die sogenannten Spurpunkte A, B und C enthält.
   a) $A(1|0|0)$, $B(0|4|0)$, $C(0|0|2)$ b) allgemein: $A(x|0|0)$, $B(0|y|0)$, $C(0|0|z)$

   (I)   (I)
   (II)   (II)
   (III)   (III)

3. a) Vervollständigen Sie ohne Rechnung:
   Die Koordinatengleichung der Ebene E mit den Spurpunkten $S_1(3|0|0)$, $S_2(0|-2|0)$ und $S_3(0|0|5)$ lautet:

   b) Im Koordinatensystem ist eine Ebene dargestellt. Bestimmen Sie ihre Koordinatengleichung.

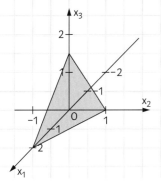

Trainingsblatt
Koordinatengleichung einer Ebene aufstellen — Lösung

Ermitteln Sie eine Ebenengleichung in Koordinatenform, sodass die angegebenen Punkte in der Ebene liegen.

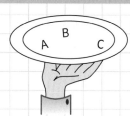

1. a) $A(1|2|5{,}5)$, $B(0|4|11)$, $C(2|1|2)$

Ansatz: $E: ax_1 + bx_2 + cx_3 = d$

Bestimmen Sie a, b, c und d so, dass die Punkte A, B und C die Gleichung erfüllen.
Stellen Sie dazu mit den Koordinaten der Punkte ein LGS auf und lösen Sie es (gegebenenfalls mit einem CAS).
(Hinweis: Ein Parameter kann frei gewählt werden, z.B. ein Wert ($\ne 0$) für d.)

(I)	$1 \cdot a$	$+$	$2 \cdot b$	$+$	$5{,}5 \cdot c$	$=$	d		
(II)	$0 \cdot a$	$+$	$4 \cdot b$	$+$	$11 \cdot c$	$=$	d		
(III)	$2 \cdot a$	$+$	$1 \cdot b$	$+$	$2 \cdot c$	$=$	d		

in Matrixschreibweise:
$$\begin{pmatrix} 1 & 2 & 5{,}5 & 1 \\ 0 & 4 & 11 & 1 \\ 2 & 1 & 2 & 1 \end{pmatrix}$$

Lösung:
$$\begin{pmatrix} 1 & 0 & 0 & \frac{1}{2} \\ 0 & 1 & 0 & -\frac{2}{3} \\ 0 & 0 & 1 & \frac{1}{3} \end{pmatrix}$$

Wählt man $d = 6$, so folgt $a = 3$; $b = -4$; $c = 2$.

Ergebnis: Die Koordinatengleichung lautet: $E: 3x_1 + (-4)x_2 + 2x_3 = 6$

b) $A(1|2|0)$, $B(0|4|1{,}5)$, $C(2|1|-1)$

(I)	$1 \cdot a$	$+$	$2 \cdot b$	$+$	$0 \cdot c$	$=$	d
(II)	$0 \cdot a$	$+$	$4 \cdot b$	$+$	$1{,}5 \cdot c$	$=$	d
(III)	$2 \cdot a$	$+$	$1 \cdot b$	$-$	$1 \cdot c$	$=$	d

in Matrixschreibweise:
$$\begin{pmatrix} 1 & 2 & 0 & 1 \\ 0 & 4 & 1{,}5 & 1 \\ 2 & 1 & -1 & 1 \end{pmatrix}$$

Lösung:
$$\begin{pmatrix} 1 & 0 & 0 & -1 \\ 0 & 1 & 0 & 1 \\ 0 & 0 & 1 & -2 \end{pmatrix}$$

Wählt man $d = 1$, so lautet die Koordinatengleichung: $E: -x_1 + x_2 - 2x_3 = 1$

2. Bestimmen Sie eine Koordinatengleichung der Ebene E, die die sogenannten Spurpunkte A, B und C enthält.

a) $A(1|0|0)$, $B(0|4|0)$, $C(0|0|2)$

(I)	$1 \cdot a$	$+$	$0 \cdot b$	$+$	$0 \cdot c$	$=$	d
(II)	$0 \cdot a$	$+$	$4 \cdot b$	$+$	$0 \cdot c$	$=$	d
(III)	$0 \cdot a$	$+$	$0 \cdot b$	$+$	$2 \cdot c$	$=$	d

Wählt man $d = 1$, so folgt: $a = 1$; $b = \frac{1}{4}$; $c = \frac{1}{2}$.

Ergebnis: $E: x_1 + 0{,}25 x_2 + 0{,}5 x_3 = 1$

(oder z.B.: $E: 4x_1 + x_2 + 2x_3 = 4$)

b) allgemein: $A(x|0|0)$, $B(0|y|0)$, $C(0|0|z)$

(I)	$x \cdot a$	$+$	$0 \cdot b$	$+$	$0 \cdot c$	$=$	d
(II)	$0 \cdot a$	$+$	$y \cdot b$	$+$	$0 \cdot c$	$=$	d
(III)	$0 \cdot a$	$+$	$0 \cdot b$	$+$	$z \cdot c$	$=$	d

Mit $d = 1$ gilt: $a = \frac{1}{x}$; $b = \frac{1}{y}$; $c = \frac{1}{z}$.

Ergebnis: $E: \frac{1}{x} x_1 + \frac{1}{y} x_2 + \frac{1}{z} x_3 = 1$

3. a) Vervollständigen Sie ohne Rechnung:

Die Koordinatengleichung der Ebene E mit den Spurpunkten $S_1(3|0|0)$, $S_2(0|-2|0)$ und $S_3(0|0|5)$ lautet:

$E: \frac{1}{3} x_1 - \frac{1}{2} x_2 + \frac{1}{5} x_3 = 1$ (oder z.B.: $E: 10 x_1 - 15 x_2 + 6 x_3 = 30$)

b) Im Koordinatensystem ist eine Ebene dargestellt. Bestimmen Sie ihre Koordinatengleichung.

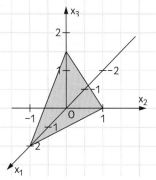

Die Spurpunkte sind $A(2|0|0)$, $B(0|1|0)$, $C(0|0|1{,}5)$.

Die Ebenengleichung lautet: $E: \frac{1}{2} x_1 - 1 x_2 + \frac{2}{3} x_3 = 1$

(oder z.B.: $E: 3x_1 + 6x_2 + 4x_3 = 6$)

Arbeitsblatt
Ebenen im Koordinatensystem

1. Lehrerin Riesch erfindet eine Aufgabe: „Ein Skifahrer fährt einen Schneehang hinunter. Der Hang kann durch folgende Gleichung beschrieben werden: …" Sie fragt sich, ob sie alle der folgenden Gleichungen verwenden kann.

   E: $2x_1 + x_2 + 2x_3 = 4$;   F: $2x_1 + x_2 = 4$;   G: $x_2 + 2x_3 = 4$;   H: $2x_1 + x_3 = 4$

   Um eine Ebene zu zeichnen, braucht man einen geeigneten Ausschnitt bzw. Punkte oder Geraden der Ebene.

   Definition: Man bezeichnet die Schnittpunkte einer Ebene mit den Koordinatenachsen als **Spurpunkte** und die Schnittgeraden mit den Koordinatenebenen als **Spurgeraden**.

   Hinweis: Gibt es mehrere Spurpunkte, so legen deren Verbindungsgeraden bereits Spurgeraden fest.

   a) Geben Sie zu allen vier Ebenen die Koordinaten der Spurpunkte, soweit diese existieren, an und zeichnen Sie diese ein. Notieren Sie gegebenenfalls, ob bei den Ebenen eine Koordinate frei wählbar ist.
   Überlegen Sie dann, wie die Spurgeraden laufen, und zeichnen Sie diese ein.
   Schraffieren Sie einen geeigneten Ausschnitt der Ebene, sodass deren Lage gut erkennbar ist.

   E: $S_1(\ |\ |\ )$,   F: $S_1(\ |\ |\ )$,   G: $S_1(\ |\ |\ )$,   H: $S_1(\ |\ |\ )$,

   $S_2(\ |\ |\ )$, $S_2(\ |\ |\ )$, $S_2(\ |\ |\ )$, $S_2(\ |\ |\ )$,

   $S_3(\ |\ |\ )$ $S_3(\ |\ |\ )$ $S_3(\ |\ |\ )$ $S_3(\ |\ |\ )$

   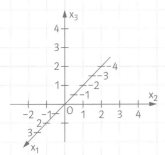 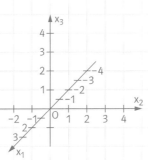 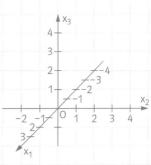 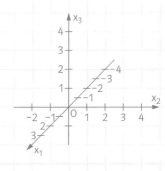

   b) Welche Ebene eignet sich nun nicht zur Beschreibung eines Skihangs?
   Wie kann man das an der Gleichung erkennen?

2. Zeichnen Sie Spurpunkte und Spurgeraden der Ebenen K: $6x_1 + 2x_2 - 3x_3 = 6$;   L: $x_2 = 2$ und   M: $x_3 = -1$ in die Koordinatensysteme ein. Schraffieren Sie einen geeigneten Ausschnitt der Ebene, sodass deren Lage gut erkennbar ist.

   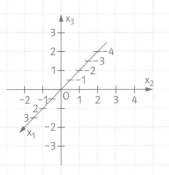 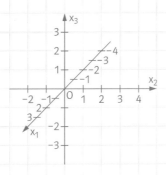 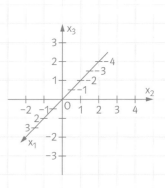

Arbeitsblatt
Ebenen im Koordinatensystem — Lösung

1. Lehrerin Riesch erfindet eine Aufgabe: „Ein Skifahrer fährt einen Schneehang hinunter. Der Hang kann durch folgende Gleichung beschrieben werden: …" Sie fragt sich, ob sie alle der folgenden Gleichungen verwenden kann.

   E: $2x_1 + x_2 + 2x_3 = 4$;   F: $2x_1 + x_2 = 4$;   G: $x_2 + 2x_3 = 4$;   H: $2x_1 + x_3 = 4$

   Um eine Ebene zu zeichnen, braucht man einen geeigneten Ausschnitt bzw. Punkte oder Geraden der Ebene.

   Definition: Man bezeichnet die Schnittpunkte einer Ebene mit den Koordinatenachsen als **Spurpunkte** und die Schnittgeraden mit den Koordinatenebenen als **Spurgeraden**.

   Hinweis: Gibt es mehrere Spurpunkte, so legen deren Verbindungsgeraden bereits Spurgeraden fest.

   a) Geben Sie zu allen vier Ebenen die Koordinaten der Spurpunkte, soweit diese existieren, an und zeichnen Sie diese ein. Notieren Sie gegebenenfalls, ob bei den Ebenen eine Koordinate frei wählbar ist.
   Überlegen Sie dann, wie die Spurgeraden laufen, und zeichnen Sie diese ein.
   Schraffieren Sie einen geeigneten Ausschnitt der Ebene, sodass deren Lage gut erkennbar ist.

   E: $S_1(\,2\,|\,0\,|\,0\,)$,   F: $S_1(\,2\,|\,0\,|\,0\,)$,   G: $S_1(\,\ \ |\,\ \ |\,\ \ )$,   H: $S_1(\,2\,|\,0\,|\,0\,)$,

   $S_2(\,0\,|\,4\,|\,0\,)$, $S_2(\,0\,|\,4\,|\,0\,)$, $S_2(\,0\,|\,4\,|\,0\,)$, $S_2(\,\ \ |\,\ \ |\,\ \ )$,

   $S_3(\,0\,|\,0\,|\,2\,)$ $S_3(\,\ \ |\,\ \ |\,\ \ )$ $S_3(\,0\,|\,0\,|\,2\,)$ $S_3(\,0\,|\,0\,|\,2\,)$

                                    Die x_3-Koordinate   Die x_1-Koordinate   Die x_2-Koordinate
                                    ist frei wählbar.   ist frei wählbar.   ist frei wählbar.

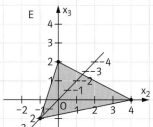
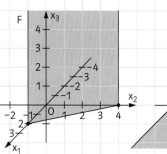
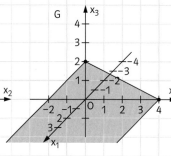
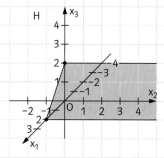

   b) Welche Ebene eignet sich nun nicht zur Beschreibung eines Skihangs?
   Wie kann man das an der Gleichung erkennen?

   Die Ebene F ist nicht geeignet.
   Wegen F: $2x_1 + x_2 + 0 \cdot x_3 = 4$, ist die Ebene F zur x_3-Achse parallel.

2. Zeichnen Sie Spurpunkte und Spurgeraden der Ebenen K: $6x_1 + 2x_2 - 3x_3 = 6$; L: $x_2 = 2$ und M: $x_3 = -1$ in die Koordinatensysteme ein. Schraffieren Sie einen geeigneten Ausschnitt der Ebene, sodass deren Lage gut erkennbar ist.

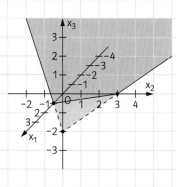
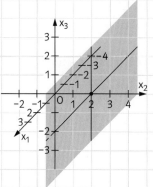
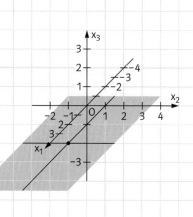

Trainingsblatt
Ebenen in Koordinatenform mit besonderer Lage

1. Woran erkennen Sie an der Koordinatengleichung, ob eine Ebene E zur x_2-Achse (x_1-Achse, x_3-Achse) parallel ist?

2. Beschriften Sie jede Abbildung mit dem Buchstaben der richtigen Ebene.

$E: x_1 + 2x_2 = 3$ $F: 0{,}5x_2 - 2x_3 = -1$ $G: -x_1 + x_3 = 3$ $H: x_1 = 3$ $I: x_2 = -2$ $K: x_1 + x_2 + x_3 = 0$

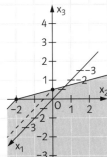 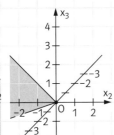 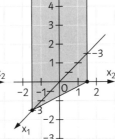 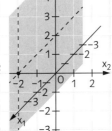 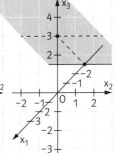 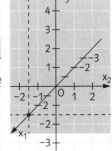

3. Gegeben sind die Gleichungen von vier Ebenen. $E: -x_1 + 3x_2 = 0$; $F: x_1 - 4x_3 = -2$; $G: x_3 = 0$; $H: x_2 = 2$

a) Geben Sie an, zu welcher Koordinatenachse oder -ebene die Ebenen parallel sind.

Die Ebene	E	F	G	H
ist parallel zur				

b) Welche Ebenen enthalten den Ursprung? Woran erkennt man das?

c) Veranschaulichen Sie die Ebene H im nebenstehenden Koordinatensystem.

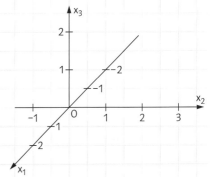

4. Geben Sie die Gleichungen der Ebenen an, in denen die Seitenflächen des abgebildeten Würfels liegen.

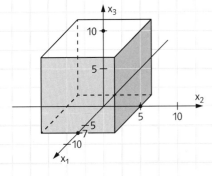

$E_{(oben)}$: $E_{(links)}$:

$E_{(unten)}$: $E_{(vorne)}$:

$E_{(rechts)}$: $E_{(hinten)}$:

5. Geben Sie jeweils eine Ebenengleichung an.

a) Die Ebene ist zur x_1x_2-Ebene parallel und hat von ihr den Abstand 4 in x_3-Richtung.

b) Die Ebene ist zur x_1-Achse parallel und hat die Spurpunkte $S_2(0|1|0)$ und $S_3(0|0|1)$.

c) Die Ebene ist parallel zur x_3-Achse, geht durch den Ursprung und enthält den Punkt $P(1|1|0)$.

Trainingsblatt
Ebenen in Koordinatenform mit besonderer Lage
Lösung

1. Woran erkennen Sie an der Koordinatengleichung, ob eine Ebene E zur x_2-Achse (x_1-Achse, x_3-Achse) parallel ist?
   Die x_2-Koordinate (bzw. x_1-, x_3-Koordinate) taucht in der Ebenengleichung nicht auf.
   Das bedeutet, die Koordinatengleichung lautet dann E: $a \cdot x_1 + c \cdot x_3 = d$ (bzw. E: $b \cdot x_2 + c \cdot x_3 = d$, E: $a \cdot x_1 + b \cdot x_2 = d$)

2. Beschriften Sie jede Abbildung mit dem Buchstaben der richtigen Ebene.

   E: $x_1 + 2x_2 = 3$ F: $0,5x_2 - 2x_3 = -1$ G: $-x_1 + x_3 = 3$ H: $x_1 = 3$ I: $x_2 = -2$ K: $x_1 + x_2 + x_3 = 0$

   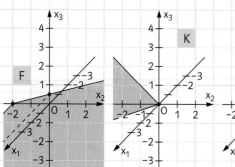
   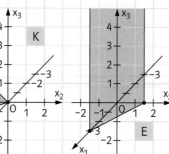
   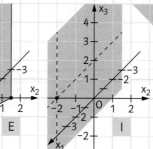
   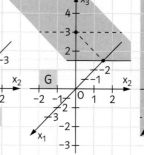
   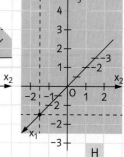

3. Gegeben sind die Gleichungen von vier Ebenen. E: $-x_1 + 3x_2 = 0$; F: $x_1 - 4x_3 = -2$; G: $x_3 = 0$; H: $x_2 = 2$

   a) Geben Sie an, zu welcher Koordinatenachse oder -ebene die Ebenen parallel sind.

Die Ebene ist parallel zur	E	F	G	H
	x_3-Achse	x_2-Achse	x_1x_2-Ebene	x_1x_3-Ebene

   b) Welche Ebenen enthalten den Ursprung? Woran erkennt man das?
   Die Ebenen E und G enthalten den Ursprung.
   Bei solchen Ebenen lautet die Koordinatengleichung $a \cdot x_1 + b \cdot x_2 + c \cdot x_3 = 0$,
   denn $0 \cdot x_1 + 0 \cdot x_2 + 0 \cdot x_3 = 0$.

   c) Veranschaulichen Sie die Ebene H im nebenstehenden Koordinatensystem.

4. Geben Sie die Gleichungen der Ebenen an, in denen die Seitenflächen des abgebildeten Würfels liegen.

   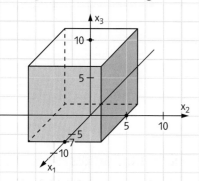

   $E_{(oben)}$: $x_3 = 10$ $E_{(links)}$: $x_2 = -5$
   $E_{(unten)}$: $x_3 = 0$ $E_{(vorne)}$: $x_1 = 7$
   $E_{(rechts)}$: $x_2 = 5$ $E_{(hinten)}$: $x_1 = -3$

5. Geben Sie jeweils eine Ebenengleichung an.

   a) Die Ebene ist zur x_1x_2-Ebene parallel und hat von ihr den Abstand 4 in x_3-Richtung.   E: $x_3 = 4$ oder $x_3 = -4$

   b) Die Ebene ist zur x_1-Achse parallel und hat die Spurpunkte $S_2(0|1|0)$ und $S_3(0|0|1)$.   E: $x_2 + x_3 = 1$

   c) Die Ebene ist parallel zur x_3-Achse, geht durch den Ursprung und enthält den Punkt $P(1|1|0)$.   E: $x_1 - x_2 = 0$

Spiel
Ebenenquartett – Teil 1

E enthält die Geraden

$$g: \vec{x} = \begin{pmatrix} 0 \\ -4 \\ 2 \end{pmatrix} + r \cdot \begin{pmatrix} 4 \\ 4 \\ 0 \end{pmatrix}$$

und

$$h: \vec{x} = \begin{pmatrix} 0 \\ -8 \\ 0 \end{pmatrix} + r \cdot \begin{pmatrix} 8 \\ 8 \\ 0 \end{pmatrix}.$$

E enthält die Gerade

$$g: \vec{x} = \begin{pmatrix} 0 \\ -4 \\ 2 \end{pmatrix} + r \cdot \begin{pmatrix} 4 \\ 4 \\ 0 \end{pmatrix}$$

und den Punkt P(4|0|0).

E steht auf

$$g: \vec{x} = \begin{pmatrix} 0 \\ -4 \\ 2 \end{pmatrix} + r \cdot \begin{pmatrix} 4 \\ 4 \\ 0 \end{pmatrix}$$ senkrecht

und

enthält den Punkt P(4|0|0).

E enthält die Gerade

$$g: \vec{x} = \begin{pmatrix} 4 \\ 0 \\ 2 \end{pmatrix} + r \cdot \begin{pmatrix} -4 \\ 0 \\ 2 \end{pmatrix}$$

und ist parallel zur x_2-Achse.

E ist parallel zu

F: $x_1 - x_2 + 2x_3 - 8 = 0$

und

enthält den Koordinatenursprung.

E ist parallel zur x_1x_3-Ebene

und

enthält den Punkt A(0|−4|0).

E ist die x_1x_3-Ebene.

E enthält die Punkte

A(4|0|0), B(0|−4|0) und C(0|0|2).

Spiel
Ebenenquartett – Teil 2

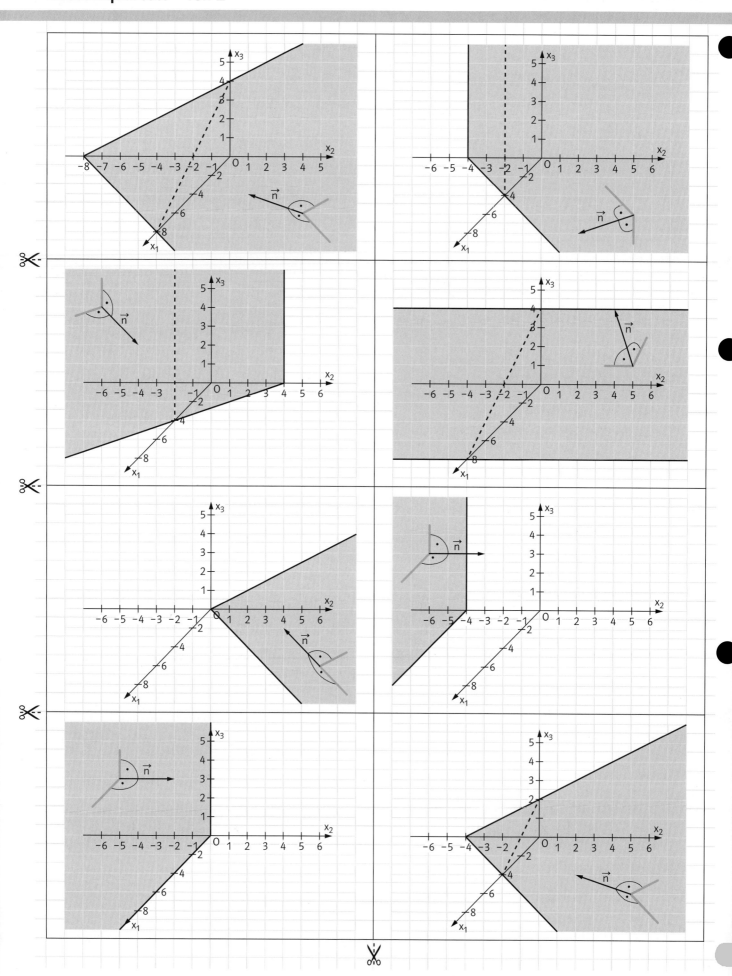

Spiel
Ebenenquartett – Teil 3

E: $x_1 - x_2 + 2x_3 - 8 = 0$

E: $-x_1 + x_2 + 4 = 0$

E: $x_1 + x_2 - 4 = 0$

E: $x_1 + 2x_3 - 8 = 0$

E: $x_1 - x_2 + 2x_3 = 0$

E: $x_2 = -4$

E: $x_2 = 0$

E: $x_1 - x_2 + 2x_3 - 4 = 0$

Spiel
Ebenenquartett – Teil 4

$E: \vec{x} = \begin{pmatrix} 0 \\ -4 \\ 2 \end{pmatrix} + r \cdot \begin{pmatrix} 4 \\ 4 \\ 0 \end{pmatrix} + s \cdot \begin{pmatrix} 0 \\ 4 \\ 2 \end{pmatrix}$

$E: \vec{x} = \begin{pmatrix} 0 \\ -4 \\ 2 \end{pmatrix} + r \cdot \begin{pmatrix} 4 \\ 4 \\ 0 \end{pmatrix} + s \cdot \begin{pmatrix} 4 \\ 4 \\ -2 \end{pmatrix}$

$E: \vec{x} = \begin{pmatrix} 4 \\ 0 \\ 0 \end{pmatrix} + r \cdot \begin{pmatrix} -4 \\ 4 \\ 0 \end{pmatrix} + s \cdot \begin{pmatrix} 0 \\ 0 \\ 1 \end{pmatrix}$

$E: \vec{x} = \begin{pmatrix} 4 \\ 0 \\ 2 \end{pmatrix} + r \cdot \begin{pmatrix} -4 \\ 0 \\ 2 \end{pmatrix} + s \cdot \begin{pmatrix} 0 \\ 1 \\ 0 \end{pmatrix}$

$E: \vec{x} = \begin{pmatrix} 0 \\ 0 \\ 0 \end{pmatrix} + r \cdot \begin{pmatrix} 4 \\ 4 \\ 0 \end{pmatrix} + s \cdot \begin{pmatrix} 0 \\ 4 \\ 2 \end{pmatrix}$

$E: \vec{x} = \begin{pmatrix} 0 \\ -4 \\ 0 \end{pmatrix} + r \cdot \begin{pmatrix} 4 \\ 0 \\ 0 \end{pmatrix} + s \cdot \begin{pmatrix} 0 \\ 0 \\ -4 \end{pmatrix}$

$E: \vec{x} = \begin{pmatrix} 0 \\ 0 \\ 0 \end{pmatrix} + r \cdot \begin{pmatrix} 1 \\ 0 \\ 0 \end{pmatrix} + s \cdot \begin{pmatrix} 0 \\ 0 \\ 1 \end{pmatrix}$

$E: \vec{x} = \begin{pmatrix} 4 \\ 0 \\ 0 \end{pmatrix} + r \cdot \begin{pmatrix} 4 \\ 4 \\ 0 \end{pmatrix} + s \cdot \begin{pmatrix} 4 \\ 0 \\ -2 \end{pmatrix}$

S 208

Spiel
Ebenenquartett – Kartenrückseiten als Kontrollmöglichkeit

Diese Kartenrückseiten können (müssen aber nicht) auf die Kartenrückseite zur Lösungskontrolle kopiert werden.

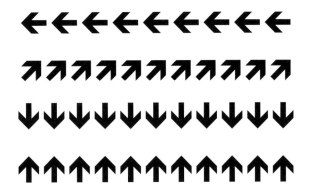

Arbeitsblatt – Check-out
Ebenen

1. a) Gegeben sind die Punkte A(-1|2|1,5), B(0|4|2,5) und C(2|-1|0,5).
Bestimmen Sie eine Koordinatengleichung der Ebene E. Prüfen Sie, ob der Punkt P(1|2|1) in E liegt.

b) Die Ebene F geht durch die Punkte D(0|5|2), E(1|2|2) und H(-1|-4|2). Geben Sie eine Koordinatengleichung von F an und beschreiben Sie die Lage von F in Worten.

c) Gegeben ist die Ebene E: $-x_1 + 5x_2 - 2x_3 = 10$. Geben Sie die Spurpunkte und Gleichungen der Spurgeraden an.

2. Gegeben ist die Ebene
E: $x_1 + 4x_2 - 9x_3 = -6,5$.

Geben Sie (ohne Rechnung) für jede der nebenstehenden Ebenengleichungen an, ob die zugehörige Ebene parallel zu E ist, identisch mit ihr ist oder diese schneidet.

$-2x_1 - 8x_2 + 18x_3 = 13$

$x_1 + 4x_2 - 8x_3 = -6,5$

$\left[\vec{x} - \begin{pmatrix} 0 \\ 4 \\ 1,5 \end{pmatrix}\right] \cdot \begin{pmatrix} 1 \\ 4 \\ -9 \end{pmatrix} = 0$

$x_1 + 4x_2 - 9x_3 = 13$

$\vec{x} = \begin{pmatrix} -6,5 \\ 0 \\ 0 \end{pmatrix} + s \cdot \begin{pmatrix} 9 \\ 0 \\ 1 \end{pmatrix} + t \cdot \begin{pmatrix} 1 \\ 0 \\ 0 \end{pmatrix}$

3. Gegeben sind die Ebenen E: $x_1 - 3x_2 + 4x_3 = -7$ und F: $2x_1 - 5x_2 + x_3 = 2$ sowie die Gerade g: $\vec{x} = \begin{pmatrix} -1 \\ 2 \\ 0 \end{pmatrix} + t \cdot \begin{pmatrix} 1 \\ -2 \\ 2 \end{pmatrix}$.

a) Bestimmen Sie die gegenseitige Lage von E und F. Geben Sie gegebenenfalls die Gleichung der Schnittgeraden an.

b) Bestimmen Sie die gegenseitige Lage von F und g. Geben Sie gegebenenfalls die Koordinaten des Schnittpunktes an.

4. Gegeben sind die Ebene E: $2x_1 - 5x_2 + x_3 = 2$ sowie die Gerade g: $\vec{x} = \vec{p} + t \cdot \vec{u}$. Vervollständigen Sie die Tabelle.

Bedingung	$\vec{p} = \begin{pmatrix} 1 \\ 0 \\ 0 \end{pmatrix}$; $\vec{u} = \begin{pmatrix} 1 \\ 0 \\ -2 \end{pmatrix}$		$\vec{u} = \begin{pmatrix} -4 \\ 10 \\ -2 \end{pmatrix}$	
gegenseitige Lage			g ist parallel zu E oder liegt in E	g ist parallel zu E

S210

Arbeitsblatt – Check-out
Ebenen
Lösung

1. a) Gegeben sind die Punkte A(−1|2|1,5), B(0|4|2,5) und C(2|−1|0,5).
Bestimmen Sie eine Koordinatengleichung der Ebene E. Prüfen Sie, ob der Punkt P(1|2|1) in E liegt.

Ansatz:	(I)	$-a + 2b + 1{,}5c = d$	(I)	$-a + 2b + 1{,}5c = d$	(I)	$-a + 2b + 1{,}5c = d$
	(II)	$4b + 2{,}5c = d$	(II)	$4b + 2{,}5c = d$	(II)	$4b + 2{,}5c = d$
	(III)	$2a - b + 0{,}5c = d$	(IIIa)	$3b + 3{,}5c = 3d$	(IIIb)	$6{,}5c = 9d$

Wählt man z. B. $d = 6{,}5$, dann ist $a = -1$; $b = -4$ und $c = 9$.
Damit lautet eine Koordinatengleichung E: $-x_1 - 4x_2 + 9x_3 = 6{,}5$
Einsetzen von P(1|2|1) in die Koordinatengleichung von E: $-1 \cdot 1 - 4 \cdot 2 + 9 \cdot 1 = 0 \neq 6{,}5$; also liegt P nicht in E.

b) Die Ebene F geht durch die Punkte D(0|5|2), E(1|2|2) und H(−1|−4|2). Geben Sie eine Koordinatengleichung von F an und beschreiben Sie die Lage von F in Worten.
Die Ebene F liegt parallel zur x_1x_2-Ebene und geht durch den Punkt P(0|0|2).   F: $x_3 = 2$

c) Gegeben ist die Ebene E: $-x_1 + 5x_2 - 2x_3 = 10$. Geben Sie die Spurpunkte und Gleichungen der Spurgeraden an.
$x_2 = x_3 = 0 \Rightarrow x_1 = -10$, also $S_1(-10|0|0)$, analog $S_2(0|2|0)$, $S_3(0|0|-5)$

$\overrightarrow{S_1S_2} = \begin{pmatrix}0-(-10)\\2-0\\0-0\end{pmatrix} = \begin{pmatrix}10\\2\\0\end{pmatrix} \Rightarrow s_{12}: \vec{x} = \begin{pmatrix}-10\\0\\0\end{pmatrix} + s \cdot \begin{pmatrix}10\\2\\0\end{pmatrix}$; $s_{13}: \vec{x} = \begin{pmatrix}-10\\0\\0\end{pmatrix} + s \cdot \begin{pmatrix}10\\0\\-5\end{pmatrix}$; $s_{23}: \vec{x} = \begin{pmatrix}0\\2\\0\end{pmatrix} + s \cdot \begin{pmatrix}0\\-2\\-5\end{pmatrix}$

2. Gegeben ist die Ebene
E: $x_1 + 4x_2 - 9x_3 = -6{,}5$.

Geben Sie (ohne Rechnung) für jede der nebenstehenden Ebenengleichungen an, ob die zugehörige Ebene parallel zu E ist, identisch mit ihr ist oder diese schneidet.

$-2x_1 - 8x_2 + 18x_3 = 13$	identisch mit E
$x_1 + 4x_2 - 8x_3 = -6{,}5$	schneidet E
$\left[\vec{x} - \begin{pmatrix}0\\4\\1{,}5\end{pmatrix}\right] \cdot \begin{pmatrix}1\\4\\-9\end{pmatrix} = 0$	parallel zu E
$x_1 + 4x_2 - 9x_3 = 13$	parallel zu E
$\vec{x} = \begin{pmatrix}-6{,}5\\0\\0\end{pmatrix} + s \cdot \begin{pmatrix}9\\0\\1\end{pmatrix} + t \cdot \begin{pmatrix}1\\0\\0\end{pmatrix}$	schneidet E

3. Gegeben sind die Ebenen E: $x_1 - 3x_2 + 4x_3 = -7$ und F: $2x_1 - 5x_2 + x_3 = 2$ sowie die Gerade g: $\vec{x} = \begin{pmatrix}-1\\2\\0\end{pmatrix} + t \cdot \begin{pmatrix}1\\-2\\2\end{pmatrix}$.

a) Bestimmen Sie die gegenseitige Lage von E und F. Geben Sie gegebenenfalls die Gleichung der Schnittgeraden an.

Ansatz:	(I) $x_1 - 3x_2 + 4x_3 = -7$	(I) $x_1 - 3x_2 + 4x_3 = -7$	Wählt man $x_3 = t$,
	(II) $2x_1 - 5x_2 + x_3 = 2$	(IIa) $x_2 - 7x_3 = 16$	dann ist $x_2 = 16 + 7t$; $x_1 = 41 + 17t$

E und F schneiden sich und die Schnittgerade g hat die Gleichung g: $\vec{x} = \begin{pmatrix}41\\16\\0\end{pmatrix} + t \cdot \begin{pmatrix}17\\7\\1\end{pmatrix}$.

b) Bestimmen Sie die gegenseitige Lage von F und g. Geben Sie gegebenenfalls die Koordinaten des Schnittpunktes an.
Einsetzen der Koordinaten des Ortsvektors von g in Gleichung von F:
$2 \cdot (-1 + t) - 5 \cdot (2 - 2t) + 2t = 2$
$\Rightarrow 14t = 14$
$\Rightarrow t = 1$
g schneidet F; Koordinaten des Schnittpunktes S(−1+1 | 2−2 | 0+2) = S(0|0|2)

4. Gegeben sind die Ebene E: $2x_1 - 5x_2 + x_3 = 2$ sowie die Gerade g: $\vec{x} = \vec{p} + t \cdot \vec{u}$. Vervollständigen Sie die Tabelle.

Bedingung	$\vec{p} = \begin{pmatrix}1\\0\\0\end{pmatrix}$; $\vec{u} = \begin{pmatrix}1\\0\\-2\end{pmatrix}$	$\vec{u} = \begin{pmatrix}-4\\10\\-2\end{pmatrix}$	$\vec{u} \cdot \begin{pmatrix}2\\-5\\1\end{pmatrix} = 0$	$\vec{u} \cdot \begin{pmatrix}2\\-5\\1\end{pmatrix} = 0$ und $2p_1 - 5p_2 + p_3 \neq 2$
gegenseitige Lage	g liegt in E	g schneidet E orthogonal	g ist parallel zu E oder liegt in E	g ist parallel zu E

Arbeitsblatt – Check-in
Geometrische Probleme lösen

Checkliste	Das kann ich gut.	Ich bin noch unsicher.	Das kann ich nicht mehr.
1. Ich kann den Abstand zweier Punkte sowie den Betrag eines Vektors bestimmen.	☐	☐	☐
2. Ich kann für eine Ebene, von der ein Punkt und ein Normalenvektor bekannt sind, eine Normalen- und eine Koordinatengleichung aufstellen.	☐	☐	☐
3. Ich kann einen Term quadratisch ergänzen und quadratische Gleichungen lösen.	☐	☐	☐
4. Ich kann den Schnittpunkt einer Geraden mit einer Ebene berechnen.	☐	☐	☐

Überprüfen Sie Ihre Einschätzungen anhand der entsprechenden Aufgaben:

1. Bestimmen Sie den Abstand der Punkte A und B bzw. den Betrag des Vektors $\vec{a}$.

a) $A(4|3|2)$, $B(1|1|8)$
$\overline{AB} = \sqrt{(\quad)^2 + (\quad)^2 + (\quad)^2}$
$= \sqrt{\quad} = \quad$

b) $A(3|0|4)$, $B(2|6|1)$
$\overline{AB} = \quad$
$= \quad \approx \quad$

c) $\vec{a} = \begin{pmatrix} 4 \\ 0 \\ 3 \end{pmatrix}$; $|\vec{a}| = \sqrt{\quad^2 + \quad^2 + \quad^2}$
$= \sqrt{\quad} = \quad$

d) $\vec{a} = \begin{pmatrix} 0 \\ 1 \\ 2 \end{pmatrix}$; $|\vec{a}| = \quad$
$= \quad = \quad$

2. Eine Ebene E durch den Punkt $P(-2|-1|5)$ hat den Normalenvektor $\vec{n} = \begin{pmatrix} 3 \\ 0 \\ -5 \end{pmatrix}$. Geben Sie eine Normalengleichung und eine Koordinatengleichung von E an.

Normalengleichung: $\left[\vec{x} - \begin{pmatrix} \quad \end{pmatrix}\right] \cdot \begin{pmatrix} \quad \end{pmatrix} = 0$

Koordinatengleichung (Ansatz): $\quad x_1 + \quad x_3 = d$
Einsetzen von P: $\quad \cdot (-2) \quad \cdot 5 = d = \quad$
Koordinatengleichung: $\quad x_1 \quad x_3 = \quad$

3. Addiert man 3^2 auf beiden Seiten der Gleichung $x^2 + 6x = 16$, so kann die linke Seite $x^2 + 6x + 3^2$ umgeformt werden zu $(x+3)^2$, und die Gleichung $(x+3)^2 = 16 + 3^2 = 25$ wird leicht lösbar: $x + \quad = \pm\sqrt{25} = \pm 5 \Rightarrow x_1 = \quad$; $x_2 = \quad$.

Nutzen Sie dieses Verfahren der quadratischen Ergänzung zum Lösen von

a) $x^2 - 4x = 5$;
$(x - \quad)^2 = \quad^2 + 5$
$x - \quad = \pm\sqrt{\quad^2 + 5}$ | Wurzelziehen
$x = 2 \pm \sqrt{\quad^2 + 5} = \quad \pm \quad$ | addieren
$\Rightarrow x_1 = \quad$; $x_2 = \quad$

b) $x^2 - 3x - 4 = 0$.
$(x - \quad)^2 = (\quad)^2 + 4$

4. In welchem Punkt schneidet die Gerade $g: \vec{x} = \begin{pmatrix} 4 \\ -1 \\ 2 \end{pmatrix} + t \cdot \begin{pmatrix} -2 \\ 2 \\ -3 \end{pmatrix}$ die Ebene $E: 2x_1 - x_2 + x_3 = 2$?

Die Geradengleichung entspricht den Gleichungen $x_1 = 4 - 2t$; $x_2 = \quad$; $x_3 = \quad$.
Einsetzen in die Ebenengleichung ergibt:
E: $2x_1 - x_2 + x_3 = 2 \cdot (4 - 2t) - \quad + \quad = \quad - \quad \cdot t = \quad$
$\Rightarrow t = \quad$, also $x_1 = \quad$; $x_2 = \quad$; $x_3 = \quad$.
Der Schnittpunkt lautet $(\quad | \quad | \quad)$.

Arbeitsblatt – Check-in
Geometrische Probleme lösen
Lösung

Checkliste	Stichwörter zum Nachschlagen
1. Ich kann den Abstand zweier Punkte sowie den Betrag eines Vektors bestimmen.	Abstand zweier Punkte im $\mathbb{R}^3$, Satz des Pythagoras, Betrag eines Vektors, Länge eines Vektors
2. Ich kann für eine Ebene, von der ein Punkt und ein Normalenvektor bekannt sind, eine Normalen- und eine Koordinatengleichung aufstellen.	Normalenvektor, Normalengleichung, Koordinatengleichung, Stützvektor
3. Ich kann einen Term quadratisch ergänzen und quadratische Gleichungen lösen.	Lösung quadratischer Gleichungen, quadratische Ergänzung
4. Ich kann den Schnittpunkt einer Geraden mit einer Ebene berechnen.	Gegenseitige Lage von Gerade und Ebene, Schnittpunkt von Gerade und Ebene

Überprüfen Sie Ihre Einschätzungen anhand der entsprechenden Aufgaben:

1. Bestimmen Sie den Abstand der Punkte A und B bzw. den Betrag des Vektors $\vec{a}$.

a) $A(4|3|2)$, $B(1|1|8)$
$\overline{AB} = \sqrt{(1-4)^2 + (1-3)^2 + (8-2)^2}$
$= \sqrt{9 + 4 + 36} = 7$

b) $A(3|0|4)$, $B(2|6|1)$
$\overline{AB} = \sqrt{(2-3)^2 + (6-0)^2 + (1-4)^2}$
$= \sqrt{1 + 36 + 9} \approx 6{,}78$

c) $\vec{a} = \begin{pmatrix} 4 \\ 0 \\ 3 \end{pmatrix}$; $|\vec{a}| = \sqrt{4^2 + 0^2 + 3^2}$
$= \sqrt{16 + 0 + 9} = 5$

d) $\vec{a} = \begin{pmatrix} 0 \\ 1 \\ 2 \end{pmatrix}$; $|\vec{a}| = \sqrt{0^2 + 1^2 + 2^2}$
$= \sqrt{0 + 1 + 4} = \sqrt{5}$

2. Eine Ebene E durch den Punkt $P(-2|-1|5)$ hat den Normalenvektor $\vec{n} = \begin{pmatrix} 3 \\ 0 \\ -5 \end{pmatrix}$. Geben Sie eine Normalengleichung und eine Koordinatengleichung von E an.

Normalengleichung: $\left[\vec{x} - \begin{pmatrix} -2 \\ -1 \\ 5 \end{pmatrix}\right] \cdot \begin{pmatrix} 3 \\ 0 \\ -5 \end{pmatrix} = 0$

Koordinatengleichung (Ansatz): $3 x_1 + -5 x_3 = d$
Einsetzen von P: $3 \cdot (-2) - 5 \cdot 5 = d = -31$
Koordinatengleichung: $3 x_1 - 5 x_3 = -31$

3. Addiert man 3^2 auf beiden Seiten der Gleichung $x^2 + 6x = 16$, so kann die linke Seite $x^2 + 6x + 3^2$ umgeformt werden zu $(x+3)^2$, und die Gleichung $(x+3)^2 = 16 + 3^2 = 25$ wird leicht lösbar: $x + 3 = \pm\sqrt{25} = \pm 5 \Rightarrow x_1 = 2$; $x_2 = -8$.
Nutzen Sie dieses Verfahren der quadratischen Ergänzung zum Lösen von

a) $x^2 - 4x = 5$;
$(x - 2)^2 = 2^2 + 5$ | Wurzelziehen
$x - 2 = \pm\sqrt{2^2 + 5}$ | 2 addieren
$x = 2 \pm \sqrt{2^2 + 5} = 2 \pm 3$
$\Rightarrow x_1 = 5$; $x_2 = -1$

b) $x^2 - 3x - 4 = 0$.
$(x - \tfrac{3}{2})^2 = (\tfrac{3}{2})^2 + 4$ | Wurzelziehen
$x - \tfrac{3}{2} = \pm\sqrt{(\tfrac{3}{2})^2 + 4}$ | $\tfrac{3}{2}$ addieren
$x = \tfrac{3}{2} \pm \sqrt{(\tfrac{3}{2})^2 + 4} = \tfrac{3}{2} \pm \tfrac{5}{2}$
$\Rightarrow x_1 = 4$; $x_2 = -1$

4. In welchem Punkt schneidet die Gerade $g: \vec{x} = \begin{pmatrix} 4 \\ -1 \\ 2 \end{pmatrix} + t \cdot \begin{pmatrix} -2 \\ 2 \\ -3 \end{pmatrix}$ die Ebene $E: 2x_1 - x_2 + x_3 = 2$?

Die Geradengleichung entspricht den Gleichungen $x_1 = 4 - 2t$; $x_2 = -1 + 2t$; $x_3 = 2 - 3t$.
Einsetzen in die Ebenengleichung ergibt:
$E: 2x_1 - x_2 + x_3 = 2 \cdot (4 - 2t) - (-1 + 2t) + 2 - 3t = 11 - 9 \cdot t = 2$
$\Rightarrow t = 1$, also $x_1 = 4 - 2 = 2$; $x_2 = -1 + 2 = 1$; $x_3 = 2 - 3 = -1$.
Der Schnittpunkt lautet $(2 | 1 | -1)$.

Arbeitsplan
Abstand Punkt – Ebene – Teil 1

Ziel	Ob ein Punkt in einer Ebene liegt, können Sie bereits untersuchen. Liegt ein Punkt nicht in einer Ebene, so ist zu überlegen, was unter dem Abstand des Punktes von der Ebene zu verstehen ist. Die Berechnung dieses Abstandes kann man zurückführen auf die Berechnung des Abstandes zweier Punkte.
Vorkenntnisse	Normalenvektor einer Ebene; Gleichung einer Geraden; Schnitt Gerade – Ebene; Abstand zweier Punkte
Material	evtl. 3D-Geometriesystem, Buch
Arbeitszeit	1 Unterrichtsstunde + häusliche Arbeit

Vorüberlegungen

1. Welche Streckenlänge könnte den Abstand des Flugobjektes von der Wasseroberfläche angeben? Zeichnen Sie ein und beschreiben Sie.

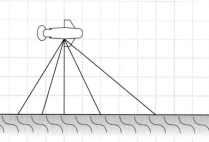

2. Welche Entfernung ist mit dem Abstand eines Punktes P (bzw. Q) von einer Ebene gemeint?
Ergänzen Sie die Skizze.
Erläutern Sie in eigenen Worten.

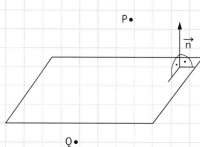

Erarbeitung

Gegeben sind die Ebene E: $2x_1 - 2x_2 + x_3 + 6 = 0$ und der Punkt $P(5|-4|3)$.
Berechnen Sie mithilfe Ihrer Vorüberlegungen den Abstand des Punktes P von der Ebene E.

Arbeitsplan
Abstand Punkt – Ebene – Teil 2

Heftaufschrieb
- Vergleichen Sie Ihre Vorüberlegungen und Ihre Erarbeitung mit den Ausführungen im Buch.
- Erstellen Sie einen übersichtlichen Heftaufschrieb. Er sollte eine Skizze und die Beschreibung der Vorgehensweise bei der Berechnung des Abstands enthalten.
- Notieren sie ein Beispiel (Aufgabe mit Lösung).

Übungen

1. a) Berechnen Sie den Abstand des Punktes $P(3|1|2)$ von der Ebene $E: x_1 - 2x_2 + 2x_3 = 14$.

b) Bestimmen Sie einen weiteren Punkt Q, der von E denselben Abstand hat wie P.

c) Bestimmen Sie einen Punkt R, der von E den doppelten Abstand hat wie

2. Welchen Abstand hat der Punkt $A(-2|1|-5)$ von der x_1x_2-Ebene?

Arbeitsplan
Abstand Punkt – Ebene — Lösung

Vorüberlegungen

1. Der Abstand zur Wasseroberfläche ist die kürzest mögliche Entfernung. Er ist die Länge der Strecke, die orthogonal zur Oberfläche ist.

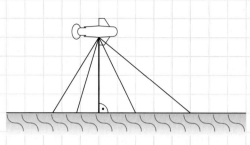

2. Der Abstand eines Punktes P von einer Ebene E ist diejenige Entfernung des Punktes P von allen Punkten der Ebene E, die die kürzeste ist. Die Verbindungsstrecke von P und dem Punkt der Ebene ist orthogonal zur Ebene E; d.h. der Verbindungsvektor der beiden Punkte und der Normalenvektor der Ebene sind parallel (analog für Q).

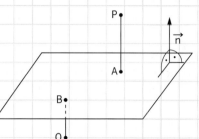

Erarbeitung

Normalenvektor von E: $\vec{n} = \begin{pmatrix} 2 \\ -2 \\ 1 \end{pmatrix}$

Gerade g, die orthogonal zu E ist und durch P geht: $\vec{x} = \begin{pmatrix} 5 \\ -4 \\ 3 \end{pmatrix} + t \cdot \begin{pmatrix} 2 \\ -2 \\ 1 \end{pmatrix}$

Schnitt von g mit E: $2 \cdot (5 + 2t) - 2 \cdot (-4 - 2t) + (3 + t) + 6 = 0 \Rightarrow 9t = -27 \Rightarrow t = -3$

Schnittpunkt A: $\vec{a} = \begin{pmatrix} 5 \\ -4 \\ 3 \end{pmatrix} - 3 \cdot \begin{pmatrix} 2 \\ -2 \\ 1 \end{pmatrix} = \begin{pmatrix} -1 \\ 2 \\ 0 \end{pmatrix}$; d.h. $A(-1|2|0)$

Der Abstand $d(P; E)$ des Punktes P von der Ebene E ist der Betrag des Verbindungsvektors $\overrightarrow{PA}$.

Also: $d(P; E) = |\vec{a} - \vec{p}| = \left| \begin{pmatrix} -6 \\ 6 \\ -3 \end{pmatrix} \right| = \sqrt{36 + 36 + 9} = \sqrt{81} = 9$

Übungen

1. a) Normalenvektor von E: $\vec{n} = \begin{pmatrix} 1 \\ -2 \\ 2 \end{pmatrix}$

Lotgerade g zu E durch P: $\vec{x} = \begin{pmatrix} 3 \\ 1 \\ 2 \end{pmatrix} + t \cdot \begin{pmatrix} 1 \\ -2 \\ 2 \end{pmatrix}$

Schnitt von g mit E: $(3 + t) - 2(1 - 2t) + 2(2 + 2t) = 14$

$9t = 9$; d.h. $t = 1$

Schnittpunkt F (Lotfußpunkt): $\vec{f} = \begin{pmatrix} 3 \\ 1 \\ 2 \end{pmatrix} + 1 \cdot \begin{pmatrix} 1 \\ -2 \\ 2 \end{pmatrix} = \begin{pmatrix} 4 \\ -1 \\ 4 \end{pmatrix}$; d.h. $F(4|-1|4)$

Abstand $d(P; E) = |\overrightarrow{FP}| = |\vec{p} - \vec{f}| = \left| \begin{pmatrix} -1 \\ 2 \\ -2 \end{pmatrix} \right| = \sqrt{1 + 4 + 4} = \sqrt{9} = 3$

b) individuelle Lösung, zum Beispiel: $\vec{q} = \vec{f} + \overrightarrow{PF} = \begin{pmatrix} 4 \\ -1 \\ 4 \end{pmatrix} + \begin{pmatrix} 1 \\ -2 \\ 2 \end{pmatrix} = \begin{pmatrix} 5 \\ -3 \\ 6 \end{pmatrix}$; d.h. $Q(5|-3|6)$

c) individuelle Lösung, zum Beispiel: $\vec{r} = \vec{f} + 2 \cdot \overrightarrow{PF} = \begin{pmatrix} 4 \\ -1 \\ 4 \end{pmatrix} + 2 \cdot \begin{pmatrix} 1 \\ -2 \\ 2 \end{pmatrix} = \begin{pmatrix} 6 \\ -5 \\ 8 \end{pmatrix}$; d.h. $R(6|-5|8)$

2. Der Abstand ist der Betrag der x_3-Koordinate des Punktes A.

Also hat der Punkt A den Abstand 5 von der $x_1 x_2$-Ebene.

Arbeitsblatt – Erarbeiten
Abstand Punkt – Gerade

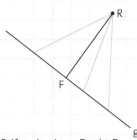

Vorüberlegung:

In der Ebene gilt:

Der Abstand eines Punktes R von einer Geraden g ist die Länge derjenigen Verbindungsstrecke des Punktes R mit einem Punkt von g, die _____ ist.

Diese Verbindungsstrecke ist zugleich _____ zu g.

Gleiches gilt im Raum.

Wie viele zu g orthogonale Geraden durch den Punkt $F \in g$ gibt es? _____

Veranschaulichen Sie sich nun eine Gerade g im Raum mit einem Stift. Betrachten Sie ein Ende des Stifts als einen Punkt F auf g. Wie viele zu g orthogonale Geraden durch den Punkt F gibt es im Raum? _____

Problemstellung:

Gegeben sind eine Gerade g: $\vec{x} = \begin{pmatrix} -2 \\ 5 \\ 3 \end{pmatrix} + t \cdot \begin{pmatrix} 2 \\ -1 \\ -2 \end{pmatrix}$ und ein Punkt $R(-10|3|5)$. Es soll der Abstand des Punktes R von der Geraden g berechnet werden.

Lösung:

Es gibt verschiedene Möglichkeiten, dies zu tun. Eine davon benutzt eine **Hilfsebene**. Das wird im Folgenden ausgeführt:

Man bestimmt eine Ebene H, die orthogonal zur Geraden g ist und den Punkt R enthält.

Weil H orthogonal zu g sein soll, muss der Vektor $\begin{pmatrix} 2 \\ -1 \\ -2 \end{pmatrix}$ ein Normalenvektor von H sein.

Also hat H eine Koordinatengleichung der Form _____ = c.

Da der Punkt R in H liegen soll, muss gelten: _____ = c ⇒ c = _____

Folglich ist _____ eine Koordinatengleichung von H.

Betrachtet man das Lot von R auf die Gerade g, so gilt für den Lotfußpunkt F:

F ist der Schnittpunkt von _____

Bestimmen Sie diesen Schnittpunkt durch Einsetzen des Ortsvektors von g in die Ebenengleichung:

_____ ⇒ _____ = _____ ⇒ t = _____

Der Fußpunkt F hat also die Koordinaten F(| |) und für den Abstand des Punktes R von der Geraden g gilt somit:

$d(R; g) =$ _____

Übung:

Berechnen Sie den Abstand des Punktes $R(5|9|12)$ von der Geraden g: $\vec{x} = \begin{pmatrix} 0 \\ 1 \\ 5 \end{pmatrix} + t \cdot \begin{pmatrix} 3 \\ 2 \\ -2 \end{pmatrix}$

H hat eine Koordinatengleichung der Form: _____

Da R in H liegen soll, muss gelten: _____ ⇒ c = _____

Koordinatengleichung von H: _____

Schnitt von g und H: _____ ⇒ _____ ⇒ t = _____

Koordinaten des Lotfußpunktes: F(| |)

$d(R; g) =$ _____

Heftaufschrieb:

Formulieren Sie in Ihrem Heft allgemein die Schritte Ihres Verfahrens zur Bestimmung des Abstands eines Punktes $R(r_1|r_2|r_3)$ von einer Geraden g: $\vec{x} = \begin{pmatrix} p_1 \\ p_2 \\ p_3 \end{pmatrix} + t \cdot \begin{pmatrix} u_1 \\ u_2 \\ u_3 \end{pmatrix}$ und notieren Sie ein passendes Beispiel.

Arbeitsblatt – Erarbeiten
Abstand Punkt – Gerade

Lösung

Vorüberlegung:
In der Ebene gilt:
Der Abstand eines Punktes R von einer Geraden g ist die Länge derjenigen Verbindungsstrecke des Punktes R mit einem Punkt von g, die **die kürzeste** ist.
Diese Verbindungsstrecke ist zugleich **orthogonal** zu g.
Gleiches gilt im Raum.
Wie viele zu g orthogonale Geraden durch den Punkt $F \in g$ gibt es? **genau eine**
Veranschaulichen Sie sich nun eine Gerade g im Raum mit einem Stift. Betrachten Sie ein Ende des Stifts als einen Punkt F auf g. Wie viele zu g orthogonale Geraden durch den Punkt F gibt es im Raum? **unendlich viele**

Problemstellung:
Gegeben sind eine Gerade $g: \vec{x} = \begin{pmatrix} -2 \\ 5 \\ 3 \end{pmatrix} + t \cdot \begin{pmatrix} 2 \\ -1 \\ -2 \end{pmatrix}$ und ein Punkt $R(-10|3|5)$. Es soll der Abstand des Punktes R von der Geraden g berechnet werden.

Lösung:
Es gibt verschiedene Möglichkeiten, dies zu tun. Eine davon benutzt eine **Hilfsebene**. Das wird im Folgenden ausgeführt:
Man bestimmt eine Ebene H, die orthogonal zur Geraden g ist und den Punkt R enthält.

Weil H orthogonal zu g sein soll, muss der Vektor $\begin{pmatrix} 2 \\ -1 \\ -2 \end{pmatrix}$ ein Normalenvektor von H sein.

Also hat H eine Koordinatengleichung der Form $2x_1 - x_2 - 2x_3 = c$.
Da der Punkt R in H liegen soll, muss gelten: $2 \cdot (-10) - 3 - 2 \cdot 5 = c \Rightarrow c = -33$
Folglich ist $2x_1 - x_2 - 2x_3 = -33$ eine Koordinatengleichung von H.

Betrachtet man das Lot von R auf die Gerade g, so gilt für den Lotfußpunkt F:
F ist der Schnittpunkt von **der Ebene H und der Geraden g**.
Bestimmen Sie diesen Schnittpunkt durch Einsetzen des Ortsvektors von g in die Ebenengleichung:
$2 \cdot (-2 + 2t) - (5 - t) - 2 \cdot (3 - 2t) = -33$
$\Rightarrow -4 + 4t - 5 + t - 6 + 4t = -33 \Rightarrow 9t = -18 \Rightarrow t = -2$

Der Fußpunkt F hat also die Koordinaten $F(-6|7|7)$ und für den Abstand des Punktes R von der Geraden g gilt somit:

$d(R; g) = |\vec{RF}| = \left\| \begin{pmatrix} -6 - (-10) \\ 7 - 3 \\ 7 - 5 \end{pmatrix} \right\| = \left\| \begin{pmatrix} 4 \\ 4 \\ 2 \end{pmatrix} \right\| = \sqrt{4^2 + 4^2 + 2^2} = \sqrt{36} = 6$

Übung:
Berechnen Sie den Abstand des Punktes $R(5|9|12)$ von der Geraden $g: \vec{x} = \begin{pmatrix} 0 \\ 1 \\ 5 \end{pmatrix} + t \cdot \begin{pmatrix} 3 \\ 2 \\ -2 \end{pmatrix}$

H hat eine Koordinatengleichung der Form: $3x_1 + 2x_2 - 2x_3 = c$
Da R in H liegen soll, muss gelten: $3 \cdot 5 + 2 \cdot 9 - 2 \cdot 12 = c \Rightarrow c = 9$
Koordinatengleichung von H: $3x_1 + 2x_2 - 2x_3 = 9$
Schnitt von g und H: $3 \cdot 3t + 2 \cdot (1 + 2t) - 2 \cdot (5 - 2t) = 9 \Rightarrow 17t = 17 \Rightarrow t = 1$
Koordinaten des Lotfußpunktes: $F(3|3|3)$

$d(R; g) = |\vec{RF}| = \left\| \begin{pmatrix} -2 \\ -6 \\ -9 \end{pmatrix} \right\| = \sqrt{(-2)^2 + (-6)^2 + (-9)^2 = 11}$

Heftaufschrieb:
Formulieren Sie in Ihrem Heft allgemein die Schritte Ihres Verfahrens zur Bestimmung des Abstands eines Punktes $R(r_1|r_2|r_3)$ von einer Geraden $g: \vec{x} = \begin{pmatrix} p_1 \\ p_2 \\ p_3 \end{pmatrix} + t \cdot \begin{pmatrix} u_1 \\ u_2 \\ u_3 \end{pmatrix}$ und notieren Sie ein passendes Beispiel.

Arbeitsblatt – Erarbeiten
Abstand zweier Geraden

Vorüberlegung: Für die gegenseitige Lage zweier verschiedener Geraden g und h gibt es folgende Möglichkeiten:
(1) g und h schneiden sich.   (2) g und h sind parallel.   (3) g und h sind zueinander windschief.

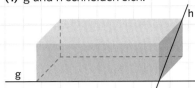
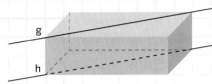
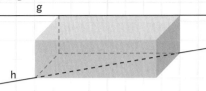

Im Folgenden wird erarbeitet, wie der Abstand zweier Geraden bestimmt werden kann.

(1) Im Fall, dass sich die Geraden schneiden, beträgt der Abstand 0.

(2) Bestimmen Sie den Abstand der zueinander parallelen Geraden $g: \vec{x} = \begin{pmatrix} 6 \\ 4 \\ -7 \end{pmatrix} + s \cdot \begin{pmatrix} 2 \\ 2 \\ -3 \end{pmatrix}$ und $h: \vec{x} = \begin{pmatrix} 4 \\ 1 \\ 1 \end{pmatrix} + t \cdot \begin{pmatrix} -4 \\ -4 \\ 6 \end{pmatrix}$.

Der Abstand der Geraden g und h ist gleich dem Abstand eines beliebigen Punktes der _____ von der Geraden g (oder eines beliebigen Punktes der _____ von der Geraden ___).

Z.B. wählt man als Punkt auf h: $R(4|1|1)$

Die Punkte von g lassen sich in der Form $P_s(6+2s | \quad\quad\quad)$ schreiben. Damit ist $\overrightarrow{RP_s} = \begin{pmatrix} \\ \\ \end{pmatrix}$

Wenn $\overrightarrow{RP_s}$ orthogonal zur Geraden g ist, dann ist $|\overrightarrow{RP_s}|$ der Abstand von R zu g. Also muss $\overrightarrow{RP_s} \cdot \begin{pmatrix} \\ \\ \end{pmatrix} = 0$ gelten.

Daraus ergibt sich die Gleichung: _____ = 0

⇒ _____ = _____ ⇒ s = _____

Damit ist $P_s = (\quad | \quad | \quad)$ und $\overrightarrow{RP_s} = \begin{pmatrix} \\ \\ \end{pmatrix}$. Also folgt: $|\overrightarrow{RP_s}| =$ _____

Dies ist der Abstand der Geraden g und h.

Beschreiben Sie das eben durchgeführte Verfahren zur Abstandsbestimmung in Worten:

_____
_____

(3) Bestimmen Sie den Abstand der zueinander windschiefen Geraden $g: \vec{x} = \begin{pmatrix} 1 \\ 4 \\ 2 \end{pmatrix} + s \cdot \begin{pmatrix} 0 \\ 1 \\ 2 \end{pmatrix}$ und $h: \vec{x} = \begin{pmatrix} 2 \\ 0 \\ 1 \end{pmatrix} + t \cdot \begin{pmatrix} 4 \\ -1 \\ -1 \end{pmatrix}$.

Die Punkte von g lassen sich in der Form $G_s(\quad | 4+s | \quad)$ schreiben,

die Punkte von h in der Form $H_t(2+4t | \quad)$. Es ist $\overrightarrow{G_sH_t} = \begin{pmatrix} \\ \\ \end{pmatrix} = \begin{pmatrix} \\ \\ \end{pmatrix}$.

Wenn $\overrightarrow{G_sH_t}$ orthogonal zu den Richtungsvektoren beider Geraden ist, dann ist $|\overrightarrow{G_sH_t}|$ der Abstand der beiden Geraden.

Also muss gelten: $\overrightarrow{G_sH_t} \cdot \begin{pmatrix} 0 \\ 1 \\ 2 \end{pmatrix} =$ _____ und $\overrightarrow{G_sH_t} \cdot \begin{pmatrix} 4 \\ -1 \\ -1 \end{pmatrix} =$ _____

Dies führt auf das Gleichungssystem (I) _____ = 0 ⇒ _____ =
(II) _____ = 0   _____ =

Das LGS hat die Lösungen s = _____ und t = _____ . Wenn man diese Parameter in die Geradengleichungen einsetzt, ergeben sich die Punkte $G(\quad | \quad | \quad)$ und $H(\quad | \quad | \quad)$.

Der Abstand zwischen den Geraden g und h ist dann $d = |\overrightarrow{G_sH_t}| =$ _____ = _____ .

Beschreiben Sie das eben durchgeführte Verfahren zur Abstandsbestimmung in Worten:

_____
_____

Arbeitsblatt – Erarbeiten
Abstand zweier Geraden
Lösung

Vorüberlegung: Für die gegenseitige Lage zweier verschiedener Geraden g und h gibt es folgende Möglichkeiten:
(1) g und h schneiden sich. **(2)** g und h sind parallel. **(3)** g und h sind zueinander windschief.

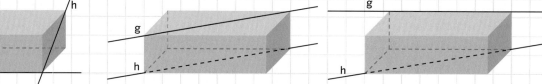

Im Folgenden wird erarbeitet, wie der Abstand zweier Geraden bestimmt werden kann.

(1) Im Fall, dass sich die Geraden schneiden, beträgt der Abstand 0.

(2) Bestimmen Sie den Abstand der zueinander parallelen Geraden $g: \vec{x} = \begin{pmatrix} 6 \\ 4 \\ -7 \end{pmatrix} + s \cdot \begin{pmatrix} 2 \\ 2 \\ -3 \end{pmatrix}$ und $h: \vec{x} = \begin{pmatrix} 4 \\ 1 \\ 1 \end{pmatrix} + t \cdot \begin{pmatrix} -4 \\ -4 \\ 6 \end{pmatrix}$.

Der Abstand der Geraden g und h ist gleich dem Abstand eines beliebigen Punktes der __Geraden h__ von der Geraden g (oder eines beliebigen Punktes der __Geraden g__ von der Geraden __h__).

Z.B. wählt man als Punkt auf h: R(4|1|1)

Die Punkte von g lassen sich in der Form $P_s(6+2s \mid 4+2s \mid -7-3s)$ schreiben. Damit ist $\overrightarrow{RP_s} = \begin{pmatrix} 2+2s \\ 3+2s \\ -8-3s \end{pmatrix}$

Wenn $\overrightarrow{RP_s}$ orthogonal zur Geraden g ist, dann ist $|\overrightarrow{RP_s}|$ der Abstand von R zu g. Also muss $\overrightarrow{RP_s} \cdot \begin{pmatrix} 2 \\ 2 \\ -3 \end{pmatrix} = 0$ gelten.

Daraus ergibt sich die Gleichung: $2 \cdot (2+2s) + 2 \cdot (3+2s) - 3 \cdot (-8-3s) = 0$
$\Rightarrow$ $17s = -34$ $\Rightarrow$ $s = -2$

Damit ist $P_s = (2 \mid 0 \mid -1)$ und $\overrightarrow{RP_s} = \begin{pmatrix} -2 \\ -1 \\ -2 \end{pmatrix}$. Also folgt: $|\overrightarrow{RP_s}| = \sqrt{(-2)^2 + (-1)^2 + (-2)^2} = 3$
Dies ist der Abstand der Geraden g und h.

Beschreiben Sie das eben durchgeführte Verfahren zur Abstandsbestimmung in Worten:
Es wird der Abstand eines beliebigen Punktes der einen Geraden von der anderen Geraden bestimmt.
Hierzu wird (mithilfe des Skalarprodukts) derjenige Verbindungsvektor gesucht, der senkrecht auf dem Richtungsvektor der Geraden steht. Die Länge dieses Vektors ist der Abstand der Geraden.

(3) Bestimmen Sie den Abstand der zueinander windschiefen Geraden $g: \vec{x} = \begin{pmatrix} 1 \\ 4 \\ 2 \end{pmatrix} + s \cdot \begin{pmatrix} 0 \\ 1 \\ 2 \end{pmatrix}$ und $h: \vec{x} = \begin{pmatrix} 2 \\ 0 \\ 1 \end{pmatrix} + t \cdot \begin{pmatrix} 4 \\ -1 \\ -1 \end{pmatrix}$.

Die Punkte von g lassen sich in der Form $G_s(\ 1\ \mid 4+s \mid 2+2s\ )$ schreiben,

die Punkte von h in der Form $H_t(\ 2+4t \mid -t \mid 1-t\ )$. Es ist $\overrightarrow{G_s H_t} = \begin{pmatrix} 2+4t - 1 \\ -t - (4+s) \\ 1-t - (2+2s) \end{pmatrix} = \begin{pmatrix} 4t+1 \\ -t-s-4 \\ -t-2s-1 \end{pmatrix}$.

Wenn $\overrightarrow{G_s H_t}$ orthogonal zu den Richtungsvektoren beider Geraden ist, dann ist $|\overrightarrow{G_s H_t}|$ der Abstand der beiden Geraden.

Also muss gelten: $\overrightarrow{G_s H_t} \cdot \begin{pmatrix} 0 \\ 1 \\ 2 \end{pmatrix} = 0$ und $\overrightarrow{G_s H_t} \cdot \begin{pmatrix} 4 \\ -1 \\ -1 \end{pmatrix} = 0$

Dies führt auf das Gleichungssystem (I) $-t-s-4-2t-4s-2 = 0$ $\Rightarrow$ $-3t-5s\ 6 = 6$
(II) $16t+4+t+s+4+t+2s+1 = 0$ $\qquad 18t+3s = -9$

Das LGS hat die Lösungen $s = -1$ und $t = -\tfrac{1}{3}$. Wenn man diese Parameter in die Geradengleichungen einsetzt, ergeben sich die Punkte $G(\ 1 \mid 3 \mid 0\ )$ und $H(\tfrac{2}{3} \mid \tfrac{1}{3} \mid \tfrac{4}{3})$.

Der Abstand zwischen den Geraden g und h ist dann $d = |\overrightarrow{G_s H_t}| = \sqrt{(\tfrac{2}{3}-1)^2 + (\tfrac{1}{3}-3)^2 + (\tfrac{4}{3}-0)^2} = 3$.

Beschreiben Sie das eben durchgeführte Verfahren zur Abstandsbestimmung in Worten:
Es wird mithilfe des Skalarprodukts derjenige Verbindungsvektor zwischen einem Punkt der einen Geraden und einem Punkt der anderen Geraden gesucht, der senkrecht auf den Richtungsvektoren beider Geraden steht. Die Länge dieses Vektors ist der Abstand der Geraden.

Trainingsblatt
Skalarprodukt, Größe von Winkeln

1. Berechnen Sie $\vec{a} \circ \vec{b}$. Ist das Skalarprodukt kleiner, gleich oder größer null? Ist der Winkel φ zwischen $\vec{a}$ und $\vec{b}$ ein spitzer, ein rechter oder ein stumpfer?

   a) $\vec{a} = \begin{pmatrix} 4 \\ -3 \end{pmatrix}$ und $\vec{b} = \begin{pmatrix} 0{,}6 \\ 0{,}8 \end{pmatrix}$; $\vec{a} \circ \vec{b} =$ _____ = _____ 0 ⇒ φ ist ein _____ Winkel.

   b) $\vec{a} = \begin{pmatrix} -2 \\ 1 \end{pmatrix}$ und $\vec{b} = \begin{pmatrix} -5 \\ -7 \end{pmatrix}$; $\vec{a} \circ \vec{b} =$ _____ = _____ 0 ⇒ φ ist ein _____ Winkel.

   c) $\vec{a} = \begin{pmatrix} -3 \\ 1 \\ 0{,}5 \end{pmatrix}$ und $\vec{b} = \begin{pmatrix} 2 \\ -2 \\ -1 \end{pmatrix}$; $\vec{a} \circ \vec{b} =$ _____ = _____ 0 ⇒ φ ist ein _____ Winkel.

2. Die Punkte A(2|1|0), B(4|0|2) und C(4|3|−1) bilden ein Dreieck.
   a) Berechnen Sie die Größe des Winkels β = ∢ABC.

   $\cos \beta = \dfrac{ \circ }{|| \cdot ||} = \dfrac{\begin{pmatrix} \\ \\ \end{pmatrix} \circ \begin{pmatrix} \\ \\ \end{pmatrix}}{ \cdot } = \dfrac{}{} = \dfrac{}{}$

   ggf. Taschenrechner ↓ ⇒ β = _____

   b) Zeigen Sie, dass das Dreieck ABC gleichschenklig ist und bei A einen rechten Winkel hat.

   $\overrightarrow{AB} = \begin{pmatrix} \\ \\ \end{pmatrix}$; $\overrightarrow{AC} = \begin{pmatrix} \\ \\ \end{pmatrix}$; $|\overrightarrow{AB}| =$ _____ = _____ ;

   $|\overrightarrow{AC}| =$ _____ = _____ ;

   $\overrightarrow{AB} \circ \overrightarrow{AC} = \begin{pmatrix} \\ \\ \end{pmatrix} \circ \begin{pmatrix} \\ \\ \end{pmatrix} =$ _____ = _____ ; also gilt: $\overrightarrow{AB} \perp \overrightarrow{AC}$

3. a) Untersuchen Sie mithilfe des Skalarprodukts, ob die beiden Raumdiagonalen [BH] und [CE] orthogonal sind.

   $\overrightarrow{BH} \circ \overrightarrow{CE} = \begin{pmatrix} \\ \\ \end{pmatrix} \circ \begin{pmatrix} \\ \\ \end{pmatrix} =$ _____

   = _____ ;

   also gilt: [BH] _____ [CE]

   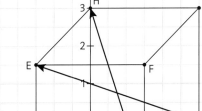

   b) Zeigen Sie, dass die Raumdiagonale [BH] mit der Kante [AB] den Winkel φ ≈ 54,7° einschließt.

   $\cos \beta = \dfrac{ \circ }{|| \cdot ||} = \dfrac{\begin{pmatrix} \\ \\ \end{pmatrix} \circ \begin{pmatrix} \\ \\ \end{pmatrix}}{ \cdot } = \dfrac{}{} = \dfrac{}{}$

   ggf. Taschenrechner ↓ ⇒ φ ≈ _____

Trainingsblatt
Skalarprodukt, Größe von Winkeln

Lösung

1. Berechnen Sie $\vec{a} \circ \vec{b}$. Ist das Skalarprodukt kleiner, gleich oder größer null? Ist der Winkel φ zwischen $\vec{a}$ und $\vec{b}$ ein spitzer, ein rechter oder ein stumpfer?

   a) $\vec{a} = \begin{pmatrix} 4 \\ -3 \end{pmatrix}$ und $\vec{b} = \begin{pmatrix} 0{,}6 \\ 0{,}8 \end{pmatrix}$; $\vec{a} \circ \vec{b} =$ $4 \cdot 0{,}6 + (-3) \cdot 0{,}8$ $= 0$ $= 0$ ⇒ φ ist ein **rechter** Winkel.

   b) $\vec{a} = \begin{pmatrix} -2 \\ 1 \end{pmatrix}$ und $\vec{b} = \begin{pmatrix} -5 \\ -7 \end{pmatrix}$; $\vec{a} \circ \vec{b} =$ $(-2) \cdot (-5) + 1 \cdot (-7)$ $= 3$ > 0 ⇒ φ ist ein **spitzer** Winkel.

   c) $\vec{a} = \begin{pmatrix} -3 \\ 1 \\ 0{,}5 \end{pmatrix}$ und $\vec{b} = \begin{pmatrix} 2 \\ -2 \\ -1 \end{pmatrix}$; $\vec{a} \circ \vec{b} =$ $(-3) \cdot 2 + 1 \cdot (-2) + 0{,}5 \cdot (-1)$ $= -8{,}5$ < 0 ⇒ φ ist ein **stumpfer** Winkel.

2. Die Punkte A(2|1|0), B(4|0|2) und C(4|3|−1) bilden ein Dreieck.

   a) Berechnen Sie die Größe des Winkels β = ∢ABC.

   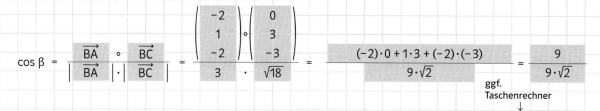

   $$\cos \beta = \frac{\vec{BA} \circ \vec{BC}}{|\vec{BA}| \cdot |\vec{BC}|} = \frac{\begin{pmatrix} -2 \\ 1 \\ -2 \end{pmatrix} \circ \begin{pmatrix} 0 \\ 3 \\ -3 \end{pmatrix}}{3 \cdot \sqrt{18}} = \frac{(-2) \cdot 0 + 1 \cdot 3 + (-2) \cdot (-3)}{9 \cdot \sqrt{2}} = \frac{9}{9 \cdot \sqrt{2}}$$

   ggf. Taschenrechner ↓ ⇒ β = **45°**

   b) Zeigen Sie, dass das Dreieck ABC gleichschenklig ist und bei A einen rechten Winkel hat.

   $\vec{AB} = \begin{pmatrix} 2 \\ -1 \\ 2 \end{pmatrix}$; $\vec{AC} = \begin{pmatrix} 2 \\ 2 \\ -1 \end{pmatrix}$; $|\vec{AB}| = \sqrt{2^2 + (-1)^2 + 2^2} = 3$;

   $|\vec{AC}| = \sqrt{2^2 + 2^2 + (-1)^2} = 3$;

   also ist das Dreieck gleichschenklig.

   $\vec{AB} \circ \vec{AC} = \begin{pmatrix} 2 \\ -1 \\ 2 \end{pmatrix} \circ \begin{pmatrix} 2 \\ 2 \\ -1 \end{pmatrix} = 2 \cdot 2 + (-1) \cdot 2 + 2 \cdot (-1) = 0$; also gilt: $\vec{AB} \perp \vec{AC}$

3. a) Untersuchen Sie mithilfe des Skalarprodukts, ob die beiden Raumdiagonalen [BH] und [CE] orthogonal sind.

   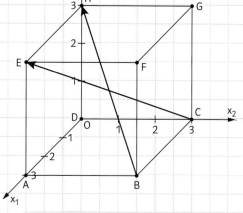

   $\vec{BH} \circ \vec{CE} = \begin{pmatrix} -3 \\ -3 \\ 3 \end{pmatrix} \circ \begin{pmatrix} 3 \\ -3 \\ 3 \end{pmatrix} = -9 + 9 + 9$

   $= 9 \neq 0$;

   also gilt: [BH] ∦ [CE]

   b) Zeigen Sie, dass die Raumdiagonale [BH] mit der Kante [AB] den Winkel φ ≈ 54,7° einschließt.

   $$\cos \beta = \frac{\vec{BH} \circ \vec{BA}}{|\vec{BH}| \cdot |\vec{BA}|} = \frac{\begin{pmatrix} -3 \\ -3 \\ 3 \end{pmatrix} \circ \begin{pmatrix} 0 \\ -3 \\ 0 \end{pmatrix}}{\sqrt{27} \cdot 3} = \frac{0 + 9 = 0}{9 \cdot \sqrt{3}} = \frac{1}{\sqrt{3}}$$

   ggf. Taschenrechner ↓ ⇒ φ ≈ **54,7°**

Trainingsblatt
Vektorprodukt

1. Bestimmen Sie das Vektorprodukt mithilfe der Merkregel.

a) $\begin{pmatrix} 3 \\ -2 \\ 1 \end{pmatrix} \times \begin{pmatrix} 0 \\ 4 \\ -2 \end{pmatrix} = \begin{pmatrix} \\ \\ \end{pmatrix} = \begin{pmatrix} \\ \\ \end{pmatrix}$

b) $\begin{pmatrix} 1 \\ 1 \\ 3 \end{pmatrix} \times \begin{pmatrix} 4 \\ -2 \\ -1 \end{pmatrix} = \begin{pmatrix} \\ \\ \end{pmatrix} = \begin{pmatrix} \\ \\ \end{pmatrix}$

c) $\begin{pmatrix} 5 \\ -1 \\ -2 \end{pmatrix} \times \begin{pmatrix} -1 \\ 0{,}2 \\ 0{,}4 \end{pmatrix} = \begin{pmatrix} \\ \\ \end{pmatrix} = \begin{pmatrix} \\ \\ \end{pmatrix}$

Hätte man dieses Ergebnis auch anders einsehen können?

d) $\begin{pmatrix} 0 \\ -2 \\ 0 \end{pmatrix} \times \begin{pmatrix} 4 \\ 0 \\ 0 \end{pmatrix} = \begin{pmatrix} \\ \\ \end{pmatrix} = \begin{pmatrix} \\ \\ \end{pmatrix}$

2. a) Berechnen Sie die Maßzahl des Flächeninhalts des Parallelogramms ABCD für A(6|−2|1), B(−1|0|3) und D(0|0|0).

$\overrightarrow{AB} \times \overrightarrow{AD} = \begin{pmatrix} \\ \\ \end{pmatrix} \times \begin{pmatrix} \\ \\ \end{pmatrix} = \begin{pmatrix} \\ \\ \end{pmatrix} = \begin{pmatrix} \\ \\ \end{pmatrix}$

$A = \left|\overrightarrow{AB} \times \overrightarrow{AD}\right| = \sqrt{ + + } = \sqrt{} \approx $

b) Zeigen Sie, dass die Maßzahl des Flächeninhalts des Dreiecks ABC für A(2|1|−3), B(6|1|0) und C(10|−1|3) gleich 5 ist.

$\overrightarrow{AB} = \begin{pmatrix} \\ \\ \end{pmatrix}; \quad \overrightarrow{AC} = \begin{pmatrix} \\ \\ \end{pmatrix}; \quad \overrightarrow{AB} \times \overrightarrow{AC} = \begin{pmatrix} \\ \\ \end{pmatrix} = \begin{pmatrix} \\ \\ \end{pmatrix}$

$A = \cdot \left|\overrightarrow{AB} \times \overrightarrow{AC}\right| = \cdot \sqrt{ + + } = \cdot \sqrt{} = 5$

3. a) Berechnen Sie die Maßzahl des Volumens des von $\vec{a} = \begin{pmatrix} 2 \\ 3 \\ 5 \end{pmatrix}$, $\vec{b} = \begin{pmatrix} 2 \\ -1 \\ 7 \end{pmatrix}$ und $\vec{c} = \begin{pmatrix} 3 \\ 9 \\ 2 \end{pmatrix}$ aufgespannten Spats.

$V_{Spat} = \left|(\vec{a} \times) \circ \right| = \left|\begin{pmatrix}\end{pmatrix} \times \begin{pmatrix}\end{pmatrix} \circ \begin{pmatrix}\end{pmatrix}\right| = \left|\begin{pmatrix}\end{pmatrix} \circ \begin{pmatrix}\end{pmatrix}\right| = $

b) Eine dreiseitige Pyramide hat die Ecken A(2|−3|−5), B(3|0|−1) und C(4|2|−4) sowie die Spitze S(0|0|2). Berechnen Sie die Maßzahl des Volumens der Pyramide.

$V_{Pyramide} = \cdot \left|(\overrightarrow{AB} \times) \circ \right| = \cdot \left|\begin{pmatrix}\end{pmatrix} \times \begin{pmatrix}\end{pmatrix} \circ \begin{pmatrix}\end{pmatrix}\right|$

$= \cdot \left|\begin{pmatrix}\end{pmatrix} \circ \begin{pmatrix}\end{pmatrix}\right| = \cdot \left|\right| = $

Trainingsblatt
Vektorprodukt — Lösung

1. Bestimmen Sie das Vektorprodukt mithilfe der Merkregel.

a) $\begin{pmatrix} 3 \\ -2 \\ 1 \end{pmatrix} \times \begin{pmatrix} 0 \\ 4 \\ -2 \end{pmatrix} = \begin{pmatrix} -2\cdot(-2) - 1\cdot 4 \\ 1\cdot 0 - 3\cdot(-2) \\ 3\cdot 4 - (-2)\cdot 0 \end{pmatrix} = \begin{pmatrix} 0 \\ 6 \\ 12 \end{pmatrix}$

b) $\begin{pmatrix} 1 \\ 1 \\ 3 \end{pmatrix} \times \begin{pmatrix} 4 \\ -2 \\ -1 \end{pmatrix} = \begin{pmatrix} 1\cdot(-1) - 3\cdot(-2) \\ 3\cdot 4 - 1\cdot(-1) \\ 1\cdot(-2) - 1\cdot 4 \end{pmatrix} = \begin{pmatrix} 5 \\ 13 \\ -6 \end{pmatrix}$

c) $\begin{pmatrix} 5 \\ -1 \\ -2 \end{pmatrix} \times \begin{pmatrix} -1 \\ 0{,}2 \\ 0{,}4 \end{pmatrix} = \begin{pmatrix} -1\cdot 0{,}4 - (-2)\cdot 0{,}2 \\ -2\cdot(-1) - 5\cdot 0{,}4 \\ 5\cdot 0{,}2 - (-1)\cdot(-1) \end{pmatrix} = \begin{pmatrix} 0 \\ 0 \\ 0 \end{pmatrix}$

Hätte man dieses Ergebnis auch anders einsehen können?

$\vec{a} \parallel \vec{b} \;\Rightarrow\; \vec{a}\times\vec{b} = \vec{o}$

d) $\begin{pmatrix} 0 \\ -2 \\ 0 \end{pmatrix} \times \begin{pmatrix} 4 \\ 0 \\ 0 \end{pmatrix} = \begin{pmatrix} -2\cdot 0 - 0\cdot 0 \\ 0\cdot 4 - 0\cdot 0 \\ 0\cdot 0 - (-2)\cdot 4 \end{pmatrix} = \begin{pmatrix} 0 \\ 0 \\ 8 \end{pmatrix}$

2. a) Berechnen Sie die Maßzahl des Flächeninhalts des Parallelogramms ABCD für A(6|−2|1), B(−1|0|3) und D(0|0|0).

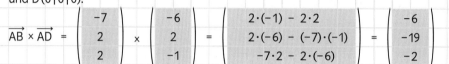

$\vec{AB} \times \vec{AD} = \begin{pmatrix} -7 \\ 2 \\ 2 \end{pmatrix} \times \begin{pmatrix} -6 \\ 2 \\ -1 \end{pmatrix} = \begin{pmatrix} 2\cdot(-1) - 2\cdot 2 \\ 2\cdot(-6) - (-7)\cdot(-1) \\ -7\cdot 2 - 2\cdot(-6) \end{pmatrix} = \begin{pmatrix} -6 \\ -19 \\ -2 \end{pmatrix}$

$A = |\vec{AB} \times \vec{AD}| = \sqrt{(-6)^2 + (-19)^2 + (-2)^2} = \sqrt{401} \approx 20{,}0$

b) Zeigen Sie, dass die Maßzahl des Flächeninhalts des Dreiecks ABC für A(2|1|−3), B(6|1|0) und C(10|−1|3) gleich 5 ist.

$\vec{AB} = \begin{pmatrix} 4 \\ 0 \\ 3 \end{pmatrix};\; \vec{AC} = \begin{pmatrix} 8 \\ -2 \\ 6 \end{pmatrix};\; \vec{AB}\times\vec{AC} = \begin{pmatrix} 0\cdot 6 - 3\cdot(-2) \\ 3\cdot 8 - 4\cdot 6 \\ 4\cdot(-2) - 0\cdot 8 \end{pmatrix} = \begin{pmatrix} 6 \\ 0 \\ -8 \end{pmatrix}$

$A = \tfrac{1}{2}\cdot|\vec{AB}\times\vec{AC}| = \tfrac{1}{2}\cdot\sqrt{6^2 + 0^2 + (-8)^2} = \tfrac{1}{2}\cdot\sqrt{100} = 5$

3. a) Berechnen Sie die Maßzahl des Volumens des von $\vec{a} = \begin{pmatrix} 2\\3\\5 \end{pmatrix}$, $\vec{b} = \begin{pmatrix} 2\\-1\\7 \end{pmatrix}$ und $\vec{c} = \begin{pmatrix} 3\\9\\2 \end{pmatrix}$ aufgespannten Spats.

$V_{\text{Spat}} = |(\vec{a}\times\vec{b})\circ\vec{c}| = \left|\begin{pmatrix} 2\\3\\5 \end{pmatrix}\times\begin{pmatrix} 2\\-1\\7 \end{pmatrix}\circ\begin{pmatrix} 3\\9\\2 \end{pmatrix}\right| = \left|\begin{pmatrix} 26\\-4\\-8 \end{pmatrix}\circ\begin{pmatrix} 3\\9\\2 \end{pmatrix}\right| = 26$

b) Eine dreiseitige Pyramide hat die Ecken A(2|−3|−5), B(3|0|−1) und C(4|2|−4) sowie die Spitze S(0|0|2). Berechnen Sie die Maßzahl des Volumens der Pyramide.

$V_{\text{Pyramide}} = \tfrac{1}{6}\cdot|(\vec{AB}\times\vec{AC})\circ\vec{AS}| = \tfrac{1}{6}\cdot\left|\begin{pmatrix} 1\\3\\4 \end{pmatrix}\times\begin{pmatrix} 2\\5\\1 \end{pmatrix}\circ\begin{pmatrix} -2\\3\\7 \end{pmatrix}\right|$

$= \tfrac{1}{6}\cdot\left|\begin{pmatrix} -17\\7\\-1 \end{pmatrix}\circ\begin{pmatrix} -2\\3\\7 \end{pmatrix}\right| = \tfrac{1}{6}\cdot|48| = 8$

Trainingsblatt
Kreis- und Kugelgleichung

1. a) Erstellen Sie unter Benutzung des Satzes von Pythagoras die Koordinaten- und Vektorgleichung der abgebildeten Kreise.

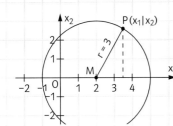

Koordinatengleichung:
$($ ____ $)^2 +$ ____$^2 =$ ____^{2}

Vektorgleichung:
$\left[\vec{x} - \text{____}\right]^2 =$ ____

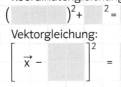

Koordinatengleichung:
$($ ____ $)^2 + ($ ____ $)^2 =$ ____

Vektorgleichung: ____

b) Wie lauten Koordinaten- und Vektorgleichung des Kreises um $M(2|0)$ mit Radius $r = 4$?

Koordinatengleichung: ____ = ____   Vektorgleichung: ____

Welche Eigenschaft haben die Koordinaten aller Punkte außerhalb bzw. innerhalb des Kreises um $M(2|0)$ mit Radius $r = 4$? ____ > ____ bzw. ____

c) Geben Sie die Gleichungen an für die Kreise mit $r = 3$, die die x_2-Achse in $(0|0)$ berühren.

Koordinatengleichungen: ____ und ____

Vektorgleichungen: ____ und ____

2. Skizzieren Sie die Kreise und geben Sie Mittelpunkt und Radius an.

a) $(x_1 - 3)^2 + (x_2 - 2{,}5)^2 = 4$

b) $\left[\vec{x} - \begin{pmatrix} 2 \\ -1 \end{pmatrix}\right]^2 = 1$

c) $(x_1 + 2)^2 + (x_2 - 1)^2 = 9$

d) $\left[\vec{x} - \begin{pmatrix} -2 \\ 1 \end{pmatrix}\right]^2 = 2^2$

3. Erstellen Sie die Koordinaten- und Vektorgleichung
a) des Kreises um $O(0|0)$ mit Radius 3;   Koordinatengleichung: ____ ; Vektorgleichung: ____
b) der Kugel um $O(0|0|0)$ mit Radius 4;   Koordinatengleichung: ____ ; Vektorgleichung: ____
c) der Kugel um $M(1|4|-2)$ mit Radius 5.
Koordinatengleichung: ____ ; Vektorgleichung: ____

d) Liegt $P(1|1{,}5|-1)$ innerhalb, auf oder außerhalb der Kugel um $M(1|4|-2)$ mit Radius $r = 3$?
$(1-1)^2 + (1{,}5-$ ____$)^2 + ($ ____ $)^2 =$ ____ $=$ ____ 3^2, also liegt P ____ der Kugel.
↑
<, = oder >

4. Bestimmen Sie mithilfe der Methode der quadratischen Ergänzung Mittelpunkt und Radius

a) des Kreises $x_1^2 + 4x_1 + x_2^2 - 21 = 0$;
$(x_1 +$ ____$)^2$ ____ $= 0$, also $(x_1 +$ ____$)^2$ ____ ; Mittelpunkt ist $M($ ____ $)$, Radius $r =$ ____ ;

b) der Kugel $x_1^2 + x_2^2 + x_3^2 - 2x_1 - 8x_2 + 4x_3 + 12 = 0$.
$x_1^2 - 2x_1 + x_2^2 -$ ____ $= 0 \Rightarrow (x_1 -$ ____ ;
also ____ ; Mittelpunkt ist $M($ ____ $)$, Radius $r =$ ____ .

Trainingsblatt
Kreis- und Kugelgleichung

Lösung

1. a) Erstellen Sie unter Benutzung des Satzes von Pythagoras die Koordinaten- und Vektorgleichung der abgebildeten Kreise.

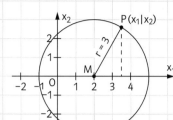

Koordinatengleichung:
$(x_1 - 2)^2 + x_2^2 = 3^2$

Vektorgleichung:
$\left[\vec{x} - \begin{pmatrix} 2 \\ 0 \end{pmatrix}\right]^2 = 9$

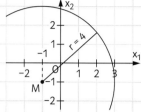

Koordinatengleichung:
$(x_1 + 1)^2 + (x_2 + 1)^2 = 16$

Vektorgleichung:
$\left[\vec{x} - \begin{pmatrix} -2 \\ 1 \end{pmatrix}\right]^2 = 16$

b) Wie lauten Koordinaten- und Vektorgleichung des Kreises um $M(2|0)$ mit Radius $r = 4$?

Koordinatengleichung: $(x_1 - 2)^2 + x_2^2 = 16$ Vektorgleichung: $\left[\vec{x} - \begin{pmatrix} 2 \\ 0 \end{pmatrix}\right]^2 = 16$

Welche Eigenschaft haben die Koordinaten aller Punkte außerhalb bzw. innerhalb des Kreises um $M(2|0)$ mit Radius $r = 4$? $(x_1 - 2)^2 + x_2^2 > 16$ bzw. $(x_1 - 2)^2 + x_2^2 < 16$

c) Geben Sie die Gleichungen an für die Kreise mit $r = 3$, die die x_2-Achse in $(0|0)$ berühren.

Koordinatengleichungen: $(x_1 - 3)^2 + x_2^2 = 9$ und $(x_1 + 3)^2 + x_2^2 = 9$

Vektorgleichungen: $\left[\vec{x} - \begin{pmatrix} 3 \\ 0 \end{pmatrix}\right]^2 = 9$ und $\left[\vec{x} + \begin{pmatrix} 3 \\ 0 \end{pmatrix}\right]^2 = 9$

2. Skizzieren Sie die Kreise und geben Sie Mittelpunkt und Radius an.

a) $(x_1 - 3)^2 + (x_2 - 2{,}5)^2 = 4$

b) $\left[\vec{x} - \begin{pmatrix} 2 \\ -1 \end{pmatrix}\right]^2 = 1$

c) $(x_1 + 2)^2 + (x_2 - 1)^2 = 9$

d) $\left[\vec{x} - \begin{pmatrix} -2 \\ 1 \end{pmatrix}\right]^2 = 2^2$

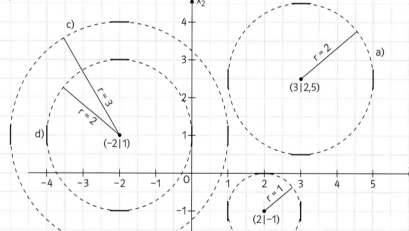

3. Erstellen Sie die Koordinaten- und Vektorgleichung

a) des Kreises um $O(0|0)$ mit Radius 3; Koordinatengleichung: $x_1^2 + x_2^2 = 9$; Vektorgleichung: $\vec{x}^2 = 9$

b) der Kugel um $O(0|0|0)$ mit Radius 4; Koordinatengleichung: $x_1^2 + x_2^2 + x_3^2 = 16$; Vektorgleichung: $\vec{x}^2 = 16$

c) der Kugel um $M(1|4|-2)$ mit Radius 5.

Koordinatengleichung: $(x_1 - 1)^2 + (x_2 - 4)^2 + (x_3 + 2)^2 = 25$; Vektorgleichung: $\left[\vec{x} - \begin{pmatrix} 1 \\ 4 \\ -2 \end{pmatrix}\right]^2 = 25$

d) Liegt $P(1|1{,}5|-1)$ innerhalb, auf oder außerhalb der Kugel um $M(1|4|-2)$ mit Radius $r = 3$?

$(1-1)^2 + (1{,}5 - 4)^2 + (-1 + 2)^2 = 0 + (-2{,}5)^2 + 1^2 = 7{,}25 < 3^2$, also liegt P innerhalb der Kugel.
(↑ <, = oder >)

4. Bestimmen Sie mithilfe der Methode der quadratischen Ergänzung Mittelpunkt und Radius

a) des Kreises $x_1^2 + 4x_1 + x_2^2 - 21 = 0$;

$(x_1 + 2)^2 - 4 + x_2^2 - 21 = 0$, also $(x_1 + 2)^2 + x_2^2 = 25$; Mittelpunkt ist $M(-2|0)$, Radius $r = 5$;

b) der Kugel $x_1^2 + x_2^2 + x_3^2 - 2x_1 - 8x_2 + 4x_3 + 12 = 0$.

$x_1^2 - 2x_1 + x_2^2 - 8x_2 + x_3^2 + 4x_3 + 12 = 0 \Rightarrow (x_1 - 1)^2 - 1 + (x_2 - 4)^2 - 16 + (x_3 + 2)^2 - 4 + 12 = 0$;

also $(x_1 - 1)^2 + (x_2 - 4)^2 + (x_3 + 2)^2 = 9$; Mittelpunkt ist $M(1|4|-2)$, Radius $r = 3$.

Spiel
Rumkugeln – Spielanleitung

Spiel für 2 bis 4 Personen

Spielmaterial: 8 Startkarten und 32 Kugelkarten;
für jeden Spieler ein 3D-Koordinatensystem (Bastelvorlage S. 178f) und 1 Spielfigur (oder Münze, Büroklammer, Radiergummi etc.) sowie Stift und Papier für Notizen.

Spielvorbereitung: Jeder Spieler muss ggf. noch sein 3D-Koordinatensystem basteln.
Die Startkarten werden gemischt. Jeder Spieler zieht eine davon und stellt seine Spielfigur und die Startkarte in denjenigen Quadranten, welcher den auf seiner Startkarte angegebenen Kugelmittelpunkt enthält.
Die übrigen Startkarten werden beiseite gelegt.
Die Kugelkarten werden gemischt. 3 Karten werden aufgedeckt in die Mitte gelegt, der Rest verdeckt als Stapel abgelegt.

Spielziel: Jeder Spieler versucht, für jeden Oktanten in seinem 3D-Koordinatensystem mindestens eine Kugel(-karte) zu finden, deren Kugelmittelpunkt in dem Oktanten liegt.

Spielanleitung: Der Spieler mit der niedrigsten Startkartennummer beginnt. Er wählt nun eine der offen liegenden Kugelkarten, die es ihm ermöglicht, mit seiner Spielfigur in einen benachbarten Oktanten zu wechseln. (Benachbart sind Oktanten, wenn sie von nur einer der Koordinatenebenen voneinander getrennt sind. Also z.B. sind zu Oktant IV die Oktanten I, III und VIII benachbart.)

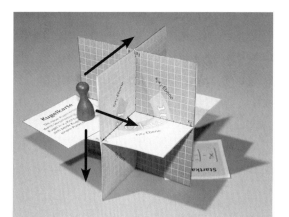

Er notiert die Koordinaten des Mittelpunktes und den Radius der Kugel, die auf der Kugelkarte beschrieben wird. Hierbei ist zu beachten, dass nur ganzzahlige Koordinaten und Radien auftreten sollen. Seine Mitspieler kontrollieren die Werte.
Er legt diese Kugelkarte – entsprechend der Mittelpunktkoordinaten – in den richtigen Oktanten seines 3D-Koordinatensystems ab. Seine Spielfigur wechselt in diesen neuen Oktanten. Eine neue Kugelkarte wird vom Stapel aufgedeckt.
Falls der Spieler unter den 3 aufliegenden Kugelkarten keine finden konnte, um in einen benachbarten Oktanten zu wechseln, legt er eine beliebige dieser 3 Karten beiseite und ersetzt diese durch eine neu vom Stapel gezogene. Er darf aber seine Spielfigur nicht mehr versetzen, auch wenn diese neue Kugelkarte dies ermöglichte.
Dann ist der nächste Spieler an der Reihe.
Im Laufe des Spiels besucht so jeder Spieler möglichst jeden Oktanten und legt dort eine Kugelkarte ab. Die Oktanten dürfen auch mehrfach besucht werden.

Spielende: Das Spiel endet, wenn der erste Spieler in jeden Oktanten mindestens eine Kugelkarte legen konnte oder nur noch 2 Kugelkarten aufgedeckt in der Mitte liegen (d.h. der Stapel leer ist). In diesem Fall gewinnt derjenige Spieler, der die meisten Oktanten besucht hat.

Spiel
Rumkugeln – Spielkarten Teil 1

Startkarte 1
$$\left[\vec{X} - \begin{pmatrix} 1 \\ 3 \\ 1 \end{pmatrix}\right]^2 = 4$$

Startkarte 2
$$\left[\vec{X} - \begin{pmatrix} -2 \\ 1 \\ 2 \end{pmatrix}\right]^2 = 9$$

Startkarte 3
$$\left[\vec{X} - \begin{pmatrix} -1 \\ -3 \\ 2 \end{pmatrix}\right]^2 = 4$$

Startkarte 4
$$\left[\vec{X} - \begin{pmatrix} 2 \\ -3 \\ 2 \end{pmatrix}\right]^2 = 16$$

Startkarte 5
$$\left[\vec{X} - \begin{pmatrix} 2 \\ 1 \\ -2 \end{pmatrix}\right]^2 = 9$$

Startkarte 6
$$\left[\vec{X} - \begin{pmatrix} -3 \\ 2 \\ -3 \end{pmatrix}\right]^2 = 16$$

Startkarte 7
$$\left[\vec{X} - \begin{pmatrix} -2 \\ -3 \\ -4 \end{pmatrix}\right]^2 = 25$$

Startkarte 8
$$\left[\vec{X} - \begin{pmatrix} 3 \\ -2 \\ -3 \end{pmatrix}\right]^2 = 9$$

Kugelkarte
Die Kugel schneide die $x_2 x_3$-Ebene in einem Kreis mit dem Radius 3 und der Kugelmittelpunkt habe den Abstand 4 von dieser Ebene.

Kugelkarte
Spiegeln Sie Ihre Kugel an der $x_1 x_2$-Ebene.

Kugelkarte
Verschieben Sie Ihre Kugel in der x_3-Richtung um -4.

Kugelkarte
Der Vektor $\begin{pmatrix} 4 \\ 2 \\ 3 \end{pmatrix}$ verbinde den bisherigen Kugelmittelpunkt mit dem neuen. Der Radius bleibe gleich.

Kugelkarte
Der neue Kugelmittelpunkt habe die x_3-Koordinate 3 und die Kugel schneide die $x_1 x_2$-Ebene in einem Kreis mit dem Radius 4.

Kugelkarte
Die neue Kugel habe den doppelten Radius und berühre die bisherige Kugel in genau einem Punkt.

Kugelkarte
Die neue Kugel entsteht durch Verschiebung der alten Kugel in x_3-Richtung, so dass sich beide Kugeln in genau einem Punkt berühren.

Kugelkarte
Die neue Kugel entsteht durch Spiegelung der alten Kugel an der $x_2 x_3$-Ebene.

Kugelkarte
Verschieben Sie Ihre Kugel parallel zur $x_1 x_2$-Ebene, so dass sie die beiden anderen Koordinatenebenen berührt.

Kugelkarte
Die neue Kugel hat den Radius 4 und berührt alle Koordinatenebenen.

Kugelkarte
Die neue Kugel schneide die $x_2 x_3$-Ebene in einem Kreis mit dem Radius 3. Ihr Kugelmittelpunkt habe die x_1-Koordinate 4.

Kugelkarte
Die neue Kugel entstehe aus der alten durch Drehung des Mittelpunktes um die x_1-Achse des Koordinatensystems um 90° gegen den Uhrzeigersinn.

Spiel
Rumkugeln – Spielkarten Teil 2

Kugelkarte	Kugelkarte	Kugelkarte	Kugelkarte
Die neue Kugel entstehe aus der alten durch Drehung des Mittelpunktes um die x_2-Achse des Koordinatensystems um 90° im Uhrzeigersinn.	Die Kugel hat den Mittelpunkt $M(1|-2|2)$ und geht durch den Ursprung des Koordinatensystems.	Die Kugel schneide die x_1x_2-Ebene in einem Kreis mit dem Radius 4 und der Kugelmittelpunkt sei 3 LE von dieser Ebene entfernt.	Die Punkte $O(0|0|0)$ und $A(-4|2|4)$ begrenzen einen Durchmesser der Kugel.

Kugelkarte	Kugelkarte	Kugelkarte	Kugelkarte
Die neue Kugel entstehe aus der alten durch Drehung des Mittelpunktes um die x_3-Achse des Koordinatensystems um 90° gegen den Uhrzeigersinn.	Die Kugel mit der Mittelpunktskoordinate $x_1 = -5$ berührt alle Koordinatenebenen.	Der Vektor $\begin{pmatrix} 4 \\ -2 \\ 3 \end{pmatrix}$ verschiebt den neuen Kugelmittelpunkt in den Mittelpunkt der bisherigen Kugel. Beide Kugeln haben den gleichen Radius.	Die neue Kugel entsteht durch Spiegelung der bisherigen Kugel am Ursprung des Koordinatensystems.

Kugelkarte	Kugelkarte	Kugelkarte	Kugelkarte
Die neue Kugel entsteht durch Spiegelung der bisherigen Kugel an der x_1-Achse des Koordinatensystems.	Spiegeln Sie Ihre bisherige Kugel an der x_2x_3-Ebene.	Die Kugel schneide die x_1x_3-Ebene in einem Kreis mit dem Radius 8 und der Kugelmittelpunkt habe den Abstand 6 von dieser Ebene.	Die Kugel ist die kleinste Kugel, welche die Kugeln $K_1: \left[\vec{X} - \begin{pmatrix} 1 \\ 2 \\ 5 \end{pmatrix}\right]^2 = 4$ und $K_2: \left[\vec{X} - \begin{pmatrix} 1 \\ 13 \\ 5 \end{pmatrix}\right]^2 = 9$ in genau einem Punkt berührt.

Kugelkarte	Kugelkarte	Kugelkarte	Kugelkarte
Die Kugel ist die kleinste Kugel, welche die Kugeln $K_1: \left[\vec{X} - \begin{pmatrix} -2 \\ 3 \\ 5 \end{pmatrix}\right]^2 = 4$ und $K_2: \left[\vec{X} - \begin{pmatrix} 13 \\ 3 \\ 5 \end{pmatrix}\right]^2 = 9$ in genau einem Punkt berührt.	Die Kugel ist die kleinste Kugel, welche die Kugel $K: \left[\vec{X} - \begin{pmatrix} -2 \\ 10 \\ 3 \end{pmatrix}\right]^2 = 4$ und die x_1x_3-Ebene in genau einem Punkt berührt.	Die neue Kugel mit dem Radius 5 berührt die Kugel $K: \left[\vec{X} - \begin{pmatrix} 2 \\ -3 \\ 5 \end{pmatrix}\right]^2 = 9$ im Punkt $B(2|-3|2)$.	Die neue Kugel entsteht durch Verschiebung der alten Kugel in x_2-Richtung, so dass sich beide Kugeln in genau einem Punkt berühren.

Kugelkarte	Kugelkarte	Kugelkarte	Kugelkarte
Die neue Kugel hat den doppelten Radius der alten Kugel und soll sie in genau einem Punkt berühren. Der Mittelpunkt der neuen entsteht durch Verschiebung des alten Mittelpunktes parallel zur x_3-Achse.	Die neue Kugel hat den doppelten Radius der alten Kugel und soll sie in genau einem Punkt berühren. Der Mittelpunkt der neuen entsteht duch Verschiebung des alten Mittelpunktes parallel zu einer der Koordinatenachsen.	Ein Durchmesser der Kugel hat die Endpunkte $A(-1|1|1)$ und $B(3|3|5)$.	Die Kugel hat das Volumen 36π und den Mittelpunkt $M(-3|4|-5)$.

Spiel
Rumkugeln – Spielkarten Teil 3

Kugelkarte
Die Kugel hat den Radius $r = 64\frac{1}{3}$. Mittelpunkt ist der Schnittpunkt der Ebene $E: x_3 = -5$ mit der Geraden
$$g: \vec{X} = \begin{pmatrix} 3 \\ 5 \\ 0 \end{pmatrix} + \lambda \cdot \begin{pmatrix} 0 \\ 0 \\ 1 \end{pmatrix}.$$

Kugelkarte
Die Kugel berührt die Ebene $E: x_1 = -1$ im Punkt $B(-1|5|6)$ und hat den Radius $r = 4$.

Kugelkarte
Die Kugel hat die Oberfläche 36π. Mittelpunkt ist der Schnittpunkt der Ebene $E: x_1 = -1$ mit der Geraden
$$g: \vec{X} = \begin{pmatrix} -2 \\ 3 \\ -4 \end{pmatrix} + \lambda \cdot \begin{pmatrix} 1 \\ 1 \\ 1 \end{pmatrix}.$$

Kugelkarte
Die Kugel hat den Radius $r = 5$ und berühre die Ebene $E: x_2 = -3$ im Schnittpunkt der Ebene E mit der Geraden
$$g: \vec{X} = \begin{pmatrix} -2 \\ 3 \\ 4 \end{pmatrix} + \lambda \cdot \begin{pmatrix} 1 \\ 2 \\ 1 \end{pmatrix}.$$

Kugelkarte
Der Mittelpunkt der Kugel liegt in der Ebene mit der Gleichung $x_2 = -5$. Die Kugel berührt die $x_1 x_3$-Ebene.

Kugelkarte
Der Mittelpunkt der Kugel liegt in der Ebene mit der Gleichung $x_1 = 4$. Die Kugel berührt die $x_2 x_3$-Ebene.

Kugelkarte
Die Kugel berührt die Ebenen $E_1: x_2 = 2$ und $E_2: x_2 = 6$. Der Mittelpunkt liegt auf der Geraden
$$g: \vec{X} = \begin{pmatrix} 3 \\ 0 \\ 4 \end{pmatrix} + \lambda \cdot \begin{pmatrix} 0 \\ 1 \\ 0 \end{pmatrix}.$$

Kugelkarte
Die Kugel schneide die Ebene $E: x_2 = 2$ in einem Kreis mit dem Radius 3 und der Kugelmittelpunkt habe den Abstand 4 von dieser Ebene.

Kugelkarte
Die Kugel hat den Radius 3 und berührt die Ebene $E: x_1 + 2x_2 + 2x_3 = 0$ im Ursprung des Koordinatensystems.

Kugelkarte
Die Schnittpunkte der Geraden
$$g: \vec{X} = \begin{pmatrix} -2 \\ 3 \\ 0 \end{pmatrix} + \lambda \cdot \begin{pmatrix} 0 \\ 0 \\ 1 \end{pmatrix}$$
mit den Ebenen $E_1: x_3 = -2$ und $E_2: x_3 = 8$ sind Endpunkte eines Durchmessers der Kugel.

Kugelkarte
Die Kugel berührt die Ebenen $E_1: x_3 = -1$ und $E_2: x_3 = 5$. Der Mittelpunkt liegt auf der Geraden
$$g: \vec{X} = \begin{pmatrix} 3 \\ -4 \\ 0 \end{pmatrix} + \lambda \cdot \begin{pmatrix} 0 \\ 0 \\ 1 \end{pmatrix}.$$

Kugelkarte
Die Kugel hat die Oberfläche 100π. Mittelpunkt ist der Schnittpunkt der Ebene $E: x_3 = -3$ mit der Geraden
$$g: \vec{X} = \begin{pmatrix} -2 \\ 3 \\ -4 \end{pmatrix} + \lambda \cdot \begin{pmatrix} 1 \\ 1 \\ 1 \end{pmatrix}.$$

Kugelkarte
Die Kugel hat den Radius 3 und geht durch den Ursprung des Koordinatensystems. Ihr Mittelpunkt liegt auf der Geraden
$$g: \vec{X} = \lambda \cdot \begin{pmatrix} -2 \\ 1 \\ -2 \end{pmatrix}.$$

Kugelkarte
Die Endpunkte A und B eines Durchmessers der Kugel liegen auf der Geraden
$$g: \vec{X} = \begin{pmatrix} -2 \\ 3 \\ 3 \end{pmatrix} + \lambda \cdot \begin{pmatrix} 2 \\ -2 \\ 1 \end{pmatrix}.$$
Es gilt $\lambda_A = 1$ und $\lambda_B = 3$.

Kugelkarte
Spiegeln Sie Ihre bisherige Kugel an der Ebene $x_3 = 1$.

Kugelkarte
Spiegeln Sie Ihre bisherige Kugel an der Ebene $x_2 = -1$.

Kugelkarte
Die Kugel hat den Mittelpunkt $M(3|-3|3)$ und berührt die Ebene $E: 2x_1 - x_2 - 2x_3 - 9 = 0$ in genau einem Punkt.

Kugelkarte
Die Kugel ist die kleinste Kugel, welche die Kugel
$$K: \left[\vec{X} - \begin{pmatrix} 2 \\ -3 \\ 5 \end{pmatrix}\right]^2 = 9$$
und die Ebene $E: x_2 = 8$ in genau einem Punkt berührt.

Rumkugeln (ca. 45 Stück)

100 g Vollmilch- und 50 g Bitterschokolade zerbröckeln, im Wasserbad schmelzen. 125 g Butter und 125 g Puderzucker schaumig rühren; die geschmolzene Schokolade esslöffelweise, 2 cl Rum und 3 EL Kakaopulver hineinrühren; ca. 20 min kühl stellen. Mit einem Teelöffel Häufchen abstechen und mit kakaobestäubten Händen zu Kugeln mit 2 cm ⌀ formen; in Pralinenmanschette legen.

Arbeitsblatt – Check-out
Geometrische Probleme lösen

Gegeben sind $P(-1|2|1)$, die Geraden $g\colon \vec{x} = \begin{pmatrix} 1 \\ -1 \\ 2 \end{pmatrix} + t \cdot \begin{pmatrix} 1 \\ 2 \\ 0 \end{pmatrix}$ und $h\colon \vec{x} = \begin{pmatrix} -1 \\ 4 \\ -1 \end{pmatrix} + t \cdot \begin{pmatrix} -1 \\ -1 \\ 1 \end{pmatrix}$ sowie die Ebene $E\colon 2x_1 - x_2 - x_3 = 7$.

1. a) Bestimmen Sie mithilfe der Hesse'schen Normalenform den Abstand des Punktes P zur Ebene E.

b) Welcher Punkt der Ebene E hat die geringste Entfernung zu P?

2. Bestimmen Sie den Abstand d des Punktes P zur Geraden g. Welcher Punkt auf g hat die geringste Entfernung zu P?

3. Bestimmen Sie den Winkel, unter dem h die Ebene E schneidet.

4. a) Bestimmen Sie den Mittelpunkt M und den Radius r des Kreises $K\colon (x_1 - 4)^2 + (x_2 - 3)^2 = 4$
und skizzieren Sie ihn ins nebenstehende Koordinatensystem: $M(\quad|\quad)$; $r =$
Geben Sie die Gleichung eines Kreises mit dem gleichen Mittelpunkt M an, der
b) die x_1-Achse berührt;
der neue Radius ist $r =$, also lautet die Kreisgleichung K:
c) durch den Ursprung $O(0|0)$ verläuft.
Der neue Radius ist $r =$,
also lautet die Kreisgleichung K:

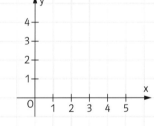

5. Gegeben sind die Ebene $E\colon 2x_2 + x_3 - 4 = 0$ und die Kugel $K\colon x_1^2 + x_2^2 + x_3^2 = 25$.
Existiert ein Schnittkreis von Kugel K und Ebene E? Ermitteln Sie ggf. Mittelpunkt und Radius dieses Schnittkreises.

Arbeitsblatt – Check-out
Geometrische Probleme lösen

Lösung

Gegeben sind $P(-1|2|1)$, die Geraden $g: \vec{x} = \begin{pmatrix} 1 \\ -1 \\ 2 \end{pmatrix} + t \cdot \begin{pmatrix} 1 \\ 2 \\ 0 \end{pmatrix}$ und $h: \vec{x} = \begin{pmatrix} -1 \\ 4 \\ -1 \end{pmatrix} + t \cdot \begin{pmatrix} -1 \\ -1 \\ 1 \end{pmatrix}$ sowie die Ebene $E: 2x_1 - x_2 - x_3 = 7$.

1. a) Bestimmen Sie mithilfe der Hesse'schen Normalenform den Abstand des Punktes P zur Ebene E.

$$d = \left| \frac{2 \cdot (-1) - 2 - 1 - 7}{\sqrt{4+1+1}} \right| = \left| \frac{-12}{\sqrt{6}} \right| = \frac{12}{\sqrt{6}} = 2\sqrt{6} \quad (\approx 4{,}90)$$

b) Welcher Punkt der Ebene E hat die geringste Entfernung zu P?

Lotgerade l zu E durch P: $\vec{x} = \begin{pmatrix} -1 \\ 2 \\ 1 \end{pmatrix} + t \cdot \begin{pmatrix} 2 \\ -1 \\ -1 \end{pmatrix}$

Schnittpunkt von l mit E: $2(-1+2t) - (2-t) - (1-t) = 7 \Rightarrow t = 2$; Schnittpunkt $S(3|0|-1)$

2. Bestimmen Sie den Abstand d des Punktes P zur Geraden g. Welcher Punkt auf g hat die geringste Entfernung zu P?
Gleichung der Hilfsebene H: mit Richtungsvektor von g als Normalenvektor: Ansatz: $x_1 + 2x_2 = c$
und mit P als Punkt der Ebene H: $-1 + 2 \cdot 2 = c \Rightarrow c = 3$; also H: $x_1 + 2x_2 = 3$
Schnittpunkt T von g und H: $1 + t + 2 \cdot (-1 + 2t) = 3 \Rightarrow 5t = 4 \Rightarrow t = 0{,}8$;

$T(1{,}8|0{,}6|2)$ hat die geringste Entfernung zu P.

Berechnung des Abstandes $d = |\vec{PT}| = \sqrt{(1{,}8-(-1))^2 + (0{,}6-2)^2 + (2-1)^2} = \sqrt{10{,}8} \quad (\approx 3{,}29)$

3. Bestimmen Sie den Winkel, unter dem h die Ebene E schneidet.

Für den Schnittwinkel α von h und E gilt: $\sin \alpha = \frac{\left| \begin{pmatrix} -1 \\ -1 \\ 1 \end{pmatrix} \cdot \begin{pmatrix} 2 \\ -1 \\ -1 \end{pmatrix} \right|}{\left|\begin{pmatrix} -1 \\ -1 \\ 1 \end{pmatrix}\right| \cdot \left|\begin{pmatrix} 2 \\ -1 \\ -1 \end{pmatrix}\right|} = \frac{|-2|}{\sqrt{3} \cdot \sqrt{6}} \approx 0{,}47 \Rightarrow \alpha \approx 28{,}1°$

4. a) Bestimmen Sie den Mittelpunkt M und den Radius r des Kreises K: $(x_1-4)^2 + (x_2-3)^2 = 4$
und skizzieren Sie ihn ins nebenstehende Koordinatensystem: $M(\;4\;|\;3\;)$; $r = 2$
Geben Sie die Gleichung eines Kreises mit dem gleichen Mittelpunkt M an, der

b) die x_1-Achse berührt;
der neue Radius ist $r = 3$, also lautet die Kreisgleichung K: $(x_1-4)^2 + (x_2-3)^2 = 9$

c) durch den Ursprung $O(0|0)$ verläuft.
Der neue Radius ist $r = |\vec{MO}| = \sqrt{(4-0)^2 + (3-0)^2} = \sqrt{4^2 + 3^2} = 5$,
also lautet die Kreisgleichung K: $(x_1-4)^2 + (x_2-3)^2 = 25$

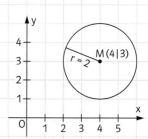

5. Gegeben sind die Ebene $E: 2x_2 + x_3 - 4 = 0$ und die Kugel $K: x_1^2 + x_2^2 + x_3^2 = 25$.
Existiert ein Schnittkreis von Kugel K und Ebene E? Ermitteln Sie ggf. Mittelpunkt und Radius dieses Schnittkreises.

Abstand d des Kugelmittelpunkts von E: $d = \left| \frac{0 \cdot 0 + 2 \cdot 0 + 1 \cdot 0 - 4}{\sqrt{0^2 + 2^2 + 1^2}} \right| = \left| \frac{-4}{\sqrt{5}} \right| < 5$ (= Kugelradius), also schneidet E die Kugel.

Normalenvektor von E: $\vec{n} = \begin{pmatrix} 0 \\ 2 \\ 1 \end{pmatrix}$;

Skizze:

Lotgerade zu E durch Kugelmittelpunkt: $\vec{x} = \vec{m} + t \cdot \vec{n} = \vec{o} + t \cdot \begin{pmatrix} 0 \\ 2 \\ 1 \end{pmatrix}$; d.h. $x_1 = 0$; $x_2 = 2t$; $x_3 = t$.
Einsetzen in die Ebenengleichung E: $2 \cdot 2t + t - 4 = 0$ ergibt
$t = \frac{4}{5}$ am Fußpunkt F der Lotgeraden, also $F(0|\frac{8}{5}|\frac{4}{5})$.
F ist der Mittelpunkt des Schnittkreises; Radius $r = \sqrt{(25 - d^2)} = \sqrt{25 - \frac{16}{5}} = \sqrt{\frac{109}{5}} \approx 4{,}67$.

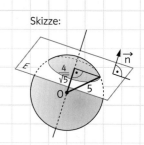

Arbeitsblatt – Check-in
Matrizen und Prozesse

Checkliste	Das kann ich gut.	Ich bin noch unsicher.	Das kann ich nicht mehr.
1. Ich kann lineare Gleichungssysteme lösen.			
2. Ist ein lineares Gleichungssystem nicht eindeutig lösbar, kann ich die Lösungsmenge angeben.			
3. Ich kann entscheiden, ob man das Skalarprodukt zweier Vektoren berechnen kann, und dieses bestimmen.			
4. Ich kann mit Anteilen und Prozenten rechnen.			

Überprüfen Sie Ihre Einschätzungen anhand der entsprechenden Aufgaben:

1. Lösen Sie die Gleichungssysteme.

a) (I) $\quad 2x_1 - 3x_2 = 1$
(II) $\quad 3x_1 + x_2 = 7$
(II) $- \frac{3}{2}$ (I): $\quad \frac{9}{2}x_2 = \underline{\quad}$
$\Rightarrow \quad \Rightarrow x_2 = \underline{\quad}$
eingesetzt in (I): $\quad \Rightarrow x_1 = \underline{\quad}$

b) (I) $\quad 17x_1 + 8x_2 = 13$
(II) $\quad 51x_1 + 24x_2 = 40$
-3(I) $+$ (II): $\quad = \underline{\quad}$;
Widerspruch, d.h. es gibt $\underline{\quad}$ Lösung.

c) (I) $\quad x_1 - 2x_2 + 10x_3 = 24$
(II) $\quad 3x_1 - 16x_2 - 2x_3 = 18$
(III) $\quad 10x_1 + 10x_2 - 4x_3 = 2$
(IIa) $=$ (II) $- 3$(I): $\quad -10x_2 - 32x_3 = -54$
(IIIa) $=$ (III) $- 10$(I): $\quad 30x_2 - 104x_3 = -238$
3(IIa) $+$ (IIIa):
$\Rightarrow x_3 = \underline{\quad}$
eingesetzt in (IIa):
$\Rightarrow x_2 = \underline{\quad}$
x_2 eingesetzt in (IIIa): $x_1 = \underline{\quad}$

2. Bestimmen Sie die Lösungsmenge.

a) (I) $\quad x_1 + 2x_2 + x_3 = 4$
(II) $\quad 2x_1 + 2x_2 - x_3 = 2$
Es gibt unendlich viele Lösungen, da
$\underline{\qquad\qquad}$
(II) $- 2 \cdot$ (I):
Wählt man $x_3 = t$ als Parameter, so folgt:
$2x_2 + \underline{\quad} = 6 \Rightarrow x_2 = 3 - \underline{\quad} \cdot t$
Damit wird (I) zu:
$x_1 = 4 - 2x_2 - x_3 = 4 - 2 \cdot (\underline{\quad}) - t = \underline{\quad} \cdot t - \underline{\quad}$
Lösungsmenge L $= \{(2t - 2; \underline{\quad}; \underline{\quad}) \mid (t \in \mathbb{R})\}$

b) (I) $\quad x_1 + 2x_2 + 2x_3 = 12$
(II) $\quad 3x_1 + 4x_2 + 2x_3 = 20$
(III) $\quad -x_1 + 2x_3 = 4$
(IIa) $=$ (II) $- \underline{\quad} \cdot$ (I): $\quad -2x_2 - 4x_3 = -16$
(IIIa) $=$ (III) $+ \underline{\quad}$: $\quad 2x_2 - 4x_3 = 16$
(IIIb) $=$ (IIIa) $+$ (IIa): $\quad x_3 = \underline{\quad}$
Es gibt unendlich viele Lösungen, da
$\underline{\qquad\qquad}$
Wählt man $x_3 = t$ als Parameter, so folgt aus (IIa) und (I): $x_2 = \underline{\quad}$; $x_1 = \underline{\quad}$
L $= \{(\underline{\quad}; \underline{\quad}; \underline{\quad}) \mid (t \in \mathbb{R})\}$

3. a) Folgende Skalarprodukte sind definiert:

i) $\begin{pmatrix}1\\0\end{pmatrix} \cdot \begin{pmatrix}0\\1\end{pmatrix}$ ja / nein
ii) $\begin{pmatrix}1\\0\end{pmatrix} \cdot \begin{pmatrix}0\\0\\1\end{pmatrix}$ ja / nein
iii) $\begin{pmatrix}1\\0\\0\end{pmatrix} \cdot \begin{pmatrix}8\\1\end{pmatrix}$ ja / nein
iv) $\begin{pmatrix}0\\0\end{pmatrix} \cdot \begin{pmatrix}0\\1\end{pmatrix}$ ja / nein

denn $\underline{\qquad\qquad}$

b) Berechnen Sie:

i) $\begin{pmatrix}2\\-3\end{pmatrix} \cdot \begin{pmatrix}6\\4\end{pmatrix} = \underline{\quad} = \underline{\quad}$
ii) $\begin{pmatrix}2\\2\\3\end{pmatrix} \cdot \begin{pmatrix}4\\5\\-6\end{pmatrix} = \underline{\quad}$
iii) $\begin{pmatrix}3\\-1\\3\end{pmatrix} \cdot \begin{pmatrix}6\\8\\-3\end{pmatrix} = \underline{\quad}$

Bei welcher der Teilaufgaben sind die gegebenen Vektoren zueinander orthogonal? $\underline{\quad}$

4. a) Der Preis stieg von G = 200 € um p = 10 %. Wie hoch ist er danach? $\quad$ P = G · $\underline{\quad} = \underline{\quad}$

b) Nach der Preiserhöhung ging der Umsatz zurück: Nun gibt es 9 % Rabatt. Wie viel ist das in €? $\quad$ P · $\underline{\quad} = \underline{\quad}$

c) Die Handy-Rechnung weist einen monatlichen festen Anteil von 9,90 € und Verbindungskosten von 3,30 € auf. Welchen Anteil (in %) haben die Festkosten an den Gesamtkosten dieses Monats?
Gesamtkosten: $\underline{\quad} + \underline{\quad} = \underline{\quad}$; Anteil: $\underline{\quad} = \underline{\quad} = \underline{\quad}$ %

Arbeitsblatt – Check-in
Matrizen und Prozesse

Lösung

Checkliste	Stichwörter zum Nachschlagen
1. Ich kann lineare Gleichungssysteme lösen.	Gleichungen/Gleichungssyteme lösen, Gauß-Verfahren
2. Ist ein lineares Gleichungssystem nicht eindeutig lösbar, kann ich die Lösungsmenge angeben.	Unterbestimmtes Gleichungssytem, unendlich viele Lösungen
3. Ich kann entscheiden, ob man das Skalarprodukt zweier Vektoren berechnen kann, und dieses bestimmen.	Skalarprodukt von Vektoren
4. Ich kann mit Anteilen und Prozenten rechnen.	Prozentrechnung, Anteil

Überprüfen Sie Ihre Einschätzungen anhand der entsprechenden Aufgaben:

1. Lösen Sie die Gleichungssysteme.

a) (I) $\quad 2x_1 - 3x_2 = 1$
(II) $\quad 3x_1 + x_2 = 7$
(II) $- \frac{3}{2}$(I): $\quad \frac{9}{2}x_2 + x_2 = -\frac{3}{2} + 7$
$\Rightarrow \frac{11}{2}x_2 = \frac{11}{2} \Rightarrow x_2 = 1$
eingesetzt in (I): $2x_1 - 3 \cdot 1 = 1 \Rightarrow x_1 = 2$

b) (I) $\quad 17x_1 + 8x_2 = 13$
(II) $\quad 51x_1 + 24x_2 = 40$
-3(I) + (II): $\quad 0 + 0 = 1$;
Widerspruch, d.h. es gibt keine Lösung.

c) (I) $\quad x_1 - 2x_2 + 10x_3 = 24$
(II) $\quad 3x_1 - 16x_2 - 2x_3 = 18$
(III) $\quad 10x_1 + 10x_2 - 4x_3 = 2$
(IIa) = (II) − 3(I): $\quad -10x_2 - 32x_3 = -54$
(IIIa) = (III) − 10(I): $\quad 30x_2 - 104x_3 = -238$
3(IIa) + (IIIa): $\quad -100x_3 = -200$
$\Rightarrow x_3 = 2$
eingesetzt in (IIa): $\quad -10x_2 - 64 = -54$
$\Rightarrow x_2 = -1$
x_2 eingesetzt in (IIIa): $x_1 = 2$

2. Bestimmen Sie die Lösungsmenge.

a) (I) $\quad x_1 + 2x_2 + x_3 = 4$
(II) $\quad 2x_1 + 2x_2 - x_3 = 2$
Es gibt unendlich viele Lösungen, da es mehr Variable als Gleichungen gibt.
(II) − 2·(I): $\quad -2x_2 - 3x_3 = -6$
Wählt man $x_3 = t$ als Parameter, so folgt:
$2x_2 + 3t = 6 \Rightarrow x_2 = 3 - \frac{3}{2} \cdot t$
Damit wird (I) zu:
$x_1 = 4 - 2x_2 - x_3 = 4 - 2 \cdot (3 - \frac{3}{2} \cdot t) - t = 2 \cdot t - 2$
Lösungsmenge $L = \{(2t - 2;\ -\frac{3}{2}t + 3;\ t)\ |\ t \in \mathbb{R}\}$

b) (I) $\quad x_1 + 2x_2 + 2x_3 = 12$
(II) $\quad 3x_1 + 4x_2 + 2x_3 = 20$
(III) $\quad -x_1 + 2x_3 = 4$
(IIa) = (II) − 3·(I): $\quad -2x_2 - 4x_3 = -16$
(IIIa) = (III) + (I): $\quad 2x_2 - 4x_3 = 16$
(IIIb) = (IIIa) + (IIa): $\quad 0 x_3 = 0$
Es gibt unendlich viele Lösungen, da Gleichung (IIIb) jede Zahl als Lösung hat.
Wählt man $x_3 = t$ als Parameter, so folgt aus (IIa) und (I): $x_2 = -2t + 8$; $x_1 = 2t - 4$
$L = \{(2t - 4\ ; -2t + 8\ ; t)\ |\ t \in \mathbb{R}\}$

3. a) Folgende Skalarprodukte sind definiert:

i) $\begin{pmatrix}1\\0\end{pmatrix} \cdot \begin{pmatrix}0\\1\end{pmatrix}$ ☒ ja ☐ nein

ii) $\begin{pmatrix}1\\0\end{pmatrix} \cdot \begin{pmatrix}0\\0\\1\end{pmatrix}$ ☐ ja ☒ nein

iii) $\begin{pmatrix}1\\0\\0\end{pmatrix} \cdot \begin{pmatrix}8\\1\end{pmatrix}$ ☐ ja ☒ nein

iv) $\begin{pmatrix}0\\0\end{pmatrix} \cdot \begin{pmatrix}0\\1\end{pmatrix}$ ☒ ja ☐ nein

denn das Skalarprodukt ist definiert für Vektoren mit gleicher Anzahl von Komponenten.

b) Berechnen Sie:

i) $\begin{pmatrix}2\\-3\end{pmatrix} \cdot \begin{pmatrix}6\\4\end{pmatrix} = 2 \cdot 6 - 3 \cdot 4 = 0$

ii) $\begin{pmatrix}2\\2\\3\end{pmatrix} \cdot \begin{pmatrix}4\\5\\-6\end{pmatrix} = 2 \cdot 4 + 2 \cdot 5 - 3 \cdot 6 = 0$

iii) $\begin{pmatrix}3\\-1\\3\end{pmatrix} \cdot \begin{pmatrix}6\\8\\-3\end{pmatrix} = 3 \cdot 6 - 1 \cdot 8 - 3 \cdot 3 = 1$

Bei welcher der Teilaufgaben sind die gegebenen Vektoren zueinander orthogonal? i) und ii)

4. a) Der Preis stieg von G = 200 € um p = 10 %. Wie hoch ist er danach? $P = G \cdot $ 1 + p $ = $ 220 €

b) Nach der Preiserhöhung ging der Umsatz zurück: Nun gibt es 9 % Rabatt. Wie viel ist das in €? $P \cdot \frac{9}{100} = $ 19,80 €

c) Die Handy-Rechnung weist einen monatlichen festen Anteil von 9,90 € und Verbindungskosten von 3,30 € auf. Welchen Anteil (in %) haben die Festkosten an den Gesamtkosten dieses Monats?

Gesamtkosten: 9,90 € + 3,30 € = 13,20 € ; Anteil: $\frac{9{,}90\ €}{13{,}20\ €} = 0{,}75 = 75 $ %

Trainingsblatt
Prozessmatrizen einstufiger Prozesse

1. Bestimmen Sie jeweils die Bedarfsmatrix, indem Sie die leeren Felder ausfüllen.

   a) Aus den drei Grundfarben (Angaben in Eimern zu 10 l) mischt ein Malermeister im angegebenen Mischungsverhältnis die Farben orange, violett und grün.

   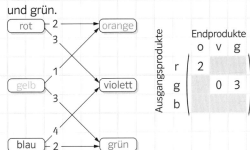

   b) Das Diagramm zeigt die Kosten (in €) für verschiedene Angebote A, B und C beim Kauf eines Handys mit geeignetem Zubehör.

   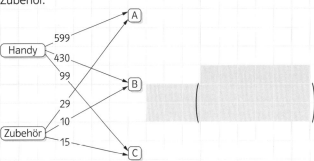

2. Beschreiben Sie detailliert, welche Informationen man der Matrix entnehmen kann.

   a) Die Küche einer Ferienanlage stellt für Tagestouren drei unterschiedliche Verpflegungspakete (1, 2 und 3) bereit, die Äpfel (A), Saft (S), belegte Brötchen (B) und Chips (C) in unterschiedlichen Mengen enthalten (siehe Matrix).

   $$\begin{matrix} & 1 & 2 & 3 \\ A & 2 & 1 & 0 \\ S & 1 & 2 & 2 \\ B & 1 & 2 & 2 \\ C & 0 & 1 & 2 \end{matrix}$$

   Das erste Verpflegungspaket besteht aus _____ Äpfeln, _____ Saft und _____ belegten Brötchen.

   Das zweite Verpflegungspaket besteht aus

   Das dritte Verpflegungspaket beinhaltet

   b) Für die Regale vom Typ „Basic" (Ba) und „Business" (Bu) werden unterschiedliche Anzahlen an Seitenteilen (S), kleinen Regalbrettern (k), großen Regalbrettern (g) und Rückwänden (R) benötigt.

   $$\begin{matrix} & Ba & Bu \\ S & 2 & 4 \\ k & 0 & 5 \\ g & 6 & 12 \\ R & 1 & 3 \end{matrix}$$

3. Ein Lieferservice bietet unterschiedliche Sparangebote mit Pizza (P), Nudeln (N), Getränken (G) und Salat (S) an.
   Angebot 1 beinhaltet eine Pizza Margherita, 1 Getränk und einen gemischten Salat.
   Angebot 2 besteht aus einer Pizza Margherita, 1 Portion Spaghetti Carbonara und 2 Getränken.
   Angebot 3 enthält eine Pizza Margherita, 1 Portion Spaghetti Carbonara, 2 Getränke und 2 gemischte Salate.
   Erstellen Sie eine Matrix, die die bereitzustellenden Lebensmittel für jedes Angebot angibt.

4. Rasen-Mischungen werden funktionsbezogen aus verschiedenen Gras-Arten zusammengesetzt.
   Ein Zierrasen besteht zu 80% aus der Gras-Art *Festuca rubra* und zu 20% aus *Lolium perenne*.
   Gebrauchsrasen besteht zu 15% aus *Festuca brevipila*, 45% *Festuca rubra* und 40% *Poa pratensis*.
   Spielrasen besteht zu 30% aus *Lolium perenne*, 40% *Festuca rubra* und 30% *Poa pratensis*.
   Stellen Sie die Bedarfsmatrix an Gras-Arten (in %) je Rasen-Mischung auf.

Trainingsblatt
Prozessmatrizen einstufiger Prozesse — Lösung

1. Bestimmen Sie jeweils die Bedarfsmatrix, indem Sie die leeren Felder ausfüllen.

a) Aus den drei Grundfarben (Angaben in Eimern zu 10 l) mischt ein Malermeister im angegebenen Mischungsverhältnis die Farben orange, violett und grün.

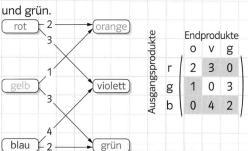

b) Das Diagramm zeigt die Kosten (in €) für verschiedene Angebote A, B und C beim Kauf eines Handys mit geeignetem Zubehör.

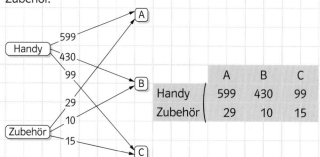

2. Beschreiben Sie detailliert, welche Informationen man der Matrix entnehmen kann.

a) Die Küche einer Ferienanlage stellt für Tagestouren drei unterschiedliche Verpflegungspakete (1, 2 und 3) bereit, die Äpfel (A), Saft (S), belegte Brötchen (B) und Chips (C) in unterschiedlichen Mengen enthalten (siehe Matrix).

$$\begin{array}{c|ccc} & 1 & 2 & 3 \\ \hline A & 2 & 1 & 0 \\ S & 1 & 2 & 2 \\ B & 1 & 2 & 2 \\ C & 0 & 1 & 2 \end{array}$$

Das erste Verpflegungspaket besteht aus **zwei** Äpfeln, **einem** Saft und **einem** belegten Brötchen.

Das zweite Verpflegungspaket besteht aus **einem Apfel, zwei Säften, zwei belegten Brötchen und einer Tüte Chips**.

Das dritte Verpflegungspaket beinhaltet **zwei Säfte, zwei belegte Brötchen und zwei Tüten Chips**.

b) Für die Regale vom Typ „Basic" (Ba) und „Business" (Bu) werden unterschiedliche Anzahlen an Seitenteilen (S), kleinen Regalbrettern (k), großen Regalbrettern (g) und Rückwänden (R) benötigt.

Für ein „Basic"-Regal werden **2 Seitenteile, 6 große Regalbretter und eine Rückwand benötigt**.

Für ein „Business"-Regal werden **4 Seitenteile, 5 kleine Regalbretter, 12 große Regalbretter und 3 Rückwände benötigt**.

$$\begin{array}{c|cc} & Ba & Bu \\ \hline S & 2 & 4 \\ k & 0 & 5 \\ g & 6 & 12 \\ R & 1 & 3 \end{array}$$

3. Ein Lieferservice bietet unterschiedliche Sparangebote mit Pizza (P), Nudeln (N), Getränken (G) und Salat (S) an.
Angebot 1 beinhaltet eine Pizza Margherita, 1 Getränk und einen gemischten Salat.
Angebot 2 besteht aus einer Pizza Margherita, 1 Portion Spaghetti Carbonara und 2 Getränken.
Angebot 3 enthält eine Pizza Margherita, 1 Portion Spaghetti Carbonara, 2 Getränke und 2 gemischte Salate.
Erstellen Sie eine Matrix, die die bereitzustellenden Lebensmittel für jedes Angebot angibt.

$$\begin{array}{c|ccc} & 1 & 2 & 3 \\ \hline P & 1 & 1 & 1 \\ N & 0 & 1 & 1 \\ G & 1 & 2 & 2 \\ S & 1 & 0 & 2 \end{array}$$

4. Rasen-Mischungen werden funktionsbezogen aus verschiedenen Gras-Arten zusammengesetzt.
Ein Zierrasen besteht zu 80 % aus der Gras-Art *Festuca rubra* und zu 20 % aus *Lolium perenne*.
Gebrauchsrasen besteht zu 15 % aus *Festuca brevipila*, 45 % *Festuca rubra* und 40 % *Poa pratensis*.
Spielrasen besteht zu 30 % aus *Lolium perenne*, 40 % *Festuca rubra* und 30 % *Poa pratensis*.
Stellen Sie die Bedarfsmatrix an Gras-Arten (in %) je Rasen-Mischung auf.

$$\begin{array}{c|ccc} & Z & G & S \\ \hline F.r. & 80 & 45 & 40 \\ F.b. & 0 & 15 & 0 \\ L.p. & 20 & 0 & 30 \\ P.p. & 0 & 40 & 30 \end{array}$$

Trainingsblatt
Matrizenmultiplikation und Prozesse

1. Multiplizieren Sie:

a) $\begin{pmatrix} 1 & 2 & 5 \\ -2 & 1 & 2 \\ 3 & 2 & 0 \end{pmatrix} \cdot \begin{pmatrix} 1 \\ -2 \\ 0 \end{pmatrix} = \begin{pmatrix} 1\cdot 1 + 2\cdot(-2) + 5\cdot 0 \\ \\ \end{pmatrix} = \begin{pmatrix} -3 \\ \\ \end{pmatrix}$

b) $\begin{pmatrix} 1 & 2 \\ 2 & -4 \\ -3 & 7 \\ 1 & 5 \end{pmatrix} \cdot \begin{pmatrix} 3 \\ -5 \end{pmatrix} = \begin{pmatrix} \end{pmatrix} = \begin{pmatrix} \end{pmatrix}$

c) Die Berechnung des Elements in der 2. Zeile und 3. Spalte ist als Beispiel dargestellt.

$\begin{pmatrix} 1 & 2 & 4 \\ 2 & 6 & 0 \\ 3 & 1 & 2 \end{pmatrix} \cdot \begin{pmatrix} 4 & 1 & 4 \\ 0 & -1 & 3 \\ 2 & 7 & 5 \end{pmatrix} = \begin{pmatrix} & & \\ & & 2\cdot 4 + 6\cdot 3 + 0 \\ & & \end{pmatrix} = \begin{pmatrix} & & \\ & & 26 \\ & & \end{pmatrix}$

d) $\begin{pmatrix} 3 & 1 & 0 \\ 2 & -1 & 4 \\ -2 & 1 & 2 \end{pmatrix} \cdot \begin{pmatrix} -1 & 5 \\ 6 & -2 \\ 9 & -1 \end{pmatrix} =$

e) $\begin{pmatrix} 2 \\ 3 \\ -4 \end{pmatrix} \cdot (1 \;\; -2 \;\; 3 \;\; 2) =$

2. a) Gegeben sind die Matrizen $A = \begin{pmatrix} -1 & 0 \\ 2 & 3 \end{pmatrix}$, $B = \begin{pmatrix} 5 & -3 \\ 2 & 7 \end{pmatrix}$ und $C = \begin{pmatrix} 9 & 1 & -5 \\ -2 & 7 & 4 \end{pmatrix}$. Geben Sie an, welche Produkte gebildet werden können, und begründen Sie.

b) Die Matrix E muss das Format ☐ × ☐ haben, damit für $D = \begin{pmatrix} 3 & -1 \\ 7 & 5 \\ 2 & -8 \\ 6 & 1 \end{pmatrix}$ die Matrix $D \cdot E$ gebildet werden kann.

c) Multipliziert man eine 4 × 2-Matrix mit einer 2 × 5-Matrix, so entsteht eine ☐ × ☐ -Matrix.

3. a) Ein Betrieb stellt aus drei Bauteilen T_1, T_2, T_3 zwei Zwischenteile Z_1, Z_2 und aus diesen vier Endprodukte E_1, E_2, E_3, E_4 her. Den Tabellen kann entnommen werden, wie viele Bauteile man zur Produktion der Zwischenteile bzw. wie viele Zwischenteile man zur Produktion der Endprodukte benötigt.

		Zwischenteile	
		Z_1	Z_2
	T_1	2	6
Bauteile	T_2	3	1
	T_3	7	4

		Endprodukte			
		E_1	E_2	E_3	E_4
Zwischenteile	Z_1	3	1	3	5
	Z_2	2	5	3	2

Soll eine Matrix für den Gesamtprozess berechnet werden, die angibt, wie viele Bauteile T_1, T_2, T_3 jeweils für die Produktion der Endprodukte E_1, E_2, E_3, E_4 benötigt werden, so müssen zunächst die Bedarfsmatrizen A und B für die beiden Teilprozesse erstellt werden.

Die Bedarfsmatrix für den Gesamtprozess ist dann $C = A \cdot B =$

b) Zwei Schulen werden von einer Großküche mit Mittagessen beliefert. Heute gibt es die Möglichkeit, zwischen Bohneneintopf mit Speck (F) und Bohneneintopf ohne Speck (V) für die Vegetarier zu wählen. Für die Produktion des Bohneneintopfs mit Speck werden pro Portion 250 g Bohnen, 150 g Kartoffeln und 100 g Speck benötigt, für die vegetarische Variante pro Portion 300 g Bohnen und 200 g Kartoffeln. Die erste Schule (S_1) bestellt heute 260-mal den Bohneneintopf mit und 120-mal ohne Speck, die zweite Schule (S_2) 130-mal Bohneneintopf mit und 30-mal ohne Speck. Bestimmen Sie eine Bedarfsmatrix für den Gesamtprozess, die angibt, wie viel g Bohnen, Kartoffeln und Speck die Großküche bereithalten muss, um jeweils die erste und die zweite Schule beliefern zu können.

Trainingsblatt
Matrizenmultiplikation und Prozesse — Lösung

1. Multiplizieren Sie:

a) $\begin{pmatrix} 1 & 2 & 5 \\ -2 & 1 & 2 \\ 3 & 2 & 0 \end{pmatrix} \cdot \begin{pmatrix} 1 \\ -2 \\ 0 \end{pmatrix} = \begin{pmatrix} 1\cdot 1 + 2\cdot(-2) + 5\cdot 0 \\ (-2)\cdot 1 + 1\cdot(-2) + 2\cdot 0 \\ 3\cdot 1 + 2\cdot(-2) + 0\cdot 0 \end{pmatrix} = \begin{pmatrix} -3 \\ -4 \\ -1 \end{pmatrix}$

b) $\begin{pmatrix} 1 & 2 \\ 2 & -4 \\ -3 & 7 \\ 1 & 5 \end{pmatrix} \cdot \begin{pmatrix} 3 \\ -5 \end{pmatrix} = \begin{pmatrix} 1\cdot 3 + 2\cdot(-5) \\ 2\cdot 3 + (-4)\cdot(-5) \\ (-3)\cdot 3 + 7\cdot(-5) \\ 1\cdot 3 + 5\cdot(-5) \end{pmatrix} = \begin{pmatrix} -7 \\ 26 \\ -44 \\ -22 \end{pmatrix}$

c) Die Berechnung des Elements in der 2. Zeile und 3. Spalte ist als Beispiel dargestellt.

$\begin{pmatrix} 1 & 2 & 4 \\ 2 & 6 & 0 \\ 3 & 1 & 2 \end{pmatrix} \cdot \begin{pmatrix} 4 & 1 & 4 \\ 0 & -1 & 3 \\ 2 & 7 & 5 \end{pmatrix} = \begin{pmatrix} 1\cdot 4 + 0 + 4\cdot 2 & 1\cdot 1 - 2\cdot 1 + 4\cdot 7 & 1\cdot 4 + 2\cdot 3 + 4\cdot 5 \\ 2\cdot 4 + 0 + 0 & 2\cdot 1 - 6\cdot 1 + 0 & 2\cdot 4 + 6\cdot 3 + 0 \\ 3\cdot 4 + 0 + 2\cdot 2 & 3\cdot 1 - 1\cdot 1 + 2\cdot 7 & 3\cdot 4 + 1\cdot 3 + 2\cdot 5 \end{pmatrix} = \begin{pmatrix} 12 & 27 & 30 \\ 8 & -4 & 26 \\ 16 & 16 & 25 \end{pmatrix}$

d) $\begin{pmatrix} 3 & 1 & 0 \\ 2 & -1 & 4 \\ -2 & 1 & 2 \end{pmatrix} \cdot \begin{pmatrix} -1 & 5 \\ 6 & -2 \\ 9 & -1 \end{pmatrix} = \begin{pmatrix} 3 & 13 \\ 28 & 8 \\ 26 & -14 \end{pmatrix}$

e) $\begin{pmatrix} 2 \\ 3 \\ -4 \end{pmatrix} \cdot (1 \;\; -2 \;\; 3 \;\; 2) = \begin{pmatrix} 2 & -4 & 6 & 4 \\ 3 & -6 & 9 & 6 \\ -4 & 8 & -12 & -8 \end{pmatrix}$

2. a) Gegeben sind die Matrizen $A = \begin{pmatrix} -1 & 0 \\ 2 & 3 \end{pmatrix}$, $B = \begin{pmatrix} 5 & -3 \\ 2 & 7 \end{pmatrix}$ und $C = \begin{pmatrix} 9 & 1 & -5 \\ -2 & 7 & 4 \end{pmatrix}$. Geben Sie an, welche Produkte gebildet werden können, und begründen Sie. Die Produkte $A\cdot B$, $B\cdot A$, $A\cdot C$, $B\cdot C$, $A\cdot B\cdot C$, $B\cdot A\cdot C$ können gebildet werden, da in diesem Fall die Zahl der Spalten des 1. Faktors mit der Zahl der Zeilen des 2. Faktors übereinstimmt.

b) Die Matrix E muss das Format $2 \times n$ haben, damit für $D = \begin{pmatrix} 3 & -1 \\ 7 & 5 \\ 2 & -8 \\ 6 & 1 \end{pmatrix}$ die Matrix $D \cdot E$ gebildet werden kann.

c) Multipliziert man eine 4×2-Matrix mit einer 2×5-Matrix, so entsteht eine 4×5 -Matrix.

3. a) Ein Betrieb stellt aus drei Bauteilen T_1, T_2, T_3 zwei Zwischenteile Z_1, Z_2 und aus diesen vier Endprodukte E_1, E_2, E_3, E_4 her. Den Tabellen kann entnommen werden, wie viele Bauteile man zur Produktion der Zwischenteile bzw. wie viele Zwischenteile man zur Produktion der Endprodukte benötigt.

		Zwischenteile	
		Z_1	Z_2
Bauteile	T_1	2	6
	T_2	3	1
	T_3	7	4

		Endprodukte			
		E_1	E_2	E_3	E_4
Zwischenteile	Z_1	3	1	3	5
	Z_2	2	5	3	2

Soll eine Matrix für den Gesamtprozess berechnet werden, die angibt, wie viele Bauteile T_1, T_2, T_3 jeweils für die Produktion der Endprodukte E_1, E_2, E_3, E_4 benötigt werden, so müssen zunächst die Bedarfsmatrizen A und B für die beiden Teilprozesse erstellt werden.

$\begin{pmatrix} 2 & 6 \\ 3 & 1 \\ 7 & 4 \end{pmatrix} = A$ (Bauteile T_1, T_2, T_3 / Zwischenteile Z_1, Z_2)

$\begin{pmatrix} 3 & 1 & 3 & 5 \\ 2 & 5 & 3 & 2 \end{pmatrix} = B$ (Zwischenteile Z_1, Z_2 / Endprodukte E_1, E_2, E_3, E_4)

Die Bedarfsmatrix für den Gesamtprozess ist dann $C = A \cdot B = \begin{pmatrix} 2 & 6 \\ 3 & 1 \\ 7 & 4 \end{pmatrix} \cdot \begin{pmatrix} 3 & 1 & 3 & 5 \\ 2 & 5 & 3 & 2 \end{pmatrix} = \begin{pmatrix} 18 & 32 & 24 & 22 \\ 11 & 8 & 12 & 17 \\ 29 & 27 & 33 & 43 \end{pmatrix}$

b) Zwei Schulen werden von einer Großküche mit Mittagessen beliefert. Heute gibt es die Möglichkeit, zwischen Bohneneintopf mit Speck (F) und Bohneneintopf ohne Speck (V) für die Vegetarier zu wählen. Für die Produktion des Bohneneintopfs mit Speck werden pro Portion 250 g Bohnen, 150 g Kartoffeln und 100 g Speck benötigt, für die vegetarische Variante pro Portion 300 g Bohnen und 200 g Kartoffeln. Die erste Schule (S_1) bestellt heute 260-mal den Bohneneintopf mit und 120-mal ohne Speck, die zweite Schule (S_2) 130-mal Bohneneintopf mit und 30-mal ohne Speck. Bestimmen Sie eine Bedarfsmatrix für den Gesamtprozess, die angibt, wie viel g Bohnen, Kartoffeln und Speck die Großküche bereithalten muss, um jeweils die erste und die zweite Schule beliefern zu können.

$C = A \cdot B = \begin{pmatrix} 250 & 300 \\ 150 & 200 \\ 100 & 0 \end{pmatrix} \cdot \begin{pmatrix} 260 & 130 \\ 120 & 30 \end{pmatrix} = \begin{pmatrix} 101\,000 & 41\,500 \\ 63\,000 & 25\,000 \\ 26\,000 & 13\,000 \end{pmatrix}$

Z.B. um die erste Schule beliefern zu können, werden 101 kg Bohnen, 63 kg Kartoffeln und 26 kg Speck benötigt.

Arbeitsblatt
Prozessdiagramme

1. Ein stochastischer Prozess besitzt die in Fig. 1 abgebildete Übergangsmatrix U. Geben Sie ein Prozessdiagramm an, das die in der Matrix dargestellten Übergänge beschreibt. Orientieren Sie sich dabei an den untenstehenden Arbeitsschritten.

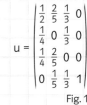

Fig. 1

$$U = \begin{pmatrix} \frac{1}{2} & \frac{2}{5} & \frac{1}{3} & 0 \\ \frac{1}{4} & 0 & \frac{1}{3} & 0 \\ \frac{1}{4} & \frac{2}{5} & 0 & 0 \\ 0 & \frac{1}{5} & \frac{1}{3} & 1 \end{pmatrix}$$

Die Zeilen- und Spaltenanzahl gibt Auskunft darüber, wie viele Zustände im Prozessdiagramm zu unterscheiden sind. In diesem Fall werden die Übergänge zwischen ▢ Zuständen betrachtet. Die Anordnung der Zustände im Prozessdiagramm ist abhängig von den darzustellenden Übergängen. Gibt es hauptsächlich Übergänge von einem Zustand zum nächst größeren/kleineren, so kann eine Darstellung in einer Reihe sinnvoll sein. Bei vielen Querverbindungen bietet es sich an, alle Zustände möglichst nah beieinander (z. B. als Quadrat oder Kreis) anzuordnen. Für die Übergangsmatrix in Fig. 1 kann z. B. die in Fig. 2 gezeigte Zustandsanordnung im Prozessdiagramm erstellt werden:

Das Prozessdiagramm zeigt neben den vier Zuständen bereits die Pfeile, die den Übergang von Zustand Z_1 beschreiben, sowie die zugehörigen Wahrscheinlichkeiten, die sich in der Übergangsmatrix in der ersten Spalte befinden. Der Verbleib in Zustand Z_1 mit der Wahrscheinlichkeit ▢ (a_{11}) wird durch den Ringpfeil symbolisiert. Um den Übergang zu den Zuständen Z_2 und Z_3 zu veranschaulichen, wurden diese durch einen Pfeil mit Z_1 verbunden und die entsprechenden Übergangswahrscheinlichkeiten ▢ (a_{21}) und ▢ (a_{31}) an den Pfeilen notiert. Da die Wahrscheinlichkeit für den Übergang zu Z_4 ▢ (a_{41}) beträgt, gibt es hier keinen Pfeil.

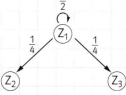

Fig. 2

Führen Sie das obige Prozessdiagramm fort, indem Sie nun zunächst alle Pfeile einzeichnen, die den Übergang von Zustand Z_2 beschreiben, und notieren Sie dann die zugehörigen Wahrscheinlichkeiten an den Pfeilen. Betrachten Sie dazu die zweite Spalte der Übergangsmatrix. Verfahren Sie ebenso mit Zustand Z_3 (dritte Spalte) und Z_4 (vierte Spalte).

2. Ein stochastischer Prozess besitzt die Übergangsmatrix aus Fig. 3. Entscheiden Sie begründet, welches der beiden Prozessdiagramme (Fig. 4 und 5) die in der Matrix dargestellten Übergänge beschreibt. Nennen Sie mindestens drei Gründe für Ihre Auswahl.

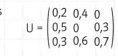

$$U = \begin{pmatrix} 0{,}2 & 0{,}4 & 0 \\ 0{,}5 & 0 & 0{,}3 \\ 0{,}3 & 0{,}6 & 0{,}7 \end{pmatrix}$$

Fig. 3

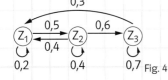

Fig. 4

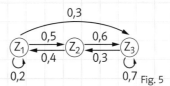

Fig. 5

3. Ein stochastischer Prozess besitzt die in Fig. 6 abgebildete Übergangsmatrix. Geben Sie ein mögliches Prozessdiagramm an, das die in der Matrix dargestellten Übergänge beschreibt.

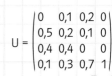

$$U = \begin{pmatrix} 0 & 0{,}1 & 0{,}2 & 0 \\ 0{,}5 & 0{,}2 & 0{,}1 & 0 \\ 0{,}4 & 0{,}4 & 0 & 0 \\ 0{,}1 & 0{,}3 & 0{,}7 & 1 \end{pmatrix}$$

Fig. 6

Arbeitsblatt
Prozessdiagramme
Lösung

1. Ein stochastischer Prozess besitzt die in Fig. 1 abgebildete Übergangsmatrix U. Geben Sie ein Prozessdiagramm an, das die in der Matrix dargestellten Übergänge beschreibt. Orientieren Sie sich dabei an den untenstehenden Arbeitsschritten.

$$U = \begin{pmatrix} \frac{1}{2} & \frac{2}{5} & \frac{1}{3} & 0 \\ \frac{1}{4} & 0 & \frac{1}{3} & 0 \\ \frac{1}{4} & \frac{2}{5} & 0 & 0 \\ 0 & \frac{1}{5} & \frac{1}{3} & 1 \end{pmatrix}$$

Fig. 1

Die Zeilen- und Spaltenanzahl gibt Auskunft darüber, wie viele Zustände im Prozessdiagramm zu unterscheiden sind. In diesem Fall werden die Übergänge zwischen vier Zuständen betrachtet. Die Anordnung der Zustände im Prozessdiagramm ist abhängig von den darzustellenden Übergängen. Gibt es hauptsächlich Übergänge von einem Zustand zum nächst größeren/kleineren, so kann eine Darstellung in einer Reihe sinnvoll sein. Bei vielen Querverbindungen bietet es sich an, alle Zustände möglichst nah beieinander (z.B. als Quadrat oder Kreis) anzuordnen. Für die Übergangsmatrix in Fig. 1 kann z.B. die in Fig. 2 gezeigte Zustandsanordnung im Prozessdiagramm erstellt werden: Das Prozessdiagramm zeigt neben den vier Zuständen bereits die Pfeile, die den Übergang von Zustand Z_1 beschreiben, sowie die zugehörigen Wahrscheinlichkeiten, die sich in der Übergangsmatrix in der ersten Spalte befinden. Der Verbleib in Zustand Z_1 mit der Wahrscheinlichkeit $\frac{1}{2}$ (a_{11}) wird durch den Ringpfeil symbolisiert. Um den Übergang zu den Zuständen Z_2 und Z_3 zu veranschaulichen, wurden diese durch einen Pfeil mit Z_1 verbunden und die entsprechenden Übergangswahrscheinlichkeiten $\frac{1}{4}$ (a_{21}) und $\frac{1}{4}$ (a_{31}) an den Pfeilen notiert. Da die Wahrscheinlichkeit für den Übergang zu Z_4 0 (a_{41}) beträgt, gibt es hier keinen Pfeil.

Fig. 2

Führen Sie das obige Prozessdiagramm fort, indem Sie nun zunächst alle Pfeile einzeichnen, die den Übergang von Zustand Z_2 beschreiben, und notieren Sie dann die zugehörigen Wahrscheinlichkeiten an den Pfeilen. Betrachten Sie dazu die zweite Spalte der Übergangsmatrix. Verfahren Sie ebenso mit Zustand Z_3 (dritte Spalte) und Z_4 (vierte Spalte).

2. Ein stochastischer Prozess besitzt die Übergangsmatrix aus Fig. 3. Entscheiden Sie begründet, welches der beiden Prozessdiagramme (Fig. 4 und 5) die in der Matrix dargestellten Übergänge beschreibt. Nennen Sie mindestens drei Gründe für Ihre Auswahl.

$$U = \begin{pmatrix} 0{,}2 & 0{,}4 & 0 \\ 0{,}5 & 0 & 0{,}3 \\ 0{,}3 & 0{,}6 & 0{,}7 \end{pmatrix}$$

Fig. 3

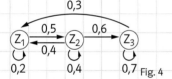
Fig. 4

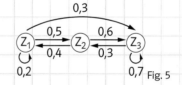
Fig. 5

Das Prozessdiagramm in Fig. 4 kann nicht zur Übergangsmatrix (Fig. 3) gehören, da
- der Pfeil von Z_1 zu Z_3 in die falsche Richtung zeigt.
- kein Ringpfeil bei Z_2 sein darf.
- der Pfeil von Z_3 zu Z_2 sowie die zugehörige Wahrscheinlichkeit fehlen.
- die Summe der Übergänge von $Z_1 < 1$ ist.
- die Summe der Übergänge von $Z_2 > 1$ ist.

3. Ein stochastischer Prozess besitzt die in Fig. 6 abgebildete Übergangsmatrix. Geben Sie ein mögliches Prozessdiagramm an, das die in der Matrix dargestellten Übergänge beschreibt.

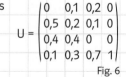

$$U = \begin{pmatrix} 0 & 0{,}1 & 0{,}2 & 0 \\ 0{,}5 & 0{,}2 & 0{,}1 & 0 \\ 0{,}4 & 0{,}4 & 0 & 0 \\ 0{,}1 & 0{,}3 & 0{,}7 & 1 \end{pmatrix}$$

Fig. 6

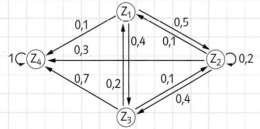

Dies ist nur eine mögliche Darstellung eines Prozessdiagramms zur Übergangsmatrix U. Andere Zustandsanordnungen sind ebenfalls möglich. Entscheidend ist die Vollständigkeit der Pfeile und der zugehörigen Übergangswahrscheinlichkeiten.

Arbeitsblatt
Übergangsmatrizen

1. Ein stochastischer Prozess wird durch das Prozessdiagramm in Fig. 1 beschrieben.

   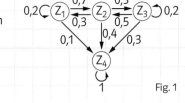
   Fig. 1

   a) Stellen Sie mithilfe der vorbereiteten Zwischenschritte die Übergangsmatrix U zu dem Prozessdiagramm auf.

   Die erste Spalte der Übergangsmatrix enthält die Wahrscheinlichkeiten für den Übergang vom Zustand Z_1 in die Zustände Z_1 bis Z_4. Die Wahrscheinlichkeit für das Verbleiben in Z_1 beträgt ____ . Z_2 wird von Z_1 aus mit der Wahrscheinlichkeit ____ erreicht. Ein Übergang von Z_1 zu Z_3 ist nicht möglich, daher beträgt die Wahrscheinlichkeit ____ . Z_4 wird von Z_1 aus mit der Wahrscheinlichkeit ____ erreicht.

   Damit ergibt sich die folgende erste Spalte der Übergangsmatrix:
   $$U = \begin{pmatrix} \_ & / & / & / \\ \_ & / & / & / \\ \_ & / & / & / \\ \_ & / & / & / \end{pmatrix}$$
   Prüfen Sie die Richtigkeit der Einträge, indem Sie die Spaltensumme bilden. Diese muss 1 betragen.

   Verfahren Sie nun ebenso für den Übergang von Zustand Z_2 (Spalte 2), Zustand Z_3 (Spalte 3) und Zustand Z_4 (Spalte 4).

Zustand Z_2 zu Z_1 ____	Zustand Z_3 zu Z_1 ____	Zustand Z_4 zu Z_1 ____
Zustand Z_2 zu Z_2 ____	Zustand Z_3 zu Z_2 ____	Zustand Z_4 zu Z_2 ____
Zustand Z_2 zu Z_3 ____	Zustand Z_3 zu Z_3 ____	Zustand Z_4 zu Z_3 ____
Zustand Z_2 zu Z_4 ____	Zustand Z_3 zu Z_4 ____	Zustand Z_4 zu Z_4 ____
Summe: ____	Summe: ____	Summe: ____

   Fügen Sie nun die einzelnen Spalten zur Übergangsmatrix zusammen:

   $$U = \begin{pmatrix} & & & \\ & & & \\ & & & \\ & & & \end{pmatrix}$$

   b) Bestimmen Sie mithilfe der Übergangsmatrix die Wahrscheinlichkeiten x_1 (x_2, x_3, x_4), mit denen man nach drei Schritten in den Zuständen Z_1 (Z_2, Z_3, Z_4) ist, wenn man in Z_1 startet.

   Die Startverteilung $\vec{v_0}$ enthält aufgrund des Starts in Z_1 in der ersten Zeile eine 1 und in allen weiteren Spalten eine 0. Ausgehend von dieser Startverteilung kann man mithilfe von U alle Zustandsverteilungen berechnen.

   Die Zustandsverteilung $\vec{v_1}$ nach einem Schritt berechnet sich als:

   $$\vec{v_1} = U \cdot \vec{v_0} = \begin{pmatrix} & & & \\ & & & \\ & & & \\ & & & \end{pmatrix} \cdot \begin{pmatrix} 1 \\ 0 \\ 0 \\ 0 \end{pmatrix} = \begin{pmatrix} \\ \\ \\ \end{pmatrix}$$

   Die Zustandsverteilungen $\vec{v_2}$ und $\vec{v_3}$ nach 2 bzw. 3 Schritten berechnen sich als:

   $$\vec{v_2} = U \cdot \vec{v_1} = \begin{pmatrix} & & & \\ & & & \\ & & & \\ & & & \end{pmatrix} \cdot \begin{pmatrix} \\ \\ \\ \end{pmatrix} = \begin{pmatrix} \\ \\ \\ \end{pmatrix}; \quad \vec{v_3} = U \cdot \vec{v_2} = \begin{pmatrix} & & & \\ & & & \\ & & & \\ & & & \end{pmatrix} \cdot \begin{pmatrix} \\ \\ \\ \end{pmatrix} = \begin{pmatrix} \\ \\ \\ \end{pmatrix}$$

   Somit ergeben sich für die Zustände Z_1, Z_2, Z_3 und Z_4 nach drei Schritten die folgenden Wahrscheinlichkeiten:

   $x_1 =$ ____ , $x_2 =$ ____ , $x_3 =$ ____ und $x_4 =$ ____ .

2. a) Geben Sie zu dem Prozessdiagramm in Fig. 2 die Übergangsmatrix an.

   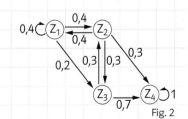
   Fig. 2

   $$U = \begin{pmatrix} & & 0 & \\ 0{,}4 & & & \\ & & 0 & \\ & 0{,}3 & & \end{pmatrix}$$

   b) Bestimmen Sie die Zustandsverteilung $\vec{v_2}$ nach zwei Schritten, wenn man in Z_1 startet.

   $$\vec{v_0} = \begin{pmatrix} \\ \\ \\ \end{pmatrix}; \quad \vec{v_1} = U \cdot \vec{v_0} = \begin{pmatrix} & & & \\ & & & \\ & & & \\ & & & \end{pmatrix} \cdot \begin{pmatrix} \\ \\ \\ \end{pmatrix} = \begin{pmatrix} \\ \\ \\ \end{pmatrix}; \quad \vec{v_2} = \begin{pmatrix} & & & \\ & & & \\ & & & \\ & & & \end{pmatrix} \cdot \begin{pmatrix} \\ \\ \\ \end{pmatrix} = \begin{pmatrix} \\ \\ \\ \end{pmatrix}$$

Arbeitsblatt
Übergangsmatrizen

Lösung

1. Ein stochastischer Prozess wird durch das Prozessdiagramm in Fig. 1 beschrieben.
   a) Stellen Sie mithilfe der vorbereiteten Zwischenschritte die Übergangsmatrix U zu dem Prozessdiagramm auf.

   Die erste Spalte der Übergangsmatrix enthält die Wahrscheinlichkeiten für den Übergang vom Zustand Z_1 in die Zustände Z_1 bis Z_4. Die Wahrscheinlichkeit für das Verbleiben in Z_1 beträgt 0,2. Z_2 wird von Z_1 aus mit der Wahrscheinlichkeit 0,7 erreicht. Ein Übergang von Z_1 zu Z_3 ist nicht möglich, daher beträgt die Wahrscheinlichkeit 0. Z_4 wird von Z_1 aus mit der Wahrscheinlichkeit 0,1 erreicht.

   Damit ergibt sich die folgende erste Spalte der Übergangsmatrix:
   $$U = \begin{pmatrix} 0,2 & / & / & / \\ 0,7 & / & / & / \\ 0 & / & / & / \\ 0,1 & / & / & / \end{pmatrix}$$

   Prüfen Sie die Richtigkeit der Einträge, indem Sie die Spaltensumme bilden. Diese muss 1 betragen.
   $0,2 + 0,7 + 0 + 0,1 = 1$

   Verfahren Sie nun ebenso für den Übergang von Zustand Z_2 (Spalte 2), Zustand Z_3 (Spalte 3) und Zustand Z_4 (Spalte 4).

   Zustand Z_2 zu Z_1 0,3   Zustand Z_3 zu Z_1 0   Zustand Z_4 zu Z_1 0
   Zustand Z_2 zu Z_2 0   Zustand Z_3 zu Z_2 0,5   Zustand Z_4 zu Z_2 0
   Zustand Z_2 zu Z_3 0,3   Zustand Z_3 zu Z_3 0,2   Zustand Z_4 zu Z_3 0
   Zustand Z_2 zu Z_4 0,4   Zustand Z_3 zu Z_4 0,3   Zustand Z_4 zu Z_4 1
   Summe: 1   Summe: 1   Summe: 1

   Fügen Sie nun die einzelnen Spalten zur Übergangsmatrix zusammen:
   $$U = \begin{pmatrix} 0,2 & 0,3 & 0 & 0 \\ 0,7 & 0 & 0,5 & 0 \\ 0 & 0,3 & 0,2 & 0 \\ 0,1 & 0,4 & 0,3 & 1 \end{pmatrix}$$

   b) Bestimmen Sie mithilfe der Übergangsmatrix die Wahrscheinlichkeiten x_1 (x_2, x_3, x_4), mit denen man nach drei Schritten in den Zuständen Z_1 (Z_2, Z_3, Z_4) ist, wenn man in Z_1 startet.

   Die Startverteilung $\vec{v_0}$ enthält aufgrund des Starts in Z_1 in der ersten Zeile eine 1 und in allen weiteren Spalten eine 0.
   Ausgehend von dieser Startverteilung kann man mithilfe von U alle Zustandsverteilungen berechnen.
   Die Zustandsverteilung $\vec{v_1}$ nach einem Schritt berechnet sich als:

   $$\vec{v_1} = U \cdot \vec{v_0} = \begin{pmatrix} 0,2 & 0,3 & 0 & 0 \\ 0,7 & 0 & 0,5 & 0 \\ 0 & 0,3 & 0,2 & 0 \\ 0,1 & 0,4 & 0,3 & 1 \end{pmatrix} \cdot \begin{pmatrix} 1 \\ 0 \\ 0 \\ 0 \end{pmatrix} = \begin{pmatrix} 0,2 \\ 0,7 \\ 0 \\ 0,1 \end{pmatrix}$$

   Die Zustandsverteilungen $\vec{v_2}$ und $\vec{v_3}$ nach 2 bzw. 3 Schritten berechnen sich als:

   $$\vec{v_2} = U \cdot \vec{v_1} = \begin{pmatrix} 0,2 & 0,3 & 0 & 0 \\ 0,7 & 0 & 0,5 & 0 \\ 0 & 0,3 & 0,2 & 0 \\ 0,1 & 0,4 & 0,3 & 1 \end{pmatrix} \cdot \begin{pmatrix} 0,2 \\ 0,7 \\ 0 \\ 0,1 \end{pmatrix} = \begin{pmatrix} 0,25 \\ 0,14 \\ 0,21 \\ 0,4 \end{pmatrix} ; \quad \vec{v_3} = U \cdot \vec{v_2} = \begin{pmatrix} 0,2 & 0,3 & 0 & 0 \\ 0,7 & 0 & 0,5 & 0 \\ 0 & 0,3 & 0,2 & 0 \\ 0,1 & 0,4 & 0,3 & 1 \end{pmatrix} \cdot \begin{pmatrix} 0,25 \\ 0,14 \\ 0,21 \\ 0,4 \end{pmatrix} = \begin{pmatrix} 0,092 \\ 0,280 \\ 0,084 \\ 0,544 \end{pmatrix}$$

   Somit ergeben sich für die Zustände Z_1, Z_2, Z_3 und Z_4 nach drei Schritten die folgenden Wahrscheinlichkeiten:
   $x_1 = 0,092$, $x_2 = 0,280$, $x_3 = 0,084$ und $x_4 = 0,544$.

2. a) Geben Sie zu dem Prozessdiagramm in Fig. 2 die Übergangsmatrix an.

   $$U = \begin{pmatrix} 0,4 & 0,4 & 0 & 0 \\ 0,4 & 0 & 0,3 & 0 \\ 0,2 & 0,3 & 0 & 0 \\ 0 & 0,3 & 0,7 & 1 \end{pmatrix}$$

   b) Bestimmen Sie die Zustandsverteilung $\vec{v_2}$ nach zwei Schritten, wenn man in Z_1 startet.

   $$\vec{v_0} = \begin{pmatrix} 1 \\ 0 \\ 0 \\ 0 \end{pmatrix}; \quad \vec{v_1} = U \cdot \vec{v_0} = \begin{pmatrix} 0,4 & 0,4 & 0 & 0 \\ 0,4 & 0 & 0,3 & 0 \\ 0,2 & 0,3 & 0 & 0 \\ 0 & 0,3 & 0,7 & 1 \end{pmatrix} \cdot \begin{pmatrix} 1 \\ 0 \\ 0 \\ 0 \end{pmatrix} = \begin{pmatrix} 0,4 \\ 0,4 \\ 0,2 \\ 0 \end{pmatrix}; \quad \vec{v_2} = U \cdot \vec{v_1} = \begin{pmatrix} 0,4 & 0,4 & 0 & 0 \\ 0,4 & 0 & 0,3 & 0 \\ 0,2 & 0,3 & 0 & 0 \\ 0 & 0,3 & 0,7 & 1 \end{pmatrix} \cdot \begin{pmatrix} 0,4 \\ 0,4 \\ 0,2 \\ 0 \end{pmatrix} = \begin{pmatrix} 0,32 \\ 0,22 \\ 0,20 \\ 0,26 \end{pmatrix}$$

Spiel / Arbeitsblatt
Dominoschlange: Prozessdiagramme und Übergangsmatrizen

Schneiden Sie die Dominosteine entlang der durchgezogenen Linien aus. Ordnen Sie sie so an, dass den Prozessdiagrammen jeweils die zugehörige Übergangsmatrix anliegt.

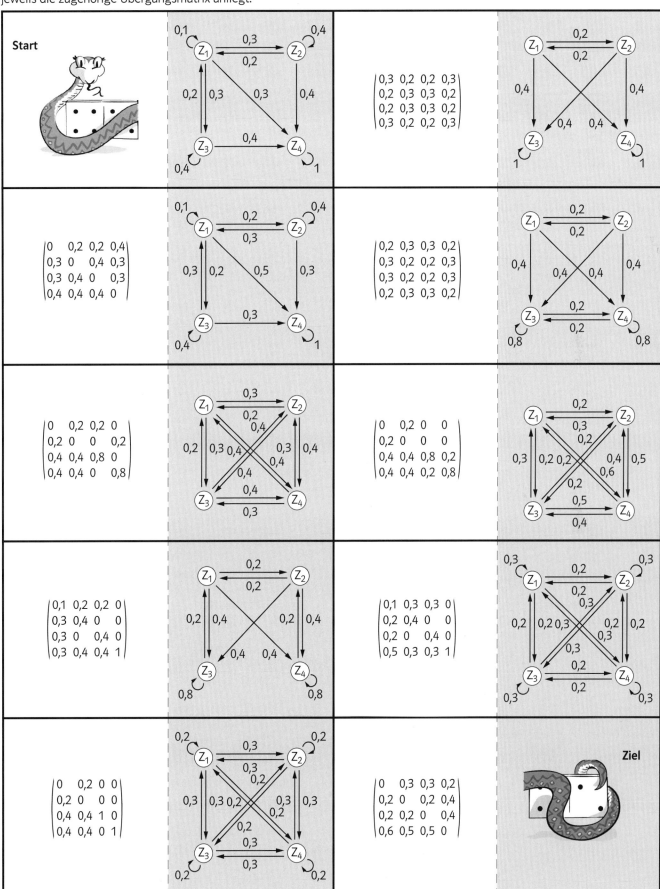

Spiel / Arbeitsblatt
Dominoschlange: Prozessdiagramme und Übergangsmatrizen — Lösung

Schneiden Sie die Dominosteine entlang der durchgezogenen Linien aus. Ordnen Sie sie so an, dass den Prozessdiagrammen jeweils die zugehörige Übergangsmatrix anliegt.

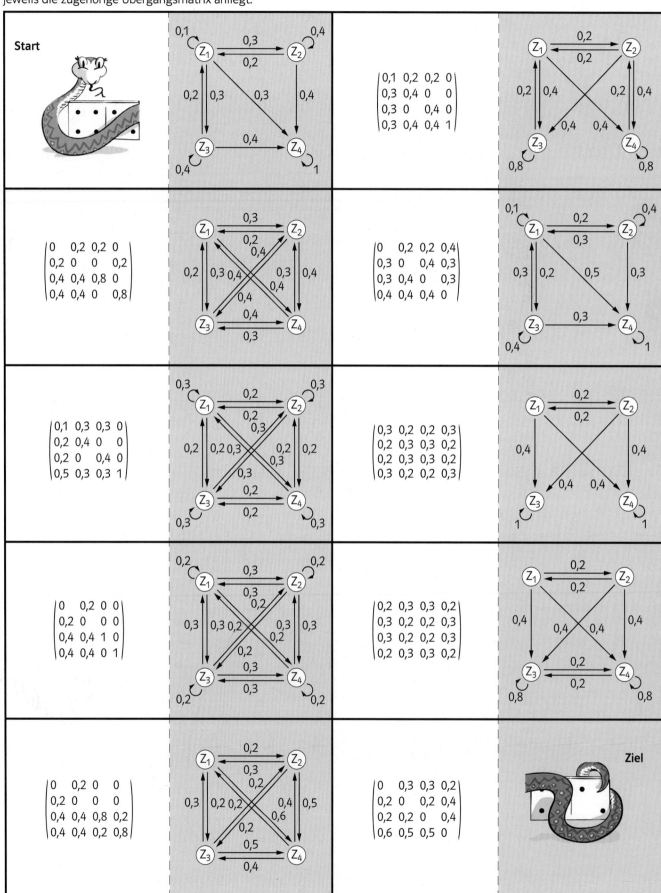

Arbeitsblatt – Check-out
Matrizen und Prozesse

1. Multiplizieren Sie die Matrix $M = \begin{pmatrix} 3 & 5 \\ 4 & 0 \end{pmatrix}$ a) mit dem Vektor $\begin{pmatrix} 10 \\ 20 \end{pmatrix}$, b) mit den Matrizen $\begin{pmatrix} 1 & 2 \\ 1 & 2 \end{pmatrix}$ bzw. c) $\begin{pmatrix} 0 & 1 \\ 1 & 0 \end{pmatrix}$.

a) $\begin{pmatrix} 3 \cdot 10 + 5 \cdot \underline{} \\ 4 \cdot \underline{} \end{pmatrix} = \begin{pmatrix} \end{pmatrix}$
b) $\begin{pmatrix} 3 \cdot 1 + 5 \underline{} \\ 4 \cdot \underline{} \end{pmatrix} = \begin{pmatrix} \end{pmatrix}$
c) $\begin{pmatrix} \end{pmatrix} = \begin{pmatrix} \end{pmatrix}$

2. Berechnen Sie die inverse Matrix zu $M = \begin{pmatrix} 20 & 0 & 0 \\ 0 & 20 & 30 \\ 0 & 20 & 70 \end{pmatrix}$ nach dem Gauß-Jordan-Verfahren (d.h. in Matrixschreibweise).

$\left(\begin{array}{ccc|ccc} 20 & 0 & 0 & 1 & 0 & 0 \\ 0 & 20 & 30 & 0 & 1 & 0 \\ 0 & 20 & 70 & 0 & 0 & 1 \end{array}\right) \Rightarrow \left(\begin{array}{ccc|ccc} 20 & 0 & 0 & 1 & 0 & 0 \\ 0 & 20 & 30 & 0 & 1 & 0 \\ 0 & 0 & \underline{} & \underline{} & 0 & 1 \end{array}\right) \Rightarrow \left(\begin{array}{ccc} 20 & 0 & 0 \\ 0 & 20 & 0 \\ 0 & 0 & 40 \end{array}\middle| \right) \Rightarrow M^{-1} = \begin{pmatrix} \end{pmatrix}$

3. Die Rohstoffe S, T, U kosten 10, 1 bzw. 3 Euro pro Mengeneinheit. Aus ihnen werden Zwischenprodukte X, Y und Z hergestellt und aus diesen wiederum Endprodukte E_1, E_2 und E_3. Diese werden an Filialen F_1 und F_2 geliefert, und zwar in den Stückzahlen 80, 20 bzw. 120 (Filiale F_1) und 60, 30 bzw. 80 (Filiale F_2). Die Herstellungsprozesse der Zwischen- und Endprodukte werden durch die nebenstehenden Tabellen A und B beschrieben.

A	X	Y	Z
S	7	9	7
T	2	2	4
U	0	1	1

B	E_1	E_2	E_3
X	10	0	0
Y	0	10	20
Z	0	10	50

a) Modellieren Sie den Herstellungsprozess durch Matrizen, auch für den Lieferprozess C (die Liefermengen) an die Filialen.

$A = \begin{pmatrix} 7 \\ 2 \\ 0 \end{pmatrix}$; $B = \begin{pmatrix} \end{pmatrix}$; $C = \begin{pmatrix} \end{pmatrix}$

b) Erstellen Sie eine Matrix zur Berechnung des Rohstoffbedarfs der Endprodukte: $A \cdot \begin{pmatrix} \end{pmatrix} = \begin{pmatrix} 7 \cdot 10 & 9 \cdot 10 + 7 \cdot 10 \\ 2 \cdot 10 & \\ & \end{pmatrix} = \begin{pmatrix} \end{pmatrix}$

c) Erstellen Sie eine Matrix zur Berechnung des Rohstoffbedarfs der Filialen:

$A \cdot \begin{pmatrix} \end{pmatrix} = \begin{pmatrix} \end{pmatrix} \cdot C = \begin{pmatrix} 70 \cdot 80 + 160 \cdot 20 + 530 \cdot 120 & \\ & \end{pmatrix} = \begin{pmatrix} \end{pmatrix}$

d) Wie hoch sind die Rohstoffkosten K_X, K_Y, K_Z für die Zwischenprodukte X, Y und Z?

$K_X = 10 \cdot 7 + \underline{} = \underline{}$; $K_Y = \underline{}$; $K_Z = \underline{}$

e) Was kostet das Endprodukt E_1? $P \cdot E_1 \cdot \begin{pmatrix} 10 \\ \\ \end{pmatrix} = P \cdot \begin{pmatrix} 70 \\ \\ \end{pmatrix} = 10 \cdot 70 + \underline{} = \underline{}$

f) Wie ermittelt man die Matrix zur Berechnung der Endprodukte zu vorgegebenen Rohstoffen? $\underline{}$

g) Ein Lager der Zwischenprodukte X, Y, Z in den Mengen 800, 1000 bzw. 900 soll aufgebraucht werden. Wie kann man die Anzahl der Endprodukte E_1, E_2, E_3 berechnen, die daraus gefertigt werden können? $B^{-1} \cdot \begin{pmatrix} \end{pmatrix}$

4. a) Woran erkennt man, dass $M = \begin{pmatrix} 0{,}3 & 0{,}9 \\ 0{,}7 & 0{,}1 \end{pmatrix}$ eine „stochastische" Matrix ist?

1. Sie ist $\underline{}$. 2. Ihre Elemente $\underline{}$.
3. Die Summe $\underline{}$.

b) Warum besitzt der zu M gehörige Austauschprozess eine stabile Verteilung und eine Grenzmatrix, deren Spalten gleich sind? Weil es in M eine Zeile gibt, $\underline{}$

c) Bestimmen Sie die Grenzverteilung des Austauschprozesses zu M:

Für einen Fixvektor $\begin{pmatrix} x_1 \\ x_2 \end{pmatrix}$ zur Grenzmatrix $G = \begin{pmatrix} \end{pmatrix}$ von M gilt: $\begin{pmatrix} \end{pmatrix} \cdot \begin{pmatrix} x_1 \\ x_2 \end{pmatrix} = \begin{pmatrix} \end{pmatrix} \Rightarrow x_2 = \underline{} x_1$

Mit $x_1 = 9t$ und $x_2 = \underline{} t$ gilt wegen $x_1 + x_2 = \underline{}$ für die Grenzverteilung: $\vec{g} = \begin{pmatrix} x_1 \\ x_2 \end{pmatrix} = \begin{pmatrix} \end{pmatrix}$; $G = \begin{pmatrix} \end{pmatrix}$

Arbeitsblatt – Check-out
Matrizen und Prozesse
Lösung

1. Multiplizieren Sie die Matrix $M = \begin{pmatrix} 3 & 5 \\ 4 & 0 \end{pmatrix}$ a) mit dem Vektor $\begin{pmatrix} 10 \\ 20 \end{pmatrix}$, b) mit den Matrizen $\begin{pmatrix} 1 & 2 \\ 1 & 2 \end{pmatrix}$ bzw. c) $\begin{pmatrix} 0 & 1 \\ 1 & 0 \end{pmatrix}$.

a) $\begin{pmatrix} 3 \cdot 10 + 5 \cdot 20 \\ 4 \cdot 10 + 0 \cdot 20 \end{pmatrix} = \begin{pmatrix} 130 \\ 40 \end{pmatrix}$

b) $\begin{pmatrix} 3 \cdot 1 + 5 \cdot 1 & 3 \cdot 2 + 5 \cdot 2 \\ 4 \cdot 1 + 0 \cdot 1 & 4 \cdot 2 + 0 \cdot 2 \end{pmatrix} = \begin{pmatrix} 8 & 16 \\ 4 & 8 \end{pmatrix}$

c) $\begin{pmatrix} 5 \cdot 1 & 3 \cdot 1 \\ 0 & 4 \cdot 1 \end{pmatrix} = \begin{pmatrix} 5 & 3 \\ 0 & 4 \end{pmatrix}$

2. Berechnen Sie die inverse Matrix zu $M = \begin{pmatrix} 20 & 0 & 0 \\ 0 & 20 & 30 \\ 0 & 20 & 70 \end{pmatrix}$ nach dem Gauß-Jordan-Verfahren (d.h. in Matrixschreibweise).

$\left(\begin{array}{ccc|ccc} 20 & 0 & 0 & 1 & 0 & 0 \\ 0 & 20 & 30 & 0 & 1 & 0 \\ 0 & 20 & 70 & 0 & 0 & 1 \end{array}\right) \Rightarrow \left(\begin{array}{ccc|ccc} 20 & 0 & 0 & 1 & 0 & 0 \\ 0 & 20 & 30 & 0 & 1 & 0 \\ 0 & 0 & 40 & 0 & -1 & 1 \end{array}\right) \Rightarrow \left(\begin{array}{ccc|ccc} 20 & 0 & 0 & 1 & 0 & 0 \\ 0 & 20 & 0 & 0 & 1+\frac{3}{4} & -\frac{3}{4} \\ 0 & 0 & 40 & 0 & -1 & 1 \end{array}\right) \Rightarrow M^{-1} = \begin{pmatrix} \frac{1}{20} & 0 & 0 \\ 0 & \frac{7}{80} & -\frac{3}{80} \\ 0 & -\frac{1}{40} & \frac{1}{40} \end{pmatrix}$

3. Die Rohstoffe S, T, U kosten 10, 1 bzw. 3 Euro pro Mengeneinheit. Aus ihnen werden Zwischenprodukte X, Y und Z hergestellt und aus diesen wiederum Endprodukte E_1, E_2 und E_3. Diese werden an Filialen F_1 und F_2 geliefert, und zwar in den Stückzahlen 80, 20 bzw. 120 (Filiale F_1) und 60, 30 bzw. 80 (Filiale F_2). Die Herstellungsprozesse der Zwischen- und Endprodukte werden durch die nebenstehenden Tabellen A und B beschrieben.

A	X	Y	Z
S	7	9	7
T	2	2	4
U	0	1	1

B	E_1	E_2	E_3
X	10	0	0
Y	0	10	20
Z	0	10	50

a) Modellieren Sie den Herstellungsprozess durch Matrizen, auch für den Lieferprozess C (die Liefermengen) an die Filialen.

$A = \begin{pmatrix} 7 & 9 & 7 \\ 2 & 2 & 4 \\ 0 & 1 & 1 \end{pmatrix}; \quad B = \begin{pmatrix} 10 & 0 & 0 \\ 0 & 10 & 20 \\ 0 & 10 & 50 \end{pmatrix}; \quad C = \begin{pmatrix} 80 & 60 \\ 20 & 30 \\ 120 & 80 \end{pmatrix}$

b) Erstellen Sie eine Matrix zur Berechnung des Rohstoffbedarfs der Endprodukte:

$A \cdot B = \begin{pmatrix} 7 \cdot 10 & 9 \cdot 10 + 7 \cdot 10 & 9 \cdot 20 + 7 \cdot 50 \\ 2 \cdot 10 & 2 \cdot 10 + 4 \cdot 10 & 2 \cdot 20 + 4 \cdot 50 \\ 0 \cdot 10 & 1 \cdot 10 + 1 \cdot 10 & 1 \cdot 20 + 1 \cdot 50 \end{pmatrix} = \begin{pmatrix} 70 & 160 & 530 \\ 20 & 60 & 240 \\ 0 & 20 & 70 \end{pmatrix}$

c) Erstellen Sie eine Matrix zur Berechnung des Rohstoffbedarfs der Filialen:

$A \cdot B \cdot C = \begin{pmatrix} 70 & 160 & 530 \\ 20 & 60 & 240 \\ 0 & 20 & 70 \end{pmatrix} \cdot C = \begin{pmatrix} 70 \cdot 80 + 160 \cdot 20 + 530 \cdot 120 & 70 \cdot 60 + 160 \cdot 30 + 530 \cdot 80 \\ 20 \cdot 80 + 60 \cdot 20 + 240 \cdot 120 & 20 \cdot 60 + 60 \cdot 30 + 240 \cdot 80 \\ 0 \cdot 80 + 20 \cdot 20 + 70 \cdot 120 & 0 \cdot 60 + 20 \cdot 30 + 70 \cdot 80 \end{pmatrix} = \begin{pmatrix} 72400 & 51400 \\ 31600 & 22200 \\ 8800 & 6200 \end{pmatrix}$

d) Wie hoch sind die Rohstoffkosten K_X, K_Y, K_Z für die Zwischenprodukte X, Y und Z?

$K_X = 10 \cdot 7 + 1 \cdot 2 + 3 \cdot 0 = 72$; $K_Y = 10 \cdot 9 + 1 \cdot 2 + 3 \cdot 1 = 95$; $K_Z = 10 \cdot 7 + 1 \cdot 4 + 3 \cdot 1 = 77$

e) Was kostet das Endprodukt E_1? $P \cdot E_1 \cdot \begin{pmatrix} 10 \\ 0 \\ 0 \end{pmatrix} = P \cdot \begin{pmatrix} 70 \\ 20 \\ 0 \end{pmatrix} = 10 \cdot 70 + 1 \cdot 20 + 3 \cdot 0 = 720$

f) Wie ermittelt man die Matrix zur Berechnung der Endprodukte zu vorgegebenen Rohstoffen? $(A \cdot B)^{-1}$

g) Ein Lager der Zwischenprodukte X, Y, Z in den Mengen 800, 1000 bzw. 900 soll aufgebraucht werden. Wie kann man die Anzahl der Endprodukte E_1, E_2, E_3 berechnen, die daraus gefertigt werden können? $B^{-1} \cdot \begin{pmatrix} 800 \\ 1000 \\ 900 \end{pmatrix}$

4. a) Woran erkennt man, dass $M = \begin{pmatrix} 0{,}3 & 0{,}9 \\ 0{,}7 & 0{,}1 \end{pmatrix}$ eine „stochastische" Matrix ist?

1. Sie ist quadratisch. 2. Ihre Elemente sind ≥ 0 und ≤ 1.
3. Die Summe der Elemente jeder Spalte ist 1.

b) Warum besitzt der zu M gehörige Austauschprozess eine stabile Verteilung und eine Grenzmatrix, deren Spalten gleich sind? Weil es in M eine Zeile gibt, in der alle Elemente positiv sind.

c) Bestimmen Sie die Grenzverteilung des Austauschprozesses zu M:

Für einen Fixvektor $\begin{pmatrix} x_1 \\ x_2 \end{pmatrix}$ zur Grenzmatrix $G = \begin{pmatrix} x_1 & x_1 \\ x_2 & x_2 \end{pmatrix}$ von M gilt: $\begin{pmatrix} 0{,}3 & 0{,}9 \\ 0{,}7 & 0{,}1 \end{pmatrix} \cdot \begin{pmatrix} x_1 \\ x_2 \end{pmatrix} = \begin{pmatrix} x_1 \\ x_2 \end{pmatrix} \Rightarrow 0{,}9 \, x_2 = 0{,}7 \, x_1$

Mit $x_1 = 9t$ und $x_2 = 7t$ gilt wegen $x_1 + x_2 = 1$ für die Grenzverteilung: $\vec{g} = \begin{pmatrix} x_1 \\ x_2 \end{pmatrix} = \begin{pmatrix} \frac{9}{16} \\ \frac{7}{16} \end{pmatrix}$; $G = \begin{pmatrix} \frac{9}{16} & \frac{9}{16} \\ \frac{7}{16} & \frac{7}{16} \end{pmatrix}$

Arbeitsblatt – Check-in
Abbildungsmatrizen

Checkliste	Das kann ich gut.	Ich bin noch unsicher.	Das kann ich nicht mehr.
1. Ich kann Gleichungssysteme mit drei Gleichungen und drei Unbekannten lösen.	☐	☐	☐
2. Ich kann das Skalarprodukt von zwei Vektoren berechnen.	☐	☐	☐
3. Ich kann Geradengleichungen in Vektorschreibweise aufstellen, wenn zwei Punkte der Geraden gegeben sind.	☐	☐	☐
4. Ich kann am Einheitskreis Sinus und Kosinus erkennen.	☐	☐	☐
5. Ich kann Schnittpunkte einer Geraden mit einer Ebene berechnen.	☐	☐	☐
6. Ich kann quadratische Gleichungen lösen.	☐	☐	☐

Überprüfen Sie Ihre Einschätzungen anhand der entsprechenden Aufgaben:

1. Lösen Sie das angegebene lineare Gleichungssystem.

   (I) $6x - 4y + 3z = 16$ | (I) $6x - 4y + 3z = 16$ | (I) $6x - 4y + 3z = 16$
   (II) $3x - y + 4z = 12$ | (IIa) = (I) − 2(II): $y - 5z = $ | (IIa) $y - z = $
   (III) $x - 2y + z = 5$ | (IIIa) = (I) − 6(III): $8y - z = -14$ | (IIIb) = (IIIa) + (IIa): $-23z = $

   (IIIb) $\Rightarrow z = $; in (IIa): $y - = \Rightarrow y = $; in (I): $6x = 16 \Rightarrow x = $; L = { ; ; }

2. Berechnen Sie das Skalarprodukt der beiden Vektoren.

   a) $\begin{pmatrix}1\\4\\3\end{pmatrix} \cdot \begin{pmatrix}5\\1\\2\end{pmatrix} = $

   b) $\begin{pmatrix}1\\1\\6\end{pmatrix} \cdot \begin{pmatrix}-2\\-4\\1\end{pmatrix} = $

3. Geben Sie eine Parametergleichung der Geraden g durch die Punkte A und B an.
   a) A(4|2|1); B(0|−4|7)   b) A(1|1|3); B(−5|2|5)   c) A(7|5|−1); B(1|−1|−1)

4. Tragen Sie die Punkte auf dem Einheitskreis ein. Zeichnen Sie gegebenenfalls auch das zugehörige rechtwinklige Dreieck.
   a) P(cos(45°)|sin(45°))   b) Q(cos(0°)|sin(0°))   c) R(cos(315°)|sin(315°))   d) S(cos(30°)|sin(30°))

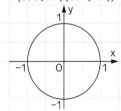
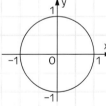
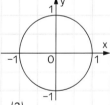
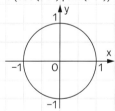

5. Bestimmen Sie die gemeinsamen Punkte der Geraden $g: \vec{x} = \begin{pmatrix}1\\0\\2\end{pmatrix} + t \cdot \begin{pmatrix}2\\1\\1\end{pmatrix}$ und der Ebene E: $x_1 + 4x_2 - 2x_3 = 5$.

6. Bestimmen Sie die Lösung folgender quadratischer Gleichungen.
   a) $(x+1)^2 - 4 = 0$ b) $2x^2 - 12x + 16 = 0$ c) $1{,}5x^2 - 3x = 0$

Arbeitsblatt – Check-in
Abbildungsmatrizen

Lösung

Checkliste	Stichwörter zum Nachschlagen
1. Ich kann Gleichungssysteme mit drei Gleichungen und drei Unbekannten lösen.	lineares Gleichungssystem (LGS); Lösen eines LGS
2. Ich kann das Skalarprodukt von zwei Vektoren berechnen.	Skalarprodukt
3. Ich kann Geradengleichungen in Vektorschreibweise aufstellen, wenn zwei Punkte der Geraden gegeben sind.	Parameterdarstellung, Parametergleichung von Geraden
4. Ich kann am Einheitskreis Sinus und Kosinus erkennen.	Sinus, Kosinus, trigonometrische Funktionen
5. Ich kann Schnittpunkte einer Geraden mit einer Ebene berechnen.	Durchstoßpunkt, Schnittgerade
6. Ich kann quadratische Gleichungen lösen.	quadratische Gleichung

Überprüfen Sie Ihre Einschätzungen anhand der entsprechenden Aufgaben:

1. Lösen Sie das angegebene lineare Gleichungssystem.

(I) $6x - 4y + 3z = 16$ (I) $6x - 4y + 3z = 16$ (I) $6x - 4y + 3z = 16$
(II) $3x - y + 4z = 12$ (IIa) = (I) − 2(II): $-2y - 5z = -8$ (IIa) $-2y - 5z = -8$
(III) $x - 2y + z = 5$ (IIIa) = (I) − 6(III): $8y - 3z = -14$ (IIIb) = (IIIa) + 4(IIa): $-23z = -46$

(IIIb) $\Rightarrow z = 2$; in (IIa): $-2y - 10 = -8 \Rightarrow y = -1$; in (I): $6x + 4 + 6 = 16 \Rightarrow x = 1$; $L = \{1; -1; 2\}$

2. Berechnen Sie das Skalarprodukt der beiden Vektoren.

a) $\begin{pmatrix}1\\4\\3\end{pmatrix} \cdot \begin{pmatrix}5\\1\\2\end{pmatrix} = 1\cdot 5 + 4\cdot 1 + 3\cdot 2 = 5 + 4 + 6 = 15$

b) $\begin{pmatrix}1\\1\\6\end{pmatrix} \cdot \begin{pmatrix}-2\\-4\\1\end{pmatrix} = 1\cdot(-2) + 1\cdot(-4) + 6\cdot 1 = -2 - 4 + 6 = 0$

3. Geben Sie eine Parametergleichung der Geraden g durch die Punkte A und B an.

a) $A(4|2|1); B(0|-4|7)$
$\vec{AB} = \begin{pmatrix}-4\\-6\\6\end{pmatrix}; g: \vec{x} = \begin{pmatrix}4\\2\\1\end{pmatrix} + t\cdot\begin{pmatrix}-4\\-6\\6\end{pmatrix}$

b) $A(1|1|3); B(-5|2|5)$
$\vec{AB} = \begin{pmatrix}-6\\1\\2\end{pmatrix}; g: \vec{x} = \begin{pmatrix}1\\1\\3\end{pmatrix} + t\cdot\begin{pmatrix}-6\\1\\2\end{pmatrix}$

c) $A(7|5|-1); B(1|-1|-1)$
$\vec{AB} = \begin{pmatrix}-6\\-6\\0\end{pmatrix}; g: \vec{x} = \begin{pmatrix}7\\5\\-1\end{pmatrix} + t\cdot\begin{pmatrix}-6\\-6\\0\end{pmatrix}$

4. Tragen Sie die Punkte auf dem Einheitskreis ein. Zeichnen Sie gegebenenfalls auch das zugehörige rechtwinklige Dreieck.

a) $P(\cos(45°)|\sin(45°))$ b) $Q(\cos(0°)|\sin(0°))$ c) $R(\cos(315°)|\sin(315°))$ d) $S(\cos(30°)|\sin(30°))$

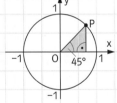 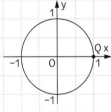 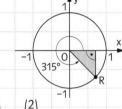 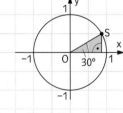

5. Bestimmen Sie die gemeinsamen Punkte der Geraden $g: \vec{x} = \begin{pmatrix}1\\0\\2\end{pmatrix} + t\cdot\begin{pmatrix}2\\1\\1\end{pmatrix}$ und der Ebene $E: x_1 + 4x_2 - 2x_3 = 5$.

Ortsvektor von g eingesetzt in E ergibt: $1 + 2t + 4t - 2(2+t) = 5 \Rightarrow -3 + 4t = 5 \Rightarrow t = 2$

Durchstoßpunkt: $S(1+4|0+2|2+2) = S(5|2|4)$

6. Bestimmen Sie die Lösung folgender quadratischer Gleichungen.

a) $(x+1)^2 - 4 = 0$
$\Rightarrow x^2 + 2x - 3 = 0$
$\Rightarrow x = -1 \pm 2$
$L = \{1; -3\}$

b) $2x^2 - 12x + 16 = 0$
$\Rightarrow x^2 - 6x + 8 = 0$
$\Rightarrow x = 3 \pm 1$
$L = \{2; 4\}$

c) $1{,}5x^2 - 3x = 0$
$\Rightarrow 1{,}5x(x - 2) = 0$
$\Rightarrow L = \{0; 2\}$

Trainingsblatt
Drehung und Geradenspiegelung im $\mathbb{R}^2$; Parallelprojektion in eine Ebene

1. Bestimmen Sie die Matrixdarstellung der Drehung bzw. der Spiegelung im $\mathbb{R}^2$.

   a) Drehung um O um 58°

   $A = \begin{pmatrix} & \\ & \end{pmatrix} \approx \begin{pmatrix} & \\ & \end{pmatrix}$

   b) Drehung um O um 300°

   $B = \begin{pmatrix} & \\ & \end{pmatrix} \approx \begin{pmatrix} & \\ & \end{pmatrix}$

   c) Spiegelung an g: $\vec{x} = t \cdot \begin{pmatrix} 4 \\ 3 \end{pmatrix}$

   Schnittwinkel von g und x_1-Achse:

   $\varphi = \tan^{-1}(\quad) \approx$

   $C \approx \begin{pmatrix} & \\ & \end{pmatrix}$

   d) Spiegelung an h: $\vec{x} = t \cdot \begin{pmatrix} 1 \\ \sqrt{3} \end{pmatrix}$

   Schnittwinkel von g und x_1-Achse:

   $\varphi = \tan^{-1}(\quad) =$

   $D = \begin{pmatrix} & \\ & \end{pmatrix} \approx \begin{pmatrix} & \\ & \end{pmatrix}$

2. Gegeben ist ein Dreieck ABC mit A(1|2), B(4|2) und C(2|5).

   a) Bestimmen Sie die Koordinaten der Eckpunkte des Bilddreiecks bei einer Drehung δ um O um 120°.

   Die Matrixdarstellung der Drehung lautet:

   $D = \begin{pmatrix} & \\ & \end{pmatrix} \approx \begin{pmatrix} & \\ & \end{pmatrix}$

   Koordinaten zu

   A': $\delta \begin{pmatrix} & \\ & \end{pmatrix} \approx \begin{pmatrix} & \\ & \end{pmatrix} \cdot \begin{pmatrix} & \\ & \end{pmatrix} = \begin{pmatrix} & \\ & \end{pmatrix}$;

   B': $\delta \begin{pmatrix} & \\ & \end{pmatrix} \approx \begin{pmatrix} & \\ & \end{pmatrix} \cdot \begin{pmatrix} & \\ & \end{pmatrix} = \begin{pmatrix} & \\ & \end{pmatrix}$;

   C': $\delta \begin{pmatrix} & \\ & \end{pmatrix} \approx \begin{pmatrix} & \\ & \end{pmatrix} \cdot \begin{pmatrix} & \\ & \end{pmatrix} = \begin{pmatrix} & \\ & \end{pmatrix}$;

   A' (|); B' (|);
   C' (|)

   b) Bestimmen Sie die Koordinaten der Eckpunkte des Bilddreiecks bei einer Spiegelung σ an g: $\vec{x} = t \cdot \begin{pmatrix} 1 \\ 1 \end{pmatrix}$.

   Die Steigung der Geraden g beträgt m = .

   Der Schnittwinkel von g und x_1-Achse ist

   $\varphi = \tan^{-1} \quad =$.

   Die Matrixdarstellung der Spiegelung lautet folglich:

   $S = \begin{pmatrix} & \\ & \end{pmatrix} = \begin{pmatrix} & \\ & \end{pmatrix}$

   Koordinaten zu

   A': $\sigma \begin{pmatrix} & \\ & \end{pmatrix} = \begin{pmatrix} & \\ & \end{pmatrix} \cdot \begin{pmatrix} & \\ & \end{pmatrix} = \begin{pmatrix} & \\ & \end{pmatrix}$; also A' (|);

   B': $\sigma \begin{pmatrix} & \\ & \end{pmatrix} = \begin{pmatrix} & \\ & \end{pmatrix} \cdot \begin{pmatrix} & \\ & \end{pmatrix} = \begin{pmatrix} & \\ & \end{pmatrix}$; also B' (|);

   C': $\sigma \begin{pmatrix} & \\ & \end{pmatrix} = \begin{pmatrix} & \\ & \end{pmatrix} \cdot \begin{pmatrix} & \\ & \end{pmatrix} = \begin{pmatrix} & \\ & \end{pmatrix}$; also C' (|)

3. Die Matrix $A = \begin{pmatrix} 0 & 0 & -1 \\ -2 & 1 & -2 \\ 0 & 0 & 1 \end{pmatrix}$ beschreibt die Projektion auf eine Ebene E.

   a) Wie lauten die Koordinaten des Bildpunktes P' von P(−2|3|0)?

   $\overrightarrow{OP'} = \begin{pmatrix} 0 & 0 & -1 \\ -2 & 1 & -2 \\ 0 & 0 & 1 \end{pmatrix} \cdot \begin{pmatrix} & \\ & \\ & \end{pmatrix} = \begin{pmatrix} & \\ & \\ & \end{pmatrix}$; P' (| |)

   b) Geben Sie einen Richtungsvektor für die Projektionsrichtung an.

   $\quad = \begin{pmatrix} & \\ & \\ & \end{pmatrix} - \begin{pmatrix} & \\ & \\ & \end{pmatrix} = \begin{pmatrix} & \\ & \\ & \end{pmatrix}$

   c) Geben Sie die Gleichung der Ebene E an.

   Es muss gelten:

   $\begin{pmatrix} x_1 \\ x_2 \\ x_3 \end{pmatrix} = \begin{pmatrix} & & \\ & & \\ & & \end{pmatrix} \cdot \begin{pmatrix} & \\ & \\ & \end{pmatrix} = \begin{pmatrix} & \\ & \\ & \end{pmatrix}$

   Aus dem LGS:
   (I) $x_1 =$
   (II) $x_2 =$ erhält
   (III) $x_3 =$

   man als Gleichung für die Ebene E: = 0.

4. a) Bestimmen Sie die Abbildungsmatrix A für eine Parallelprojektion in Richtung $\vec{v} = \begin{pmatrix} -3 \\ 2 \\ -0{,}5 \end{pmatrix}$ auf die $x_1 x_2$-Ebene.

   Die Bilder der Punkte $E_1(1|0|0)$ und $E_2(0|1|0)$ liegen fest; sie lauten $E_1'(\ | \ | \ )$ und $E_2'(\ | \ | \ )$.

   Das Bild von $E_3(0|0|1)$ ist der Schnittpunkt der

   Geraden g: $\vec{x} = \vec{e_3} + t \cdot \begin{pmatrix} & \\ & \\ & \end{pmatrix}$ mit der $x_1 x_2$-Ebene.

   Aus $\begin{pmatrix} & \\ & \\ & \end{pmatrix} + t \cdot \begin{pmatrix} & \\ & \\ & \end{pmatrix} = \begin{pmatrix} x_1 \\ x_2 \\ & \end{pmatrix}$ folgt:

   t = ; $x_1 =$; $x_2 =$

   Das Bild von E_3 ist folglich $E_3'(\ | \ | \ )$.

   Damit lautet die Abbildungsmatrix $A = \begin{pmatrix} & & \\ & & \\ & & \end{pmatrix}$.

   b) Wie lautet das Bild der Geraden g: $\vec{x} = \begin{pmatrix} -1 \\ 0 \\ 1 \end{pmatrix} + t \cdot \begin{pmatrix} 1 \\ -2 \\ 1 \end{pmatrix}$ bei der durch A beschriebenen Parallelprojektion?

   Die Bildgerade g' hat die Gleichung

   $\vec{x'} = A \cdot \vec{x} = \begin{pmatrix} & & \\ & & \\ & & \end{pmatrix} \cdot \left[\begin{pmatrix} -1 \\ 0 \\ 1 \end{pmatrix} + t \cdot \begin{pmatrix} 1 \\ -2 \\ 1 \end{pmatrix} \right]$

   $= \begin{pmatrix} & \\ & \\ & \end{pmatrix} = \begin{pmatrix} & \\ & \\ & \end{pmatrix} + t \cdot \begin{pmatrix} & \\ & \\ & \end{pmatrix}$.

Trainingsblatt
Drehung und Geradenspiegelung im $\mathbb{R}^2$; Parallelprojektion in eine Ebene — Lösung

1. Bestimmen Sie die Matrixdarstellung der Drehung bzw. der Spiegelung im $\mathbb{R}^2$.

a) Drehung um O um 58°

$$A = \begin{pmatrix} \cos(58°) & -\sin(58°) \\ \sin(58°) & \cos(58°) \end{pmatrix} \approx \begin{pmatrix} 0{,}53 & -0{,}848 \\ 0{,}848 & 0{,}53 \end{pmatrix}$$

b) Drehung um O um 300°

$$B = \begin{pmatrix} \cos(300°) & -\sin(300°) \\ \sin(300°) & \cos(300°) \end{pmatrix} \approx \begin{pmatrix} 0{,}5 & 0{,}866 \\ -0{,}866 & 0{,}5 \end{pmatrix}$$

c) Spiegelung an g: $\vec{x} = t \cdot \begin{pmatrix} 4 \\ 3 \end{pmatrix}$

Schnittwinkel von g und x_1-Achse:
$\varphi = \tan^{-1}\left(\frac{3}{4}\right) \approx 36{,}87°$

$$C \approx \begin{pmatrix} \cos(73{,}7°) & \sin(73{,}7°) \\ \sin(73{,}7°) & -\cos(73{,}7°) \end{pmatrix} \approx \begin{pmatrix} 0{,}281 & 0{,}96 \\ 0{,}96 & -0{,}281 \end{pmatrix}$$

d) Spiegelung an h: $\vec{x} = t \cdot \begin{pmatrix} 1 \\ \sqrt{3} \end{pmatrix}$

Schnittwinkel von g und x_1-Achse:
$\varphi = \tan^{-1}(\sqrt{3}) = 60°$

$$D = \begin{pmatrix} \cos(120°) & \sin(120°) \\ \sin(120°) & -\cos(120°) \end{pmatrix} \approx \begin{pmatrix} -0{,}5 & 0{,}866 \\ 0{,}866 & 0{,}5 \end{pmatrix}$$

2. Gegeben ist ein Dreieck ABC mit A(1|2), B(4|2) und C(2|5).

a) Bestimmen Sie die Koordinaten der Eckpunkte des Bilddreiecks bei einer Drehung δ um O um 120°.

Die Matrixdarstellung der Drehung lautet:

$$D = \begin{pmatrix} \cos(120°) & -\sin(120°) \\ \sin(120°) & \cos(120°) \end{pmatrix} \approx \begin{pmatrix} -0{,}5 & -0{,}866 \\ 0{,}866 & -0{,}5 \end{pmatrix}$$

Koordinaten zu

A': $\delta \begin{pmatrix} 1 \\ 2 \end{pmatrix} \approx \begin{pmatrix} -0{,}5 & -0{,}866 \\ 0{,}866 & -0{,}5 \end{pmatrix} \cdot \begin{pmatrix} 1 \\ 2 \end{pmatrix} = \begin{pmatrix} -2{,}232 \\ -0{,}134 \end{pmatrix}$;

B': $\delta \begin{pmatrix} 4 \\ 2 \end{pmatrix} \approx \begin{pmatrix} -0{,}5 & -0{,}866 \\ 0{,}866 & -0{,}5 \end{pmatrix} \cdot \begin{pmatrix} 4 \\ 2 \end{pmatrix} = \begin{pmatrix} -3{,}732 \\ 2{,}464 \end{pmatrix}$;

C': $\delta \begin{pmatrix} 2 \\ 5 \end{pmatrix} \approx \begin{pmatrix} -0{,}5 & -0{,}866 \\ 0{,}866 & -0{,}5 \end{pmatrix} \cdot \begin{pmatrix} 2 \\ 5 \end{pmatrix} = \begin{pmatrix} -5{,}33 \\ -0{,}768 \end{pmatrix}$;

A'(−2,232 | −0,134); B'(−3,732 | 2,464);
C'(−5,33 | −0,768)

b) Bestimmen Sie die Koordinaten der Eckpunkte des Bilddreiecks bei einer Spiegelung σ an g: $\vec{x} = t \cdot \begin{pmatrix} 1 \\ 1 \end{pmatrix}$.

Die Steigung der Geraden g beträgt $m = \frac{1}{1} = 1$.

Der Schnittwinkel von g und x_1-Achse ist
$\varphi = \tan^{-1}(1) = 45°$.

Die Matrixdarstellung der Spiegelung lautet folglich:

$$S = \begin{pmatrix} \cos(90°) & \sin(90°) \\ \sin(90°) & -\cos(90°) \end{pmatrix} = \begin{pmatrix} 0 & 1 \\ 1 & 0 \end{pmatrix}$$

Koordinaten zu

A': $\sigma \begin{pmatrix} 1 \\ 2 \end{pmatrix} = \begin{pmatrix} 0 & 1 \\ 1 & 0 \end{pmatrix} \cdot \begin{pmatrix} 1 \\ 2 \end{pmatrix} = \begin{pmatrix} 2 \\ 1 \end{pmatrix}$; also A'(2 | 1);

B': $\sigma \begin{pmatrix} 4 \\ 2 \end{pmatrix} = \begin{pmatrix} 0 & 1 \\ 1 & 0 \end{pmatrix} \cdot \begin{pmatrix} 4 \\ 2 \end{pmatrix} = \begin{pmatrix} 2 \\ 4 \end{pmatrix}$; also B'(2 | 4);

C': $\sigma \begin{pmatrix} 2 \\ 5 \end{pmatrix} = \begin{pmatrix} 0 & 1 \\ 1 & 0 \end{pmatrix} \cdot \begin{pmatrix} 2 \\ 5 \end{pmatrix} = \begin{pmatrix} 5 \\ 2 \end{pmatrix}$; also C'(5 | 2).

3. Die Matrix $A = \begin{pmatrix} 0 & 0 & -1 \\ -2 & 1 & -2 \\ 0 & 0 & 1 \end{pmatrix}$ beschreibt die Projektion auf eine Ebene E.

a) Wie lauten die Koordinaten des Bildpunktes P' von P(−2|3|0)?

$$\overrightarrow{OP'} = \begin{pmatrix} 0 & 0 & -1 \\ -2 & 1 & -2 \\ 0 & 0 & 1 \end{pmatrix} \cdot \begin{pmatrix} -2 \\ 3 \\ 0 \end{pmatrix} = \begin{pmatrix} 0 \\ 7 \\ 0 \end{pmatrix}; \; P'(0 | 7 | 0)$$

b) Geben Sie einen Richtungsvektor für die Projektionsrichtung an.

$\overrightarrow{PP'} = \begin{pmatrix} 0 \\ 7 \\ 0 \end{pmatrix} - \begin{pmatrix} -2 \\ 3 \\ 0 \end{pmatrix} = \begin{pmatrix} 2 \\ 4 \\ 0 \end{pmatrix}$

c) Geben Sie die Gleichung der Ebene E an.

Es muss gelten:

$$\begin{pmatrix} x_1 \\ x_2 \\ x_3 \end{pmatrix} = \begin{pmatrix} 0 & 0 & -1 \\ -2 & 1 & -2 \\ 0 & 0 & 1 \end{pmatrix} \cdot \begin{pmatrix} x_1 \\ x_2 \\ x_3 \end{pmatrix} = \begin{pmatrix} -x_3 \\ -2x_1 + x_2 - 2x_3 \\ x_3 \end{pmatrix}$$

Aus dem LGS:
(I) $x_1 = -x_3$
(II) $x_2 = -2x_1 + x_2 - 2x_3$
(III) $x_3 = x_3$

erhält man als Gleichung für die Ebene E: $x_1 + x_3 = 0$.

4. a) Bestimmen Sie die Abbildungsmatrix A für eine Parallelprojektion in Richtung $\vec{v} = \begin{pmatrix} -3 \\ 2 \\ -0{,}5 \end{pmatrix}$ auf die x_1x_2-Ebene.

Die Bilder der Punkte $E_1(1|0|0)$ und $E_2(0|1|0)$ liegen fest; sie lauten $E_1'(1|0|0)$ und $E_2'(0|1|0)$.

Das Bild von $E_3(0|0|1)$ ist der Schnittpunkt der

Geraden g: $\vec{x} = \vec{e_3} + t \cdot \begin{pmatrix} -3 \\ 2 \\ -0{,}5 \end{pmatrix}$ mit der x_1x_2-Ebene.

Aus $\begin{pmatrix} 0 \\ 0 \\ 1 \end{pmatrix} + t \cdot \begin{pmatrix} -3 \\ 2 \\ -0{,}5 \end{pmatrix} = \begin{pmatrix} x_1 \\ x_2 \\ 0 \end{pmatrix}$ folgt:

$t = 2$; $x_1 = -6$; $x_2 = 4$

Das Bild von E_3 ist folglich $E_3'(-6 | 4 | 0)$.

Damit lautet die Abbildungsmatrix $A = \begin{pmatrix} 1 & 0 & -6 \\ 0 & 1 & 4 \\ 0 & 0 & 0 \end{pmatrix}$.

b) Wie lautet das Bild der Geraden g: $\vec{x} = \begin{pmatrix} -1 \\ 0 \\ 1 \end{pmatrix} + t \cdot \begin{pmatrix} 1 \\ -2 \\ 1 \end{pmatrix}$ bei der durch A beschriebenen Parallelprojektion?

Die Bildgerade g' hat die Gleichung

$\vec{x'} = A \cdot \vec{x} = \begin{pmatrix} 1 & 0 & -6 \\ 0 & 1 & 4 \\ 0 & 0 & 0 \end{pmatrix} \cdot \left[\begin{pmatrix} -1 \\ 0 \\ 1 \end{pmatrix} + t \cdot \begin{pmatrix} 1 \\ -2 \\ 1 \end{pmatrix} \right]$

$= \begin{pmatrix} -1 + t - 6 - 6t \\ -2t + 4 + 4t \\ 0 \end{pmatrix} = \begin{pmatrix} -7 \\ 4 \\ 0 \end{pmatrix} + t \cdot \begin{pmatrix} -5 \\ 2 \\ 0 \end{pmatrix}$.

Trainingsblatt
Rechnen mit Matrizen

1. Gegeben sind die Matrizen $A = \begin{pmatrix} -3 & 4 \\ -1 & 2 \end{pmatrix}$, $B = \begin{pmatrix} 0 & -3 \\ -5 & 7 \end{pmatrix}$,

$C = \begin{pmatrix} 1 & -1 & 2 \\ 3 & -2 & 0 \\ 0 & 4 & 3 \end{pmatrix}$, $D = \begin{pmatrix} -2 & 0 & 8 \\ -3 & 4 & 4 \\ 1 & -1 & -4 \end{pmatrix}$ und $E = \begin{pmatrix} k & 1-k & 2k \\ 1 & -k & 0 \\ 2 & k+2 & 3 \end{pmatrix}$.

a) Berechnen Sie $-2 \cdot A + 3 \cdot B$.

$\begin{pmatrix} \end{pmatrix} + \begin{pmatrix} \end{pmatrix} = \begin{pmatrix} \end{pmatrix}$

b) Berechnen Sie $3 \cdot E + 4 \cdot D - 2 \cdot C$.

$\begin{pmatrix} \end{pmatrix} + \begin{pmatrix} \end{pmatrix} - \begin{pmatrix} \end{pmatrix}$

$= \begin{pmatrix} \end{pmatrix}$

c) Bestimmen Sie $k \in \mathbb{R}$ so, dass gilt: $E \cdot \begin{pmatrix} 4 \\ 1 \\ -3 \end{pmatrix} = \begin{pmatrix} 7 \\ 6 \\ -1 \end{pmatrix}$.

$\begin{pmatrix} k & 1-k & 2k \\ 1 & k & 0 \\ 2 & k+2 & 3 \end{pmatrix} \cdot \begin{pmatrix} 4 \\ 1 \\ -3 \end{pmatrix} = \begin{pmatrix} 7 \\ 6 \\ -1 \end{pmatrix}$

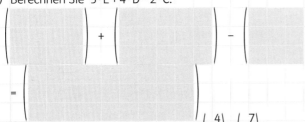

$\Rightarrow \begin{pmatrix} \end{pmatrix} = \begin{pmatrix} 7 \\ 6 \\ -1 \end{pmatrix}$

$\Rightarrow \begin{pmatrix} \end{pmatrix} = \begin{pmatrix} 7 \\ 6 \\ -1 \end{pmatrix}$;

also muss folgendes lineares Gleichungssystem gelten:

(I) $ = 7$ ⎫ Alle drei Gleichungen
(II) $ = 6$ ⎬ werden für
(III) $ = -1$ ⎭ $k = $ erfüllt.

2. Lösen Sie die Matrizengleichung, d.h. bestimmen Sie eine Matrix X so, dass die Matrizengleichung erfüllt ist.

a) $-4 \cdot \begin{pmatrix} 0 & 2 \\ -3 & -1 \end{pmatrix} + 3 \cdot X + \begin{pmatrix} \frac{1}{2} & \frac{22}{3} \\ -13 & -4 \end{pmatrix} = 2 \cdot X$

$\Rightarrow \begin{pmatrix} \end{pmatrix} + \begin{pmatrix} \frac{1}{2} & \frac{22}{3} \\ -13 & -4 \end{pmatrix} = -X$

$\Rightarrow \begin{pmatrix} \end{pmatrix} = -X$

$\Rightarrow \begin{pmatrix} \end{pmatrix} = X$

b) $\frac{1}{4} \cdot X - \begin{pmatrix} 0 & -2 & 4 \\ 3 & 0 & -1 \\ 5 & 2 & 0 \end{pmatrix} = \begin{pmatrix} -3 & 2 & -4 \\ -3 & -3 & 1 \\ -5 & -2 & -3 \end{pmatrix} + X$

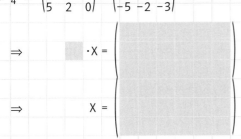

$\Rightarrow \cdot X = \begin{pmatrix} \end{pmatrix}$

$\Rightarrow X = \begin{pmatrix} \end{pmatrix}$

3. Gegeben sind die Matrizen $A = \begin{pmatrix} -2 & 3 & 4 \\ 1 & -4 & 0 \end{pmatrix}$, $B = \begin{pmatrix} -3 & -1 \\ 1 & -5 \end{pmatrix}$,

$C = \begin{pmatrix} 3 & -1 \\ 0 & 6 \\ -2 & 4 \end{pmatrix}$ und $D = \begin{pmatrix} 1 & 0 & -4 \\ 2 & -5 & 0 \\ 0 & -1 & 10 \end{pmatrix}$.

a) $B \cdot A = \begin{pmatrix} -3 & -1 \\ 1 & -5 \end{pmatrix} \cdot \begin{pmatrix} -2 & 3 & 4 \\ 1 & -4 & 0 \end{pmatrix}$

$= \begin{pmatrix} -3 \cdot (-2) + & & \\ & & \end{pmatrix}$

$= \begin{pmatrix} \end{pmatrix}$

b) $C \cdot B = \begin{pmatrix} 3 & -1 \\ 0 & 6 \\ -2 & 4 \end{pmatrix} \cdot \begin{pmatrix} -3 & -1 \\ 1 & -5 \end{pmatrix}$

$= \begin{pmatrix} \end{pmatrix}$

$= \begin{pmatrix} \end{pmatrix}$

c) Welche der Matrizen A, B, C und D kann man mit sich selbst multiplizieren, welche nicht? Begründen Sie.

4. Zeigen Sie, dass die Matrizen invers zueinander sind.
$A = \begin{pmatrix} 3 & 4 \\ -2 & -2 \end{pmatrix}$ und $B = \begin{pmatrix} -1 & -2 \\ 1 & 1{,}5 \end{pmatrix}$ sind invers, denn $A \cdot B =$

$\begin{pmatrix} \end{pmatrix} = \begin{pmatrix} \end{pmatrix}$

$C = \begin{pmatrix} 0 & 0 & 2 \\ 0 & 1 & 0 \\ 1 & 0 & 0 \end{pmatrix}$ und $D = \begin{pmatrix} 0 & 0 & 1 \\ 0 & 1 & 0 \\ 0{,}5 & 0 & 0 \end{pmatrix}$ sind invers, denn $C \cdot D =$

$\begin{pmatrix} \end{pmatrix} = \begin{pmatrix} \end{pmatrix}$

5. Bestimmen Sie für $A = \begin{pmatrix} 3 & 7 \\ -2 & -5 \end{pmatrix}$ und $B = \begin{pmatrix} 3 & -4 \\ -5 & 8 \end{pmatrix}$ jeweils die Determinante D und geben Sie mit deren Hilfe die Inverse A^{-1} bzw. B^{-1} an.

$D_A = = =$

$A^{-1} = \frac{1}{D_A} \cdot \begin{pmatrix} \end{pmatrix} = \frac{1}{} \cdot \begin{pmatrix} \end{pmatrix} = \begin{pmatrix} \end{pmatrix}$

$D_B = = =$

$B^{-1} = \frac{1}{D_B} \cdot \begin{pmatrix} \end{pmatrix} = \frac{1}{} \cdot \begin{pmatrix} \end{pmatrix} = \begin{pmatrix} \end{pmatrix}$

Trainingsblatt
Rechnen mit Matrizen — Lösung

1. Gegeben sind die Matrizen $A = \begin{pmatrix} -3 & 4 \\ -1 & 2 \end{pmatrix}$, $B = \begin{pmatrix} 0 & -3 \\ -5 & 7 \end{pmatrix}$,

$C = \begin{pmatrix} 1 & -1 & 2 \\ 3 & -2 & 0 \\ 0 & 4 & 3 \end{pmatrix}$, $D = \begin{pmatrix} -2 & 0 & 8 \\ -3 & 4 & 4 \\ 1 & -1 & -4 \end{pmatrix}$ und $E = \begin{pmatrix} k & 1-k & 2k \\ 1 & -k & 0 \\ 2 & k+2 & 3 \end{pmatrix}$.

a) Berechnen Sie $-2 \cdot A + 3 \cdot B$.

$$\begin{pmatrix} 6 & -8 \\ 2 & -4 \end{pmatrix} + \begin{pmatrix} 0 & -9 \\ -15 & 21 \end{pmatrix} = \begin{pmatrix} 6 & -17 \\ -13 & 17 \end{pmatrix}$$

b) Berechnen Sie $3 \cdot E + 4 \cdot D - 2 \cdot C$.

$$\begin{pmatrix} 3k & 3-3k & 6k \\ 3 & -3k & 0 \\ 6 & 3k+6 & 9 \end{pmatrix} + \begin{pmatrix} -8 & 0 & 32 \\ -12 & 16 & 16 \\ 4 & -4 & -16 \end{pmatrix} - \begin{pmatrix} 2 & -2 & 4 \\ 6 & -4 & 0 \\ 0 & 8 & 6 \end{pmatrix}$$

$$= \begin{pmatrix} 3k-10 & 5-3k & 6k+28 \\ -15 & -3k+20 & 16 \\ 10 & 3k-6 & -13 \end{pmatrix}$$

c) Bestimmen Sie $k \in \mathbb{R}$ so, dass gilt: $E \cdot \begin{pmatrix} 4 \\ 1 \\ -3 \end{pmatrix} = \begin{pmatrix} 7 \\ 6 \\ -1 \end{pmatrix}$.

$$\begin{pmatrix} k & 1-k & 2k \\ 1 & k & 0 \\ 2 & k+2 & 3 \end{pmatrix} \cdot \begin{pmatrix} 4 \\ 1 \\ -3 \end{pmatrix} = \begin{pmatrix} 7 \\ 6 \\ -1 \end{pmatrix}$$

$$\Rightarrow \begin{pmatrix} 4k+1-k-6k \\ 4-k \\ 8+k+2-9 \end{pmatrix} = \begin{pmatrix} 7 \\ 6 \\ -1 \end{pmatrix}$$

$$\Rightarrow \begin{pmatrix} -3k+1 \\ 4-k \\ 1+k \end{pmatrix} = \begin{pmatrix} 7 \\ 6 \\ -1 \end{pmatrix};$$

also muss folgendes lineares Gleichungssystem gelten:

(I) $-3k+1 = 7$
(II) $4-k = 6$
(III) $1+k = -1$

Alle drei Gleichungen werden für $k = -2$ erfüllt.

2. Lösen Sie die Matrizengleichung, d.h. bestimmen Sie eine Matrix X so, dass die Matrizengleichung erfüllt ist.

a) $-4 \cdot \begin{pmatrix} 0 & 2 \\ -3 & -1 \end{pmatrix} + 3 \cdot X + \begin{pmatrix} \frac{1}{2} & \frac{22}{3} \\ -13 & -4 \end{pmatrix} = 2 \cdot X \quad | -3 \cdot X$

$$\Rightarrow \begin{pmatrix} 0 & -8 \\ 12 & 4 \end{pmatrix} + \begin{pmatrix} \frac{1}{2} & \frac{22}{3} \\ -13 & -4 \end{pmatrix} = -X$$

$$\Rightarrow \begin{pmatrix} \frac{1}{2} & -\frac{2}{3} \\ -1 & 0 \end{pmatrix} = -X$$

$$\Rightarrow \begin{pmatrix} -\frac{1}{2} & \frac{2}{3} \\ 1 & 0 \end{pmatrix} = X$$

b) $\frac{1}{4} \cdot X - \begin{pmatrix} 0 & -2 & 4 \\ 3 & 0 & -1 \\ 5 & 2 & 0 \end{pmatrix} = \begin{pmatrix} -3 & 2 & -4 \\ -3 & -3 & 1 \\ -5 & -2 & -3 \end{pmatrix} + X$

$$\Rightarrow -\frac{3}{4} \cdot X = \begin{pmatrix} -3 & 0 & 0 \\ 0 & -3 & 0 \\ 0 & 0 & -3 \end{pmatrix}$$

$$\Rightarrow X = \begin{pmatrix} 4 & 0 & 0 \\ 0 & 4 & 0 \\ 0 & 0 & 4 \end{pmatrix}$$

3. Gegeben sind die Matrizen $A = \begin{pmatrix} -2 & 3 & 4 \\ 1 & -4 & 0 \end{pmatrix}$, $B = \begin{pmatrix} -3 & -1 \\ 1 & -5 \end{pmatrix}$,

$C = \begin{pmatrix} 3 & -1 \\ 0 & 6 \\ -2 & 4 \end{pmatrix}$ und $D = \begin{pmatrix} 1 & 0 & -4 \\ 2 & -5 & 0 \\ 0 & -1 & 10 \end{pmatrix}$.

a) $B \cdot A = \begin{pmatrix} -3 & -1 \\ 1 & -5 \end{pmatrix} \cdot \begin{pmatrix} -2 & 3 & 4 \\ 1 & -4 & 0 \end{pmatrix}$

$$= \begin{pmatrix} -3 \cdot (-2) + (-1) \cdot 1 & -3 \cdot 3 + (-1) \cdot (-4) & -3 \cdot 4 + 0 \\ 1 \cdot (-2) + (-5) \cdot 1 & 1 \cdot 3 + (-5) \cdot (-4) & 1 \cdot 4 + 0 \end{pmatrix}$$

$$= \begin{pmatrix} 5 & -5 & -12 \\ -7 & 23 & 4 \end{pmatrix}$$

b) $C \cdot B = \begin{pmatrix} 3 & -1 \\ 0 & 6 \\ -2 & 4 \end{pmatrix} \cdot \begin{pmatrix} -3 & -1 \\ 1 & -5 \end{pmatrix}$

$$= \begin{pmatrix} 3 \cdot (-3) + (-1) \cdot 1 & 3 \cdot (-1) + (-1) \cdot (-5) \\ 0 \cdot (-3) + 6 \cdot 1 & 0 \cdot (-1) + 6 \cdot (-5) \\ (-2) \cdot (-3) + 4 \cdot 1 & (-2) \cdot (-1) + 4 \cdot (-5) \end{pmatrix}$$

$$= \begin{pmatrix} -10 & 2 \\ 6 & -30 \\ 10 & -18 \end{pmatrix}$$

c) Welche der Matrizen A, B, C und D kann man mit sich selbst multiplizieren, welche nicht? Begründen Sie.

Man kann zwei Matrizen nur dann miteinander multiplizieren, wenn die Spaltenanzahl der ersten Matrix mit der Zeilenanzahl der zweiten Matrix übereinstimmt. Nur die Matrizen B und D kann man mit sich selbst multiplizieren, da bei ihnen die Spaltenanzahl mit der Zeilenanzahl übereinstimmt.

4. Zeigen Sie, dass die Matrizen invers zueinander sind.

$A = \begin{pmatrix} 3 & 4 \\ -2 & -2 \end{pmatrix}$ und $B = \begin{pmatrix} -1 & -2 \\ 1 & 1{,}5 \end{pmatrix}$ sind invers, denn $A \cdot B =$

$$\begin{pmatrix} 3 \cdot (-1) + 4 \cdot 1 & 3 \cdot (-2) + 4 \cdot 1{,}5 \\ -2 \cdot (-1) + (-2) \cdot 1 & -2 \cdot (-2) + (-2) \cdot 1{,}5 \end{pmatrix} = \begin{pmatrix} 1 & 0 \\ 0 & 1 \end{pmatrix}$$

$C = \begin{pmatrix} 0 & 0 & 2 \\ 0 & 1 & 0 \\ 1 & 0 & 0 \end{pmatrix}$ und $D = \begin{pmatrix} 0 & 0 & 1 \\ 0 & 1 & 0 \\ 0{,}5 & 0 & 0 \end{pmatrix}$ sind invers, denn $C \cdot D =$

$$\begin{pmatrix} 0+0+2 \cdot 0{,}5 & 0+0+0 & 0+0+0 \\ 0+0+0 & 0+1 \cdot 1+0 & 0+0+0 \\ 0+0+0 & 0+0+0 & 1 \cdot 1+0+0 \end{pmatrix} = \begin{pmatrix} 1 & 0 & 0 \\ 0 & 1 & 0 \\ 0 & 0 & 1 \end{pmatrix}$$

5. Bestimmen Sie für $A = \begin{pmatrix} 3 & 7 \\ -2 & -5 \end{pmatrix}$ und $B = \begin{pmatrix} 3 & -4 \\ -5 & 8 \end{pmatrix}$ jeweils die Determinante D und geben Sie mit deren Hilfe die Inverse A^{-1} bzw. B^{-1} an.

$D_A = 3 \cdot (-5) - 7 \cdot (-2) = -15 + 14 = -1$

$A^{-1} = \frac{1}{D_A} \cdot \begin{pmatrix} -5 & -7 \\ 2 & 3 \end{pmatrix} = \frac{1}{-1} \cdot \begin{pmatrix} -5 & -7 \\ 2 & 3 \end{pmatrix} = \begin{pmatrix} 5 & 7 \\ -2 & -3 \end{pmatrix}$

$D_B = 3 \cdot 8 - (-4) \cdot (-5) = 24 - 20 = 4$

$B^{-1} = \frac{1}{D_B} \cdot \begin{pmatrix} 8 & 4 \\ 5 & 3 \end{pmatrix} = \frac{1}{4} \cdot \begin{pmatrix} 8 & 4 \\ 5 & 3 \end{pmatrix} = \begin{pmatrix} 2 & 1 \\ 1{,}25 & 0{,}75 \end{pmatrix}$

Trainingsblatt
Eigenwerte und Eigenvektoren

1. Gegeben sind folgende Abbildungsmatrizen:
$A = \begin{pmatrix} 5 & -8 \\ -1 & 3 \end{pmatrix}$; $B = \begin{pmatrix} -3 & 0 \\ 0 & -3 \end{pmatrix}$; $C = \begin{pmatrix} 5 & -3 \\ 6 & -1 \end{pmatrix}$; $D = \begin{pmatrix} 1 & 0 \\ 3 & 4 \end{pmatrix}$

Bestimmen Sie die charakteristische Gleichung der Abbildung. Geben Sie dann mithilfe der Diskriminante die Anzahl der Lösungen für die charakteristische Gleichung an.

Für A lautet die charakteristische Gleichung:
$\lambda^2 - (\quad + \quad) \cdot \lambda + (\quad - \quad) = 0$
$\Rightarrow \lambda^2 - \quad \lambda + \quad = 0;$
Diskriminante: $D_A = (\quad)^2 - \quad \cdot \quad =$
Da $D_A \quad 0$, hat die Gleichung Lösung(en).

Für B lautet die charakteristische Gleichung:
$\lambda^2 - (\quad) \cdot \lambda + (\quad) = 0$
$\Rightarrow \quad \lambda^2 + \quad \lambda + \quad = 0;$
Diskriminante: $D_B = \quad =$
Da $D_B \quad 0$, hat die Gleichung   .

Für C lautet die charakteristische Gleichung:
$\lambda^2 - (\quad) \cdot \lambda + (\quad) = 0$
$\Rightarrow \quad = 0;$
Diskriminante: $D_C = \quad =$
Da $D_C \quad 0$, hat die Gleichung   .

Für D lautet die charakteristische Gleichung:
$\lambda^2 - (\quad) \cdot \lambda + (\quad) = 0$
$\Rightarrow \quad = 0;$
Diskriminante: $D_D = \quad =$
Da $D_D \quad 0$, hat die Gleichung   .

2. Für eine Abbildung $\alpha: \vec{x}' = A \cdot \vec{x}$ sind alle Eigenwerte angegeben. Bestimmen Sie die Gleichung(en) der zugehörigen Fixgeraden durch den Ursprung.

a) $A = \begin{pmatrix} 1 & -0{,}5 \\ 2 & 3 \end{pmatrix} \cdot \vec{x}; \lambda = 2$

Bestimmen eines Eigenvektors $\vec{u} = \begin{pmatrix} u_1 \\ u_2 \end{pmatrix}$ zu $\lambda = 2$:
$\quad u_1 \quad u_2 = u_1$
$\quad u_2 \quad u_2 = u_2$; also $\vec{u} = \begin{pmatrix} u_1 \\ u_2 \end{pmatrix} = t \cdot \begin{pmatrix} \quad \end{pmatrix}$.

Da O Fixpunkt der Abbildung ist, ist nur die Gerade
g: $\vec{x} = t \cdot \begin{pmatrix} \quad \end{pmatrix}$ eine solche Fixgerade.

b) $A = \begin{pmatrix} 2 & 8 \\ 0 & 10 \end{pmatrix} \cdot \vec{x}; \lambda_1 = 2$ und $\lambda_2 = 10$

Bestimmen eines Eigenvektors $\vec{u} = \begin{pmatrix} u_1 \\ u_2 \end{pmatrix}$ zu $\lambda_1 = \quad$:
$\quad u_1 \quad u_2 = u_1$
$\quad u_1 \quad u_2 = u_2$; also $\vec{u} = \begin{pmatrix} u_1 \\ u_2 \end{pmatrix} = t \cdot \begin{pmatrix} \quad \end{pmatrix}$.

Bestimmen eines Eigenvektors $\vec{v} = \begin{pmatrix} v_1 \\ v_2 \end{pmatrix}$ zu $\lambda_2 = \quad$:
$\quad v_1 \quad v_2 = v_1$
$\quad v_1 \quad v_2 = v_2$; also $\vec{v} = \begin{pmatrix} v_1 \\ v_2 \end{pmatrix} = t \cdot \begin{pmatrix} \quad \end{pmatrix}$.

Da O Fixpunkt der Abbildung ist, sind nur die Geraden
g: $\vec{x} = t \cdot \begin{pmatrix} \quad \end{pmatrix}$ und h: $\vec{x} = t \cdot \begin{pmatrix} \quad \end{pmatrix}$ solche Fixgeraden.

3. Bestimmen Sie jeweils alle Fixgeraden durch den Ursprung zur Abbildung α.

a) $\alpha: \vec{x}' = \begin{pmatrix} -1 & 1 \\ 0 & -5 \end{pmatrix} \cdot \vec{x}$

Die charakteristische Gleichung lautet:
$\lambda^2 - (\quad + \quad) \cdot \lambda + (\quad - \quad) = 0$
$\Rightarrow \lambda^2 \quad \lambda \quad = 0$. Mit der Lösungsformel für quadratische Gleichungen ergibt sich:
$\lambda_{1,2} = \dfrac{\quad \pm \sqrt{\quad^2 - \quad}}{\quad \cdot \quad} = \dfrac{\quad \pm \sqrt{\quad}}{\quad}$
$\Rightarrow \lambda_1 = \quad$ und $\lambda_2 = \quad$.

Bestimmen eines Eigenvektors $\vec{u} = \begin{pmatrix} u_1 \\ u_2 \end{pmatrix}$ zu $\lambda_1 = \quad$:
$\quad u_1 \quad u_2 = u_1$
$\quad u_1 \quad u_2 = u_2$; also $\vec{u} = \begin{pmatrix} u_1 \\ u_2 \end{pmatrix} = t \cdot \begin{pmatrix} \quad \end{pmatrix}$.

Bestimmen eines Eigenvektors $\vec{v} = \begin{pmatrix} v_1 \\ v_2 \end{pmatrix}$ zu $\lambda_2 = \quad$:
$\quad v_1 \quad v_2 = v_1$
$\quad v_1 \quad v_2 = v_2$; also $\vec{v} = \begin{pmatrix} v_1 \\ v_2 \end{pmatrix} = t \cdot \begin{pmatrix} \quad \end{pmatrix}$.

Da O Fixpunkt der Abbildung ist, sind nur die Geraden
g: $\vec{x} = t \cdot \begin{pmatrix} \quad \end{pmatrix}$ und h: $\vec{x} = t \cdot \begin{pmatrix} \quad \end{pmatrix}$ solche Fixgeraden.

b) $\alpha: \vec{x}' = \begin{pmatrix} -4 & 2 \\ -2 & -8 \end{pmatrix} \cdot \vec{x}$

Die charakteristische Gleichung lautet:
$\lambda^2 - (\quad) \cdot \lambda + (\quad) = 0$
$\Rightarrow \lambda^2 \quad \lambda \quad = 0 \Rightarrow (\lambda + \quad)^2 = 0$
$\Rightarrow \lambda_1 = \quad$

Bestimmen eines Eigenvektors $\vec{u} = \begin{pmatrix} u_1 \\ u_2 \end{pmatrix}$ zu $\lambda = \quad$:
$\quad u_1 \quad u_2 = u_1$
$\quad u_1 \quad u_2 = u_2$; also $\vec{u} = \begin{pmatrix} u_1 \\ u_2 \end{pmatrix} = t \cdot \begin{pmatrix} \quad \end{pmatrix}$.

Da O Fixpunkt der Abbildung ist, ist nur die Gerade
g: $\vec{x} = t \cdot \begin{pmatrix} \quad \end{pmatrix}$ eine solche Fixgerade.

c) $\alpha: \vec{x}' = \begin{pmatrix} -5 & 0 \\ 0 & -5 \end{pmatrix} \cdot \vec{x}$

Die charakteristische Gleichung lautet:
$\lambda^2 - (\quad) \cdot \lambda + (\quad) = 0$
$\Rightarrow \lambda^2 \quad \lambda \quad = 0$. Mit der Lösungsformel für quadratische Gleichungen ergibt sich:
$\lambda_{1,2} = \dfrac{\quad \pm \sqrt{\quad^2 - \quad}}{\quad} \Rightarrow \lambda = \quad$

Bestimmen eines Eigenvektors $\vec{u} = \begin{pmatrix} u_1 \\ u_2 \end{pmatrix}$ zu $\lambda = \quad$:
$\quad u_1 = u_1$ Dieses Gleichungssystem hat
$\quad u_2 = u_2$ Lösungen.
Alle Vektoren der Ebene sind demnach
          .

Da O Fixpunkt der Abbildung ist, sind Ursprungsgeraden Fixgeraden.

Trainingsblatt
Eigenwerte und Eigenvektoren
Lösung

1. Gegeben sind folgende Abbildungsmatrizen:
$A = \begin{pmatrix} 5 & -8 \\ -1 & 3 \end{pmatrix}$; $B = \begin{pmatrix} -3 & 0 \\ 0 & -3 \end{pmatrix}$; $C = \begin{pmatrix} 5 & -3 \\ 6 & -1 \end{pmatrix}$; $D = \begin{pmatrix} 1 & 0 \\ 3 & 4 \end{pmatrix}$

Bestimmen Sie die charakteristische Gleichung der Abbildung. Geben Sie dann mithilfe der Diskriminante die Anzahl der Lösungen für die charakteristische Gleichung an.

Für A lautet die charakteristische Gleichung:
$\lambda^2 - (5 + 3) \cdot \lambda + (5 \cdot 3 - (-1) \cdot (-8)) = 0$
$\Rightarrow \lambda^2 - 8\lambda + 7 = 0$;
Diskriminante: $D_A = (-8)^2 - 4 \cdot 1 \cdot 7 = 36$
Da $D_A > 0$, hat die Gleichung zwei Lösung(en).

Für B lautet die charakteristische Gleichung:
$\lambda^2 - (-3 + (-3)) \cdot \lambda + ((-3) \cdot (-3) - 0 \cdot 0) = 0$
$\Rightarrow \lambda^2 + 6\lambda + 9 = 0$;
Diskriminante: $D_B = 6^2 - 4 \cdot 1 \cdot 9 = 0$
Da $D_B = 0$, hat die Gleichung eine Lösung.

Für C lautet die charakteristische Gleichung:
$\lambda^2 - (5 + (-1)) \cdot \lambda + (5 \cdot (-1) - 6 \cdot (-3)) = 0$
$\Rightarrow \lambda^2 - 4\lambda + 13 = 0$;
Diskriminante: $D_C = (-4)^2 - 4 \cdot 1 \cdot 13 = -36$
Da $D_C < 0$, hat die Gleichung keine Lösung.

Für D lautet die charakteristische Gleichung:
$\lambda^2 - (1 + 4) \cdot \lambda + (1 \cdot 4 - 3 \cdot 0) = 0$
$\Rightarrow \lambda^2 - 5\lambda + 4 = 0$;
Diskriminante: $D_D = (-5)^2 - 4 \cdot 1 \cdot 4 = 9$
Da $D_D > 0$, hat die Gleichung zwei Lösungen.

2. Für eine Abbildung $\alpha: \vec{x}' = A \cdot \vec{x}$ sind alle Eigenwerte angegeben. Bestimmen Sie die Gleichung(en) der zugehörigen Fixgeraden durch den Ursprung.

a) $A = \begin{pmatrix} 1 & -0{,}5 \\ 2 & 3 \end{pmatrix} \cdot \vec{x}$; $\lambda = 2$

Bestimmen eines Eigenvektors $\vec{u} = \begin{pmatrix} u_1 \\ u_2 \end{pmatrix}$ zu $\lambda = 2$:
$1 u_1 - 0{,}5 u_2 = 2 u_1$
$2 u_2 + 3 u_2 = 2 u_2$; also $\vec{u} = \begin{pmatrix} u_1 \\ u_2 \end{pmatrix} = t \cdot \begin{pmatrix} 1 \\ -2 \end{pmatrix}$.

Da O Fixpunkt der Abbildung ist, ist nur die Gerade
g: $\vec{x} = t \cdot \begin{pmatrix} 1 \\ -2 \end{pmatrix}$ eine solche Fixgerade.

b) $A = \begin{pmatrix} 2 & 8 \\ 0 & 10 \end{pmatrix} \cdot \vec{x}$; $\lambda_1 = 2$ und $\lambda_2 = 10$

Bestimmen eines Eigenvektors $\vec{u} = \begin{pmatrix} u_1 \\ u_2 \end{pmatrix}$ zu $\lambda_1 = 2$:
$2 u_1 + 8 u_2 = 2 u_1$
$0 u_1 + 10 u_2 = 2 u_2$; also $\vec{u} = \begin{pmatrix} u_1 \\ u_2 \end{pmatrix} = t \cdot \begin{pmatrix} 1 \\ 0 \end{pmatrix}$.

Bestimmen eines Eigenvektors $\vec{v} = \begin{pmatrix} v_1 \\ v_2 \end{pmatrix}$ zu $\lambda_2 = 10$:
$2 v_1 + 8 v_2 = 10 v_1$
$0 v_1 + 10 v_2 = 10 v_2$; also $\vec{v} = \begin{pmatrix} v_1 \\ v_2 \end{pmatrix} = t \cdot \begin{pmatrix} 1 \\ 1 \end{pmatrix}$.

Da O Fixpunkt der Abbildung ist, sind nur die Geraden
g: $\vec{x} = t \cdot \begin{pmatrix} 1 \\ 0 \end{pmatrix}$ und h: $\vec{x} = t \cdot \begin{pmatrix} 1 \\ 1 \end{pmatrix}$ solche Fixgeraden.

3. Bestimmen Sie jeweils alle Fixgeraden durch den Ursprung zur Abbildung α.

a) $\alpha: \vec{x}' = \begin{pmatrix} -1 & 1 \\ 0 & -5 \end{pmatrix} \cdot \vec{x}$

Die charakteristische Gleichung lautet:
$\lambda^2 - (-1 + (-5)) \cdot \lambda + ((-1) \cdot (-5) - 0 \cdot 1) = 0$
$\Rightarrow \lambda^2 + 6\lambda + 5 = 0$. Mit der Lösungsformel für quadratische Gleichungen ergibt sich:
$\lambda_{1,2} = \dfrac{-6 \pm \sqrt{6^2 - 4 \cdot 1 \cdot 5}}{2 \cdot 1} = \dfrac{-6 \pm \sqrt{16}}{2}$
$\Rightarrow \lambda_1 = -1$ und $\lambda_2 = -5$.

Bestimmen eines Eigenvektors $\vec{u} = \begin{pmatrix} u_1 \\ u_2 \end{pmatrix}$ zu $\lambda_1 = -1$:
$-1 u_1 + 1 u_2 = -1 u_1$
$0 u_1 - 5 u_2 = -1 u_2$; also $\vec{u} = \begin{pmatrix} u_1 \\ u_2 \end{pmatrix} = t \cdot \begin{pmatrix} 1 \\ 0 \end{pmatrix}$.

Bestimmen eines Eigenvektors $\vec{v} = \begin{pmatrix} v_1 \\ v_2 \end{pmatrix}$ zu $\lambda_2 = -5$:
$-1 v_1 + 1 v_2 = -5 v_1$
$0 v_1 - 5 v_2 = -5 v_2$; also $\vec{v} = \begin{pmatrix} v_1 \\ v_2 \end{pmatrix} = t \cdot \begin{pmatrix} -0{,}25 \\ 1 \end{pmatrix}$.

Da O Fixpunkt der Abbildung ist, sind nur die Geraden
g: $\vec{x} = t \cdot \begin{pmatrix} 1 \\ 0 \end{pmatrix}$ und h: $\vec{x} = t \cdot \begin{pmatrix} -0{,}25 \\ 1 \end{pmatrix}$ solche Fixgeraden.

b) $\alpha: \vec{x}' = \begin{pmatrix} -4 & 2 \\ -2 & -8 \end{pmatrix} \cdot \vec{x}$

Die charakteristische Gleichung lautet:
$\lambda^2 - (-4 + (-8)) \cdot \lambda + ((-4) \cdot (-8) - (-2) \cdot 2) = 0$
$\Rightarrow \lambda^2 + 12\lambda + 36 = 0 \Rightarrow (\lambda + 6)^2 = 0$
$\Rightarrow \lambda_1 = -6$

Bestimmen eines Eigenvektors $\vec{u} = \begin{pmatrix} u_1 \\ u_2 \end{pmatrix}$ zu $\lambda = -6$:
$-4 u_1 - 2 u_2 = -6 u_1$
$-2 u_1 - 8 u_2 = -6 u_2$; also $\vec{u} = \begin{pmatrix} u_1 \\ u_2 \end{pmatrix} = t \cdot \begin{pmatrix} -1 \\ 1 \end{pmatrix}$.

Da O Fixpunkt der Abbildung ist, ist nur die Gerade
g: $\vec{x} = t \cdot \begin{pmatrix} -1 \\ 1 \end{pmatrix}$ eine solche Fixgerade.

c) $\alpha: \vec{x}' = \begin{pmatrix} -5 & 0 \\ 0 & -5 \end{pmatrix} \cdot \vec{x}$

Die charakteristische Gleichung lautet:
$\lambda^2 - (-5 + (-5)) \cdot \lambda + ((-5) \cdot (-5) - 0 \cdot 0) = 0$
$\Rightarrow \lambda^2 + 10\lambda + 25 = 0$. Mit der Lösungsformel für quadratische Gleichungen ergibt sich:
$\lambda_{1,2} = \dfrac{-10 \pm \sqrt{10^2 - 4 \cdot 1 \cdot 25}}{2 \cdot 1} \Rightarrow \lambda = -5$

Bestimmen eines Eigenvektors $\vec{u} = \begin{pmatrix} u_1 \\ u_2 \end{pmatrix}$ zu $\lambda = -5$:
$-5 u_1 = -5 u_1$
$-5 u_2 = -5 u_2$ } Dieses Gleichungssystem hat unendlich viele Lösungen.
Alle Vektoren der Ebene sind demnach Eigenvektoren.

Da O Fixpunkt der Abbildung ist, sind alle Ursprungsgeraden Fixgeraden.

Spiel
Eigenwertebingo – Spielregel und Matrizenliste

Spielvorbereitung:
- Kopien von Spielregel und Matrizenliste für jede Gruppe
- Kopie des Bingofeldes auf Folie für Overheadprojektor (alternativ: Datei für Beamer im Internet)
- Lösungsbogen für die Lehrkraft
- je ein Folienstift für jede Gruppe in eigener Farbe

Spielregel:
Die Klasse wird in 2 bis 3 Gruppen (I, II, III) aufgeteilt. Die Spieler derselben Gruppe finden sich zusammen und erhalten jeweils die Kopiervorlage „Spielregel und Matrizenliste".

Für die gegebenen Matrizen A_1 bis A_{16} sollen alle Eigenwerte bestimmt werden.
Die Gruppe, welche an der Reihe ist, wählt eine Matrix aus und nennt alle gefundenen Eigenwerte dieser Matrix. Sind diese korrekt, wird im Bingofeld ein entsprechendes Feld farbig markiert und die Matrix wird von der Lehrkraft und allen Gruppen von der Matrizenliste gestrichen. Sind die Eigenwerte nicht (oder nicht alle) gefunden, so darf die nächste Gruppe fortfahren.

Die Gruppen kommen immer abwechselnd an die Reihe, wobei sich die Reihenfolge aller Folgerunden aus der ersten Runde ergibt. In der ersten Runde entscheidet die Schnelligkeit, mit der jede Gruppe ihre erste Eigenwertebestimmung durchführt.

Spielziel:
Die Gruppe, welche zuerst drei waagrecht, senkrecht oder diagonal nebeneinander liegende Felder im Bingofeld in ihrer Farbe markieren kann, hat gewonnen.

Matrizenliste:
$A_1 = \begin{pmatrix} 1 & 10 \\ 12 & -1 \end{pmatrix}$
$A_2 = \begin{pmatrix} -4 & 2{,}5 \\ -4 & 3 \end{pmatrix}$
$A_3 = \begin{pmatrix} 1 & 0 \\ -8 & -2 \end{pmatrix}$
$A_4 = \begin{pmatrix} 4 & -3 \\ 3 & 4 \end{pmatrix}$
$A_5 = \begin{pmatrix} 1 & 4 \\ 2 & 3 \end{pmatrix}$
$A_6 = \begin{pmatrix} 5 & 2 \\ -5 & -2 \end{pmatrix}$
$A_7 = \begin{pmatrix} 4 & 1{,}5 \\ -4 & -3 \end{pmatrix}$
$A_8 = \begin{pmatrix} 5 & 12 \\ -2 & -5 \end{pmatrix}$
$A_9 = \begin{pmatrix} 9 & -32 \\ 2 & -7 \end{pmatrix}$
$A_{10} = \begin{pmatrix} 10 & 3 \\ 5 & 8 \end{pmatrix}$
$A_{11} = \begin{pmatrix} 9 & -3 \\ 18 & -6 \end{pmatrix}$
$A_{12} = \begin{pmatrix} 12 & 24 \\ -7 & -14 \end{pmatrix}$
$A_{13} = \begin{pmatrix} 1 & 1{,}5 \\ -2 & -3 \end{pmatrix}$
$A_{14} = \begin{pmatrix} 5 & -10 \\ 4 & -8 \end{pmatrix}$
$A_{15} = \begin{pmatrix} 3 & 3 \\ 8 & 1 \end{pmatrix}$
$A_{16} = \begin{pmatrix} 10 & 8 \\ -8 & -6 \end{pmatrix}$

Spiel
Eigenwertebingo – Bingofeld

	A	B	C	D	E	F
1	−2; 0	1	2	0; 3	−2; 1	−2; 3
2	keine	−1; 1	−2; 3	−2; 0	−3; 7	−3; 0
3	−3; 0	−1; 5	−11; 11	5; 13	keine	2
4	1	5; 13	0; 3	−1; 5	−1; 1	−2; 1
5	−2; 1	keine	0; 3	1	−2; 3	5; 13
6	−3; 7	−2; 1	−1; 5	−3; 7	−2; 0	−11; 11
7	2	−11; 11	−3; 0	−2; 0	−1; 1	0; 3

Spiel
Eigenwertebingo

Lösung

Matrizenliste:	charakteristische Gleichung:	Eigenwerte:
$A_1 = \begin{pmatrix} 1 & 10 \\ 12 & -1 \end{pmatrix}$	$(1-\lambda)(-1-\lambda) - 12 \cdot 10 = \lambda^2 - 121 = 0$	$11; -11$
$A_2 = \begin{pmatrix} -4 & 2,5 \\ -4 & 3 \end{pmatrix}$	$(-4-\lambda)(3-\lambda) - (-4) \cdot 2,5 = \lambda^2 + \lambda - 2 = 0$	$-2; 1$
$A_3 = \begin{pmatrix} 1 & 0 \\ -8 & -2 \end{pmatrix}$	$(1-\lambda)(-2-\lambda) - (-8) \cdot 0 = \lambda^2 + \lambda - 2 = 0$	$-2; 1$
$A_4 = \begin{pmatrix} 4 & -3 \\ 3 & 4 \end{pmatrix}$	$(4-\lambda)^2 + 9 = 0$	keine
$A_5 = \begin{pmatrix} 1 & 4 \\ 2 & 3 \end{pmatrix}$	$(1-\lambda)(3-\lambda) - 2 \cdot 4 = \lambda^2 - 4\lambda - 5 = 0$	$-1; 5$
$A_6 = \begin{pmatrix} 5 & 2 \\ -5 & -2 \end{pmatrix}$	$(5-\lambda)(-2-\lambda) + 10 = \lambda^2 - 3\lambda = 0$	$0; 3$
$A_7 = \begin{pmatrix} 4 & 1,5 \\ -4 & -3 \end{pmatrix}$	$(4-\lambda)(-3-\lambda) - (-4) \cdot 1,5 = \lambda^2 - \lambda - 6 = 0$	$-2; 3$
$A_8 = \begin{pmatrix} 5 & 12 \\ -2 & -5 \end{pmatrix}$	$(5-\lambda)(-5-\lambda) - (-2) \cdot 12 = \lambda^2 - 1 = 0$	$-1; 1$
$A_9 = \begin{pmatrix} 9 & -32 \\ 2 & -7 \end{pmatrix}$	$(9-\lambda)(-7-\lambda) - 2 \cdot (-32) = (\lambda - 1)^2 = 0$	1
$A_{10} = \begin{pmatrix} 10 & 3 \\ 5 & 8 \end{pmatrix}$	$(10-\lambda)(8-\lambda) - 5 \cdot 3 = \lambda^2 - 18\lambda + 65 = 0$	$5; 13$
$A_{11} = \begin{pmatrix} 9 & -3 \\ 18 & -6 \end{pmatrix}$	$(9-\lambda)(-6-\lambda) - 18 \cdot (-3) = \lambda^2 - 3\lambda = 0$	$0; 3$
$A_{12} = \begin{pmatrix} 12 & 24 \\ -7 & -14 \end{pmatrix}$	$(12-\lambda)(-14-\lambda) - (-7) \cdot 24 = \lambda^2 + 2\lambda = 0$	$-2; 0$
$A_{13} = \begin{pmatrix} 1 & 1,5 \\ -2 & -3 \end{pmatrix}$	$(1-\lambda)(-3-\lambda) - (-2) \cdot 1,5 = \lambda^2 - 2\lambda = 0$	$-2; 0$
$A_{14} = \begin{pmatrix} 5 & -10 \\ 4 & -8 \end{pmatrix}$	$(5-\lambda)(-8-\lambda) - 4 \cdot (-10) = \lambda^2 + 3\lambda = 0$	$-3; 0$
$A_{15} = \begin{pmatrix} 3 & 3 \\ 8 & 1 \end{pmatrix}$	$(3-\lambda)(1-\lambda) - 8 \cdot 3 = \lambda^2 - 4\lambda - 21 = 0$	$-3; 7$
$A_{16} = \begin{pmatrix} 10 & 8 \\ -8 & -6 \end{pmatrix}$	$(10-\lambda)(-6-\lambda) - (-8) \cdot 8 = \lambda^2 - 4\lambda + 4 = 0$	2

Arbeitsblatt – Check-out
Abbildungsmatrizen

1. Multiplizieren Sie die Matrix $M = \begin{pmatrix} 3 & 6 \\ -6 & 3 \end{pmatrix}$ mit

   a) dem Vektor $\vec{x} = \begin{pmatrix} 1 \\ 2 \end{pmatrix}$

   b) der Matrix $B = \begin{pmatrix} 3 & 0 \\ 3 & 3 \end{pmatrix}$

2. a) Überprüfen Sie, ob es eine inverse Matrix gibt zu $A = \begin{pmatrix} 3{,}5 & -2 \\ -10{,}5 & 6 \end{pmatrix}$, $B = \begin{pmatrix} 3 & -2 \\ -10 & 6 \end{pmatrix}$, $C = \begin{pmatrix} 0 & a \\ a & 0 \end{pmatrix}$, $E = \begin{pmatrix} 3 & 9 & 7 \\ 2 & 2 & 4 \\ 0 & 1 & 1 \end{pmatrix}$.

   b) Berechnen Sie, falls möglich, zu den in a) angegebenen Matrizen die Inversen.

3. a) Bilden Sie die Punkte $P(1|0)$ und $Q(0|1)$ ab mit der Matrix $A = \begin{pmatrix} 0{,}8 & -0{,}6 \\ 0{,}6 & 0{,}8 \end{pmatrix}$.

   b) Was für eine geometrische Abbildung wird in a) durch A beschrieben?

   c) Welche Matrix beschreibt eine Drehung um den Ursprung mit $\alpha = 30°$?

   d) Spiegeln Sie den Punkt $P(2|-2)$ an der Ursprungsgeraden, die mit der x_1-Achse einen Winkel von 30° bildet.

   e) Die Matrix $A = \begin{pmatrix} 1 & 0 & 0 \\ -1 & 1 & -1 \\ -1 & 0 & 0 \end{pmatrix}$ beschreibt eine Parallelprojektion auf eine Ebene E. Bestimmen Sie E in Koordinatenform.

4. Bestimmen Sie die charakteristische Gleichung und ermitteln Sie die Eigenwerte der Abbildung $\alpha: \vec{x}' = A \cdot \vec{x}$ mit

   a) $A = \begin{pmatrix} 6 & -2 \\ 8 & -2 \end{pmatrix}$: Charakteristische Gleichung: ____ ⇒ $\lambda =$

   b) $A = \begin{pmatrix} 0 & 3 \\ 4 & 4 \end{pmatrix}$: Charakteristische Gleichung: ____ ⇒ $\lambda =$

5. Für die Abbildung $\alpha: \vec{x}' = A \cdot \vec{x} = \begin{pmatrix} 4 & 3 \\ 0 & 2 \end{pmatrix} \cdot \vec{x}$ sind die Eigenwerte $\lambda_1 = 4$ und $\lambda_2 = 2$ bekannt. Ermitteln Sie die Fixgeraden durch $(0|0)$.

Arbeitsblatt – Check-out
Abbildungsmatrizen
Lösung

1. Multiplizieren Sie die Matrix $M = \begin{pmatrix} 3 & 6 \\ -6 & 3 \end{pmatrix}$ mit

a) dem Vektor $\vec{x} = \begin{pmatrix} 1 \\ 2 \end{pmatrix}$ $M \cdot \vec{x} = \begin{pmatrix} 3 \cdot 1 + 6 \cdot 2 \\ -6 \cdot 1 + 3 \cdot 2 \end{pmatrix} = \begin{pmatrix} 15 \\ 0 \end{pmatrix}$

b) der Matrix $B = \begin{pmatrix} 3 & 0 \\ 3 & 3 \end{pmatrix}$ $M \cdot B = \begin{pmatrix} 3 \cdot 3 + 6 \cdot 3 & 3 \cdot 0 + 6 \cdot 3 \\ -6 \cdot 3 + 3 \cdot 3 & -6 \cdot 0 + 3 \cdot 3 \end{pmatrix} = \begin{pmatrix} 27 & 18 \\ -9 & 9 \end{pmatrix}$

2. a) Überprüfen Sie, ob es eine inverse Matrix gibt zu $A = \begin{pmatrix} 3{,}5 & -2 \\ -10{,}5 & 6 \end{pmatrix}$, $B = \begin{pmatrix} 3 & -2 \\ -10 & 6 \end{pmatrix}$, $C = \begin{pmatrix} 0 & a \\ a & 0 \end{pmatrix}$, $E = \begin{pmatrix} 3 & 9 & 7 \\ 2 & 2 & 4 \\ 0 & 1 & 1 \end{pmatrix}$.

Die Determinanten sind zu
A: D = 3,5 · 6 − (−10,5) · (−2) = 0;   zu B: D = 3 · 6 − (−10) · (−2) = −2 ≠ 0;   zu C: D = −a · a ≠ 0, falls a ≠ 0;
und zu E: D = 3 · (2 · 1 − 4 · 1) + 9 · (4 · 0 − 2 · 1) + 12 · (2 · 1 − 2 · 0) = 3 · (−2) + 9 · (−2) + 12 · 2 = −6 − 18 + 24 = 0
Also gilt: Es gibt keine Inverse zu A und E; zu B und C (nur wenn a ≠ 0) gibt es Inverse.

b) Berechnen Sie, falls möglich, zu den in a) angegebenen Matrizen die Inversen.

$B^{-1} = \dfrac{1}{-2} \cdot \begin{pmatrix} 6 & 2 \\ 10 & 3 \end{pmatrix} = \begin{pmatrix} -3 & -1 \\ -5 & -1{,}5 \end{pmatrix}$ $C^{-1} = \dfrac{1}{-a^2} \cdot \begin{pmatrix} 0 & -a \\ -a & 0 \end{pmatrix} = \begin{pmatrix} 0 & \frac{1}{a} \\ \frac{1}{a} & 0 \end{pmatrix}$

3. a) Bilden Sie die Punkte P(1 | 0) und Q(0 | 1) ab mit der Matrix $A = \begin{pmatrix} 0{,}8 & -0{,}6 \\ 0{,}6 & 0{,}8 \end{pmatrix}$. $A \cdot \begin{pmatrix} 1 \\ 0 \end{pmatrix} = \begin{pmatrix} 0{,}8 \\ 0{,}6 \end{pmatrix}$; $A \cdot \begin{pmatrix} 0 \\ 1 \end{pmatrix} = \begin{pmatrix} -0{,}6 \\ 0{,}8 \end{pmatrix}$

b) Was für eine geometrische Abbildung wird in a) durch A beschrieben?
Drehung um den Ursprung mit $\alpha = \cos^{-1}(0{,}8) \approx 37°$

c) Welche Matrix beschreibt eine Drehung um den Ursprung mit $\alpha = 30°$? $A = \begin{pmatrix} \cos 30° & -\sin 30° \\ \sin 30° & \cos 30° \end{pmatrix} = \begin{pmatrix} \frac{\sqrt{3}}{2} & -0{,}5 \\ 0{,}5 & \frac{\sqrt{3}}{2} \end{pmatrix}$

d) Spiegeln Sie den Punkt P(2 | −2) an der Ursprungsgeraden, die mit der x_1-Achse einen Winkel von 30° bildet.

$A = \begin{pmatrix} \cos 60° & \sin 60° \\ \sin 60° & -\cos 60° \end{pmatrix} = \begin{pmatrix} \frac{1}{2} & \frac{\sqrt{3}}{2} \\ \frac{\sqrt{3}}{2} & -\frac{1}{2} \end{pmatrix}$; $A \cdot \begin{pmatrix} 2 \\ -2 \end{pmatrix} = \begin{pmatrix} 1 - \sqrt{3} \\ 1 + \sqrt{3} \end{pmatrix}$

e) Die Matrix $A = \begin{pmatrix} 1 & 0 & 0 \\ -1 & 1 & -1 \\ -1 & 0 & 0 \end{pmatrix}$ beschreibt eine Parallelprojektion auf eine Ebene E. Bestimmen Sie E in Koordinatenform.

Für die Fixpunkte von A gilt: $\begin{pmatrix} x_1 \\ x_2 \\ x_3 \end{pmatrix} = \begin{pmatrix} 1 & 0 & 0 \\ -1 & 1 & -1 \\ -1 & 0 & 0 \end{pmatrix} \cdot \begin{pmatrix} x_1 \\ x_2 \\ x_3 \end{pmatrix} = \begin{pmatrix} x_1 \\ -x_1 + x_2 - x_3 \\ -x_1 \end{pmatrix}$ (I) $x_1 = x_1$
(II) $x_2 = -x_1 + x_2 - x_3$
(III) $x_3 = -x_1$

(III) in (II): $x_2 = x_2$;   also lautet eine Ebenengleichung: E: $x_1 + x_3 = 0$

4. Bestimmen Sie die charakteristische Gleichung und ermitteln Sie die Eigenwerte der Abbildung α: $\vec{x'} = A \cdot \vec{x}$ mit

a) $A = \begin{pmatrix} 6 & -2 \\ 8 & -2 \end{pmatrix}$:   Charakteristische Gleichung: $\lambda^2 - 4\lambda + 4 = 0$ $\Rightarrow$ $\lambda = 2$

b) $A = \begin{pmatrix} 0 & 3 \\ 4 & 4 \end{pmatrix}$:   Charakteristische Gleichung: $\lambda^2 - 4\lambda - 12 = 0$ $\Rightarrow$ $\lambda = 2 \pm 4$ $\Rightarrow$ $\lambda_1 = 6$; $\lambda_2 = -2$

5. Für die Abbildung α: $\vec{x'} = A \cdot \vec{x} = \begin{pmatrix} 4 & 3 \\ 0 & 2 \end{pmatrix} \cdot \vec{x}$ sind die Eigenwerte $\lambda_1 = 4$ und $\lambda_2 = 2$ bekannt. Ermitteln Sie die Fixgeraden durch (0 | 0).

Für Eigenvektoren $\vec{u}$ gilt: $A \cdot \vec{u} = \lambda \cdot \vec{u}$
Somit gilt für λ_1:   (I) $4u_1 + 3u_2 = 4u_1$
(II) $2u_2 = 2u_2$ $\Rightarrow$ $u_2 = 0$; u_1 beliebig, also Fixgerade $\vec{u} = \begin{pmatrix} 1 \\ 0 \end{pmatrix} \cdot t$

und entsprechend für λ_2:   (I) $4u_1 + 3u_2 = 2u_1$
(II) $2u_2 = 2u_2$ $\Rightarrow$ u_2 beliebig, $u_1 = -\frac{3}{2} u_2$, also Fixgerade $\vec{u} = \begin{pmatrix} -3 \\ 2 \end{pmatrix} \cdot t$

Arbeitsblatt – Check-in
Matrizen und Abbildungen

Checkliste	Das kann ich gut.	Ich bin noch unsicher.	Das kann ich nicht mehr.
1. Ich kann lineare Gleichungssysteme lösen.	☐	☐	☐
2. Ich kann entscheiden, ob man das Skalarprodukt zweier Vektoren berechnen kann, und dieses bestimmen.	☐	☐	☐
3. Ich kann mit Anteilen und Prozenten rechnen.	☐	☐	☐
4. Ich kann Geradengleichungen in Vektorschreibweise aufstellen, wenn zwei Punkte der Geraden gegeben sind.	☐	☐	☐

Überprüfen Sie Ihre Einschätzungen anhand der entsprechenden Aufgaben:

1. Lösen Sie die Gleichungssysteme.

a) (I) $\quad 2x_1 - 3x_2 = 1$
(II) $\quad 3x_1 + x_2 = 7$
(II) $-\frac{3}{2}$(I): $\quad \frac{9}{2}x_2 \quad = \quad$
$\Rightarrow \quad \Rightarrow x_2 =$
eingesetzt in (I): $\Rightarrow x_1 =$

b) (I) $\quad 17x_1 + 8x_2 = 13$
(II) $\quad 51x_1 + 24x_2 = 40$
-3(I) + (II): $\quad = \quad$;
Widerspruch, d.h. es gibt _____ Lösung.

c) (I) $\quad x_1 - 2x_2 + 10x_3 = 24$
(II) $\quad 3x_1 - 16x_2 - 2x_3 = 18$
(III) $\quad 10x_1 + 10x_2 - 4x_3 = 2$
(IIa) = (II) – 3(I): $\quad -10x_2 - 32x_3 = -54$
(IIIa) = (III) – 10(I): $\quad 30x_2 - 104x_3 = -238$
3(IIa) + (IIIa):
$\Rightarrow x_3 =$
eingesetzt in (IIa):
$\Rightarrow x_2 =$
x_2 eingesetzt in (IIIa): $x_1 =$

2. a) Folgende Skalarprodukte sind definiert:

i) $\begin{pmatrix}1\\0\end{pmatrix} \cdot \begin{pmatrix}0\\1\end{pmatrix}$ ☐ ja ☐ nein
ii) $\begin{pmatrix}1\\0\end{pmatrix} \cdot \begin{pmatrix}0\\0\\1\end{pmatrix}$ ☐ ja ☐ nein
iii) $\begin{pmatrix}1\\0\\0\end{pmatrix} \cdot \begin{pmatrix}8\\1\end{pmatrix}$ ☐ ja ☐ nein
iv) $\begin{pmatrix}0\\0\end{pmatrix} \cdot \begin{pmatrix}0\\1\end{pmatrix}$ ☐ ja ☐ nein

denn

b) Berechnen Sie:
i) $\begin{pmatrix}2\\-3\end{pmatrix} \cdot \begin{pmatrix}6\\4\end{pmatrix} = \quad =$
ii) $\begin{pmatrix}2\\2\\3\end{pmatrix} \cdot \begin{pmatrix}4\\5\\-6\end{pmatrix} =$
iii) $\begin{pmatrix}3\\-1\\3\end{pmatrix} \cdot \begin{pmatrix}6\\8\\-3\end{pmatrix} =$

Bei welcher der Teilaufgaben sind die gegebenen Vektoren zueinander orthogonal?

3. a) Der Preis stieg von G = 200 € um p = 10 %. Wie hoch ist er danach? $P = G \cdot \quad =$
b) Nach der Preiserhöhung ging der Umsatz zurück: Nun gibt es 9 % Rabatt. Wie viel ist das in €? $P \cdot \quad =$
c) Die Handy-Rechnung weist einen monatlichen festen Anteil von 9,90 € und Verbindungskosten von 3,30 € auf. Welchen Anteil (in %) haben die Festkosten an den Gesamtkosten dieses Monats?
Gesamtkosten: _____ + _____ = _____ ; Anteil: _____ = _____ %

4. Geben Sie eine Parametergleichung der Geraden g durch die Punkte A und B an.
a) A(4|2|1); B(0|–4|7)
b) A(1|1|3); B(–5|2|5)
c) A(7|5|–1); B(1|–1|–1)

Arbeitsblatt – Check-in
Matrizen und Abbildungen

Lösung

Checkliste	Stichwörter zum Nachschlagen
1. Ich kann lineare Gleichungssysteme lösen.	Gleichungen/Gleichungssysteme lösen, Gauß-Verfahren
2. Ich kann entscheiden, ob man das Skalarprodukt zweier Vektoren berechnen kann, und dieses bestimmen.	Skalarprodukt von Vektoren
3. Ich kann mit Anteilen und Prozenten rechnen.	Prozentrechnung, Anteil
4. Ich kann Geradengleichungen in Vektorschreibweise aufstellen, wenn zwei Punkte der Geraden gegeben sind.	Parameterdarstellung, Parametergleichung von Geraden

Überprüfen Sie Ihre Einschätzungen anhand der entsprechenden Aufgaben:

1. Lösen Sie die Gleichungssysteme.

a) (I) $\quad 2x_1 - 3x_2 = 1$
(II) $\quad 3x_1 + x_2 = 7$
(II) $- \frac{3}{2}$(I): $\quad \frac{9}{2}x_2 + x_2 = -\frac{3}{2} + 7$
$\Rightarrow \frac{11}{2}x_2 = \frac{11}{2} \quad \Rightarrow x_2 = 1$
eingesetzt in (I): $2x_1 - 3 \cdot 1 = 1 \Rightarrow x_1 = 2$

b) (I) $\quad 17x_1 + 8x_2 = 13$
(II) $\quad 51x_1 + 24x_2 = 40$
-3(I) + (II): $\quad 0 + 0 = 1$;
Widerspruch, d.h. es gibt **keine** Lösung.

c) (I) $\quad x_1 - 2x_2 + 10x_3 = 24$
(II) $\quad 3x_1 - 16x_2 - 2x_3 = 18$
(III) $\quad 10x_1 + 10x_2 - 4x_3 = 2$
(IIa) = (II) − 3(I): $\quad -10x_2 - 32x_3 = -54$
(IIIa) = (III) − 10(I): $\quad 30x_2 - 104x_3 = -238$
3(IIa) + (IIIa): $\quad -100x_3 = -200$
$\Rightarrow x_3 = 2$
eingesetzt in (IIa): $\quad -10x_2 - 64 = -54$
$\Rightarrow x_2 = -1$
x_2 eingesetzt in (IIIa): $x_1 = 2$

2. a) Folgende Skalarprodukte sind definiert:

i) $\binom{1}{0} \cdot \binom{0}{1}$ ☒ ja ☐ nein

ii) $\binom{1}{0} \cdot \begin{pmatrix}0\\0\\1\end{pmatrix}$ ☐ ja ☒ nein

iii) $\begin{pmatrix}1\\0\\0\end{pmatrix} \cdot \binom{8}{1}$ ☐ ja ☒ nein

iv) $\binom{0}{0} \cdot \binom{0}{1}$ ☒ ja ☐ nein

denn **das Skalarprodukt ist definiert für Vektoren mit gleicher Anzahl von Komponenten.**

b) Berechnen Sie:

i) $\binom{2}{-3} \cdot \binom{6}{4} = 2 \cdot 6 - 3 \cdot 4 = 0$

ii) $\begin{pmatrix}2\\2\\3\end{pmatrix} \cdot \begin{pmatrix}4\\5\\-6\end{pmatrix} = 2 \cdot 4 + 2 \cdot 5 - 3 \cdot 6 = 0$

iii) $\begin{pmatrix}3\\-1\\3\end{pmatrix} \cdot \begin{pmatrix}6\\8\\-3\end{pmatrix} = 3 \cdot 6 - 1 \cdot 8 - 3 \cdot 3 = 1$

Bei welcher der Teilaufgaben sind die gegebenen Vektoren zueinander orthogonal? **i) und ii)**

3. a) Der Preis stieg von G = 200 € um p = 10 %. Wie hoch ist er danach? $P = G \cdot (1 + p) = 220$ €

b) Nach der Preiserhöhung ging der Umsatz zurück: Nun gibt es 9 % Rabatt. Wie viel ist das in €? $P \cdot \frac{9}{100} = 19{,}80$ €

c) Die Handy-Rechnung weist einen monatlichen festen Anteil von 9,90 € und Verbindungskosten von 3,30 € auf. Welchen Anteil (in %) haben die Festkosten an den Gesamtkosten dieses Monats?

Gesamtkosten: $9{,}90\,€ + 3{,}30\,€ = 13{,}20\,€$; Anteil: $\frac{9{,}90\,€}{13{,}20\,€} = 0{,}75 = 75\,\%$

4. Geben Sie eine Parametergleichung der Geraden g durch die Punkte A und B an.

a) A(4|2|1); B(0|−4|7)

$\vec{AB} = \begin{pmatrix}-4\\-6\\6\end{pmatrix}$; g: $\vec{x} = \begin{pmatrix}4\\2\\1\end{pmatrix} + t \cdot \begin{pmatrix}-4\\-6\\6\end{pmatrix}$

b) A(1|1|3); B(−5|2|5)

$\vec{AB} = \begin{pmatrix}-6\\1\\2\end{pmatrix}$; g: $\vec{x} = \begin{pmatrix}1\\1\\3\end{pmatrix} + t \cdot \begin{pmatrix}-6\\1\\2\end{pmatrix}$

c) A(7|5|−1); B(1|−1|−1)

$\vec{AB} = \begin{pmatrix}-6\\-6\\0\end{pmatrix}$; g: $\vec{x} = \begin{pmatrix}7\\5\\-1\end{pmatrix} + t \cdot \begin{pmatrix}-6\\-6\\0\end{pmatrix}$

Arbeitsblatt – Check-out
Matrizen und Abbildungen

1. Multiplizieren Sie die Matrix $M = \begin{pmatrix} 3 & 5 \\ 4 & 0 \end{pmatrix}$ a) mit dem Vektor $\begin{pmatrix} 10 \\ 20 \end{pmatrix}$, b) mit den Matrizen $\begin{pmatrix} 1 & 2 \\ 1 & 2 \end{pmatrix}$ bzw. c) $\begin{pmatrix} 0 & 1 \\ 1 & 0 \end{pmatrix}$.

a) $\begin{pmatrix} 3 \cdot 10 + 5 \cdot \\ 4 \cdot \end{pmatrix} = \begin{pmatrix} \\ \end{pmatrix}$ b) $\begin{pmatrix} 3 \cdot 1 + 5 \\ 4 \cdot \end{pmatrix} = \begin{pmatrix} \\ \end{pmatrix}$ c) $\begin{pmatrix} \\ \end{pmatrix} = \begin{pmatrix} \\ \end{pmatrix}$

2. a) Überprüfen Sie, ob es eine inverse Matrix gibt zu $A = \begin{pmatrix} 3{,}5 & -2 \\ -10{,}5 & 6 \end{pmatrix}$, $B = \begin{pmatrix} 3 & -2 \\ -10 & 6 \end{pmatrix}$, $C = \begin{pmatrix} 0 & a \\ a & 0 \end{pmatrix}$, $E = \begin{pmatrix} 3 & 9 & 7 \\ 2 & 2 & 4 \\ 0 & 1 & 1 \end{pmatrix}$.

b) Berechnen Sie, falls möglich, zu den in a) angegebenen Matrizen die Inversen.

3. Die Rohstoffe S, T, U kosten 10, 1 bzw. 3 Euro pro Mengeneinheit. Aus ihnen werden Zwischenprodukte X, Y und Z hergestellt und aus diesen wiederum Endprodukte E_1, E_2 und E_3. Diese werden an Filialen F_1 und F_2 geliefert, und zwar in den Stückzahlen 80, 20 bzw. 120 (Filiale F_1) und 60, 30 bzw. 80 (Filiale F_2). Die Herstellungsprozesse der Zwischen- und Endprodukte werden durch die nebenstehenden Tabellen A und B beschrieben.

A	X	Y	Z
S	7	9	7
T	2	2	4
U	0	1	1

B	E_1	E_2	E_3
X	10	0	0
Y	0	10	20
Z	0	10	50

a) Modellieren Sie den Herstellungsprozess durch Matrizen, auch für den Lieferprozess C (die Liefermengen) an die Filialen.

$A = \begin{pmatrix} 7 & & \\ 2 & & \\ 0 & & \end{pmatrix}$; $B = \begin{pmatrix} \end{pmatrix}$; $C = \begin{pmatrix} \end{pmatrix}$

b) Erstellen Sie eine Matrix zur Berechnung des Rohstoffbedarfs der Endprodukte: $A \cdot = \begin{pmatrix} 7 \cdot 10 & 9 \cdot 10 + 7 \cdot 10 & \\ 2 \cdot 10 & & \end{pmatrix} = \begin{pmatrix} \end{pmatrix}$

c) Erstellen Sie eine Matrix zur Berechnung des Rohstoffbedarfs der Filialen:

$A \cdot = \begin{pmatrix} \end{pmatrix} \cdot C = \begin{pmatrix} 70 \cdot 80 + 160 \cdot 20 + 530 \cdot 120 & \\ & \end{pmatrix} = \begin{pmatrix} \end{pmatrix}$

d) Wie hoch sind die Rohstoffkosten K_X, K_Y, K_Z für die Zwischenprodukte X, Y und Z?

$K_X = 10 \cdot 7 + = $; $K_Y = $; $K_Z = $

e) Was kostet das Endprodukt E_1? $P \cdot E_1 \cdot \begin{pmatrix} 10 \\ \end{pmatrix} = P \cdot \begin{pmatrix} 70 \\ \end{pmatrix} = 10 \cdot 70 + = $

f) Wie ermittelt man die Matrix zur Berechnung der Endprodukte zu vorgegebenen Rohstoffen? ___

g) Ein Lager der Zwischenprodukte X, Y, Z in den Mengen 800, 1000 bzw. 900 soll aufgebraucht werden. Wie kann man die Anzahl der Endprodukte E_1, E_2, E_3 berechnen, die daraus gefertigt werden können? $B^{-1} \cdot \begin{pmatrix} \end{pmatrix}$

4. Bilden Sie die Punkte $P(1 \mid 0)$ und $Q(0 \mid 1)$ ab mit der Matrix $A = \begin{pmatrix} 0{,}8 & -0{,}6 \\ 0{,}6 & 0{,}8 \end{pmatrix}$.

Arbeitsblatt – Check-out
Matrizen und Abbildungen
Lösung

1. Multiplizieren Sie die Matrix $M = \begin{pmatrix} 3 & 5 \\ 4 & 0 \end{pmatrix}$ a) mit dem Vektor $\begin{pmatrix} 10 \\ 20 \end{pmatrix}$, b) mit den Matrizen $\begin{pmatrix} 1 & 2 \\ 1 & 2 \end{pmatrix}$ bzw. c) $\begin{pmatrix} 0 & 1 \\ 1 & 0 \end{pmatrix}$.

a) $\begin{pmatrix} 3 \cdot 10 + 5 \cdot 20 \\ 4 \cdot 10 + 0 \cdot 20 \end{pmatrix} = \begin{pmatrix} 130 \\ 40 \end{pmatrix}$
b) $\begin{pmatrix} 3 \cdot 1 + 5 \cdot 1 & 3 \cdot 2 + 5 \cdot 2 \\ 4 \cdot 1 + 0 \cdot 1 & 4 \cdot 2 + 0 \cdot 2 \end{pmatrix} = \begin{pmatrix} 8 & 16 \\ 4 & 8 \end{pmatrix}$
c) $\begin{pmatrix} 5 \cdot 1 & 3 \cdot 1 \\ 0 & 4 \cdot 1 \end{pmatrix} = \begin{pmatrix} 5 & 3 \\ 0 & 4 \end{pmatrix}$

2. a) Überprüfen Sie, ob es eine inverse Matrix gibt zu $A = \begin{pmatrix} 3{,}5 & -2 \\ -10{,}5 & 6 \end{pmatrix}$, $B = \begin{pmatrix} 3 & -2 \\ -10 & 6 \end{pmatrix}$, $C = \begin{pmatrix} 0 & a \\ a & 0 \end{pmatrix}$, $E = \begin{pmatrix} 3 & 9 & 7 \\ 2 & 2 & 4 \\ 0 & 1 & 1 \end{pmatrix}$.

Die Determinanten sind zu
A: $D = 3{,}5 \cdot 6 - (-10{,}5) \cdot (-2) = 0$; zu B: $D = 3 \cdot 6 - (-10) \cdot (-2) = -2 \neq 0$; zu C: $D = -a \cdot a \neq 0$, falls $a \neq 0$;
und zu E: $D = 3 \cdot (2 \cdot 1 - 4 \cdot 1) + 9 \cdot (4 \cdot 0 - 2 \cdot 1) + 12 \cdot (2 \cdot 1 - 2 \cdot 0) = 3 \cdot (-2) + 9 \cdot (-2) + 12 \cdot 2 = -6 - 18 + 24 = 0$
Also gilt: Es gibt keine Inverse zu A und E; zu B und C (nur wenn $a \neq 0$) gibt es Inverse.

b) Berechnen Sie, falls möglich, zu den in a) angegebenen Matrizen die Inversen.

$B^{-1} = \frac{1}{-2} \cdot \begin{pmatrix} 6 & 2 \\ 10 & 3 \end{pmatrix} = \begin{pmatrix} -3 & -1 \\ -5 & -1{,}5 \end{pmatrix}$

$C^{-1} = \frac{1}{-a^2} \cdot \begin{pmatrix} 0 & -a \\ -a & 0 \end{pmatrix} = \begin{pmatrix} 0 & \frac{1}{a} \\ \frac{1}{a} & 0 \end{pmatrix}$

3. Die Rohstoffe S, T, U kosten 10, 1 bzw. 3 Euro pro Mengeneinheit. Aus ihnen werden Zwischenprodukte X, Y und Z hergestellt und aus diesen wiederum Endprodukte E_1, E_2 und E_3. Diese werden an Filialen F_1 und F_2 geliefert, und zwar in den Stückzahlen 80, 20 bzw. 120 (Filiale F_1) und 60, 30 bzw. 80 (Filiale F_2). Die Herstellungsprozesse der Zwischen- und Endprodukte werden durch die nebenstehenden Tabellen A und B beschrieben.

A	X	Y	Z
S	7	9	7
T	2	2	4
U	0	1	1

B	E_1	E_2	E_3
X	10	0	0
Y	0	10	20
Z	0	10	50

a) Modellieren Sie den Herstellungsprozess durch Matrizen, auch für den Lieferprozess C (die Liefermengen) an die Filialen.

$A = \begin{pmatrix} 7 & 9 & 7 \\ 2 & 2 & 4 \\ 0 & 1 & 1 \end{pmatrix}$; $B = \begin{pmatrix} 10 & 0 & 0 \\ 0 & 10 & 20 \\ 0 & 10 & 50 \end{pmatrix}$; $C = \begin{pmatrix} 80 & 60 \\ 20 & 30 \\ 120 & 80 \end{pmatrix}$

b) Erstellen Sie eine Matrix zur Berechnung des Rohstoffbedarfs der Endprodukte:

$A \cdot B = \begin{pmatrix} 7 \cdot 10 & 9 \cdot 10 + 7 \cdot 10 & 9 \cdot 20 + 7 \cdot 50 \\ 2 \cdot 10 & 2 \cdot 10 + 4 \cdot 10 & 2 \cdot 20 + 4 \cdot 50 \\ 0 \cdot 10 & 1 \cdot 10 + 1 \cdot 10 & 1 \cdot 20 + 1 \cdot 50 \end{pmatrix} = \begin{pmatrix} 70 & 160 & 530 \\ 20 & 60 & 240 \\ 0 & 20 & 70 \end{pmatrix}$

c) Erstellen Sie eine Matrix zur Berechnung des Rohstoffbedarfs der Filialen:

$A \cdot B \cdot C = \begin{pmatrix} 70 & 160 & 530 \\ 20 & 60 & 240 \\ 0 & 20 & 70 \end{pmatrix} \cdot C = \begin{pmatrix} 70 \cdot 80 + 160 \cdot 20 + 530 \cdot 120 & 70 \cdot 60 + 160 \cdot 30 + 530 \cdot 80 \\ 20 \cdot 80 + 60 \cdot 20 + 240 \cdot 120 & 20 \cdot 60 + 60 \cdot 30 + 240 \cdot 80 \\ 0 \cdot 80 + 20 \cdot 20 + 70 \cdot 120 & 0 \cdot 60 + 20 \cdot 30 + 70 \cdot 80 \end{pmatrix} = \begin{pmatrix} 72400 & 51400 \\ 31600 & 22200 \\ 8800 & 6200 \end{pmatrix}$

d) Wie hoch sind die Rohstoffkosten K_X, K_Y, K_Z für die Zwischenprodukte X, Y und Z?

$K_X = 10 \cdot 7 + 1 \cdot 2 + 3 \cdot 0 = 72$; $K_Y = 10 \cdot 9 + 1 \cdot 2 + 3 \cdot 1 = 95$; $K_Z = 10 \cdot 7 + 1 \cdot 4 + 3 \cdot 1 = 77$

e) Was kostet das Endprodukt E_1? $P \cdot E_1 \cdot \begin{pmatrix} 10 \\ 0 \\ 0 \end{pmatrix} = P \cdot \begin{pmatrix} 70 \\ 20 \\ 0 \end{pmatrix} = 10 \cdot 70 + 1 \cdot 20 + 3 \cdot 0 = 720$

f) Wie ermittelt man die Matrix zur Berechnung der Endprodukte zu vorgegebenen Rohstoffen? $(A \cdot B)^{-1}$

g) Ein Lager der Zwischenprodukte X, Y, Z in den Mengen 800, 1000 bzw. 900 soll aufgebraucht werden. Wie kann man die Anzahl der Endprodukte E_1, E_2, E_3 berechnen, die daraus gefertigt werden können? $B^{-1} \cdot \begin{pmatrix} 800 \\ 1000 \\ 900 \end{pmatrix}$

4. Bilden Sie die Punkte $P(1 \mid 0)$ und $Q(0 \mid 1)$ ab mit der Matrix $A = \begin{pmatrix} 0{,}8 & -0{,}6 \\ 0{,}6 & 0{,}8 \end{pmatrix}$. $A \cdot \begin{pmatrix} 1 \\ 0 \end{pmatrix} = \begin{pmatrix} 0{,}8 \\ 0{,}6 \end{pmatrix}$; $A \cdot \begin{pmatrix} 0 \\ 1 \end{pmatrix} = \begin{pmatrix} -0{,}6 \\ 0{,}8 \end{pmatrix}$

Arbeitsblatt – Check-in
Wahrscheinlichkeit

Checkliste	Das kann ich gut.	Ich bin noch unsicher.	Das kann ich nicht mehr.
1. Ich weiß, wie man relative Häufigkeiten berechnet.	☐	☐	☐
2. Ich kann mit Prozenten und Anteilen rechnen.	☐	☐	☐
3. Ich kann entscheiden, ob es sich bei einem Experiment um ein Laplace-Experiment handelt.	☐	☐	☐
4. Ich kann den arithmetischen Mittelwert einer Zahlenreihe bestimmen.	☐	☐	☐

Überprüfen Sie Ihre Einschätzungen anhand der entsprechenden Aufgaben:

1. In den Sommermonaten von Juli bis September kommen deutschlandweit seit Jahren die meisten Babys auf die Welt. Im Sommer 2011 waren es 182 300 der insgesamt 662 909 Babys. Von den 2011 geborenen Babys waren 37 % mit 3000–3500 g am leichtesten. 198 873 Babys wogen 3500–4000 g. 4 Wonneproppen – alles Jungen – erblickten mit 5900 g und mehr das Licht der Welt (nach www.destatis.de, 28.07.13).
   a) Berechnen Sie die relative Häufigkeit für die Zahl der Geburten in den Sommermonaten im Jahr 2011.

   b) Berechnen Sie die relative Häufigkeit für das Gewicht eines Babys von 4000–5900 g im Jahr 2011.

2. 24 % der Bevölkerung in Deutschland reservierten im Jahr 2012 nach eigenen Angaben ihre Urlaubsunterkünfte über das Internet. Dies teilt das Statistische Bundesamt (nach www.destatis.de, 23.07.2013) mit.
   a) Geben Sie den Anteil der über das Internet gebuchten Urlaubsunterkünfte als Bruch und als Dezimalzahl an.

   b) Die folgende Tabelle enthält Informationen über die Altersverteilung der über 10-jährigen Personen, die ihren Urlaub im Jahr 2012 über das Internet gebucht haben. Berechnen Sie die fehlenden Werte in der Tabelle und prüfen Sie die Aussage, dass insgesamt 24 % der Bevölkerung ihre Urlaubsunterkünfte über das Internet reservierten.

Alter in Jahren	Anzahl der Personen	absolute Häufigkeit der Personen, die über das Internet reservierten	relative Häufigkeit in %
10–15	4 661 000	0	
16–24	8 244 000	1 319 040	
25–44	21 186 000		40
45–64		6 584 200	28
älter als 64	16 506 000		9
gesamt:			

   c) Berechnen Sie den Anteil der über 15-Jährigen, die ihre Urlaubsunterkünfte über das Internet buchten.

3. Kreuzen Sie an, wenn es sich bei einem Experiment um ein Laplace-Experiment handelt:
   a) Beim Münzwurf mit zwei Münzen gibt es die drei Ergebnisse: ZZ, ZW, WW (W = Wappen, Z = Zahl). ☐
   b) Beim zweimaligen Wurf eines Würfels werden die geworfenen Augenzahlen nacheinander notiert. ☐
   c) Sie beobachten, auf welche Seite „Butter" oder „Brot" ein Butterbrot fällt. ☐

4. Die folgende Liste zeigt, wie oft Peter beim Würfeln jeweils auf die erste 6 warten musste: 1; 4; 11; 4; 2; 14; 3; 8; 5; 1; 3. Berechnen Sie das arithmetische Mittel.

Arbeitsblatt – Check-in
Wahrscheinlichkeit

Lösung

Checkliste	Stichwörter zum Nachschlagen
1. Ich weiß, wie man relative Häufigkeiten berechnet.	absolute und relative Häufigkeit
2. Ich kann mit Prozenten und Anteilen rechnen.	Prozent, Bruch, Dezimalzahl
3. Ich kann entscheiden, ob es sich bei einem Experiment um ein Laplace-Experiment handelt.	Laplace-Annahme, gleichwahrscheinlich
4. Ich kann den arithmetischen Mittelwert einer Zahlenreihe bestimmen.	arithmetisches Mittel

Überprüfen Sie Ihre Einschätzungen anhand der entsprechenden Aufgaben:

1. In den Sommermonaten von Juli bis September kommen deutschlandweit seit Jahren die meisten Babys auf die Welt. Im Sommer 2011 waren es 182 300 der insgesamt 662 909 Babys. Von den 2011 geborenen Babys waren 37 % mit 3000–3500 g am leichtesten. 198 873 Babys wogen 3500–4000 g. 4 Wonneproppen – alles Jungen – erblickten mit 5900 g und mehr das Licht der Welt (nach www.destatis.de, 28.07.13).

   a) Berechnen Sie die relative Häufigkeit für die Zahl der Geburten in den Sommermonaten im Jahr 2011.
   $\frac{182\,300}{662\,909} \approx 0{,}275 = 27{,}5\,\%$

   b) Berechnen Sie die relative Häufigkeit für das Gewicht eines Babys von 4000–5900 g im Jahr 2011.
   3000–3500 g: 37 %   3500–4000 g: $\frac{198\,873}{662\,909} \approx 0{,}3000 = 30\,\%$
   mehr als 5900 g: $\frac{4}{662\,909} \approx 0{,}000\,006 = 0{,}0006\,\%$ 4000–5900 g: 100 % – 37 % – 30 % – 0,0006 % ≈ 33 %
   33 % der im Jahr 2011 geborenen Babys wiegen zwischen 4000 und 5900 g.

2. 24 % der Bevölkerung in Deutschland reservierten im Jahr 2012 nach eigenen Angaben ihre Urlaubsunterkünfte über das Internet. Dies teilt das Statistische Bundesamt (nach www.destatis.de, 23.07.2013) mit.

   a) Geben Sie den Anteil der über das Internet gebuchten Urlaubsunterkünfte als Bruch und als Dezimalzahl an.
   $24\,\% = \frac{24}{100} = \frac{6}{25}$ $24\,\% = 0{,}24$

   b) Die folgende Tabelle enthält Informationen über die Altersverteilung der über 10-jährigen Personen, die ihren Urlaub im Jahr 2012 über das Internet gebucht haben. Berechnen Sie die fehlenden Werte in der Tabelle und prüfen Sie die Aussage, dass insgesamt 24 % der Bevölkerung ihre Urlaubsunterkünfte über das Internet reservierten.

Alter in Jahren	Anzahl der Personen	absolute Häufigkeit der Personen, die über das Internet reservierten	relative Häufigkeit in %
10–15	4 661 000	0	0
16–24	8 244 000	1 319 040	16
25–44	21 186 000	21 186 000 · 0,40 = 8 474 400	40
45–64	6 584 200 : 28 · 100 = 23 515 000	6 584 200	28
älter als 64	16 506 000	16 506 000 · 0,09 = 1 485 540	9
gesamt:	74 112 000	17 863 180	24,10

   c) Berechnen Sie den Anteil der über 15-Jährigen, die ihre Urlaubsunterkünfte über das Internet buchten.
   $\frac{17\,863\,180}{74\,112\,000 - 4\,661\,000} \approx 0{,}2572 = 25{,}72\,\%$

3. Kreuzen Sie an, wenn es sich bei einem Experiment um ein Laplace-Experiment handelt:
   a) Beim Münzwurf mit zwei Münzen gibt es die drei Ergebnisse: ZZ, ZW, WW (W = Wappen, Z = Zahl).
   b) Beim zweimaligen Wurf eines Würfels werden die geworfenen Augenzahlen nacheinander notiert. ✗
   c) Sie beobachten, auf welche Seite „Butter" oder „Brot" ein Butterbrot fällt.

4. Die folgende Liste zeigt, wie oft Peter beim Würfeln jeweils auf die erste 6 warten musste: 1; 4; 11; 4; 2; 14; 3; 8; 5; 1; 3.
   Berechnen Sie das arithmetische Mittel.
   $\frac{1+4+11+4+2+14+3+8+5+1+3}{11} = \frac{56}{11} = 5\frac{1}{11} = 5{,}\overline{09}$

Trainingsblatt
Pfadregeln

1. Beschriften Sie zuerst das Baumdiagramm mit den entsprechenden Wahrscheinlichkeiten.

a) Auf einem Glücksrad mit 12 gleich großen Sektoren ist auf 9 Sektoren ein Pferd, auf den restlichen ein Hase abgebildet. Es wird zweimal gedreht.

P(„zwei verschiedene Tiere") =

P(„zwei gleiche Tiere") =

b) Aus einer Schublade mit 6 blauen und 4 roten Stiften werden blind drei Stifte herausgezogen.
C: „Die Stifte haben die gleiche Farbe."

P(C) =

D: „mindestens zwei blaue Stifte."

P(D) =

2. Arne trifft beim Basketball von der Freiwurflinie 60% aller Freiwürfe. Im heutigen Spiel bekam er drei Freiwürfe. Zeichnen Sie ein Baumdiagramm und ordnen Sie den genannten Ereignissen ihre Wahrscheinlichkeit zu. Eine Wahrscheinlichkeit ist jedoch falsch angegeben. Korrigieren Sie diese.

A: „Er trifft genau einmal."	28,8%
B: „Er trifft mindestens einmal."	35,2%
C: „Er trifft mindestens zweimal."	30,4%
D: „Er trifft höchstens einmal."	93,6%

Korrektur:

3. Aus einer Urne mit zwei Kugelsorten werden zwei Kugeln ohne Zurücklegen gezogen. Beschriften Sie die Baumdiagramme mit den fehlenden Wahrscheinlichkeiten.

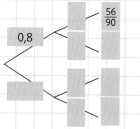
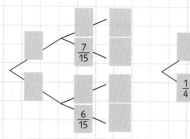

4. Auf 6 Kärtchen wird jeweils einer der sechs Buchstaben von ANANAS geschrieben. Blind werden vier Kärtchen nacheinander gezogen und nebeneinander auf den Tisch gelegt. Bestimmen Sie folgende Wahrscheinlichkeiten; zeichnen Sie hierfür nur den benötigten Pfad.

P(„ANNA") =

P(„NASA") =

P(„NASS") =

Trainingsblatt
Pfadregeln
Lösung

1. Beschriften Sie zuerst das Baumdiagramm mit den entsprechenden Wahrscheinlichkeiten.

   a) Auf einem Glücksrad mit 12 gleich großen Sektoren ist auf 9 Sektoren ein Pferd, auf den restlichen ein Hase abgebildet. Es wird zweimal gedreht.

   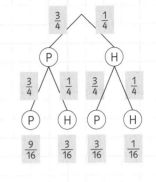

   $P(\text{„zwei verschiedene Tiere"}) = \frac{3}{16} + \frac{3}{16} = \frac{6}{16} = \frac{3}{8}$

   $P(\text{„zwei gleiche Tiere"}) = \frac{9}{16} + \frac{1}{16} = \frac{10}{16} = \frac{5}{8}$

   b) Aus einer Schublade mit 6 blauen und 4 roten Stiften werden blind drei Stifte herausgezogen.
   C: „Die Stifte haben die gleiche Farbe."

   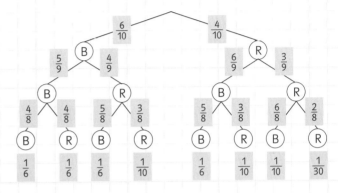

   $P(C) = \frac{1}{6} + \frac{1}{30} = \frac{6}{30} = \frac{1}{5}$

   D: „mindestens zwei blaue Stifte."

   $P(D) = \frac{1}{6} + \frac{1}{6} + \frac{1}{6} + \frac{1}{6} = \frac{4}{6} = \frac{2}{3}$

2. Arne trifft beim Basketball von der Freiwurflinie 60% aller Freiwürfe. Im heutigen Spiel bekam er drei Freiwürfe. Zeichnen Sie ein Baumdiagramm und ordnen Sie den genannten Ereignissen ihre Wahrscheinlichkeit zu. Eine Wahrscheinlichkeit ist jedoch falsch angegeben. Korrigieren Sie diese.

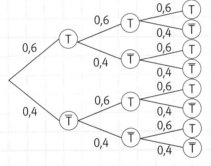

A: „Er trifft genau einmal."	28,8 %
B: „Er trifft mindestens einmal."	35,2 %
C: „Er trifft mindestens zweimal."	30,4 % f
D: „Er trifft höchstens einmal."	93,6 %

Korrektur: $P(C) = 64,8\%$

3. Aus einer Urne mit zwei Kugelsorten werden zwei Kugeln ohne Zurücklegen gezogen. Beschriften Sie die Baumdiagramme mit den fehlenden Wahrscheinlichkeiten.

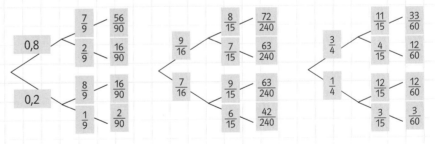

4. Auf 6 Kärtchen wird jeweils einer der sechs Buchstaben von ANANAS geschrieben. Blind werden vier Kärtchen nacheinander gezogen und nebeneinander auf den Tisch gelegt. Bestimmen Sie folgende Wahrscheinlichkeiten; zeichnen Sie hierfür nur den benötigten Pfad.

$P(\text{„ANNA"}) = \frac{3}{6} \cdot \frac{2}{5} \cdot \frac{1}{4} \cdot \frac{2}{3} = \frac{1}{30}$

$P(\text{„NASA"}) = \frac{2}{6} \cdot \frac{3}{5} \cdot \frac{1}{4} \cdot \frac{2}{3} = \frac{1}{30}$

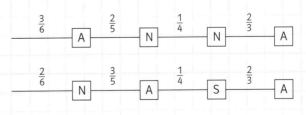

$P(\text{„NASS"}) = 0$ (unmögliches Ereignis)

Spiel
Urnenmodellbau – Spielregel

Spiel für 2 bis 4 Personen

Spielmaterial: 27 Spielkarten, 1 Tetraeder-Würfel, evtl. Sanduhr

Spielvorbereitung: Die 27 Karten werden gemischt und anschließend als verdeckter Stapel abgelegt. Dann wird durch Würfeln ein Spielleiter ermittelt (der zwar selbst Mitspieler ist, als Spielleiter aber keinerlei Spielvorteil hat).

Spielziel: Jeder Mitspieler versucht, möglichst viele Spielkarten einzusammeln.

Spielregel: Die Karten enthalten Beschreibungen verschiedener Situationen, in denen es um die Bestimmung kombinatorischer Anzahlen geht. Der Spielleiter deckt vier Spielkarten vom verdeckten Stapel auf und legt sie nebeneinander auf den Tisch. Alle Spieler versuchen nun, unter den vier aufgedeckten Karten ein Karten-Tripel zu finden, d.h. drei Karten, bei denen die dargestellten Situationen jeweils durch genau eines der folgenden Urnenexperimente modelliert werden kannen:

(1) Ziehen unter Beachtung der Reihenfolge und mit Zurücklegen
(2) Ziehen unter Beachtung der Reihenfolge und ohne Zurücklegen
(3) Ziehen mit einem Griff (d.h. ohne Beachtung der Reihenfolge und ohne Zurücklegen)

Ein Karten-Tripel besteht also aus jeweils einer Karte mit dem Urnenexperiment (1), einer Karte mit dem Urnenexperiment (2) und einer Karte mit dem Urnenexperiment (3).

Hinweis: Es gibt einige Karten, die Situationen beschreiben, welche durch keine der drei genannten Urnenexperimente modelliert werden können. Diese Karten können gewissermaßen als „Nieten" verstanden werden, da sie sich nicht mit zwei anderen Karten zu einem gesuchten Tripel kombinieren lassen. Glaubt ein Spieler, ein Tripel gefunden zu haben, nimmt er die entsprechenden drei Karten heraus. Er muss den Mitspielern für jede der drei Karten erläutern, durch welches der drei Urnenexperimente die jeweilige Situation modelliert werden kann.

- Ist die Erläuterung richtig, darf er die drei Karten einsammeln. Der Spielleiter ersetzt sodann diese drei eingesammelten Karten für die nächste Runde durch drei neue Karten vom verdeckten Stapel.
- Falls der Spieler keine richtige Erläuterung geben kann, setzt dieser Spieler in der nächsten Runde aus. Der Spielleiter mischt alle vier aufgedeckten Karten zusammen mit dem verdeckten Stapel gut durch und deckt anschließend vier neue Karten für die nächste Runde auf.

Sollte nach einer vereinbarten Zeit (etwa 3 Minuten oder eine Sanduhrlänge) in einer Runde noch kein Karten-Tripel gefunden worden sein, nummeriert der Spielleiter zunächst die vier aufgedeckten Karten von 1 bis 4 durch. Dann würfelt er mit dem Tetraeder-Würfel. Die Spielkarte mit der gewürfelten Augenzahl (1 bis 4) wird vom Spielleiter irgendwo in den verdeckten Stapel geschoben und durch eine neue Karte vom Stapel ersetzt, um die nächste Runde zu beginnen.

Spielende: Sobald man aus Mangel an Karten im Stapel nicht mehr zu vier offen liegenden Karten ergänzen kann, endet das Spiel.

Gewonnen hat der Spieler, der zu diesem Zeitpunkt die meisten Karten eingesammelt hat.

Spiel
Urnenmodellbau – Spielkarten Teil 1

In einer Großstadt haben alle Telefonanschlüsse achtstellige Telefonnummern, wobei die erste Ziffer keine Null sein darf. Gesucht ist die größtmögliche Anzahl an Telefonanschlüssen.

Bei Online-Flugbuchungen erzeugt ein Zufallsgenerator sechsstellige Buchungscodes, die aus einer beliebigen Abfolge von Großbuchstaben und/oder Zahlen von 0 bis 9 bestehen. Wie viele eindeutige Buchungscodes können maximal erzeugt werden?

An einer U-Bahn-Station warten sechs Personen. Als eine leere U-Bahn mit vier Wagen einfährt, steigt jede der sechs Personen ein.
Gesucht ist die Anzahl aller Möglichkeiten, wie sich die sechs Personen auf die vier Wagen verteilen können.

Ein Zufallsgenerator wählt fünfmal hintereinander einen der (mehrfach wählbaren) 26 Buchstaben des Alphabets aus. Die Buchstaben werden nacheinander zu einem „Wort" zusammengefügt, das auch sinnlos sein darf. Wie viele solcher „Wörter" können entstehen?

Wie viele sechsstellige Zahlen gibt es, die nur aus ungeraden Ziffern bestehen?

Klaus kauft sich drei neue Computerspiele. Auf seinen beiden externen Festplatten steht noch jeweils genug Speicherplatz für alle drei Spiele zur Verfügung.
Wie viele Möglichkeiten hat er, die Spiele auf den beiden Festplatten zu speichern?

Wie viele (auch sinnlose) Wörter kann man aus den ersten neun Buchstaben des Alphabets bilden, wenn die einzelnen Buchstaben auch mehrfach gewählt werden können, der letzte Buchstabe aber kein Vokal sein darf?

Beim Fußball-Toto kann man für 13 ausgewählte Spitzen-Fußballspiele jeweils
„1" (Heimmannschaft gewinnt),
„0" (Unentschieden) oder
„2" (Heimmannschaft verliert)
ankreuzen.
Wie viele verschiedene Toto-Tipps gibt es?

Ein avantgardistischer Künstler wählt viermal nacheinander mit verbundenen Augen jeweils eine seiner 15 verschiedenen Farbdosen aus, um damit einige Pinselstriche auszuführen. Dabei legt er jede Dose nach dem Gebrauch wieder zurück. Wie viele Farbkombinationen gibt es für das „Bild"?

Spiel
Urnenmodellbau – Spielkarten Teil 2

Acht Gäste sollen in einem Hotel auf die insgesamt elf freien Einzelzimmer verteilt werden.
Gesucht ist die Anzahl aller möglichen Zimmerverteilungen.

Wie viele fünfstellige Zahlen gibt es, die aus lauter verschiedenen Ziffern bestehen?

Sechs Mitspieler wetteifern beim Spiel „Mensch-ärgere-Dich-nicht" um die drei ersten Plätze.
Gesucht ist die Anzahl aller möglichen Platzverteilungen unter den sechs Mitspielern.

Bei einem Hunderennen mit neun Hunden werden nur die beiden schnellsten prämiert.
Wie viele verschiedene Ranglisten kann es für den schnellsten und den zweitschnellsten Hund geben?

Wie viele Möglichkeiten gibt es, fünf verschiedene Gegenstände auf zehn durchnummerierte Fächer zu legen, wenn in einem Fach höchstens ein Gegenstand liegen darf?

Auf fünf Zetteln steht jeweils einer der Buchstaben des Wortes MATHE. Wie viele (auch sinnlose) Wörter kann man mit diesen Zetteln legen, wenn alle Wörter mit A beginnen und mit T enden müssen?

Ein Liedermacher hat ein Repertoire von 18 verschiedenen Songs. Er lässt bei jedem Auftritt das Publikum (durch spontane Zurufe) die Abfolge der Songs entscheiden.
Wie viele verschiedene Programmfolgen sind theoretisch denkbar?

Wie viele Möglichkeiten gibt es dafür, dass drei befreundete Ehepaare in verschiedenen Monaten geheiratet haben?

Bei einem Sonderangebot kann man sich für denselben Preis aus vier verschiedenen Weinsorten einen Karton mit neun Flaschen zusammenstellen. Wie viele Möglichkeiten hat man bei der Sortenzusammensetzung eines Kartons?

Spiel
Urnenmodellbau – Spielkarten Teil 3

Von den 15 U-Bahn-Linien einer Stadt werden jeden Tag zwei für ganztägige Fahrscheinkontrollen ausgewählt.
Wie viele Möglichkeiten gibt es für diese Auswahl?

Bei einem Kartenspiel werden die insgesamt 32 unterscheidbaren Karten an vier Spieler verteilt.
Wie viele verschiedene „Blätter" kann ein Spieler maximal bekommen?

In einem Sportverein gibt es 120 weibliche und 180 männliche Mitglieder. Für eine Mitgliederbefragung sollen vier Frauen und sechs Männer zufällig ausgewählt werden.
Wie viele Möglichkeiten gibt es für diese Auswahl?

Die Schüler einer internationalen Schule müssen aus vier Naturwissenschaften, fünf Geisteswissenschaften und drei künstlerischen Fächern jeweils zwei wählen.
Wie viele Wahlmöglichkeiten hat jeder Schüler?

In einer Produktionsstätte für Computer-Chips werden fünf der 1500 täglich hergestellten Chips zufällig für eine Qualitätskontrolle ausgewählt.
Wie viele Möglichkeiten gibt es für diese Auswahl?

Ohne hinzuschauen holt Bernd zwei Socken aus seinem Schubfach, in dem sechs einzelne schwarze und acht einzelne weiße Socken liegen.
Wie viele Möglichkeiten hat er, ein Sockenpaar gleicher Farbe zu bekommen?

Stiftung Warentest möchte stichprobenartig die insgesamt 85 verschiedenen in Deutschland erhältlichen Apfelsaftsorten testen. Gesucht ist die Anzahl an Testmöglichkeiten, wenn die Organisation genau zehn zufällig ausgewählte Säfte testen möchte.

Annika muss bei einer Multiple-Choice-Testfrage raten. Aus der Aufgabenstellung weiß sie, dass zwei der acht möglichen Antworten richtig sind.
Wie viele verschiedene Ankreuzmöglichkeiten hat sie bei dieser Testfrage?

Katharina möchte am Ende ihres Schweden-Urlaubs ihre restlichen 60 schwedischen Kronen aufbrauchen. Deshalb geht sie in eine Eisdiele, wo jede Eiskugel 20 Kronen kostet.
Wie viele Möglichkeiten hat sie für ihren Eisbecher, wenn 12 Eissorten zur Verfügung stehen?

Arbeitsblatt
Simulation von Zufallsexperimenten mit einem Tabellenkalkulationsprogramm – Teil 1

Um Zufallsexperimente zu simulieren, kann man Zufallszahlen z.B. vom Taschenrechner oder einem Tabellenkalkulationsprogramm verwenden und geeignet aufbereiten.

Üblicherweise sind die Zufallsgeneratoren eines Tabellenkalkulationsprogramms so programmiert, dass sie Dezimalzahlen aus dem halboffenen Intervall [0; 1[erzeugen. Dabei ist jede der erzeugten Zufallszahlen gleich wahrscheinlich.
Bei Tabellenkalkulationsprogrammen erhält man Zufallszahlen durch Eingabe des folgenden Befehls in die Tabellenzelle:
ZUFALLSZAHL().
Es wird eine Zufallszahl im halboffenen Intervall [0; 1[erzeugt.

1. Erstellen Sie eine Datei, mit der 10 ganzzahlige Zufallszahlen von 1 bis 5 erzeugt werden.
   Die folgende Abbildung und die zugehörigen Erläuterungen bieten Unterstützung dazu.

	A	B	C	D
1	Simulation von Zufallszahlen			
2				
3	Zufallszahlen	mit 5 multipl.	als ganze Zahl	von 1 bis 5
4	0,359729445	1,798647225	1	2
5	0,11420631	0,571031551	0	1
6	0,831498507	4,157492535	4	5
7	0,358163391	1,790816953	1	2
8	0,733985615	3,669928074	3	4
9	0,684049541	3,420247703	3	4
10	0,261865925	1,309329623	1	2
11	0,996572148	4,982860741	4	5
12	0,546393761	2,731968806	2	3
13	0,344455141	1,722275704	1	2

=ZUFALLSZAHL()

=5*A4
Hierdurch entsteht eine Zufallszahl im Intervall [0; 5[.

=GANZZAHL(B6)
Es werden die Nachkommastellen abgeschnitten; es ergeben sich also Zahlen 0; 1; 2; 3 oder 4.

=C8+1
Es ergeben sich Zahlen 1; 2; 3; 4 oder 5

Bei jeder Veränderung an der Datei entstehen neue Zufallszahlen. Dies liegt daran, dass das Tabellenkalkulationsprogramm nach jeder neuen Eingabe das gesamte Tabellenblatt neu berechnet. Deshalb entstehen auch neue Zufallszahlen.
Verhindern lässt sich dies im Menü **Extras → Optionen** auf der Registerkarte **Berechnen** mit der Auswahl **Manuell**.

`F9`   Durch Drücken der Taste F9 lässt sich manuell eine neue Berechnung des Tabellenblattes auslösen (und damit ergeben sich neue Zufallszahlen).

2. In der Datei von Aufgabe 1 wurden die Zufallszahlen in 4 Schritten (Spalten) erzeugt. Durch Kombination der Tabellenkalkulationsbefehle lässt sich dies auch in einem einzigen Schritt bewerkstelligen. So liefert z.B. die Befehlskombination
=5*ZUFALLSZAHL() sofort die Zahlen in Spalte B.
Vereinfachen Sie die obige Datei entsprechend, sodass nur eine Spalte zur Gewinnung der gewünschten Zufallszahlen benötigt wird.

Arbeitsblatt
Simulation von Zufallsexperimenten mit einem Tabellenkalkulationsprogramm – Teil 2

Der Zufallsgenerator des Tabellenkalkulationsprogramms liefert nur Zahlen.
Häufig möchte man jedoch Zufallsexperimente simulieren, deren Ergebnisse keine Zahlen sind.

Die Interpretation z. B. der Zufallszahlen 0 und 1 als Zahl und Wappen beim Münzwurf kann unter Verwendung der folgenden Funktion dem Tabellenkalkulationsprogramm übertragen werden:
WENN(<Wahrheitsprüfung>; <Dann-Wert>; <Sonst-Wert>)
Für <Wahrheitsprüfung> ist eine Aussage einzusetzen, deren Wahrheitsgehalt vom Tabellenkalkulationsprogramm geprüft werden soll.
In die Zelle wird der <Dann-Wert> geschrieben, wenn die Aussage wahr ist, andernfalls der <Sonst-Wert>.

Für die statistische Auswertung der Simulation mit dem PC ist oft folgende Funktion nützlich:
ZÄHLENWENN(<Zellbereich>; <Suchkriterium>)
Für <Zellbereich> ist durch Angabe der linken oberen und rechten unteren Ecke eines Rechtecks von Tabellenzellen (z. B. A4:B14) anzugeben, wo das Tabellenkalkulationsprogramm alle Zellen zählen soll, für die das <Suchkriterium> erfüllt ist.

3. Erstellen Sie anhand der folgenden Abbildung (die den 12-fachen Münzwurf zeigt) eine Datei, mit der das 100-fache Werfen einer Münze simuliert werden kann.

	A	B	C	D	E	F	G
1	Simulation: Werfen einer Münze						
2							
3			aufgefasst als				
4	Wurf Nr.	Zufallszahl	Wappen	Zahl			Anzahl
5	1	0	W			Zahl:	7
6	2	1		Z		Wappen:	5
7	3	1		Z			
8	4	1		Z			%-Anteil
9	5	0	W			Zahl:	58,3%
10	6	0	W			Wappen:	41,7%
11	7	1		Z			
12	8	0	W				
13	9	1		Z			
14	10	1		Z			
15	11	0	W				
16	12	1		Z			

=WENN(B5=0;"W";" ")
=ZÄHLENWENN(C5:C16;"W")
=G5/12

4. Bei der Funktion ZÄHLENWENN kann für <Suchkriterium> auch z. B. der Ausdruck >7 angegeben werden. Dann zählt das Programm alle Zellen, deren Wert größer als 7 ist.
Erstellen Sie auf diese Weise eine Datei, die den zweifachen Würfelwurf 1000-mal simuliert, und untersuchen Sie, wie häufig hierbei die Augensumme größer als 7 (größer als 8; 9; 10; 11) ist.

5. Ein Tetraeder mit den Augenzahlen 1 bis 4 und ein Würfel werden gemeinsam geworfen. Es werden die Augensumme und hierbei folgende Ereignisse betrachtet:
   A: „Die Augensumme ist durch 3 teilbar."
   B: „Die Augensumme ist größer als 7."
   Untersuchen Sie mithilfe einer geeigneten Simulation, für welches der beiden Ereignisse A und B die Wahrscheinlichkeit größer ist.

Trainingsblatt
Verknüpfen von Ereignissen

1. Die Mengendiagramme zeigen die Ereignisse A, B und C. Drücken Sie die zur schraffierten Fläche gehörenden Ereignisse durch A, B und C aus. Manchmal sind mehrere Lösungen sinnvoll.

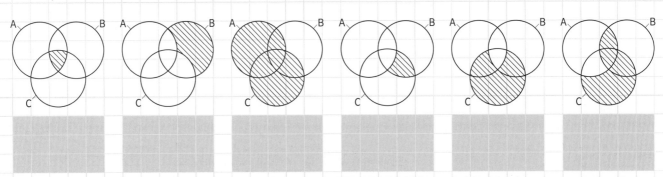

2. Bei einer Qualitätskontrolle werden Hemden am Ende des Produktionsprozesses stichprobenartig darauf untersucht, ob ihre Größe und ihre Kragenweite mit den Angaben auf den eingenähten Etiketten übereinstimmen.
Dabei seien folgende Ereignisse definiert: G: „Hemd hat die richtige Größe", K: „Hemd hat die richtige Kragenweite".
Ein Hemd wird zufällig ausgewählt und kontrolliert. Drücken Sie folgende Ereignisse durch G und K aus.

   a) Das Hemd hat entweder nicht die richtige Größe oder nicht die richtige Kragenweite.
   b) Das Hemd ist einwandfrei.
   c) Das Hemd hat höchstens einen der beiden möglichen Mängel.
   d) Das Hemd hat zwar die richtige Kragenweite, nicht aber die richtige Größe.

3. Eine Urne enthält 9 Kugeln, auf denen jeweils eine der Zahlen 11, 22, 33, 44, 55, 66, 77, 88, 99 aufgedruckt ist.
Es seien folgende Ereignisse definiert:
X: „Die Zahl auf der Kugel ist durch 2 teilbar." Y: „Die Zahl auf der Kugel ist durch 3 teilbar."
Eine Kugel wird zufällig gezogen. Geben Sie das zusammengesetzte Ereignis in aufzählender Schreibweise an und beschreiben Sie es anschließend mit Worten.

   a) $X \cap Y = \{$ $\}$ Beschreibung:
   b) $Y \setminus X = \{$ $\}$ Beschreibung:
   c) $X \cup Y = \{$ $\}$ Beschreibung:
   d) $X \cap \overline{Y} = \{$ $\}$ Beschreibung:
   e) $\overline{X \cup Y} = \{$ $\}$ Beschreibung:
   f) $\overline{X} \cup \overline{Y} = \{$ $\}$ Beschreibung:
   g) $(\overline{X} \cap Y) \cup (X \cap \overline{Y}) = \{$ $\}$ Beschreibung:

4. Eine Schachtel enthält kleine Zettel, auf denen jeder Großbuchstabe des Alphabets genau einmal aufgedruckt ist.
Es seien folgende Ereignisse definiert: A: „Der gezogene Buchstabe kommt im Wort AUGSBURG vor", B: „Der gezogene Buchstabe kommt im Wort REGENSBURG vor" und C: „Der gezogene Buchstabe kommt im Wort PASSAU vor".
Ein Zettel wird zufällig aus der Schachtel gezogen.

   a) Geben Sie das Ereignis D: „Der gezogene Buchstabe kommt in den Wörtern AUGSBURG und REGENSBURG, nicht aber im Wort PASSAU vor" in aufzählender Schreibweise an.
   D = { }
   b) E = {P} ist ein zum Zufallsexperiment gehörendes Ereignis. Drücken Sie E durch A, B, C aus und beschreiben Sie E in Worten.

Trainingsblatt
Additionssatz

Lösung

1. Bei einem Glücksspiel wird ein Würfel zweimal nacheinander geworfen. Die beiden Augenzahlen werden in der Reihenfolge der Würfe notiert. Man verliert genau dann, wenn das aus den beiden Augenzahlen gebildete Produkt durch 4 oder durch 6 teilbar ist, ansonsten gewinnt man. Wie hoch ist die Wahrscheinlichkeit, ein Spiel zu verlieren?
   A: „Das Produkt der beiden Augenzahlen ist durch 4 teilbar";   B: „Das Produkt der beiden Augenzahlen ist durch 6 teilbar"

   A = {(1 ; 4), (4;1), (2;2), (2;4), (4;2), (2;6), (6;2), (3;4), (4;3), (4;4), (4;5), (5;4), (4;6), (6;4), (6;6) }

   B = {(1 ; 6), (6;1), (2;3), (3;2), (2;6), (6;2), (3;4), (4;3), (3;6), (4;6), (6;4), (5;6), (6;5), (6;6) }

   A ∩ B = {(2 ; 6), (6;2), (3;4), (4;3), (4;6), (6;4), (6;6) }; |S| = 6·6 = 36

   P(A∪B) = P(A) + P(B) − P(A∩B) = $\frac{15}{36} + \frac{15}{36} - \frac{7}{36} = \frac{23}{36}$

   Alternative Lösung: A∪B = {(1;4), (4;1), (2;2), (1;6), (6;1), (2;3), (3;2), (2;4), (4;2), (2;6), (6;2), (3;4), (4;3), (4;4), (3;6), (6;3), (4;5), (5;4), (4;6), (6;4), (5;6), (6;5), (6;6)};   P(A∪B) = $\frac{23}{36}$

2. Nach gutem Mischen der verdeckten Karten eines Schafkopfspiels (32 Karten) werden nacheinander zwei Karten aufgedeckt. Die beiden Kartenwerte (also z.B. „Schellen-Neun" oder „Eichel-König") werden in der Reihenfolge des Aufdeckens notiert. Wie hoch ist die Wahrscheinlichkeit, dass keine der beiden Karten ein Trumpf (nämlich Ober, Unter oder Herz) ist oder beide Karten einstellige Zahlen (7; 8; 9) zeigen?
   A: „Keine der beiden Karten ist ein Trumpf"; B: „Beide Karten zeigen einstellige Zahlen";
   |S| = 32·31; |A| = 18·17; |B| = 12 · 11; |A∩B| = 9·8;
   P(A∪B) = P(A) + P(B) − P(A∩B) = $\frac{18 \cdot 17}{32 \cdot 31} + \frac{12 \cdot 11}{32 \cdot 31} - \frac{9 \cdot 8}{32 \cdot 31} \approx 0{,}37$

3. In einer Mathematikarbeit zur Geometrie können in einer Aufgabe Konstruktionsfehler (K) oder Rechenfehler (R) gemacht werden. Von den 28 Schülern einer Klasse haben 11 Schüler Rechenfehler und 16 Schüler Konstruktionsfehler gemacht. 7 Schüler haben sowohl Rechenfehler als auch Konstruktionsfehler gemacht. Mit welcher Wahrscheinlichkeit hat ein zufällig ausgewählter Schüler der Klasse in dieser Mathematikarbeit

   a) mindestens einen der beiden Fehler gemacht?   P(K∪R) = P(K) + P(R) − P(K∩R) = $\frac{16}{28} + \frac{11}{28} - \frac{7}{28} \approx 0{,}71$

   b) keinen der beiden Fehler gemacht? $P(\overline{K} \cap \overline{R}) = P(\overline{K \cup R}) = 1 - P(K \cup R) \approx 0{,}29$

   c) höchstens einen der beiden Fehler gemacht? $P(\overline{K \cap R}) = 1 - P(K \cap R) = 1 - \frac{7}{28} = 0{,}75$

4. Im Theater „Vorhang" gibt es 10 Sitzreihen mit jeweils 20 Plätzen. Jeder Sitzplatz ist mit einem eindeutigen Code versehen, der aus einem der Buchstaben von A bis J im Alphabet und einer Zahl von 1 bis 20 besteht (z.B. F-14). Dabei steht der Buchstabe für die jeweilige Sitzreihe und die Zahl für die jeweilige Position des Sitzplatzes innerhalb der Sitzreihe. Anlässlich seines 100-jährigen Jubiläums am 5.10.12 verschenkte das Theater an diesem Tag alle Tickets, deren Codes einen Buchstaben des Theaternamens oder eine der drei Zahlen ihres Jubiläumsdatums enthielten.

   a) Definieren Sie die Ereignisse A und B aus der nebenstehenden Vierfeldertafel in Worten und vervollständigen Sie anschließend die Tafel.
   A: „Ticketcode enthält einen Buchstaben des Theaternamens"
   B: „Ticketcode enthält eine der drei Zahlen des Jubiläumsdatums"

	A	$\overline{A}$	
B	9	21	30
$\overline{B}$	51	119	170
	60	140	200

   b) Mit welcher Wahrscheinlichkeit ist ein an diesem Tag zufällig ausgewähltes Ticket eines der verschenkten Tickets?
   |S| = 200; |A| = 60; |B| = 30; |A∩B| = 9;
   P(A∪B) = P(A) + P(B) − P(A∩B) = $\frac{60}{200} + \frac{30}{200} - \frac{9}{200} = 0{,}405 = 40{,}5\,\%$

Trainingsblatt
Bedingte Wahrscheinlichkeit

1. 200 Personen wurden befragt, welche Tiere sie mögen. H: „Person mag Hunde"; K: „Person mag Katzen"

a) Was bedeuten folgende Bezeichnungen?

$P_H(K)$:

$P_{\overline{K}}(H)$:

b) Geben Sie jeweils eine passende Bezeichnung an für die Wahrscheinlichkeit, dass

(i) ein Katzenliebhaber Hunde mag:

(ii) eine Person sowohl Hunde als auch Katzen mag:

(iii) eine Person Katzen mag, obwohl sie Hunde nicht mag:

2. Berechnen Sie die bedingten Wahrscheinlichkeiten mithilfe der Vierfeldertafel.

	A	$\overline{A}$	
B	54%		
$\overline{B}$		14%	
		20%	100%

$P_B(A) = \dfrac{P(A \cap B)}{P(B)} = \dfrac{\quad}{\quad} = \quad$ $P_B(\overline{A}) = \dfrac{\quad}{\quad} = \dfrac{\quad}{\quad} = \quad$

$P_{\overline{B}}(A) = \quad$ $P_{\overline{B}}(\overline{A}) = \quad$

$P_A(B) = \quad$ $P_A(\overline{B}) = \quad$

$P_{\overline{A}}(B) = \quad$ $P_{\overline{A}}(\overline{B}) = \quad$

3. a) Geben Sie alle direkt aus dem Baumdiagramm ablesbaren bedingten Wahrscheinlichkeiten an:

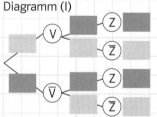

b) $P(Y) = \quad$; $P_Y(X) = \quad$;

$P(\quad) = \quad$ $P_Y(\overline{X}) = \quad$; $P(\overline{Y}) = \quad$;

$P(\quad) = \quad$ $P_{\overline{Y}}(X) = \quad$; $P_{\overline{Y}}(\overline{X}) = \quad$

$P(\quad) = \quad$

$P(\quad) = \quad$

4. Lea verschläft etwa an jedem 20. Schultag (V); an jedem 10. Tag kommt sie zu spät (Z) zur Schule. Ihr Zuspätkommen beruht in 40% aller Fälle auf dem Verschlafen.

a) Tragen Sie zunächst nur die gegebenen Wahrscheinlichkeiten an passender Stelle ein:

Diagramm (I)   Diagramm (II)   (Die für Teilaufgabe d) ergänzten Werte sind dunkler hinterlegt.)

b) Warum ist es hier günstiger, die Bearbeitung der Aufgabe mit einer Vierfeldertafel zu beginnen?

c) Erstellen Sie eine geeignete Vierfeldertafel:

		V	

d) Welches der Baumdiagramme (I) oder (II) ist jeweils geeigneter, um folgende Frage zu beantworten? Ergänzen Sie das jeweilige Baumdiagramm entsprechend, um die gesuchte Wahrscheinlichkeit P zu berechnen. Runden Sie geeignet.

Wie groß ist die Wahrscheinlichkeit, …	(I)/(II)	P
… dass Lea zu spät kommt, wenn sie verschläft?		
… dass Lea nicht verschlafen hat, wenn sie nicht zu spät ist?		
… dass Lea zu spät kommt, obwohl sie nicht verschlafen hat?		

S 278

Trainingsblatt
Bedingte Wahrscheinlichkeit — Lösung

1. 200 Personen wurden befragt, welche Tiere sie mögen. H: „Person mag Hunde"; K: „Person mag Katzen"

a) Was bedeuten folgende Bezeichnungen?

$P_H(K)$: Die Wahrscheinlichkeit, dass ein Hundeliebhaber auch Katzen mag.

$P_{\overline{K}}(H)$: Die Wahrscheinlichkeit, dass jemand Hunde mag, obwohl er Katzen nicht mag.

b) Geben Sie jeweils eine passende Bezeichnung an für die Wahrscheinlichkeit, dass
  (i) ein Katzenliebhaber Hunde mag: $P_K(H)$
  (ii) eine Person sowohl Hunde als auch Katzen mag: $P(H \cap K)$
  (iii) eine Person Katzen mag, obwohl sie Hunde nicht mag: $P_{\overline{H}}(K)$

2. Berechnen Sie die bedingten Wahrscheinlichkeiten mithilfe der Vierfeldertafel.

	A	$\overline{A}$	
B	54%	6%	60%
$\overline{B}$	26%	14%	40%
	80%	20%	100%

$P_B(A) = \frac{P(A \cap B)}{P(B)} = \frac{54}{60} = 90\%$ $P_B(\overline{A}) = \frac{P(\overline{A} \cap B)}{P(B)} = \frac{6}{60} = 10\%$

$P_{\overline{B}}(A) = 65\%$ $P_{\overline{B}}(\overline{A}) = 35\%$

$P_A(B) = 67{,}5\%$ $P_A(\overline{B}) = 32{,}5\%$

$P_{\overline{A}}(B) = 30\%$ $P_{\overline{A}}(\overline{B}) = 70\%$

3. a) Geben Sie alle direkt aus dem Baumdiagramm ablesbaren bedingten Wahrscheinlichkeiten an:

Baumdiagramm: 60% X → 40% Y (24%), 60% $\overline{Y}$ (36%); 40% $\overline{X}$ → 65% Y (26%), 35% $\overline{Y}$ (14%)

$P_X(Y) = 40\%$ $P_X(\overline{Y}) = 60\%$
$P_{\overline{X}}(Y) = 65\%$ $P_{\overline{X}}(\overline{Y}) = 35\%$

b) $P(Y) = 50\%$; $P_Y(X) = 48\%$;
$P_Y(\overline{X}) = 52\%$; $P(\overline{Y}) = 50\%$;
$P_{\overline{Y}}(X) = 72\%$; $P_{\overline{Y}}(\overline{X}) = 28\%$

4. Lea verschläft etwa an jedem 20. Schultag (V); an jedem 10. Tag kommt sie zu spät (Z) zur Schule. Ihr Zuspätkommen beruht in 40% aller Fälle auf dem Verschlafen.

a) Tragen Sie zunächst nur die gegebenen Wahrscheinlichkeiten an passender Stelle ein:

Diagramm (I): 5% V → 80% Z (4%), $\overline{Z}$; 95% $\overline{V}$ → ≈6% Z (6%), $\overline{Z}$

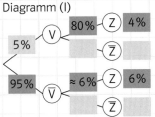

Diagramm (II): 10% Z → 40% V, $\overline{V}$; 90% $\overline{Z}$ → V, ≈99% $\overline{V}$ (89%)

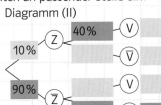

(Die für Teilaufgabe d) ergänzten Werte sind dunkler hinterlegt.)

b) Warum ist es hier günstiger, die Bearbeitung der Aufgabe mit einer Vierfeldertafel zu beginnen?

In keines der beiden Baumdiagramme lassen sich alle Angaben eintragen.

c) Erstellen Sie eine geeignete Vierfeldertafel:

	V	$\overline{V}$	
Z	4%	6%	10%
$\overline{Z}$	1%	89%	90%
	5%	95%	100%

d) Welches der Baumdiagramme (I) oder (II) ist jeweils geeigneter, um folgende Frage zu beantworten? Ergänzen Sie das jeweilige Baumdiagramm entsprechend, um die gesuchte Wahrscheinlichkeit P zu berechnen. Runden Sie geeignet.

Wie groß ist die Wahrscheinlichkeit, …	(I)/(II)	P
… dass Lea zu spät kommt, wenn sie verschläft?	(I)	80%
… dass Lea nicht verschlafen hat, wenn sie nicht zu spät ist?	(II)	≈ 99%
… dass Lea zu spät kommt, obwohl sie nicht verschlafen hat?	(I)	≈ 6%

Trainingsblatt
Unabhängigkeit von Ereignissen

1. Eine Laplace-Münze (Z = Zahl; W = Wappen) wird dreimal geworfen. Die Ergebnisse werden in der Reihenfolge ihres Auftretens notiert, also z.B. (W; Z; Z) oder (Z; W; Z).

a) Geben Sie die Ergebnismenge S und die angegebenen Ereignisse in aufzählender Schreibweise an.

S = {(; ;),(_____ }

A: „Es fällt höchstens einmal Wappen"; B: „Im ersten Wurf fällt Zahl"; C: „Im dritten Wurf fällt Wappen".

A = {(; ;),(_____ }; B = {(; ;),(_____ };
C = {(; ;),(_____ };
A∩B = { _____ }; A∩C = { _____ }; B∩C = { _____ }.

b) Welche zwei der Ereignisse A, B und C sind voneinander unabhängig?

P(A) = ____ ; P(B) = ____ ; P(C) = ____ ; P(A∩B) = ____ ; P(A∩C) = ____ ; P(B∩C) = ____
P(A)·P(B) = ____ ; P(A)·P(C) = ____ ; P(B)·P(C) = ____ ;
Damit gilt: Voneinander unabhängig sind die Ereignisse _____ .

2. a) Für eine zufällig ausgewählte Familie mit zwei Kindern betrachtet man die Ereignisse A: „Die Familie hat höchstens einen Jungen" und B: „Die Familie hat Kinder beiden Geschlechts". Zeigen Sie unter der Voraussetzung der Gleichwahrscheinlichkeit von Jungengeburten (J) und Mädchengeburten (M), dass die beiden Ereignisse A und B voneinander abhängig sind.

b) Zeigen Sie, dass die Ereignisse A und B unabhängig voneinander sind, wenn man Familien mit drei Kindern betrachtet.

3. a) Von den unabhängigen Ereignissen A und B sind zwei Einträge im Baumdiagramm bekannt. Vervollständigen Sie zuerst das Baumdiagramm. Tragen Sie anschließend alle fehlenden Einträge in die Vierfeldertafel ein.

b) Von den unabhängigen Ereignissen P und H sind zwei innere Einträge der Vierfeldertafel bekannt. Vervollständigen Sie zuerst die Vierfeldertafel. Tragen Sie anschließend alle fehlenden Einträge in das Baumdiagramm ein.

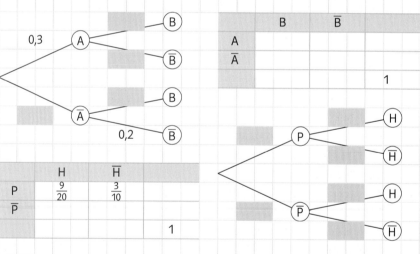

	H	H̄	
P	$\frac{9}{20}$	$\frac{3}{10}$	
P̄			
		1	

4. Ein Unternehmen hat insgesamt 1680 Mitarbeiter, darunter 760 Frauen und 920 Männer. Die Tabelle zeigt, wie viele Frauen bzw. Männer jeweils eine Lesehilfe (Brille oder Kontaktlinsen) tragen. Ein Mitarbeiter wird zufällig ausgewählt. Untersuchen Sie, ob die Wahrscheinlichkeit, dass dieser Mitarbeiter eine Lesehilfe trägt, vom Geschlecht abhängig ist.

	Lesehilfe (L)	Keine Lesehilfe (L̄)
Frauen (F)	266	494
Männer (F̄)	322	598

5. Es ist bekannt, dass P(A) = 0,3; P(B̄) = 0,8 und P(Ā∩B) = 0,15. Sind die Ereignisse A und B voneinander unabhängig?

Trainingsblatt
Unabhängigkeit von Ereignissen
Lösung

1. Eine Laplace-Münze (Z = Zahl; W = Wappen) wird dreimal geworfen. Die Ergebnisse werden in der Reihenfolge ihres Auftretens notiert, also z.B. (W; Z; Z) oder (Z; W; Z).
   a) Geben Sie die Ergebnismenge S und die angegebenen Ereignisse in aufzählender Schreibweise an.
      S = {(Z; Z; Z), (Z; Z; W), (Z; W; Z), (W; Z; Z), (Z; W; W), (W; Z; W), (W; W; Z), (W; W; W)}
      A: „Es fällt höchstens einmal Wappen"; B: „Im ersten Wurf fällt Zahl"; C: „Im dritten Wurf fällt Wappen".
      A = {(Z; Z; Z), (Z; Z; W), (Z; W; Z), (W; Z; Z)}; B = {(Z; Z; Z), (Z; Z; W), (Z; W; Z), (Z; W; W)};
      C = {(Z; Z; W), (Z; W; W), (W; Z; W), (W; W; W)};
      A ∩ B = {(Z; Z; Z), (Z; Z; W), (Z; W; Z)}; A ∩ C = {(Z; Z; W)}; B ∩ C = {(Z; Z; W), (Z; W; W)}.
   b) Welche zwei der Ereignisse A, B und C sind voneinander unabhängig?
      $P(A) = \frac{4}{8}$; $P(B) = \frac{4}{8}$; $P(C) = \frac{4}{8}$; $P(A \cap B) = \frac{3}{8}$; $P(A \cap C) = \frac{1}{8}$; $P(B \cap C) = \frac{2}{8} = \frac{1}{4}$
      $P(A) \cdot P(B) = \frac{1}{4}$; $P(A) \cdot P(C) = \frac{1}{4}$; $P(B) \cdot P(C) = \frac{1}{4}$;
      Damit gilt: Voneinander unabhängig sind die Ereignisse B und C.

2. a) Für eine zufällig ausgewählte Familie mit zwei Kindern betrachtet man die Ereignisse A: „Die Familie hat höchstens einen Jungen" und B: „Die Familie hat Kinder beiden Geschlechts". Zeigen Sie unter der Voraussetzung der Gleichwahrscheinlichkeit von Jungengeburten (J) und Mädchengeburten (M), dass die beiden Ereignisse A und B voneinander abhängig sind.
      S = {(J; J), (J; M), (M; J), (M; M)}; A = {(J; M), (M; J), (M; M)}; B = {(J; M), (M; J)}; A ∩ B = {(J; M), (M; J)};
      $P(A) = \frac{3}{4}$; $P(B) = \frac{2}{4}$; $P(A) \cdot P(B) = \frac{3}{8}$; $P(A \cap B) = \frac{2}{4} \neq P(A) \cdot P(B)$
   b) Zeigen Sie, dass die Ereignisse A und B unabhängig voneinander sind, wenn man Familien mit drei Kindern betrachtet.
      S = {(J; J; J), (J; J; M), (J; M; J), (M; J; J), (J; M; M), (M; J; M), (M; M; J), (M; M; M)};
      A = {(J; M; M), (M; J; M), (M; M; J), (M; M; M)}; B = {(J; J; M), (J; M; J), (M; J; J), (J; M; M), (M; J; M), (M; M; J)};
      A ∩ B = {(J; M; M), (M; J; M), (M; M; J)}; $P(A) = \frac{4}{8}$; $P(B) = \frac{6}{8}$; $P(A) \cdot P(B) = \frac{4}{8} \cdot \frac{6}{8} = \frac{3}{8}$; $P(A \cap B) = \frac{3}{8} = P(A) \cdot P(B)$

3. a) Von den unabhängigen Ereignissen A und B sind zwei Einträge im Baumdiagramm bekannt. Vervollständigen Sie zuerst das Baumdiagramm. Tragen Sie anschließend alle fehlenden Einträge in die Vierfeldertafel ein.
   b) Von den unabhängigen Ereignissen P und H sind zwei innere Einträge der Vierfeldertafel bekannt. Vervollständigen Sie zuerst die Vierfeldertafel. Tragen Sie anschließend alle fehlenden Einträge in das Baumdiagramm ein.

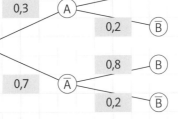

	B	B̄	
A	0,24	0,06	0,3
Ā	0,56	0,14	0,7
	0,8	0,2	1

	H	H̄	
P	9/20	3/10	3/4
P̄	3/20	1/10	1/4
	3/5	2/5	1

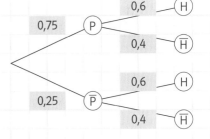

4. Ein Unternehmen hat insgesamt 1680 Mitarbeiter, darunter 760 Frauen und 920 Männer. Die Tabelle zeigt, wie viele Frauen bzw. Männer jeweils eine Lesehilfe (Brille oder Kontaktlinsen) tragen. Ein Mitarbeiter wird zufällig ausgewählt. Untersuchen Sie, ob die Wahrscheinlichkeit, dass dieser Mitarbeiter eine Lesehilfe trägt, vom Geschlecht abhängig ist.

	Lesehilfe (L)	Keine Lesehilfe (L̄)
Frauen (F)	266	494
Männer (F̄)	322	598

Es genügt, ein Ereignispaar, also z.B. L und F, auf stochastische Unabhängigkeit zu untersuchen: |S| = 1680; |F| = 760; |L| = 588; |L ∩ F| = 266
$P(L) = \frac{588}{1680} = \frac{7}{20}$; $P(F) = \frac{760}{1680} = \frac{19}{42}$; $P(L \cap F) = \frac{266}{1680} = \frac{19}{120}$; $P(L) \cdot P(F) = \frac{19}{120}$

Hieraus folgt, dass das Tragen einer Lesehilfe nicht vom Geschlecht abhängt.

5. Es ist bekannt, dass P(A) = 0,3; P(B̄) = 0,8 und P(Ā ∩ B) = 0,15. Sind die Ereignisse A und B voneinander unabhängig?
   P(Ā) = 1 − P(A) = 0,7; P(B) = 1 − P(B̄) = 0,2; P(Ā) · P(B) = 0,7 · 0,2 = 0,14 ≠ P(Ā ∩ B); A und B sind voneinander abhängig.

Spiel
Unabhängigkeit gewinnt – Spielanleitung

Spiel für 2 bis 6 Personen

Spielmaterial: 32 Wahrscheinlichkeitskarten, 20 Situationskarten, 1 Rechenbogen, Stift

Spielvorbereitung: Die Wahrscheinlichkeitskarten werden gemischt und an die Spieler verteilt:
Bei 2 Spielern erhält jeder Spieler 8 Karten,
bei 3 Spielern erhält jeder Spieler 7 Karten,
bei 4 Spielern erhält jeder Spieler 6 Karten,
bei 5 Spielern erhält jeder Spieler 5 Karten,
bei 6 Spielern erhält jeder Spieler 4 Karten.
Die Karten können auf der Hand gehalten oder offen vor jedem Spieler aufgelegt werden.
Die übrigen Wahrscheinlichkeitskarten werden als verdeckter Stapel abgelegt.
Die Situationskarten werden gemischt und ebenfalls als verdeckter Stapel abgelegt.

Spielziel: Jeder Spieler versucht, möglichst viele Situationskarten für sich zu gewinnen. Dazu muss eine der eigenen Wahrscheinlichkeitskarten so ausgespielt werden, dass die auf der Situationskarte beschriebene Situation zwei unabhängige Ereignisse zeigt.

Spielanleitung: Die oberste Situationskarte wird aufgedeckt. In dem abgebildeten Diagramm (Vierfeldertafel oder Baumdiagramm) sind nur wenige Wahrscheinlichkeiten eingetragen. Ein beliebiges der leeren Felder soll nun so mit einer Wahrscheinlichkeit belegt werden, dass die Ereignisse A und B voneinander unabhängig sind.
Alle Spieler prüfen gleichzeitig, ob sie eine entsprechend passende Wahrscheinlichkeitskarte besitzen.
Wer zuerst eine passende Karte ausspielt, darf die Situationskarte zu sich nehmen und vor sich ablegen.
Alle Spieler prüfen gemeinsam durch Übertragen der Situation auf den Rechenbogen und Berechnung noch fehlender Werte, ob die Wahrscheinlichkeitskarte vom Spieler korrekt ausgespielt wurde und die Ereignisse A und B nun unabhängig voneinander sind.
In diesem Fall darf die Situationskarte behalten werden.
Wurde die Wahrscheinlichkeitskarte jedoch irrtümlich ausgespielt, muss der Spieler die Situationskarte zurück unter den Situationskartenstapel legen und beim Betrachten der nächsten Situationskarte aussetzen.
Für die ausgespielte Wahrscheinlichkeitskarte, die verdeckt unter den Wahrscheinlichkeitskartenstapel geschoben wird, darf eine neue vom Stapel nachgezogen werden. Dann wird die nächste Situationskarte aufgedeckt.
Kann kein Spieler (innerhalb angemessener Zeit) eine geeignete Wahrscheinlichkeitskarte ausspielen, wird die Situationskarte verdeckt unter den Situationskartenstapel geschoben und ebenfalls eine neue aufgedeckt.

Spielende: Das Spiel endet, wenn nur noch eine Situationskarte in der Mitte liegt. Es gewinnt derjenige Spieler, der die meisten Situationskarten sammeln konnte.

… und wenn noch Zeit ist, kann man über den programmatischen Titel nachdenken.

Spiel
Unabhängigkeit gewinnt – Situationskarten

Situationskarten gegebenenfalls zur besseren Lesbarkeit auf DIN A3 vergrößert (141%) kopieren.

Karte 1:

	B	B̄	
A			25%
Ā			
	64%		100%

Karte 2:

	B	B̄	
A			20%
Ā			
	90%		100%

Karte 3:

	B	B̄	
A			28%
Ā			
	75%		100%

Karte 4:

	B	B̄	
A			63%
Ā			
	84%		100%

Karte 5:

	B	B̄	
A	31%		
Ā	19%		
	62%		100%

Karte 6:

	B	B̄	
A			
Ā	23%	92%	
			100%

Karte 7:

	B	B̄	
A		15%	
Ā			
	80%		100%

Karte 8:

	B	B̄	
A		30%	
Ā		70%	
	40%		100%

Karte 9:

	B	B̄	
A	13%		
Ā			
	65%		100%

Karte 10:

	B	B̄	
A			
Ā	19%	76%	
			100%

Karte 11:

	B	B̄	
A	57%		
Ā			
	95%		100%

Karte 12:

	B	B̄	
A		26%	
Ā		35%	
	65%		100%

Karte 13:

	B	B̄	
A	33%	22%	
Ā			
			100%

Karte 14:

	B	B̄	
A			
Ā	11%		
	20%	80%	100%

Karte 15:

	B	B̄	
A	43%		
Ā		86%	
			100%

Karte 16:

	B	B̄	
A		51%	
Ā			
	32%		100%

Baumdiagramme:

- Karte 17: 20%, 45%
- Karte 18: 65%, 35%
- Karte 19: 40%, 28%
- Karte 20: 100%

S 283

Spiel
Unabhängigkeit gewinnt – Rechenbogen

Die folgenden Diagramme dienen zur Kontrolle der ausgespielten Wahrscheinlichkeitskarte. Es sind die Werte der betrachteten Situationskarte zu übertragen, die Wahrscheinlichkeit der ausgespielten Wahrscheinlichkeitskarte in das gewünschte Feld zu schreiben und dann alle fehlenden Einträge zu berechnen. Alle Mitspieler prüfen gemeinsam die Berechnung.

S 284

Spiel
Unabhängigkeit gewinnt – Wahrscheinlichkeitskarten Teil 1

2%	3%	6%	7%
8%	9%	12%	14%
16%	17%	18%	20%
21%	24%	25%	25%

Spiel
Unabhängigkeit gewinnt – Wahrscheinlichkeitskarten Teil 2

28 %	35 %	36 %	38 %
40 %	44 %	45 %	50 %
55 %	60 %	65 %	68 %
72 %	75 %	75 %	80 %

Trainingsblatt
Totale Wahrscheinlichkeit und Regel von Bayes

1. Auf zwei Maschinen werden gleiche Bauteile hergestellt. In der gleichen Zeit produziert Maschine 1 55% und Maschine 2 45% der Produktion. Allerdings ist die Ausschussquote bei Maschine 1 mit 7% höher als bei Maschine 2, die nur 3% Ausschuss produziert.

a) Erstellen Sie ein Baumdiagramm, indem Sie in der ersten Stufe die Anteile der Gesamtproduktion erfassen und in der zweiten Stufe die Ausschussanteile. Berechnen Sie die Wahrscheinlichkeit, dass ein Teil dieser Produktion Ausschuss ist.
Mit A wird der Ausschussanteil bezeichnet.

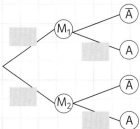

Es ist die Gesamtwahrscheinlichkeit P(A) gesucht.
Nach den Pfadregeln gilt
P(A) =
Die Wahrscheinlichkeit, dass ein Teil Ausschuss ist, beträgt   %.

b) Eines der Bauelemente wird der Produktion entnommen. Es wird festgestellt, dass es defekt ist. Wie groß ist die Wahrscheinlichkeit, dass dieses Teil auf der Maschine 1 hergestellt wurde?

$P_A(M_1) = $

Ein defektes Teil wurde mit   % Wahrscheinlichkeit auf Maschine 1 hergestellt.

c) Lösen Sie die Teilaufgabe b) mithilfe einer Vierfeldertafel.

	M_1	M_2	
A			
$\overline{A}$			
			1

$P_A(M_1) = $

2. Bei einem Golfturnier kommen 50% der Teilnehmer aus Bayern, 30% aus Hessen und 20% aus Sachsen. 5% der bayerischen, 20% der hessischen und 90% der sächsischen Teilnehmer werden in Pensionen untergebracht, der Rest in Hotels.

a) Berechnen Sie die Wahrscheinlichkeit, dass ein zufällig ausgewählter Spieler im Hotel untergebracht ist. Erstellen Sie dazu ein Baumdiagramm.

b) Von einem Spieler ist bekannt, dass er in einem Hotel untergebracht ist. Mit welcher Wahrscheinlichkeit stammt dieser Spieler aus Sachsen?

c) Berechnen Sie, mit welcher Wahrscheinlichkeit ein Spieler aus Bayern stammt, von dem man weiß, dass er in einer Pension untergebracht ist.

Trainingsblatt
Totale Wahrscheinlichkeit und Regeln von Bayes — Lösung

1. Auf zwei Maschinen werden gleiche Bauteile hergestellt. In der gleichen Zeit produziert Maschine 1 55 % und Maschine 2 45 % der Produktion. Allerdings ist die Ausschussquote bei Maschine 1 mit 7 % höher als bei Maschine 2, die nur 3 % Ausschuss produziert.

a) Erstellen Sie ein Baumdiagramm, indem Sie in der ersten Stufe die Anteile der Gesamtproduktion erfassen und in der zweiten Stufe die Ausschussanteile. Berechnen Sie die Wahrscheinlichkeit, dass ein Teil dieser Produktion Ausschuss ist.
Mit A wird der Ausschussanteil bezeichnet.

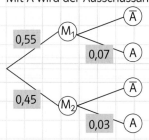

Es ist die Gesamtwahrscheinlichkeit P(A) gesucht. Nach den Pfadregeln gilt
P(A) = $0{,}55 \cdot 0{,}07 + 0{,}45 \cdot 0{,}03 = 0{,}052$.
Die Wahrscheinlichkeit, dass ein Teil Ausschuss ist, beträgt 5,2 %.

b) Eines der Bauelemente wird der Produktion entnommen. Es wird festgestellt, dass es defekt ist. Wie groß ist die Wahrscheinlichkeit, dass dieses Teil auf der Maschine 1 hergestellt wurde?

$$P_A(M_1) = \frac{0{,}55 \cdot 0{,}07}{0{,}052} = 0{,}740$$

Ein defektes Teil wurde mit 7,4 % Wahrscheinlichkeit auf Maschine 1 hergestellt.

c) Lösen Sie die Teilaufgabe b) mithilfe einer Vierfeldertafel.

	M_1	M_2	
A	$0{,}55 \cdot 0{,}07 = 0{,}0385$	$0{,}45 \cdot 0{,}03 = 0{,}0135$	0,052
$\overline{A}$	0,5115	0,4365	0,948
	0,55	0,45	1

$$P_A(M_1) = \frac{P(A \cap M_1)}{P(A)} = \frac{0{,}0385}{0{,}052} = 0{,}740$$

2. Bei einem Golfturnier kommen 50 % der Teilnehmer aus Bayern, 30 % aus Hessen und 20 % aus Sachsen. 5 % der bayerischen, 20 % der hessischen und 90 % der sächsischen Teilnehmer werden in Pensionen untergebracht, der Rest in Hotels.

a) Berechnen Sie die Wahrscheinlichkeit, dass ein zufällig ausgewählter Spieler im Hotel untergebracht ist. Erstellen Sie dazu ein Baumdiagramm.

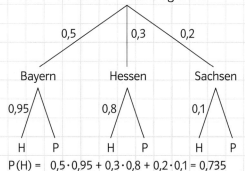

P(H) = $0{,}5 \cdot 0{,}95 + 0{,}3 \cdot 0{,}8 + 0{,}2 \cdot 0{,}1 = 0{,}735$

Mit 73,5 % Wahrscheinlichkeit ist ein zufällig ausgewählter Spieler im Hotel untergebracht.

b) Von einem Spieler ist bekannt, dass er in einem Hotel untergebracht ist. Mit welcher Wahrscheinlichkeit stammt dieser Spieler aus Sachsen?

$$P_H(S) = \frac{0{,}2 \cdot 0{,}1}{0{,}735} = 0{,}0272$$

Mit 2,7 % Wahrscheinlichkeit stammt ein Spieler, von dem bekannt ist, dass er in einem Hotel untergebracht ist, aus Sachsen.

c) Berechnen Sie, mit welcher Wahrscheinlichkeit ein Spieler aus Bayern stammt, von dem man weiß, dass er in einer Pension untergebracht ist.

$$P_P(B) = \frac{0{,}5 \cdot 0{,}05}{0{,}265} = 0{,}0913$$

Mit 9,1 % Wahrscheinlichkeit ist ein Spieler, von dem bekannt ist, dass er aus Bayern stammt, in einer Pension untergebracht.

Arbeitsblatt
Mittelwert und empirische Standardabweichung

1. In einem Möbelgeschäft wurde eine Umfrage durchgeführt.
   a) Die folgende Liste gibt das Alter der Kunden wieder:
      18, 23, 25, 41, 56, 33, 32, 55, 52, 35, 28, 31, 27, 33, 25, 19, 42, 38, 31, 26, 53, 45, 36, 31, 30, 22, 27, 56, 32, 27, 25, 29.
      (i) Fassen Sie die Altersangaben in der folgenden Tabelle zu neun Klassen, die jeweils fünf Jahre umfassen, zusammen. Berechnen Sie die relativen Häufigkeiten der Klassen.

Klasse	15–19								
Mitte	17								
absolute H.									
relative H.									

      (ii) Berechnen Sie den Mittelwert und die empirische Standardabweichung.
      $\bar{x}=$

      $s=$

   b) In der Umfrage sollten die Kunden das Geschäft von 1-10 bewerten. 10 steht dabei für „sehr zufrieden", 1 für „sehr unzufrieden". Die folgende Tabelle zeigt die Ergebnisse.

Note	1	2	3	4	5	6	7	8	9	10
Anzahl	0	2	1	3	10	6	5	2	2	1

      Berechnen Sie den Mittelwert und die empirische Standardabweichung.
      $\bar{x}=$

      $s=$

2. Die Schüler einer 6. Klasse wurden gefragt, wie lange der heutige Weg zur Schule gedauert hat. Die folgende Liste gibt die Ergebnisse wieder: 25, 10, 12, 3, 6, 18, 11, 9, 6, 14, 17, 16, 8, 27, 18, 10, 14, 15, 6, 9, 22, 18, 17, 5, 7, 11, 3, 12, 19, 8.
   a) Fassen Sie die Angaben in der folgenden Tabelle zu sechs Klassen zusammen. Berechnen Sie die relativen Häufigkeiten der Klassen.

Länge in min	$0 < x \leq 5$					
Mitte	3					
absolute H.						
relative H.						

   b) Berechnen Sie den Mittelwert und die empirische Standardabweichung.
      $\bar{x}=$
      $s=$

3. Eine Autofirma bringt ein neues Modell auf den Markt.
   a) Bei fünf Testfahrten wird der Benzinverbrauch auf 100 km notiert: 6,8; 7,2; 7,3; 6,9; 7,2 (in l).
      Berechnen Sie den Mittelwert und die empirische Standardabweichung.

      $\bar{x}=$ $s=$

   b) Der Benzinverbrauch des neuen Modells wird vom Hersteller mit 7,0 Litern angegeben. Andere Modelle desselben Herstellers verbrauchen auf 100 km 6,5; 7,0; 9,5; 9,0 (in l).
      Berechnen Sie den Mittelwert und die empirische Standardabweichung der Benzinverbräuche der fünf Modelle.

      $\bar{x}=$ $s=$

   c) Warum ist die Standardabweichung von b) deutlich höher als die von a)?

Arbeitsblatt
Mittelwert und empirische Standardabweichung
Lösung

1. In einem Möbelgeschäft wurde eine Umfrage durchgeführt.
   a) Die folgende Liste gibt das Alter der Kunden wieder:
   18, 23, 25, 41, 56, 33, 32, 55, 52, 35, 28, 31, 27, 33, 25, 19, 42, 38, 31, 26, 53, 45, 36, 31, 30, 22, 27, 56, 32, 27, 25, 29.
   (i) Fassen Sie die Altersangaben in der folgenden Tabelle zu neun Klassen, die jeweils fünf Jahre umfassen, zusammen. Berechnen Sie die relativen Häufigkeiten der Klassen.

Klasse	15–19	20–24	25–29	30–34	35–39	40–44	45–49	50–54	55–59
Mitte	17	22	27	32	37	42	47	52	57
absolute H.	2	2	9	8	3	2	1	2	3
relative H.	6,25%	6,25%	28,125%	25%	9,375%	6,25%	3,125%	6,25%	9,375%

   (ii) Berechnen Sie den Mittelwert und die empirische Standardabweichung.
   $\bar{x}$ = 17·0,0625 + 22·0,0625 + 27·0,28125 + 32·0,25 + 37·0,09375 + 42·0,0625 + 47·0,03125 + 52·0,0625 + 57·0,09375
       = 34,1875
   $s = \sqrt{(17 - 34{,}1875)^2 \cdot 0{,}0625 + \ldots + (57 - 34{,}1875)^2 \cdot 0{,}09375} \approx 11{,}04$

   b) In der Umfrage sollten die Kunden das Geschäft von 1-10 bewerten. 10 steht dabei für „sehr zufrieden", 1 für „sehr unzufrieden". Die folgende Tabelle zeigt die Ergebnisse.

Note	1	2	3	4	5	6	7	8	9	10
Anzahl	0	2	1	3	10	6	5	2	2	1

   Berechnen Sie den Mittelwert und die empirische Standardabweichung.
   $\bar{x} = \frac{1}{32}(0 \cdot 1 + 2 \cdot 2 + 1 \cdot 3 + 3 \cdot 4 + 10 \cdot 5 + 6 \cdot 6 + 5 \cdot 7 + 2 \cdot 8 + 2 \cdot 9 + 1 \cdot 10) = \frac{184}{32} = 5{,}75$
   $s = \sqrt{\frac{1}{32}((1 - 5{,}75)^2 \cdot 0 + \ldots + (10 - 5{,}75)^2 \cdot 1)} \approx 1{,}84$

2. Die Schüler einer 6. Klasse wurden gefragt, wie lange der heutige Weg zur Schule gedauert hat. Die folgende Liste gibt die Ergebnisse wieder: 25, 10, 12, 3, 6, 18, 11, 9, 6, 14, 17, 16, 8, 27, 18, 10, 14, 15, 6, 9, 22, 18, 17, 5, 7, 11, 3, 12, 19, 8.
   a) Fassen Sie die Angaben in der folgenden Tabelle zu sechs Klassen zusammen. Berechnen Sie die relativen Häufigkeiten der Klassen.

Länge in min	0 < x ≤ 5	5 < x ≤ 10	10 < x ≤ 15	15 < x ≤ 20	20 < x ≤ 25	25 < x ≤ 30
Mitte	3	8	13	18	23	28
absolute H.	3	10	7	7	2	1
relative H.	10%	33,33%	23,33%	23,33%	6,67%	3,33%

   b) Berechnen Sie den Mittelwert und die empirische Standardabweichung.
   $\bar{x}$ = 3·0,1 + 8·0,3333 + 13·0,2333 + 18·0,2333 + 23·0,0667 + 28·0,0333 ≈ 12,67
   $s = \sqrt{(3 - 12{,}67)^2 \cdot 0{,}1 + \ldots + (28 - 12{,}67)^2 \cdot 0{,}0333} \approx 6{,}18$

3. Eine Autofirma bringt ein neues Modell auf den Markt.
   a) Bei fünf Testfahrten wird der Benzinverbrauch auf 100 km notiert: 6,8; 7,2; 7,3; 6,9; 7,2 (in l).
   Berechnen Sie den Mittelwert und die empirische Standardabweichung.
   $\bar{x} = \frac{1}{5}(6{,}8 + 7{,}2 + 7{,}3 + 6{,}9 + 7{,}2) = 7{,}08$ $s = \sqrt{\frac{1}{5}((6{,}8 - 7{,}08)^2 + \ldots + (7{,}2 - 7{,}08)^2)} \approx 0{,}19$

   b) Der Benzinverbrauch des neuen Modells wird vom Hersteller mit 7,0 Litern angegeben. Andere Modelle desselben Herstellers verbrauchen auf 100 km 6,5; 7,0; 9,5; 9,0 (in l).
   Berechnen Sie den Mittelwert und die empirische Standardabweichung der Benzinverbräuche der fünf Modelle.
   $\bar{x} = \frac{1}{5}(7{,}0 + 6{,}5 + 7{,}0 + 9{,}5 + 9{,}0) = 7{,}8$ $s = \sqrt{\frac{1}{5}((7{,}0 - 7{,}8)^2 + \ldots + (9{,}0 - 7{,}8)^2)} \approx 1{,}21$

   c) Warum ist die Standardabweichung von b) deutlich höher als die von a)?
   Die Werte von b) liegen weiter auseinander. Insbesondere gibt es die stark abweichenden Werte 9,0 und 9,5, sodass die Streuung der Werte um den Mittelwert größer ist. Dies gibt die Standardabweichung an.

Arbeitsblatt
Zufallsexperiment, Erwartungswert, Standardabweichung

1. Auf dem Schulfest möchte die Jahrgangsstufe 11 ihre Abiturkasse mithilfe eines Glücksspiels aufbessern und hat sich hierfür ein außergewöhnliches Spiel einfallen lassen: „Würfeln mit Schweinen".
Im Vorfeld haben die Schüler hierfür durch sehr häufiges Werfen ermittelt, wie groß die Wahrscheinlichkeiten für die Wurfergebnisse „Schnauze", „Beine", „Rücken" und „Seite" sind und davon ausgehend Punkte für die verschiedenen Ergebnisse vergeben:

Ergebnis	Schnauze	Beine	Rücken	Seite
Wahrscheinlichkeit	0,04	0,08	0,24	0,64
Punkte	10	5	3	1

Auf dem Schulfest dürfen die Besucher für einen Einsatz von 5 € mit 2 Schweinen würfeln und erhalten die gewürfelte Punktzahl in € ausgezahlt.

a) Bestimmen Sie die Wahrscheinlichkeitsverteilung.

b) Berechnen Sie den Erwartungswert und die Standardabweichung.

c) Interpretieren Sie diese beiden Größen im Sachzusammenhang. Hat die Jahrgangsstufe gut geplant?

2. Ein Wirt hat die Möglichkeit, entweder ein Restaurant in der Stadt zu betreiben, das erfahrungsgemäß nach Abzug der Kosten für Pacht, Personal, Einkauf etc. einen täglichen Gewinn von 170 € pro Tag einbringt, oder ein Restaurant bei der Mittelstation des nahegelegenen Bergs zu eröffnen. Hier ist ein Gewinn (nach Abzug der Kosten) von 500 € pro Tag bei gutem Wetter, 40 € bei mäßigem Wetter und kein Gewinn bei schlechtem Wetter zu erwarten. Aufgrund von Wetterstudien dieser Region ist davon auszugehen, dass im Verlauf des Jahres im Durchschnitt an einem von drei Tagen mit gutem und an drei von acht Tagen mit mäßigem Wetter zu rechnen ist.

a) Für welches Restaurant sollte sich der Wirt entscheiden?

b) Berechnen Sie die Standardabweichung und interpretieren Sie Ihr Ergebnis im Sachzusammenhang.

c) In einem Jahr ist zu erwarten, dass der Anteil der Tage mit schlechtem Wetter größer ist, während nach wie vor an einem von drei Tagen mit gutem Wetter zu rechnen ist. Wie groß darf der Anteil an Tagen mit schlechtem Wetter sein, damit das Restaurant mindestens genauso viel Gewinn abwirft, wie das Restaurant in der Stadt?

Arbeitsblatt
Zufallsexperiment, Erwartungswert, Standardabweichung

Lösung

1. Auf dem Schulfest möchte die Jahrgangsstufe 11 ihre Abiturkasse mithilfe eines Glückspiels aufbessern und hat sich hierfür ein außergewöhnliches Spiel einfallen lassen: „Würfeln mit Schweinen".
Im Vorfeld haben die Schüler hierfür durch sehr häufiges Werfen ermittelt, wie groß die Wahrscheinlichkeiten für die Wurfergebnisse „Schnauze", „Beine", „Rücken" und „Seite" sind und davon ausgehend Punkte für die verschiedenen Ergebnisse vergeben:

Ergebnis	Schnauze	Beine	Rücken	Seite
Wahrscheinlichkeit	0,04	0,08	0,24	0,64
Punkte	10	5	3	1

Auf dem Schulfest dürfen die Besucher für einen Einsatz von 5 € mit 2 Schweinen würfeln und erhalten die gewürfelte Punktzahl in € ausgezahlt.

a) Bestimmen Sie die Wahrscheinlichkeitsverteilung.

Punkte	2	4	6	8	10	11	13	15	20
Betrag des Spielers in €	−3	−1	1	3	5	6	8	10	15
Wahrscheinlichkeit	0,4096	0,3072	0,16	0,0384	0,0064	0,0512	0,0192	0,0064	0,0016

b) Berechnen Sie den Erwartungswert und die Standardabweichung.

$\mu = -3 \cdot 0{,}4096 + (-1) \cdot 0{,}3072 + 1 \cdot 0{,}16 + 3 \cdot 0{,}0384 + 5 \cdot 0{,}0064 + 6 \cdot 0{,}0512 + 8 \cdot 0{,}0192 + 10 \cdot 0{,}0064 + 15 \cdot 0{,}0016 = -0{,}68$

$\sigma = \sqrt{(-3 + 0{,}68)^2 \cdot 0{,}4096 + (-1 + 0{,}68)^2 \cdot 0{,}3072 + (1 + 0{,}68)^2 \cdot 0{,}16 + (3 + 0{,}68)^2 \cdot 0{,}0384 + (5 + 0{,}68)^2 \cdot 0{,}0064}$
$\overline{+ (6 + 0{,}68)^2 \cdot 0{,}0512 + (8 + 0{,}68)^2 \cdot 0{,}0192 + (10 + 0{,}68)^2 \cdot 0{,}0064 + (15 + 0{,}68)^2 \cdot 0{,}0016} = \sqrt{8{,}2688} \approx 2{,}876$

c) Interpretieren Sie diese beiden Größen im Sachzusammenhang. Hat die Jahrgangsstufe gut geplant?
Im Mittel werden die Spieler pro Spiel 68 Cent verlieren und die Jahrgangsstufe damit gewinnen. Allerdings streuen die Ergebnisse relativ stark um den Erwartungswert, sodass auch häufig Ergebnisse auftreten können, die stark vom Erwartungswert abweichen. Dies kann man an der großen Standardabweichung von 2,88 € erkennen. Die Planung der Jahrgangsstufe ist auf lange Sicht also in Ordnung, birgt aber das Risiko, bei relativ wenig Spielen Geld zu verlieren.

2. Ein Wirt hat die Möglichkeit, entweder ein Restaurant in der Stadt zu betreiben, das erfahrungsgemäß nach Abzug der Kosten für Pacht, Personal, Einkauf etc. einen täglichen Gewinn von 170 € pro Tag einbringt, oder ein Restaurant bei der Mittelstation des nahegelegenen Bergs zu eröffnen. Hier ist ein Gewinn (nach Abzug der Kosten) von 500 € pro Tag bei gutem Wetter, 40 € bei mäßigem Wetter und kein Gewinn bei schlechtem Wetter zu erwarten. Aufgrund von Wetterstudien dieser Region ist davon auszugehen, dass im Verlauf des Jahres im Durchschnitt an einem von drei Tagen mit gutem und an drei von acht Tagen mit mäßigem Wetter zu rechnen ist.

a) Für welches Restaurant sollte sich der Wirt entscheiden?

Gewinn im Bergrestaurant in €	0	40	500
zugehörige Wahrscheinlichkeit	$\frac{7}{24}$	$\frac{3}{8}$	$\frac{1}{3}$

$\mu = 0 \cdot \frac{7}{24} + 40 \cdot \frac{3}{8} + 500 \cdot \frac{1}{3} \approx 181{,}67$

Der Wirt sollte sich für das Bergrestaurant entscheiden, da er hier im Mittel 11,67 € mehr Gewinn pro Tag macht.

b) Berechnen Sie die Standardabweichung und interpretieren Sie Ihr Ergebnis im Sachzusammenhang.

$\sigma = \sqrt{(-181{,}67)^2 \cdot \frac{7}{24} + (40 - 181{,}67)^2 \cdot \frac{3}{8} + (500 - 181{,}67)^2 \cdot \frac{1}{3}} \approx 225{,}68$

Es wird häufig vorkommen, dass sein Gewinn stark vom Erwartungswert 181,67 € abweicht, im Mittel um 225,68 €.

c) In einem Jahr ist zu erwarten, dass der Anteil der Tage mit schlechtem Wetter größer ist, während nach wie vor an einem von drei Tagen mit gutem Wetter zu rechnen ist. Wie groß darf der Anteil an Tagen mit schlechtem Wetter sein, damit das Restaurant mindestens genauso viel Gewinn abwirft, wie das Restaurant in der Stadt?

Gewinn im Bergrestaurant in €	0	40	500
zugehörige Wahrscheinlichkeit	p	$\frac{2}{3} - p$	$\frac{1}{3}$

$\mu = 170 = 0 \cdot p + 40 \cdot \left(\frac{2}{3} - p\right) + 500 \cdot \frac{1}{3} = \frac{580}{3} - 40p \Leftrightarrow \frac{70}{3} = 40p \Leftrightarrow \frac{7}{12} = p$

Es darf maximal an 7 von 12 Tagen schlechtes Wetter geben.

Arbeitsblatt – Check-out
Wahrscheinlichkeit

1. Marie wirft gleichzeitig eine gelbe, eine rote und eine grüne Reißzwecke und notiert nach jedem ihrer 50 Würfen, wie oft Kopf aufgetreten ist.

Anzahl von Kopf	0	1	2	3
absolute Häufigkeit	3	14	22	11
relative Häufigkeit				
Wahrscheinlichkeit				

a) Bestimmen Sie den Mittelwert und die empirische Standardabweichung für die „Anzahl von Kopf" und berechnen Sie die relativen Häufigkeiten und tragen Sie diese in die obige Tabelle ein.

b) Zeichnen Sie ein Baumdiagramm unter der Voraussetzung, dass Kopf mit einer Wahrscheinlichkeit von 60% fällt, und erstellen Sie in der obigen Tabelle eine Wahrscheinlichkeitsverteilung für die „Anzahl von Kopf".

c) Berechnen Sie die Wahrscheinlichkeit für die folgenden Ereignisse:
A: „Es wird mindestens einmal Kopf geworfen":
B: „Es wird weniger als zweimal Kopf geworfen":

d) Bestimmen Sie den Erwartungswert und die Standardabweichung für die „Anzahl von Kopf" und interpretieren Sie die Ergebnisse.

e) Das Experiment wird 500-mal durchgeführt. Bestimmen Sie die absoluten Häufigkeiten für 0-mal, 1-mal, 2-mal bzw. 3-mal Kopf, die zu erwarten sind.

f) Es sei E: „Die gelbe und die rote Reißzwecke zeigen Kopf." und F: „Die grüne Reißzwecke liegt auf der Seite."
– Geben Sie das Ereignis $E \cap \overline{F}$ in Worten an und bestimmen Sie die Wahrscheinlichkeit $P(E \cap \overline{F})$.

– Drücken Sie das Ereignis G: „Die gelbe und die rote Reißzwecke zeigen Kopf oder die grüne Reißzwecke liegt auf der Seite." durch E und F aus und bestimmen Sie die Wahrscheinlichkeit P(G).

– Untersuchen Sie die Ereignisse E und H: „Die rote und die grüne Reißzwecke zeigen Kopf" auf Unabhängigkeit.

– Berechnen Sie $P_H(G)$ und beschreiben Sie die Wahrscheinlichkeit in Worten.

2. Auf dem Tisch liegen verdeckt 10 Buchstaben-Kärtchen, die in der richtigen Reihenfolge das Wort MEHRSTUFIG ergeben. Jana zieht 6 Kärtchen, dabei entsteht ein Wort, das keinen Sinn ergeben muss.

a) Auf wie viele Arten können die Buchstaben kombiniert werden, wenn Jana die 6 Buchstaben in der Reihenfolge legt, in der sie sie gezogen hat bzw. wenn Jana lediglich interessiert, welche 6 Kärtchen sie gezogen hat.

b) Berechnen Sie in beiden Fällen die Wahrscheinlichkeit, dass Jana das Wort FERTIG zieht.

Arbeitsblatt – Check-out
Wahrscheinlichkeit   Lösung

1. Marie wirft gleichzeitig eine gelbe, eine rote und eine grüne Reißzwecke und notiert nach jedem ihrer 50 Würfe, wie oft Kopf aufgetreten ist.

Anzahl von Kopf	0	1	2	3
absolute Häufigkeit	3	14	22	11
relative Häufigkeit	0,06	0,28	0,44	0,22
Wahrscheinlichkeit	0,064	0,288	0,432	0,216

   a) Bestimmen Sie den Mittelwert und die empirische Standardabweichung für die „Anzahl von Kopf" und berechnen Sie die relativen Häufigkeiten und tragen Sie diese in die obige Tabelle ein.
   $$\overline{x} = \frac{1}{50} \cdot (3 \cdot 0 + 14 \cdot 1 + 22 \cdot 2 + 11 \cdot 3) = 1{,}82; \quad s = \sqrt{\frac{1}{50}(3 \cdot (0-1{,}82)^2 + 14 \cdot (1-1{,}82)^2 + 22 \cdot (2-1{,}82)^2 + 11 \cdot (3-1{,}82)^2)} \approx 0{,}8412$$

   b) Zeichnen Sie ein Baumdiagramm unter der Voraussetzung, dass Kopf mit einer Wahrscheinlichkeit von 60 % fällt, und erstellen Sie in der obigen Tabelle eine Wahrscheinlichkeitsverteilung für die „Anzahl von Kopf".

   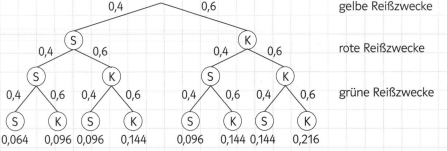

   S = Werfen von Seite
   K = Werfen von Kopf

   c) Berechnen Sie die Wahrscheinlichkeit für die folgenden Ereignisse:
   A: „Es wird mindestens einmal Kopf geworfen":   P(A) = 1 − P(keinmal Kopf) = 1 − 0,064 = 0,936
   B: „Es wird weniger als zweimal Kopf geworfen": P(B) = P(keinmal Kopf) + P(einmal Kopf) = 0,064 + 0,288 = 0,352

   d) Bestimmen Sie den Erwartungswert und die Standardabweichung für die „Anzahl von Kopf" und interpretieren Sie die Ergebnisse.
   $$\mu = 0 \cdot 0{,}064 + 1 \cdot 0{,}288 + 2 \cdot 0{,}432 + 3 \cdot 0{,}216 = 1{,}8$$
   $$\sigma = \sqrt{(0-1{,}8)^2 \cdot 0{,}064 + (1-1{,}8)^2 \cdot 0{,}288 + (2-1{,}8)^2 \cdot 0{,}432 + (3-1{,}8)^2 \cdot 0{,}216} = \sqrt{0{,}72} \approx 0{,}85$$
   Erwartungsgemäß erhält man beim Wurf von drei Reißzwecken 1,8-mal Kopf. Die Ergebnisse streuen im Mittel um 0,85 um diesen Wert.

   e) Das Experiment wird 500-mal durchgeführt. Bestimmen Sie die absoluten Häufigkeiten für 0-mal, 1-mal, 2-mal bzw. 3-mal Kopf, die zu erwarten sind.
   Man darf jeweils 32-mal 0-mal Kopf, 144-mal 1-mal Kopf, 216-mal 2-mal Kopf und 108-mal 3-mal Kopf erwarten.

   f) Es sei E: „Die gelbe und die rote Reißzwecke zeigen Kopf." und F: „Die grüne Reißzwecke liegt auf der Seite."
   – Geben Sie das Ereignis E ∩ $\overline{F}$ in Worten an und bestimmen Sie die Wahrscheinlichkeit P(E ∩ $\overline{F}$).
     E ∩ $\overline{F}$ beschreibt das Ereignis, dass alle drei Reißzwecken auf dem Kopf liegen.
     Die Wahrscheinlichkeit hierfür beträgt laut Tabelle 0,216.
   – Drücken Sie das Ereignis G: „Die gelbe und die rote Reißzwecke zeigen Kopf oder die grüne Reißzwecke liegt auf der Seite." durch E und F aus und bestimmen Sie die Wahrscheinlichkeit P(G).
     G = E ∪ F   P(E ∪ F) = P(E) + P(F) − P(E ∩ F) = 0,36 + 0,4 − 0,144 = 0,616
   – Untersuchen Sie die Ereignisse E und H: „Die rote und die grüne Reißzwecke zeigen Kopf" auf Unabhängigkeit.
     P(E ∩ H) = P(3-mal Kopf) = 0,216 ≠ 0,1296 = 0,36 · 0,36 = P(E) · P(H); Die Ereignisse E und H sind nicht unabhängig.
   – Berechnen Sie $P_H(G)$ und beschreiben Sie die Wahrscheinlichkeit in Worten.
     $P_H(G) = \frac{P(H \cap G)}{P(H)} = \frac{0{,}216}{0{,}36} = 0{,}6$; $P_H(G)$ gibt die Wahrscheinlichkeit an, dass die gelbe und die rote Reißzwecke Kopf zeigen oder die grüne Reißzwecke auf der Seite liegt, wenn bekannt ist, dass die rote und die grüne Reißzwecke Kopf zeigen.

2. Auf dem Tisch liegen verdeckt 10 Buchstaben-Kärtchen, die in der richtigen Reihenfolge das Wort MEHRSTUFIG ergeben. Jana zieht 6 Kärtchen, dabei entsteht ein Wort, das keinen Sinn ergeben muss.

   a) Auf wie viele Arten können die Buchstaben kombiniert werden, wenn Jana die 6 Buchstaben in der Reihenfolge legt, in der sie sie gezogen hat bzw. wenn Jana lediglich interessiert, welche 6 Kärtchen sie gezogen hat.
   mit Berücksichtigung der Reihenfolge: $\frac{10!}{(10-6)!} = 151200$;   ohne Berücksichtigung der Reihenfolge: $\binom{10}{6} = \frac{10!}{6! \cdot 4!} = 210$

   b) Berechnen Sie in beiden Fällen die Wahrscheinlichkeit, dass Jana das Wort FERTIG zieht.
   mit Berücksichtigung der Reihenfolge: $\frac{1}{151200}$; ohne Berücksichtigung der Reihenfolge: $\frac{1}{210}$

Arbeitsblatt – Check-in
Binomialverteilung und Normalverteilung

Checkliste	Das kann ich gut.	Ich bin noch unsicher.	Das kann ich nicht mehr.
1. Ich kann Wahrscheinlichkeiten bei mehrstufigen Zufallsexperimenten an einem Baumdiagramm bestimmen.			
2. Ich weiß, was eine Zufallsgröße ist und kann ihre Wahrscheinlichkeitsverteilung bestimmen.			
3. Ich kann die Kenngrößen Erwartungswert und Standardabweichung einer Zufallsgröße bestimmen.			
4. Ich kann Exponentialgleichungen wie $2^x = 5$ lösen.			
5. Ich kann mit Integralen rechnen.			

Überprüfen Sie Ihre Einschätzungen anhand der entsprechenden Aufgaben:

1. Im Jahr 2011 waren von den 81 843 700 Einwohnern Deutschlands 49,1 % männlich. Von diesen männlichen Einwohnern hatten 9,4 % keine deutsche Staatsangehörigkeit. 46,5 % der Bevölkerung waren Frauen mit deutscher Staatsangehörigkeit. Stellen Sie die Daten zum Bevölkerungsstand in Deutschland im Jahr 2011 in einem Baumdiagramm dar. Ergänzen Sie fehlende Werte an dem Baumdiagramm.

2. Eine Münze wird so lange geworfen, bis Wappen erscheint, maximal jedoch 5-mal. Lena zahlt an Mark für jeden notwendigen Wurf 1 €. Ist nach dem 5. Wurf Wappen noch nicht gefallen, so muss Lena insgesamt 7 € an Mark bezahlen. Geben Sie die Wahrscheinlichkeitsverteilung für die Zufallsgröße „Höhe der Zahlungen von Lena an Mark" an.

3. Berechnen Sie zu dem in Aufgabe 2 dargestellten Zufallsexperiment den Erwartungswert und die Standardabweichung der Zufallsgröße "Höhe der Zahlungen von Lena an Mark". Bewerten Sie, ob es sich um ein faires Spiel handelt.

4. Lösen Sie die Gleichung $0{,}99^x = 0{,}9$.

5. a) Berechnen Sie: $\int_{2}^{6} x\, dx =$ 　　　　　　　　b) Berechnen Sie mithilfe des Rechners (GTR): $\int_{-1}^{3} e^{-x^2}\, dx \approx$

   c) Lösen Sie folgende Gleichung: $\int_{1}^{3} ax\, dx = 1$.

   d) Lösen Sie folgende Gleichung nach b auf: $\int_{0}^{b} e^{-0{,}5x}\, dx = 1$.

Arbeitsblatt – Check-in
Binomialverteilung und Normalverteilung
Lösung

Checkliste	Stichwörter zum Nachschlagen
1. Ich kann Wahrscheinlichkeiten bei mehrstufigen Zufallsexperimenten an einem Baumdiagramm bestimmen.	Baumdiagramm, Pfadregel, Summenregel, Ergebnis, Ereignis, Gegenereignis
2. Ich weiß, was eine Zufallsgröße ist und kann ihre Wahrscheinlichkeitsverteilung bestimmen.	Zufallsgröße, Ergebnisse eines Zufallsexperiments, Wahrscheinlichkeitsverteilung
3. Ich kann die Kenngrößen Erwartungswert und Standardabweichung einer Zufallsgröße bestimmen.	Erwartungswert, Standardabweichung
4. Ich kann Exponentialgleichungen wie $2^x = 5$ lösen.	Exponentialgleichung, Logarithmus
5. Ich kann mit Integralen rechnen.	Stammfunktion, Hauptsatz der Differenzial- und Integralrechnung

Überprüfen Sie Ihre Einschätzungen anhand der entsprechenden Aufgaben:

1. Im Jahr 2011 waren von den 81 843 700 Einwohnern Deutschlands 49,1 % männlich. Von diesen männlichen Einwohnern hatten 9,4 % keine deutsche Staatsangehörigkeit. 46,5 % der Bevölkerung waren Frauen mit deutscher Staatsangehörigkeit. Stellen Sie die Daten zum Bevölkerungsstand in Deutschland im Jahr 2011 in einem Baumdiagramm dar. Ergänzen Sie fehlende Werte an dem Baumdiagramm.

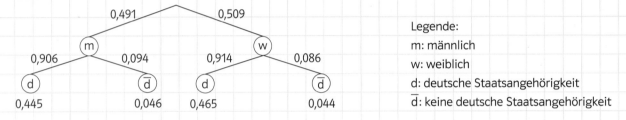

Legende:
m: männlich
w: weiblich
d: deutsche Staatsangehörigkeit
$\bar{d}$: keine deutsche Staatsangehörigkeit

2. Eine Münze wird so lange geworfen, bis Wappen erscheint, maximal jedoch 5-mal. Lena zahlt an Mark für jeden notwendigen Wurf 1 €. Ist nach dem 5. Wurf Wappen noch nicht gefallen, so muss Lena insgesamt 7 € an Mark bezahlen. Geben Sie die Wahrscheinlichkeitsverteilung für die Zufallsgröße „Höhe der Zahlungen von Lena an Mark" an.

Höhe der Zahlung von Lena an Mark in dieser Spielrunde	1 € W	2 € ZW	3 € ZZW	4 € ZZZW	5 € ZZZZW	7 € ZZZZZ
zugehörige Wahrscheinlichkeit	0,5	$0,5^2 = 0,25$	$0,5^3 = 0,125$	$0,5^4 = 0,0625$	$0,5^5 = 0,03125$	$0,5^5 = 0,03125$

3. Berechnen Sie zu dem in Aufgabe 2 dargestellten Zufallsexperiment den Erwartungswert und die Standardabweichung der Zufallsgröße "Höhe der Zahlungen von Lena an Mark". Bewerten Sie, ob es sich um ein faires Spiel handelt.

$\mu = 1 \cdot 0,5 + 2 \cdot 0,25 + 3 \cdot 0,125 + 4 \cdot 0,0625 + 5 \cdot 0,03125 + 7 \cdot 0,03125 = 2$

$\sigma = \sqrt{(1-2)^2 \cdot 0,5 + (2-2)^2 \cdot 0,25 + (3-2)^2 \cdot 0,125 + (4-2)^2 \cdot 0,0625 + (5-2)^2 \cdot 0,03125 + (7-2)^2 \cdot 0,03125} = \sqrt{1,9375} \approx 1,39$

Es ist zu erwarten, dass Lena pro Spielrunde 2 € an Mark bezahlt, es handelt sich also nicht um ein faires Spiel.

4. Lösen Sie die Gleichung $0,99^x = 0,9$.

$0,99^x = 0,9 \mid \ln \quad \Leftrightarrow \quad x \cdot \ln(0,99) = \ln(0,9) \mid : \ln(0,99) \quad \Leftrightarrow \quad x = \ln(0,9) : \ln(0,99) \approx 10,48$

5. a) Berechnen Sie: $\int_2^6 x \, dx = \left[\frac{1}{2}x^2\right]_2^6 = 18 - 2 = 16$ \quad b) Berechnen Sie mithilfe des Rechners (GTR): $\int_{-1}^3 e^{-x^2} \, dx \approx 1,633$

c) Lösen Sie folgende Gleichung: $\int_1^3 ax \, dx = 1$. \quad $\int_1^3 ax \, dx = \left[\frac{1}{2}ax^2\right]_1^3 = \frac{9}{2}a - \frac{1}{2}a = 4a = 1 \Rightarrow a = \frac{1}{4}$

d) Lösen Sie folgende Gleichung nach b auf: $\int_0^b e^{-0,5x} \, dx = 1$. \quad $\int_0^b e^{-0,5x} \, dx = \left[-2e^{-0,5x}\right]_0^b = -2e^{-0,5b} - (-2e^0) = 2 - 2e^{-0,5b} = 1$

$\Rightarrow -2e^{-0,5b} = -1 \Rightarrow e^{-0,5b} = \frac{1}{2} \Rightarrow -0,5b = \ln\left(\frac{1}{2}\right) \Rightarrow b = -2\ln\left(\frac{1}{2}\right) = 2\ln(2)$

Arbeitsblatt
Bestimmung von Wahrscheinlichkeiten mithilfe von Tabellen

Lesen Sie die Erklärung im Merkkasten. Bearbeiten und kontrollieren Sie anschließend die Aufgaben 1–3.

Bestimmung von Wahrscheinlichkeiten mithilfe von Tabellen (z. B. Anhang des Schulbuchs/Formelsammlung):

a) Bestimmung nicht-kumulierter Wahrscheinlichkeiten $P(X = k)$ durch Nutzung von Tabellen für die Verteilung $B_{n;p}(k)$:
  1. Die Wahrscheinlichkeit für $p \leq 0{,}5$ erhält man über die weiß unterlegten Randbereiche (s. Abb. 1). Für $B_{3;0{,}05}(1)$ gilt: Im Abschnitt $n = 3$ haben die Zeile $k = 1$ und die Spalte $p = 0{,}05$ den Wert 1354. Es gilt $B_{3;0{,}05}(1) = 0{,}1354 = 13{,}54\,\%$.
  2. Die Wahrscheinlichkeit für $p > 0{,}5$ erhält man über die grau unterlegten Randbereiche (s. Abb. 1). Für $B_{3;0{,}6}(1)$ gilt: Im Abschnitt $n = 3$ haben die Zeile $k = 1$ und die Spalte $p = 0{,}6$ den Wert 2880. Es gilt $B_{3;0{,}6}(1) = 0{,}2880 = 28{,}80\,\%$.

Abb. 1: $B_{n;p}(k)$-Tabelle

b) Bestimmung kumulierter Wahrscheinlichkeiten $P(X \leq k) = P(X = 0) + \ldots + P(X = k)$ durch Nutzung von Tabellen für $F_{n;p}(k)$: 1. Die Wahrscheinlichkeit für $p \leq 0{,}5$ erhält man über die weiß unterlegten Randbereiche (s. Abb. 2). Für $F_{3;0{,}1}(1)$ gilt: Im Abschnitt $n = 3$ haben die Zeile $k = 1$ und die Spalte $p = 0{,}1$ den Wert 9720. Es gilt $F_{3;0{,}1}(1) = 0{,}9720 = 97{,}20\,\%$.
2. Die Wahrscheinlichkeit für $p > 0{,}5$ erhält man über die grau unterlegten Randbereiche durch $F_{n;p}(k) = 1 -$ abgelesener Wert. Im Abschnitt $n = 3$ haben die Zeile $k = 1$ und die Spalte $p = 0{,}75$ den Eintrag 8438. Also gilt:
$F_{3;0{,}75}(1) = 1 - 0{,}8438 = 15{,}62\,\%$.

Abb. 2: $F_{n;p}(k)$-Tabelle

Aufgaben

1. Bestimmen Sie mithilfe einer Tabelle.
  a) $B_{15;0{,}05}(3)$ b) $F_{100;0{,}95}(96)$ c) $P(X \leq 8)$ für $n = 25$ und $p = 0{,}25$ d) $P(X = 6)$ für $n = 10$ und $p = 0{,}75$

2. Der Bundesverband Alphabetisierung e.V. geht von 4 Millionen der in Deutschland lebenden 82 Millionen Menschen aus, die Probleme mit dem Lesen und Schreiben haben. 20 zufällig ausgewählte Personen werden auf Lese-Rechtschreib-Schwäche (LRS) untersucht. Bestimmen Sie die Wahrscheinlichkeit für folgende Ereignisse:
  E_1: Bei genau einer Person wird LRS diagnostiziert. E_2: Weniger als die Hälfte der untersuchten Personen hat LRS.
  E_3: Mindestens 18 Personen haben kein LRS. E_4: Mehr als eine Person und weniger als 10 Personen haben LRS.
  Bestimmung des Anteils der Personen mit LRS: ____
  E_1: ____ E_2: ____
  E_3: Bestimmen Sie zunächst p: p = ____ (da nach den Personen ohne LRS gefragt ist).
  Schreiben Sie die gesuchte Wahrscheinlichkeit auf und formen Sie zu $P(X \leq \ldots)$ um: $P(X \geq \underline{\quad}) =$
  Bestimmung dieser Wahrscheinlichkeit: ____ $= 1 - ($ ____ $) =$ ____
  E_4: $P(1 \underline{\quad} X \underline{\quad} 10) = P(X \leq \underline{\quad}) - P(X \leq \underline{\quad}) =$ ____

3. Bestimmen Sie den Wert für k so, dass die Wahrscheinlichkeit erstmals unter bzw. über dem angegebenem Wert liegt.
  a) $P_{100;0{,}8}(X \leq k) \leq 0{,}4$ b) $P_{50;0{,}3}(X > k) \geq 0{,}35$
  a) Es gilt: $P_{100;0{,}8}(X \leq k) = F$____ .   Laut Tabelle gilt: ____ $= 1 -$ ____ $= 0{,}4405$ und
    F____ $=$ ____ $=$ ____ . Damit ist $k =$ ____ der Wert, für den 0,4 erstmals unterschritten wird.
  b) Es gilt $P_{50;0{,}3}(X > k) = 1 -$ ____ $\geq 0{,}35 \Rightarrow P_{50;0{,}3}(X \leq k) = F$____ $0{,}65$. Laut Tabelle gilt:
    F____ $= 0{,}5692$ und ____ . Für $k =$ ____ gilt erstmals $P_{50;0{,}3}(X > k) \geq 0{,}35$.

Arbeitsblatt
Bestimmung von Wahrscheinlichkeiten mithilfe von Tabellen — Lösung

1. Bestimmen Sie mithilfe einer Tabelle.
  a) $B_{15;0,05}(3)$ b) $F_{100;0,95}(96)$ c) $P(X \leq 8)$ für $n = 25$ und $p = 0,25$ d) $P(X = 6)$ für $n = 10$ und $p = 0,75$
  a) $B_{15;0,05}(3) = 0,0307 = 3,07\%$ b) $F_{100;0,95}(96) = 1 - 0,2578 = 0,7422$
  c) $P(X \leq 8) = F_{25;0,25}(8) = 0,8506 = 85,06\%$ d) $P(X = 6) = B_{10;0,75}(6) = 0,1460 = 14,60\%$

2. Der Bundesverband Alphabetisierung e.V. geht von 4 Millionen der in Deutschland lebenden 82 Millionen Menschen aus, die Probleme mit dem Lesen und Schreiben haben. 20 zufällig ausgewählte Personen werden auf Lese-Rechtschreib-Schwäche (LRS) untersucht. Bestimmen Sie die Wahrscheinlichkeit für folgende Ereignisse:
E_1: Bei genau einer Person wird LRS diagnostiziert. E_2: Weniger als die Hälfte der untersuchten Personen hat LRS.
E_3: Mindestens 18 Personen haben kein LRS. E_4: Mehr als eine Person und weniger als 10 Personen haben LRS.
Bestimmung des Anteils der Personen mit LRS: $p = 4:82 \approx 0,049 \approx 0,05$
E_1: $P(X = 1) = B_{20;0,05}(1) = 0,3774 = 37,74\%$ E_2: $P(X < 10) = P(X \leq 9) = F_{20;0,05}(9) = 1$
E_3: Bestimmen Sie zunächst p: $p = 0,95$ (da nach den Personen ohne LRS gefragt ist).
Schreiben Sie die gesuchte Wahrscheinlichkeit auf und formen Sie zu $P(X \leq \ldots)$ um: $P(X \geq 18) = 1 - P(X \leq 17)$
Bestimmung dieser Wahrscheinlichkeit: $1 - F_{20;0,95}(17) = 1 - (1 - 0,9245) = 0,9245 = 92,45\%$
E_4: $P(1 < X < 10) = P(X \leq 9) - P(X \leq 1) = F_{20;0,05}(9) - F_{20;0,05}(1) = 1 - 0,7358 = 0,2642 = 26,42\%$
Mit einer Wahrscheinlichkeit von 37,74 % wird genau bei einer Person LRS diagnostiziert, mit einer Wahrscheinlichkeit von 100 % haben weniger als die Hälfte LRS, mit einer Wahrscheinlichkeit von 92,45 % haben mindestens 18 Personen kein LRS und mit 26,42 % haben mehr als eine Person und weniger als 10 Personen LRS.

3. Bestimmen Sie den Wert für k so, dass die Wahrscheinlichkeit erstmals unter bzw. über dem angegebenem Wert liegt.
  a) $P_{100;0,8}(X \leq k) \leq 0,4$ b) $P_{50;0,3}(X > k) \geq 0,35$
  a) Es gilt: $P_{100;0,8}(X \leq k) = F_{100;0,8}(k)$. Laut Tabelle gilt: $F_{100;0,8}(79) = 1 - 0,5595 = 0,4405$ und $F_{100;0,8}(78) = 1 - 0,6540 = 0,3460$. Damit ist $k = 78$ der Wert, für den 0,4 erstmals unterschritten wird.
  b) Es gilt $P_{50;0,3}(X > k) = 1 - P_{50;0,3}(X \leq k) \geq 0,35 \Rightarrow P_{50;0,3}(X \leq k) = F_{50;0,3}(k) \leq 0,65$. Laut Tabelle gilt: $F_{50;0,3}(X \leq 15) = 0,5692$ und $F_{50;0,3}(X \leq 16) = 0,6839$. Für $k = 15$ gilt erstmals $P_{50;0,3}(X > k) \geq 0,35$.

Trainingsblatt
Berechnungen und Modellierungen mit der Binomialverteilung

1. Der 12-köpfige Vorstand eines Großkonzerns muss über einen umstrittenen Neubau entscheiden, bei dem es um etwa 200 Millionen Euro geht. Drei Vorstandsmitglieder haben bereits ihre Zustimmung erklärt. Nehmen Sie an, dass bei jedem der übrigen Vorstandsmitglieder die Wahrscheinlichkeit für eine Ja-Stimme genauso groß ist wie für eine Nein-Stimme. Die Zufallsgröße X gibt die Anzahl der noch unentschiedenen Mitglieder an, die dem Neubau zustimmen werden.
   a) Mit welcher Wahrscheinlichkeit wird der Neubau mit der kleinstmöglichen Mehrheit beschlossen?
   Neben den drei bereits bekannten Ja-Stimmen sind für die Mehrheit mindestens noch weitere ▢ Ja-Stimmen der unentschiedenen Mitglieder nötig. Die Zufallsgröße X ist binomialverteilt nach B(▢ ; ▢).
   Folglich ist zu berechnen: P(X = ▢) = B(▢ ; ▢ ; ▢) = (▢) · ▢ · ▢ ≈ ▢ ; also ▢ %.
   b) Mit welcher Wahrscheinlichkeit wird der Neubau mit Mehrheit beschlossen?
   P(X ≥ ▢) = 1 − P(X ▢) = 1 − F(▢) ≈ ▢ ; also ▢ %.
   c) Mit welcher Wahrscheinlichkeit stimmt mindestens einer der Unentschiedenen dem Neubau zu?
   P(X ≥ ▢) = 1 − P(X ▢) = 1 − B(▢ ; ▢ ; ▢) = ▢ ≈ ▢ ; also ▢ %.

2. Die Wahrscheinlichkeit für die Geburt eines Mädchens beträgt 0,486.
   a) Wie hoch ist die Wahrscheinlichkeit, dass eine Familie mit fünf Kindern genau drei Mädchen hat?
   P(X = ▢) = B(▢) = (▢) · ▢ · ▢ ≈ ▢ ; also ▢ %.
   b) Wie hoch ist die Wahrscheinlichkeit, dass eine Familie mit vier Kindern höchstens ein Mädchen hat?
   c) Mit welcher Wahrscheinlichkeit hat eine Familie mit sechs Kindern mindestens zwei, höchstens aber vier Mädchen?

3. Bekanntermaßen haben 1,5 % aller Ameisen einen bestimmten genetischen Defekt. Biologen untersuchen nun einen konkreten Ameisenhaufen.
   a) Dazu entnehmen sie diesem Haufen zufällig 50 Ameisen. Berechnen Sie näherungsweise die Wahrscheinlichkeit, dass höchstens 2 der entnommenen Ameisen diesen genetischen Defekt haben. Begründen Sie, dass hier eine Modellierung mit der Binomialverteilung geeignet ist.

   b) Wie viele Ameisen müssen die Biologen mindestens dem Ameisenhaufen entnehmen, um mit mindestens 99 % Wahrscheinlichkeit mindestens eine Ameise mit dem genetischen Defekt zu erwischen?

4. Für die Spargelernte heuert ein Spargelhofbetreiber jedes Jahr mehr Aushilfs-Spargelstecher an, als er eigentlich benötigt, da erfahrungsgemäß etwa 15 % der angeheuerten Aushilfen aus verschiedenen Gründen kurz vor Beginn der Erntezeit wieder absagen. In diesem Jahr hat er statt der tatsächlich benötigten 28 Aushilfen insgesamt 34 angeheuert.
   a) Mit welcher Wahrscheinlichkeit hat der Spargelhofbetreiber zu wenig Aushilfen zur Verfügung?
   b) Mit welcher Wahrscheinlichkeit hat er mindestens 3 Aushilfen zu viel zur Verfügung?
   c) Mit welcher Wahrscheinlichkeit hat er genug Aushilfen und muss höchstens eine Kraft zu viel bezahlen?

Trainingsblatt
Berechnungen und Modellierungen mit der Binomialverteilung   Lösung

1. Der 12-köpfige Vorstand eines Großkonzerns muss über einen umstrittenen Neubau entscheiden, bei dem es um etwa 200 Millionen Euro geht. Drei Vorstandsmitglieder haben bereits ihre Zustimmung erklärt. Nehmen Sie an, dass bei jedem der übrigen Vorstandsmitglieder die Wahrscheinlichkeit für eine Ja-Stimme genauso groß ist wie für eine Nein-Stimme. Die Zufallsgröße X gibt die Anzahl der noch unentschiedenen Mitglieder an, die dem Neubau zustimmen werden.

   a) Mit welcher Wahrscheinlichkeit wird der Neubau mit der kleinstmöglichen Mehrheit beschlossen?
      Neben den drei bereits bekannten Ja-Stimmen sind für die Mehrheit mindestens noch weitere **vier** Ja-Stimmen der unentschiedenen Mitglieder nötig. Die Zufallsgröße X ist binomialverteilt nach $B(9;0,5)$.
      Folglich ist zu berechnen: $P(X = 4) = B(9;0,5;4) = \binom{9}{4} \cdot 0,5^4 \cdot 0,5^5 \approx 0,246$; also **24,6** %.

   b) Mit welcher Wahrscheinlichkeit wird der Neubau mit Mehrheit beschlossen?
      $P(X \geq 4) = 1 - P(X \leq 3) = 1 - F^{9}_{0,5}(3) \approx 0,746$; also **74,6** %.

   c) Mit welcher Wahrscheinlichkeit stimmt mindestens einer der Unentschiedenen dem Neubau zu?
      $P(X \geq 1) = 1 - P(X = 0) = 1 - B(9;0,5;0) = 1 - \binom{9}{0} \cdot 0,5^0 \cdot 0,5^9 \approx 0,998$; also **99,8** %.

2. Die Wahrscheinlichkeit für die Geburt eines Mädchens beträgt 0,486.

   a) Wie hoch ist die Wahrscheinlichkeit, dass eine Familie mit fünf Kindern genau drei Mädchen hat?
      $P(X = 3) = B(5;0,486;3) = \binom{5}{3} \cdot 0,486^3 \cdot 0,514^2 \approx 0,303$; also **30,3** %.

   b) Wie hoch ist die Wahrscheinlichkeit, dass eine Familie mit vier Kindern höchstens ein Mädchen hat?
      $P(X \leq 1) = B(4;0,486;0) + B(4;0,486;1) = \binom{4}{0} \cdot 0,486^0 \cdot 0,514^4 + \binom{4}{1} \cdot 0,486^1 \cdot 0,514^3 \approx 0,334$; also 33,4%.

   c) Mit welcher Wahrscheinlichkeit hat eine Familie mit sechs Kindern mindestens zwei, höchstens aber vier Mädchen?
      $P(2 \leq X \leq 4) = B(6;0,486;2) + B(6;0,486;3) + B(6;0,486;4)$
      $= \binom{6}{2} \cdot 0,486^2 \cdot 0,514^4 + \binom{6}{3} \cdot 0,486^3 \cdot 0,514^3 + \binom{6}{4} \cdot 0,486^4 \cdot 0,514^2 \approx 0,780$; also 78,0%.

3. Bekanntermaßen haben 1,5% aller Ameisen einen bestimmten genetischen Defekt. Biologen untersuchen nun einen konkreten Ameisenhaufen.

   a) Dazu entnehmen sie diesem Haufen zufällig 50 Ameisen. Berechnen Sie näherungsweise die Wahrscheinlichkeit, dass höchstens 2 der entnommenen Ameisen diesen genetischen Defekt haben. Begründen Sie, dass hier eine Modellierung mit der Binomialverteilung geeignet ist.
      In einem Ameisenhaufen ist die Anzahl an Ameisen sehr hoch. Das heißt, dass sich der Anteil der Ameisen mit Defekt bei Entnahme von 50 Ameisen nur vernachlässigbar gering verändern wird. Somit kann man den Vorgang als Bernoulli-Kette der Länge n = 50 mit dem Parameter p = 0,015 betrachten. Die Zufallsgröße X gibt die Anzahl der Ameisen mit dem genetischen Defekt an und ist damit nach B(50;0,015) verteilt.
      $P(X \leq 2) = B(50;0,015;0) + B(50;0,015;1) + B(50;0,015;2)$
      $= \binom{50}{0} \cdot 0,015^0 \cdot 0,985^{50} + \binom{50}{1} \cdot 0,015^1 \cdot 0,985^{49} + \binom{50}{2} \cdot 0,015^2 \cdot 0,985^{48} \approx 0,961$; also 96,1%.

   b) Wie viele Ameisen müssen die Biologen mindestens dem Ameisenhaufen entnehmen, um mit mindestens 99% Wahrscheinlichkeit mindestens eine Ameise mit dem genetischen Defekt zu erwischen?
      Die Zufallsgröße X gibt die Anzahl der Ameisen mit dem genetischen Defekt an und ist damit nach B(n;0,015) verteilt.
      $P(X \geq 1) = 1 - P(X = 0) = 1 - \binom{n}{0} \cdot 0,015^0 \cdot 0,985^n$; es soll also gelten: $1 - 0,985^n \geq 0,99 \Rightarrow 0,985^n \leq 0,01$
      $\Rightarrow n \cdot \lg 0,985 \leq \lg 0,01 \Rightarrow n \geq \frac{\lg 0,01}{\lg 0,985} \approx 304,7$. Es müssen mindestens 305 Ameisen entnommen werden.

4. Für die Spargelernte heuert ein Spargelhofbetreiber jedes Jahr mehr Aushilfs-Spargelstecher an, als er eigentlich benötigt, da erfahrungsgemäß etwa 15% der angeheuerten Aushilfen aus verschiedenen Gründen kurz vor Beginn der Erntezeit wieder absagen. In diesem Jahr hat er statt der tatsächlich benötigten 28 Aushilfen insgesamt 34 angeheuert.

   a) Mit welcher Wahrscheinlichkeit hat der Spargelhofbetreiber zu wenig Aushilfen zur Verfügung?
      Die Zufallsgröße X gibt die Anzahl der zur Erntezeit erscheinenden Aushilfen an und ist damit nach B(34;0,85) verteilt.
      $P(X \leq 27) = F^{34}_{0,85}(27) \approx 0,241$; also 24,1%.

   b) Mit welcher Wahrscheinlichkeit hat er mindestens 3 Aushilfen zu viel zur Verfügung?
      $P(X \geq 31) = 1 - P(X \leq 30) = 1 - F^{34}_{0,85}(30) \approx 0,228$; also 22,8%.

   c) Mit welcher Wahrscheinlichkeit hat er genug Aushilfen und muss höchstens eine Kraft zu viel bezahlen?
      $P(28 \leq X \leq 29) = F^{34}_{0,85}(29) - F^{34}_{0,85}(27) \approx 0,351$; also 35,1%.

Trainingsblatt
Sigmaregeln

1. Von einer Binomialverteilung X ist bekannt, dass $\mu = 15$ und $\sigma = \sqrt{10{,}5}$ ist.

   a) Berechnen Sie die Parameter n und p, indem Sie die Lücken in der folgenden Rechnung füllen.

   $\mu = n \cdot \underline{\quad} = \underline{\quad}$; $\sigma = \sqrt{n \cdot \underline{\quad} \cdot \underline{\quad}} = \sqrt{10{,}5} \Rightarrow n \cdot \underline{\quad} \cdot \underline{\quad} = \underline{\quad} \Rightarrow \frac{15}{\underline{\quad}} \cdot p \cdot (1-p) = 15 - \underline{\quad} = 10{,}5$

   $\Rightarrow p = \underline{\quad} \Rightarrow n = 15 : \underline{\quad} = \underline{\quad}$

   b) Bestimmen Sie die Wahrscheinlichkeit des 2σ-Intervalls und vergleichen Sie Ihr Ergebnis mit dem Näherungswert, den die Sigma-Regeln liefern, indem Sie die folgenden Schritte durchführen.
   1. Bestimmung des 2σ-Intervalls, das alle ganzen Zahlen zwischen $\mu - 2\sigma$ und $\mu + 2\sigma$ enthält: [___ ; ___]
   2. Bestimmung der Wahrscheinlichkeit des 2σ-Intervalls: $P(\underline{\quad} \leq X \leq \underline{\quad}) = P(X \leq \underline{\quad}) - P(X \leq \underline{\quad}) \approx \underline{\quad}$
   3. Vergleich mit dem Näherungswert der Sigma-Regeln: Laut der Sigma-Regel für das 2σ-Intervall sollten in diesem Intervall etwa ___ % der Ergebnisse liegen. Der berechnete Wert ist mit ___ % etwas ___.

   c) Skizzieren Sie den Graphen dieser Binomialverteilung, indem Sie folgende Schritte durchführen:
   1. Beim Erwartungswert liegt der ___ der „Glockenkurve".
      Bestimmen Sie die Wahrscheinlichkeit an dieser Stelle und tragen Sie diesen Punkt in ein Koordinatensystem ein. $P(X = \underline{\quad}) \approx \underline{\quad}$
   2. An den Stellen $\mu \pm \sigma$ liegen die ___ der „Glockenkurve".
      Bestimmen Sie die Wahrscheinlichkeiten an diesen Stellen und tragen Sie diese Punkte ein. $P(X = 12) \approx P(X = \underline{\quad}) \approx \underline{\quad}$
   3. Zeichnen Sie durch diese drei Punkte eine glockenförmige Kurve als punktierte Linie (um anzudeuten, dass nur ganzzahlige Werte vorkommen).

2. Von einer Binomialverteilung X ist bekannt, dass $\sigma = 4$ und $p = 0{,}2$ ist.

   a) Berechnen Sie den Erwartungswert μ.

   b) Bestimmen Sie die Wahrscheinlichkeit des σ-Intervalls und vergleichen Sie Ihr Ergebnis mit dem Näherungswert, den die Sigma-Regeln liefern.

   c) Skizzieren Sie rechts den Graphen dieser Binomialverteilung.

3. Bei der Produktion von Autoreifen entsteht an der Maschine M_1 mit einer Wahrscheinlichkeit von 3% fehlerhafte Ware.

   a) Berechnen Sie, wie viele fehlerhafte Autoreifen auf 10 Paletten mit je 100 Autoreifen zu erwarten sind.

   b) Ein Reifenhändler bestellt 10 Paletten mit je 100 Autoreifen. Bestimmen Sie, mit wie vielen einwandfreien Reifen der Händler rechnen kann, indem Sie mithilfe der Näherungsformel das 90%-Intervall bestimmen, d.h. das symmetrische Intervall um den Erwartungswert, in dem sich etwa 90% der Anzahl einwandfreier Reifen bei 10 Paletten befinden.

   $n = \underline{\quad}$; $p = \underline{\quad}$; $P(\mu - \underline{\quad} \cdot \sigma \leq X \leq \mu + \underline{\quad} \cdot \sigma) \approx 90\%$ Das 90%-Intervall lautet daher:

   $[\mu - \underline{\quad} \cdot \sigma ; \mu + \underline{\quad} \cdot \sigma] = [\underline{\quad} - \underline{\quad} \cdot \sqrt{\underline{\quad}} ; \underline{\quad} + \underline{\quad} \cdot \underline{\quad}] = [\underline{\quad} ; \underline{\quad}]$.

   Der Reifenhändler kann mit einer Wahrscheinlichkeit von 90% mit ___ bis ___ einwandfreien Reifen rechnen.

   c) Bestimmen Sie mithilfe der Näherungsformeln die Zahl der Paletten, die ein anderer Reifenhändler mindestens bestellen muss, damit er mit einer Wahrscheinlichkeit von etwa 90% mindestens 1200 einwandfreie Autoreifen erhält.

   $p = \underline{\quad}$; $n = \underline{\quad}$. Da $P(\mu - 1{,}64 \cdot \sigma \leq X \leq \mu + 1{,}64 \cdot \sigma) \approx \underline{\quad}$ % und die Binomialverteilung nahezu symmetrisch ist, gilt: $P(X \geq \underline{\quad}) \approx 90\%$. Da der Händler mindestens 1200 einwandfreie Autoreifen benötigt, muss

   $\mu - \underline{\quad} \geq 1200$ gelten $\Rightarrow \underline{\quad} - 1{,}64 \cdot \sqrt{n \cdot p \cdot \underline{\quad}} \geq 1200 \Rightarrow \underline{\quad} \cdot 0{,}97 - 1{,}64 \cdot \sqrt{n \cdot 0{,}97 \cdot \underline{\quad}} \geq 1200$.

   Bei 12 bestellten Paletten ist $n = \underline{\quad} \Rightarrow 1200 \cdot \underline{\quad} - 1{,}64 \cdot \sqrt{\underline{\quad} \cdot 0{,}97 \cdot 0{,}03} \approx 1154 < 1200$.

   Bei ___ bestellten Paletten ist $n = \underline{\quad} \Rightarrow \underline{\quad} \sqrt{\underline{\quad}}$

   Der Händler muss 13 Paletten bestellen.

Trainingsblatt
Sigmaregeln — Lösung

1. Von einer Binomialverteilung X ist bekannt, dass $\mu = 15$ und $\sigma = \sqrt{10{,}5}$ ist.

a) Berechnen Sie die Parameter n und p, indem Sie die Lücken in der folgenden Rechnung füllen.

$\mu = n \cdot p = 15$; $\sigma = \sqrt{n \cdot p \cdot (1-p)} = \sqrt{10{,}5} \Rightarrow n \cdot p \cdot (1-p) = 10{,}5 \Rightarrow \frac{15}{p} \cdot p \cdot (1-p) = 15 - 15 \cdot p = 10{,}5$
$\Rightarrow p = 0{,}3 \Rightarrow n = 15 : 0{,}3 = 50$

b) Bestimmen Sie die Wahrscheinlichkeit des 2σ-Intervalls und vergleichen Sie Ihr Ergebnis mit dem Näherungswert, den die Sigma-Regeln liefern, indem Sie die folgenden Schritte durchführen.
 1. Bestimmung des 2σ-Intervalls, das alle ganzen Zahlen zwischen $\mu - 2\sigma$ und $\mu + 2\sigma$ enthält: [9 ; 21]
 2. Bestimmung der Wahrscheinlichkeit des 2σ-Intervalls: $P(9 \leq X \leq 21) = P(X \leq 21) - P(X \leq 8) \approx 0{,}9567$
 3. Vergleich mit dem Näherungswert der Sigma-Regeln: Laut der Sigma-Regel für das 2σ-Intervall sollten in diesem Intervall etwa 95,4 % der Ergebnisse liegen. Der berechnete Wert ist mit 95,67 % etwas größer.

c) Skizzieren Sie den Graphen dieser Binomialverteilung, indem Sie folgende Schritte durchführen:
 1. Beim Erwartungswert liegt der Hochpunkt der „Glockenkurve". Bestimmen Sie die Wahrscheinlichkeit an dieser Stelle und tragen Sie diesen Punkt in ein Koordinatensystem ein. $P(X = 15) \approx 0{,}1223$
 2. An den Stellen $\mu \pm \sigma$ liegen die Wendepunkte der „Glockenkurve". Bestimmen Sie die Wahrscheinlichkeiten an diesen Stellen und tragen Sie diese Punkte ein. $P(X = 12) \approx P(X = 18) \approx 0{,}08$
 3. Zeichnen Sie durch diese drei Punkte eine glockenförmige Kurve als punktierte Linie (um anzudeuten, dass nur ganzzahlige Werte vorkommen).

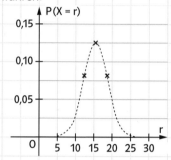

2. Von einer Binomialverteilung X ist bekannt, dass $\sigma = 4$ und $p = 0{,}2$ ist.

a) Berechnen Sie den Erwartungswert μ.
Es gilt $\sigma = \sqrt{n \cdot p \cdot (1-p)} = \sqrt{n \cdot 0{,}2 \cdot 0{,}8} = 4 \Rightarrow 0{,}16 \cdot n = 16 \Rightarrow n = 100$ $\mu = n \cdot p = 100 \cdot 0{,}2 = 20$

b) Bestimmen Sie die Wahrscheinlichkeit des σ-Intervalls und vergleichen Sie Ihr Ergebnis mit dem Näherungswert, den die Sigma-Regeln liefern.
$[\mu - \sigma; \mu + \sigma] = [16; 24] \Rightarrow P(16 \leq X \leq 24) = P(X \leq 24) - P(X \leq 15) \approx 0{,}7401$.
Da $n = 100$ nicht so groß ist und $p = 0{,}2$ relativ weit von 0,5 entfernt ist, ist der berechnete Wert mit ca. 74 % größer als der Näherungswert der Sigma-Regeln mit 68,3 %.

c) Skizzieren Sie rechts den Graphen dieser Binomialverteilung.

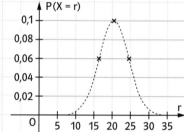

3. Bei der Produktion von Autoreifen entsteht an der Maschine M_1 mit einer Wahrscheinlichkeit von 3% fehlerhafte Ware.

a) Berechnen Sie, wie viele fehlerhafte Autoreifen auf 10 Paletten mit je 100 Autoreifen zu erwarten sind.
$\mu = n \cdot p = 1000 \cdot 0{,}03 = 30$. Es sind etwa 30 fehlerhafte Autoreifen zu erwarten.

b) Ein Reifenhändler bestellt 10 Paletten mit je 100 Autoreifen. Bestimmen Sie, mit wie vielen einwandfreien Reifen der Händler rechnen kann, indem Sie mithilfe der Näherungsformel das 90%-Intervall bestimmen, d.h. das symmetrische Intervall um den Erwartungswert, in dem sich etwa 90% der Anzahl einwandfreier Reifen bei 10 Paletten befinden.
n = 1000 ; p = 0,97 ; $P(\mu - 1{,}64 \cdot \sigma \leq X \leq \mu + 1{,}64 \cdot \sigma) \approx 90\%$ Das 90%-Intervall lautet daher:

$[\mu - 1{,}64 \cdot \sigma; \mu + 1{,}64 \cdot \sigma] = [970 - 1{,}64 \cdot \sqrt{970 \cdot 0{,}03} ; 970 + 1{,}64 \cdot \sqrt{970 \cdot 0{,}03}] = [962 ; 978]$.

Der Reifenhändler kann mit einer Wahrscheinlichkeit von 90% mit 962 bis 978 einwandfreien Reifen rechnen.

c) Bestimmen Sie mithilfe der Näherungsformeln die Zahl der Paletten, die ein anderer Reifenhändler mindestens bestellen muss, damit er mit einer Wahrscheinlichkeit von etwa 90% mindestens 1200 einwandfreie Autoreifen erhält.
p = 0,97 ; n = ? . Da $P(\mu - 1{,}64 \cdot \sigma \leq X \leq \mu + 1{,}64 \cdot \sigma) \approx 90 \%$ und die Binomialverteilung nahezu symmetrisch ist, gilt: $P(X \geq \mu - 1{,}64 \cdot \sigma) \approx 90\%$. Da der Händler mindestens 1200 einwandfreie Autoreifen benötigt, muss

$\mu - 1{,}64 \cdot \sigma \geq 1200$ gelten $\Rightarrow n \cdot p - 1{,}64 \cdot \sqrt{n \cdot p \cdot (1-p)} \geq 1200 \Rightarrow n \cdot 0{,}97 - 1{,}64 \cdot \sqrt{n \cdot 0{,}97 \cdot 0{,}03} \geq 1200$.

Bei 12 bestellten Paletten ist n = 1200 $\Rightarrow 1200 \cdot 0{,}97 - 1{,}64 \cdot \sqrt{1200 \cdot 0{,}97 \cdot 0{,}03} \approx 1154 < 1200$.

Bei 13 bestellten Paletten ist n = 1300 $\Rightarrow 1300 \cdot 0{,}97 - 1{,}64 \cdot \sqrt{1300 \cdot 0{,}97 \cdot 0{,}03} \approx 1250 > 1200$.

Der Händler muss 13 Paletten bestellen.

Spiel / Arbeitsblatt
Dominoschlange: Graph einer Binominalverteilung

Schneiden Sie die Karten entlang der durchgezogenen Linie aus und legen Sie die Dominosteine so aneinander, dass Sie dem Graphen einer Binomialverteilung (helles Feld) jeweils n und p (dunkles Feld) zuordnen.
Beachten Sie: Die Graphen sind zum Teil nur ausschnittsweise abgebildet.

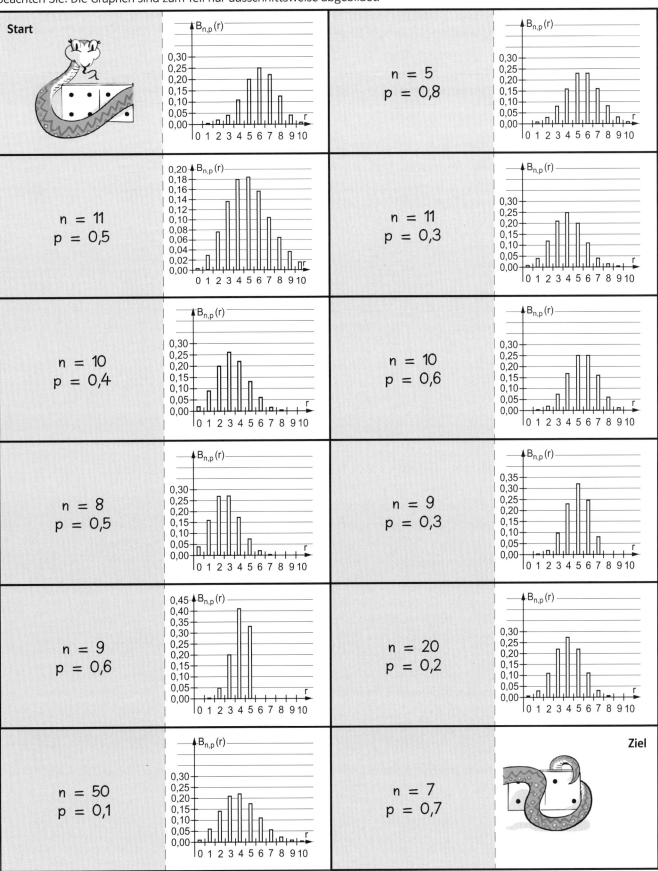

S 303

Trainingsblatt
Zweiseitiger Signifikanztest

1. Nachdem ein Spieler häufig eine Sechs würfelt, vermuten die Mitspieler, dass der Würfel manipuliert ist. Ein Test soll entscheiden, ob der Würfel als idealer Würfel angesehen werden kann.
   Dazu wird der Würfel 100-mal geworfen und die Anzahl der Sechsen notiert.

   a) Max ist der Meinung, dass etwa 17 Sechsen fallen müssen und man mit einer kleinen Abweichung rechnen muss, weil jeder Wurf zufallsabhängig ist. Er schlägt als Annahmebereich $A = [14; 20]$ vor.
      Berechnen Sie, mit welcher Wahrscheinlichkeit man sich dabei irren kann.
      Die Wahrscheinlichkeit, dass die Anzahl der Sechsen kleiner als 14 ist, obwohl die Hypothese $p = \frac{1}{6}$ stimmt, wird durch
      $P(X \leq \underline{})$ mit $n = \underline{}$ und $p = \underline{}$ berechnet: $P(X \leq \underline{}) = \underline{}$.
      Entsprechend gilt für $P(X \geq \underline{}) = 1 - P(\underline{}) = 1 - \underline{} = \underline{}$.
      Die gesamte Irrtumswahrscheinlichkeit beträgt also $\underline{}$.

   b) Michelle schlägt dagegen vor, die Irrtumswahrscheinlichkeit mit 5 % vorzugeben. Beschreiben Sie einen Test auf dem Signifikanzniveau 5 %.
      Die Testgröße X zählt die Anzahl der $\underline{}$. Es gilt: $n = \underline{}$, $p_0 = \underline{}$.
      Die Hypothese soll angenommen werden, wenn die Anzahl der gewürfelten Sechsen im Intervall $[g_1; g_2]$ liegt.
      Linker Bereich: $P(X \leq g_1) > 0{,}025$: Für $g_1 = 10$ ist $P(X \underline{}) = 0{,}0427$ und für $g_1 = 9$ ist $P(X \underline{}) = 0{,}021$.
      Rechter Bereich: $P(X \underline{}) > 0{,}975$: Für $g_2 = \underline{}$ ist $P(X \underline{}) = \underline{}$ und für $g_2 = \underline{}$ ist $P(X \underline{}) = \underline{}$.
      Der Annahmebereich wird also mit $A = [\underline{}]$ festgelegt.

   c) Berechnen Sie den Annahmebereich zum Signifikanzniveau 1 %.

2. Ein Mathematiklehrer behauptet, dass in einer 8. Klasse 50 % der Schüler bei dem nebenstehenden Schrägbild einer geraden quadratischen Pyramide nicht die richtige Anzahl der eingezeichneten rechtwinkligen Dreiecke angeben können.
   Entwickeln Sie einen Test mit den 25 Schülern einer 8. Klasse, der diese Hypothese auf dem Signifikanzniveau 8 % überprüfen soll.
   (Es sind insgesamt 17 rechtwinklige Dreiecke.)
   Die Testgröße X zählt die Anzahl $\underline{}$.
   Es gilt: $n = \underline{}$, $p_0 = \underline{}$
   Ansatz für den Annahmebereich: $\underline{}$
   Berechnung der kritischen Werte: Aus $P(X \underline{}) > \underline{}$ folgt $g_1 = \underline{}$ und aus $P(X \underline{}) > \underline{}$ folgt $g_2 = \underline{}$
   Der Annahmebereich wird mit $A = [\underline{}]$ festgelegt.
   Alle 25 Schüler einer 8. Klasse werden befragt und die Anzahl der falschen Antworten bestimmt. Die Hypothese wird angenommen, wenn diese Anzahl $\underline{}$.

3. Ben findet eine alte Münze, die etwas verbeult ist. Er möchte testen, ob die Wahrscheinlichkeiten für Zahl und Wappen trotzdem gleich sind.
   Formulieren Sie die Nullhypothese und bestimmen Sie den Annahmebereich auf dem Signifikanzniveau 5 % bei einem Stichprobenumfang von 100.

Trainingsblatt
Zweiseitiger Signifikanztest — Lösung

1. Nachdem ein Spieler häufig eine Sechs würfelt, vermuten die Mitspieler, dass der Würfel manipuliert ist. Ein Test soll entscheiden, ob der Würfel als idealer Würfel angesehen werden kann.
Dazu wird der Würfel 100-mal geworfen und die Anzahl der Sechsen notiert.

a) Max ist der Meinung, dass etwa 17 Sechsen fallen müssen und man mit einer kleinen Abweichung rechnen muss, weil jeder Wurf zufallsabhängig ist. Er schlägt als Annahmebereich A = [14; 20] vor.
Berechnen Sie, mit welcher Wahrscheinlichkeit man sich dabei irren kann.
Die Wahrscheinlichkeit, dass die Anzahl der Sechsen kleiner als 14 ist, obwohl die Hypothese $p = \frac{1}{6}$ stimmt, wird durch $P(X \leq 13)$ mit n = 100 und $p = \frac{1}{6}$ berechnet: $P(X \leq 13) = 0{,}2000$.
Entsprechend gilt für $P(X \geq 21) = 1 - P(X \leq 20) = 1 - 0{,}8481 = 0{,}1519$.
Die gesamte Irrtumswahrscheinlichkeit beträgt also 35,2 %.

b) Michelle schlägt dagegen vor, die Irrtumswahrscheinlichkeit mit 5 % vorzugeben. Beschreiben Sie einen Test auf dem Signifikanzniveau 5 %.
Die Testgröße X zählt die Anzahl der Sechsen. Es gilt: n = 100, $p_0 = \frac{1}{6}$.
Die Hypothese soll angenommen werden, wenn die Anzahl der gewürfelten Sechsen im Intervall $[g_1; g_2]$ liegt.
Linker Bereich: $P(X \leq g_1) > 0{,}025$: Für $g_1 = 10$ ist $P(X \leq g_1) = 0{,}0427$ und für $g_1 = 9$ ist $P(X \leq g_1) = 0{,}021$.
Rechter Bereich: $P(X \leq g_2) > 0{,}975$: Für $g_2 = 24$ ist $P(X \leq g_2) = 0{,}9783$ und für $g_2 = 23$ ist $P(X \geq g_2) = 0{,}9621$.
Der Annahmebereich wird also mit A = [10; 24] festgelegt.

c) Berechnen Sie den Annahmebereich zum Signifikanzniveau 1 %.
Linker Bereich: $P(X \leq g_1) > 0{,}005$:
Für $g_1 = 7$ ist $P(X \leq g_1) = 0{,}0038$ und für $g_1 = 8$ ist $P(X \leq g_1) = 0{,}0095$.
Rechter Bereich: $P(X \leq g_2) > 0{,}995$:
Für $g_1 = 26$ ist $P(X \leq g_2) = 0{,}9938$ und für $g_2 = 27$ ist $P(X \leq g_2) = 0{,}9969$.
Der Annahmebereich wird also mit A = [8; 27] festgelegt.

2. Ein Mathematiklehrer behauptet, dass in einer 8. Klasse 50 % der Schüler bei dem nebenstehenden Schrägbild einer geraden quadratischen Pyramide nicht die richtige Anzahl der eingezeichneten rechtwinkligen Dreiecke angeben können.
Entwickeln Sie einen Test mit den 25 Schülern einer 8. Klasse, der diese Hypothese auf dem Signifikanzniveau 8 % überprüfen soll.
(Es sind insgesamt 17 rechtwinklige Dreiecke.)
Die Testgröße X zählt die Anzahl falscher Antworten.
Es gilt: n = 25, $p_0 = 0{,}5$
Ansatz für den Annahmebereich: $[g_1, ..., g_2]$
Berechnung der kritischen Werte: Aus $P(X \leq g_1) > 0{,}04$ folgt $g_1 = 8$ und aus $P(X \leq g_2) > 0{,}96$ folgt $g_2 = 17$.
Der Annahmebereich wird mit A = [8; 17] festgelegt.
Alle 25 Schüler einer 8. Klasse werden befragt und die Anzahl der falschen Antworten bestimmt. Die Hypothese wird angenommen, wenn diese Anzahl im Annahmebereich liegt.

3. Ben findet eine alte Münze, die etwas verbeult ist. Er möchte testen, ob die Wahrscheinlichkeiten für Zahl und Wappen trotzdem gleich sind.
Formulieren Sie die Nullhypothese und bestimmen Sie den Annahmebereich auf dem Signifikanzniveau 5 % bei einem Stichprobenumfang von 100.
Nullhypothese: H_0: $p_0 = 0{,}5$. Es ist n = 100.
$P(X \leq g_1) > 0{,}025$ mit $g_1 = 40$; $P(X \leq g_2) > 0{,}975$ mit $g_2 = 60$
Annahmebereich: A = [40; 60]

Trainingsblatt
Einseitiger Signifikanztest

1. Marie behauptet, dass sie mit mindestens 90%iger Sicherheit die Farbe von Gummibärchen am Geschmack erkennen kann. Lara bezweifelt diese Behauptung und möchte sie mit einem Test überprüfen.
   a) Geben Sie die Nullhypothese und die Gegenhypothese an. Liegt ein links- oder ein rechtsseitiger Test vor?
   H_0: _____ Hypothese von _____ H_1: _____ Hypothese von _____
   Der Test ist _____ , weil _____ .
   b) Marie soll mit geschlossenen Augen 50 Gummibärchen testen und die Farbe nennen. Bestimmen Sie einen Annahmebereich auf dem Signifikanzniveau 5 %.
   Es ist A = _____ mit dem kritischen Wert g.
   Ansatz: $P(X$ ____$) >$ ____ mit p = ____ und n = ____
   Es ist $P(X$ ____$) = 0{,}0245$ und $P(X$ ____$) =$ ____
   Also gilt: A = _____ .
   c) Der Test soll nun auf dem Signifikanzniveau 1 % durchgeführt werden. Berechnen Sie, bei welchem Testergebnis die Nullhypothese abgelehnt werden muss.

2. Der Torwart einer Fußballmannschaft prahlt damit, dass er in 80 % der Fälle beim Elfmeterschießen mit dem besten Torschützen der Mannschaft hält. Man legt fest, dass er von 50 Elfmeter im Training mindestens 80 % halten muss, damit man ihm glaubt. Mit welcher Wahrscheinlichkeit kann man sich bei dieser Festlegung irren?
   a) Weil die Behauptung im Sinne von „mindestens 80 %" gemeint ist, wird die Nullhypothese mit H_0: _____ festgelegt. Der Torwart muss mindestens 80 % von 50, also ____ der Schüsse halten. Der Ablehnungsbereich ist damit
   $\overline{A}$ = _____ .
   Die Wahrscheinlichkeit, dass die Anzahl der gehaltenen Elfmeter im Ablehnungsbereich liegt, obwohl die Behauptung wahr ist, wird berechnet durch $P(X \leq$ ____$)$ mit n = ____ und p = ____ . Es ist $P(X \leq$ ____$) =$ ____ .
   Die Irrtumswahrscheinlichkeit beträgt also fast ____ %.
   b) Der Torwart findet diese Regelung ungerecht. Er besteht auf einer Irrtumswahrscheinlichkeit von höchstens 10 %. Berechnen Sie einen Ablehnungsbereich, der diese Forderung erfüllt. Wie viele Elfmeter müsste er damit halten?

3. Ein Pharmaunternehmen verändert die Zusammensetzung eines Medikamentes so, dass dadurch die Fälle des Auftretens bestimmter Nebenwirkungen kleiner als 3 % sind. Bei einem Test mit 100 Patienten zeigte sich, dass sich bei fünf Patienten diese Nebenwirkungen zeigten.
   a) Kann man davon ausgehen, dass die Veränderung des Medikaments die Zielstellung erreicht hat?

   b) Bei wie viel Patienten dürften sich höchstens diese Nebenwirkungen einstellen, wenn die Irrtumswahrscheinlichkeit 0,01 nicht übersteigen sollte?

Trainingsblatt
Einseitiger Signifikanztest
Lösung

1. Marie behauptet, dass sie mit mindestens 90%iger Sicherheit die Farbe von Gummibärchen am Geschmack erkennen kann. Lara bezweifelt diese Behauptung und möchte sie mit einem Test überprüfen.
   a) Geben Sie die Nullhypothese und die Gegenhypothese an. Liegt ein links- oder ein rechtsseitiger Test vor?
   H_0: $p \geq p_0 = 0{,}9$ Hypothese von   Marie H_1: $p < 0{,}9$ Hypothese von   Lara
   Der Test ist   linksseitig , weil $p < p_0$.
   b) Marie soll mit geschlossenen Augen 50 Gummibärchen testen und die Farbe nennen.
   Bestimmen Sie einen Annahmebereich auf dem Signifikanzniveau 5%.
   Es ist A = [g; n]   mit dem kritischen Wert g.
   Ansatz: $P(X \leq g) > 0{,}05$ mit p = 0,9   und n = 50
   Es ist $P(X \leq 40) = 0{,}0245$ und $P(X \leq 41) = 0{,}0579$.
   Also gilt: A = [41; 50].
   c) Der Test soll nun auf dem Signifikanzniveau 1% durchgeführt werden. Berechnen Sie, bei welchem Testergebnis die Nullhypothese abgelehnt werden muss.
   Der Ablehnungsbereich ist A = [0; g]
   Ansatz: $P(X \leq g) \leq 0{,}01$
   Wegen $P(X \leq 40) = 0{,}0245$ und $P(X \leq 39) = 0{,}0094$ muss die Nullhypothese abgelehnt werden, wenn Marie weniger als 40 Gummibärchen am Geschmack erkennt.

2. Der Torwart einer Fußballmannschaft prahlt damit, dass er in 80% der Fälle beim Elfmeterschießen mit dem besten Torschützen der Mannschaft hält. Man legt fest, dass er von 50 Elfmeter im Training mindestens 80% halten muss, damit man ihm glaubt. Mit welcher Wahrscheinlichkeit kann man sich bei dieser Festlegung irren?
   a) Weil die Behauptung im Sinne von „mindestens 80%" gemeint ist, wird die Nullhypothese mit H_0: $p \geq 0{,}8$ festgelegt. Der Torwart muss mindestens 80% von 50, also 40 der Schüsse halten. Der Ablehnungsbereich ist damit $\overline{A}$ = [0; 39].
   Die Wahrscheinlichkeit, dass die Anzahl der gehaltenen Elfmeter im Ablehnungsbereich liegt, obwohl die Behauptung wahr ist, wird berechnet durch $P(X \leq 39)$ mit n = 50 und p = 0,8. Es ist $P(X \leq 39) = 0{,}4164$.
   Die Irrtumswahrscheinlichkeit beträgt also fast 42 %.
   b) Der Torwart findet diese Regelung ungerecht. Er besteht auf einer Irrtumswahrscheinlichkeit von höchstens 10%. Berechnen Sie einen Ablehnungsbereich, der diese Forderung erfüllt. Wie viele Elfmeter müsste er damit halten?
   Ansatz: $P(X \leq g) \leq 0{,}1$ mit n = 50 und p = 0,8
   Es gilt: $P(X \leq 35) = 0{,}0607$ und $P(X \leq 36) = 0{,}1106$, also wird der Ablehnungsbereich [0; 35] festgelegt.
   Der Torwart müsste also mindestens 36 Elfmeter halten.

3. Ein Pharmaunternehmen verändert die Zusammensetzung eines Medikamentes so, dass dadurch die Fälle des Auftretens bestimmter Nebenwirkungen kleiner als 3% sind. Bei einem Test mit 100 Patienten zeigte sich, dass sich bei fünf Patienten diese Nebenwirkungen zeigten.
   a) Kann man davon ausgehen, dass die Veränderung des Medikaments die Zielstellung erreicht hat?
   Nullhypothese H_0: $p \leq 0{,}03$
   Gegenhypothese H_1: $p > 0{,}03$
   Wenn die Nullhypothese abgelehnt wird, bedeutet das, dass der Ablehnungsbereich mit $\overline{A}$ = [5; 100] festgelegt wurde.
   Die Irrtumswahrscheinlichkeit berechnet sich durch $P(X \geq 5)$ mit n = 100 und p = 0,03.
   $P(X \geq 5) = 1 - P(X \leq 4) = 1 - 0{,}8179 = 0{,}1821$
   Lehnt man die Nullhypothese ab, so beträgt die Irrtumswahrscheinlichkeit etwa 18%. Man kann von einer erfolgreichen Veränderung des Medikaments ausgehen.
   b) Bei wie viel Patienten dürften sich höchstens diese Nebenwirkungen einstellen, wenn die Irrtumswahrscheinlichkeit 0,01 nicht übersteigen sollte?
   Ansatz: $P(X \leq g) > 0{,}99$ mit n = 100 und p = 0,03
   g = 8 ist der kritische Wert des Annahmebereichs.
   Die Nebenwirkungen dürfen sich also bei höchstens 8 Patienten einstellen.

Arbeitsblatt
Hypothesen testen

1. Eine Nullhypothese soll getestet werden. Ermitteln Sie den Annahmebereich auf dem Signifikanzniveau 2% bei einem Stichprobenumfang von n = 100.

	$H_0: p \leq 0{,}3$ $H_1: p > 0{,}3$	$H_0: p \geq 0{,}9$ $H_1: p < 0{,}9$	$H_0: p = 0{,}5$ $H_1: p \neq 0{,}5$
Art des Testes			
Ansatz für den Annahmebereich	A = [ ]		
Ansatz für die Wahrscheinlichkeit mit n = 100	P(X) mit p =		
Annahmebereich			

2. Ein Erfinder baut eine Maschine, die aus einer Urne mit 12 roten und 36 schwarzen Kugeln zufällig eine Kugel zieht. Er möchte testen, ob rot tatsächlich mit der Wahrscheinlichkeit 0,25 gezogen wird. Entwickeln Sie dazu einen Test auf dem Signifikanzniveau 5% bei einem Stichprobenumfang von 200.

3. Ein Sportlehrer behauptet, er könne beim Hochsprung schon nach drei Schritten mit 90%iger Sicherheit erkennen, ob der Sportler die Latte reißt. Bei einem Sportfest wird die Behauptung mit 50 Sprüngen getestet. Wie oft muss der Sportlehrer die richtige Voraussage treffen, damit auf dem Signifikanzniveau 5% seine Hypothese nicht abgelehnt wird?

4. Can ist der Auffassung, dass er im Tischtennis mindestens so stark wie Lukas spielt. Lukas dagegen ist überzeugt, dass er mit einer Wahrscheinlichkeit von mehr als 70% gegen Can gewinnt. Beide vereinbaren, 20 Spiele im Tischtennis auszutragen. Wie kann dieser über 20 Spiele gehende Vergleich ausgehen, damit auf einem Signifikanzniveau von jeweils höchstens 5% für keinen der beiden Spieler ein Grund vorliegt, von seiner Hypothese abzugehen.
   (Hinweis: Es sind zwei Hypothesen in Signifikanztests zu prüfen und der Durchschnitt der Annahmebereiche zu bilden.)

Arbeitsblatt
Hypothesen testen — Lösung

1. Eine Nullhypothese soll getestet werden. Ermitteln Sie den Annahmebereich auf dem Signifikanzniveau 2% bei einem Stichprobenumfang von $n = 100$.

	$H_0: p \leq 0{,}3$ $H_1: p > 0{,}3$	$H_0: p \geq 0{,}9$ $H_1: p < 0{,}9$	$H_0: p = 0{,}5$ $H_1: p \neq 0{,}5$
Art des Testes	rechtsseitig	linksseitig	zweiseitig
Ansatz für den Annahmebereich	$A = [0; g]$	$A = [g; n]$	$A = [g_1; g_2]$
Ansatz für die Wahrscheinlichkeit mit $n = 100$	$P(X \leq g) > 0{,}98$ mit $p = 0{,}3$	$P(X \leq g) > 0{,}02$ mit $p = 0{,}9$	$P(X \leq g_1) > 0{,}01$ mit $p = 0{,}5$ $P(X \leq g_2) > 0{,}99$ mit $p = 0{,}5$
Annahmebereich	$A = [0; 40]$	$A = [83; 100]$	$A = [38; 62]$

2. Ein Erfinder baut eine Maschine, die aus einer Urne mit 12 roten und 36 schwarzen Kugeln zufällig eine Kugel zieht.
Er möchte testen, ob rot tatsächlich mit der Wahrscheinlichkeit 0,25 gezogen wird.
Entwickeln Sie dazu einen Test auf dem Signifikanzniveau 5% bei einem Stichprobenumfang von 200.
Die Testgröße X zählt die Anzahl der roten Kugeln.
$H_0: p = 0{,}25$ $H_1: p \neq 0{,}25$
Zweiseitiger Test mit dem Annahmebereich $A = [g_1; g_2]$.
Aus dem Ansatz $P(X \leq g_1) > 0{,}025$ mit $p = 0{,}25$ folgt $g_1 = 38$ und aus $P(X \leq g_2) > 0{,}975$ mit $p = 0{,}25$ folgt $g_2 = 62$.
Die Vermutung, dass die Wahrscheinlichkeit, rote Kugeln zu ziehen, 0,25 beträgt, wird nur angenommen, wenn die Anzahl der gezogenen roten Kugeln im Bereich [38; 62] liegt.

3. Ein Sportlehrer behauptet, er könne beim Hochsprung schon nach drei Schritten mit 90%iger Sicherheit erkennen, ob der Sportler die Latte reißt. Bei einem Sportfest wird die Behauptung mit 50 Sprüngen getestet.
Wie oft muss der Sportlehrer die richtige Voraussage treffen, damit auf dem Signifikanzniveau 5% seine Hypothese nicht abgelehnt wird?
Die Testgröße X zählt die Anzahl der richtigen Voraussagen.
$H_0: p \geq 0{,}9$ $H_1: p < 0{,}9$
linksseitiger Test mit dem Annahmebereich $A = [g; 50]$.
Aus dem Ansatz $P(X \leq g) > 0{,}05$ mit $p = 0{,}9$ folgt $g = 41$, also muss der Sportlehrer mindestens 41-mal richtig voraussagen.

4. Can ist der Auffassung, dass er im Tischtennis mindestens so stark wie Lukas spielt. Lukas dagegen ist überzeugt, dass er mit einer Wahrscheinlichkeit von mehr als 70% gegen Can gewinnt. Beide vereinbaren, 20 Spiele im Tischtennis auszutragen. Wie kann dieser über 20 Spiele gehende Vergleich ausgehen, damit auf einem Signifikanzniveau von jeweils höchstens 5% für keinen der beiden Spieler ein Grund vorliegt, von seiner Hypothese abzugehen.
(Hinweis: Es sind zwei Hypothesen in Signifikanztests zu prüfen und der Durchschnitt der Annahmebereiche zu bilden.)
X sei für beide Signifikanztests die Anzahl der Siege von Can.
Hypothese von Can: $H_0: p \geq 0{,}5$
linksseitiger Test mit dem Annahmebereich $A = [g; 20]$.
Aus dem Ansatz $P(X \leq g) > 0{,}05$ mit $p = 0{,}5$ folgt $g = 6$.
Der Annahmebereich für X ist $A = [6; 20]$.
Hypothese von Lukas: H_0 (für die Anzahl der Siege von Can): $p \leq 0{,}3$
Rechtsseitiger Test mit dem Annahmebereich $A = [0; g]$.
Aus dem Ansatz $P(X \leq g) > 0{,}95$ mit $p = 0{,}3$ folgt $g = 9$.
Der Annahmebereich für X ist $A = [0; 9]$.
Durchschnitt der Annahmebereiche: $[0; 9] \cap [6; 20] = [6; 9]$
Wenn Can 6, 7, 8 oder 9 Spiele gewinnt, können beide ihre Hypothese aufrechterhalten.

Trainingsblatt
Fehler 1. und 2. Art

1. Vor Gericht wird ein Angeklagter gewöhnlich verurteilt, wenn er schuldig ist, oder freigesprochen, wenn er unschuldig ist. Es kann aber auch passieren, dass ein Unschuldiger verurteilt oder ein Schuldiger freigesprochen wird. Wenn nur Indizien vorliegen, kann es durchaus mit einer geringen Wahrscheinlichkeit zu Fehlurteilen kommen. Die Behauptung des Staatsanwalts wird als Nullhypothese angesehen. Beschreiben Sie in diesem Sachverhalt den Fehler 1. und 2. Art.
   Fehler 1. Art: _____
   Fehler 2. Art: _____

2. Eine Münze wird 100-mal geworfen, 36-mal liegt Wappen oben. Es soll auf dem Signifikanzniveau 5% die Hypothese „Die Wahrscheinlichkeit für Wappen ist 0,5" getestet werden.
   a) Berechnen Sie die Wahrscheinlichkeit für den Fehler 1. Art.
      Fehler 1. Art: Die Hypothese wird abgelehnt, obwohl sie wahr ist.
      Der Fehler 1. Art wird auch als _____ bezeichnet.
      Der Test ist _____-seitig, also ist der Ansatz für den Annahmebereich A = _____.
      Aus dem Ansatz $P(X$ _____$) >$ _____ folgt _____ und aus $P(X$ _____$) \leq$ _____ folgt _____.
      Annahmebereich: _____ Man muss also die Nullhypothese _____.
   b) Die Münze hat eine Wahrscheinlichkeit für Wappen von 0,6. Berechnen Sie den Fehler 2. Art.
      Es ist $p =$ _____.
      Die Wahrscheinlichkeit für den Fehler 2. Art ist damit
      $\beta = P($ _____ $\leq X \leq$ _____ $) =$ _____

3. Elektronische Bauelemente können zu unterschiedlichen Kosten produziert werden, wenn man unterschiedliche Anteile von Ausschussteilen in Kauf nimmt. Ein Bauteil wird auf zwei Maschinen mit den Ausschussanteilen 30% und 10% produziert und verpackt. Anschließend wird es zu unterschiedlichen Preisen verkauft. Einige Verpackungen wurden nicht etikettiert. Ein Test soll nun klären, in welche Qualitätsstufe die nicht etikettierten Verpackungen eingestuft werden sollen.
   Dazu entnimmt man jeder Verpackung 30 Bauelemente und prüft sie. Finden sich mehr als 5 Teile Ausschuss, stuft man sie als minderwertig ein. Berechnen Sie die Fehler 1. und 2. Art. Ist dieses Verfahren brauchbar?
   X sei die Anzahl der Ausschussteile in der Stichprobe von 30 Stück.
   Nullhypothese $H_0: p = 0{,}1$; Alternativhypothese $H_1: p = 0{,}3$
   Ablehnungsbereich: $\overline{A} = [6; 30]$
   Fehler 1. Art: Die Nullhypothese wird abgelehnt, obwohl sie wahr ist. Es ist $n =$ _____ und $p =$ _____:
   $\alpha = P(X$ _____$) =$ _____
   Fehler 2. Art: Die Nullhypothese wird angenommen, obwohl sie falsch ist. Es ist $n =$ _____ und $p =$ _____:
   $\beta = P(X$ _____$) =$ _____
   Das Verfahren ist brauchbar, weil _____.

4. Die Firma EKON stellt Schaltkontakte her, die eine Fehlerwahrscheinlichkeit von 10% haben. Die Firma GALVANO versichert, gegen ein Erfolgshonorar die Fehlerquote durch eine spezielle Legierung auf 2% reduzieren zu können.
   Bei einer Lieferung der Schaltkontakte besteht der Verdacht, dass sie unbehandelt zurückgeliefert wurden.
   Ein Test mit 50 Schaltkontakten soll zu einer gerechten Lösung führen. Erarbeiten Sie dafür eine Entscheidungsregel.

5. Der Wetterbericht prognostiziert: „Heute regnet es nicht." Tanja muss sich entscheiden, ob sie die Hypothese annimmt oder verwirft, also ob sie einen Regenschirm mitnimmt oder nicht. Formulieren Sie einen möglichen Fehler erster und zweiter Art.

Trainingsblatt
Fehler 1. und 2. Art — Lösung

1. Vor Gericht wird ein Angeklagter gewöhnlich verurteilt, wenn er schuldig ist, oder freigesprochen, wenn er unschuldig ist. Es kann aber auch passieren, dass ein Unschuldiger verurteilt oder ein Schuldiger freigesprochen wird. Wenn nur Indizien vorliegen, kann es durchaus mit einer geringen Wahrscheinlichkeit zu Fehlurteilen kommen. Die Behauptung des Staatsanwalts wird als Nullhypothese angesehen. Beschreiben Sie in diesem Sachverhalt den Fehler 1. und 2. Art.
   Fehler 1. Art: Der Angeklagte wird freigesprochen, obwohl er schuldig ist.
   Fehler 2. Art: Der Angeklagte wird verurteilt, obwohl er unschuldig ist.

2. Eine Münze wird 100-mal geworfen, 36-mal liegt Wappen oben. Es soll auf dem Signifikanzniveau 5% die Hypothese „Die Wahrscheinlichkeit für Wappen ist 0,5" getestet werden.
   a) Berechnen Sie die Wahrscheinlichkeit für den Fehler 1. Art.
      Fehler 1. Art: Die Hypothese wird abgelehnt, obwohl sie wahr ist.
      Der Fehler 1. Art wird auch als   Irrtumswahrscheinlichkeit   bezeichnet.
      Der Test ist   zwei   -seitig, also ist der Ansatz für den Annahmebereich $A = [g_1; g_2]$.
      Aus dem Ansatz $P(X \leq g_1) > 0{,}025$ folgt $g_1 = 40$ und aus $P(X \leq g_2) \leq 0{,}975$ folgt $g_2 = 60$.
      Annahmebereich: $A = [40; 60]$ Man muss also die Nullhypothese   ablehnen   .
   b) Die Münze hat eine Wahrscheinlichkeit für Wappen von 0,6. Berechnen Sie den Fehler 2. Art.
      Es ist $p = 0{,}6$.
      Die Wahrscheinlichkeit für den Fehler 2. Art ist damit
      $\beta = P(40 \leq X \leq 60) = P(X \leq 60) - P(X \leq 39) = 0{,}5379 - 0{,}0000 = 0{,}5379$

3. Elektronische Bauelemente können zu unterschiedlichen Kosten produziert werden, wenn man unterschiedliche Anteile von Ausschussteilen in Kauf nimmt. Ein Bauteil wird auf zwei Maschinen mit den Ausschussanteilen 30% und 10% produziert und verpackt. Anschließend wird es zu unterschiedlichen Preisen verkauft. Einige Verpackungen wurden nicht etikettiert. Ein Test soll nun klären, in welche Qualitätsstufe die nicht etikettierten Verpackungen eingestuft werden sollen.
   Dazu entnimmt man jeder Verpackung 30 Bauelemente und prüft sie. Finden sich mehr als 5 Teile Ausschuss, stuft man sie als minderwertig ein. Berechnen Sie die Fehler 1. und 2. Art. Ist dieses Verfahren brauchbar?
   X sei die Anzahl der Ausschussteile in der Stichprobe von 30 Stück.
   Nullhypothese H_0: $p = 0{,}1$; Alternativhypothese H_1: $p = 0{,}3$
   Ablehnungsbereich: $\overline{A} = [6; 30]$
   Fehler 1. Art: Die Nullhypothese wird abgelehnt, obwohl sie wahr ist. Es ist $n = 30$ und $p = 0{,}1$:
   $\alpha = P(X \geq 6) = 1 - P(X \leq 5) = 1 - 0{,}9268 = 0{,}0732$
   Fehler 2. Art: Die Nullhypothese wird angenommen, obwohl sie falsch ist. Es ist $n = 30$ und $p = 0{,}3$:
   $\beta = P(X \leq 5) = 0{,}0766$
   Das Verfahren ist brauchbar, weil   beide Fehler relativ gering sind   .

4. Die Firma EKON stellt Schaltkontakte her, die eine Fehlerwahrscheinlichkeit von 10% haben. Die Firma GALVANO versichert, gegen ein Erfolgshonorar die Fehlerquote durch eine spezielle Legierung auf 2% reduzieren zu können.
   Bei einer Lieferung der Schaltkontakte besteht der Verdacht, dass sie unbehandelt zurückgeliefert wurden.
   Ein Test mit 50 Schaltkontakten soll zu einer gerechten Lösung führen. Erarbeiten Sie dafür eine Entscheidungsregel.
   X ist die Anzahl fehlerhafter Schaltkontakte.
   H_0: $p = 0{,}1$; H_1: $p = 0{,}02$
   Linksseitiger Test mit dem Ablehnungsbereich $\overline{A} = [0; g]$
   $\alpha = P(X \leq g)$ mit $p = 0{,}1$ und $\beta = P(X > g)$ mit $p = 0{,}02$ in nebenstehender Tabelle.
   Bei höchstens 2 defekten Schaltkontakten lehnt man den Verdacht als unbegründet ab.

k	α	β
1	0,0338	0,7358
2	0,1117	0,0784
3	0,2503	0,0178
4	0,4312	0,0032

5. Der Wetterbericht prognostiziert: „Heute regnet es nicht." Tanja muss sich entscheiden, ob sie die Hypothese annimmt oder verwirft, also ob sie einen Regenschirm mitnimmt oder nicht. Formulieren Sie einen möglichen Fehler erster und zweiter Art.
   Fehler 1. Art: Sie glaubt der Prognose nicht und nimmt den Regenschirm mit, es regnet nicht.
   Fehler 2. Art: Sie glaubt der Prognose und nimmt den Regenschirm nicht mit, es regnet.

Arbeitsblatt
Fehler beim Testen

1. Die Nullhypothese $H_0: p \geq 0{,}7$ soll gegen die Gegenhypothese $H_1: p < 0{,}7$ getestet werden. Dazu wählt man den Stichprobenumfang $n = 100$ und entscheidet sich gegen die Nullhypothese, wenn höchstens 60 Treffer in der Stichprobe sind.

a) Berechnen Sie den Fehler 1. Art.

b) Es wird behauptet, der Fehler 2. Art beträgt 13,4%. Von welcher Gegenhypothese geht man dabei aus?

2. Um zu überprüfen, ob bei einer mit Kugeln gefüllten Urne die Wahrscheinlichkeit für eine schwarze Kugel 0,4 ist, wird 50-mal eine Kugel mit Zurücklegen gezogen. Es wird festgelegt, dass die Hypothese angenommen wird, wenn die Anzahl der gezogenen schwarzen Kugeln zwischen 13 und 27 liegt.

a) Geben Sie den Ablehnungsbereich an und berechnen Sie den Fehler 1. Art.

b) Welchen Wert nimmt der Fehler 2. Art an, wenn die Wahrscheinlichkeit für eine schwarze Kugel tatsächlich 0,2 beträgt?

3. Von zwei äußerlich nicht unterscheidbaren Urnen sei bekannt, dass sie weiße und schwarze Kugeln beinhalten. In Urne 1 sei der Anteil der weißen Kugeln 30%, in Urne 2 dagegen 50%. Eine der beiden Urnen wird nun zum 50-maligen Ziehen ausgewählt.

a) Es wird angenommen, dass die ausgewählte Urne die Urne 1 sei (Nullhypothese). Welche Ziehungsergebnisse führen auf dem Signifikanzniveau 10% dazu, dass man die Nullhypothese ablehnt?

b) Wie groß ist die Wahrscheinlichkeit, dass auf dem Signifikanzniveau 10% die These „Es ist Urne 1" nicht abgelehnt wurde, obwohl in Wirklichkeit die Ziehung aus Urne 2 erfolgte?

c) Es wird festgelegt, die These „Es ist Urne 1" abzulehnen, wenn mehr als 20 weiße Kugeln gezogen werden. Wie groß ist in diesem Fall der Fehler 1. Art?

d) Beim 50-maligen Ziehen erhält man 20-mal die weiße Kugel. Für die richtige Angabe der zur Ziehung verwendeten Urne erhält man einen Preis. Für welche Urne würden Sie sich entscheiden?

Arbeitsblatt
Fehler beim Testen

Lösung

1. Die Nullhypothese H_0: $p \geq 0{,}7$ soll gegen die Gegenhypothese H_1: $p < 0{,}7$ getestet werden. Dazu wählt man den Stichprobenumfang n = 100 und entscheidet sich gegen die Nullhypothese, wenn höchstens 60 Treffer in der Stichprobe sind.

a) Berechnen Sie den Fehler 1. Art.
Der Test ist linksseitig. Ablehnungsbereich: $\overline{A}$ = [0; 60]
$\alpha = P(X \leq 60)$ mit p = 0,7
Der Fehler 1. Art ist α = 0,0210.

b) Es wird behauptet, der Fehler 2. Art beträgt 13,4 %. Von welcher Gegenhypothese geht man dabei aus?
Ansatz: $\beta = P(X \geq 61) = 0{,}134$
Lösung durch Einschachteln:

p	0,5	0,6	0,55
β	0,018	0,462	0,134

Man geht von der Gegenhypothese H_1: p = 0,55 aus.

2. Um zu überprüfen, ob bei einer mit Kugeln gefüllten Urne die Wahrscheinlichkeit für eine schwarze Kugel 0,4 ist, wird 50-mal eine Kugel mit Zurücklegen gezogen. Es wird festgelegt, dass die Hypothese angenommen wird, wenn die Anzahl der gezogenen schwarzen Kugeln zwischen 13 und 27 liegt.

a) Geben Sie den Ablehnungsbereich an und berechnen Sie den Fehler 1. Art.
Ablehnungsbereich $\overline{A}$ = [0; 12] ∪ [28; 50]
Fehler 1. Art: Die Nullhypothese wird abgelehnt, obwohl sie wahr ist.
Es ist p = 0,4. $\alpha = P(X \leq 12) + P(X \geq 28) = P(X \leq 12) + 1 - P(X \leq 27) = 0{,}0133 + 1 - 0{,}9840 = 0{,}0293$
Der Fehler 1. Art beträgt etwa 3 %.

b) Welchen Wert nimmt der Fehler 2. Art an, wenn die Wahrscheinlichkeit für eine schwarze Kugel tatsächlich 0,2 beträgt?
Fehler 2. Art: Die Nullhypothese wird angenommen, obwohl sie falsch ist.
Es ist p = 0,2. $\beta = P(13 \leq X \leq 27) = P(X \leq 27) - P(X \leq 12) = 1 - 0{,}8139 = 0{,}1861$
Der Fehler 2. Art beträgt etwa 20 %.

3. Von zwei äußerlich nicht unterscheidbaren Urnen sei bekannt, dass sie weiße und schwarze Kugeln beinhalten. In Urne 1 sei der Anteil der weißen Kugeln 30 %, in Urne 2 dagegen 50 %. Eine der beiden Urnen wird nun zum 50-maligen Ziehen ausgewählt.

a) Es wird angenommen, dass die ausgewählte Urne die Urne 1 sei (Nullhypothese).
Welche Ziehungsergebnisse führen auf dem Signifikanzniveau 10 % dazu, dass man die Nullhypothese ablehnt?
X zählt die Anzahl der gezogenen weißen Kugeln.
H_0: p = 0,3; H_1: p = 0,5; n = 50
Ansatz für den Annahmebereich: A = [0; g]
Aus dem Ansatz $P(X \leq g) > 0{,}9$ mit p = 0,3 folgt g = 19.
Annahmebereich A = [0; 19]
Werden mehr als 19 weiße Kugeln gezogen, wird die Nullhypothese abgelehnt. Es wird vermutet, dass Urne 2 vorliegt.

b) Wie groß ist die Wahrscheinlichkeit, dass auf dem Signifikanzniveau 10 % die These „Es ist Urne 1" nicht abgelehnt wurde, obwohl in Wirklichkeit die Ziehung aus Urne 2 erfolgte?
Gesucht ist die Wahrscheinlichkeit für den Fehler 2. Art, also Annahme der Nullhypothese, obwohl sie falsch ist.
Es ist p = 0,5. $\beta = P(X \leq 19) = 0{,}0595$. Der Fehler 2. Art beträgt etwa 6 %.

c) Es wird festgelegt, die These „Es ist Urne 1" abzulehnen, wenn mehr als 20 weiße Kugeln gezogen werden.
Wie groß ist in diesem Fall der Fehler 1. Art?
Es ist p = 0,3. $\alpha = P(X \geq 21) = 1 - P(X \leq 20) = 1 - 0{,}9522 = 0{,}0478$.
Der Fehler 1. Art beträgt etwa 5 %.

d) Beim 50-maligen Ziehen erhält man 20-mal die weiße Kugel. Für die richtige Angabe der zur Ziehung verwendeten Urne erhält man einen Preis. Für welche Urne würden Sie sich entscheiden?
Die Frage ist, bei welcher Urne dieses Ergebnis am wahrscheinlichsten ist.
Urne 1: p = 0,3   P(X = 20) = 0,0370;   Urne 2: p = 0,5   P(X = 20) = 0,0419
Entscheidung für Urne 2.

Arbeitsblatt
Vertrauensintervalle

1. a) Bei einer Stichprobe mit dem Umfang $n = 100$ werden 40 Treffer gezählt.
Bestimmen Sie das Vertrauensintervall zum Vertrauensniveau 95 %.

Punktschätzung: h = _____ ; Intervallgrenzen _____

P liegt mit 95 %iger Sicherheit im Intervall _____ .

b) Der Umfang der Stichprobe wird auf $n = 200, 500, 1000$ bzw. 2000 Versuche vergrößert. Die Punktschätzung bleibt gleich.
Berechnen Sie das zugehörige 95 %-Vertrauensintervall.
Was stellen Sie bezüglich der Intervalllänge und der geschätzten Wahrscheinlichkeit fest?

h = 0,4	n = 200	Vertrauensintervall:	Intervalllänge:
	n = 500	Vertrauensintervall:	Intervalllänge:
	n = 1000	Vertrauensintervall:	Intervalllänge:
	n = 2000	Vertrauensintervall:	Intervalllänge:

Die Intervalllänge wird mit wachsendem n _____ .
Die geschätzte Wahrscheinlichkeit _____

c) Vergleichen Sie die Vertrauensintervalle für $n = 100$ und 40 gezählte Treffer, wenn das Vertrauensniveau mit 90 %, 95 % bzw. 99 % variiert wird. Welcher Zusammenhang besteht?

Vertrauensniveau	Formel zur Berechnung der Intervallgrenzen	Vertrauensintervall
β = 90 %		
β = 95 %		
β = 99 %		

Je _____ das Vertrauensniveau ist, desto _____ ist die Angabe der Wahrscheinlichkeit.

2. GTR und CAS-Rechner lassen verschiedene Möglichkeiten zur Berechnung der Vertrauensintervalle zu.

a) Erstellen Sie für das Beispiel aus Aufgabe 1a) ein Einzeilenprogramm mit Eingabewerten, Berechnungen und Intervallausgabe für Ihren Rechner.

zum Beispiel

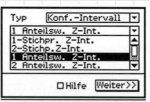 

 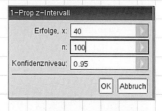

b) Finden Sie auf Ihrem Rechner einen Befehl, der diese Berechnung eleganter löst.
Überprüfen Sie Ihre Ergebnisse der Aufgabe 1 mithilfe dieser Möglichkeit.

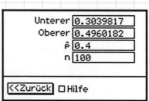

Arbeitsblatt
Vertrauensintervalle — Lösung

1. a) Bei einer Stichprobe mit dem Umfang n = 100 werden 40 Treffer gezählt.
Bestimmen Sie das Vertrauensintervall zum Vertrauensniveau 95%.

Punktschätzung: $h = \frac{40}{100} = 0{,}4$; Intervallgrenzen $0{,}4 - 1{,}96 \cdot \sqrt{\frac{0{,}4 \cdot 0{,}6}{100}} = 0{,}304$; $0{,}4 + 1{,}96 \cdot \sqrt{\frac{0{,}4 \cdot 0{,}6}{100}} = 0{,}496$

P liegt mit 95%iger Sicherheit im Intervall [0,304; 0,496].

b) Der Umfang der Stichprobe wird auf n = 200, 500, 1000 bzw. 2000 Versuche vergrößert. Die Punktschätzung bleibt gleich.
Berechnen Sie das zugehörige 95%-Vertrauensintervall.
Was stellen Sie bezüglich der Intervalllänge und der geschätzten Wahrscheinlichkeit fest?

h = 0,4	n = 200	Vertrauensintervall: [0,332; 0,468]	Intervalllänge: 0,136
	n = 500	Vertrauensintervall: [0,357; 0,443]	Intervalllänge: 0,086
	n = 1000	Vertrauensintervall: [0,370; 0,430]	Intervalllänge: 0,060
	n = 2000	Vertrauensintervall: [0,379; 0,421]	Intervalllänge: 0,042

Die Intervalllänge wird mit wachsendem n **kleiner**.
Die geschätzte Wahrscheinlichkeit **kann genauer angegeben werden**.

c) Vergleichen Sie die Vertrauensintervalle für n = 100 und 40 gezählte Treffer, wenn das Vertrauensniveau mit 90%, 95% bzw. 99% variiert wird. Welcher Zusammenhang besteht?

Vertrauensniveau	Formel zur Berechnung der Intervallgrenzen	Vertrauensintervall
β = 90%	$h \pm 1{,}64 \cdot \sqrt{h \cdot \frac{(1-h)}{n}}$	[0,320; 0,480]
β = 95%	$h \pm 1{,}96 \cdot \sqrt{h \cdot \frac{(1-h)}{n}}$	[0,304; 0,496]
β = 99%	$h \pm 2{,}58 \cdot \sqrt{h \cdot \frac{(1-h)}{n}}$	[0,274; 0,526]

Je **höher** das Vertrauensniveau ist, desto **ungenauer** ist die Angabe der Wahrscheinlichkeit.

2. GTR und CAS-Rechner lassen verschiedene Möglichkeiten zur Berechnung der Vertrauensintervalle zu.

a) Erstellen Sie für das Beispiel aus Aufgabe 1a) ein Einzeilenprogramm mit Eingabewerten, Berechnungen und Intervallausgabe für Ihren Rechner.

zum Beispiel

$100 \to n : 40 \to k : 1{,}96 \to c : \frac{k}{n} \to h$

$\left[h - c \cdot \sqrt{h \cdot \frac{1-h}{n}} ,\ h + c \cdot \sqrt{h \cdot \frac{1-h}{n}} \right]$

{0,30398, 0,49602}

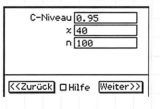
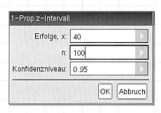

b) Finden Sie auf Ihrem Rechner einen Befehl, der diese Berechnung eleganter löst.
Überprüfen Sie Ihre Ergebnisse der Aufgabe 1 mithilfe dieser Möglichkeit.

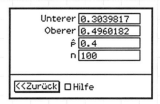

Trainingsblatt
Wahrscheinlichkeiten schätzen

1. Bei einer Lieferung von Transistoren soll der Anteil des Ausschusses untersucht werden. Eine Stichprobe vom Umfang n = 500 enthielt k = 40 defekte Transistoren. Der Ausschussanteil in der Stichprobe ist also 8 %.

   a) Zwischen welchen Grenzen ist die Ausschussquote der gesamten Lieferung zu erwarten, wenn man als Vertrauensniveau β = 0,90 wählt?

   n = _____ ; k = _____ ; also h = _____ = _____ ; c = _____

   Intervallgrenzen: 0,08 − _____ = _____ ; 0,08 + _____ = _____

   Die Ausschussquote liegt im Intervall [_____], also zwischen _____ % und _____ %.

   b) Wie sieht das Vertrauensintervall aus, wenn sich die Ausschussquote mit 99 %iger Sicherheit innerhalb der Grenzen befinden soll?

2. Eine Werbefirma möchte wissen, wie hoch in etwa der Anteil der Bevölkerung ist, der nach einer Werbekampagne für ein neues Produkt dieses schon ausprobiert hat. Von 1000 zufällig ausgewählten Personen geben 130 an, das neue Produkt bereits gekauft zu haben. Bestimmen Sie das 90 %-Vertrauensintervall.

   n = _____ ; k = _____ ; also h = _____ = _____ ; c = _____

   Intervallgrenzen: _____

   90 %-Vertrauensintervall: [_____]

3. Um den Bekanntheitsgrad eines neuen Reinigungsmittels zu ermitteln, werden 700 Haushalte befragt. 123 befragte Personen geben an, diesen Artikel zu kennen. Geben Sie das 95 %-Vertrauensintervall an.

4. In einem Supermarkt hat das Waschmittel A bisher einen Marktanteil von 25 %. Der Filialleiter will die Wirksamkeit einer Werbeaktion für dieses Waschmittel überprüfen, indem er 100 Kunden befragt, die ein Waschmittel kaufen. 41 davon kaufen das Waschmittel A.
   Kann auf einem Vertrauensniveau von 99 % davon ausgegangen werden, dass die Werbeaktion erfolgreich war?

5. Die Grenzen der Vertrauensintervalle lassen sich auch als Lösungen der quadratischen Gleichung $(h - p)^2 = c^2 \cdot \frac{p(1 - p)}{n}$ näherungsweise berechnen. Lösen Sie die folgende Aufgabe mit dieser Methode.
   Bei einer Qualitätskontrolle eines Massenartikels waren von 200 überprüften Teilen 12 defekt.
   Ermitteln Sie ein 95 %-Vertrauensintervall für die unbekannte Ausschussquote.

Trainingsblatt
Wahrscheinlichkeiten schätzen — Lösung

1. Bei einer Lieferung von Transistoren soll der Anteil des Ausschusses untersucht werden. Eine Stichprobe vom Umfang n = 500 enthielt k = 40 defekte Transistoren. Der Ausschussanteil in der Stichprobe ist also 8 %.

   a) Zwischen welchen Grenzen ist die Ausschussquote der gesamten Lieferung zu erwarten, wenn man als Vertrauensniveau β = 0,90 wählt?

   n = 500 ; k = 40 ; also h = $\frac{40}{500}$ = 0,08 ; c = 1,64

   Intervallgrenzen: $0,08 - 1,64 \cdot \sqrt{\frac{0,08 \cdot 0,92}{500}}$ = 0,0601 ; $0,08 + 1,64 \cdot \sqrt{\frac{0,08 \cdot 0,92}{500}}$ = 0,0999

   Die Ausschussquote liegt im Intervall [0,060; 0,100], also zwischen 6 % und 10 %.

   b) Wie sieht das Vertrauensintervall aus, wenn sich die Ausschussquote mit 99 %iger Sicherheit innerhalb der Grenzen befinden soll?

   Das Vertrauensniveau ist 0,99, damit ist c = 2,58

   Intervallgrenzen: $0,08 - 2,58 \cdot \sqrt{\frac{0,08 \cdot 0,92}{500}}$ = 0,0487; $0,08 + 2,58 \cdot \sqrt{\frac{0,08 \cdot 0,92}{500}}$ = 0,1113

   Die Ausschussquote liegt im Vertrauensintervall [0,049; 0,111], also zwischen 4,9 % und 11,1 %.

2. Eine Werbefirma möchte wissen, wie hoch in etwa der Anteil der Bevölkerung ist, der nach einer Werbekampagne für ein neues Produkt dieses schon ausprobiert hat. Von 1000 zufällig ausgewählten Personen geben 130 an, das neue Produkt bereits gekauft zu haben. Bestimmen Sie das 90 %-Vertrauensintervall.

   n = 1000 ; k = 130 ; also h = $\frac{130}{1000}$ = 0,13 ; c = 1,64

   Intervallgrenzen: $0,13 - 1,64 \cdot \sqrt{\frac{0,13 \cdot 0,87}{1000}}$ = 0,1126; $0,13 + 1,64 \cdot \sqrt{\frac{0,13 \cdot 0,87}{1000}}$ = 0,1474

   90 %-Vertrauensintervall: [0,113; 0,147]

3. Um den Bekanntheitsgrad eines neuen Reinigungsmittels zu ermitteln, werden 700 Haushalte befragt. 123 befragte Personen geben an, diesen Artikel zu kennen. Geben Sie das 95 %-Vertrauensintervall an.

   n = 700; k = 123; also h = $\frac{123}{700}$ ≈ 0,1757; c = 1,96

   Intervallgrenzen: $0,1757 - 1,96 \cdot \sqrt{\frac{0,1757 \cdot 0,8243}{700}}$ = 0,1475; $0,1757 + 1,96 \cdot \sqrt{\frac{0,1757 \cdot 0,8243}{700}}$ = 0,2039

   95 %-Vertrauensintervall: [0,148; 0,204]

4. In einem Supermarkt hat das Waschmittel A bisher einen Marktanteil von 25 %. Der Filialleiter will die Wirksamkeit einer Werbeaktion für dieses Waschmittel überprüfen, indem er 100 Kunden befragt, die ein Waschmittel kaufen. 41 davon kaufen das Waschmittel A.
   Kann auf einem Vertrauensniveau von 99 % davon ausgegangen werden, dass die Werbeaktion erfolgreich war?

   n = 100; k = 41; also h = $\frac{41}{100}$ = 0,41; c = 2,58

   Intervallgrenzen: $0,41 - 2,58 \cdot \sqrt{\frac{0,41 \cdot 0,59}{100}}$ = 0,2831; $0,41 + 2,58 \cdot \sqrt{\frac{0,41 \cdot 0,59}{100}}$ = 0,5369

   99 %-Vertrauensintervall: [0,283; 0,537]
   Der Filialleiter kann von einem Erfolg der Werbeaktion ausgehen.

5. Die Grenzen der Vertrauensintervalle lassen sich auch als Lösungen der quadratischen Gleichung $(h-p)^2 = c^2 \cdot \frac{p(1-p)}{n}$ näherungsweise berechnen. Lösen Sie die folgende Aufgabe mit dieser Methode.
   Bei einer Qualitätskontrolle eines Massenartikels waren von 200 überprüften Teilen 12 defekt.
   Ermitteln Sie ein 95 %-Vertrauensintervall für die unbekannte Ausschussquote.

   h = $\frac{12}{200}$ = 0,06; c = 1,96

   $(0,06 - p)^2 = 1,96^2 \cdot \frac{p(1-p)}{200}$ ⇒ $200 \cdot (0,06^2 - 0,12p + p^2) = 1,96^2 \cdot (p - p^2)$ ⇒ $(200 + 1,96^2)p^2 - (24 + 1,96^2)p + 200 \cdot 0,06^2 = 0$

   Lösung der quadratischen Gleichung: p_1 = 0,0347; p_2 = 0,1019; Vertrauensintervall [0,035; 0,102]

Arbeitsblatt
Stetige Zufallsgrößen

1. Eine stetige Zufallsgröße X ist auf dem Intervall [3; 11] definiert. Die Funktion f sei die zugehörige konstante Wahrscheinlichkeitsdichte.
   a) Bestimmen Sie den Wert von f.
   b) Berechnen Sie den Erwartungswert μ und die Standardabweichung σ.

2. Eine stetige Zufallsgröße X ist auf dem Intervall [2; 10] definiert und besitzt als Wahrscheinlichkeitsdichte eine lineare Funktion f mit $f(x) = mx + c$. Für den Erwartungswert von X gilt $\mu = 7$. Bestimmen Sie den Funktionsterm von f.

3. Eine stetige Zufallsgröße X ist auf dem Intervall [3; 7] definiert durch eine Dreiecksverteilung f. Dabei gilt $f(3) = f(7) = 0$ und f hat bei $x_1 = 5$ das Maximum.
   a) Bestimmen Sie den Funktionsterm von f.

   b) Der Erwartungswert von X ist 5. Berechnen Sie die Standardabweichung σ.

4. Eine stetige Zufallsgröße X hat auf dem Intervall $[0; \pi]$ die Wahrscheinlichkeitsdichte f mit $f(x) = a \cdot \sin(x)$.

   a) Bestimmen Sie den Wert des Parameters a.

   b) Der Erwartungswert von X beträgt $\frac{\pi}{2}$. Bestimmen Sie mithilfe Ihres Rechners die Standardabweichung σ.

   c) Berechnen Sie die Wahrscheinlichkeit $P(\mu - \sigma \leq X \leq \mu + \sigma)$.

Arbeitsblatt
Stetige Zufallsgrößen

Lösung

1. Eine stetige Zufallsgröße X ist auf dem Intervall [3; 11] definiert. Die Funktion f sei die zugehörige konstante Wahrscheinlichkeitsdichte.
   a) Bestimmen Sie den Wert von f. $\int_3^{11} f(x)\,dx = \int_3^{11} a\,dx = [ax]_3^{11} = 11a - 3a = 8a$ Es gilt: $8a = 1 \Rightarrow a = \frac{1}{8}$ d.h. $f(x) = \frac{1}{8}$
   b) Berechnen Sie den Erwartungswert μ und die Standardabweichung σ.

   $\mu = \int_3^{11} x \cdot f(x)\,dx = \int_3^{11} \frac{1}{8}x\,dx = \left[\frac{1}{16}x^2\right]_3^{11} = \frac{121}{16} - \frac{9}{16} = 7$

   $\sigma^2 = \int_3^{11} (x-\mu)^2 \cdot f(x)\,dx = \int_3^{11} (x-7)^2 \cdot \frac{1}{8}\,dx = \left[\frac{1}{24}(x-7)^3\right]_3^{11} = \frac{64}{24} - \left(-\frac{64}{24}\right) = \frac{64}{12} = \frac{16}{3} \Rightarrow \sigma = \frac{4}{\sqrt{3}} \approx 2{,}3094$

2. Eine stetige Zufallsgröße X ist auf dem Intervall [2; 10] definiert und besitzt als Wahrscheinlichkeitsdichte eine lineare Funktion f mit $f(x) = mx + c$. Für den Erwartungswert von X gilt $\mu = 7$. Bestimmen Sie den Funktionsterm von f.

   1. Bedingung: $\int_2^{10} f(x)\,dx = 1 \Rightarrow \int_2^{10}(mx+c)\,dx = \left[\frac{1}{2}mx^2 + cx\right]_2^{10} = 50m + 10c - (2m + 2c) = 1 \Rightarrow 48m + 8c = 1$ (1)

   2. Bedingung: $\mu = \int_2^{10} xf(x)\,dx = 7 \Rightarrow \int_2^{10}(mx^2 + cx)\,dx = \left[\frac{1}{3}mx^3 + \frac{1}{2}cx^2\right]_2^{10} = \frac{1000}{3}m + 50c - \left(\frac{8}{3}m + 2c\right) = 7$

   $\Rightarrow \frac{992}{3}m + 48c = 7$ (2)

   Das LGS aus (1) und (2) hat die Lösung: $m = \frac{3}{128}$ und $c = -\frac{1}{64} \Rightarrow f(x) = \frac{3}{128}x - \frac{1}{64}$.

3. Eine stetige Zufallsgröße X ist auf dem Intervall [3; 7] definiert durch eine Dreiecksverteilung f. Dabei gilt $f(3) = f(7) = 0$ und f hat bei $x_1 = 5$ das Maximum.
   a) Bestimmen Sie den Funktionsterm von f.

   Dreieckfläche $A = \frac{(7-3) \cdot f(5)}{2} = 1 \Rightarrow f(5) = \frac{1}{2}$; $f(x) = \begin{cases} f_1(x), & \text{für } 3 \leq x \leq 5 \\ f_2(x), & \text{für } 5 < x \leq 7 \end{cases}$

   Auf [3; 5] gilt: $m = \frac{\frac{1}{2}}{(5-3)} = \frac{1}{4}$; $f_1(x) = \frac{1}{4}x + c_1 \Rightarrow f_1(3) = \frac{3}{4} + c_1 = 0 \Rightarrow c_1 = -\frac{3}{4} \Rightarrow f_1(x) = \frac{1}{4}x - \frac{3}{4}$

   Auf [5; 7] gilt: $m = \frac{-\frac{1}{2}}{(7-5)} = -\frac{1}{4}$; $f_2(x) = -\frac{1}{4}x + c_2 \Rightarrow f_2(7) = -\frac{7}{4} + c_2 = 0 \Rightarrow c_2 = \frac{7}{4} \Rightarrow f_2(x) = -\frac{1}{4}x + \frac{7}{4}$

   b) Der Erwartungswert von X ist 5. Berechnen Sie die Standardabweichung σ.

   $\sigma^2 = \int_3^7 (x-\mu)^2 \cdot f(x)\,dx = \int_3^5 (x-5)^2 \cdot \left(\frac{1}{4}x - \frac{3}{4}\right)dx + \int_5^7 (x-5)^2 \cdot \left(-\frac{1}{4}x + \frac{7}{4}\right)dx = \frac{1}{4} \cdot \int_3^5 (x-5)^2(x-3)\,dx + \frac{1}{4} \cdot \int_5^7 (x-5)^2(-x+7)\,dx$

   $\int_3^5 (x-5)^2 \cdot (x-3)\,dx = \int_3^5 (x^3 - 13x^2 + 55x - 75)\,dx = \left[\frac{1}{4}x^4 - \frac{13}{3}x^3 + \frac{55}{2}x^2 - 75x\right]_3^5 = -\frac{875}{12} - \left(-\frac{297}{4}\right) = \frac{4}{3}$

   $\int_5^7 (x-5)^2 \cdot (-x+7)\,dx = \int_5^7 (-x^3 + 17x^2 - 95x + 175)\,dx = \left[-\frac{1}{4}x^4 + \frac{17}{3}x^3 - \frac{95}{2}x^2 + 175x\right]_5^7 = \frac{2891}{12} - \frac{2875}{12} = \frac{16}{12} = \frac{4}{3}$

   $\sigma^2 = \frac{1}{4} \cdot \frac{4}{3} + \frac{1}{4} \cdot \frac{4}{3} = \frac{2}{3} \Rightarrow \sigma = \sqrt{\frac{2}{3}} \approx 0{,}8165$

4. Eine stetige Zufallsgröße X hat auf dem Intervall $[0; \pi]$ die Wahrscheinlichkeitsdichte f mit $f(x) = a \cdot \sin(x)$.
   a) Bestimmen Sie den Wert des Parameters a. $\int_0^\pi a\sin(x)\,dx = 1 \Rightarrow [-a\cos(x)]_0^\pi = a - (-a) = 2a = 1 \Rightarrow a = \frac{1}{2}$
   b) Der Erwartungswert von X beträgt $\frac{\pi}{2}$. Bestimmen Sie mithilfe Ihres Rechners die Standardabweichung σ.

   $\sigma^2 = \int_0^\pi (x-\mu)^2 \cdot f(x)\,dx = \int_0^\pi \left(\left(x - \frac{\pi}{2}\right)^2 \cdot \frac{1}{2}\sin(x)\right)dx \approx 0{,}4674 \Rightarrow \sigma = \sqrt{0{,}4674} \approx 0{,}6837$

   c) Berechnen Sie die Wahrscheinlichkeit $P(\mu - \sigma \leq X \leq \mu + \sigma)$.

   $P\left(\frac{\pi}{2} - 0{,}6837 \leq X \leq \frac{\pi}{2} + 0{,}6837\right) = \int_{\frac{\pi}{2} - 0{,}6873}^{\frac{\pi}{2} + 0{,}6837} \frac{1}{2}\sin(x)\,dx = 0{,}6317 = 63{,}17\%$; alternativ: $\int_{\frac{\pi}{2} - 0{,}6873}^{\frac{\pi}{2} + 0{,}6837} \frac{1}{2}\sin(x)\,dx = \left[-\frac{1}{2}\cos(x)\right]_{\frac{\pi}{2} - 0{,}6837}^{\frac{\pi}{2} + 0{,}6837}$

Arbeitsblatt
Analyse der Gauß'schen Glockenfunktion

1. Gegeben ist die Gauß'sche Glockenfunktion $\varphi_{5;2}$.
   a) Leiten Sie die Funktion $\varphi_{5;2}$ zweimal ab.

   b) Bestimmen Sie die Extrem- und Wendestellen von $\varphi_{5;2}$ (bei der Wendestelle genügt die notwendige Bedingung).

   c) Welche allgemeinen Aussagen über die Extrem- und Wendestellen von $\varphi_{\mu;\sigma}$ kann man machen?

2. Gegeben sind die Graphen von drei Wahrscheinlichkeitsdichten $\varphi_{\mu;\sigma}$.

   Ordnen Sie den Graphen jeweils die richtige der gegebenen Wahrscheinlichtsdichten zu.
   A: $\varphi_{10;2}$ B: $\varphi_{6;1}$ C: $\varphi_{4;2}$ D: $\varphi_{10;4}$ E: $\varphi_{6;3}$ F: $\varphi_{4;1}$ G: $\varphi_{10;1}$ H: $\varphi_{6;2}$ I: $\varphi_{4;3}$

3. Geben Sie jeweils die Extremstelle und die Wendestellen an. Berechnen sie dann mithilfe des Rechners die zugehörigen y-Werte. Skizzieren Sie anschließend mithilfe des Hochpunktes und der Wendepunkte den Graphen von $\varphi_{\mu;\sigma}$
   a) $\varphi_{3;2}$
   b) $\varphi_{5;1}$

4. Eine stetige Zufallsgröße X hat die Dichtefunktion $\varphi_{9;4}$. Es gilt $P(X \leq 3) = 0{,}0668$ und $P(X \leq 10) = 0{,}5987$.
   Bestimmen Sie ohne Rechner folgende Wahrscheinlichkeiten (Tipp: Beachten Sie die Symmetrie des Graphen von $\varphi_{\mu;\sigma}$).
   a) $P(3 \leq X \leq 9)$
   b) $P(X \geq 15)$
   c) $P(8 \leq X \leq 10)$
   d) $P(3 \leq X \leq 8)$

Arbeitsblatt
Analysis der Gauß'schen Glockenfunktion

Lösung

1. Gegeben ist die Gauß'sche Glockenfunktion $\varphi_{5;2}$.

   a) Leiten Sie die Funktion $\varphi_{5;2}$ zweimal ab.

   $\varphi_{5;2}(x) = \frac{1}{2\sqrt{2\pi}} \cdot e^{-\frac{(x-5)^2}{8}} \Rightarrow \varphi'_{5;2}(x) = \frac{1}{2\sqrt{2\pi}} \cdot e^{-\frac{(x-5)^2}{8}} \cdot \left(-\frac{2(x-5)}{8}\right) = -\frac{x-5}{8\sqrt{2\pi}} \cdot e^{-\frac{(x-5)^2}{8}}$

   $\varphi''_{5;2}(x) = -\frac{1}{8\sqrt{2\pi}} \cdot e^{-\frac{(x-5)^2}{8}} + \left(-\frac{x-5}{8\sqrt{2\pi}}\right) \cdot e^{-\frac{(x-5)^2}{8}} \cdot \left(-\frac{2(x-5)}{8}\right) = -\frac{1}{8\sqrt{2\pi}} \cdot e^{-\frac{(x-5)^2}{8}} \cdot \left(1 - \frac{(x-5)^2}{4}\right)$

   b) Bestimmen Sie die Extrem- und Wendestellen von $\varphi_{5;2}$ (bei der Wendestelle genügt die notwendige Bedingung).

   Extremstellen: $\varphi'_{5;2}(x) = 0 \Rightarrow -\frac{x-5}{8\sqrt{2\pi}} \cdot e^{-\frac{(x-5)^2}{8}} = 0 \Rightarrow x_1 = 5$ (da $e^{-\frac{(x-5)^2}{8}} \neq 0$ für alle x); $\varphi''_{5;2}(5) = -\frac{1}{8\sqrt{2\pi}} < 0$

   Wendestellen: $\varphi''_{5;2}(x) = 0 \Rightarrow -\frac{1}{8\sqrt{2\pi}} \cdot e^{-\frac{(x-5)^2}{8}} \cdot \left(1 - \frac{(x-5)^2}{4}\right) = 0 \Rightarrow \left(1 - \frac{(x-5)^2}{4}\right) = 0 \Rightarrow (x-5)^2 = 4 \Rightarrow x_2 = 7; x_3 = 3$

   c) Welche allgemeinen Aussagen über die Extrem- und Wendestellen von $\varphi_{\mu;\sigma}$ kann man machen?

   Die Extremstelle (lokales Maximum) liegt immer bei $x_1 = \mu$.
   Die Wendestellen liegen immer bei $x_2 = \mu + \sigma$ und $x_3 = \mu - \sigma$.

2. Gegeben sind die Graphen von drei Wahrscheinlichkeitsdichten $\varphi_{\mu;\sigma}$.

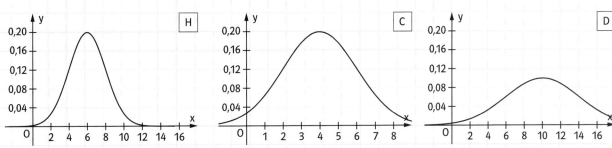

   Der Erwartungswert entspricht der Extremstelle von $\varphi_{\mu;\sigma}$. Die Standardabweichung erhält man als Differenz aus der rechten Wendestelle und der Extremstelle von $\varphi_{\mu;\sigma}$. Beispiel (Graph links): $x_E = 6$ und $x_W = 8 \Rightarrow \mu = 6; \sigma = 8 - 6 = 2$

3. Geben Sie jeweils die Extremstelle und die Wendestellen an. Berechnen sie dann mithilfe des Rechners die zugehörigen y-Werte. Skizzieren Sie anschließend mithilfe des Hochpunktes und der Wendepunkte den Graphen von $\varphi_{\mu;\sigma}$.

   a) $\varphi_{3;2}$

   Extremstelle bei $x_1 = \mu = 3 \Rightarrow H(3|0,2)$
   Wendestellen bei $x_2 = \mu + \sigma = 5$ und $x_3 = \mu - \sigma = 1$
   Wendepunkte: $W_1(5|0,12)$ und $W_2(1|0,12)$

   b) $\varphi_{5;1}$

   Extremstelle bei $x_1 = \mu = 5 \Rightarrow H(5|0,4)$
   Wendestellen bei $x_2 = \mu + \sigma = 6$ und $x_3 = \mu - \sigma = 4$
   Wendepunkte: $W_1(6|0,24)$ und $W_2(4|0,24)$

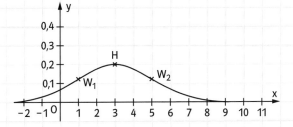
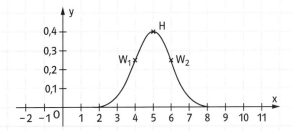

4. Eine stetige Zufallsgröße X hat die Dichtefunktion $\varphi_{9;4}$. Es gilt $P(X \leq 3) = 0,0668$ und $P(X \leq 10) = 0,5987$.
   Bestimmen Sie ohne Rechner folgende Wahrscheinlichkeiten (Tipp: Beachten Sie die Symmetrie des Graphen von $\varphi_{\mu;\sigma}$).

   a) $P(3 \leq X \leq 9)$

   $P(3 \leq X \leq 9) = 0,5 - P(X \leq 3) = 0,5 - 0,0668 = 0,4332$

   b) $P(X \geq 15)$

   $P(X \geq 15) = P(X \leq 3) = 0,0668$

   c) $P(8 \leq X \leq 10)$

   $P(8 \leq X \leq 10) = 2 \cdot (P(X \leq 10) - 0,5) = 0,1974$

   d) $P(3 \leq X \leq 8)$

   $P(3 \leq X \leq 8) = (1 - P(X \leq 10)) - P(X \leq 3) = 0,3345$

Trainingsblatt
Normalverteilung

1. Eine stetige Zufallsgröße X ist standard-normalverteilt. Berechnen Sie:

a) $P(X < 2) = \int_{-\infty}^{2} \varphi_{0;1}(x)\,dx =$

b) $P(X < 0{,}5) =$

c) $P(X \leq 1) = \int_{-\infty}^{1} \varphi_{0;1}(x)\,dx =$

d) $P(X \leq 3) =$

e) $P(X > 1{,}5) = \int_{1{,}5}^{+\infty} \varphi_{0;1}(x)\,dx =$

f) $P(X > 2{,}5) =$

g) $P(-2 < X \leq 2) = \int_{-2}^{2} \varphi_{0;1}(x)\,dx =$

h) $P(-1 < X \leq 3) =$

2. Eine stetige Zufallsgröße X ist normalverteilt mit $\mu = 10$ und $\sigma = 2$. Berechnen Sie:

a) $P(X < 13) = \int_{-\infty}^{13} \varphi_{10;2}(x)\,dx =$

b) $P(X < 9) =$

c) $P(X \geq 6) = \int_{6}^{+\infty} \varphi_{10;2}(x)\,dx =$

d) $P(X \geq 12) =$

e) $P(7 < X \leq 12) = \int_{7}^{12} \varphi_{10;2}(x)\,dx =$

f) $P(8 < X \leq 11) =$

g) $P(\mu - \sigma \leq X \leq \mu + \sigma) = \int_{8}^{12} \varphi_{10;2}(x)\,dx =$

h) $P(\mu - 2\sigma \leq X \leq \mu + 2\sigma) =$

3. Langjährige Messungen der Durchschnittstemperatur im Monat April in Stuttgart ergeben einen Erwartungswert von 8,0 °C bei einer Standardabweichung von 2 K. Im April 2011 hatte Stuttgart eine Durchschnittstemperatur von 12,4 °C. Berechnen Sie unter der Annahme, dass für die Durchschnittstemperaturen T eine Normalverteilung vorliegt, die Wahrscheinlichkeit,

a) dass T mindestens 12,4 °C beträgt.

b) dass T kleiner als 6 °C ist.

c) dass T gerundet 12,4 °C beträgt.

4. Eine Zufallsgröße X ist $B_{20;0,6}$-verteilt.
Berechnen Sie zunächst jeweils die exakte Wahrscheinlichkeit und dann einen Näherungswert mit Beachtung der Stetigkeitskorrektur. Berechnen Sie danach die prozentuale Abweichung des Näherungswerts vom exakten Wert. Tipp: Sie müssen μ und σ für die $B_{20;0,6}$-Verteilung berechnen.

$\mu =$ \hspace{2cm} $\sigma =$

a) $P(X \leq 12) = F_{20;0,6}(12) =$ \hspace{1cm} $P(X \leq 12) \approx \int_{-0{,}5}^{12{,}5} \varphi_{12;2{,}1909}(x)\,dx \approx$

prozentuale Abweichung:

b) $P(X > 7) = 1 - F_{20;0,6}(7) =$ \hspace{1cm} $P(X > 7) \approx 1 - \int_{-0{,}5}^{7{,}5} \varphi_{12;2{,}1909}(x)\,dx \approx$

prozentuale Abweichung:

Trainingsblatt
Normalverteilung

Lösung

1. Eine stetige Zufallsgröße X ist standard-normalverteilt. Berechnen Sie:

   a) $P(X < 2) = \int_{-\infty}^{2} \varphi_{0;1}(x)\,dx =$ **0,9772**

   b) $P(X < 0,5) = \int_{-\infty}^{0,5} \varphi_{0;1}(x)\,dx =$ **0,6915**

   c) $P(X \leq 1) = \int_{-\infty}^{1} \varphi_{0;1}(x)\,dx =$ **0,8413**

   d) $P(X \leq 3) = \int_{-\infty}^{3} \varphi_{0;1}(x)\,dx =$ **0,9987**

   e) $P(X > 1,5) = \int_{1,5}^{+\infty} \varphi_{0;1}(x)\,dx =$ **0,0668**

   f) $P(X > 2,5) = \int_{2,5}^{+\infty} \varphi_{0;1}(x)\,dx =$ **0,0062**

   g) $P(-2 < X \leq 2) = \int_{-2}^{2} \varphi_{0;1}(x)\,dx =$ **0,9545**

   h) $P(-1 < X \leq 3) = \int_{-1}^{3} \varphi_{0;1}(x)\,dx =$ **0,8400**

2. Eine stetige Zufallsgröße X ist normalverteilt mit $\mu = 10$ und $\sigma = 2$. Berechnen Sie:

   a) $P(X < 13) = \int_{-\infty}^{13} \varphi_{10;2}(x)\,dx =$ **0,9332**

   b) $P(X < 9) = \int_{-\infty}^{9} \varphi_{10;2}(x)\,dx =$ **0,3085**

   c) $P(X \geq 6) = \int_{6}^{+\infty} \varphi_{10;2}(x)\,dx =$ **0,9772**

   d) $P(X \geq 12) = \int_{12}^{+\infty} \varphi_{10;2}(x)\,dx =$ **0,1587**

   e) $P(7 < X \leq 12) = \int_{7}^{12} \varphi_{10;2}(x)\,dx =$ **0,7745**

   f) $P(8 < X \leq 11) = \int_{8}^{11} \varphi_{10;2}(x)\,dx =$ **0,5328**

   g) $P(\mu - \sigma \leq X \leq \mu + \sigma) = \int_{8}^{12} \varphi_{10;2}(x)\,dx =$ **0,6827**

   h) $P(\mu - 2\sigma \leq X \leq \mu + 2\sigma) = \int_{6}^{14} \varphi_{10;2}(x)\,dx =$ **0,9545**

3. Langjährige Messungen der Durchschnittstemperatur im Monat April in Stuttgart ergeben einen Erwartungswert von 8,0 °C bei einer Standardabweichung von 2 K. Im April 2011 hatte Stuttgart eine Durchschnittstemperatur von 12,4 °C. Berechnen Sie unter der Annahme, dass für die Durchschnittstemperaturen T eine Normalverteilung vorliegt, die Wahrscheinlichkeit,

   a) dass T mindestens 12,4 °C beträgt. $P(T \geq 12,4) = \int_{12,4}^{+\infty} \varphi_{8;2}(x)\,dx =$ **0,0139**

   b) dass T kleiner als 6 °C ist. $P(T < 6) = \int_{-\infty}^{6} \varphi_{8;2}(x)\,dx =$ **0,1587**

   c) dass T gerundet 12,4 °C beträgt. $P(12,35 \leq T < 12,45) = \int_{12,35}^{12,45} \varphi_{8;2}(x)\,dx =$ **0,0018**

4. Eine Zufallsgröße X ist $B_{20;0,6}$-verteilt.
   Berechnen Sie zunächst jeweils die exakte Wahrscheinlichkeit und dann einen Näherungswert mit Beachtung der Stetigkeitskorrektur. Berechnen Sie danach die prozentuale Abweichung des Näherungswerts vom exakten Wert. Tipp: Sie müssen μ und σ für die $B_{20;0,6}$-Verteilung berechnen.

   $\mu =$ **$n \cdot p = 20 \cdot 0,6 = 12$** $\sigma =$ **$\sqrt{n \cdot p \cdot (1-p)} = \sqrt{20 \cdot 0,6 \cdot 0,4} = \sqrt{4,8} \approx 2,1909$**

   a) $P(X \leq 12) = F_{20;0,6}(12) =$ **0,5841** $P(X \leq 12) \approx \int_{-0,5}^{12,5} \varphi_{12;\,2,1909}(x)\,dx \approx$ **0,5903**

   prozentuale Abweichung: $\frac{0,5903}{0,5841} \approx 1,0106 \Rightarrow$ **Abweichung um 1,06 %**

   b) $P(X > 7) = 1 - F_{20;0,6}(7) =$ **0,9790** $P(X > 7) \approx 1 - \int_{-0,5}^{7,5} \varphi_{12;\,2,1909}(x)\,dx \approx$ **0,9800**

   prozentuale Abweichung: $\frac{0,9800}{0,9790} \approx 1,0010 \Rightarrow$ **Abweichung um 0,1 %**

Arbeitsblatt – Check-out
Binomialverteilung und Normalverteilung

1. a) Begründen Sie, ob es sich bei folgenden Zufallsexperimenten um Bernoulli-Ketten handelt.
   A: Das Glücksrad wird 3-mal gedreht und es wird die Anzahl der gelben Felder notiert.
   B: Das Glücksrad wird 3-mal gedreht und die Farben werden in der auftretenden Reihenfolge notiert.

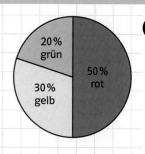

b) Beim viermaligen Werfen eines Würfels wird die Zahl der „Sechsen" notiert. Berechnen Sie mithilfe der Bernoulli-Formel.

$P(X = 3) =$

$P(X \leq 1) =$

c) Bestimmen Sie mithilfe einer Tabelle.
   i) $P_{15;0,7}(X = 8)$
   ii) $P_{100;0,9}(58 \leq X < 81)$

d) Bestimmen Sie k so, dass $P_{25;0,4}(X > k)$ erstmals über 0,8 liegt.

2. Nachdem in einer 10. Klasse festgestellt wurde, dass 16 von 20 Schülern ein Smartphone besitzen, stellte der Schulleiter die Behauptung auf, dass das auf 80% aller Schüler der oberen drei Klassenstufen zutrifft. Im Mathematikkurs wurde ein Test mit 50 Schülern dieser Klassenstufen zum Signifikanzniveau 5% entwickelt, der die Richtigkeit dieser Aussage überprüfen soll. Berechnen Sie einen Annahmebereich für diese Behauptung.

3. a) Geben Sie den Extrempunkt und die Wendepunkte der Glockenfunktion $\varphi_{6;2}$ an.

b) Es gilt $P(X < 4) = 0{,}1587$. Bestimmen Sie damit ohne Rechner $P(X > 4)$ und $P(4 \leq X \leq 8)$.

4. Eine stetige Zufallsgröße X ist normalverteilt mit $\mu = 50$ und $\sigma = 4$. Berechnen Sie folgende Wahrscheinlichkeiten:

a) $P(X < 45) =$

b) $P(35 \leq X \leq 55) =$

Arbeitsblatt – Check-out
Binomialverteilung und Normalverteilung

Lösung

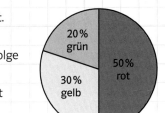

1. a) Begründen Sie, ob es sich bei folgenden Zufallsexperimenten um Bernoulli-Ketten handelt.
   A: Das Glücksrad wird 3-mal gedreht und es wird die Anzahl der gelben Felder notiert.
   B: Das Glücksrad wird 3-mal gedreht und die Farben werden in der auftretenden Reihenfolge notiert.
   A: Es handelt sich um eine Bernoulli-Kette der Länge 3 mit einer Trefferwahrscheinlichkeit von p = 0,3.
   B: Es handelt sich nicht um eine Bernoulli-Kette, da es sich nicht um Bernoulli-Versuche handelt, weil es nicht nur 2, sondern 3 Ergebnisse gibt.

b) Beim viermaligen Werfen eines Würfels wird die Zahl der „Sechsen" notiert. Berechnen Sie mithilfe der Bernoulli-Formel.

$P(X = 3) = \binom{4}{3} \cdot \left(\frac{1}{6}\right)^3 \cdot \left(\frac{5}{6}\right) = \frac{4!}{3! \cdot 1!} \cdot \frac{1}{216} \cdot \frac{5}{6} = 4 \cdot \frac{5}{1296} = \frac{5}{324} \approx 0{,}0154 = 1{,}54\,\%$

$P(X \leq 1) = P(X = 1) + P(X = 0) = \binom{4}{1} \cdot \left(\frac{1}{6}\right) \cdot \left(\frac{5}{6}\right)^3 + \binom{4}{0} \cdot \left(\frac{1}{6}\right)^0 \cdot \left(\frac{5}{6}\right)^4 = 4 \cdot \frac{125}{1296} + \frac{625}{1296} = \frac{125}{144} \approx 0{,}8681 = 86{,}81\,\%$

c) Bestimmen Sie mithilfe einer Tabelle.
   i) $P_{15;\,0{,}7}(X = 8)$ 0,0811
   ii) $P_{100;\,0{,}9}(58 \leq X < 81)$ $P(X \leq 80) - P(X \leq 57) = 1 - 0{,}9980 - (1 - 1) = 0{,}002$

d) Bestimmen Sie k so, dass $P_{25;\,0{,}4}(X > k)$ erstmals über 0,8 liegt.

$1 - P_{25;\,0{,}4}(X \leq k) \geq 0{,}8 \Leftrightarrow P_{25;\,0{,}4}(X \leq k) \leq 0{,}2$

k = 7: $P_{25;\,0{,}4}(X \leq 7) = 0{,}1536 < 0{,}2$

k = 8: $P_{25;\,0{,}4}(X \leq 8) = 0{,}2735 > 0{,}2 \Rightarrow k = 7$

2. Nachdem in einer 10. Klasse festgestellt wurde, dass 16 von 20 Schülern ein Smartphone besitzen, stellte der Schulleiter die Behauptung auf, dass das auf 80 % aller Schüler der oberen drei Klassenstufen zutrifft. Im Mathematikkurs wurde ein Test mit 50 Schülern dieser Klassenstufen zum Signifikanzniveau 5 % entwickelt, der die Richtigkeit dieser Aussage überprüfen soll. Berechnen Sie einen Annahmebereich für diese Behauptung.

X ist die Anzahl der Schüler mit Smartphone; n = 50

Nullhypothese H_0: p = 0,80 wird gegen die Hypothese H_1: p ≠ 0,80 getestet.

Ansatz für den Annahmebereich: A = $[g_1;\,g_2]$ mit $P(X \leq g_1) > 0{,}025$ und $P(X \leq g_2) > 0{,}975$

$P(X \leq 33) = 0{,}0144$; $P(X \leq 34) = 0{,}0308$; $P(X \leq 44) = 0{,}9520$; $P(X \leq 45) = 0{,}9815$

Annahmebereich A = [34; 45]

3. a) Geben Sie den Extrempunkt und die Wendepunkte der Glockenfunktion $\varphi_{6;\,2}$ an.

Hochpunkt: $H(\mu \mid \varphi_{6;\,2}(\mu)) = H\left(6 \mid \frac{1}{2\sqrt{2\pi}}\right) \approx H(6 \mid 0{,}2)$

Wendepunkte: $W_1(6 - 2 \mid \varphi_{6;\,2}(6-2)) = W_1\left(4 \mid \frac{1}{2\sqrt{2\pi e}}\right) \approx W_1(4 \mid 0{,}12)$ bzw. $W_2\left(6 + 2 \mid \frac{1}{2\sqrt{2\pi e}}\right) \approx W_2(8 \mid 0{,}12)$

b) Es gilt $P(X < 4) = 0{,}1587$. Bestimmen Sie damit ohne Rechner $P(X > 4)$ und $P(4 \leq X \leq 8)$.

$P(X > 4) = 1 - P(X < 4) = 1 - 0{,}1587 = 0{,}8413$

Achsensymmetrie zu $x = \mu = 6 \Rightarrow P(4 \leq X \leq 8) = 2 \cdot P(4 \leq X \leq 6) = 2 \cdot (0{,}5 - P(X < 4)) = 2 \cdot (0{,}5 - 0{,}1587) = 0{,}6826$

4. Eine stetige Zufallsgröße X ist normalverteilt mit $\mu = 50$ und $\sigma = 4$. Berechnen Sie folgende Wahrscheinlichkeiten:

a) $P(X < 45) = \int_{-\infty}^{45} \varphi_{50;\,4}(x)\,dx = 0{,}1056$

b) $P(35 \leq X \leq 55) = \int_{35}^{55} \varphi_{50;\,4}(x)\,dx = 0{,}8943$

Arbeitsblatt – Check-in
Schätzen und Testen

Checkliste	Das kann ich gut.	Ich bin noch unsicher.	Das kann ich nicht mehr.
1. Ich kann erklären, was ein Bernoulli-Experiment und eine Bernoullikette sind.	☐	☐	☐
2. Ich kann für eine binomialverteilte Zufallsgröße Wahrscheinlichkeiten der Form $P(X = r)$ bzw. $P(X \leq r)$ bestimmen.	☐	☐	☐
3. Ich kann die Kenngrößen Erwartungswert und Standardabweichung bei einer Binomialverteilung bestimmen.	☐	☐	☐
4. Ich kann Wahrscheinlichkeiten mithilfe der Sigmaregeln abschätzen.	☐	☐	☐
5. Ich kann die Graphen von Binomialverteilungen beschreiben und ihre charakteristischen Eigenschaften nennen.	☐	☐	☐

Überprüfen Sie Ihre Einschätzungen anhand der entsprechenden Aufgaben:

1. Ein Experiment besteht darin, bei 10 Würfen eines idealen Würfels festzustellen, wie oft das Ergebnis „6" fällt. Begründen Sie, warum das Experiment als Bernoulli-Kette beschrieben werden kann und nennen Sie deren Länge.

2. Bestimmen Sie die Werte für die Wahrscheinlichkeiten mit $n = 20$ und $p = 0{,}1$.
   a) $P(X = 2) = $
   b) $P(X \leq 5) = $
   c) $P(X > 1) = $ =

3. Ein idealer Würfel wird 100-mal geworfen. X sei die Anzahl der durch drei teilbaren Ergebnisse. Bestimmen Sie den Erwartungswert und die Standardabweichung dieser binomialverteilten Zufallsgröße.

4. Bestimmen Sie für die Zufallsgröße aus Aufgabe 3 das Intervall, für dessen Realisierung die Wahrscheinlichkeit von 99,7 % angenommen werden kann.

5. Eine Binomialverteilung kann als Säulendiagramm dargestellt werden.
   a) Beschreiben Sie die Form des Graphen einer Binomialverteilung.

   b) Wo liegt das Maximum des Graphen?

   c) Wie verändert sich die Kurve, wenn bei konstantem Wert p der Wert n vergrößert wird?

   d) Wie verändert sich die Kurve, wenn bei konstantem Wert n der Wert p gegen 1 oder gegen 0 geht?

   e) Wo liegen die Wendestellen des Graphen?

Arbeitsblatt – Check-in
Schätzen und Testen
Lösung

Checkliste	Stichwörter zum Nachschlagen
1. Ich kann erklären, was ein Bernoulli-Experiment und eine Bernoullikette sind.	Bernoulli-Experiment, Bernoulli-Kette, unabhängig, Binomialkoeffizient, Trefferwahrscheinlichkeit, Treffer, Niete
2. Ich kann für eine binomialverteilte Zufallsgröße Wahrscheinlichkeiten der Form $P(X = r)$ bzw. $P(X \leq r)$ bestimmen.	Bernoulli-Formel, kumulierte Wahrscheinlichkeit
3. Ich kann die Kenngrößen Erwartungswert und Standardabweichung bei einer Binomialverteilung bestimmen.	Binomialverteilung, Erwartungswert, Standardabweichung
4. Ich kann Wahrscheinlichkeiten mithilfe der Sigmaregeln abschätzen.	Sigmaregeln, Binomialverteilung
5. Ich kann die Graphen von Binomialverteilungen beschreiben und ihre charakteristischen Eigenschaften nennen.	Binomialverteilung, Glockenkurve

Überprüfen Sie Ihre Einschätzungen anhand der entsprechenden Aufgaben:

1. Ein Experiment besteht darin, bei 10 Würfen eines idealen Würfels festzustellen, wie oft das Ergebnis „6" fällt. Begründen Sie, warum das Experiment als Bernoulli-Kette beschrieben werden kann und nennen Sie deren Länge.

Das einmalige Werfen des idealen Würfels hat 2 Versuchsausgänge, „Sechs" oder „keine Sechs", und ist daher ein Bernoulliexperiment mit Treffer „Sechs" und Niete „keine Sechs".
Die Durchführungen sind voneinander unabhängig und haben stets die gleiche Wahrscheinlichkeit $p = \frac{1}{6}$.
Die Bernoullikette entsteht aus der zehnmaligen Wiederholung des Bernoulli-Experiments und hat die Länge 10.

2. Bestimmen Sie die Werte für die Wahrscheinlichkeiten mit $n = 20$ und $p = 0{,}1$.
   a) $P(X = 2) =$ 0,2852
   b) $P(X \leq 5) =$ 0,9887
   c) $P(X > 1) =$ $1 - P(X \leq 1) =$ 0,6083

3. Ein idealer Würfel wird 100-mal geworfen. X sei die Anzahl der durch drei teilbaren Ergebnisse. Bestimmen Sie den Erwartungswert und die Standardabweichung dieser binomialverteilten Zufallsgröße.
$\mu = n \cdot p = 100 \cdot \frac{1}{3} = \frac{100}{3} \approx 33{,}3$
$\sigma = \sqrt{n \cdot p \cdot (1-p)} = \sqrt{100 \cdot \frac{1}{3} \cdot \frac{2}{3}} = \frac{10}{3} \cdot \sqrt{2} \approx 4{,}714$

4. Bestimmen Sie für die Zufallsgröße aus Aufgabe 3 das Intervall, für dessen Realisierung die Wahrscheinlichkeit von 99,7 % angenommen werden kann.
Intervallgrenzen links: $\mu - 3 \cdot \sigma = 33{,}33 - 3 \cdot 4{,}71 = 19{,}2$; rechts: $\mu + 3 \cdot \sigma = 33{,}33 + 3 \cdot 4{,}71 = 47{,}46$
Intervall: [20; 47]

5. Eine Binomialverteilung kann als Säulendiagramm dargestellt werden.
   a) Beschreiben Sie die Form des Graphen einer Binomialverteilung.
      Der Graph hat Glockenform.
   b) Wo liegt das Maximum des Graphen?
      Das Maximum liegt an der Stelle µ.
   c) Wie verändert sich die Kurve, wenn bei konstantem Wert p der Wert n vergrößert wird?
      Die Kurve wird flacher und breiter.
   d) Wie verändert sich die Kurve, wenn bei konstantem Wert n der Wert p gegen 1 oder gegen 0 geht?
      Die Kurve wird höher und schmaler und liegt dicht bei n bzw. 0.
   e) Wo liegen die Wendestellen des Graphen?
      Die Wendestellen liegen bei $\mu - \sigma$ und $\mu + \sigma$.

Arbeitsblatt – Check-out
Schätzen und Testen

1. Gegeben ist eine stetige Zufallsgröße X mit der zugehörigen Dreiecksverteilung f auf dem Intervall [0; 5].

$$f(x) = \begin{cases} \frac{2}{15}x, & \text{für } 0 \leq x \leq 3 \\ -0{,}2x + 1, & \text{für } 3 < x \leq 5 \end{cases}$$

a) Zeigen Sie, dass die Bedingungen für eine Wahrscheinlichkeitsdichte erfüllt sind.

b) Berechnen Sie die Wahrscheinlichkeiten $P(X < 4)$ und $P(X \geq 2)$.

2. a) Geben Sie den Extrempunkt und die Wendepunkte der Glockenfunktion $\varphi_{6;2}$ an.

b) Es gilt $P(X < 4) = 0{,}1587$. Bestimmen Sie damit ohne Rechner $P(X > 4)$ und $P(4 \leq X \leq 8)$.

3. Eine stetige Zufallsgröße X ist normalverteilt mit $\mu = 50$ und $\sigma = 4$. Berechnen Sie folgende Wahrscheinlichkeiten:

a) $P(X < 45) =$

b) $P(35 \leq X \leq 55) =$

4. Nachdem in einer 10. Klasse festgestellt wurde, dass 16 von 20 Schülern ein Smartphone besitzen, stellte der Schulleiter die Behauptung auf, dass das auf 80 % aller Schüler der oberen drei Klassenstufen zutrifft. Im Mathematikkurs wurde ein Test mit 50 Schülern dieser Klassenstufen zum Signifikanzniveau 5 % entwickelt, der die Richtigkeit dieser Aussage überprüfen soll. Berechnen Sie einen Annahmebereich für diese Behauptung.

Arbeitsblatt – Check-out
Schätzen und Testen
Lösung

1. Gegeben ist eine stetige Zufallsgröße X mit der zugehörigen Dreiecksverteilung f auf dem Intervall [0; 5].

$$f(x) = \begin{cases} \frac{2}{15}x, & \text{für } 0 \leq x \leq 3 \\ -0{,}2x + 1, & \text{für } 3 < x \leq 5 \end{cases}$$

   a) Zeigen Sie, dass die Bedingungen für eine Wahrscheinlichkeitsdichte erfüllt sind.
   1. Bedingung: $f(x) \geq 0$ für alle $x \in [0; 5]$; $\frac{2}{15}x \geq 0$ für $0 \leq x \leq 3$ und $-0{,}2x + 1 \geq 0$ für $3 < x \leq 5$
   2. Bedingung: Dreiecksfläche $A = 1$, da $A = \frac{1}{2} \cdot 5 \cdot f(3) = 2{,}5 \cdot 0{,}4 = 1$

   b) Berechnen Sie die Wahrscheinlichkeiten $P(X < 4)$ und $P(X \geq 2)$.
   $P(X < 4) = 1 - P(4 \leq X \leq 5) = 1 - \frac{1}{2} \cdot (5-4) \cdot f(4) = 1 - \frac{1}{2} \cdot 0{,}2 = 0{,}9$
   $P(X \geq 2) = 1 - P(X \leq 2) = 1 - \frac{1}{2} \cdot 2 \cdot f(2) = 1 - \frac{4}{15} = \frac{11}{15}$

2. a) Geben Sie den Extrempunkt und die Wendepunkte der Glockenfunktion $\varphi_{6;2}$ an.
   Hochpunkt: $H(\mu \mid \varphi_{6;2}(\mu)) = H\left(6 \mid \frac{1}{2\sqrt{2\pi}}\right) \approx H(6 \mid 0{,}2)$
   Wendepunkte: $W_1(6 - 2 \mid \varphi_{6;2}(6-2)) = W_1\left(4 \mid \frac{1}{2\sqrt{2\pi e}}\right) \approx W_1(4 \mid 0{,}12)$ bzw. $W_2\left(6 + 2 \mid \frac{1}{2\sqrt{2\pi e}}\right) \approx W_2(8 \mid 0{,}12)$

   b) Es gilt $P(X < 4) = 0{,}1587$. Bestimmen Sie damit ohne Rechner $P(X > 4)$ und $P(4 \leq X \leq 8)$.
   $P(X > 4) = 1 - P(X < 4) = 1 - 0{,}1587 = 0{,}8413$
   Achsensymmetrie zu $x = \mu = 6$ $\Rightarrow$ $P(4 \leq X \leq 8) = 2 \cdot P(4 \leq X \leq 6) = 2 \cdot (0{,}5 - P(X < 4)) = 2 \cdot (0{,}5 - 0{,}1587) = 0{,}6826$

3. Eine stetige Zufallsgröße X ist normalverteilt mit $\mu = 50$ und $\sigma = 4$. Berechnen Sie folgende Wahrscheinlichkeiten:

   a) $P(X < 45) = \int_{-\infty}^{45} \varphi_{50;4}(x)\,dx = 0{,}1056$

   b) $P(35 \leq X \leq 55) = \int_{35}^{55} \varphi_{50;4}(x)\,dx = 0{,}8943$

4. Nachdem in einer 10. Klasse festgestellt wurde, dass 16 von 20 Schülern ein Smartphone besitzen, stellte der Schulleiter die Behauptung auf, dass das auf 80 % aller Schüler der oberen drei Klassenstufen zutrifft. Im Mathematikkurs wurde ein Test mit 50 Schülern dieser Klassenstufen zum Signifikanzniveau 5 % entwickelt, der die Richtigkeit dieser Aussage überprüfen soll. Berechnen Sie einen Annahmebereich für diese Behauptung.
   X ist die Anzahl der Schüler mit Smartphone; $n = 50$
   Nullhypothese H_0: $p = 0{,}80$ wird gegen die Hypothese H_1: $p \neq 0{,}80$ getestet.
   Ansatz für den Annahmebereich: $A = [g_1; g_2]$ mit $P(X \leq g_1) > 0{,}025$ und $P(X \leq g_2) > 0{,}975$
   $P(X \leq 33) = 0{,}0144$; $P(X \leq 34) = 0{,}0308$; $P(X \leq 44) = 0{,}9520$; $P(X \leq 45) = 0{,}9815$
   Annahmebereich $A = [34; 45]$